高等职业教育新形态一体化教材

职业教育工业分析技术专业教学资源库（国家级）配套教材

化学及生物物料的识用

董艳杰　主编

化学工业出版社

·北京·

内容简介

本书是职业教育工业分析技术专业教学资源库（国家级）配套教材，主要内容包括水和溶液、常用酸和碱的识用、氧化还原平衡及配位平衡、烃、烃的衍生物、糖类和脂类的识用、蛋白质和酶、物质及其变化八个学习项目，涵盖了无机化学、分析化学、有机化学、生物化学、物理化学的相关知识和技能。

本书知识点的描述深入浅出，通俗易懂，符合认知规律。项目及任务的选取均来自实践，具有较强的实用性和科学性。本书作为职业教育工业分析技术专业教学资源库（国家级）建设项目的配套教材，提供了丰富的数字资源，读者可以通过扫描二维码观看相关内容的动画、视频等，便于对重点难点知识的掌握。

本书可作为高职高专、五年制高职、应用型本科院校及中职学校工业分析技术、石油化工技术类专业教材，也可供相关企业科技人员参考。

图书在版编目（CIP）数据

化学及生物物料的识用/董艳杰主编. —北京：化学工业出版社，2019.7

ISBN 978-7-122-34336-9

Ⅰ.①化…　Ⅱ.①董…　Ⅲ.①化学工业-物料-教材
Ⅳ.①TQ04

中国版本图书馆 CIP 数据核字（2019）第 071253 号

责任编辑：蔡洪伟　李　瑾　　　　　　　　　文字编辑：向　东
责任校对：杜杏然　　　　　　　　　　　　　装帧设计：王晓宇

出版发行：化学工业出版社（北京市东城区青年湖南街 13 号　邮政编码 100011）
印　　装：三河市延风印装有限公司
787mm×1092mm　1/16　印张 24¼　字数 646 千字　2021 年 11 月北京第 1 版第 1 次印刷

购书咨询：010-64518888　　　　　　　　　售后服务：010-64518899
网　　址：http://www.cip.com.cn
凡购买本书，如有缺损质量问题，本社销售中心负责调换。

定　　价：60.00 元

前言

本书是职业教育工业分析技术专业教学资源库（国家级）配套教材，所对应的课程为"化学及生物物料的识用"。

"化学及生物物料的识用"是工业分析技术专业的基础课程，该课程是在对工业分析技术、化工技术类专业人才的岗位能力分析的基础上设立的，主要培养面向石油化工、有机化工、精细化工、材料化工等企业的化工产品分析与检测、化工产品质量检验及控制领域的技术人员。

本书内容选取的基本思路是以典型无机化学物料、有机化学物料、生物化学物料为研究对象，以工作过程为导向，设置了水和溶液、常用酸和碱的识用、氧化还原平衡及配位平衡、烃、烃的衍生物、糖类和脂类的识用、蛋白质和酶、物质及其变化八个学习项目，涵盖了无机化学、分析化学、有机化学、生物化学、物理化学的相关知识和技能。

本书涵盖了无机及分析化学中水的结构识用、稀溶液饱和蒸气压变化及应用、分析化学数据处理、酸碱平衡及酸碱滴定法、沉淀平衡与沉淀滴定法、氧化还原平衡和氧化还原滴定法、配位化合物的识用及配位滴定法；有机化学中甲烷及烷烃、乙烯及烯烃、乙炔及炔烃、环己烷及环烷烃、苯及芳香烃、氯乙烷及卤代烃、醇、酚、醚、醛、酮、羧酸及其衍生物、含氮化合物等的识用；生物化学中糖类、脂类、氨基酸、蛋白质的识用，以及酶功能及应用、影响酶促反应速率及变化的因素、酶活力及其测定等；物理化学中气体 p、V、T 计算，化学反应速率及测定，化学反应热效应计算，化学反应方向及变化等相关知识和技能。

本书的编排体系体现了高等职业教育特色，有利于"工学结合、校企合作"的人才培养模式的实施。本书具有以下特色：

（1）根据项目化教学要求，以项目为导向、任务为驱动的教学方法和手段，着眼于以"能力为中心"的编写理念，强化了技能，淡化了理论课与实验课、实训课之间的界限。

（2）内容突出对学生职业能力的训练，理论知识的选取紧紧围绕工作任务完成的需要来进行，同时又充分考虑了高等职业教育对理论知识学习的需要。这些内容融合了相关职业资格证书对知识、技能和态度的要求，对学生及相关人员在学习过程中获得化学检验工、分析工等相关职业资格证书提供了帮助。

（3）在内容编排上，考虑到学生的认知水平，由浅入深地安排内容，实现能力的提高。因此，本书前半部分主要为无机及分析化学、有机化学的内容，后半部分主要以生物化学、物理化学内容为主。

本书由宁波职业技术学院董艳杰主编并统稿。书中项目一、项目二由董艳杰编写，项目三由陈亚东编写，项目四由陈碧芬编写，项目五由杨伟群编写，项目六由刘艳编写，项目七由汤晓编写，项目八由陈艳君编写。

由于编者水平有限，书中难免存在疏漏和不妥之处，恳请专家和读者批评指正。

编者

2020 年 12 月

目录

项目 四　烃

项目 五　烃的衍生物

项目六　糖类和脂类的识用

项目七　蛋白质和酶

项目 八　　物质及其变化

习题参考答案

参考文献

二维码资源目录

项目一
水和溶液

项目描述

　　水是地球上最普通、最常见的物质之一。不仅江河湖海中有水，各种生物体内也含有水，而且生物体内水的质量占生物体总质量的百分数一般都在 60％以上。水与人类、动植物生存、工农业发展都密切相关。水的性质和水的内部结构有关。了解物质内部的结构有助于学习物质在性质上的差异。物质在性质上的差异主要是物质的内部结构不同引起的。在科学研究、工农业生产和日常生活中，溶液起着非常重要的作用，因为大多数反应都是在溶液中进行的。溶液的某些性质，如溶液的颜色、体积、导电性等，与溶液的本性有关，溶质不同，则性质不同。而溶液的某些性质，如蒸气压下降、沸点升高等，与溶质的本性无关，仅取决于溶液中所含溶质微粒数的多少。为此，研究溶液的性质具有十分重要的意义。

知识目标

　　1. 理解原子核外电子的排布规律。
　　2. 掌握基态原子核外电子排布规律、元素周期表。
　　3. 掌握共价键的本质、特征及类型，杂化轨道的形成。
　　4. 掌握分子间力和氢键的形成。
　　5. 掌握溶液浓度的表示方法、稀溶液的依数性。
　　6. 掌握稀溶液的蒸气压降低、凝固点降低、沸点升高、渗透压产生的原因及变化规律。

能力目标

　　1. 能用四个量子数表达核外电子的运动状态。
　　2. 能书写常见原子核外电子排布式、轨道表示式、价电子构型。
　　3. 能用原子结构知识解释共价键的形成、本质。
　　4. 能判断分子的极性。
　　5. 能利用渗透压计算物质的分子量。

任务一　水的结构识用

 任务引领

　　1783 年，法国人拉瓦锡发现水是由氢和氧组成的。一个水分子由两个氢原子和一个氧原子构成。水在常温常压下为无色无味的透明液体，被称为人类生命的源泉。水是地球上最常见的物质之一，是包括人类在内所有生命生存的重要资源，也是生物体最重要的组成部分。

　　每个水分子的直径是 4×10^{-10} m。它的质量是 2.99×10^{-29} kg。它的体积是 3×10^{-29} m^3。水分子结构是以氧核为顶的等腰三角形。在水蒸气分子中测定：O—H 距离为 0.9568Å（$1Å = 10^{-10}$ m），H—H 距离为 1.54Å，H—O—H 的键角为 105°3′（或 104.5°）。自然界物质的种类繁多，物质在性质上的差异主要是物质的内部结构不同引起的，物质的结构主要包括原子的结构、化学键和分子结构。

 任务准备

　　1. 原子是由什么组成的？
　　2. 如何描述原子核外电子的运动状态？
　　3. 原子核外电子是怎样排布的？
　　4. 元素性质如何周期性变化？
　　5. 水的分子结构是怎样的？
　　6. 什么是水分子间力和氢键？

 相关知识

一、原子核外电子的运动特征

1. 原子的组成

　　自然界中的物体，无论是宏观的天体还是微观的分子，无论是有生命的有机体还是无生命的无机体，都是由化学元素组成的。物质由分子组成，分子由原子组成，那么原子是否还能继续分割？电子、X 射线、放射性现象的发现，证明了原子是可以进一步分割的。1911 年卢瑟福（E. Rutherford）通过 α 粒子的散射实验提出了含核原子模型（称卢瑟福模型）：原子是由带负电荷的电子与带正电荷的原子核组成。原子是电中性的。原子核也具有复杂的结构，它由带正电荷的质子和不带电荷的中子组成。电子、质子、中子等称为基本粒子。原子很小，基本粒子更小，但是它们都有确定的质量与电荷。

　　电子质量相对于中子、质子要小得多，如果忽略不计，原子量的整数部分就等于质子量（取整数）与中子量（取整数）之和，这个数值叫作质量数，用符号 A 表示。而中子数用符号 N 表示，质子数用符号 Z 表示，则：

$$质量数(A) = 质子数(Z) + 中子数(N)$$

核电荷数由质子数决定：

$$核电荷数 = 质子数 = 核外电子数$$

通常情况下，电子在原子核外极其小的空间（直径约 10^{-10} m）做高速运动。物质在发生化学反应时，原子核并不发生变化，而只涉及核外电子运动状态的改变。

2. 原子核外电子的运动特征

关于光的本质是波还是微粒的问题，在 17～18 世纪一直争论不休。光的干涉、衍射现象表现出光的波动性，而光压、光电效应则表现出光的粒子性，说明光既具有波的性质又具有微粒的性质，称为光的波粒二象性（wave-particle dualism）。

1. 原子核外电子的运动特征

1924 年法国物理学家德布罗依（L. de Broglie）在光的波粒二象性启发下，大胆假设微观粒子的波粒二象性是一种具有普遍意义的现象。认为不仅光具有波粒二象性，所有微观粒子，如电子、原子等实物粒子也具有波粒二象性，并将波粒二象性的概念从光子应用于微观粒子，当时还是一个全新的假设。这种实物微粒所具有的波称为德布罗依波（也叫物质波）。

1927 年，德布罗依的大胆假设即为戴维逊（C. J. Davisson）和盖革（H. Geiger）的电子衍射实验所证实。图 1-1 是电子衍射实验的示意图。他们将经过电位差加速的电子束入射到镍单晶上，观察散射电子束的强度和散射角的关系，结果得到完全类似于单色光通过小圆孔那样的衍射图像。

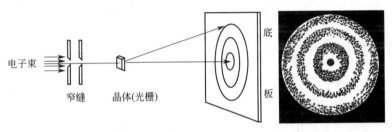

图 1-1 电子衍射实验示意图

实验表明，不仅电子，其他的质子、中子、原子等一切微观粒子均具有波动性。由此可见，波粒二象性是微观粒子运动的特征。因此，描述微观粒子的运动不能用经典的牛顿力学，而必须用描述微观世界的量子力学。

二、原子核外电子运动状态的描述

1. 波函数与原子轨道

量子力学从微观粒子都有波粒二象性出发，认为微粒的运动状态可用波函数 ψ 来描述。氢原子中描述电子运动状态的波函数可通过薛定谔（E. Schrodinger，奥地利物理学家）方程求得：

$$\frac{\partial^2\psi}{\partial x^2}+\frac{\partial^2\psi}{\partial y^2}+\frac{\partial^2\psi}{\partial z^2}+\frac{8\pi^2 m}{h}(E-V)\psi=0$$

式中，ψ 为波函数；E 为总能量；V 为势能；m 为电子的质量；h 为普朗克常数；x、y、z 为空间坐标。

波函数不是一个具体的数值，而是用空间坐标 x、y、z 的函数 $\psi(x,y,z)$ 来表达的函数式，以表征原子中电子的运动状态，习惯上将波函数 ψ 称为原子轨道。图 1-2 为 s、p、d 各种原子轨道角度分布图。

2. 概率密度与电子云

波函数（ψ）本身虽不能与任何可以观察的物理量相联系，但波函数平方（ψ^2）可以反

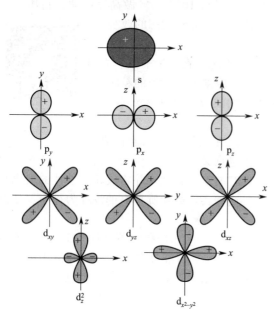

图1-2　s、p、d各种原子轨道角度分布图

映电子在空间某位置上单位体积内出现的概率大小，即概率密度。

　　若以黑点的疏密程度来表示空间各点的概率密度的大小，则：ψ^2 大的地方，黑点较密，表示电子出现的概率密度较大；ψ^2 小的地方，黑点较疏，表示电子出现的概率密度较小。这种以黑点的疏密表示概率密度分布的图形叫作电子云。图1-3为氢原子基态电子云示意图。对于氢原子来说，只有1个电子，图中黑点的数目并不代表电子的数目，而只代表1个电子在瞬间出现的那些可能的位置。

　　从图1-3可以看出，1s电子在核外出现的概率密度是电子离核的距离 r 的函数。r 越小，即电子离核越近，出现的概率密度越大；反之，r 越大，电子离核越远，则概率密度越小。

　　电子云的角度分布图是波函数角度部分平方（ψ^2）随 θ、φ 角变化关系的图形，其画法与波函数角度分布图相似。图1-4为s、p、d电子云角度分布图，这种图形反映了电子出现在核外各个方向上概率密度的分布规律，其特征如下：

　　（1）从外形上看到，s、p、d电子云角度分布图的形状与波函数角度分布图相似，但p、d电子云角度分布图稍"瘦"些。

　　（2）波函数角度分布图中有正、负之分，而电子云角度分布图则无正、负之分。

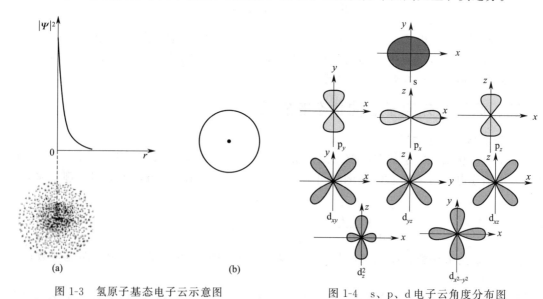

图1-3　氢原子基态电子云示意图

图1-4　s、p、d电子云角度分布图

3. 四个量子数

　　解薛定谔方程时引入的三个常数项分别称为主量子数 n、角量子数 l 和磁量子数 m，它们的取值是相互制约的。用这些量子数可以表示原子轨道或者电子云距离核的远近、形状以及在空间伸展的方向。此外，还有用来表示电子自旋运动状态的自旋量子数 m_s。

（1）主量子数 n　主量子数 n 是用来描述原子中电子出现概率最大区域离核的远近，或者说它决定了电子层数。主量子数 n 的取值为 1，2，3，…，正整数。例如：$n=1$ 代表电子离核的平均距离最近的一层，即第一电子层；$n=2$ 代表电子离核的平均距离比第一层稍远的一层，即第二电子层。以此类推可见，n 愈大，电子离核的平均距离愈远。

在光谱学中，常用大写拉丁字母 K、L、M、N、O、P、Q 代表电子层数：

主量子数（n）	1	2	3	4	5	6	7	…
电子层符号	K	L	M	N	O	P	Q	…

（2）角量子数 l　角量子数 l 的取值受 n 的限制，l 可取的数为 0，1，2，…，$(n-1)$，共可取 n 个，在光谱学中分别用符号 s，p，d，f，…，表示，即 $l=0$ 用 s 表示，$l=1$ 用 p 表示等，相应为 s 亚层、p 亚层、d 亚层和 f 亚层，而处于这些亚层的电子即为 s 电子、p 电子、d 电子和 f 电子。例如：当 $n=1$ 时，l 只可取 0；当 $n=4$ 时，l 分别可取 0，1，2，3。l 反映电子在核外出现的概率密度（电子云）分布随角度（θ，φ）变化的情况，即决定电子云的形状。当 $l=0$ 时，s 电子云与角度（θ，φ）无关，所以呈球状对称。在多电子原子中，当 n 相同时，不同的角量子数 l（即不同的电子云形状）也影响电子的能量大小。

（3）磁量子数 m　m 可取的数值为 0，± 1，± 2，± 3，…，$\pm l$，共可取 $(2l+1)$ 个数值。m 的数值受 l 数值的限制，例如当 $l=0,1,2,3$ 时，m 依次可取 1 个、3 个、5 个、7 个数值。m 值基本上反映了波函数（轨道）的空间取向。

（4）自旋量子数 m_s　原子中的电子除绕核做高速运动外，还绕自己的轴做自旋运动。电子的自旋运动用自旋量子数 m_s 表示。m_s 的取值有两个，即 $+1/2$ 和 $-1/2$。说明电子的自旋只有两个方向，即顺时针方向和逆时针方向，通常用"↑"和"↓"表示。

综上所述，原子中每个电子的运动状态可以用 n、l、m、m_s 四个量子数来描述。主量子数 n 决定电子出现概率最大的区域离核的远近（或电子层），并且是决定电子能量的主要因素；副量子数 l 决定原子轨道（或电子云）的形状，同时也影响电子的能量；磁量子数 m 决定原子轨道（或电子云）在空间的伸展方向；自旋量子数 m_s 决定电子自旋的方向。根据四个量子数可以确定核外电子的运动状态，可以算出各电子层中电子可能的状态，见表 1-1。

表 1-1　核外电子可能的状态

主量子数 n	1	2		3			4			
电子层符号	K	L		M			N			
角量子数 l	0	0	1	0	1	2	0	1	2	3
电子亚层符号	1s	2s	2p	3s	3p	3d	4s	4p	4d	4f
磁量子数 m	0	0	0 ± 1	0	0 ± 1	0 ± 1 ± 2	0	0 ± 1	0 ± 1 ± 2	0 ± 1 ± 2 ± 3
亚层轨道数（$2l+1$）	1	1	3	1	3	5	1	3	5	7
电子层轨道数	1	4		9			16			
自旋量子数 m_s	$\pm 1/2$									
各层可容纳的电子数	2	8		18			32			

三、原子核外电子的排布

在已发现的元素中，除氢以外的原子都属于多电子原子。在多电子原子中，电子不仅受原子核的吸引，而且还存在着电子之间的排斥，作用于电子上的核电荷数以及原子轨道的能级也远比氢原子中的要复杂。

1. 多电子原子轨道的能级

在多电子原子中，电子不仅受核的吸引，电子与电子之间还存在排斥作用，电子的能量不仅取决于主量子数 n，还与角量子数 l 有关。

1939 年，美国化学家鲍林（L. Pauling）根据光谱实验数据总结出多电子原子轨道能级顺序，并按能级的高低顺序绘成能级图。图 1-5 为多电子原子轨道近似能级图。

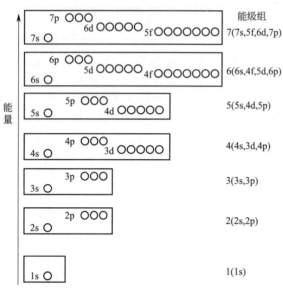

图 1-5　多电子原子轨道近似能级图

由图 1-5 可知，原子轨道共划分为 7 个能级组，同一能级组中各轨道的能量相近，不同能级组间的能量相差比较大。

当 n 与 l 相同时，随着主量子数 n 的增大，原子轨道的能量依次升高，如：

$$E_{1s} < E_{2s} < E_{3s} \cdots$$

当主量子数 n 相同时，随着角量子数 l 的增大，轨道能量升高，如：

$$E_{ns} < E_{np} < E_{nd} < E_{nf}$$

当主量子数 n 和角量子数 l 都不同时，有能级交错现象，如：

$$E_{4s} < E_{3d} < E_{4p}$$
$$E_{5s} < E_{4d} < E_{5p}$$
$$E_{6s} < E_{4f} < E_{5d} < E_{6p}$$

当有了鲍林近似能级图之后，各元素基态原子的核外电子可按这一能级图从低到高顺序填入。

必须指出，鲍林近似能级图仅仅反映了多电子原子中原子轨道能量的近似高低，不能认为所有元素原子的能级高低都是一成不变的。光谱实验和量子力学理论证明，随着元素原子序数的递增（核电荷增加），原子核对核外电子的吸引作用增强，轨道的能量有所下降。由于不同的轨道下降的程度不同，所以能级的相对次序有所改变。

2. 基态原子中电子的排布原则

原子中电子的分布可根据光谱数据来确定。基态原子核外的电子排布，按照原子轨道近似能级图由低到高的顺序依次填充，各元素原子中电子的分布规律基本上遵循三个原理，即泡利（Pauli）不相容原理、能量最低原理以及洪特（Hund）规则。

（1）泡利不相容原理　泡利不相容原理指的是一个原子中不可能有四个量子数完全相同的两个电子。该原理表明了每一个原子轨道或电子层中可容纳的电子数。

（2）能量最低原理　能量最低原理即在不违背泡利不相容原理的前提下，原子核外电子要尽可能填入到能量最低的原子轨道，以使原子体系能量处于最低。

（3）洪特规则　洪特规则指的是电子在能量简并的轨道中，要分占各轨道，且保持自旋方向相同，保持高对称性，以获得稳定。电子分布包括轨道全空、半充满、全充满三种分布方式。洪特规则实际上是对能量最低原理的补充。

3. 原子核外电子排布的表示方法

（1）电子排布式　在电子亚层符号的右上角用数字注明所排列的电子数，如：

$$^{1}\text{H} \qquad\qquad 1s^1$$
$$^{15}\text{P} \qquad\qquad 1s^2 2s^2 2p^6 3s^2 3p^3$$
$$^{17}\text{Cl} \qquad\qquad 1s^2\ 2s^2 2p^6 3s^2 3p^5$$

表 1-2　元素基态原子的电子构型

原子序数	元素	电子构型
1	H	$1s^1$
2	He	$1s^2$
3	Li	$[He]2s^1$
4	Be	$[He]2s^2$
5	B	$[He]2s^22p^1$
6	C	$[He]2s^22p^2$
7	N	$[He]2s^22p^3$
8	O	$[He]2s^22p^4$
9	F	$[He]2s^22p^5$
10	Ne	$[He]2s^22p^6$
11	Na	$[Ne]3s^1$
12	Mg	$[Ne]3s^2$
13	Al	$[Ne]3s^23p^1$
14	Si	$[Ne]3s^23p^2$
15	P	$[Ne]3s^23p^3$
16	S	$[Ne]3s^23p^4$
17	Cl	$[Ne]3s^23p^5$
18	Ar	$[Ne]3s^23p^6$
19	K	$[Ar]4s^1$
20	Ca	$[Ar]4s^2$
21	Sc	$[Ar]3d^14s^2$
22	Ti	$[Ar]3d^24s^2$
23	V	$[Ar]3d^34s^2$
24	Cr	$[Ar]3d^54s^1$
25	Mn	$[Ar]3d^54s^2$
26	Fe	$[Ar]3d^64s^2$
27	Co	$[Ar]3d^74s^2$
28	Ni	$[Ar]3d^84s^2$
29	Cu	$[Ar]3d^{10}4s^1$
30	Zn	$[Ar]3d^{10}4s^2$
31	Ga	$[Ar]3d^{10}4s^24p^1$
32	Ge	$[Ar]3d^{10}4s^24p^2$
33	As	$[Ar]3d^{10}4s^24p^3$
34	Se	$[Ar]3d^{10}4s^24p^4$
35	Br	$[Ar]3d^{10}4s^24p^5$
36	Kr	$[Ar]3d^{10}4s^24p^6$
37	Rb	$[Kr]5s^1$
38	Sr	$[Kr]5s^2$
39	Y	$[Kr]4d^15s^2$
40	Zr	$[Kr]4d^25s^2$
41	Nb	$[Kr]4d^45s^1$
42	Mo	$[Kr]4d^55s^1$
43	Tc	$[Kr]4d^55s^2$
44	Ru	$[Kr]4d^75s^1$
45	Rh	$[Kr]4d^85s^1$
46	Pd	$[Kr]4d^{10}$
47	Ag	$[Kr]4d^{10}5s^1$
48	Cd	$[Kr]4d^{10}5s^2$
49	In	$[Kr]4d^{10}5s^25p^1$
50	Sn	$[Kr]4d^{10}5s^25p^2$
51	Sb	$[Kr]4d^{10}5s^25p^3$
52	Te	$[Kr]4d^{10}5s^25p^4$
53	I	$[Kr]4d^{10}5s^25p^5$
54	Xe	$[Kr]4d^{10}5s^25p^6$
55	Cs	$[Xe]6s^1$
56	Ba	$[Xe]6s^2$
57	La	$[Xe]5d^16s^2$
58	Ce	$[Xe]4f^15d^16s^2$
59	Pr	$[Xe]4f^36s^2$
60	Nd	$[Xe]4f^46s^2$
61	Pm	$[Xe]4f^56s^2$
62	Sm	$[Xe]4f^66s^2$
63	Eu	$[Xe]4f^76s^2$
64	Gd	$[Xe]4f^75d^16s^2$
65	Tb	$[Xe]4f^96s^2$
66	Dy	$[Xe]4f^{10}6s^2$
67	Ho	$[Xe]4f^{11}6s^2$
68	Er	$[Xe]4f^{12}6s^2$
69	Tm	$[Xe]4f^{13}6s^2$
70	Yb	$[Xe]4f^{14}6s^2$
71	Lu	$[Xe]4f^{14}5d^16s^2$
72	Hf	$[Xe]4f^{14}5d^26s^2$
73	Ta	$[Xe]4f^{14}5d^36s^2$
74	W	$[Xe]4f^{14}5d^46s^2$
75	Re	$[Xe]4f^{14}5d^56s^2$
76	Os	$[Xe]4f^{14}5d^66s^2$
77	Ir	$[Xe]4f^{14}5d^76s^2$
78	Pt	$[Xe]4f^{14}5d^96s^1$
79	Au	$[Xe]4f^{14}5d^{10}6s^1$
80	Hg	$[Xe]4f^{14}5d^{10}6s^2$
81	Tl	$[Xe]4f^{14}5d^{10}6s^26p^1$
82	Pb	$[Xe]4f^{14}5d^{10}6s^26p^2$
83	Bi	$[Xe]4f^{14}5d^{10}6s^26p^3$
84	Po	$[Xe]4f^{14}5d^{10}6s^26p^4$
85	At	$[Xe]4f^{14}5d^{10}6s^26p^5$
86	Rn	$[Xe]4f^{14}5d^{10}6s^26p^6$
87	Fr	$[Rn]7s^1$
88	Ra	$[Rn]7s^2$
89	Ac	$[Rn]6d^17s^2$
90	Th	$[Rn]6d^27s^2$
91	Pa	$[Rn]5f^26d^17s^2$
92	U	$[Rn]5f^36d^17s^2$
93	Np	$[Rn]5f^46d^17s^2$
94	Pu	$[Rn]5f^67s^2$
95	Am	$[Rn]5f^77s^2$
96	Cm	$[Rn]5f^76d^17s^2$
97	Bk	$[Rn]5f^97s^2$
98	Cf	$[Rn]5f^{10}7s^2$
99	Es	$[Rn]5f^{11}7s^2$
100	Fm	$[Rn]5f^{12}7s^2$
101	Md	$[Rn]5f^{13}7s^2$
102	No	$[Rn]5f^{14}7s^2$
103	Lr	$[Rn]5f^{14}6d^17s^2$
104	Rf	$[Rn]5f^{14}6d^27s^2$
105	Db	$[Rn]5f^{14}6d^37s^2$
106	Sg	$[Rn]5f^{14}6d^47s^2$
107	Bh	$[Rn]5f^{14}6d^57s^2$
108	Hs	$[Rn]5f^{14}6d^67s^2$
109	Mt	
110	Ds	
111	Rg	
112	Cn	

（2）原子实表示法　原子实是指原子内层电子构型中与某一稀有气体电子构型相同的那一部分实体，常用方括号内写上该稀有气体的元素符号来表示。原子序数大的原子中，部分内层电子构型常用原子实表示，如：

$$^{12}\text{Mg} \qquad 1s^2 2s^2 2p^6 3s^2 \qquad\qquad 表示为[\text{Ne}]3s^2$$

$$^{26}\text{Fe} \qquad 1s^2 2s^2 2p^6 3s^2 3p^6 3d^6 4s^2 \qquad 表示为[\text{Ar}]3d^6 4s^2$$

（3）轨道表示式　轨道表示式又称轨道图式，是用圆圈（或框格）代表原子轨道，在圆圈上方或下方注明轨道的能级，圆圈内用向上或向下的箭头表示电子的自旋状态，如氢原子和磷原子的轨道表示式为：

2. 原子核外
电子的排布

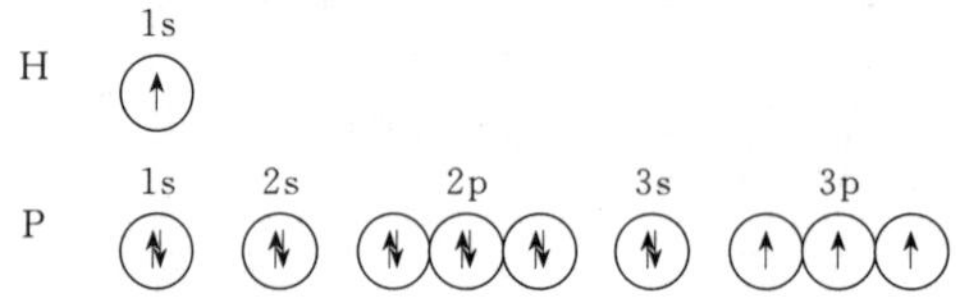

对绝大多数元素的原子来说，按电子排布规则得出的电子排布式与光谱实验的结论是一致的。然而有些副族元素，如$^{74}\text{W}([\text{Xe}]5d^4 6s^2)$ 等，不能用上述规则予以完美解释，这种情况在第六、七周期元素中较多。应该说，这些原子的核外电子排布仍然是服从能量最低原理的，说明电子排布规则还有待完善发展，使它更加符合实际。元素基态原子的电子构型见表 1-2。

四、原子的电子层结构与元素周期表

人们根据大量实验事实总结得出：元素以及由其形成的单质与化合物的性质，随着原子序数（核电荷数）的递增呈周期性变化，这一规律称为元素周期律。元素周期律的图表形式称为元素周期表。

1. 能级组与元素周期

元素周期表对应于原子轨道近似能级图的 7 个能级组，可划分为 7 个周期。在周期表里，元素所在的周期数等于原子的最外层的主量子数 n，与该元素原子的能级组序号完全对应。除第 1 周期外，其余每一个周期中元素原子的最外层电子排布都是由 $ns^1 \to ns^2 np^6$，呈现周期性的变化。各周期中元素的数目与能级组中原子轨道所容纳的电子数目相等。能级组与周期的关系如表 1-3 所示。

表 1-3　能级组与周期的关系

周期	能级组	能级组内各原子轨道	元素数目
1	I	1s	2
2	II	2s2p	8
3	III	3s3p	8
4	IV	4s3d4p	18
5	V	5s4d5p	18
6	VI	6s4f5d6p	32
7	VII	7s5f6d	26(未完)

2. 价层电子构型与族

价电子是指原子参加化学反应时，能用于成键的电子。价电子所在的亚层称为价电子层，简称价层。原子的价层电子构型是指价层电子的排布式，能反映出该元素原子在电子层结构上的特征。

将元素原子的价层电子排布相同或相似的元素排成一列，称为族。周期表中共有18列，共16个族：7个主（A）族、7个副（B）族、1个0族和1个ⅧB族。同族元素虽然电子层数不同，但价层电子的构型基本相同（少数例外）。因此，原子的价层电子构型相同是元素分族的实质。

3. 周期表元素的分区

根据价电子构型，可将元素周期表的元素分为5个区，分别为s区、p区、d区、ds区、f区。

（1）s区 s区元素最后一个电子填充在s轨道，价电子构型为ns^1或ns^2，位于周期表的左侧，包括ⅠA和ⅡA族，它们在化学反应中易失去电子形成+1价或+2价离子，为活泼金属元素。

（2）p区 p区元素最后一个电子填充在p轨道，价电子构型为$ns^2np^{1\sim6}$，位于周期表的右侧，共有ⅢA～ⅧA六族元素。

s区和p区元素为主族元素，其共同特点是最后一个电子都填入最外电子层，最外层电子总数等于族数。

（3）d区 d区元素最后一个电子基本填充在次外层（倒数第二层）$(n-1)$d轨道（个别例外），它们具有可变氧化态，包括ⅢB～ⅧB共六族。

（4）ds区 ds区元素的价电子构型为$(n-1)d^{10}ns^{1\sim2}$。与d区元素的区别在于它们的$(n-1)$d轨道是全满的；与s区元素的区别在于它们有$(n-1)d^{10}$电子层，即它们的次外层d轨道已全充满。所以，ds区元素的性质既不同于d区元素，也不同于s区元素，在周期表中的位置介于d区和p区之间。ds区元素的族数等于最外层ns轨道上的电子数。

（5）f区 f区元素最后一个电子填充在f亚层，价电子构型为$(n-2)f^{0\sim14}(n-1)$ $d^{0\sim2}ns^2$，包括镧系和锕系元素，位于周期表下方。

【例1-1】 已知某元素的原子序数为25，写出该元素原子的电子排布式，并指出该元素在周期表中所处的周期、族和区。

解：该元素的原子有25个电子，电子排布式为$1s^22s^22p^63s^23p^63d^54s^2$或［Ar］$3d^54s^2$，有4个电子层，属于第4周期的元素。其最外层和次外层d亚层电子总数为7，所以它位于ⅧB族。3d电子未充满，应属于d区元素。

五、元素性质的周期性变化

元素性质取决于原子的内部结构。原子的电子层结构呈周期性的变化规律，使得元素的许多基本性质，如原子半径、电离能、电负性等呈现周期性的变化。

1. 原子半径

原子核的周围是电子云，没有确定的边界，通常所说的原子半径缘于物质的聚集状态。现实物质中的原子总是与其他原子为邻的，如果将原子视为球体，那么两原子的核间距离即为两原子球体的半径之和，常将此球体的半径称为原子半径（r）。常用的有以下三种：

（1）金属半径 金属晶体中相邻两个金属原子的核间距的一半称为金属半径（metallic radius）。例如在锌晶体中，测得两原子的核间距为266pm，则锌原子的金属半径$r_{Zn}=133pm$。

（2）共价半径 同种元素的两个原子以共价键结合时，它们核间距的一半称为该原子的共价半径（covalent radius）。例如Cl_2，测得两Cl原子核间距离为198pm，则氯原子的共价半径为$r_{Cl}=99pm$。必须注意，同种元素的两个原子以共价单键、双键或三键结合时，其共价半径不同。

（3）范德华半径　当两个原子只靠范德华力（分子间作用力）互相吸引时，它们核间距的一半称为范德华半径（van der Waals radius）。同一元素原子的范德华半径大于共价半径。各元素的原子半径见表1-4。

表1-4　元素的原子半径（单位为 nm）

周期	ⅠA		ⅡA	ⅢB	ⅣB	ⅤB	ⅥB	ⅦB		Ⅷ		ⅠB	ⅡB	ⅢA	ⅣA	ⅤA	ⅥA	ⅦA	0
1	H 0.037																		He
2	Li 0.152		Be 0.111											B 0.080	C 0.077	N 0.074	O 0.074	F 0.071	Ne
3	Na 0.186		Mg 0.160											Al 0.143	Si 0.118	P 0.110	S 0.103	Cl 0.099	Ar
4	K 0.227	Ca 0.197	Sc 0.161	Ti 0.145	V 0.131	Cr 0.125	Mn 0.137	Fe 0.124	Co 0.125	Ni 0.125	Cu 0.128	Zn 0.133	Ga 0.122	Ge 0.123	As 0.125	Se 0.116	Br 0.114		Kr
5	Rb 0.248	Sr 0.215	Y 0.178	Zr 0.159	Nb 0.143	Mo 0.136	Tc 0.135	Ru 0.133	Rh 0.135	Pd 0.138	Ag 0.145	Cd 0.149	In 0.163	Sn 0.141	Sb 0.145	Te 0.143	I 0.133		Xe
6	Cs 0.267	Ba 0.217	La 0.187	Hf 0.156	Ta 0.143	W 0.137	Re 0.137	Os 0.134	Ir 0.136	Pt 0.139	Au 0.144	Hg 0.150	Tl 0.170	Pb 0.175	Bi 0.155	Po 0.118	At		Rn

La	Ce	Pr	Nd	Pm	Sm	Eu	Gd	Tb	Dy	Ho	Er	Tm	Yb	Lu
0.187	0.183	0.182	0.181	0.181	0.180	0.199	0.179	0.176	0.175	0.174	0.173	0.173	0.194	0.172

原子半径的大小主要取决于原子的有效核电荷和核外电子层结构，元素的原子半径呈周期性变化。对于主族元素，同一周期从左到右，原子半径依次减小；从上到下，原子半径逐渐增大。因为随着核电荷的增加，核外电子数也增加。核电荷的增加使原子核对核外电子的吸引力增大，使电子靠近核，而电子之间的排斥作用使电子远离核。同一周期中，电子层数不增加，核的吸引力大于增加电子所产生的排斥作用，原子半径依次减小。同一族中，从上到下，因电子层数增加起主导作用，原子半径依次增大。

对于副族元素，同一周期从左到右，原子半径依次减小。同一族从上到下，原子半径依次增大，但变化幅度都比较小。

2. 电离能

使基态的气态原子失去一个电子形成+1氧化态气态离子所需的能量，叫作第一电离能（ionization energy），符号为I_1，单位为 kJ/mol。从+1氧化态气态离子再失去一个电子变为+2氧化态离子所需的能量，叫作第二电离能，符号为I_2，以此类推。

例如铝的电离能数据为：

电离能	I_1	I_2	I_3	I_4	I_5	I_6
$I_n/(\text{kJ/mol})$	578	1817	2745	11578	14831	18378

可以看出：

$I_1 < I_2 < I_3 < I_4$…这是原子失电子后，其余电子受到核的吸引力越来越大的缘故。

$I_3 \ll I_4 < I_5 < I_6 \cdots$ 这是因为 I_1、I_2、I_3 失去的是铝原子最外层的价电子，即 3s、3p 电子，而从 I_4 起失去的是铝原子的内层电子，要把这些电子电离需要更高的能量，这正是铝常形成 Al^{3+} 的原因，也是核外电子分层排布的有力证据。

电离能可由实验测得，表 1-5 为各元素原子的第一电离能。通常所说的电离能，如果没有特别说明，指的就是第一电离能。

表 1-5　各元素原子的第一电离能（单位为 kJ/mol）

H 1310																	He 2372
Li 519	Be 900											B 799	C 1096	N 1401	O 1310	F 1680	Ne 2080
Na 494	Mg 736											Al 577	Si 786	P 1060	S 1000	Cl 1260	Ar 1520
K 418	Ca 590	Sc 632	Ti 661	V 648	Cr 653	Mn 716	Fe 762	Co 757	Ni 736	Cu 745	Zn 908	Ga 577	Ge 762	As 966	Se 941	Br 1140	Kr 1350
Rb 402	Sr 548	Y 636	Zr 669	Nb 653	Mo 694	Tc 699	Ru 724	Rh 745	Pd 803	Ag 732	Cd 866	In 556	Sn 707	Sb 833	Te 870	I 1010	Xe 1170
Cs 376	Ba 502	La 540	Hf 531	Ta 760	W 779	Re 762	Os 841	Ir 887	Pt 866	Au 891	Hg 1010	Tl 590	Pb 716	Bi 703	Po 812	At 920	Rn 1040

镧系	Ce 528	Pr 523	Nd 530	Pm 536	Sm 543	Eu 547	Gd 592	Tb 564	Dy 572	Ho 581	Er 589	Tm 597	Yb 603	Lu 524
锕系	Th 590	Pa 570	U 590	Np 600	Pu 585	Am 578	Cm 581	Bk 601	Cf 608	Es 619	Fm 627	Md 635	No 642	Lr 470

电离能的大小反映了原子失去电子的难易程度，即元素的金属性的强弱。电离能愈小，原子愈易失去电子，元素的金属性愈强。电离能的大小主要取决于原子的有效核电荷、原子半径和原子的核外电子层结构。元素的电离能在周期表中呈现有规律的变化。

同一周期：从左到右元素的有效核电荷逐渐增大，原子半径逐渐减小，电离能逐渐增大。稀有气体由于具有 8 电子稳定结构，在同一周期中电离能最大。在长周期中的过渡元素，由于电子加在次外层，有效核电荷增加不多，原子半径减小缓慢，电离能增加不明显。

同一主族：从上到下，有效核电荷增加不多，而原子半径则明显增大，电离能逐渐减小。

3. 电负性

所谓元素的电负性（electronegativity）是指元素的原子在分子中吸引电子能力的相对大小，即不同元素的原子在分子中对成键电子吸引力的相对大小。电负性的概念最早是由鲍林（L. Pauling）提出来的，并规定氟的电负性约为 4.0，通过比较得出其他元素的电负性，如表 1-6 所示。

元素的电负性也呈现周期性的变化：同一周期中，从左到右电负性逐渐增大；同一主族中，从上到下电负性逐渐减小。过渡元素的电负性都比较接近，没有明显的变化规律。元素的电负性越大，该元素的原子吸引成键电子的能力越强，元素的非金属性就越强；元素的电负性越小，该元素的原子吸引成键电子的能力越弱。从表 1-6 中可以看出，金属元素的电负性一般在 2.0 以下，非金属元素的电负性一般在 2.0 以上。因此，元素电负性的大小可以衡量元素金属性与非金属性的强弱。

表 1-6　元素电负性（L. Pauling 值）

1	2	3	4	5	6	7	8	9	10	11	12	13	14	15	16	17
H 2.1																
Li 1.0	Be 1.5											B 2.0	C 2.5	N 3.0	O 3.5	F 4.0
Na 0.9	Mg 1.2											Al 1.5	Si 1.8	P 2.1	S 2.5	Cl 3.0
K 0.8	Ca 1.0	Sc 1.3	Ti 1.5	V 1.6	Cr 1.6	Mn 1.5	Fe 1.8	Co 1.8	Ni 1.8	Cu 1.9	Zn 1.6	Ga 1.6	Ge 1.8	As 2.0	Se 2.4	Br 2.8
Rb 0.8	Sr 1.0	Y 1.2	Zr 1.4	Nb 1.6	Mo 1.8	Tc 1.9	Ru 2.2	Rh 2.2	Pd 2.2	Ag 1.9	Cd 1.7	In 1.7	Sn 1.8	Sb 1.9	Te 2.1	I 2.5
Cs 0.7	Ba 0.9	La 1.0	Hf 1.3	Ta 1.5	W 1.7	Re 1.9	Os 2.2	Ir 2.2	Pt 2.2	Au 2.4	Hg 1.9	Tl 1.8	Pb 1.8	Bi 1.9	Po 2.0	At 2.2
Fr 0.7	Ra 0.9	Ac 1.1														

六、水的分子结构

1. 水分子中的化学键

在自然界中，除了稀有气体元素的原子能以单原子形式稳定出现外，其他元素的原子则以一定的方式结合成分子或以晶体的形式存在。例如：氧分子由两个氧原子结合而成；干冰是众多的 CO_2 分子按一定规律组合形成的分子晶体；纯铜以众多铜原子结合形成的金属晶体形式存在。化学上把分子或晶体中相邻原子（或离子）之间强烈的吸引作用称为化学键。按照化学键形成方式与性质的不同，化学键可分为三种基本类型：离子键、共价键和金属键。

在水分子中，2 个氢原子和 1 个氧原子通过共价键结合成水分子。

（1）现代价键理论　在德国化学家柯塞尔提出离子键理论的同时，美国化学家路易斯（G. N. Lewis）提出了共价键（covalent bond）的电子理论，认为原子结合成分子时，原子间可共用一对或几对电子，形成稳定的分子，这是早期的共价键理论。1927年，英国物理学家海特勒（W. Heitler）和德国物理学家伦敦（F. London）成功地用量子力学方法处理 H_2 的结构。1931 年，美国化学家鲍林和斯莱特将其处理 H_2 的方法推广应用于其他分子系统而发展成为价键理论（valence bond theory），简称 VB 法或电子配对法。

① 两原子接近时，自旋方向相反的未成对的价电子可以配对，形成共价键。

若 A、B 两个原子各有一个自旋方向相反的未成对价电子，可以互相配对形成稳定的共价单键（A—B）。氦原子无未成对价电子，故不可能形成 He_2 分子。

若 A、B 两个原子各有两个或三个自旋方向相反的未成对价电子，则可以形成双键（A＝B）或三键（ A≡B）。如氮原子有三个未成对价电子，若与另一个氮原子的三个未成对价电子自旋方向相反，则可配对形成三键（ N≡N ）。共用电子对数目在两个以上的共价键称为多重键（multiple bond）。

若 A 原子有两个未成对价电子，B 原子有一个，则 A 原子可以与两个 B 原子结合形成 AB_2，例如 H_2O。

② 成键原子的原子轨道相互重叠得越多，形成的共价键越稳定。因此，共价键应尽可能地沿着原子轨道最大重叠的方向形成，此为原子轨道最大重叠原理。

（2）共价键的特征　共价键的两个特征——饱和性和方向性，是现代价键理论两个基本要点的自然结论。

① 饱和性 原子在形成共价分子时所形成的共价键数目，取决于它所具有的未成对电子的数目。因此，一个原子有几个未成对电子（包括激发后形成的未成对电子），便可与几个自旋方向相反的未成对电子配对成键，此为共价键的饱和性。

② 方向性 例如：两个氢原子通过自旋方向相反的 1s 电子配对形成 H—H 单键而结合成 H_2 分子后，就不能再与第三个氢原子的未成对电子配对了。氮原子有三个未成对电子，可与三个氢原子的自旋方向相反的未成对电子配对形成三个共价单键，结合成 NH_3。

（3）共价键的类型

① σ键和π键 根据成键方式和轨道重叠部分的对称性，将共价键分为 σ 键和 π 键。

a. σ键 若两原子轨道按"头碰头"的方式发生轨道重叠，轨道重叠部分沿着键轴（即成键原子核间连线）呈圆柱形对称，这种共价键称为 σ 键 [图 1-6(a)]，形成 σ 键的电子为 σ 电子。

b. π键 若两原子轨道按"肩并肩"的方式发生轨道重叠，轨道重叠部分对通过键轴的一个平面具有镜面反对称，这种共价键称为 π 键 [图 1-6（b）]，形成 π 键的电子为 π 电子。

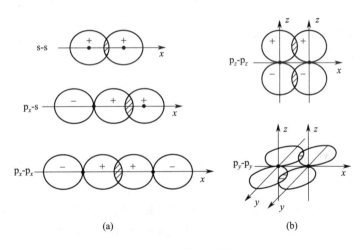

图 1-6 σ键和π键

如 N_2 中两个氮原子，各以三个 3p 轨道（$3p_x$，$3p_y$，$3p_z$）相互重叠形成共价三键。设键轴为 x 轴，结合时每个氮原子的未成对 $3p_x$ 电子彼此沿 x 轴方向，以"头碰头"的方式重叠，形成一个 σ 键。此时每个氮原子的 $3p_y$ 和 $3p_z$ 电子便只能采取"肩并肩"的方式重叠，形成两个 π 键（图 1-7）。

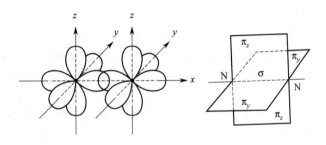

图 1-7 N_2 中化学键示意图

N_2 的价键结构可以用以下两式表示：

$$: N \equiv N :$$

路易斯结构式

$$: N — N :$$

价键结构式

价键结构式中用短横线表示 σ_x 键，用长方框分别表示 π_y 键和 π_z 键，框内电子为 π 电子，元素符号侧旁的电子表示 2s 轨道上未参与成键的孤对电子（lone pair electron）。

必须注意，π 键不能单独存在，它总是和 σ 键相伴形成。一般双键（double covalent bond）含一个 σ 键，一个 π 键；三键（tripe covalent bond）含一个 σ 键，两个 π 键。

3. σ 键

4. π 键

② 正常共价键和配位共价键　按共用电子对中电子的来源方式不同，可将共价键分为正常共价键和配位共价键。

如果共价键的共用电子对由成键两原子各提供一个电子所组成，称为正常共价键，如 H_2、O_2、Cl_2、HCl 等。

如果共价键的共用电子对是由成键两原子中的一个原子提供的，称为配位共价键，简称配位键（coordinate bond）。提供电子对的原子称为电子对给予体（donor），接受电子对的原子称为电子对接受体（acceptor）。例如：

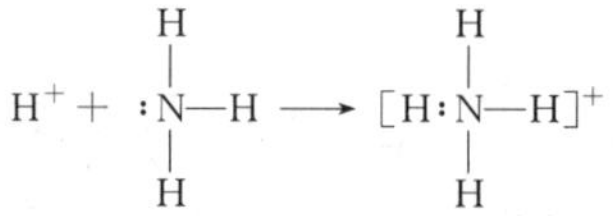

$$H^+ + \; :N-H \; \longrightarrow \; [H:N-H]^+$$

（以 H 为上下取代基的 N）

通常用"→"表示配位键，以区别于正常共价键。但应注意，配位共价键在形成以后和正常共价键并无任何差别，因此 NH_4^+ 的价键结构式虽然表示成为

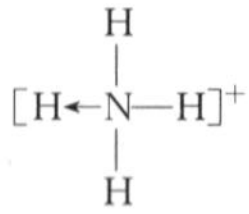

$[H \leftarrow N-H]^+$，但4个 N—H 键是完全等同的。

形成配位键必须具备两个条件：一个原子的价电子层有未共用的电子对，即孤对电子；另一个原子的价电子层有空轨道。

含有配位键的离子或化合物是相当普遍的，如 $[Cu(NH_3)_4]^{2+}$、$[Ag(NH_3)_2]^+$、$[Fe(CN)_6]^{4-}$、$Fe(CO)_5$。

（4）水分子中的化学键　氧原子的价电子排布是 $2s^2 2p^4$，根据洪特规则可知，氧原子 2p 轨道四个电子的排布为 $2p_x^2 2p_y^1 2p_z^1$，其中 $2p_x$ 轨道有成对的电子，而 $2p_y$ 和 $2p_z$ 轨道有未成对电子。氢原子的价电子排布是 $1s^1$，即在 1s 轨道有 1 个未成对电子。要使整个体系能量最低，必然要通过相互接近达到全充满的状态。比如一个氧原子的 $2p_y$ 轨道的单电子与一个氢原子的 1s 轨道上的单电子配对形成 s-p_y 共价键，那 $2p_z$ 轨道的单电子必然与另一个氢原子的 1s 轨道上的单电子配对形成 s-p_z 共价键，形成了水分子 H—O—H 的结构。

2. 水的分子结构与杂化

（1）水分子结构　水分子中氢原子核外只有一个电子，其电子构型为 $1s^1$，氧原子核外有 8 个电子，价电子构型为 $2s^2 2p_x^2 2p_y^1 2p_z^1$。由此可推知，一个氧原子只能与两个氢原子形成两个相互垂直的共价键。但事实上，O—H 键之间的键角为 $104.5°$，H_2O 的空间构型为 V 形。

水分子的形成过程中，基态氧原子的 1 个 2s 轨道和 3 个 2p 轨道发生了 sp^3 不等性杂化，形成了 4 个不完全等同的 sp^3 杂化轨道：

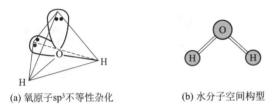

其中，两个杂化轨道分别被两对孤对电子所占据，另外两个杂化轨道中各有一个未成对电子。氧原子用两个各含有一个未成对电子的 sp^3 杂化轨道分别与两个氢原子的 1s 轨道重叠，形成两个 O—H 键。由于氧原子有两对孤电子对，其电子云在氧原子核外占据着更大的空间，对两个 O—H 键的电子云有更大的静电排斥力，使 O—H 键之间的键角从 $109°28'$ 被压缩到 $104.5°$，以致水分子的空间构型为 V 形，如图 1-8 所示。

（a）氧原子 sp^3 不等性杂化　　　　（b）水分子空间构型

6. 水的分子结构

图 1-8　水分子构型示意图

（2）sp 型杂化与分子的空间构型

① sp 杂化　一个 ns 轨道和一个 np 轨道杂化，形成两个等性的 sp 杂化轨道。两个杂化轨道间的夹角为 $180°$，呈直线形构型，以 sp 杂化轨道成键后所形成的分子也为直线形构型。例如气态 $BeCl_2$ 的形成，见图 1-9。

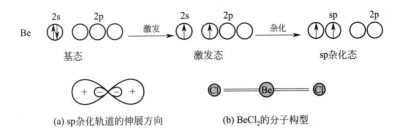

（a）sp 杂化轨道的伸展方向　　　（b）$BeCl_2$ 的分子构型

图 1-9　sp 杂化轨道的伸展方向和 $BaCl_2$ 分子构型

sp 型杂化轨道中，s 成分越多，能量越低，其成键能力越强。

② sp^2 杂化　一个 ns 轨道和两个 np 轨道杂化，形成三个等性的 sp^2 杂化轨道，杂化轨道间的夹角为 $120°$，呈三角形。成键后形成正三角形构型的分子。例如 BF_3 的形成，见图 1-10。

③ sp^3 等性杂化　1 个 ns 轨道和 3 个 np 轨道杂化，形成 4 个等性 sp^3 杂化轨道，杂化轨道间的夹角为 $109°28'$，呈正四面体构型，成键后形成正四面体构型的分子。例如 CH_4 分

子的形成，如图 1-11 所示。

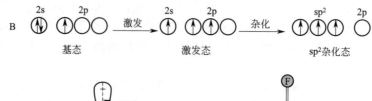

(a) sp² 杂化轨道伸展方向　　　　　　(b) BF₃分子构型

图 1-10　sp² 杂化轨道伸展方向和 BF₃ 分子构型

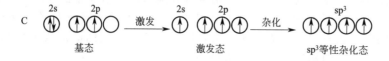

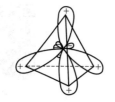
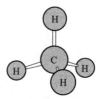

(a) sp³等性杂化轨道伸展方向　　　　(b) CH₄分子构型

7. sp 型杂化与分
子的空间构型

图 1-11　sp³ 等性杂化轨道伸展方向和 CH₄ 分子构型

④ sp³ 不等性杂化　如水分子中氧的杂化。部分杂化轨道的类型和分子空间构型见表 1-7。

表 1-7　杂化轨道的类型和分子的空间构型

杂化类型	sp	sp²	sp³		
杂化轨道构型	直线形	三角形	四面体		
杂化轨道中孤对电子数	0	0	0	1	2
分子空间构型	直线形	三角形	正四面体	三角锥形	三角形
键角	180°	120°	109°28′	107.3°	104.5°
实例	$BeCl_2$ CO_2 C_2H_2 $HgCl_2$	BF_3 BCl_3 C_2H_4 C_6H_6	CCl_4 SiH_4 SiF_4	NH_3	H_2O

七、水分子间力和氢键

水蒸气可凝聚成水，水可凝固成冰，这一过程表明分子间还存在一种相互吸引力，这种力被称为分子间力。分子间力是由荷兰物理学家范德华在 1873 年提出的，故又称为范德华力。分子间力的本质是静电吸引力，其产生与分子的极性有关。

1. 分子的极性

在任何一个分子中都可以找到一个正电荷中心和一个负电荷中心，根据两个电荷中心是否重合，可以把分子分为极性分子和非极性分子。正、负电荷中心不重合的分子为极性分子（polar molecule），正、负电荷中心重合的分子为非极性分子（nonpolar molecule）。

对于同核双原子分子，由于两个原子的电负性相同，两个原子之间的化学键是非极性键，分子是非极性分子。如果是异核双原子分子，由于电负性不同，两个原子之间的化学键为极性键，即分子的正电荷中心和负电荷中心不会重合，分子是极性分子，如 HCl、CO 等。

对于复杂的多原子分子来说，如果是相同原子组成的分子，分子中只有非极性键，那么分子通常是非极性分子，单质分子大都属于此类，如 P_4、S_8 等。如果组成原子不相同，那么分子的极性不仅与元素的电负性有关，还与分子的空间结构有关。例如，H_2O 和 CO_2 都是三原子分子，都是由极性键构成，但 CO_2 的空间结构是直线形，键的极性相互抵消，分子的正、负电荷中心重合，分子为非极性分子。而 H_2O 中的 O—H 键为极性键，水分子的空间构型是 V 形，正、负电荷重心不重合，为极性键形成的极性分子。

一般用偶极矩来判断分子的极性。分子偶极矩 μ 等于正、负电荷中心所带电量 q 与正、负电荷中心间距离 d 的乘积：$\mu = qd$。分子的偶极矩见图 1-12。

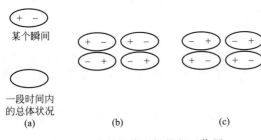

图 1-12　分子的偶极矩

偶极矩可由实验测出，其单位为库·米（C·m）。偶极矩越大，分子的极性就越大；偶极矩越小，分子的极性就越小。偶极矩等于零的分子为非极性分子。

表 1-8 列出了一些物质分子的偶极矩实验数据。偶极矩还可帮助判断分子可能的空间构型。例如 NH_3 和 BCl_3 都是由四个原子组成的分子，可能的空间构型有两种，一种是平面三角形，另一种是三角锥形。实验测得它们的偶极矩 μ 分别是 $\mu(NH_3) = 5.00 \times 10^{-30}$ C·m，$\mu(BCl_3) = 0.00$ C·m。由此可知，BCl_3 分子是平面三角形构型，而 NH_3 分子是三角锥形构型。

表 1-8　一些物质分子的偶极矩和分子的几何构型

分子	$\mu/10^{-30}$ C·m	几何构型	分子	$\mu/10^{-30}$ C·m	几何构型
H_2	0.0	直线形	HF	6.4	直线形
N_2	0.0	直线形	HCl	3.4	直线形
CO_2	0.0	直线形	HBr	2.6	直线形
CS_2	0.0	直线形	HI	1.3	直线形
CH_4	0.0	正四面体	H_2O	6.1	角形
CCl_4	0.0	正四面体	H_2S	3.1	角形
CO	0.37	直线形	SO_2	5.4	角形
NO	0.50	直线形	NH_3	4.9	三角锥形

2. 分子间力

分子的极性和变形性是产生分子间力的根本原因。分子间力一般包括三种力：色散力、诱导力和取向力。

（1）色散力　任何分子由于其电子和原子核的不断运动，常发生电子云和原子核之间的瞬间相对位移，从而产生瞬间偶极（图 1-13）。瞬间偶极之间的作用力称为色散力（dispersion force）。色散力与分子的变形性有关。分子的变形性愈大，色散力愈大。分子中

某个瞬间

一段时间内的总体状况

(a)　(b)　(c)

图 1-13　非极性分子间的相互作用

原子或电子数愈多，分子愈容易变形，所产生的瞬间偶极矩就愈大，相互间的色散力愈大。不仅在非极性分子中会产生瞬间偶极，极性分子中也会产生瞬间偶极。因此，色散力不仅存在于非极性分子间，同时也存在于非极性分子与极性分子之间和极性分子与极性分子之间。色散力是分子间普遍存在的作用力。

（2）诱导力　当极性分子与非极性分子相邻时，极性分子就如同一个外电场，使非极性分子发生变形极化，产生诱导偶极。极性分子的固有偶极与诱导偶极之间的这种作用力称为诱导力（induced force）。诱导力的本质是静电引力，极性分子的偶极矩愈大，非极性分子的变形性愈大，产生的诱导力也愈大；而分子间的距离愈大，则诱导力愈小。诱导力与温度无关。由于在极性分子之间也会相互诱导产生诱导偶极，所以极性分子之间也会产生诱导力〔图 1-13(c)〕。

（3）取向力　极性分子与极性分子之间，由于同性相斥、异性相吸的作用，使极性分子间按一定方向排列而产生的静电作用力称为取向力（orientation force）〔图 1-14(b)〕。取向力的本质是静电作用，可根据静电理论求出取向力的大小。偶极矩越大，取向力越大；分子间距离越小，取向力越大。同时，取向力与热力学温度成反比。

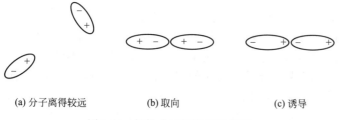

(a) 分子离得较远　　　　(b) 取向　　　　(c) 诱导

图 1-14　极性分子间的相互作用

8. 非极性分子间的相互作用

总体来讲，分子间力具有如下特点：不同情况下分子间力的构成情况不同，极性分子与极性分子之间的作用力由取向力、诱导力和色散力三部分组成；极性分子与非极性分子间只存在诱导力和色散力；非极性分子之间仅存在色散力；在多数情况下，色散力占分子间力的绝大部分。

化学键力主要影响物质的化学性质，而分子间力主要影响物质的物理性质，如物质的熔点、沸点等。例如，HX 的分子量以 HCl→HBr→HI 顺序增大，分子间力（主要是色散力）也依次增大，故其熔、沸点依次升高。然而它们化学键的键能依次减小，所以其热稳定性依次减小。此外，分子间力愈大，其气体分子越容易被吸附。例如，防毒面具中利用活性炭的吸引作用，将比空气中氧气密度大的毒气（如 $COCl_2$、Cl_2 等）吸附除去，就是因为毒气与活性炭的分子间作用力较氧气与活性炭间的作用力大。

9. 极性分子间的相互作用

3. 氢键

除上述三种分子间力之外，在某些化合物的分子之间或分子内还存在着与分子间力大小接近的另一种作用力——氢键。氢键是指氢原子与电负性较大的 X 原子（如 F、O、N 原子）以极性共价键相结合时，还能吸引另一个电负性较大，而半径又较小的 Y 原子（X 原子也可与 Y 原子相同，也可不同）的孤对电子所形成的分子间或分子内的键。氢键可简单示意如下：

$$X—H\cdots Y$$

能形成氢键的物质相当广泛，例如，HF、H_2O、NH_3、无机含氧酸和有机羧酸、醇、胺、蛋白质以及某些合成高分子化合物等物质的分子（或分子链）之间都存在着氢键，这是因为这些物质的分子中，含有 F—H 键、O—H 键或 N—H 键。

水分子间氢键如图 1-15 所示。

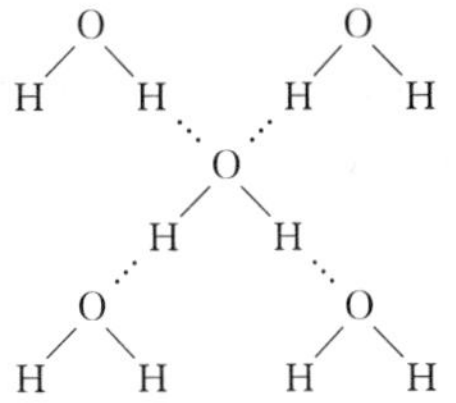

水分子中，由于氧的电负性较大，O—H 共价键中的共用电子对被强烈地吸引向氧原子一侧，而使氢原子带正电荷。同时，氢原子用自己仅有的一个电子与氧原子形成共价键后，内层已无电子，它不被其他原子的电子云所排斥，反而会吸引另一个水分子中氧原子的孤对电子，从而形成 HO—$H \cdots OH_2$，使水分子缔合在一起。而醛、酮，

图 1-15　水分子间氢键

例如乙醛（ 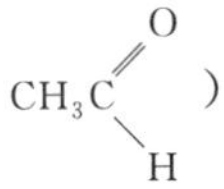 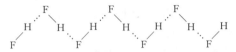 ）和丙酮（ CH_3—$\overset{}{\underset{O}{C}}$—$CH_3$ ）等有机物的分子中虽有氢、氧原子存在，但与氢原子直接连接的是电负性较小的碳原子，所以通常这些同种化合物的分子之间不能形成氢键。

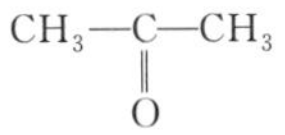

氢键具有饱和性和方向性。例如，固体 HF 中氢键结构可简单表示如下：

10. 水分子间力和氢键

氢键的键能比化学键要弱得多，与分子间力有相同的数量级。但分子间存在氢键时，大大加强了分子间的相互作用。氢键在生物化学中也有着重要意义。例如，人体内的蛋白质分子中存在着大量的氢键，有利于蛋白质分子的稳定存在。

习 题

一、填空题

1. 量子数 $n=3$、$m=0$ 时，各轨道所填充的最多电子数是_____；$n=4$、$m_s=-\dfrac{1}{2}$ 时，各亚层所填充的最多电子数之和是_____；$n=2$、$l=1$ 时，可填充的最多电子数之和是_____；$n=3$、$l=2$、$m=-1$ 时，可填充的最多电子数是_____。

2. 原子序数为 47 的元素，其原子核外电子排布为_____，价电子对应的主量子数 n 为_____，角量子数 l 为_____，磁量子数 m 为_____。

3. 按所示格式填写下表（基态）：

原子序数	电子排布式	价层电子排布	周期	族
49				
	$1s^2 2s^2 2p^6$			
		$3d^5 4s^1$		
			6	ⅡB

4. 在离子 Rb^+、Mn^{2+}、I^-、Zn^{2+}、Bi^{3+}、Ag^+、Pb^{2+}、S^{2-}、Li^+ 中，属于 8 电子构型的有_____，属于 18 电子构型的有_____，属于 18＋2 电子构型的有_____，属于 9～17 电子构型的有_____。

二、选择题

1. 多电子原子中，决定核外电子能量高低的量子数为（　　）。

A. n、l、m、s　　　　B. n、l、m　　　　C. n、l　　　　D. n

2. （　　）的电子排布式为 $[Ar]3d^5$。

A. Mn^{2+}　　　　B. Fe^{2+}　　　　C. Co^{2+}　　　　D. Ni^{2+}

3. ⬚ 是（　　）的图形。

A. $Y_{d_{x^2-y^2}}$　　　　B. $Y^2_{d_{x^2-y^2}}$　　　　C. $Y_{d_{xy}}$　　　　D. $Y^2_{d_{xy}}$

4. 下列各组量子数，不正确的是（　　）。

A. $n=2$，$l=1$，$m=0$，$m_s=-1/2$　　　　B. $n=3$，$l=0$，$m=1$，$m_s=1/2$

C. $n=2$，$l=1$，$m=-1$，$m_s=1/2$　　　　D. $n=3$，$l=2$，$m=-2$，$m_s=-1/2$

5. 角量子数 $l=2$ 的某一电子，其磁量子数 m（　　）。

A. 只有一个数值　　　　　　　　　B. 可以是三个数值中的任一个

C. 可以是五个数值中的任一个　　　　D. 可以有无限多数值

6. 下列说法中，符合泡利原理的是（　　）。

A. 在同一原子中，不可能有四个量子数完全相同的电子

B. 在原子中，具有一组相同量子数的电子不能多于两个

C. 原子处于稳定的基态时，其电子争先占据最低的能级

D. 在同一电子亚层各个轨道上的电子分布争先占据不同的轨道，且自旋平行

7. 下列各原子电子组态中，属于激发态的是（　　）。

A. $1s^2 2s^2 2p^6 3s^2 3p^1$　　　　　　　B. $1s^2 2s^2 2p^6 3s^2 3p^6 3d^{10} 4s^1$

C. $1s^2 2s^2 2p^6 3s^2 3p^6 3d^5 4s^1$　　　　D. $1s^2 2s^2 2p^6 3s^2 3p^3 3d^1$

8. 基态原子的第六电子层只有两个电子，第五电子层上的电子数目为（　　）。

A. 8　　　　　　B. 18　　　　　　C. 8～18　　　　　　D. 8～32

9. 和 Ar 具有相同电子构型的原子或离子是（　　）。

A. Ne　　　　　B. Na^+　　　　C. F　　　　　D. S^{2-}

10. 基态时，4d 和 5s 均为半充满的原子是（　　）。

A. Cr　　　　　B. Mn　　　　　C. Mo　　　　　D. Tc

11. 第一电离能最大的原子的电子构型是（　　）。

A. $3s^2 3p^1$　　　　B. $3s^2 3p^2$　　　　C. $3s^2 3p^3$　　　　D. $3s^2 3p^4$

三、简答题

1. 同一周期的主族元素，第一电离能 I_1 变化的总趋势是随着原子序数而逐渐增加，但为什么第三周期中 ^{15}P 的 I_1 反而比 ^{16}S 的要高？

2. 共价键为什么具有饱和性和方向性？

3. 指出下列化合物中成键原子可能采取的杂化类型，并预测其分子的几何形状。

① BeH_2　　　　② BI_3　　　　③ SbI_3　　　　④ CCl_4

4. 指出下列分子间力的类型，并说明原因。

① C_6H_6 与 CCl_4　　　　　　　② CH_3CH_2OH 与 H_2O

③ C_6H_6 与 CH_3CH_2OH　　　　　④ NH_3 与 NH_3

5. 判断下列各组分子间存在着哪种分子间作用力：

① 苯和四氯化碳　　② 乙醇和水　　③ 苯和乙醇　　④ 液氨

6. 已知稀有气体的沸点如下，试说明沸点递变的规律和原因。

物质名称	He	Ne	Ar	Kr	Xe
沸点/K	4.26	27.26	87.46	120.26	166.06

任务二　稀溶液饱和蒸气压变化及应用

任务引领

　　稀溶液依数性是指稀溶液中依赖溶质数量的物理性质与溶质本性无关。这些性质包括蒸气压下降、沸点升高、凝固点降低和渗透压现象。在冬春季节，冰雪天的道路上通过泼洒工业食盐可以加速除冰融雪。道路被冰雪覆盖时，工作人员就在冰雪上泼撒工业食盐来加速冰雪融化，从而使道路通畅。这就根据依数性的凝固点降低原理，冰雪可以认为是固态水，在冰雪中撒一些工业食盐，工业食盐溶解在水中后形成稀溶液，由于溶液的凝固点要低一些，依据固相与液相平衡条件，白天温度稍稍回升，就可以使平衡向溶液方向移动，冰雪就会加速溶解变成液体，从而达到除冰融雪的目的。同样基于凝固点降低的原理，在冬季，汽车的散热器（水箱）里通常加入丙三醇（俗称甘油），建筑工地上经常给水泥浆料中添加工业盐等，都是利用了依数性原理来降低凝固点。稀溶液依数性在生活中的应用不仅解释了生活规律，还解决了生产难题，丰富了生活和生产活动。稀溶液依数性不仅仅在生活上有应用，也表现在生物学及医学上，比如对细胞内外物质的交换与运输、临床输液、水及电解质的代谢等问题具有一定的理论指导意义。

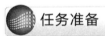

任务准备

　　1. 如何表示溶液及其组成？
　　2. 什么是溶液的依数性？
　　3. 渗透压产生的原因是什么？
　　4. 溶液的依数性在生活中有何应用？

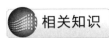

相关知识

　　冬天在汽车水箱中加入甘油或乙二醇降低水的凝固点，防止水箱结冰而被破坏；积雪的路面撒盐可以防滑；盐和冰的混合物可作冷却剂，用于冷冻食品的运输。

一、溶液及其组成的表示方法

　　溶液在工农业生产、科学实验和日常生活中都起着十分重要的作用。在自然界中，一切生命现象大都和溶液有着密切的关系，许多化学反应都是在溶液中进行的。例如，把少量食盐放在水中，一段时间以后，食盐溶解在水中。在食盐水里，钠离子和氯离子均匀地分散在水分子之间。这种由一种物质以其分子或者离子状态均匀分布在另一种物质中所得到的分散体系称为溶液，包括气态溶液、液态溶液和固态溶液。通常说的溶液是指液态溶液，溶液由溶质和溶剂组成，溶剂是一种介质，在其中均匀分布着分子或离子。水是最常用的溶剂，通常所说的溶液即水溶液。若以苯、乙醇、液氨等作溶剂，则为非水溶液。溶液的性质与溶液的组成有密切关系。

溶液组成的表示方法很多，常用的有以下几种：

1. 物质的摩尔分数

溶液中组分 B 的物质的量与总的物质的量之比，称为组分 B 的摩尔分数，无量纲，一般用 x_B 表示。

$$x_B = \frac{n_B}{\sum n_B} \tag{1-1}$$

式中　n_B——溶液中组分 B 的物质的量，mol；

　　　$\sum n_B$——溶液的总物质的量，mol。

2. 物质的质量分数

溶液中组分 B 的质量与总质量之比，称为组分 B 的质量分数，无量纲，常以 w_B 表示。

$$w_B = \frac{m_B}{\sum m_B} \tag{1-2}$$

式中　m_B——物质 B 的质量，kg；

　　　$\sum m_B$——溶液的总质量，kg。

3. 物质的质量摩尔浓度

在溶液中，单位质量溶剂 A 中溶质 B 的物质的量，称为溶质 B 的质量摩尔浓度，其单位为 mol/kg，常以 b_B 表示。

$$b_B = \frac{n_B}{m_A} \tag{1-3}$$

式中　n_B——溶液中溶质 B 的物质的量，mol；

　　　m_A——溶液中溶剂 A 的质量，kg。

4. 物质的量浓度

单位体积溶液中所含物质 B 的物质的量，称为 B 的物质的量浓度，简称为 B 的量浓度或浓度，单位为 mol/L，常以 c_B 表示。

$$c_B = \frac{n_B}{V} \tag{1-4}$$

式中　n_B——溶液中溶质 B 的物质的量，mol；

　　　V——溶液的体积，L。

5. 密度

物质 B 的质量和其体积的比值，称为物质 B 的密度，单位为 kg/m^3 或者 g/cm^3，常以符号 ρ 表示。

$$\rho = \frac{m}{V} \tag{1-5}$$

式中　m——物质 B 的质量，kg 或 g；

　　　V——物质 B 的体积，m^3 或 cm^3。

上述各种表示方法之间可以相互换算，当涉及体积与质量之间的关系时，需要借助密度这一物理量。

【例 1-2】　30g 乙醇（B）溶于 50g 四氯化碳（A）中形成溶液，其密度为 $\rho = 1.28 \times 10^3 kg/m^3$，试用质量分数、摩尔分数、物质的量浓度和质量摩尔浓度来表示该溶液的组成。

解：　　　　　质量分数　$w_B = \dfrac{m_B}{\sum m_B} = \dfrac{30}{30+50} = 0.375$

$$摩尔分数 \quad x_B = \frac{n_B}{\sum n_B} = \frac{\frac{30}{46}}{\frac{30}{46} + \frac{50}{154}} = 0.668$$

$$物质的量浓度 \quad c_B = \frac{n_B}{V} = \frac{\frac{30}{46}}{\frac{(30+50) \times 10^{-3}}{1.28 \times 10^3}} = 10.44 \times 10^3 \, (\text{mol/m}^3)$$

$$质量摩尔浓度 \quad b_B = \frac{n_B}{m_A} = \frac{\frac{30}{46}}{50 \times 10^{-3}} = 13.04 \, (\text{mol/kg})$$

二、稀溶液的依数性

稀溶液的某些性质只取决于稀溶液中溶质的浓度,而与溶质的本性无关,即只依赖于溶质粒子的数目,这些性质称为依数性。稀溶液的依数性包括溶液的蒸气压下降、沸点升高、凝固点降低和渗透压现象。稀溶液的依数性在生命科学中极为重要。当溶液是电解质,或虽非电解质但溶液很浓时,溶液的依数性规律就会发生变化,这里只讨论难挥发非电解质稀溶液的依数性。

1. 溶液的蒸气压下降

在密闭容器中,恒温条件下,单位时间内某液体由液面蒸发出的分子数和由气相回到液体内的分子数相等时,气液两相处于平衡状态,这时液面上蒸气的压力称为饱和蒸气压,简称蒸气压,如图 1-16 所示。

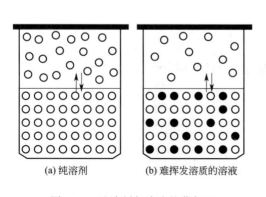

图 1-16 纯溶剂与溶液的蒸气压
（○ 代表溶剂分子，● 代表溶质分子）

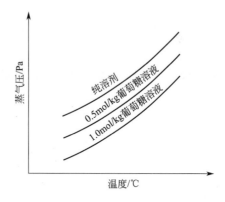

图 1-17 纯溶剂溶液蒸气压曲线

不但液体有蒸气压,固体也有蒸气压,但在一般情况下固体的蒸气压数值很小。液体和固体的蒸气压都只与其本性和温度有关,各种液体和固体的蒸气压随温度的升高而增大。在一定温度下,纯溶剂的蒸气压是一定值。

实验证明,在相同温度下,当把难挥发的非电解质溶入溶剂形成稀溶液后,稀溶液的蒸气压(实际上是指稀溶液中的溶剂的蒸气压)比纯溶剂的蒸气压低,这种现象称为溶液的蒸气压下降。

溶液蒸气压下降的原因是溶剂的部分表面被难挥发的溶质所占据,单位时间内逸出液面的溶剂分子数相对减少。因此达到平衡时,溶液的蒸气压低于纯溶剂的蒸气压,见图 1-16(b)。显然,溶液的浓度越大,其蒸气压下降越多,如图 1-17 所示。

1887 年，法国物理学家拉乌尔（F. M. Raoult）根据实验结果总结出一条规律：在一定温度下，难挥发非电解质稀溶液的蒸气压等于纯溶剂的蒸气压与溶剂摩尔分数的乘积，与溶液的本性无关，这就是拉乌尔定律。它可用下式来表示：

$$p = p_A x_A \tag{1-6}$$

式中，p 为溶液的蒸气压；p_A 为纯溶剂的蒸气压；x_A 为溶剂的摩尔分数。

设 x_B 为溶质的摩尔分数，对于只含有一种溶质的溶液，由于 $x_A + x_B = 1$，因此：

$$p = p_A(1 - x_B)$$
$$p_A - p = p_A x_B$$

即

$$\Delta p = p_A x_B \tag{1-7}$$

拉乌尔定律也可以这样描述：在一定温度下，难挥发非电解质稀溶液的蒸气压下降值与溶质的摩尔分数成正比，而与溶质的本性无关。

【例 1-3】 在 25℃时，C_6H_{12}（环己烷，A）的饱和蒸气压为 13.33kPa，在该温度下，840g C_6H_{12} 中溶解 0.5mol 某种非挥发性有机化合物 B，已知 $M(C_6H_{12}) = 84$g/mol，求该溶液的蒸气压。

解：根据题意得

$$n_B = 0.5\text{mol}$$
$$n_A = 840/84 = 10(\text{mol})$$
$$x_A = n_A/(n_A + n_B) = 10/(10 + 0.5) = 0.952$$

因 B 为非挥发性的有机化合物，符合拉乌尔定律，故：

$$p = p_A x_A = 13.33 \times 0.952 = 12.69(\text{kPa})$$

拉乌尔定律只适用于非电解质的稀溶液，对于稀溶液来说，$n_A \gg n_B$，因而 $n_A + n_B \approx n_A$，则：

$$x_B = \frac{n_B}{n_A + n_B} \approx \frac{n_B}{n_A} \quad \Delta p = p_A \frac{n_B}{n_A}$$

若溶液的质量摩尔浓度为 b_B，溶剂的摩尔质量为 M_A，则：

$$\frac{n_B}{n_A} = \frac{b_B}{\dfrac{1000}{M_A}} = \frac{M_A}{1000} b_B$$

$$\Delta p = p_A \frac{M_A}{1000} b_B$$

对于任何一种溶剂，当温度一定时，式中，$p_A \dfrac{M_A}{1000}$ 为一常数，若以 K 表示该常数，则：

$$\Delta p = K b_B \tag{1-8}$$

上式表示：在一定温度下，难挥发非电解质稀溶液的蒸气压下降值，近似地与溶液的质量摩尔浓度成正比，这是拉乌尔定律的又一种描述。

2. 溶液的沸点升高

液体的蒸气压随温度升高而增加，当其蒸气压等于外界压力时，液体就 11. 蒸气压
沸腾，这个温度就是液体的沸点。当外界压力为 101.325kPa 时的沸点，称为正常沸点。水的正常沸点为 373.15K。如图 1-18 所示，纯溶剂的沸点是 $T_b^{\ominus}$。因溶液的蒸气压低于纯溶剂的蒸气压，所以在 T_b 时，溶液的蒸气压等于外压，溶液才沸腾。T_b 是溶液的沸点，显而易见，溶液的沸点总是高于纯溶剂的沸点，这一现象称为溶液的沸点升

高。T_b 和 $T_b^\ominus$ 之差即为溶液的沸点升高值 ΔT_b。溶液越浓，其蒸气压下降越多，沸点升高越多。

拉乌尔根据实验结果得到如下关系式：

$$\Delta T_b = K_b b_B \qquad (1\text{-}9)$$

式中，K_b 为溶剂的沸点升高常数；b_B 为溶液的质量摩尔浓度。

上式表示：难挥发非电解质稀溶液的沸点升高值近似地与溶液的质量摩尔浓度成正比，而与溶质的本性无关。

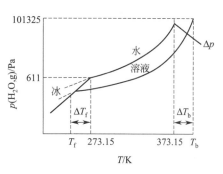

图 1-18　水溶液沸点升高和凝固点降低

3. 溶液的凝固点降低

在 101.325kPa 下，纯液体和它的固相平衡共存时的温度就是该液体的正常凝固点。溶液的凝固点是指固态纯溶剂和液态溶液平衡时的温度。在此温度时，液相蒸气压与固相蒸气压相等，固态纯溶剂的蒸气压与溶液的蒸气压相等。如图 1-18 所示，纯水的凝固点 $T_f^\ominus$ 为 273.15K，在此温度下水和冰的蒸气压相等，但在 273K 下不结冰。若温度继续下降，冰的蒸气压下降幅度比水溶液的大，当冷却到 T_f 时，冰和溶液的蒸气压相等，这个平衡温度 T_f 就是溶液的凝固点。显然，溶液的凝固点总是低于纯溶剂的凝固点，这一现象称为溶液的凝固点降低。溶液的凝固点降低值 $\Delta T_f = T_f^\ominus - T_f$。

根据拉乌尔定律，难挥发非电解质稀溶液的凝固点降低值近似地与溶质的质量摩尔浓度成正比，而与溶质的本性无关。其数学表达式为：

$$\Delta T_f = K_f b_B \qquad (1\text{-}10)$$

式中，K_f 为溶剂的凝固点降低常数。K_f 与 K_b 一样，只与溶剂的本性有关。

常见溶剂的 K_b 和 K_f 值见表 1-9。

表 1-9　常见溶剂的 K_b 和 K_f 值

溶剂	T_b/K	$K_b/(K \cdot kg/mol)$	T_f/K	$K_f/(K \cdot kg/mol)$
水	373.0	0.512	273.0	1.86
苯	353.1	2.53	278.5	5.10
环己烷	354.0	2.79	279.5	20.20
乙酸	391.0	2.93	290.0	3.90
乙醇	351.4	1.22	155.7	1.99
氯仿	334.2	3.63	209.5	—
萘	491.0	5.80	353.0	6.90
樟脑	481.0	5.95	451.0	40.00

应用凝固点降低法也可测定溶质的摩尔质量，并且准确度优于蒸气压法和沸点升高法。因为 Δp 和 ΔT_b 都不易测准，而且比较 K_f 和 K_b 的值可知，大多数溶剂的 $K_f > K_b$，所以用凝固点降低法测定摩尔质量的精确度较高。

4. 溶液的渗透压

许多天然或人造的膜，对物质的透过有选择性，只允许某种离子通过，不允许另一种离子通过，或者只允许溶剂分子通过而不允许溶质分子通过，这种膜称为半透膜。例如：动物的膀胱膜允许水分子通过，而不允许高分子溶质或胶体粒子通过；乙酸纤维膜允许水分子通过，不允许水中的溶质离子通过。

如图 1-19(a) 所示，在一个 U 形容器中，用半透膜将纯溶剂与溶液隔开。由于纯溶剂的蒸气压比溶液的蒸气压大，溶剂分子在单位时间内从纯溶剂进入溶液的数目要比从溶液进入纯溶剂的数目多。恒温条件下，经过一段时间后，溶液的液面将沿容器上的毛细管上升，

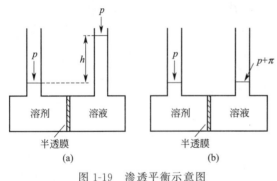

图 1-19　渗透平衡示意图

直到某一高度达到平衡为止。如果改变溶液的浓度，则溶液上升的高度也随之改变。这种现象称为渗透现象。若要制止渗透现象的发生，必须在溶液上方增加压力，直到渗透现象停止，如图 1-19(b) 所示。达到渗透平衡时，溶剂液面与溶液液面的压力差，就是渗透压。

理想稀溶液的渗透压与溶液组成的关系为：

$$\pi = c_B RT \tag{1-11}$$

或
$$\pi V = nRT \tag{1-12}$$

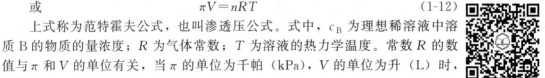

12. 稀溶液的依数性

上式称为范特霍夫公式，也叫渗透压公式。式中，c_B 为理想稀溶液中溶质 B 的物质的量浓度；R 为气体常数；T 为溶液的热力学温度。常数 R 的数值与 π 和 V 的单位有关，当 π 的单位为千帕（kPa），V 的单位为升（L）时，R 值为 $8.31 \text{kPa} \cdot \text{L}/(\text{K} \cdot \text{mol})$。

渗透压公式表示在一定温度下，渗透压的大小只与溶质的物质的量浓度成正比，与溶质的种类无关。

渗透压是稀溶液依数性中最灵敏的一种，它特别适用于测定大分子化合物的摩尔质量，根据测得的渗透压可以求得溶质的摩尔质量 M_B。

习　题

一、填空题

1. 稀溶液的依数性包括_____、_____、_____ 和_____。

2. 产生渗透现象的必备条件是_____和_____，水的渗透方向为_____或_____。

3. 0.10mol/kg 的 KCl 溶液、K_2SO_4 溶液、HAc 溶液、$C_6H_{12}O_6$ 溶液的渗透压由低到高的顺序为 _____，凝固点由高到低的顺序为_____。

4. 已知水的 K_f 为 $1.86 \text{K} \cdot \text{kg/mol}$，要使乙二醇（$C_2H_6O_2$）水溶液的凝固点为 -10℃，需向 100g 水中加入_____g 乙二醇。

二、判断题

1. 溶液的沸点是指溶液沸腾温度不变时的温度。　　　　　　　　　　　　　　　　（　　）

2. 溶液与纯溶剂相比沸点升高、凝固点降低是溶剂摩尔分数减小引起的。　　　　（　　）

3. 等物质的量硝酸钾和碳酸钾分别加入等量的水中，两溶液的蒸气压下降值相等。（　　）

4. 凡是浓度相等的溶液都是等渗溶液。　　　　　　　　　　　　　　　　　　　（　　）

5. 溶液的蒸气压下降和沸点升高仅适用于难挥发的非电解质溶质，而凝固点降低及渗透压则不受此限制。　　　　　　　　　　　　　　　　　　　　　　　　　　　　　　（　　）

6. 电解质浓溶液也有依数性变化规律，但不符合拉乌尔定律的定量关系。　　　　（　　）

7. 一定量的电解质加入纯水中，此溶液的沸点一定高于 100℃，但无法定量计算。（　　）

8. 任何两种溶液用半透膜隔开，都有渗透现象发生。　　　　　　　　　　　　　（　　）

三、选择题

1. 以下表述正确的是（　　　）。

A. 饱和溶液一定是浓溶液

B. 甲醇是易挥发性液体，溶于水后水溶液凝固点不能降低

C. 强电解质溶液的活度系数皆小于 1

D. 质量摩尔浓度数值不受温度变化影响

2. 已知乙醇和苯的密度分别为 $0.800g/cm^3$ 和 $0.900g/cm^3$，若将 $86.3cm^3$ 乙醇和 $901cm^3$ 苯互溶，则此溶液中乙醇的质量摩尔浓度为 （　　）。

A. $1.52mol/dm^3$　　　B. $1.67mol/dm^3$　　　C. $1.71mol/kg$　　　D. $1.85mol/kg$

3. $2.5g$ 某聚合物溶于 $100cm^3$ 水中，$20℃$ 时的渗透压为 $100Pa$，则该聚合物的分子量是 （　　）。

A. $6.1×10^2$　　　B. $4.1×10^4$　　　C. $6.1×10^5$　　　D. $2.2×10^6$

4. $1.0mol/dm^3$ 蔗糖的水溶液、$1.0mol/dm^3$ 乙醇的水溶液和 $1.0mol/dm^3$ 乙醇的苯溶液，这三种溶液具有的相同性质是 （　　）。

A. 渗透压　　　　　　　　　　　　B. 凝固点

C. 沸点　　　　　　　　　　　　　D. 以上三种性质都不相同

5. 1.17% 的 NaCl 溶液产生的渗透压接近于（已知原子量：Na 23，Cl 35.5）（　　）。

A. 1.17% 葡萄糖溶液　　　　　　B. 1.17% 蔗糖溶液

C. $0.20mol/dm^3$ 葡萄糖溶液　　　D. $0.40mol/dm^3$ 蔗糖溶液

6. 同温同浓度的下列水溶液中，使溶液沸点升高最多的溶质是 （　　）。

A. $CuSO_4$　　　B. K_2SO_4　　　C. $Al_2(SO_4)_3$　　　D. $KAl(SO_4)_2$

7. 要使溶液的凝固点降低 $1.00℃$，必须向 $200g$ 水中加入 $CaCl_2$ 的物质的量是（已知水的 $K_f=1.86K·kg/mol$）（　　）。

A. $1.08mol$　　　B. $0.108mol$　　　C. $0.0540mol$　　　D. $0.0358mol$

8. 某难挥发非电解质稀溶液的沸点为 $100.400℃$，则其凝固点为（已知水的 $K_b=0.512K·kg/mol$，$K_f=1.86K·kg/mol$）（　　）。

A. $-0.110℃$　　　B. $-0.400℃$　　　C. $-0.746℃$　　　D. $-1.45℃$

9. $25℃$ 时，A 与 B 两种气体的亨利常数关系为 $k_A>k_B$，将 A 与 B 同时溶解在某溶剂中溶解达到平衡，若气相中 A 与 B 的平衡分压相同，那么溶液中的 A、B 的浓度关系为 （　　）。

A. $m_A<m_B$　　　B. $m_A>m_B$　　　C. $m_A=m_B$　　　D. 无法确定

10. 在恒温密封容器中有 A、B 两杯稀盐水溶液，盐的浓度分别为 c_A 和 c_B（$c_A>c_B$），放置足够长的时间后 （　　）。

A. A 杯盐的浓度降低，B 杯盐的浓度增加

B. A 杯液体量减少，B 杯液体量增加

C. A 杯盐的浓度增加，B 杯盐的浓度降低

D. A、B 两杯中盐的浓度会同时增大

四、计算题

1. 将 $1.2L$（$20℃$，$120kPa$）氨气溶于水并稀释到 $250mL$，求此溶液的物质的量浓度。

2. 水在 $20℃$ 时的饱和蒸气压为 $2.34kPa$，若于 $100g$ 水中溶有 $10.0g$ 蔗糖（$M_r=342$），求此溶液的蒸气压。

3. 某患者需补充 $0.05mol$ Na^+，求所需 NaCl 的质量。若用质量浓度为 $9.0g/L$ 的生理盐水补 Na^+，求所需生理盐水的体积。

4. 正常人血浆中，每 $100mL$ 含 $164.7mg$ HCO_3^-，计算正常人血浆中 HCO_3^- 的浓度。

5. $20℃$ 时，将 $350g$ $ZnCl_2$ 溶于 $650g$ 水中，溶液的体积为 $739.5mL$，求溶液的浓度、质量浓度和质量分数。

6. 将 $2.80g$ 难挥发性物质溶于 $100g$ 水中，该溶液在 $101.3kPa$ 下的沸点为 $100.51℃$，求该溶质的分子量及该溶液的凝固点（$K_b=0.512K·kg/mol$，$K_f=1.86K·kg/mol$）。

7. 测得泪水的凝固点为 $-0.52℃$，求泪水的渗透浓度及 $37℃$ 时的渗透压力。

项目二
常用酸和碱的识用

项目描述

常见的碱有氢氧化钠（NaOH）、氢氧化钾（KOH）、氢氧化钡 [Ba(OH)$_2$]。日常生活里会遇到的碱有熟石灰、氨水、氢氧化铝和一些生物碱（有机碱类），如烟碱（尼古丁）、金鸡纳碱（奎宁）等。常见的都是碱金属和碱土金属氧化物与水反应后生成的氢氧化物，具有碱的通性，白色固体，易潮解，在空气中吸收 CO_2 生成碳酸盐。碱之所以具有共同的相似性，是因为碱在溶液中电离出的阴离子都有氢氧根离子。因此碱的通性，可以认为是氢氧根离子（OH^-）表现出来的性质。

盐酸、硫酸和硝酸是工业上常用的"三酸"，具有广泛用途。如硫酸是化学工业重要产品之一，它不仅作为许多化工产品的原料，用于生产染料、农药、化学纤维、塑料、涂料以及各种基本有机和无机化工产品，而且还广泛应用于各个工业领域，主要有化肥、冶金、石油、机械、医药、军事、原子能和航天等工业，应用范围日益扩大，需要数量日益增加。

那么常见的酸和碱是如何定义的呢？什么是酸？什么是碱呢？

知识目标

1. 掌握质子理论。
2. 掌握有效数字及其运算规则。
3. 掌握酸碱指示剂的变色原理。
4. 掌握难溶电解质的溶度积及其规则。
5. 了解酸碱缓冲溶液的作用原理。

能力目标

1. 能对有效数字进行修约和运算。
2. 能对可疑值进行取舍。
3. 能计算溶液中氢离子浓度。
4. 会配制缓冲溶液。

5. 能对溶解度和溶度积进行换算。

任务一　分析化学数据处理

 任务引领

定量分析的任务是要准确地解决"量"的问题，但是定量分析中的误差是客观存在的，因此，必须寻找产生误差的原因并设法减免，从而提高分析结果的可靠程度。另外，还要对实验数据进行科学的处理，写出合乎要求的分析报告。

 任务准备

1. 什么是误差，误差可以分为哪几类？
2. 准确度与精密度有何关系？
3. 什么是有效数字的运算规则？

 相关知识

一、误差及其产生的原因

在任何一种测量中，无论所用仪器多么精密，方法多么完善，实验者多么细心，所得结果常常不能完全一致，而会有一定的误差或偏差。严格地说，误差是实验测量值（包括间接测量值）与真值（客观存在的准确值）的差别。根据误差的种类、性质以及产生的原因，可将误差分为系统误差、偶然误差和过失误差三种。

1. 系统误差

系统误差（systematic error）又称可定误差（determinate error），指由某种确定原因所引起的误差，具有"单向性"，即误差的大小及其方向恒定，重复测定重复出现。一般可采用加校正值的方法消除系统误差。系统误差起因很多，例如：

（1）方法误差　方法误差指由分析方法本身引起的误差，即由于选用的分析方法不恰当或设计的实验方法不完善所造成的，这种误差对测定结果的影响通常较大。

（2）仪器或试剂误差　仪器或试剂误差指由实验仪器或试剂所引起的误差。

（3）操作误差　操作误差指由分析工作者的操作所引起的误差，主要是分析工作者所掌握的分析操作与规范的分析操作有差距，以及分析工作者本身的一些主观因素所致。

13. 误差

系统误差决定测量结果的准确度。通常是用几种不同的实验技术、用不同的实验方法、改变实验条件或调换仪器等以确定有无系统误差存在，并确定其性质，设法消除或使之减小，以提高准确度。

2. 偶然误差

偶然误差（accidental error）又称随机误差或不可定误差（indeterminate error），是由某些偶然因素所引起的误差，主要是测定过程中一系列有关因素微小的随机波动所致，因此其大小和方向都不固定。偶然误差的影响虽然不一定很大，但它在分析操作中却是无法避

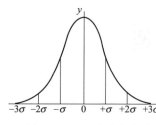

图 2-1　误差正态分布曲线

免、不可消除的。

偶然误差具有"相互抵偿性"，这一现象说明其服从统计规律：大偶然误差出现的概率小，小偶然误差出现的概率大，绝对值相同的正、负偶然误差出现的概率大致相等。因此通过增加平行测定次数，有可能使大部分偶然误差相互抵消，从而将偶然误差控制到很低（图 2-1）。

除上述两种原因之外，在分析过程中还存在着一种与事实不符的情况，它往往是实验人员粗心大意、过度疲劳和操作不正确等原因引起的错误，称为过失误差。过失误差无规则可寻，只要加强责任感、多方警惕、细心操作，是可以避免的。

二、测定值的准确度与精密度

1. 准确度与误差

（1）准确度　分析结果的准确度是指测量值（x）与真（实）值（μ）接近的程度。准确度的高低用误差来衡量，测量值的误差有两种表示方法：绝对误差和相对误差。

（2）绝对误差（absolute error，δ）：

$$多次测量\quad \delta = \bar{x} - \mu \tag{2-1}$$

$$单次测量\quad \delta = x - \mu \tag{2-2}$$

（3）相对误差（relative error，RE）：

$$RE = \frac{\delta}{\mu} \times 100\% \approx \frac{\delta}{x} \times 100\% \tag{2-3}$$

误差愈小，表示分析结果的准确度愈高；反之，误差愈大，准确度就愈低。相对误差表示误差在测定结果中所占的百分率。若绝对误差相同，真实值越大，则相对误差越小。例如：对于 1000g 和 10g，绝对误差相同（如 ±1g），但产生的相对误差却不同，前者为 0.1%，后者为 10%，所以分析结果的准确度常用相对误差来表示。

绝对误差和相对误差都有正值和负值。正值表示分析结果偏高，负值表示分析结果偏低。

2. 精密度与偏差

分析结果的精密度是指平行测量的各测量值 x_i 之间接近的程度，即 x_i 与 $\bar{x}$ 接近的程度。精密度的高低用偏差来衡量，偏差有以下几种表示方法：

（1）绝对偏差（absolute deviation，d_i）

$$d_i = x_i - \bar{x} \tag{2-4}$$

（2）相对偏差（relative deviation，d_r）

$$d_r = \frac{d_i}{\bar{x}} \times 100\% \tag{2-5}$$

（3）平均偏差（average deviation，$\bar{d}$）

$$\bar{d} = \frac{\sum\limits_{i=1}^{n} |x_i - \bar{x}|}{n} \tag{2-6}$$

（4）相对平均偏差（relative average deviation，$\bar{d}_r$）

$$\bar{d}_r = \frac{\bar{d}}{\bar{x}} \times 100\% \tag{2-7}$$

使用平均偏差表示精密度比较简单（表 2-1），但这个表示方法有不足之处，因为在一系列的测定中，小偏差的测定总是占多数，而大偏差的测定总是占少数，按总的测定次数去求平均偏差所得的结果偏小，大偏差得不到充分反映。所以，用平均偏差表示精密度的方法在数理统计上一般是不采用的。

平均偏差的计算简便，但不能考虑极大和极小的现象，无法反映大偏差对精密度的影响。

表 2-1　平均偏差

d_i	d_1	d_2	d_3	d_4	d_5	d_6	d_7	d_8	d_9	d_{10}	$\bar{d}$	S
A	+0.1	+0.4	0.0	−0.3	+0.2	−0.3	+0.2	−0.2	−0.4	+0.3	0.24	0.28
B	−0.1	−0.2	+0.9	0.0	+0.1	+0.1	0.0	+0.1	−0.7	−0.2	0.24	0.40

（5）标准偏差（standard deviation，S）　标准偏差简称标准差。

$$S_x = \sqrt{\frac{\sum(x_i - \bar{x})^2}{n-1}} \tag{2-8}$$

标准偏差能够突出较大偏差的影响，对单次测量偏差加以平方，不仅避免单次测量偏差相加时正负抵消，更重要的是大偏差能更显著地反映出来，故能更好地说明数据的分散程度。

在实际工作中，常用相对标准偏差来表示分析结果的精密度。

（6）相对标准偏差（relative standard deviation，RSD）　相对标准偏差也称变异系数（coefficient of variation，CV）。

$$\text{RSD} = \frac{S_x}{\bar{x}} \times 100\% \tag{2-9}$$

3. 准确度与精密度关系

在分析工作中评价一项分析结果的优劣，应该从分析结果的准确度和精密度两方面入手。准确度反映的是测定值与真实值的符合程度，精密度反映的则是测定值与平均值的偏离程度。精密度是保证准确度的先决条件，精密度高不一定准确度高，只有准确度和精密度都高的测量结果才可取，故要综合考虑系统误差和偶然误差。准确度与精密度的区别，可用图 2-2 加以说明。

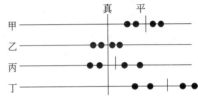

图 2-2　准确度与精密度

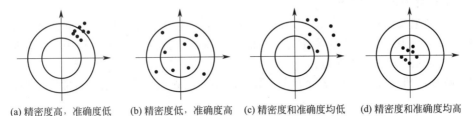

(a) 精密度高，准确度低　　(b) 精密度低，准确度高　　(c) 精密度和准确度均低　　(d) 精密度和准确度均高

图 2-3　精密度和准确度示意图

从图 2-2 中可以看出：甲准确度低，精密度高，存在系统误差；乙准确度和精密度均高；丙精密度低，偶然误差大；丁准确度和精密度均低，存在较大系统误差和偶然误差。以打靶为例也能说明精密度与准确度的关系，如图 2-3 所示。

14. 准确度与精密度的关系

4. 提高分析结果准确度的方法

（1）选择适当的分析方法　化学分析的灵敏度虽然不高，但对于常量组分的测定能得到较准确的结果，一般相对误差不超过千分之几。仪器分析具有较高的灵敏度，用于微量或痕量组分含量的测定，对测定结果允许有较大的相对误差。化学分析与仪器分析误差比较见表 2-2。

表 2-2 化学分析与仪器分析误差比较

测定方法	分析方法相对误差/%	含铁量约 50%时		含铁量约 0.5%时	
		δ/%	含铁量/%	δ/%	含铁量/%
重铬酸钾法（化学分析）	0.2	0.1	49.9～50.1	灵敏度太低，无法测定	灵敏度太低，无法测定
分光光度法（仪器分析）	2	1	49～51	0.01	0.49～0.51

从表 2-2 中可以看出，化学分析的相对误差为 0.2%，Fe^{2+} 的含量范围为 49.9%～50.1%。而用仪器分析方法的相对误差为 2%，Fe^{2+} 的含量范围为 49%～51%，准确度较化学分析低。相反，微量或痕量组分含量无法用化学分析测定。

（2）减小测量的相对误差 仪器和量器的测量误差也是产生系统误差的因素之一。例如，分析天平一般的绝对误差为 ±0.0002g，如欲使称量的相对误差不大于 0.1%，那么应称量的最小质量应不小于 0.2g。可按下式计算：

$$相对误差＝绝对误差/试样质量$$

$$试样质量＝0.0002g/0.001＝0.2g$$

在滴定分析中，滴定管的读数误差一般为 ±0.02mL。为使读数的相对误差不大于 0.1%，那么滴剂的体积就应不小于 20mL。

（3）检验和消除系统误差 系统误差是由某种固定的原因造成的，因而找出这一原因，就可以尽量消除系统误差。消除系统误差有下列几种方法：

① 对照试验 以标准试样代替试样进行测定，以校正测定过程中的系统误差，方法有标准试样比对法或加入回收法（用标准试样、管理样、人工合成样等），选择标准方法（主要是国家标准等）相互校验（内检、外检等）。

② 空白试验 不加试样但完全照测定方法进行操作试验，消除由干扰杂质或溶剂对器皿腐蚀等所产生的系统误差。所得结果为空白值，需扣除。若空白值过大，则需提纯试剂或换容器。

③ 仪器校准 消除因仪器不准引起的系统误差，主要是校准砝码、容量瓶、移液管，以及容量瓶与移液管的配套校准。

④ 分析结果校正 主要校正在分析过程中产生的系统误差。例如：重量法测水泥熟料中 SiO_2 含量，可用分光光度法测定滤液中的硅，将结果加到重量法数据中，可消除由于沉淀的溶解损失而造成的系统误差。

（4）减小随机误差 增加平行测定次数，减小偶然误差，分析化学通常要求平行测定次数为 3～5 次。

（5）正确表示分析结果 为了正确地表示分析结果，不仅要表明其数值的大小，还应该反映出测定的准确度、精密度以及为此进行的测定次数。因此，最基本的参数为样本的平均值、样本的标准偏差和测定次数，也可以采用置信区间表示分析结果。

三、有效数字及其运算规则

1. 有效数字

有效数字是在分析工作中实际测量到的数字，除最后一位是可疑的外，其余的数字都是确定的。它一方面反映了数量的大小，另一方面也反映了测量的精密度。

例如，用分析天平称 NaCl 1.2070g，可能有 ±0.0001g 的误差；用托盘天平称 1.20g，可能有 ±0.01g 的误差。体积测量时的 25.00mL 和 25.0mL，虽数值相同，但精密度相差 10 倍，前者是用移液管准确移取或从滴定管中放出，而后者则是由量筒量取。可见，多一位或少一位零，从数字角度关系不大，但精密度却相差巨大。

在确定有效数字位数时，特别需要指出的是，以数字"0"来表示实际测量结果时，它便是有效数字。例如：分析天平称得的物体质量为 7.1560g，滴定时滴定管读数为 20.05mL，这两个数值中的"0"都是有效数字，而在"0.006g"中的"0"只起到定位作用，不是有效数字。

有效数字位数及数据中的" 0"：

1.0003、2.5000　　　　　5 位有效数字

0.3000、56.05%　　　　　4 位有效数字

0.0340、1.96　　　　　　3 位有效数字

0.0034、0.40%　　　　　 2 位有效数字

0.2、0.002%　　　　　　 1 位有效数字

分析化学中常用的一些数值、有效数字位数实例：

试样质量/g	0.5180（4 位，分析天平）	0.52（2 位，托盘天平）
溶液体积/mL	25.34（4 位，滴定管）	25.3（3 位，量筒）
解离常数	1.8×10^{-5}（2 位）	
pH 值	11.02（2 位）	
整数部分	1000（位数不清楚），为准确可换成指数	
整倍数、分数	如化学计量数，其有效数字位数为任意位，e、π 等也同样	

2. 有效数字修约

在测量时，各个测量值的有效数字位数可能不同，在进行具体的数字运算前，按照一定的规则确定一致的位数，然后舍去某些数字后面多余的尾数的过程被称为数字修约。指导数字修约的具体规则被称为数字修约规则，为了适应生产和科技工作的需要，我国已经正式颁布了有效数字修约规则的国家标准，通常称为"四舍六入五留双"规则，即当尾数≤4 时则舍，尾数≥6 时则入；尾数等于 5 而后面的数都为 0 时，5 前面为偶数则舍，5 前面为奇数则入；尾数等于 5 而后面还有不为 0 的任何数字，无论 5 前面是奇数或是偶数都入。

【例 2-1】　将下列数字修约为 4 位有效数字。

修约前	修约后
3.7464	3.746
3.5236	3.524
7.21550	7.216
6.53450	6.534
6.53451	6.535

15. 有效数字修约

3. 运算规则

（1）加减法　几个数相加减时，和或差的有效数字的保留，应以小数点后位数最少的数据为根据，即决定于绝对误差最大的那个数据。

例如，0.0122、25.64 和 1.05782 三个数相加，25.64 小数点后位数最少，即 0.0122＋25.64＋1.05782 ＝0.01＋25.64＋1.06＝26.71。

小数点后位数的多少反映了测量绝对误差的大小，如小数点后有 1 位，它的绝对误差为 ±0.1，而小数点后有 2 位时，绝对误差为± 0.01。可见，小数点具有相同位数的数字，其绝对误差的大小也相同。而且，绝对误差的大小仅与小数部分有关，而与有效数字位数无关。所以，在加减运算中，原始数据的绝对误差，决定了计算结果的绝对误差大小，计算结果的绝对误差必然受到绝对误差最大的那个原始数据的制约而与之处在同一水平上。

（2）乘除法　几个数相乘或相除时，其积或商的有效数字应与参加运算的数字中有效数

字位数最少的那个数字相同，即所得结果的位数取决于相对误差最大的那个数字。

例如，0.0231、24.57 和 1.16832 三个数相乘，0.0231 的有效数字最少，只有 3 位，故其他数字也只取 3 位。运算的结果也保留 3 位有效数字：$0.0231 \times 24.6 \times 1.17 = 0.665$。各数的相对误差分别为：

$$0.0231 \qquad \pm \frac{0.0001}{0.0231} \times 100\% = \pm 0.4\%$$

$$24.57 \qquad \pm \frac{0.01}{24.57} \times 100\% = \pm 0.04\%$$

$$1.16832 \qquad \pm \frac{0.00001}{1.16832} \times 100\% = \pm 0.0009\%$$

可见，三个数字中 0.0231 的相对误差最大。

（3）对数计算　在对数计算中，所取对数的位数应与真数的有效数字位数相同。

例如：lg9.6 的真数有两位有效数字，则对数应为 0.98，不应该是 0.982 或 0.9823。

又如：$[H^+]$ 为 3.0×10^{-2} mol/L 时，pH 值应为 1.52。

（4）乘方和开方运算　乘方和开方运算的有效数字位数与其底数的有效数字位数相同。例如：$7.325^2 = 53.66$，$\sqrt{32.8} = 5.73$。

四、可疑数据的取舍

一组平行测定数据，有时会有个别离群数据，称为可疑值，也称异常值或逸出值（outlier）。对不能确定的异常值要进行检验后取舍，常用的异常值的检验方法有 Q 检验法、$4\bar{d}$ 法、Grubbs 法等。

1. Q 检验法

先将一组数据按顺序进行排序为 x_1，x_2，$\cdots$，x_{n-1}，x_n，然后求出可疑值与相邻值的差，以及该组数据的极差，再用下式求出统计量 Q。

x_1 为可疑值：
$$Q = \frac{x_2 - x_1}{x_n - x_1} \tag{2-10}$$

x_n 为可疑值：
$$Q = \frac{x_n - x_{n-1}}{x_n - x_1} \tag{2-11}$$

将计算所得 Q 值与 Q 值表（见表 2-3）中的相应数值进行比较，若计算值 $Q_{计算}$ 大于表中 Q 值，则为异常值应舍弃，否则应保留。

表 2-3　Q 值

测定次数(n)		3	4	5	6	7	8	9	10
置信度	90%($Q_{0.90}$)	0.94	0.76	0.64	0.56	0.51	0.47	0.44	0.41
	95%($Q_{0.95}$)	0.97	0.84	0.73	0.64	0.59	0.54	0.51	0.49

【例 2-2】　对轴承合金中锑的质量分数进行了十次测定，得到下列结果：15.48%、15.51%、15.52%、15.53%、15.52%、15.56%、15.53%、15.54%、15.68%、15.56%。试用 Q 检验法判断有无可疑值需弃去（置信度为 90%）。

解： 置信度为 90%，$n = 10$，查表得 $Q_{0.90} = 0.41$。

将数据按从小到大顺序排列：15.48%、15.51%、15.52%、15.52%、15.53%、15.53%、15.54%、15.56%、15.56%、15.68%。

$$x_2 - x_1 = 15.51\% - 15.48\% = 0.03\%$$
$$x_n - x_{n-1} = 15.68\% - 15.56\% = 0.12\%$$

$$x_n - x_1 = 15.68\% - 15.48\% = 0.20\%$$

$$Q_n = \frac{x_2 - x_1}{x_n - x_1} = \frac{0.03\%}{0.20\%} = 0.15 < Q_{0.90} = 0.41$$

$$Q_n = \frac{x_n - x_{n-1}}{x_n - x_1} = \frac{0.12\%}{0.20\%} = 0.60 > Q_{0.90} = 0.41$$

所以，15.68%应舍去，而15.48%应保留。

2. $4\bar{d}$ 法

① 将可疑值除外，求其余数据的平均值和平均偏差。

② 求可疑值与平均值的差值。

③ 将此值与 $4\bar{d}$ 比较，若 $|x_{可疑} - \bar{x}_{n-1}| \geqslant 4\bar{d}_{n-1}$，则可疑值应舍去。

$4\bar{d}$ 法适用于 4~8 个数据，且要求不高的实验数据的检验。当 $4\bar{d}$ 法与其他检验法矛盾时，以其他检验法为准。

3. Grubbs 法

首先将一组测定值进行排序，并计算该组数据的平均值及标准偏差，再根据统计量 T 进行判断。统计量 T 按下式计算：

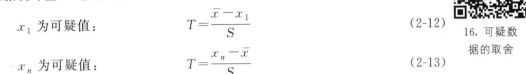

16. 可疑数据的取舍

x_1 为可疑值：
$$T = \frac{\bar{x} - x_1}{S} \tag{2-12}$$

x_n 为可疑值：
$$T = \frac{x_n - \bar{x}}{S} \tag{2-13}$$

将计算所得 T 值与表 2-4 中的相应数值比较，若计算值 $T_{计算}$ 大于 $T_{a,n}$，则为异常值应舍弃，否则应保留。

表 2-4　$T_{a,n}$ 值

n	显著性水准 a		
	0.05	0.025	0.01
3	1.15	1.15	1.15
4	1.46	1.48	1.49
5	1.67	1.71	1.75
6	1.82	1.89	1.94
7	1.94	2.02	2.10
8	2.03	2.13	2.22
9	2.11	2.21	2.32
10	2.18	2.29	2.41
11	2.23	2.36	2.48
12	2.29	2.41	2.55
13	2.33	2.46	2.61
14	2.37	2.51	2.63
15	2.41	2.55	2.71
20	2.56	2.71	2.88

习　题

一、选择题

1. 当置信度为 0.95 时，测得 Al_2O_3 的 μ 置信区间为 $(35.21 \pm 0.10)\%$，其意义是（　　）。

A. 在所测定的数据中有 95% 在此区间内

B. 若再进行测定，将有 95% 的数据落入此区间

C. 总体平均值 μ 落入此区间的概率为 95%

D. 在此区间内包含 μ 值的概率为 0.95

2. 衡量样本平均值的离散程度时，应采用（　　）。

A. 标准偏差　　　　　　　　　　　　B. 相对标准偏差

C. 极差　　　　　　　　　　　　　　D. 平均值的标准偏差

二、简答题

1. 指出在下列情况下会引起哪种误差？如果是系统误差，应该采用什么方法减免？

(1) 砝码被腐蚀；

(2) 天平的两臂不等长；

(3) 容量瓶和移液管不配套；

(4) 试剂中含有微量的被测组分；

(5) 天平的零点有微小变动；

(6) 读取滴定体积时最后一位数字估计不准；

(7) 滴定时不慎从锥形瓶中溅出一滴溶液；

(8) 标定 HCl 溶液用的 NaOH 标准溶液中吸收了 CO_2。

2. 下列数据各包括了几位有效数字？

(1) 0.0330；(2) 10.030；(3) 0.01020；(4) 8.7×10^{-5}；(5) $pK_a = 4.74$；(6) pH = 10.00。

3. 将下列数据舍入到小数点后 3 位：

(1) 3.14159；(2) 71729；(3) 4.510150；(4) 3.21650；(5) 5.6235；(6) 7.691499。

4. 有两位学生使用相同的分析仪器标定某溶液的浓度（单位为 mol/L），结果如下：

甲：0.12、0.12、0.12（相对平均偏差 0.00%）。

乙：0.1243、0.1237、0.1240（相对平均偏差 0.16%）。

试分析二人的准确度与精密度谁的高？说明原因。

三、计算题

1. 计算下列式子

(1) $\dfrac{3.10 \times 21.14 \times 5.10}{0.0001120}$　　　　(2) $\dfrac{2.2856 \times 2.51 + 5.42 - 1.8940 \times 7.50 \times 10^{-3}}{3.5462}$

2. 测定某铜矿试样，其中铜的质量分数为 24.87%、24.93% 和 24.69%，真值为 25.06%，计算：(1) 测得结果的平均值；(2) 中位值；(3) 绝对误差；(4) 相对误差。

3. 测定铁矿石中铁的质量分数（以 $w_{Fe_2O_3}$ 表示），5 次结果分别为：67.48%、67.37%、67.47%、67.43% 和 67.40%。计算：(1) 平均偏差；(2) 相对平均偏差；(3) 标准偏差；(4) 相对标准偏差；(5) 极差。

4. 某铁矿石中铁的质量分数为 39.19%，若甲的测定结果是 39.12%、39.15%、39.18%，乙的测定结果是 39.19%、39.24%、39.28%，试比较甲乙测定结果的准确度和精密度（精密度以标准偏差和相对标准偏差表示）。

5. 测定石灰中铁的质量分数，4 次测定结果为：1.59%、1.53%、1.54% 和 1.83%。

(1) 用 Q 检验法判断第 4 个结果是否应弃去？(2) 如第 5 次测定结果为 1.65%，此时情况又如何（Q 均为 0.90）？

任务二　溶液酸碱性变化及应用

 任务引领

纯碱（碳酸钠）是最重要的基础化工原料之一，被称为"化工之母"，其产量和消费量

通常被作为衡量一个国家工业发展水平的标志之一。它可用于制造玻璃，如平板玻璃、瓶玻璃、光学玻璃和高级器皿，还可利用脂肪酸与纯碱的反应制肥皂等。纯碱是一种重要的大吨位的化工原料，每年有数以万计的厂家在生产。由于市场对碳酸钠的大量需求，使得一些厂家为了追逐高额利润，生产的产品不合格，损害了消费者的利益。如果你是一名检验员，如何检验市场上销售的碳酸钠的碱度呢？若有某化工企业生产的优等品、一等品以及合格品工业碳酸钠，如何对其碱度进行分析？

 任务准备

　　1. 什么是酸？什么是碱？
　　2. 酸碱溶液中氢离子浓度如何进行计算？
　　3. 什么是酸碱缓冲溶液？
　　4. 什么是酸碱指示剂？
　　5. 什么是酸碱滴定法？

 **相关知识**

一、酸碱质子理论

1. 酸碱质子理论概述

　　酸碱质子理论（布朗斯特-劳里酸碱理论）是丹麦化学家布朗斯特（Brønsted）和英国化学家汤马士·马丁·劳里（Lowry）于 1923 年各自独立提出的一种酸碱理论。该理论认为：能给出质子（H^+）的物质是酸，能接受质子的物质是碱。酸（HA）给出质子后变成它对应的共轭碱（A^-），碱（A^-）接受质子后便变成它对应的共轭酸。HA 和 A^- 相互依存，称为共轭酸碱对，共轭酸碱对间通过质子转移而相互转化。这种关系可用下式表示：

$$HA(酸) \Longrightarrow H^+ + A^-(碱)$$

　　例如：

$$
\begin{array}{cc}
酸 & 碱 \\
HCl \Longrightarrow Cl^- + H^+ \\
NH_4^+ \Longrightarrow NH_3 + H^+ \\
HAc \Longrightarrow Ac^- + H^+ \\
H_3PO_4 \Longrightarrow H_2PO_4^- + H^+ \\
H_2PO_4^- \Longrightarrow HPO_4^{2-} + H^+
\end{array}
$$

　　酸碱的定义是广义的，可以是中性分子，也可以是阳离子或阴离子，有的酸和碱在某对共轭酸碱对中是碱，但在另一对共轭酸碱对中是酸。质子论中不存在盐的概念，它们分别是离子酸或离子碱。酸给出质子的反应、碱接受质子的反应都称作酸碱半反应，酸碱反应的实质是两对共轭酸碱对之间传递和相互交换质子的过程。因此，一个酸碱反应包含两个酸碱半反应。由于质子的半径很小，电荷密度极高，不可能在水溶液中独立存在，因此上述的酸碱半反应在溶液中也不能独立存在，而是当一种酸给出质子时，溶液中必定有一种碱接受质子。

　　例如，与 HAc 有关的酸碱反应：

$$HAc \Longleftrightarrow H^+ + Ac^-$$
$$\text{酸 1} \qquad\qquad \text{碱 1}$$

$$H_2O + H^+ \Longleftrightarrow H_3O^+$$
$$\text{碱 2} \qquad\qquad \text{酸 2}$$

$$HAc + H_2O \Longleftrightarrow H_3O^+ + Ac^-$$
$$\text{酸 1} \quad \text{碱 2} \qquad \text{酸 2} \quad \text{碱 1}$$

同样，碱在水溶液中接受质子的过程，也必须有溶剂水分子参加。

由于水分子具有两性，一个水分子可以从另一个水分子中夺取质子而形成 H_3O^+ 和 OH^-，即

$$H_2O + H_2O \Longleftrightarrow H_3O^+ + OH^-$$

在水分子（H_2O）之间产生的质子转移反应称为水的质子自递反应。这个反应的平衡常数称为水的质子自递常数，即

$$K_W = [H_3O^+][OH^-]$$

水合质子 H_3O^+ 也常常写作 H^+，因此水的质子自递常数常写作：

$$K_W = [H^+][OH^-] \tag{2-14}$$

K_W 就是水的离子积，在 25℃时等于 10^{-14}。于是：

$$K_W = 10^{-14} \qquad pK_W = 14$$

根据酸碱质子理论，酸和碱的中和反应实际上也是一种质子的转移过程，例如 HCl 和 NH_3 的反应：

$$H^+$$
$$HCl + NH_3 \Longleftrightarrow NH_4^+ + Cl^-$$
$$\text{酸 1} \quad \text{碱 2} \qquad \text{酸 2} \quad \text{碱 1}$$

根据酸碱质子理论，人们常说的盐的水解过程，实质上也是质子的转移过程。以铵盐和乙酸盐的水解为例：氯化铵的水解，也就是弱酸 NH_4^+ 的解离，是质子从酸 NH_4^+ 转移到 H_2O 的反应；乙酸钠的水解，也就是弱碱 Ac^- 的解离，是质子从 H_2O 转移到 Ac^- 的反应。所以从质子理论方面来说，"盐的水解"也是酸碱之间的质子传递。质子理论中没有盐的概念，酸碱电离理论中的盐，在质子理论中都变成了离子酸和离子碱，如 NH_4Cl 中的 NH_4^+ 是酸，Cl^- 是碱。

17. 酸碱质子理论

2. 酸碱的解离及解离平衡常数

根据酸碱质子理论，在水溶液中，酸、碱的解离实际上就是它们与溶剂水分子间的酸碱反应。酸的解离即酸给出质子转变为其共轭碱，而水接受质子转变为其共轭酸（H_3O^+）；碱的解离即碱接受质子转变为其共轭酸，而水给出质子转变为其共轭碱（OH^-）。酸、碱的解离程度可以用相应平衡常数的大小来衡量。

（1）一元弱酸的解离　对于弱酸 HA 而言，其在水溶液中的解离反应是：

$$HA + H_2O \Longleftrightarrow H_3O^+ + A^-$$

为了方便起见，上述解离反应常可简化，反应的标准平衡常数称为酸的解离平衡常数，用符号"K_a"表示。

$$HA \Longleftrightarrow H^+ + A^-$$

$$K_a = \frac{[H^+][A^-]}{[HA]} \tag{2-15}$$

（2）一元弱碱的解离　与此类似，对于碱 A^- 而言，它在水溶液中的解离反应与平衡常数是：

$$A^- + H_2O \rightleftharpoons HA + OH^-$$

$$K_b = \frac{[HA][OH^-]}{[A^-]} \tag{2-16}$$

（3）酸碱强度、共轭酸碱对 K_a 与 K_b 的关系　酸碱强度取决于酸碱得失质子的能力以及介质传递质子的能力。酸碱强度是相对的，因酸碱物质不同、介质不同而不同。这里仅讨论以水为溶剂时酸碱强度的比较。酸碱的强度由酸碱在水溶液中的解离常数 K_a 与 K_b 的大小来衡量。K_a 的值越大，表明酸与水之间的质子转移反应进行得越完全，即该酸的酸性越强。K_b 的值越大，表明碱与水之间的质子转移反应进行得越完全，即该碱的碱性越强。

以 HAc 为例，来推导共轭酸碱对的 K_a、K_b 值之间的关系，推导如下：

$$HAc + H_2O \rightleftharpoons H_3O^+ + Ac^-$$

$$K_a = \frac{[H^+][Ac^-]}{[HAc]}$$

$$Ac^- + H_2O \rightleftharpoons HAc + OH^-$$

$$K_b = \frac{[HAc][OH^-]}{[Ac^-]}$$

$$K_a K_b = \frac{[H^+][Ac^-]}{[HAc]} \frac{[HAc][OH^-]}{[Ac^-]} = [H^+][OH^-] = K_W$$

即

$$K_a K_b = K_W \tag{2-17}$$

或

$$pK_a + pK_b = pK_W = 14.00(25℃) \tag{2-18}$$

由此可知，已知酸 K_a，可求共轭碱 K_b，反之亦然。因此，对于共轭酸碱对来说，如果酸的酸性越强（即 pK_a 越大），则其对应共轭碱的碱性则越弱（即 pK_b 越小）；反之，酸的酸性越弱（即 pK_a 越小），则其对应共轭碱的碱性则越强（即 pK_b 越大）。

【例 2-3】　已知 HAc 的 $K_a = 1.8 \times 10^{-5}$，求 Ac^- 的 K_b。

解：
$$K_b = K_W / K_a = \frac{1.00 \times 10^{-14}}{1.8 \times 10^{-5}} = 5.6 \times 10^{-10}$$

【例 2-4】　比较下列弱酸、弱碱的强弱：

$$HAc + H_2O \rightleftharpoons H_3O^+ + Ac^- \qquad K_a = 1.8 \times 10^{-5}$$

$$NH_4^+ + H_2O \rightleftharpoons H_3O^+ + NH_3 \qquad K_a = 5.6 \times 10^{-10}$$

$$HS^- + H_2O \rightleftharpoons H_3O^+ + S^{2-} \qquad K_a = 7.1 \times 10^{-15}$$

解： K_a 的值越大，酸的强度越大，可知酸的强弱顺序为 $HAc > NH_4^+ > HS^-$。

多元弱酸、弱碱在水溶液中是逐级解离的，以 H_3PO_4 解离为例：

第一步解离：

$$H_3PO_4 + H_2O \underset{K_{b3}}{\overset{K_{a1}}{\rightleftharpoons}} H_3O^+ + H_2PO_4^- \qquad K_{a1} = 7.5 \times 10^{-3}$$

第二步解离：

$$H_2PO_4^- + H_2O \xrightleftharpoons[K_{b2}]{K_{a2}} H_3O^+ + HPO_4^{2-} \qquad K_{a2} = 6.3 \times 10^{-8}$$

第三步解离：

$$HPO_4^{2-} + H_2O \xrightleftharpoons[K_{b1}]{K_{a3}} H_3O^+ + PO_4^{3-} \qquad K_{a3} = 4.4 \times 10^{-13}$$

$$PO_4^{3-} + H_2O \rightleftharpoons HPO_4^{2-} + OH^-$$

由此可知，PO_4^{3-} 与 HPO_4^{2-} 为共轭酸碱对：

$$K_{b1} = K_W / K_{a3} = 2.3 \times 10^{-2}$$

同理，HPO_4^{2-} 与 $H_2PO_4^-$ 为共轭酸碱对：

$$K_{b2} = K_W / K_{a2} = 1.6 \times 10^{-7}$$

$H_2PO_4^-$ 与 H_3PO_4 为共轭酸碱对：

$$K_{b3} = K_W / K_{a1} = 1.3 \times 10^{-12}$$

所以：

$$K_{a1}K_{b3} = K_{a2}K_{b2} = K_{a3}K_{b1} = [H^+][OH^-] = K_W \tag{2-19}$$

三种酸的强度为 $H_3PO_4 > H_2PO_4^- > HPO_4^{2-}$，共轭碱的强度为 $PO_4^{3-} \gg HPO_4^{2-} \gg H_2PO_4^-$。

3. 酸度、酸的浓度和活度

（1）酸度与酸的浓度

① 分析浓度（总浓度）　溶液中溶质 B 的物质的量浓度，包括未解离的与已解离的溶质的浓度，用符号 c_B 表示，单位为 mol/L。

② 平衡浓度　在平衡状态时，溶质或溶质各种存在形式的浓度，以符号 [ ] 表示，单位为 mol/L。

③ 酸的浓度　酸的浓度是指酸的分析浓度。溶液中 H^+ 的平衡浓度称为酸度，碱度则为 OH^- 平衡时的浓度（严格地讲是 H^+ 或 OH^- 的活度）。稀溶液的酸度、碱度常用 pH、pOH 来表示。

例如，0.10mol/L 的 NaCl 和 HAc 溶液，$c(NaCl)$ 和 $c(HAc)$ 均为 0.10mol/L，平衡状态时，$[Cl^-] = [Na^+] = 0.10mol/L$，而 HAc 是弱酸，因部分解离在溶液中有两种存在形式，平衡浓度分别为 [HAc] 和 $[Ac^-]$。

（2）活度与浓度　实验证明，许多化学反应，如果以有关物质的浓度代入各种平衡常数公式进行计算，所得的结果与实验结果往往有一定的偏差，而对于浓度较高的强电解质溶液而言，这种偏差更为明显。这是由于在进行平衡公式的推导过程中，我们总是假定溶液处于理想状态，即假定溶液中各种离子都是孤立的，离子与离子之间、离子与溶剂之间均不存在相互的作用力。而实际上这种理想的状态是不存在的，在溶液中不同电荷的离子存在相互吸引的作用力，相同电荷的离子则存在相互排斥的作用力，甚至离子与溶剂分子也可能存在相互吸引或相互排斥的作用力。因此，在电解质溶液中，由于离子之间以及离子与溶剂的相互作用，使得离子在化学反应中表现出的有效浓度与其真实的浓度之间存在一定差别。离子在化学反应中起作用的有效浓度称为离子的活度，以 a 表示，它与离子浓度 c 的关系是：

$$a = c\gamma \tag{2-20}$$

式中，γ 为离子活度系数。其大小代表了离子间力对离子化学作用能力影响的大小，也是衡量实际溶液与理想溶液之间差别的尺度。对于浓度极低的电解质溶液，由于离子的总浓度很低，离子间相距甚远，因此可忽略离子间的相互作用，将其视为理想溶液，即 $\gamma \approx 1$，$a \approx c$。而对于浓度较高的电解质溶液，由于离子的总浓度较高，离子间的距离较小，离子作用较大，因此 $\gamma < 1$，$a < c$。所以，严格意义上讲，各种离子平衡常数的计算不能用离子浓度，而应当用离子活度。

显然，要想利用离子活度代替离子浓度进行各类平衡常数的计算，就必须了解离子活度系数 γ 的影响因素。由于活度系数代表的是离子间力的影响因素，因此活度系数的大小不仅与溶液中各种离子的总浓度有关，也与离子所带的电荷数有关。离子强度就是综合考虑溶液中各种离子的浓度与其电荷数的物理量，用 I 表示。其计算式为：

$$I = \frac{1}{2}(c_1 z_1^2 + c_2 z_2^2 + \cdots + c_n z_n^2) \tag{2-21}$$

式中：c_1，c_2，$\cdots$，c_n 为溶液中各种离子的浓度；z_1，z_2，$\cdots$，z_n 为溶液中各种离子所带的电荷数。显然，电解质溶液的离子强度 I 越大，离子活度系数就越小，所以离子的活度也越小，与离子浓度的差别也就越大，因此用浓度代替活度所产生的偏差也就越大。

二、酸碱溶液中氢离子浓度的计算

pH 是化学体系的一个很重要的参量，除了用测量的方法确定溶液的 pH 值外，如果已知某酸的浓度及其 pK_a，还可以用计算的方法求得 pH 值。酸碱体系类型很多，仅介绍以下几种溶液 pH 值的计算。

1. 一元强酸（碱）溶液中 H^+ 浓度的计算

以浓度为 c（mol/L）的 HCl 溶液为例进行讨论：当酸的解离反应和水的质子自递反应处于平衡时，溶液中的 H^+ 来源于酸和水的解离，其浓度等于 Cl^- 和 OH^- 的浓度之和，即

$$[H^+] = [Cl^-] + [OH^-] = c + K_W/[H^+]$$

整理得：

$$[H^+]^2 - c[H^+] - K_W = 0$$

解之得：

$$[H^+] = \frac{c + \sqrt{c^2 + 4K_W}}{2} \tag{2-22}$$

该式称为一元强酸的精确计算公式。

从推导可知，当强酸浓度 c 较大时，水的解离可以忽略，一般认为 $c \geqslant 10^{-6}$ mol/L 时，可用最简式计算一元强酸的 pH 值。

$$[H^+] = c \qquad pH = -\lg c$$

按同样的方法，可推导一元强碱 $[OH^-]$ 的计算公式。

当 $c < 10^{-6}$ mol/L 时：

$$[OH^-] = \frac{c + \sqrt{c^2 + 4K_W}}{2} \tag{2-23}$$

当 $c \geqslant 10^{-6}$ mol/L 时：

$$[OH^-] = c \qquad pOH = -\lg c \tag{2-24}$$

【例 2-5】 求 2.0×10^{-7} mol/L HCl 溶液的 pH 值。

解：此题中，强酸浓度 $c < 10^{-6}$ mol/L，不满足使用简化式的条件，所以要用精确式计算。

$$[H^+] = \frac{2.0 \times 10^{-7} + \sqrt{(2.0 \times 10^{-7})^2 + 4 \times 1.0 \times 10^{-14}}}{2} = 2.4 \times 10^{-7} (\text{mol/L})$$

$$pH = 6.2$$

25℃ 时，水溶液的 $K_W = [H^+][OH^-]$，即 $pH + pOH = 14$。为此，溶液的酸碱性与 pH 值的关系如下：

中性　　　　pH = 7　　　　$[H^+] = [OH^-] = 10^{-7}$ mol/L

| 酸性 | pH<7 | $[H^+]>[OH^-]$ |
| 碱性 | pH>7 | $[H^+]<[OH^-]$ |

pH 一般仅适用于 $[H^+]$ 或 $[OH^-]$ 为 1mol/L 以下的溶液。如果溶液中的 $[H^+]$ 或 $[OH^-]$ 大于 1mol/L 时，则用物质的量浓度来表示更为方便。

2. 一元弱酸（弱碱）溶液中 H$^+$ 浓度的计算

设有一种一元弱酸 HA 溶液，总浓度为 c（mol/L），则：

$$HA \rightleftharpoons H^+ + A^-$$

HA 质子条件式为 $[H^+]=[A^-]+[OH^-]$，由平衡常数式可得：

$$[A]=\frac{K_a[HA]}{[H^+]} \qquad [OH^-]=\frac{K_W}{[H^+]}$$

代入可得：

$$[H^+]=\frac{K_a[HA]}{[H^+]}+\frac{K_W}{[H^+]}$$

$$[H^+]=\sqrt{K_a[HA]+K_W}$$

如果 $K_a[HA] \geqslant 20K_W$，K_W 可忽略（误差<5%），则上式可简化为：

$$[H^+]=\sqrt{K_a[HA]} \tag{2-25}$$

即水的解离被忽略。因为是弱酸，K_a 较小，解离的酸较少，为简化起见，用 $K_a c \geqslant 20K_W$ 代替 $K_a[HA] \geqslant 20K_W$ 作为判别式，即 $K_a c \geqslant 20K_W$ 时，在忽略水的解离的情况下，$[H^+]=[A^-]$，则 $[HA]=c-[H^+]$，将其代入得：

$$[H^+]=\sqrt{K_a(c-[H^+])}$$

整理得 $[H^+]^2+K_a[H^+]-K_a c=0$，解之得：

$$[H^+]=\frac{-K_a+\sqrt{K_a^2+4K_a c}}{2} \text{（一元弱酸的近似计算公式）} \tag{2-26}$$

$K_a c \geqslant 20K_W$ 和 $\frac{c}{K_a} \geqslant 500$ 即 $c \gg [H^+]$，则 $c-[H^+] \approx c$，式(2-25)可写成一元弱酸 pH 值的最简计算式：

$$[H^+]=\sqrt{K_a c} \text{（最简式）} \tag{2-27}$$

【例 2-6】 计算 0.10mol/L $CHCl_2COOH$（二氯代乙酸）溶液的 pH 值。已知 $K_a=5.0 \times 10^{-2}$。

解： 已知 $c=0.10$mol/L，$K_a=5.0 \times 10^{-2}$，$K_a c \geqslant 20K_W$，但 $c/K_a<500$，所以用近似式求算。

$$[H^+]=\frac{-K_a+\sqrt{K_a^2+4K_a c}}{2}=\frac{-5.0 \times 10^{-2}+\sqrt{(5.0 \times 10^{-2})^2+4 \times 5.0 \times 10^{-2} \times 0.10}}{2}=8.5 \times 10^{-3}$$

$$pH=2.10$$

同理可得，一元弱碱溶液 OH$^-$ 浓度的计算公式：

近似式：$$[OH^-]=\frac{-K_b+\sqrt{K_b^2+4K_b c}}{2} \text{（使用条件：} K_b c>20K_W, c/K_b<500\text{）} \tag{2-28}$$

最简式：$$[OH^-]=\sqrt{K_b c} \text{（使用条件：} K_b c \geqslant 20K_W, c/K_b \geqslant 500\text{）} \tag{2-29}$$

【例 2-7】 计算 0.05mol/L NaAc 的 pH 值（已知：HAc 的 $K_a=1.76 \times 10^{-5}$）。

解： $K_b=K_W/K_a=1.00 \times 10^{-14}/(1.76 \times 10^{-5})=5.68 \times 10^{-10}$

满足　$K_b c \geqslant 20 K_W$ 和 $c/K_b \geqslant 500$

$$[OH^-] = \sqrt{0.05 \times 5.68 \times 10^{-10}} = 5.33 \times 10^{-6}$$

$$pOH = 5.27 \quad pH = 8.73$$

18. 酸碱溶液中氢离子浓度的计算

三、酸碱缓冲溶液

缓冲溶液是一种能抵抗外来少量强酸、强碱，或稍加稀释而保持溶液 pH 不变的溶液。这种对 pH 稳定的作用称为缓冲作用。酸碱缓冲溶液在分析化学中的应用是多方面的，根据其作用可分为两类：一类是用于控制溶液酸度的一般酸碱缓冲溶液，这类缓冲溶液大多是由一定浓度的共轭酸碱对所组成，pH 值范围一般为 2～12，例如 HAc-Ac$^-$、NH$_4$Cl-NH$_3$ 等。强酸（pH<2）或强碱（pH>12）溶液也是缓冲溶液，可以抵抗少量外加酸或碱的作用，但不具有抗稀释作用。另一类是标准酸碱缓冲溶液，它是由规定浓度的某些逐级解离常数相差较小的单一两性物质，或由不同形体的两性物质所组成，例如酒石酸氢钾、H$_2$PO$_4^-$ - HPO$_4^{2-}$ 等。

1. 缓冲溶液的作用原理

以 HAc-NaAc 缓冲溶液为例，来说明其缓冲原理。在该缓冲溶液中，存在着下面的反应：

$$HAc \Longrightarrow H^+ + Ac^-$$
$$NaAc \Longrightarrow Na^+ + Ac^-$$

根据同离子效应，从上述反应可知：在 HAc-NaAc 缓冲溶液中，存在足量的 HAc 和 Ac$^-$。

① 当在该溶液中加入少量强酸（H$^+$）时，Ac$^-$+H$^+$⟶HAc，抗酸成分 Ac$^-$ 与 H$^+$ 结合生成 HAc，使溶液中的 H$^+$ 基本不变，从而也保持溶液的 pH 值基本不变。

② 当在该溶液中加入少量强碱（OH$^-$）时，H$^+$+OH$^-$⟶H$_2$O，被消耗掉的 H$^+$ 由抗碱成分 HAc 通过质子转移平衡而加以补充，使溶液中的 H$^+$ 基本不变，从而也保持溶液的 pH 值基本不变。

③ 如果溶液稍加稀释，HAc 和 Ac$^-$ 浓度都相应降低，使 HAc 的解离度增大，那么溶液中 H$^+$ 浓度基本保持不变，从而使溶液酸度稳定在一定范围。

2. 缓冲溶液 pH 值的计算

对于控制溶液酸度的一般缓冲溶液，共轭酸碱组分的浓度都很大，所以对计算结果一般不要求十分准确，故可采用近似公式来计算其 pH 值。对于弱酸 HA 与其共轭碱 A$^-$ 组成的缓冲溶液：

$$HA \Longrightarrow H^+ + A^-$$

$$K_a = \frac{[H^+][A^-]}{[HA]} \quad [H^+] = \frac{K_a[HA]}{[A^-]}$$

$$pH = pK_a + lg \frac{[A^-]}{[HA]} \tag{2-30}$$

【例 2-8】　计算 0.10mol/L 的 NH$_4$Cl 及 0.20mol/L 的 NH$_3$ 组成的缓冲溶液的 pH 值，已知 $K_b(NH_3) = 1.8 \times 10^{-5}$。

解：　　　　$K_a = K_W/K_b = 1.00 \times 10^{-14}/(1.8 \times 10^{-5}) = 5.6 \times 10^{-10}$

$$pH = pK_a + lg \frac{c_{A^-}}{c_{HA}} = 9.26 + lg \frac{0.20}{0.10} = 9.56$$

3. 缓冲容量与缓冲范围

缓冲容量是指缓冲溶液抵御外加强酸或强碱导致 pH 变化的能力，任何缓冲溶液的缓冲能力都是有限度的，衡量缓冲容量大小的量，称为缓冲指数。缓冲指数的定义为：

$$\beta = \frac{db}{dpH} = -\frac{da}{dpH}$$

β 表示使 1L 溶液的 pH 值增加 dpH 时所需强碱为 db（mol），或使 1L 溶液的 pH 值降低 dpH 时所需强酸为 da（mol）。显然，β 越大，缓冲容量也越大。影响缓冲容量与有效缓冲范围的因素主要有以下几点：

① 缓冲物质总浓度越大，缓冲容量越大。过分稀释将导致缓冲能力的下降。

② 在 $pH = K_a$ 时，$c_{HB} = c_{B^-} = 0.5c$，共轭体系缓冲溶液有最大缓冲容量。

③ 有效缓冲范围：从缓冲溶液的缓冲指数与 pH 值的关系图（图 2-4）可知，$c_{HB} : c_{B^-} = 1:10$ 或 $10:1$ 时，即 $pH = pK_a \pm 1$ 时，缓冲容量为其最大值的 1/3，此范围称为缓冲溶液的有效缓冲范围。

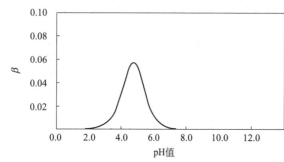

图 2-4   0.10mol/L HAc-Ac⁻ 缓冲溶液 β 与 pH 值的关系图

4. 缓冲溶液的选择和配制

缓冲溶液的作用很大，分析化学中缓冲溶液的使用非常广泛，选择缓冲溶液的主要原则是：

（1）对分析过程无干扰。

（2）所需控制的 pH 值应在缓冲溶液的有效缓冲范围之内，由弱酸及其共轭碱组成的缓冲溶液，其有效缓冲范围为 $pH = pK_a \pm 1$，选择时 pK_a 值应尽量与所需控制的 pH 值一致，即 $pK_a = pH$。

（3）缓冲溶液应有足够的缓冲容量。

（4）缓冲溶液应廉价易得，避免对环境造成污染。

缓冲溶液的组合方法一般有以下几种：

① 弱酸-弱酸盐，如 HAc-NaAc；

② 弱碱-弱碱盐，如 $NH_3 \cdot H_2O$-NH_4Cl；

③ 酸式盐-次级盐，如 NaH_2PO_4-Na_2HPO_4。

19. 酸碱缓冲溶液

【例 2-9】   配制 pH＝4.00，浓度为 1.0mol/L 的缓冲溶液 1.0L，各需 HAc 和 NaAc 多少克？

解： $c(HAc) = 1.0mol/L - c(NaAc)$

则根据题意可知：

$$4.00 = 4.74 + lg\frac{c(NaAc)}{1.00 - c(NaAc)}$$

$$c(NaAc) = 0.15mol/L$$

需 HAc 的质量：$m(HAc) = (1.0 - 0.15)mol/L \times 60g/mol \times 1.0L = 51g$

需 NaAc 的质量：$m(NaAc) = 0.15mol/L \times 82.03g/mol \times 1.0L = 12g$

四、酸碱指示剂

指示剂是判断滴定终点的一种物质，它能在计量点附近发生颜色变化而表征滴定终止。

1. 酸碱指示剂变色原理

酸碱滴定法一般都需要用指示剂来确定反应的终点，这种指示剂通常称为酸碱指示剂。酸碱指示剂通常为有机的弱酸或弱碱，它的酸式与其共轭碱式具有不同结构，因而呈现不同颜色。当溶液的 pH 改变时，指示剂失去质子由酸式变为碱式，或得到质子由碱式变为酸式，结构发生变化，从而引起颜色的变化，例如甲基橙（methyl orange，MO）的酸碱式互变为：

$$\underset{红色（醌式）}{N(H_3C)_2 \cdots = \cdots N-N-\cdots-SO_3^-} \underset{H^+}{\overset{OH^-}{\rightleftharpoons}} \underset{黄色（偶氮式）}{N(H_3C)_2-\cdots-N=N-\cdots-SO_3^-}$$

$pK_a = 3.4$

由平衡关系可以看出，增大酸度，甲基橙以醌式存在，溶液呈红色；降低酸度，甲基橙以偶氮式存在，溶液呈黄色。

又如酚酞（PP），在酸性溶液中呈无色，在碱性溶液中转化为醌式后呈红色。

2. 指示剂的变色范围

指示剂的酸式 HIn（甲色）和碱式 In^-（乙色）在溶液中达到平衡：

$$HIn \rightleftharpoons H^+ + In^-$$

甲色　　　　　　乙色

$$K_{HIn} = \frac{[H^+][In^-]}{[HIn]}$$

上式还可改写为：

$$\frac{[In^-]}{[HIn]} = \frac{K_{HIn}}{[H^+]}$$

K_{HIn} 是指示剂的解离常数，由指示剂本身决定，对于给定的指示剂为常数，可见指示剂颜色的变化完全由溶液的 pH 决定。溶液颜色取决于 $\frac{[In^-]}{[HIn]}$。当 $\frac{[In^-]}{[HIn]} = 1$ 时，pH $=$ pK_{HIn}，指示剂酸式体与碱式体浓度相等，溶液呈其酸式色和碱式色的中间色。因此，称此时的 pH 值为酸碱指示剂的理论变色点。

人眼对颜色过渡变化的分辨能力是有限度的，当某种颜色占一定优势之后，就再也观察不出色调的变化。根据人眼对颜色的敏感度，一般来说，若指示剂的酸式色与碱式色浓度相差 10 倍后，就只能看到浓度大的那种色，即当 $[HIn]/[In^-] \geqslant 10$，pH $\leqslant pK_{HIn} - 1$ 时，只能看到酸式色 $[HIn]$；当 $[HIn]/[In^-] \leqslant 1/10$，即 pH $\geqslant pK_{HIn} + 1$ 时，只能看到碱式色 $[In^-]$；当 $10 \geqslant [HIn]/[In^-] \geqslant 1/10$ 时，看到的是它们的混合颜色，在此范围溶液对应的 pH 为 $(pK_{HIn} - 1) \sim (pK_{HIn} + 1)$。将 pH $= pK_{HIn} \pm 1$ 称为指示剂理论变色的 pH 范围，简称指示剂理论变色范围。

指示剂的变色范围（指从一色调改变至另一色调）不是根据 pK_a 计算出来的，而是依靠眼睛观察出来的。由于人眼对各种颜色的敏感度不同，加上两种颜色互相影响，所以实际观察结果常有差别。例如甲基橙的变色范围，有报道为 $3.1 \sim 4.4$、$3.2 \sim 4.5$ 和 $2.9 \sim 4.3$ 等。表 2-5 中列出常用酸碱指示剂及其变色范围。

表 2-5　常用酸碱指示剂及其变色范围

指示剂	pH 变色范围	颜色		pK_{HIn}	浓　度
		酸式色	碱式色		
百里酚蓝（第一次变色）	$1.2 \sim 2.8$	红	黄	1.6	0.1%（20%乙醇溶液）
甲基黄	$2.9 \sim 4.0$	红	黄	3.3	0.1%（90%乙醇溶液）

续表

指示剂	pH 变色范围	颜色		pKHIn	浓　度
		酸式色	碱式色		
甲基橙	3.1～4.4	红	黄	3.4	0.05%（水溶液）
溴酚蓝	3.1～4.6	黄	紫	4.1	0.1%（20%乙醇溶液），或指示剂钠盐的水溶液
溴甲酚绿	3.8～5.4	黄	蓝	4.9	1%（水溶液），每 100mg 指示剂加 0.05mol/L NaOH 2.9mL
甲基红	4.4～6.2	红	黄	5.2	0.1%（60%乙醇溶液），或指示剂钠盐的水溶液
溴百里酚蓝	6.0～7.6	黄	蓝	7.3	0.1%（20%乙醇溶液），或指示剂钠盐的水溶液
中性红	6.8～8.0	红	黄橙	7.4	0.1%（60%乙醇溶液）
酚红	6.7～8.4	黄	红	8.0	0.1%（60%乙醇溶液），或指示剂钠盐的水溶液
酚酞	8.0～9.6	无	红	91	0.1%（90%乙醇溶液）
百里酚蓝（第二次变色）	8.0～9.6	黄	蓝	8.9	0.1%（20%乙醇溶液）
百里酚酞	9.4～10.6	无	蓝	10.0	0.1%（90%乙醇溶液）

3. 影响指示剂变色范围的因素

（1）指示剂的用量　指示剂用量过多，会使终点变色迟钝，且指示剂本身也会多消耗滴定剂；指示剂用量太少，颜色变化不明显。因此，在不影响变色敏锐的前提下，尽量少用指示剂，一般分析中为 2～4 滴（建议取下限）。

（2）温度　温度的变化会引起指示剂解离常数和水的质子自递常数发生变化，因而指示剂的变色范围也随之改变，对碱型指示剂的影响较酸型指示剂更为明显。一般酸碱滴定都在室温下进行，若有必要加热煮沸，也应在溶液冷却后再滴定。

（3）中性电解质　由于中性电解质的存在增大了溶液的离子强度，使得指示剂的解离常数发生改变，从而影响其变色范围。此外，中性电解质的存在还影响指示剂对光的吸收，使其颜色的强度发生变化，因此滴定中不宜有大量中性电解质存在。

（4）溶剂　不同的溶剂具有不同的介电常数和酸碱性，因而影响指示剂的解离常数和变色范围。

4. 混合指示剂

一般单一指示剂的变色范围较宽，变色不敏锐，且变色过程有过渡色，不易于辨别颜色的变化。有时需要变色范围很小的指示剂，则用混合指示剂，混合指示剂利用了颜色互补的原理，具有变色范围窄、变色明显的特点。常见的混合指示剂的配制有两种方法：

（1）两种指示剂按一定比例混合　如酸标液滴定 $Na_2B_4O_7$ 时，常用甲基红（4.4～6.2）与溴甲酚绿（4.0～5.6），混合后，酸式色为酒红色（红稍带黄），碱式色为绿色。当 pH＝5.1 时，甲基红的橙色与溴甲酚绿的蓝色（蓝略带绿）互补为灰色。

（2）在某种指示剂中加入一种惰性染料　以惰性染料作为背衬，也是基于两种颜色叠合而出现变色点或具有较窄变色范围。例如：中性红（6.8～8.0）与亚甲基蓝混合在 pH＝7.0 时呈紫蓝色，只有 0.2pH 的变色范围，比单独使用中性红范围要窄得多。

表 2-6 中列出了常见混合指示剂及其变色范围。

20. 酸碱指示剂

表 2-6　常见混合指示剂及其变色范围

指示剂溶液的组成	变色点 pH 值	颜色		备注
		酸式色	碱式色	
一份 0.1%甲基黄乙醇溶液 一份 0.1%亚甲基蓝乙醇溶液	3.25	蓝紫	绿	pH=3.4,绿色 pH=3.2,蓝紫色
一份 0.1%甲基橙水溶液 一份 0.25%靛蓝二碳酸钠水溶液	4.1	紫	黄绿	

续表

指示剂溶液的组成	变色点pH 值	颜色		备注
		酸式色	碱式色	
三份 0.1%溴甲酚绿乙醇溶液 一份 0.2%甲基红乙醇溶液	5.1	酒红	绿	
一份 0.1%溴甲酚绿钠盐水溶液 一份 0.1%氯酚红钠盐水溶液	6.1	黄绿	蓝紫	pH=5.4,蓝紫色 pH=5.8,蓝色 pH=6.0,蓝带紫色 pH=6.2,蓝紫色
一份 0.1%中性红乙醇溶液 一份 0.1%亚甲基蓝乙醇溶液	7.0	黄	紫	pH=7.0,紫蓝色
一份 0.1%甲酚红钠盐水溶液 三份 0.1%百里酚蓝钠盐水溶液	8.3	紫蓝	绿	pH=8.2,玫瑰色 pH=8.4,清晰的紫色
一份 0.1%百里酚蓝 50%乙醇溶液 三份 0.1%酚酞 50%乙醇溶液	9.0	黄	紫	从黄色到绿色再到紫色
两份 0.2%百里酚酞乙醇溶液 一份 0.1%茜素黄 R 乙醇溶液	10.2	黄	紫	

五、酸碱滴定法

酸碱滴定法（acid-base titration）是利用酸碱间的反应来测定物质含量的方法。在酸碱滴定中，最重要的是要估计被测物质能否准确被滴定，滴定过程中溶液 pH 的变化情况如何，怎样选择最合适的指示剂来确定终点等。根据酸碱平衡原理，通过具体计算滴定过程中 pH 随滴定剂体积增加而变化的情况，可以清楚地回答这些问题。

作为滴定分析化学反应必须满足以下几点：

① 反应要有确切的定量关系，即按一定的反应方程式进行，并且反应进行得完全；

② 反应要迅速完成，对速率慢的反应，有加快的措施；

③ 主反应不受共存物干扰，或有消除的措施；

④ 有确定理论终点的方法。

进行滴定分析必须具备以下条件：

① 准确称量，如使用天平、定容体积的器皿；

② 标准溶液；

③ 确定理论终点的指示剂。

1. 一元酸碱的滴定——强碱滴定强酸（或强酸滴定强碱）

（1）滴定曲线和滴定突跃 强碱和强酸的反应为：

$$H^+ + OH^- \Longrightarrow H_2O$$

以 0.1000mol/L NaOH 滴定 20.00mL 0.1000mol/L HCl 为例进行讨论。

① 滴定前，溶液 pH 完全取决于 HCl，则：

$$[H^+] = c_{HCl} = 0.1mol/L \quad pH = 1.0$$

② 化学计量点前，$V_{HCl} > V_{NaOH}$。溶液 pH 取决于剩余 HCl 浓度，$[H^+] = c_{HCl}$。

$$[H^+] = \frac{(V_{HCl} - V_{NaOH})c_{HCl}}{V_{HCl} + V_{NaOH}}$$

例如，加入 18.00mL NaOH，余 2.000mL HCl 溶液。

$$[H^+] = 0.1000 \times \frac{20.00 - 18.00}{20.00 + 18.00} = 5.3 \times 10^{-3} (mol/L)$$

$$pH = 2.28$$

加入 19.98mL（误差 −0.1%）NaOH 时，还余有 0.20mL HCl 溶液。

$$[H^+] = \frac{(20.00-19.98) \times 0.1000}{20.00+19.98} = 5.00 \times 10^{-5} (mol/L)$$

$$pH = 4.30$$

③ 化学计量点时，$V_{HCl} = V_{NaOH}$，溶液呈中性，pH=7.00。

④ 化学计量点后，加入的 NaOH 已过量，溶液的碱度取决于过量 NaOH 的量，$V_{HCl} < V_{NaOH}$。

$$[OH^-] = \frac{(V_{NaOH}-V_{HCl})c_{NaOH}}{V_{NaOH}+V_{HCl}}$$

例如，加入 20.02mL NaOH 溶液时，NaOH 过量 0.02mL（误差 +0.1%），此时：

$$[OH^-] = 0.1000 \times \frac{20.02-20.00}{20.02+20.00} = 5.0 \times 10^{-5} (mol/L)$$

$$pH = 9.70$$

0.1000mol/L NaOH 溶液滴定 20.00mL 0.1000mol/L HCl 溶液见表 2-7。

表 2-7　0.1000mol/L NaOH 溶液滴定 20.00mL 0.1000mol/L HCl 溶液

加入 NaOH 溶液		剩余 HCl 溶液的体积/mL	过量 NaOH 溶液的体积/mL	pH 值
0.00mL	0%	20.00		1.00
18.00mL	90.0%	2.00		2.28
19.80mL	99.0%	0.20		3.30
19.98mL	99.9%	0.02		4.31
20.00mL	100.00%	0.00		7.00
20.02mL	100.1%			9.70
20.20mL	101.0%		0.02	10.70
22.00mL	110.0%		0.20	11.70
40.00mL	200.0%		2.00	12.50
			20.00	

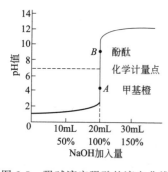

图 2-5　强碱滴定强酸的滴定曲线

以溶液的 pH 值为纵坐标，以 NaOH 加入量为横坐标作图，即可得到强碱滴定强酸的滴定曲线，如图 2-5 所示。

观察滴定曲线可看出：

① NaOH 从 0~19.98mL，pH 值从 1.0 增加到 4.3，ΔpH=3.3，不显著渐变。

② 在理论终点附近，NaOH 从 19.98~20.02mL，pH 值从 4.3 增加到 9.7，ΔpH=5.4，即突跃范围。

③ 理论终点以后，pH 主要由过量 NaOH 来决定。

突跃现象：理论终点附近溶液 pH 发生突跃的现象。

突跃范围：4.3~9.7。

（2）强酸与强碱的滴定突跃范围影响因素　酸碱浓度愈大，滴定突跃区间愈大。溶液浓度愈小，滴定突跃区间愈小。

（3）指示剂的选择　指示剂的选择原则：一是指示剂的变色范围全部或部分地落入滴定突跃范围内；二是指示剂的变色要明显。

2. 一元酸碱的滴定——强碱滴定弱酸（或强酸滴定弱碱）

（1）滴定曲线　滴定反应为：

$$OH^- + HA \Longrightarrow H_2O + A^-$$

以 0.1000mol/L NaOH 滴定 20.00mL 0.1000mol/L HAc 为例。

① 滴定前，一元弱酸（用最简式计算）：

$$[H^+] = \sqrt{cK_a} = \sqrt{0.1000 \times 1.76 \times 10^{-5}} = 1.36 \times 10^{-3}(mol/L)$$

$$pH = -lg[H^+] = -lg(1.36 \times 10^{-3}) = 2.88$$

② 化学计量点前，未反应的 HAc 与反应生成的 NaAc 形成缓冲体系，其中：

$$pH = pK_a + lg\frac{[Ac^-]}{[HAc]}$$

$$[Ac^-] = \frac{c_{NaOH}V_{NaOH}}{V_{NaOH} + V_{HAc}}$$

$$[HAc] = \frac{c_{HAc}V_{HAc} - c_{NaOH}V_{NaOH}}{V_{NaOH} + V_{HAc}}$$

$V_{NaOH} = 19.98mL$ 时（相对误差为 -0.1%），代入：

$$pH = pK_a + lg\frac{[Ac^-]}{[HAc]} = 4.75 + lg\frac{19.98}{20.00 - 19.98} = 7.75$$

③ 化学计量点时，HAc 与 NaOH 完全反应生成了 NaAc，溶液的 pH 由其水解所决定：

$$[OH^-] = \sqrt{K_b c_{Ac^-}} = \sqrt{\frac{K_W}{K_{HAc}}c_{Ac^-}} = \sqrt{\frac{10^{-14}}{1.76 \times 10^{-5}} \times \frac{0.1000}{2}} = 5.33 \times 10^{-6}(mol/L)$$

$$pOH = 5.27 \quad pH = 8.73$$

④ 化学计量点后，溶液由过量的 NaOH 与反应生成的 NaAc 组成：

$$[OH^-] = \frac{(V_{NaOH} - V_{HAc})c_{NaOH}}{V_{HAc} + V_{NaOH}}$$

$$[OH^-] = \frac{20.02 - 20.00}{20.02 + 20.00} \times 0.1000 = 5.0 \times 10^{-5}(mol/L)$$

$$pOH = 4.30 \quad pH = 9.70$$

（2）滴定曲线　与强碱滴定强酸相比，强碱滴定弱酸滴定曲线（图 2-6）有以下的特点：

① pH 起点高；

② 滴定曲线的形状不同；

③ 突跃区间小。

（3）影响强碱滴定弱酸突跃区间的因素

① 浓度　溶液浓度（酸和碱）大，突跃区间范围大。

② 酸的强弱　K_a 越大，突跃区间越大；K_a 越小，突跃区间越小。通常将 $cK_a \geq 10^{-8}$ 作为强碱能否准确滴定弱酸的条件。

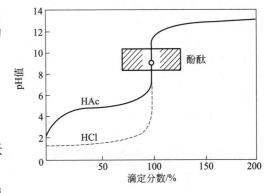

图2-6　强碱滴定弱酸的滴定曲线

习　题

一、选择题

1. 共轭酸碱对的 K_a 与 K_b 的关系是（　　）。
A. $K_aK_b=1$　　B. $K_aK_b=K_w$　　C. $K_a/K_b=K_w$　　D. $K_b/K_a=K_w$

2. $H_2PO_4^-$ 的共轭碱是（　　）。
A. H_3PO_4　　B. HPO_4^{2-}　　C. PO_4^{3-}　　D. OH^-

3. NH_3 的共轭酸是（　　）。
A. NH_2^-　　B. NH_2OH^{2-}　　C. NH_4^+　　D. NH_4OH

4. 下列各组酸碱组分中，属于共轭酸碱对的是（　　）。
A. HCN-NaCN　　B. H_3PO_4-Na_2HPO_4
C. NH_3CH_2COOH-$NH_2CH_2COO^-$　　D. H_3O^+-OH^-

5. 下列各组酸碱组分中，不属于共轭酸碱对的是（　　）。
A. H_2CO_3-CO_3^{2-}　　B. NH_3-NH_2^-　　C. HCl-Cl^-　　D. HSO_4^--SO_4^{2-}

6. 下列说法错误的是（　　）。
A. H_2O 作为酸的共轭碱是 OH^-
B. H_2O 作为碱的共轭酸是 H_3O^+
C. 因为 HAc 的酸性强，故 HAc 的碱性必弱
D. HAc 碱性弱，则 H_2Ac^+ 的酸性强

7. 按质子理论，Na_2HPO_4 是（　　）。
A. 中性物质　　B. 酸性物质　　C. 碱性物质　　D. 两性物质

8. 浓度为 0.1mol/L HAc（$pK_a=4.74$）溶液的 pH 值是（　　）。
A. 4.87　　B. 3.87　　C. 2.87　　D. 1.87

9. 浓度为 0.10mol/L NH_4Cl（$pK_b=4.74$）溶液的 pH 值是（　　）。
A. 5.13　　B. 4.13　　C. 3.13　　D. 2.13

10. pH 1.00 的 HCl 溶液和 pH 13.00 的 NaOH 溶液等体积混合后的 pH 值是（　　）。
A. 14　　B. 12　　C. 7　　D. 6

11. 酸碱滴定中选择指示剂的原则是（　　）。
A. 指示剂变色范围与化学计量点完全符合
B. 指示剂应在 pH 7.00 时变色
C. 指示剂的变色范围应全部或部分落入滴定 pH 突跃范围之内
D. 指示剂变色范围应全部落在滴定 pH 突跃范围之内

12. 将甲基橙指示剂加到无色水溶液中，溶液呈黄色，该溶液的酸碱性为（　　）。
A. 中性　　B. 碱性　　C. 酸性　　D. 不定

13. 将酚酞指示剂加到无色水溶液中，溶液呈无色，该溶液的酸碱性为（　　）。
A. 中性　　B. 碱性　　C. 酸性　　D. 不定

14. 浓度为 0.1mol/L 的下列酸，能用 NaOH 直接滴定的是（　　）。
A. HCOOH（$pK_a=3.45$）　　B. H_3BO_3（$pK_a=9.22$）
C. NH_4NO_2（$pK_b=4.74$）　　D. H_2O_2（$pK_a=12$）

15. 关于缓冲溶液，下列说法错误的是（　　）。
A. 够抵抗外加少量强酸、强碱或稍加稀释，其自身 pH 值不发生显著变化的溶液称为缓冲溶液
B. 缓冲溶液一般由浓度较大的弱酸（或弱碱）及其共轭碱（或共轭酸）组成

C. 强酸、强碱本身不能作为缓冲溶液

D. 缓冲容量的大小与产生缓冲作用组分的浓度以及各组分浓度的比值有关

16. 用 0.1mol/L HCl 滴定 0.1mol/L NaOH 时的 pH 突跃范围是 9.7～4.3，用 0.01mol/L HCl 滴定 0.01mol/L NaOH 的突跃范围是（　　）。

A. 9.7～4.3　　　　B. 8.7～4.3　　　　C. 8.7～5.3　　　　D. 10.7～3.3

二、填空题

1. 根据酸碱质子理论，物质给出质子的能力越强，酸性就越_____，其共轭碱的碱性就越_____。

2. HPO_4^{2-} 是_____的共轭酸，是_____的共轭碱。

3. NH_3 的 $K_b = 1.8 \times 10^{-5}$，则其共轭酸_____的 K_a 为_____。

4. 对于三元酸，K_{a1}_____$= K_w$。

5. 在弱酸（碱）的平衡体系中，各存在形体平衡浓度的大小由_____决定。

6. 0.1000mol/L HAc 溶液的 pH=_____，已知 $K_a = 1.8 \times 10^{-5}$。

7. 0.1000mol/L NH_4 溶液的 pH=_____，已知 $K_b = 1.8 \times 10^{-5}$。

8. 0.1000mol/L $NaHCO_3$ 溶液的 pH=_____，已知 $K_{a1} = 4.2 \times 10^{-7}$，$K_{a2} = 5.6 \times 10^{-11}$。

9. 分析化学中用到的缓冲溶液，大多数是作为_____用的，有些则是作为_____用的。

10. 各种缓冲溶液的缓冲能力可用_____来衡量，其大小与_____和_____有关。

11. 甲基橙的变色范围是_____，在 pH<3.1 时为_____色。酚酞的变色范围是_____，在 pH>9.6 时为_____色。

12. 某酸碱指示剂 $pK_{In} = 4.0$，则该指示剂变色的 pH 范围是_____，一般在_____时使用。

三、简答题

1. 下列物质中哪些是酸，哪些是碱？试分别按酸的强弱顺序、碱的强弱顺序排列起来。

HAc、NH_4^+、H_2CO_3、HCO_3^-、H_3PO_4、$H_2PO_4^-$、HPO_4^{2-}、Ac^-、NH_3、S^{2-}、HS^-、$C_2O_4^{2-}$、$HC_2O_4^-$。

2. 什么是同离子效应和盐效应？

3. 在下列情况下，溶液的 pH 值是否发生变化？若发生变化，是增大还是减小？

(1) 乙酸溶液中加入乙酸钠；(2) 氨水溶液中加入硫酸铵；(3) 盐酸溶液中加入氯化钾；(4) 氢碘酸溶液中加入氯化钾。

4. 判断下列情况对测定结果的影响。

(1) 用吸收了 CO_2 的 NaOH 标准溶液测定某一元强酸的浓度，分别用甲基橙或酚酞指示终点时。

(2) 用吸收了 CO_2 的 NaOH 标准溶液测定某一元弱酸的浓度。

(3) 标定 NaOH 溶液的浓度采用了部分风干的 $H_2C_2O_4 \cdot 2H_2O$。

(4) 用在 110℃烘过的 Na_2CO_3 标定 HCl 溶液的浓度。

(5) 标定 NaOH 溶液时所用的基准物邻苯二甲酸氢钾中混有邻苯二甲酸。

(6) 用在相对湿度为 30% 的容器中保存的硼砂标定 HCl 溶液的浓度。

四、计算题

1. 在 298K 时，已知 0.10mol/L 的某一元弱酸水溶液的 pH 值为 3.00，试计算：

(1) 该酸的解离常数；

(2) 该酸的解离度；

(3) 该酸稀释一倍后的解离常数，解离度及 pH 值。

2. 将 0.2mol/L 的 HAc 和 0.2mol/L HCl 等体积混合，求：

(1) 混合溶液的 pH 值；

（2）溶液中 HAc 的解离度。

3. 若配制 pH＝10.00，$c_{NH_3} + c_{NH_4^+} = 1.0 mol/L$ 的 NH_3-NH_4Cl 缓冲溶液 1.0L，需要 15mol/L 的氨水多少毫升？需要 NH_4Cl 多少克？

4. 欲配制 100mL 氨基乙酸缓冲溶液，其总浓度 $c = 0.10 mol/L$，pH＝2.00，需氨基乙酸多少克？还需加多少毫升 1.0mol/L 酸或碱？已知氨基乙酸的摩尔质量 $M = 75.07 g/mol$。

5. 已知试样可能含有 Na_3PO_4、Na_2HPO_4、NaH_2PO_4 或它们的混合物，以及其他不与酸作用的物质。现称取试样 2.0000g，溶解后用甲基橙指示终点，以 0.5000mol/L HCl 溶液滴定，消耗 HCl 溶液 32.00mL。同样质量的试样，当用酚酞指示终点时，消耗 HCl 标准溶液 12.00mL。求试样中各组分的质量分数。

6. 分别以 Na_2CO_3 和硼砂（$Na_2B_4O_7 \cdot 10H_2O$）标定 HCl 溶液（大约浓度为 0.2mol/L），希望用去的 HCl 溶液为 25mL 左右。已知天平本身的称量误差为 $\pm 0.1 mg$（0.2mg），从减少称量误差所占的百分比考虑，选择哪种基准物较好？

任务三　难溶电解质沉淀与溶解

任务引领

任何难溶物在水中都有一定的溶解度，对其溶解在水中并全部发生电离的难溶物称为难溶强电解质。在难溶强电解质的饱和溶液中，存在着未溶的固体和溶液中相应离子间的平衡，这类平衡属于多相离解平衡。没有绝对不溶的物质，当析出沉淀后，总有一部分残留在溶液中，当溶液中这种物质的离子浓度小于等于 $10^{-5} mol/L$ 时，认为已经沉淀完全。

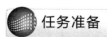

任务准备

1. 什么是溶度积常数？
2. 沉淀溶解平衡有何应用？
3. 常见的沉淀滴定法有哪些？

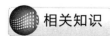

相关知识

一、溶度积原理

1. 溶度积常数

沉淀平衡是沉淀-溶解平衡的简称，在一定温度下，将难溶电解质晶体放入水中时，就发生溶解和沉淀两个过程。在一定条件下，当溶解和沉淀速率相等时，便建立了一种动态平衡。例如，AgCl 在 H_2O 中有如下平衡：

$$AgCl(s) \underset{沉淀}{\overset{溶解}{\rightleftharpoons}} Ag^+(aq) + Cl^-(aq)$$

$$K = [Ag^+][Cl^-]$$

式中，K 为标准平衡常数，各浓度是相对浓度。由于 AgCl 是固体物质，不写入平衡常数的表达式，所以沉淀-溶解平衡的标准平衡常数 K 称为溶度积常数，写作 K_{sp}。

对于一般沉淀反应：

$$A_m B_n(s) \Longrightarrow m A^{n+}(aq) + n B^{m-}(aq) \qquad K_{sp} = [A^{n+}]^m [B^{m-}]^n$$

严格地说，溶度积的表达式应为 $K_{sp} = a(A^{n+})^m a(B^{m-})^n$。式中的 a 为溶液的活度，但因难溶电解质的溶解度很小，离子浓度较低，离子间的相互作用较小，所以假设所有的活度系数等于1，用浓度代替活度。

溶度积常数为一定温度下，难溶强电解质饱和溶液中离子浓度的系数次方之积为一常数，在数据表中可查得。K_{sp} 的大小主要取决于难溶电解质的本性，也与温度有关，而与离子浓度改变无关。不同的难溶电解质在相同温度下的 K_{sp} 不同。在一定温度下，K_{sp} 的大小可以反映物质的溶解能力和生成沉淀的难易。相同类型的难溶电解质的 K_{sp} 越小，溶解度越小，越难溶。

下面为几种难溶电解质在25℃时的溶解平衡和溶度积：

$$AgCl(s) \Longrightarrow Ag^+(aq) + Cl^-(aq) \qquad K_{sp} = [Ag^+][Cl^-] = 1.8 \times 10^{-10}$$
$$AgBr(s) \Longrightarrow Ag^+(aq) + Br^-(aq) \qquad K_{sp} = [Ag^+][Br^-] = 5.0 \times 10^{-13}$$
$$AgI(s) \Longrightarrow Ag^+(aq) + I^-(aq) \qquad K_{sp} = [Ag^+][I^-] = 8.3 \times 10^{-17}$$
$$Mg(OH)_2(s) \Longrightarrow Mg^{2+}(aq) + 2OH^-(aq) \qquad K_{sp} = [Mg^{2+}][OH^-]^2 = 5.6 \times 10^{-12}$$

由于：

$$K_{sp}(AgCl) > K_{sp}(AgBr) > K_{sp}(AgI)$$

所以溶解度的大小为：

$$s(AgCl) > s(AgBr) > s(AgI)$$

2. 溶度积与溶解度的相互换算

溶解度和溶度积都反映了物质的溶解能力，二者之间必然存在着联系，单位统一时，可以相互换算。溶解度 s 指在一定温度下饱和溶液的浓度。在有关溶度积的计算中，离子浓度必须是物质的量浓度，其单位为 mol/L，而通常的溶解度的单位是 g/100g 水。因此，计算时有时要先将难溶电解质的溶解度 s 的单位换算为 mol/L。

【例 2-10】 已知 $BaSO_4$ 在25℃的水中溶解度为 2.42×10^{-3} g/L，求 K_{sp}。

解： 设 $BaSO_4$ 在25℃的水中溶解度为 s(mol/L)。

$$BaSO_4(s) \Longrightarrow Ba^{2+}(aq) + SO_4^{2-}(aq)$$
$$\qquad\qquad s \qquad\quad s$$
$$s = 2.42 \times 10^{-3}/233.4 = 1.04 \times 10^{-5}(mol/L)$$
$$K_{sp} = s^2 = 1.08 \times 10^{-10}$$

【例 2-11】 25℃，已知 $K_{sp}(Ag_2CrO_4) = 2.0 \times 10^{-12}$，求同温度下 Ag_2CrO_4 的溶解度（用 g/L 表示）。

解： 设 Ag_2CrO_4 在25℃的水中的溶解度为 s（mol/L）。

$$Ag_2CrO_4(s) \Longrightarrow 2Ag^+(aq) + CrO_4^{2-}(aq)$$
$$\qquad\qquad\quad 2s \qquad\quad s$$
$$K_{sp} = [Ag^+]^2[CrO_4^{2-}]$$
$$2.0 \times 10^{-12} = 4s^3 \quad s = 7.94 \times 10^{-5}$$
$$M_r(Ag_2CrO_4) = 331.7$$
$$s = 7.94 \times 10^{-5} \times 331.7 = 2.6 \times 10^{-2}(g/L)$$

22. 溶度积原理

从上述例题可以得到几种类型沉淀的溶度积 K_{sp} 和溶解度 s 之间的换算关系：

1:1 型：$K_{sp} = ss = s^2$，如 $AgCl$、$CaCO_3$。

1:2 型：$K_{sp} = (2s)^2 s = 4s^3$，如 $Mg(OH)_2$、Ag_2CrO_4。

1∶3 型：$K_{sp}=(3s)^3s=27s^4$，如 $Fe(OH)_3$、Ag_3PO_4。

2∶3 型：$K_{sp}=(3s)^3(2s)^2=108s^5$，如 Bi_2S_3、$Ca_3(PO_4)_2$。

二、沉淀-溶解平衡的应用

（一）溶度积规则

难溶电解质的多相平衡是一种动态平衡。当溶液中离子浓度变化时，平衡就向一定方向移动，直至离子浓度幂的乘积等于溶度积为止。在一定条件下，某一难溶电解质的沉淀能否生成或溶解，可根据溶度积规则来判断。

在某难溶电解质的溶液中，有关离子浓度幂次方的乘积称为离子积，用符号 Q_i 表示：

$$A_mB_n(s) \Longleftrightarrow mA^{n+}+nB^{m-} \qquad Q_i=c_{A^{n+}}^m c_{B^{m-}}^n \tag{2-31}$$

在任何给定的溶液中，Q_i 与 K_{sp} 的大小可能有三种情况：

（1）$Q_i<K_{sp}$ 时为不饱和溶液，若体系中有固体存在，固体将溶解直至饱和为止。因此，$Q_i<K_{sp}$ 是沉淀溶解的条件。

（2）$Q_i=K_{sp}$ 时为饱和溶液，处于动态平衡状态。

（3）$Q_i>K_{sp}$ 时为过饱和溶液，有沉淀析出直至饱和。因此，$Q_i>K_{sp}$ 是沉淀生成的条件。

（二）沉淀的生成

1. 沉淀生成的条件

根据溶度积规则，在难溶电解质的溶液中，如果 $Q_i>K_{sp}$ 就会生成沉淀，这是生成沉淀的必要条件。

23. 溶度积规则

【例 2-12】 将等体积的 4×10^{-3} mol/L 的 $AgNO_3$ 和 4×10^{-3} mol/L 的 K_2CrO_4 溶液混合，是否能析出 Ag_2CrO_4 沉淀？已知 $K_{sp}(Ag_2CrO_4)=2.0\times10^{-12}$。

解： 两溶液等体积混合后，Ag^+ 和 CrO_4^{2-} 浓度都减小到原浓度的 1/2。

$$c(Ag^+)=2\times10^{-3} \text{mol/L}$$
$$c(CrO_4^{2-})=2\times10^{-3} \text{mol/L}$$

混合后，则：

$$Ag_2CrO_4 \Longleftrightarrow 2Ag^+ + CrO_4^{2-}$$
$$Q_i=c^2(Ag^+)c(CrO_4^{2-})=(2\times10^{-3})^2\times2\times10^{-3}=8\times10^{-9}$$

因为 $Q_i>K_{sp}$，所以有 Ag_2CrO_4 沉淀析出。

2. 影响沉淀溶解度的因素

影响沉淀溶解度的因素很多，如同离子效应、盐效应、配位效应等。此外，温度、溶剂和颗粒大小与结构等对沉淀溶解度也有影响，现分别进行讨论。

（1）同离子效应　在难溶电解质溶液中加入与其含有相同离子的易溶强电解质，而使难溶电解质的溶解度降低。

【例 2-13】 25℃下，在 1.00L、0.030mol/L $AgNO_3$ 溶液中加入 0.50L 0.060mol/L $CaCl_2$ 溶液，能否生成 $AgCl$ 沉淀？沉淀是否完全？已知：$K_{sp}(AgCl)=1.8\times10^{-10}$。

解： 考虑混合稀释，则

$$c_0(Ag^+)=\frac{0.030\times1.00}{1.50}=0.020(\text{mol/L})$$

$$c_0(Cl^-) = \frac{0.060 \times 0.50 \times 2}{1.50} = 0.040(mol/L)$$

$$Q_i = c(Ag^+)c(Cl^-) = 0.020 \times 0.040 = 8.0 \times 10^{-4}$$

$$K_{sp}(AgCl) = 1.8 \times 10^{-10}$$

$Q_i > K_{sp}$，所以有 AgCl 沉淀析出。

因为 $c_0(Cl^-) > c_0(Ag^+)$，生成 AgCl 沉淀时，Cl^- 是过量的。

设平衡时 $c(Ag^+) = x\,mol/L$

$$
\begin{array}{cccc}
& AgCl(s) \Longrightarrow & Ag^+(aq) & + & Cl^-(aq) \\
起始 & & 0.020 & & 0.040 \\
变化 & & 0.020-x & & 0.020-x \\
平衡 & & x & & 0.040-(0.020-x)
\end{array}
$$

$$x[0.040-(0.020-x)] = 1.8 \times 10^{-10}$$

$$x = 9.0 \times 10^{-9}$$

$$c(Ag^+) = 9.0 \times 10^{-9}\,mol/L$$

溶液中 $c(Ag^+) \leqslant 1.0 \times 10^{-6}\,mol/L$，可认为该离子已被定量沉淀完全。

我们知道 25℃ 下，沉淀达到平衡时，AgCl 在水中的溶解度为

$$s = [Ag^+] = [Cl^-] = \sqrt{K_{sp}} = \sqrt{1.8 \times 10^{-10}} = 1.35 \times 10^{-5}(mol/L)$$

但当 Cl^- 过量时，$c(Ag^+) = 9.0 \times 10^{-9}\,mol/L$，即 AgCl 的溶解度降低。

在实际分析中，常加入过量沉淀剂，利用同离子效应，使被测组分沉淀完全。但沉淀剂过量太多，可能引起盐效应、酸效应及配位效应等副反应，反而使沉淀的溶解度增大，沉淀溶解。一般情况下，沉淀剂过量 50%～100% 是合适的，如果沉淀剂是不易挥发的，则以过量 20%～30% 为宜。当溶液中离子浓度 $\leqslant 1 \times 10^{-5}\,mol/L$，可认为该离子已被定量沉淀完全（定量分析要求为 $10^{-6}\,mol/L$）。

（2）盐效应　在难溶电解质饱和溶液中，加入不含共同离子的易溶强电解质而使难溶电解质的溶解度增大，这种现象称为盐效应。以 AgCl 在 KNO_3 溶液中的溶解为例：当 KNO_3 的浓度增大到一定程度时，离子强度增大，因而使离子活度系数明显减小。而在一定温度下 K_{sp} 为一常数，$K_{sp} = a_{Ag^+} a_{Cl^-} = [Ag^+]\gamma_{Ag^+}[Cl^-]\gamma_{Cl^-}$，因而 $[Ag^+][Cl^-]$ 必然要增大，致使 AgCl 沉淀的溶解度增大，这就是盐效应的结果。因此，利用同离子效应降低沉淀的溶解度时，应考虑盐效应的影响，即沉淀剂不能过量太多。

应该指出，如果沉淀本身的溶解度很小，一般来讲，盐效应的影响很小，可以不予考虑。只有当沉淀的溶解度比较大，而且溶液的离子强度很高时，才考虑盐效应的影响。

（3）pH 对沉淀-溶解平衡的影响　酸度对沉淀溶解度的影响是比较复杂的，这里只讨论通过控制 pH 可使某些难溶的氢氧化物和弱酸盐沉淀或溶解，达到分离的目的。

① 难溶金属氢氧化物

【例 2-14】　计算欲使 $0.01\,mol/L$ Fe^{3+} 开始沉淀和完全沉淀的 pH 值，已知 $K_{sp}[Fe(OH)_3] = 4.0 \times 10^{-38}$。

解： Fe^{3+} 开始沉淀的 pH 值

$$
\begin{array}{ccc}
Fe(OH)_3(s) \Longrightarrow & Fe^{3+} & + 3OH^- \\
& 0.01 & x
\end{array}
$$

$$K_{sp} = [Fe^{3+}][OH^-]^3 = 0.01x^3 = 4.0 \times 10^{-38}$$

$$x = [OH^-] = 1.58 \times 10^{-12}\,mol/L$$

$$[H^+] = 6.33 \times 10^{-3}\,mol/L$$

$$pH=2.20$$

Fe^{3+} 沉淀完全，所需要的 pH 值：

$$Fe(OH)_3(s) \Longrightarrow Fe^{3+} + 3OH^-$$
$$1\times 10^{-5} \quad y$$
$$K_{sp} = [Fe^{3+}][OH^-]^3 = 1\times 10^{-5}y^3 = 4.0\times 10^{-38}$$
$$y = [OH^-] = 1.58\times 10^{-11} \, mol/L$$
$$[H^+] = 6.33\times 10^{-4} \, mol/L$$
$$pH = 3.20$$

从计算可以看出，溶液的酸碱度控制金属氢氧化物沉淀的存在或溶解。

② 金属硫化物　利用酸、碱或某些盐类（如 NH_4^+ 盐）与难溶电解质组分离子结合成弱电解质（如弱酸、弱碱或 H_2O），可以使该难溶电解质的沉淀溶解。

例如：固体 ZnS 可以溶于盐酸中，其反应过程如下。

$$ZnS(s) \Longrightarrow Zn^{2+}(aq) + S^{2-}(aq) \qquad (1) \qquad K_1^{\ominus} = K_{sp}^{\ominus}(ZnS)$$

$$S^{2-} + H^+ \Longrightarrow HS^- \qquad (2) \qquad K_2^{\ominus} = \frac{1}{K_{a2}^{\ominus}(H_2S)}$$

$$HS^- + H^+ \Longrightarrow H_2S \qquad (3) \qquad K_3^{\ominus} = \frac{1}{K_{a1}^{\ominus}(H_2S)}$$

由上述反应可见，因 H^+ 与 S^{2-} 结合生成弱电解质，而使 $c(S^{2-})$ 降低，使 ZnS 沉淀-溶解平衡向溶解的方向移动，若加入足够量的盐酸，则 ZnS 会全部溶解。

将(1)+(2)+(3)，得到 ZnS 溶于 HCl 的溶解反应式：

$$ZnS(s) + 2H^+(aq) \Longrightarrow Zn^{2+}(aq) + H_2S(aq)$$

根据多重平衡规则，ZnS 溶于盐酸反应的平衡常数为：

$$K^{\ominus} = \frac{c(Zn^{2+})c(H_2S)}{c^2(H^+)} = K_1^{\ominus}K_2^{\ominus}K_3^{\ominus} = \frac{K_{sp}^{\ominus}(ZnS)}{K_{a1}^{\ominus}(H_2S)K_{a2}^{\ominus}(H_2S)}$$

可见，这类难溶弱酸盐溶于酸的难易程度与难溶盐的溶度积和酸反应所生成的弱酸的电离常数有关。$K_{sp}^{\ominus}$ 越大，$K_a^{\ominus}$ 值越小，其反应越容易进行。

【例 2-15】 欲使 0.10mol/L ZnS 或 0.10mol/L CuS 溶解于 1L 盐酸中，所需盐酸的最低浓度是多少？

解：对于 ZnS，根据 $ZnS(s) + 2H^+(aq) \Longrightarrow Zn^{2+}(aq) + H_2S(aq)$

$$K^{\ominus} = \frac{c(Zn^{2+})c(H_2S)}{c^2(H^+)} = \frac{K_{sp}^{\ominus}(ZnS)}{K_{a1}^{\ominus}(H_2S)K_{a2}^{\ominus}(H_2S)}$$

式中，$K_{a1}^{\ominus}(H_2S) = 9.1\times 10^{-8}$；$K_{a2}^{\ominus}(H_2S) = 1.1\times 10^{-12}$。

$$c(H_2S) = 0.10mol/L（饱和 H_2S 溶液的浓度）$$

所以：

$$c(H^+) = \sqrt{\frac{K_{a1}^{\ominus}(H_2S)K_{a2}^{\ominus}(H_2S)c(Zn^{2+})c(H_2S)}{K_{sp}^{\ominus}(ZnS)}}$$

$$= \sqrt{\frac{9.1\times 10^{-8}\times 1.1\times 10^{-12}\times 0.10\times 0.10}{2.5\times 10^{-22}}}$$

$$= 2.0(mol/L)$$

对 CuS，同理得：

$$c(H^+) = \sqrt{\frac{9.1 \times 10^{-8} \times 1.1 \times 10^{-12} \times 0.1 \times 0.1}{K_{sp}^{\ominus}(CuS)}}$$

$$= \sqrt{\frac{1.0 \times 10^{-21}}{6.3 \times 10^{-36}}}$$

$$= 1.3 \times 10^7 (mol/L)$$

计算表明，溶度积较大的 ZnS 可溶于稀盐酸中，而溶度积较小的 CuS 则不能溶于盐酸（市售浓盐酸的浓度仅为 12mol/L）中。

（4）配位效应 进行沉淀反应时，若溶液中存在能与构晶离子生成可溶性配合物的配位剂，则可使沉淀溶解度增大，这种现象称为配位效应。

配位剂主要来自两方面，一是沉淀剂本身就是配位剂，二是加入的其他试剂。

例如用 Cl^- 沉淀 Ag^+ 时，得到 AgCl 白色沉淀，若向此溶液中加入氨水，则因 NH_3 配位形成 $[Ag(NH_3)_2]^+$，使 AgCl 的溶解度增大，甚至全部溶解。如果在沉淀 Ag^+ 时，加入过量的 Cl^-，则 Cl^- 能与 AgCl 沉淀进一步形成 $AgCl_2^-$ 和 $AgCl_3^{2-}$ 等配离子，也使 AgCl 沉淀逐渐溶解，这时 Cl^- 沉淀剂本身就是配位剂。由此可见，在用沉淀剂进行沉淀时，应严格控制沉淀剂的用量，同时注意外加试剂的影响。

配位效应使沉淀的溶解度增大的程度与沉淀的溶度积、配位剂的浓度和形成配合物的稳定常数有关。沉淀的溶度积越大，配位剂的浓度越大，形成的配合物越稳定，沉淀就越容易溶解。

综上所述，在实际工作中应根据具体情况来考虑哪种效应是主要的。对无配位反应的强酸盐沉淀，主要考虑同离子效应和盐效应。对弱酸盐或难溶盐的沉淀，多数情况主要考虑酸效应。对有配位反应且沉淀的溶度积又较大，易形成稳定配合物时，应主要考虑配位效应。

（5）其他影响因素 除上述因素外，温度和其他溶剂的存在，沉淀颗粒大小和结构等，都对沉淀的溶解度有影响。

① 温度的影响 沉淀的溶解一般是吸热过程，其溶解度随温度升高而增大。因此，对于一些在热溶液中溶解度较大的沉淀，在过滤洗涤时必须在室温下进行，如 $MgNH_4PO_4$、CaC_2O_4 等。对于一些溶解度小，温度低时又较难过滤和洗涤的沉淀，则采用趁热过滤，并用热的洗涤液进行洗涤，如 $Fe(OH)_3$、$Al(OH)_3$ 等。

② 溶剂的影响 无机物沉淀大部分是离子型晶体，它们在有机溶剂中的溶解度一般比在纯水中要小。例如 $PbSO_4$ 沉淀在 100mL 水中的溶解度为 1.5×10^{-4} mol/L，而在 100mL $\varphi_{乙醇} = 50\%$ 的乙醇溶液中的溶解度为 7.6×10^{-6} mol/L。

24. 沉淀的生成

③ 沉淀颗粒大小和结构的影响 同一种沉淀，在质量相同时，颗粒越小，其总表面积越大，溶解度越大。由于小晶体比大晶体有更多的角、边和表面，处于这些位置的离子受晶体内离子的吸引力小，又受到溶剂分子的作用，容易进入溶液中。因此，小颗粒沉淀的溶解度比大颗粒沉淀的溶解度大。所以，在实际分析中，要尽量创造条件利于形成小颗粒晶体以增大溶解度。

（三）沉淀的溶解

根据溶度积规则，要使沉淀溶解，可以加入某种试剂，使其与难溶电解质电离出来的离子作用，从而降低该离子的浓度，使 $Q_i < K_{sp}$，平衡向沉淀溶解的方向移动。常用的方法主要有以下几种：

1. 酸溶解法

$BaCO_3(s)$ 等难溶盐可溶解在酸溶液中，如医用时不能内服 $BaCO_3(s)$ 作钡餐，而应用 $BaSO_4(s)$。

$$BaCO_3(s) + 2H^+(aq) = CO_2(g) + H_2O(aq) + Ba^{2+}(aq)$$

由于酸电离出的 H^+ 与 $BaCO_3(s)$ 中溶解产生的 CO_3^{2-} 反应生成 CO_2 和水，使 CO_3^{2-} 浓度降低，离子的浓度商 $Q_c < K_{sp}$，$BaCO_3$ 的沉淀-溶解平衡向右移动，最后 $BaCO_3$ 溶解在过量的酸溶液中。

2. 氧化还原溶解法

如金属硫化物 $FeS(s)$、$MnS(s)$、ZnS 不溶于水，但可溶于酸中，而 CuS、Ag_2S、HgS 等不溶于水也不溶于酸，只能溶于氧化性酸 HNO_3 溶液中。S^{2-} 被氧化，离子的浓度商 $Q_c < K_{sp}$，沉淀-溶解平衡向右移动，最后 CuS、Ag_2S、HgS 溶解在 HNO_3 溶液中：

$$3CuS + 2NO_3^- + 8H^+ = 3Cu^{2+} + 3S\downarrow + 2NO\uparrow + 4H_2O$$

3. 生成配合物溶解法

如 $AgCl$、$Cu(OH)_2$ 可溶解在氨水中生成银氨溶液和铜氨溶液等更稳定的配离子，减小了 Ag^+ 和 Cu^{2+} 的浓度，使得离子的浓度商 $Q_c < K_{sp}$，沉淀-溶解平衡向右移动，最后 $AgCl$、$Cu(OH)_2$ 溶解在氨水中：

$$AgCl + 2NH_3 = [Ag(NH_3)_2]^+ + Cl^-$$
$$Cu(OH)_2 + 4NH_3 = [Cu(NH_3)_4]^{2+} + 2OH^-$$

（四）沉淀的转化

有些沉淀既不溶于水也不溶于酸，还无法用配位溶解和氧化还原溶解的方法将其直接溶解。这时，可把一种难溶电解质转化为另一种难溶电解质，然后使其溶解。这种把一种沉淀转化为另一种沉淀的过程，叫作沉淀的转化。沉淀的转化是一种难溶电解质转化为另一种难溶电解质的过程，其实质是沉淀-溶解平衡的移动。难溶物的溶解度相差越大，这种转化的趋势越大。如在 $AgNO_3$ 和 K_2CrO_4 的混合溶液中逐滴加入 $NaCl$ 溶液，边加边振荡，沉淀由红变白。

在 ZnS 沉淀上滴加 $CuSO_4$ 溶液，白色 ZnS 沉淀转化为黑色 CuS 沉淀：

$$ZnS(s) + Cu^{2+}(aq) = CuS(s) + Zn^{2+}(aq)$$

因为 FeS、MnS、ZnS 的 K_{sp} 远小于 CuS、HgS、PbS 的 K_{sp}，利用沉淀转化原理，在工业废水的处理过程中，常用 $FeS(s)$、$MnS(s)$、$ZnS(s)$ 等难溶物作为沉淀剂除去废水中的 Cu^{2+}、Hg^{2+}、Pb^{2+} 等重金属离子。

三、分步沉淀

若溶液中含有两种或两种以上能与某一沉淀剂发生沉淀反应的离子，沉淀不是同时发生，而是按照满足沉淀反应的先后顺序沉淀，这一过程称分步沉淀。对于同一类型的难溶电解质，当离子浓度相同时，可直接由 K_{sp} 的大小判断沉淀次序，K_{sp} 小的先沉淀。若溶液中离子浓度不同，或沉淀类型不同时，不能直接由 K_{sp} 的大小判断，需根据溶度积规则求出产生沉淀时所需沉淀剂的最低浓度，其值低者先沉淀。

【例 2-16】 在含有 $0.01mol/L\ Cl^-$ 和 $0.01mol/L\ I^-$ 的混合溶液中，逐滴加入 $AgNO_3$ 溶液，能否用分步沉淀的方法分离？$AgCl$ 开始沉淀时，溶液中的 I^- 是否沉淀完全？Cl^- 与 I^- 有何关系时，$AgCl$ 开始沉淀？已知：$AgCl$ 的 $K_{sp} = 1.8 \times 10^{-10}$，$AgI$ 的 $K_{sp} = 8.51 \times 10^{-17}$。

解：（1）$AgCl$ 开始沉淀时

$$[Ag^+]_1 = 1.8 \times 10^{-10}/0.01 = 1.8 \times 10^{-8} (mol/L)$$

AgI 开始沉淀时

$$[Ag^+]_2 = 8.51 \times 10^{-17}/0.01 = 8.51 \times 10^{-15} (mol/L)$$

生成 AgI 沉淀所需 Ag^+ 浓度小，所以先沉淀。

（2）AgCl 开始沉淀时

$$[Ag^+] = 1.8 \times 10^{-10}/0.01 = 1.8 \times 10^{-8} (mol/L)$$

此时溶液中：

$$[I^-] = K_{sp}(AgI)/[Ag^+] = 8.51 \times 10^{-17}/(1.8 \times 10^{-8})$$
$$= 4.73 \times 10^{-9} (mol/L) \ll 10^{-5}$$

当 AgCl 开始沉淀时，I^- 已经沉淀完全。即可以用分步沉淀分离，且两种沉淀的溶度积相差越大，分离越完全。

（3）
$$[Ag^+][Cl^-] = K_{sp}(AgCl) = 1.8 \times 10^{-10}$$
$$[Ag^+][I^-] = K_{sp}(AgI) = 8.51 \times 10^{-17}$$
$$[Cl^-]/[I^-] = 2.12 \times 10^6$$

25. 分步沉淀

当 $[Cl^-]/[I^-] = 2.12 \times 10^6$ 时，AgCl 开始沉淀。

【例 2-17】 在 Cl^- 和 CrO_4^{2-} 浓度都是 $0.100mol/L$ 的混合溶液中逐滴加入 $AgNO_3$ 溶液（忽略体积变化），问 $AgCl$ 和 Ag_2CrO_4 哪一种先沉淀？当 Ag_2CrO_4 开始沉淀时，溶液中 Cl^- 浓度是多少？

解：

沉淀 Cl^- 所需 Ag^+ 最低浓度为

$$[Ag^+] = \frac{K_{sp,AgCl}}{[Cl^-]} = \frac{1.56 \times 10^{-10}}{0.100} = 1.56 \times 10^{-9} (mol/L)$$

沉淀 CrO_4^{2-} 所需 Ag^+ 最低浓度为

$$[Ag^+] = \sqrt{\frac{K_{sp,Ag_2CrO_4}}{[CrO_4^{2-}]}} = \sqrt{\frac{9 \times 10^{-12}}{0.100}} = 9.49 \times 10^{-6} (mol/L)$$

因为沉淀 Cl^- 所需 Ag^+ 的浓度小于沉淀 CrO_4^{2-} 所需 Ag^+ 的浓度，故 AgCl 沉淀先生成。

当 Ag_2CrO_4 开始沉淀时，溶液中 $[Ag^+] = 9.49 \times 10^{-6} mol/L$，所以：

$$[Cl^-] = \frac{K_{sp,AgCl}}{[Ag^+]} = \frac{1.56 \times 10^{-10}}{9.49 \times 10^{-6}} = 1.64 \times 10^{-5} (mol/L)$$

四、沉淀滴定法

沉淀滴定法是以沉淀反应为基础的一种滴定分析方法。但是由于沉淀的生成是一个比较复杂的过程，虽然沉淀反应很多，但是能用于滴定分析的沉淀反应必须符合下列几个条件：

① 沉淀反应必须迅速，并按一定的化学计量关系进行。

② 生成的沉淀应具有恒定的组成，而且溶解度必须很小。

③ 有确定化学计量点的简单方法。

④ 沉淀的吸附现象不影响滴定终点的确定。

由于上述条件的限制，能用于沉淀滴定法的反应并不多，目前有实用价值的主要是形成难溶性银盐的反应，利用生成难溶性银盐的沉淀滴定法称为银量法。

$$Ag^+ + X^- \Longrightarrow AgX \downarrow$$

银量法主要用于测定 Cl^-、Br^-、I^-、Ag^+、CN^-、SCN^- 等离子及经处理可定量生成这些离子的有机物，如二氯酚、溴米那、六六六、DDT 等。

除银量法外，沉淀滴定法中还有利用其他沉淀反应的方法，例如：$K_4[Fe(CN)_6]$ 与 Zn^{2+}、$NaB(C_6H_5)_4$ 与 K^+ 形成沉淀的反应。

$$2K_4[Fe(CN)_6]+3Zn^{2+} =\!=\!= K_2Zn_3[Fe(CN)_6]_2\downarrow +6K^+$$

$$NaB(C_6H_5)_4+K^+ =\!=\!= KB(C_6H_5)_4\downarrow +Na^+$$

本章只讨论银量法，根据所用的标准溶液和指示剂的不同，按创立者的名字命名，银量法分为三种：莫尔（Mohr）法、佛尔哈德（Volhard）法和法扬斯（Fajans）法。

（一）莫尔法

1. 莫尔法原理

以 K_2CrO_4 为指示剂，以 $AgNO_3$ 标准溶液直接滴定 Cl^-（Br^-）的银量法，称为莫尔法。

滴定反应：

$$Ag^+ +Cl^- =\!=\!= AgCl(白色) \qquad K_{sp}=1.8\times 10^{-10}$$

指示反应：

$$2Ag^+ +CrO_4^{2-} =\!=\!= Ag_2CrO_4(砖红色) \quad K_{sp}=2.0\times 10^{-12}$$

由于 $AgCl$ 的溶解度小于 Ag_2CrO_4 的溶解度，故根据分步沉淀的原理，首先发生滴定反应析出白色 $AgCl$ 沉淀。待 Cl^- 被定量沉淀后，稍过量的 Ag^+ 就会与 CrO_4^{2-} 反应，产生砖红色的 Ag_2CrO_4 沉淀而指示滴定终点。

2. 滴定条件

（1）指示剂作用量　用 $AgNO_3$ 标准溶液滴定 Cl^-，指示剂 K_2CrO_4 的用量对于终点指示有较大的影响，理论上要求 Ag_2CrO_4 沉淀应该恰好在滴定反应的化学计量点时出现。化学计量点时 $[Ag^+]$ 为：

$$[Ag^+]=[Cl^-]=\sqrt{K_{sp,AgCl}}=\sqrt{1.8\times 10^{-10}}=1.3\times 10^{-5}(mol/L)$$

若此时恰有 Ag_2CrO_4 沉淀，则：

$$[CrO_4^{2-}]=\frac{K_{sp,Ag_2CrO_4}}{[Ag^+]^2}=2.0\times 10^{-12}/(1.3\times 10^{-5})^2=1.2\times 10^{-2}(mol/L)$$

由计算可知，在化学计量点时，刚好析出 Ag_2CrO_4 沉淀所需 $[CrO_4^{2-}]=1.2\times 10^{-2}mol/L$，但实际工作中，由于 K_2CrO_4 显黄色，当其浓度较高时颜色较深，不易判断砖红色的出现。为了能观察到明显的终点，指示剂的浓度以略低一些为好。但指示剂 K_2CrO_4 的浓度过低，则终点推迟，影响滴定的准确度。实验证明，滴定溶液中 $c(K_2CrO_4)$ 为 $5\times 10^{-3}mol/L$ 是确定滴定终点的适宜浓度。由于实际加入的 K_2CrO_4 溶液的浓度比上面计算所需的小，要能生成 Ag_2CrO_4 沉淀，所需的 Ag^+ 的浓度就较高。当滴定物浓度均为 $0.1mol/L$ 时，终点误差为 $+0.06\%$，不影响分析结果的准确度。

如果浓度降至 $0.01mol/L$，则误差可达 $+0.6\%$，超出滴定分析所允许的误差范围。这种情况下，则需要校正指示剂的空白值，以减小误差。

计算沉淀滴定终点的误差：

若以 $0.1000mol/L$ 的 $AgNO_3$ 滴定同浓度的 $NaCl$，计量点时：

$$[Ag^+]_{sp}=\sqrt{K_{sp,AgCl}}=\sqrt{1.8\times 10^{-10}}=1.3\times 10^{-5}(mol/L)$$

终点时（即 $[CrO_4]=5\times 10^{-3}mol/L$）：

$$[Ag^+]_{ep} = \sqrt{K_{sp,Ag_2CrO_4}/[CrO_4^{2-}]} = \sqrt{2.0 \times 10^{-12}/(5 \times 10^{-3})} = 2.0 \times 10^{-5} (mol/L)$$

因为

$$TE = \frac{[Ag^+]_{ep} - [Cl^-]_{ep}}{c_{Cl^-}^{sp}} \times 100\% \quad （对照强碱强酸滴定）$$

又因为

$$[Cl^-]_{ep} = \frac{K_{sp,AgCl}}{[Ag^+]_{ep}} = \frac{1.8 \times 10^{-10}}{2.0 \times 10^{-5}} = 0.9 \times 10^{-5} (mol/L)$$

$$c_{Cl^-}^{sp} = \frac{1}{2} \times 0.1000 = 5.0 \times 10^{-2} (mol/L)$$

所以

$$TE = (2.0 \times 10^{-5} - 0.9 \times 10^{-5})/(5.0 \times 10^{-2}) = 0.022\%$$

误差很小。

（2）溶液的酸度 在酸性溶液中，CrO_4^{2-} 有如下反应：

$$2CrO_4^{2-} + 2H^+ \rightleftharpoons 2HCrO_4^- \rightleftharpoons Cr_2O_7^{2-} + H_2O$$

因而降低了 CrO_4^{2-} 的浓度，使 Ag_2CrO_4 沉淀出现过迟，甚至不会沉淀。

在强碱性溶液中，会有棕黑色 Ag_2O 沉淀析出：

$$2Ag^+ + 2OH^- \rightleftharpoons Ag_2O\downarrow + H_2O$$

因此，莫尔法只能在中性或弱碱性溶液中进行。若溶液酸性太强，可用 $Na_2B_4O_7 \cdot 10H_2O$ 或 $NaHCO_3$ 中和；若溶液碱性太强，可用稀 HNO_3 溶液中和。适宜酸度范围为 $pH = 6.5 \sim 10.5$。当溶液中有铵盐存在时，控制溶液的 $pH = 6.5 \sim 7.2$ 为宜。

（3）滴定时应剧烈摇动 由于 AgCl 沉淀易吸附过量的 Cl^-，使体系中 Cl^- 浓度降低，导致 Ag^+ 浓度升高，Ag_2CrO_4 过早出现，带来误差，故滴定时需剧烈摇动，使 AgCl 沉淀吸附的 Cl^- 尽量释放出来。

（4）干扰情况 凡能与 Ag^+ 生成沉淀的离子都干扰测定，如磷酸根、砷酸根、碳酸根、硫离子和草酸根等；能与 CrO_4^{2-} 生成沉淀的 Ba^{2+} 和 Pb^{2+} 等干扰测定；在滴定所需的 pH 值范围内发生水解的物质，如 Al^{3+}、Fe^{3+}、Bi^{3+} 和 Sn^{4+} 等离子干扰测定；有色离子也干扰测定。

此外，用该方法测定 Cl^- 时，不能先加入银盐进行返滴定，因为大量 Ag^+ 与 CrO_4^{2-} 生成大量沉淀，用 Cl^- 返滴定时，Ag_2CrO_4 转变为 AgCl 的速率较慢，无法测定。

3. 应用范围

莫尔法的应用范围如下：

① 适用于以 $AgNO_3$ 标准溶液直接滴定法测定 Cl^-、Br^- 和 CN^- 的反应。测定 Br^- 时因 AgBr 沉淀吸附 Br^-，需剧烈摇动。

② 不适用于滴定 I^- 和 SCN^-，因 AgI 和 AgSCN 沉淀对 I^- 和 SCN^- 有强烈的吸附作用。

③ 测定 Ag^+ 时，不能直接用 NaCl 标准溶液滴定，应先加入一定量过量的 NaCl 标准溶液，再用银盐标准溶液返滴定。

4. 莫尔法的应用示例

（1）直接滴定法 直接测定 Cl^-、Br^-，当 Cl^- 或 Br^- 单独存在时，测的是各自的含量；当两者共存时，测的是总量。直接滴定法不能用于 I^- 和 SCN^- 的测定，因为 AgI、AgSCN 沉淀具有强烈的吸附作用，使终点变色不明显，误差较大。

【例 2-18】 测定氯化钠含量时，准确称取试样 4.1230g，加水溶解后置于 250mL 容量瓶中，用水稀释至刻度，摇匀。准确吸取 10.00mL 于 250mL 锥形瓶中，加 40mL 水，加入 15 滴铬酸钾指示剂，在充分摇动下，用 0.1000mol/L 硝酸银滴定剂滴定到浑浊溶液突变为微红色，消耗硝酸银溶液 26.10mL。求试样中 NaCl 的质量分数。已知 $M(\text{NaCl})=58.44\text{g/mol}$。

解：由题可知，测定氯化钠含量采用莫尔法直接滴定。

$$w(\text{NaCl})=\frac{c(\text{AgNO}_3)V(\text{AgNO}_3)M(\text{NaCl})}{m\times\dfrac{10.00\text{mL}}{250\text{mL}}}\times100\%$$

$$=\frac{0.1000\text{mol/L}\times26.10\times10^{-3}\text{L}\times58.44\text{g/mol}}{4.1230\text{g}\times\dfrac{10.00\text{mL}}{250\text{mL}}}\times100\%$$

$$=92.49\%$$

即试样中 NaCl 的质量分数为 92.49%。

26. 莫尔法

(2) 返滴定法　测定 Ag^+ 时，在溶液中加入一定量过量的 NaCl 标准溶液，然后用 AgNO_3 标准溶液滴定过量的 Cl^-。若以 NaCl 标准溶液直接滴定 Ag^+ 时，试液中加入指示剂后，先形成的 Ag_2CrO_4 沉淀转化为 AgCl 的速率缓慢，滴定过程中 Cl^- 要从 Ag_2CrO_4 中夺取 Ag^+ 比较慢，而使滴定误差较大。

（二）佛尔哈德法

1. 原理

以铁铵矾 $[\text{NH}_4\text{Fe}(\text{SO}_4)_2]$ 为指示剂的银量法称为佛尔哈德法。根据滴定方式的不同，佛尔哈德法分为直接滴定法和返滴定法两种。

(1) 直接滴定法测定 Ag^+　在含有 Ag^+ 的酸性（HNO_3 介质）溶液中，以铁铵矾作指示剂，用 NH_4SCN 的标准溶液滴定，反应如下：

$$\text{Ag}+\text{SCN}^-==\text{AgSCN}\downarrow（白色）\qquad K_{sp}=1.2\times10^{-12}$$
$$\text{Fe}^{3+}+\text{SCN}^-==[\text{Fe}(\text{SCN})]^{2+}（红色）\qquad K_{sp}=200$$

滴定到化学计量点时，微过量的 SCN^- 与 Fe^{3+} 结合生成红色的 $[\text{FeSCN}]^{2+}$，即为滴定终点。

(2) 返滴定法测定卤素离子　以测定 Cl^- 为例，即在酸性（HNO_3 介质）溶液中，向试液中加入已知量过量的 AgNO_3 标准溶液，然后以铁铵矾作指示剂，用 NH_4SCN 标准溶液滴定过量的 Ag^+。

反应如下：

$$\text{Ag}^++\text{Cl}^-（过量）==\text{AgCl}\downarrow（白色）$$
$$\text{Ag}^++\text{SCN}^-（剩余量）==\text{AgSCN}\downarrow（白色）$$

终点：

$$\text{Fe}^{3+}+\text{SCN}^-==[\text{Fe}(\text{SCN})]^{2+}（红色）$$

用佛尔哈德法测定 Cl^-，滴定到临近终点时，经摇动后形成的红色会褪去，这是因为 AgSCN 的溶解度小于 AgCl 的溶解度，加入的 NH_4SCN 将与 AgCl 发生沉淀转化反应：

$$\text{AgCl}+\text{SCN}^-==\text{AgSCN}\downarrow+\text{Cl}^-$$

沉淀的转化速率较慢，滴加 NH_4SCN 形成的红色随着溶液的摇动而消失，使终点拖后，甚至无法到达终点。为了避免上述现象的发生，通常采取以下措施：

① 将生成的 AgCl 沉淀滤出，再用 NH_4SCN 滴定液滴定滤液，但这一方法需要过滤、洗涤等操作。

② 在滴入 NH_4SCN 标准溶液之前，加入有机溶剂硝基苯或邻苯二甲酸二丁酯或1,2-二氯乙烷。用力摇动后，有机溶剂将 AgCl 沉淀包住，使 AgCl 沉淀与外部溶液隔离，阻止 AgCl 沉淀与 NH_4SCN 发生转化反应。此法方便，但硝基苯有毒。

③ 提高 Fe^{3+} 的浓度以减小终点时 SCN^- 的浓度，从而减小上述误差［实验证明，一般溶液中 $c(Fe^{3+})=0.2mol/L$ 时，终点误差将小于 0.1%］。

若用返滴定法测定 Br^- 和 I^-，则不存在以上沉淀转化的问题。但测定 I^- 时，指示剂应在加入 $AgNO_3$ 后就加入，否则 Fe^{3+} 会氧化 I^-，影响分析结果的准确性。

2. 滴定条件

（1）强酸性条件　滴定应在强酸性条件下进行，$[H^+]$ 为 $0.1\sim1mol/L$，以稀 HNO_3 调节。

酸度较低时，Fe^{3+} 将水解成棕黄色的羟基络合物，使终点不明显；更低时，还可能有 $Fe(OH)_3$ 沉淀生成。佛尔哈德法在强酸条件下进行，可减小 PO_4^{3-}、CO_3^{2-}、CrO_4^{2-} 的干扰。

（2）指示剂用量　通常 Fe^{3+} 的浓度为 $0.015mol/L$，由此引起的误差很小，小于 0.1%，符合滴定分析要求。

（3）充分摇动，减少吸附　直接滴定法测定 Ag^+，生成的 AgSCN 沉淀具有强烈的吸附作用，所以会有部分 Ag^+ 被吸附，这样就使指示剂过早显色，使测定结果偏低。因此，滴定时必须充分摇动溶液，使被吸附的 Ag^+ 及时释放出来。

（4）预先分离出干扰离子　一些强氧化剂，氮的低价氧化物及铜盐、汞盐等能与 SCN^- 反应，干扰测定，应预先分离。

3. 应用范围

佛尔哈德法在酸性溶液中滴定，免除了许多离子的干扰，所以它的适用范围广泛。不仅可以用来测定 Ag^+、Cl^-、Br^-、I^-、SCN^-，还可以用来测定 PO_4^{3-} 和 AsO_4^{3-}，在农业上也常用此法测定有机氯农药（如六六六和滴滴涕）等。

【例 2-19】　称取烧碱试样 2.4250g，溶解后酸化转移至 250mL 容量瓶中稀释至刻度。移取 25.00mL 于锥形瓶中，加入 $c(AgNO_3)=0.05040mol/L$ 的 $AgNO_3$ 标准溶液 25.00mL，用 $c(NH_4SCN)=0.04952mol/L$ 的 NH_4SCN 标准溶液返滴定过量的 $AgNO_3$ 标准溶液，消耗了 20.30mL，计算烧碱中氯化钠的质量分数。已知：$M(NaCl)=58.44g/mol$。

解：依题意，该烧碱试样的测定采用佛尔哈德法返滴定。

$$Ag^+（过）+Cl^- \Longrightarrow AgCl\downarrow（白色）$$

$$Ag^+（剩余量）+SCN^- \Longrightarrow AgSCN\downarrow（白色）$$

终点时：　　　　　$$Fe^{3+}+SCN^- \Longrightarrow [Fe(SCN)]^{2+}（红色）$$

27. 佛尔哈德法

$$w(NaCl)=\frac{[c(AgNO_3)V(AgNO_3)-c(NH_4SCN)V(NH_4SCN)]M(NaCl)}{m\times\dfrac{25.00mL}{250mL}}\times100\%$$

代入数据得　　　　　　　　　　　$$w(NaCl)=6.14\%$$

（三）法扬斯法

法扬斯法是以吸附指示剂（adsorption indicator）确定滴定终点的一种银量法。

1. 吸附指示剂的作用原理

吸附指示剂是一类有机染料，它的阴离子在溶液中易被带正电荷的胶状沉淀吸附，吸附后结构改变，从而引起颜色的变化，指示滴定终点的到达。

现以 $AgNO_3$ 标准溶液滴定 Cl^- 为例，说明指示剂荧光黄的作用原理。

荧光黄是一种有机弱酸，用 HFI 表示，在水溶液中可离解为荧光黄阴离子 FI^-，呈黄绿色：

$$HFI \rightleftharpoons FI^- + H^+$$

在化学计量点前，生成的 AgCl 沉淀在过量的 Cl^- 溶液中，AgCl 沉淀吸附 Cl^- 而带负电荷，形成的（AgCl）$\cdot Cl^-$ 不吸附指示剂阴离子 FI^-，溶液呈黄绿色。到达化学计量点时，微过量的 $AgNO_3$ 可使 AgCl 沉淀吸附 Ag^+ 形成（AgCl）$\cdot Ag^+$ 而带正电荷，此带正电荷的（AgCl）$\cdot Ag^+$ 吸附荧光黄阴离子 FI^-，结构发生变化而呈现粉红色，使整个溶液由黄绿色变成粉红色，指示终点的到达。

$$(AgCl) \cdot Ag^+ + FI^- \xrightarrow{\text{吸附}} (AgCl) \cdot Ag \cdot FI$$
$$\text{（黄绿色）} \qquad \text{（粉红色）}$$

2. 使用吸附指示剂的注意事项

为了使终点变色敏锐，应用吸附指示剂时需要注意以下几点。

（1）保持沉淀呈胶体状态　由于吸附指示剂的颜色变化发生在沉淀微粒表面上，因此，应尽可能使卤化银沉淀呈胶体状态，具有较大的表面积。为此，在滴定前应将溶液稀释，并加糊精或淀粉等高分子化合物作为保护剂，以防止卤化银沉淀凝聚。

（2）控制溶液酸度　常用的吸附指示剂大多是有机弱酸，而起指示剂作用的是它们的阴离子。酸度大时，H^+ 与指示剂阴离子结合成不被吸附的指示剂分子，无法指示终点。酸度的大小与指示剂的离解常数有关，离解常数大，酸度可以大些。例如荧光黄 $pK_a \approx 7$，适用于 pH＝7～10 的条件下进行滴定。若 pH＜7，荧光黄主要以 HFI 形式存在，不被吸附。

（3）避免强光照射　卤化银沉淀对光敏感，易分解析出银使沉淀变为灰黑色，影响滴定终点的观察，因此在滴定过程中应避免强光照射。

（4）吸附指示剂的选择　沉淀胶体微粒对指示剂离子的吸附能力，应略小于对待测离子的吸附能力，否则指示剂将在化学计量点前变色。但不能太小，否则终点出现过迟。卤化银对卤化物和几种吸附指示剂的吸附能力的次序如下：

$$I^- > SCN^- > Br^- > 曙红 > Cl^- > 荧光黄$$

因此，滴定 Cl^- 不能选曙红，而应选荧光黄。表 2-8 中列出了几种常用吸附指示剂。

表 2-8　常用吸附指示剂

指示剂	被测离子	滴定剂	滴定条件	终点颜色变化
荧光黄	Cl^-、Br^-、I^-	$AgNO_3$	pH 7～10	黄绿→粉红
二氯荧光黄	Cl^-、Br^-、I^-	$AgNO_3$	pH 4～10	黄绿→红
曙红	Br^-、SCN^-、I^-	$AgNO_3$	pH 2～10	橙黄→红紫
溴酚蓝	生物碱盐类	$AgNO_3$	弱酸性	黄绿→灰紫
甲基紫	Ag^+	NaCl	酸性溶液	黄红→红紫

3. 应用范围

法扬斯法可用于测定 Cl^-、Br^-、I^-、SCN^- 及生物碱盐类（如盐酸麻黄碱）等。测定 Cl^- 常用荧光黄或二氯荧光黄作指示剂，而测定 Br^-、I^- 和 SCN^- 常用曙红作指示剂。此法终点明显，方法简便，但反应条件要求较严，应注意溶液的酸度、浓度及胶体的保护等。

习　题

一、选择题

1. 已知在 $Ca_3(PO_4)_2$ 的饱和溶液中，$c(Ca^{2+}) = 2.0 \times 10^{-6} mol/L$，$c(PO_4^{3-}) = 2.0 \times 10^{-6} mol/L$，则 $Ca_3(PO_4)_2$ 的 $K_{sp}^{\ominus}$ 为（　　）。

A. 3.2×10^{-29}　　　B. 3.2×10^{-12}　　　C. 6.3×10^{-18}　　　D. 5.1×10^{-27}

2. 已知在 $CaCO_3$（$K_{sp}^{\ominus} = 4.9 \times 10^{-9}$）与 $CaSO_4$（$K_{sp}^{\ominus} = 7.1 \times 10^{-5}$）混合物的饱和溶液中，$c(SO_4^{2-}) = 8.4 \times 10^{-3} mol/L$，则 $CaCO_3$ 的溶解度为（　　）。

A. $7.0 \times 10^{-5} mol/L$　　　　　　B. $5.8 \times 10^{-7} mol/L$

C. $8.4 \times 10^{-3} mol/L$　　　　　　D. $3.5 \times 10^{-5} mol/L$

3. 已知 $K_{sp}^{\ominus}(Ag_2SO_4) = 1.8 \times 10^{-5}$，$K_{sp}^{\ominus}(AgCl) = 1.8 \times 10^{-10}$，$K_{sp}^{\ominus}(BaSO_4) = 1.8 \times 10^{-10}$，将等体积的 $0.0020 mol/L$ Ag_2SO_4 与 $2.0 \times 10^{-6} mol/L$ 的 $BaCl_2$ 溶液混合，将会出现（　　）。

A. $BaSO_4$ 沉淀　　　　　　　　B. $AgCl$ 沉淀

C. $AgCl$ 和 $BaSO_4$ 沉淀　　　　D. 无沉淀

4. 已知 Ag_3PO_4 的 $K_{sp}^{\ominus}$ 为 8.7×10^{-17}，其溶解度为（　　）。

A. $1.1 \times 10^{-4} mol/L$　　　　　　B. $4.2 \times 10^{-5} mol/L$

C. $1.2 \times 10^{-8} mol/L$　　　　　　D. $8.3 \times 10^{-5} mol/L$

5. 下列有关分步沉淀的叙述，正确的是（　　）。

A. 溶度积小者一定先沉淀出来　　　B. 沉淀时所需沉淀试剂浓度小者先沉淀出来

C. 溶解度小的物质先沉淀出来　　　D. 被沉淀离子浓度大的先沉淀

6. $SrCO_3$ 在下列试剂中溶解度最大的是（　　）。

A. $0.10 mol/L$ HAc　　　　　　　B. $0.10 mol/L$ $Sr(NO_3)_2$

C. 纯水　　　　　　　　　　　　D. $0.10 mol/L$ Na_2CO_3

7. 欲使 $CaCO_3$ 在水溶液中溶解度增大，可以采用的方法是（　　）。

A. 加入 $1.0 mol/L$ Na_2CO_3　　　B. 加入 $2.0 mol/L$ NaOH

C. 加入 $0.10 mol/L$ $CaCl_2$　　　　D. 降低溶液的 pH 值

8. 向饱和 AgCl 溶液中加水，下列叙述中正确的是（　　）。

A. AgCl 的溶解度增大　　　　　　B. AgCl 的溶解度、K_{sp} 均不变

C. AgCl 的 K_{sp} 增大　　　　　　　D. AgCl 的溶解度增大

9. 下列说法正确的是（　　）。

A. 溶度积小的物质一定比溶度积大的物质溶解度小

B. 对同类型的难溶物，溶度积小的一定比溶度积大的溶解度小

C. 难溶物质的溶度积与温度无关

D. 难溶物的溶解度仅与温度有关

10. 已知 25℃时，AgCl 的溶度积 $K_{sp} = 1.8 \times 10^{-10}$，则下列说法正确的是（　　）。

A. 向饱和 AgCl 水溶液中加入盐酸，K_{sp} 变大

B. $AgNO_3$ 溶液与 NaCl 溶液混合后的溶液中，一定有 $c(Ag^+) = c(Cl^-)$

C. 温度一定时，当溶液中 $c(Ag^+)c(Cl^-)=K_{sp}$ 时，此溶液中必有 AgCl 沉淀析出

D. 将 AgCl 加入较浓 Na_2S 溶液中，AgCl 转化为 Ag_2S，因为 AgCl 溶解度大于 Ag_2S

11. 常温下，已知 $Mg(OH)_2$ 的溶度积常数为 1.8×10^{-11}，则 $Mg(OH)_2$ 饱和溶液的 pH 值最接近于 (　　)。

A. 1　　　　　　　B. 3　　　　　　　C. 11　　　　　　　D. 13

12. 水垢主要成分是 $CaCO_3$ 和 $Mg(OH)_2$，而不是 $CaCO_3$ 和 $MgCO_3$ 的解释正确的是 (　　)。

A. $Mg(OH)_2$ 的溶度积大于 $MgCO_3$ 的溶度积，且在水中发生了沉淀转化

B. $Mg(OH)_2$ 的溶度积小于 $MgCO_3$ 的溶度积，且在水中发生了沉淀转化

C. $MgCO_3$ 电离出的 CO_3^{2-} 发生水解，使水中 OH^- 浓度减小，对 $Mg(OH)_2$ 的沉淀溶解平衡而言，$Q<K_{sp}$，生成 $Mg(OH)_2$ 沉淀

D. $MgCO_3$ 电离出的 CO_3^{2-} 发生水解，使水中 OH^- 浓度增大，对 $Mg(OH)_2$ 的沉淀溶解平衡而言，$Q>K_{sp}$，生成 $Mg(OH)_2$ 沉淀

13. 莫尔法测定食品中氯化钠含量时，最适宜 pH 值为 (　　)。

A. 3.5~11.5　　　B. 6.5~10.5　　　　C. 小于 3　　　　　D. 大于 12

14. 银量法中用铬酸钾作指示剂的方法又叫 (　　)。

A. 佛尔哈德法　　B. 法扬斯法　　　　C. 莫尔法　　　　　D. 沉淀法

二、填空题

1. $PbSO_4$ 的 $K_{sp}^{\ominus}$ 为 1.8×10^{-8}，在纯水中其溶解度为 _____ mol/L，在浓度为 1.0×10^{-2} mol/L 的 Na_2SO_4 溶液中，达到饱和时其溶解度为 _____ mol/L。

2. 在 AgCl、$CaCO_3$、$Fe(OH)_3$、MgF_2、ZnS 这些物质中，溶解度不随 pH 变化的是 _____。

3. AgCl、AgBr、AgI 在 2.0mol/L $NH_3\cdot H_2O$ 中的溶解度由大到小的顺序为 _____、_____、_____。

4. 在酸性较强的情况下 (pH=4.0)，用莫尔法测 Cl^-，测定结果 _____。

5. 用法扬斯法测定 Cl^- 时，若选用曙红为指示剂，测定结果 _____。

6. 用佛尔哈德法测定 Br^- 时，未加硝基苯，测定结果 _____。

三、简答题

1. 如何用莫尔法测定 NaCl、Na_2CO_3 混合物中的 Cl^-？

2. 如何利用沉淀滴定法测定 KI 中的 I^-？佛尔哈德法返滴定测定 I^- 时，为什么指示剂铁铵矾要等到过量 $AgNO_3$ 标准溶液加入后才能加入？

3. 如何测定 NaCl、Na_2HPO_4 混合物中的 Cl^-？

4. 为什么 $MgNH_4PO_4$ 在 $NH_3\cdot H_2O$ 中的溶解度比在纯水中小，而它在 NH_4Cl 溶液中的溶解度比在纯水中大？

5. 能否根据难溶强电解质溶度积的大小来判断其溶解度的大小，为什么？

四、计算题

1. 根据 $K_{sp}^{\ominus}$ 值计算下列各难溶电解质的溶解度：(1) $Mg(OH)_2$ 在纯水中；(2) $Mg(OH)_2$ 在 0.010mol/L $MgCl_2$ 溶液中；(3) CaF_2 在 pH=2 的水溶液中。

2. 欲从 0.0020mol/L $Pb(NO_3)_2$ 溶液中产生 $Pb(OH)_2$ 沉淀，问溶液的 pH 值至少为多少？

3. 下列溶液中能否产生沉淀？

(1) 0.020mol/L $BaCl_2$ 溶液与 0.010mol/L Na_2CO_3 溶液等体积混合；(2) 0.050mol/L $MgCl_2$ 溶液与 0.10mol/L 氨水等体积混合；(3) 在 0.10mol/L HAc 和 0.10mol/L $FeCl_2$ 混合溶液中通入 H_2S 气体达饱和 (约 0.10mol/L)。

4. 将 50.0mL 0.20mol/L $MnCl_2$ 溶液与等体积的 0.020mol/L 氨溶液混合，欲防止 $Mn(OH)_2$ 沉淀，问至少需向此溶液中加入多少克 NH_4Cl 固体？

5. 将 H_2S 气体通入 0.10mol/L $FeCl_2$ 溶液中达到饱和，问必须控制多大的 pH 值才能阻止 FeS 沉淀？

6. 在下列情况下，分析结果是偏高、偏低，还是无影响？为什么？

(1) 在 pH=4 时用莫尔法测定 Cl^-；(2) 用佛尔哈德法测定 Cl^- 时，既没有滤去 AgCl 沉淀，又没有加有机溶剂；(3) 在 (2) 的条件下测定 Br^-。

7. 称取基准物 NaCl 0.1537g，溶解后加入 30.00mL $AgNO_3$ 溶液，过量的 Ag^+ 需用 6.50mL NH_4SCN 溶液回滴。已知 25.00mL $AgNO_3$ 溶液与 25.50mL NH_4SCN 溶液完全作用，计算 $c(AgNO_3)$ 和 $c(NH_4SCN)$。

8. 称取某 KCl 和 KBr 的混合物 0.3028g，溶于水后用 $AgNO_3$ 标准溶液滴定，用去 $c(AgNO_3)=0.1014mol/L$ 的硝酸银溶液 30.20mL。计算混合物中 KCl 和 KBr 的质量分数。

任务四　Na_2CO_3 总碱度的测定

一、测定原理

1. 工业纯碱中总碱度的测定

工业纯碱的主要成分为 Na_2CO_3，商品名为苏打，内含有杂质 NaCl、Na_2SO_4、$NaHCO_3$、NaOH 等，可通过测定总碱度来衡量产品的质量。

CO_3^{2-} 的 $K_{b1}=1.8\times10^{-4}$，$K_{b2}=2.4\times10^{-8}$，$cK_b>10^{-8}$，可被 HCl 标准溶液准确滴定。滴定反应为：

$$Na_2CO_3+2HCl \Longrightarrow 2NaCl+H_2O+CO_2\uparrow$$

化学计量点时，溶液呈弱酸性（pH≈3.89），可选用甲基橙（红）作指示剂。

2. 0.1mol/L HCl 溶液的标定

对 HCl 溶液标定的基准物质可以是无水 Na_2CO_3，或硼砂（$Na_2B_4O_7\cdot10H_2O$），标定见表 2-9。

表 2-9　用无水 Na_2CO_3 或用硼砂标定

项目	用无水 Na_2CO_3 标定	用硼砂（$Na_2B_4O_7\cdot10H_2O$）标定
反应式	$2HCl+Na_2CO_3=2NaCl+CO_2\uparrow+H_2O$	$Na_2B_4O_7+5H_2O+2HCl=4H_3BO_3+2NaCl$
化学计量点时 pH 值	pH≈3.89	pH≈5.1
指示剂	甲基橙	甲基红
终点颜色变化	黄色→橙色	黄色→浅红色
计算式	$c_{HCl}=\dfrac{m_{Na_2CO_3}\times2000}{M_{Na_2CO_3}V_{HCl}}mol/L$	$c_{HCl}=\dfrac{m_{硼砂}\times2000}{M_{硼砂}V_{HCl}}mol/L$

二、主要试剂

0.1mol/L HCl 溶液；无水 Na_2CO_3 基准物质（180℃干燥 2~3h，置于干燥器中备用）；0.2%甲基红指示剂（60%乙醇溶液）；0.1%甲基橙指示剂；甲基红-溴甲酚绿混合指示剂（将 0.2%甲基红的乙醇溶液与 0.1%的溴甲酚绿以 1∶3 体积混合）；硼砂（置于含有 NaCl 和蔗糖的饱和溶液的干燥器内保存）。

三、操作步骤

1. 0.1mol/L HCl 溶液的标定

（1）用无水 Na_2CO_3 标定   用差减法准确称取 0.15～0.20g 无水 Na_2CO_3 三份（称样时，称量瓶要带盖），分别放在 250mL 锥形瓶内，加水 30mL 溶解，加甲基橙指示剂 1～2 滴，然后用 HCl 溶液滴定至溶液由黄色变为橙色，即为终点，由 Na_2CO_3 的质量及实际消耗的 HCl 溶液体积，计算 HCl 溶液的浓度和测定结果的相对偏差。

（2）用硼砂标定   用差减法准确称取 0.4～0.6g 硼砂三份，分别放在 250mL 锥形瓶内，加水 50mL，微热溶解，冷却后，加 2 滴甲基红指示剂，然后用 HCl 溶液滴定至溶液由黄色变为浅红色，即为终点，由硼砂的质量及实际消耗的 HCl 溶液体积，计算 HCl 溶液的浓度和测定结果的相对偏差。

2. 工业纯碱中总碱度的测定

准确称取 2g 试样于小烧杯中，用适量蒸馏水溶解（必要时，可稍加热以促进溶解），冷却后定量地转移至 250mL 容量瓶中，用蒸馏水稀释至刻度，摇匀。用移液管移取试液 25mL 于锥形瓶中，加 20mL 水，加 1～2 滴甲基橙指示剂，用 0.1mol/L 的 HCl 溶液滴定至恰好变为橙色，即为终点。记录滴定所消耗的 HCl 溶液的体积，平行做 3 次。计算试样中 Na_2O 或 Na_2CO_3 的含量，即为总碱度，测定各次的相对偏差应在 $\pm 0.5\%$ 内。

四、数据记录与处理

$$w_{Na_2CO_3} = \frac{(cV)_{HCl} M_{Na_2CO_3}/2000}{m_s \times \dfrac{25.00}{250}} \times 100\%$$

（1）0.1mol/L HCl 溶液的标定（见表 2-10）。

表 2-10　HCl 溶液的标定

次数　　　　　　　项目	1	2	3
$m_{硼砂}$/g			
V_{HCl}/mL			
c_{HCl}/（mol/L）			
$\bar{c}_{HCl}$/（mol/L）			
相对偏差			
平均相对偏差			

（2）工业纯碱中总碱度的测定（见表 2-11）。

表 2-11　纯碱中总碱度的测定

次数　　　　　　　项目	1	2	3
$m_{试样}$/g			
试样溶液总体积/mL			
滴定时移取 $V_{试液}$/mL			
$\bar{c}_{HCl}$/（mol/L）			
V_{HCl}/mL			

项目 \ 次数	1	2	3
$w_{Na_2CO_3}$			
$\bar{w}_{Na_2CO_3}$			
相对偏差			
平均相对偏差			

五、思考题

（1）无水 Na_2CO_3 保存不当，吸收了 1% 的水分，用此基准物质标定盐酸溶液的浓度时，对其结果产生何种影响？

（2）标定盐酸的两种基准物质无水 Na_2CO_3 和硼砂，各有什么优缺点？

项目三
氧化还原平衡及配位平衡

项目描述

　　氧化-还原反应（oxidation-reduction reaction，或 redox reaction）是化学反应前后，元素的氧化数有变化的一类反应。氧化还原反应的实质是电子的得失。自然界中的燃烧、呼吸作用、光合作用，生产生活中的化学电池、金属冶炼，火箭发射等都与氧化还原反应息息相关。

　　配合物是化合物中较大的一个子类别，广泛应用于日常生活、工业生产及生命科学中，近些年来的发展尤其迅速。它不仅与无机化合物、有机金属化合物相关，并且与现今化学前沿的原子簇化学、配位催化及分子生物学都有很大的重叠。

知识目标

1. 熟悉氧化还原反应及其方程式的配平。
2. 熟悉电极电势及应用。
3. 掌握氧化还原平衡及影响因素，以及氧化还原滴定法。
4. 了解配位化合物概念及组成相关知识。
5. 熟悉配位平衡及其移动规律。
6. 掌握配位滴定法测定金属离子含量的方法及原理。

能力目标

1. 能判断氧化剂、还原剂的相对强弱。
2. 能计算原电池的电动势，判断氧化还原反应进行的方向与程度。
3. 会利用间接碘量法测定化合物中的铜含量。
4. 能正确命名配位化合物。
5. 能进行配位平衡、配位平衡的移动及相关计算。
6. 能够用配位滴定法对水泥中金属离子进行测定。

任务一　氧化还原反应方程式的配平

 **任务引领**

　　化学反应方程式严格遵守质量守恒定律，书写化学反应方程式时写出反应物和生成物后，往往左右两边各原子数目不相等，不满足质量守恒定律，这就需要通过计算配平来解决。氧化还原反应（redox reaction）是一类在反应过程中，反应物之间发生了电子的转移（或电子的偏移）的反应。这类反应对制备新的化合物、获取化学热能和电能、金属的腐蚀与防腐蚀都有重要的意义，而生命活动过程中的能量就是直接依靠营养物质的氧化而获得的。

 **任务准备**

　　1. 什么是氧化反应？
　　2. 什么是还原反应？
　　3. 什么是氧化数？氧化还原反应中的氧化数是否发生变化？
　　4. 如何配平氧化还原反应方程式？

 **相关知识**

一、氧化值

　　为了便于讨论氧化还原反应，引入了元素的氧化值（又称氧化数）的概念。1970 年 IUPAC 较严格地定义了氧化值的概念：氧化值是某元素一个原子的荷电数，这个荷电数（即原子所带的净电荷数）的确定，是假设把每个键中的电子指定给电负性更大的原子而求得。例如在 NaCl 中，氯元素的电负性比钠元素大，所以氯原子获得一个电子氧化值为 -1，钠的氧化值为 $+1$。

　　确定氧化值的一般规则如下：

　　（1）在单质中，元素的氧化值为零。

　　（2）在二元离子型化合物中，某元素原子的氧化值就等于该元素原子的离子所带电荷数。

　　（3）在共价化合物中，共用电子对偏向于电负性大的元素的原子，原子的"形式电荷数"即为其氧化值，如 HCl 中的 H 的氧化值为 $+1$，Cl 为 -1。

　　（4）氧在化合物中的氧化值一般为 -2；在过氧化物（如 H_2O_2、Na_2O_2 等）中为 -1；在超氧化物（如 KO_2）中为 $-\dfrac{1}{2}$；在 OF_2 中为 $+2$。氢在化合物中的氧化值一般为 $+1$，仅在与活泼金属生成的离子型氢化物（如 NaH、CaH_2）中为 -1。

　　（5）在中性分子中，各元素的正负氧化值代数和为零。在多原子离子中，各元素原子正负氧化值代数和等于离子电荷数。

　　根据氧化值的定义及有关规则可以看出，氧化值是一个有一定人为性、经验性的概念，用以表示元素在化合状态时的形式电荷数。

【例 3-1】　求 NH_4^+ 中 N 的氧化值。

解： 已知 H 的氧化值为 $+1$，设 N 的氧化值为 x。

根据多原子离子中各元素氧化值代数和等于离子的总电荷数的规则可以列出：

$$x + (+1) \times 4 = +1$$
$$x = -3$$

所以 N 的氧化值为 -3。

【例 3-2】　求 Fe_3O_4 中 Fe 的氧化值。

解： 已知 O 的氧化值为 -2，设 Fe 的氧化值为 x，则

$$3x + 4 \times (-2) = 0$$
$$x = +\frac{8}{3}$$

所以 Fe 的氧化值为 $+\dfrac{8}{3}$。

由此可知，氧化值可以是整数，但也有可能是分数或小数。

必须指出，在共价化合物中，判断元素原子的氧化值时，不要与共价数（某元素原子形成的共价键的数目）相混淆。例如，CH_4、CH_3Cl、CH_2Cl_2、$CHCl_3$ 和 CCl_4 中，碳的共价数为 4，但其氧化值则分别为 -4、-2、0、$+2$ 和 $+4$。

二、氧化剂和还原剂

根据氧化值的概念，凡化学反应中，反应前后元素的原子氧化值发生变化的一类反应称为氧化还原反应，若一种反应物的组成原子或离子的氧化值升高，则必有另一种反应物的组成原子或离子的氧化值降低。氧化值升高的过程称为氧化，氧化值降低的过程称为还原。反应中氧化值升高的物质是还原剂，它能使另一种物质还原，而本身被氧化。氧化值降低的物质是氧化剂，它能使另一种物质氧化，而本身被还原。例如反应：

$$NaClO + 2FeSO_4 + H_2SO_4 = NaCl + Fe_2(SO_4)_3 + H_2O$$

在这个反应中，次氯酸钠是氧化剂，氯元素的氧化值从 $+1$ 降低到 -1，它本身被还原，使硫酸亚铁氧化；硫酸亚铁是还原剂，铁元素的氧化值从 $+2$ 升高到 $+3$，它本身被氧化，使次氯酸钠还原；硫酸虽然也参加了反应，但氧化值没有改变，通常称硫酸为介质。另外，也可能有一种情况，某一种单质或化合物，它既是氧化剂又是还原剂，例如：

$$Cl_2 + H_2O = HClO + HCl$$

在这个反应中，氯气既是氧化剂又是还原剂，这类氧化还原反应又叫作歧化反应。

三、氧化还原反应方程式的配平

氧化还原反应往往比较复杂，参加反应的物质也比较多，配平这类反应方程式不像其他反应那样容易，氧化还原反应方程式的配平方法，最常用的有离子-电子法、氧化值法等。

1. 离子-电子法

根据对应的氧化剂或还原剂的半反应方程式，再按以下配平原则进行配平：

① 反应过程中氧化剂所夺得的电子数必须等于还原剂失去的电子数；

② 根据质量守恒定律，反应前后各元素的原子总数相等。

该法配平步骤如下：

① 根据实验事实或反应规律先将反应物、生成物写成一个没有配平的离子反应方程式。例如：

$$H_2O_2 + I^- \longrightarrow H_2O + I_2$$

② 再将上述反应分解为两个半反应方程式（一个是氧化反应，另一个是还原反应），并分别加以配平，使每一半反应的原子数和电荷数相等（加一定数目的电子）。

$$2I^- - 2e = I_2 \qquad 氧化反应$$
$$H_2O_2 + 2H^+ + 2e = 2H_2O \qquad 还原反应$$

值得注意的是，这里得失电子数是根据离子电荷数的变化来确定的。例如对 I^- 来说，必须有两个 I^- 氧化为 I_2：

$$2I^- \longrightarrow I_2$$

再根据反应式两边电子数要相等，同时电荷数也要相等的原则，可确定所失去电子数为 2。

对于 H_2O_2 被还原为 H_2O 来说，需要去掉一个氧原子，为此可在反应式的左边加上两个 H^+（因为反应在酸性介质中进行），使所去掉的氧原子变成 H_2O：

$$H_2O_2 + 2H^+ \longrightarrow 2H_2O$$

然后再根据离子电荷数可确定所得到的电子数为 2。

推而广之，在半反应方程式中，如果反应物和生成物内所含的氧原子数目不同，可以根据介质的酸碱性，分别在半反应方程式中加 H^+、OH^- 或 H_2O，并利用水的解离平衡使反应方程式两边的氧原子数目相等。不同介质条件下配平氧原子的经验规则见表 3-1。

表 3-1　配平氧原子的经验规则

介质条件	比较方程式两边氧原子数	配平时左边应加入的物质	生成物
酸性	(1)左边氧原子多	H^+	H_2O
	(2)左边氧原子少	H_2O	H^+
碱性	(1)左边氧原子多	H_2O	OH^-
	(2)左边氧原子少	OH^-	H_2O
中性(或弱碱性)	(1)左边氧原子多	H_2O	OH^-
	(2)左边氧原子少	H_2O(中性)	H^+
		OH^-(弱碱性)	H_2O

③ 根据氧化剂得到的电子数和还原剂失去的电子数必须相等的原则，以适当系数乘氧化反应和还原反应，然后将两个半反应方程式相加就得到一个配平了的离子反应方程式。

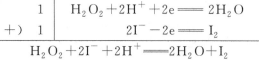

$$
\begin{array}{r|l}
1 & H_2O_2 + 2H^+ + 2e = 2H_2O \\
+)\ 1 & 2I^- - 2e = I_2 \\
\hline
\end{array}
$$
$$H_2O_2 + 2I^- + 2H^+ = 2H_2O + I_2$$

28. 离子-电子法

由此可见，用离子-电子法配平，可直接产生离子方程式。

2. 氧化值法

该法是根据氧化还原反应中元素氧化值的改变情况，按照氧化值增加数与氧化值降低数必须相等的原则来确定氧化剂和还原剂分子式前面的系数，然后再根据质量守恒定律配平非氧化还原部分的原子数目。

现以高锰酸钾和硫化氢在稀硫酸溶液中反应生成硫酸锰和硫为例加以说明。

① 写出反应物和生成物的分子式，标出氧化值有变化的元素，计算出反应前后氧化值变化的数值。

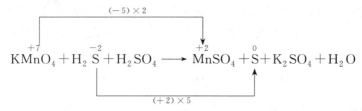

② 根据氧化值降低总数和氧化值升高总数必然相等的原则，在氧化剂和还原剂前面乘上适当的系数。

$$2KMnO_4 + 5H_2S \longrightarrow 2MnSO_4 + 5S + K_2SO_4$$

③ 使方程式两边的各种原子总数相等。从上面不完全方程式中可看出，要使方程式的两边有相等数目的硫酸根，左边需要 3 分子的 H_2SO_4。这样，方程式左边已有 16 个氢原子，所以右边还需加 8 个 H_2O，才可以使方程式两边氢原子总数相等。配平的方程式为：

$$2KMnO_4 + 5H_2S + 3H_2SO_4 = 2MnSO_4 + 5S + K_2SO_4 + 8H_2O$$

有时在有些反应中，同时出现几种原子被氧化，例如硫化亚铜和硝酸的反应：

$$\overset{+1}{Cu_2}\overset{-2}{S} + \overset{+5}{H}NO_3 \longrightarrow \overset{+2}{Cu}(NO_3)_2 + H_2\overset{+6}{S}O_4 + \overset{+2}{N}O$$

根据元素的氧化值的增加和减少必须相等的原则，Cu_2S 和 HNO_3 的系数分别为 3 和 10，这样可以得到下列不完全方程式：

$$3Cu_2S + 10HNO_3 \longrightarrow 6Cu(NO_3)_2 + 3H_2SO_4 + 10NO$$

式中，元素 Cu、S 的原子数都已配平，对于氮原子，发现生成 6 个 $Cu(NO_3)_2$，还需消耗 12 个 HNO_3，于是 HNO_3 的系数变为 22：

$$3Cu_2S + 22HNO_3 = 6Cu(NO_3)_2 + 3H_2SO_4 + 10NO$$

最后配平氢、氧原子，得出 H_2O 的分子数：

$$3Cu_2S + 22HNO_3 = 6Cu(NO_3)_2 + 3H_2SO_4 + 10NO + 8H_2O$$

29. 氧化值法

上面介绍的两种配平方法各有优缺点，对于一般简单的氧化还原反应来说，用氧化值法配平迅速，而且应用范围较广，并且不限于水溶液中的反应。离子-电子法对于配平水溶液中有介质参加的复杂反应比较方便，该法反映了水溶液中的反应实质，并且对于学习书写半反应方程式有帮助，但该法仅适用于配平水溶液中的反应，对于气相或固相反应式的配平则无能为力。

习 题

一、用氧化值法配平下列方程式。

1. $KClO_3 \longrightarrow KClO_4 + KCl$

2. $Ca_5(PO_4)_3F + C + SiO_2 \longrightarrow CaSiO_3 + CaF_2 + P_4 + CO$

3. $NaNO_2 + NH_4Cl \longrightarrow N_2 + NaCl + H_2O$

4. $K_2Cr_2O_7 + FeSO_4 + H_2SO_4 \longrightarrow Cr_2(SO_4)_3 + Fe_2(SO_4)_3 + K_2SO_4 + H_2O$

5. $CsCl + Ca \longrightarrow CaCl_2 + Cs\uparrow$

二、用离子-电子法配平下列方程式。

1. $K_2Cr_2O_7 + H_2S + H_2SO_4 \longrightarrow K_2SO_4 + Cr_2(SO_4)_3 + S + H_2O$

2. $MnO_4^- + H_2O_2 \longrightarrow O_2 + Mn^{2+}$ （酸性溶液）

3. $Zn + NO_3^- + OH^- \longrightarrow NH_3 + Zn(OH)_4^{2-}$

4. $Cr(OH)_4^- + H_2O_2 \longrightarrow CrO_4^{2-}$

5. $Hg + NO_3^- + H^+ \longrightarrow Hg_2^{2+} + NO$

任务二　电极电势的产生及应用

在 Cu-Zn 原电池中，把两个电极用导线连接后就有电流产生，可见两个电极之间存在一定的电势差，即构成原电池的两个电极的电势是不相等的。那么电极的电势是怎样产生的呢？在含有 Cl^-、Br^-、I^- 三种离子的混合溶液中，欲使 I^- 氧化为 I_2，而不使 Cl^-、Br^- 氧化，在常用的氧化剂 $Fe_2(SO_4)_3$ 和 $KMnO_4$ 中选择哪一种符合要求呢？

1. 什么是原电池？电对的电极电势是如何确定的？
2. Cu-Zn 原电池产生电流的原因是什么？
3. 影响电对电极电势的因素是什么？
4. 如何确定氧化还原反应进行的方向？

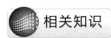

一、原电池

我们知道，如果把一块锌放入 $CuSO_4$ 溶液中，则锌开始溶解，而铜从溶液中析出。反应的离子方程式：

$$Zn(s) + Cu^{2+}(aq) == Zn^{2+}(aq) + Cu(s)$$

这是一个可自发进行的氧化还原反应。如果采用这样的装置：在两个烧杯中分别放入 $ZnSO_4$ 和 $CuSO_4$ 溶液，在盛有 $ZnSO_4$ 溶液的烧杯中放入 Zn 片，在盛有 $CuSO_4$ 溶液的烧杯中放入 Cu 片，将两个烧杯的溶液用一个充满电解质溶液（一般用饱和 KCl 溶液，为使溶液不致流出，常用琼脂与饱和 KCl 溶液制成胶冻，胶冻的组成大部分是水，离子可在其中自由移动）的倒置 U 形管作桥梁（称为盐桥），以连通两烧杯溶液，如图 3-1 所示。这时如果用一个灵敏电流计（A）将两金属片连接起来，我们可以观察到：

① 电流表指针发生偏移，说明有电流产生。

② 在铜片上有金属铜沉积上去，而锌片被溶解。

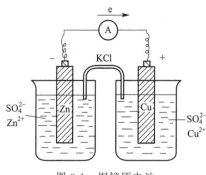

图 3-1　铜锌原电池

30. 铜锌原电池

③ 取出盐桥，电流表指针回至零点；放入盐桥时，电流表指针又发生偏移。说明盐桥起到使整个装置构成通路的作用。

用上述装置能产生电流，是由于 Zn 易失去电子成为 Zn^{2+} 进入溶液中：

$$Zn(s) - 2e \Longrightarrow Zn^{2+}(aq)$$

电子沿导线移向 Cu 片，溶液中的 Cu^{2+} 在 Cu 片上接受电子而变成金属铜：

$$Cu^{2+}(aq) + 2e \Longrightarrow Cu(s)$$

电子定向地由 Zn 流向 Cu，形成电子流（电子流方向和电流方向正好相反）。

这种能使氧化还原反应中电子的转移直接转变为电能的装置，称为原电池。

在上述反应进行的瞬间，$ZnSO_4$ 溶液由于 Zn^{2+} 增多而带正电荷；相反，$CuSO_4$ 溶液由于 Cu 的不断沉积，SO_4^{2-} 过剩而带负电荷，这样就会阻碍电子继续从 Zn 片流向 Cu 片。盐桥的作用就是使阳离子（主要是盐桥中的 K^+）通过盐桥向 $CuSO_4$ 溶液迁移，阴离子（主要是盐桥中的 Cl^-）通过盐桥向 $ZnSO_4$ 溶液迁移，使锌盐溶液和铜盐溶液一直保持着电中性，使锌的溶解和铜的析出过程可以继续进行。

在原电池中，组成原电池的导体（如铜片和锌片）称为电极，同时规定电子流出的电极称为负极，负极上发生氧化反应，电子进入的电极称为正极，正极上发生还原反应。例如，在 Cu-Zn 原电池中：

负极（Zn）：　　　　$Zn(s) - 2e \longrightarrow Zn^{2+}(aq)$　　　　发生氧化反应

正极（Cu）：　　　　$Cu^{2+}(aq) + 2e \longrightarrow Cu(s)$　　　　发生还原反应

Cu-Zn 原电池的电池反应为：

$$Zn(s) + Cu^{2+}(aq) \longrightarrow Zn^{2+}(aq) + Cu(s)$$

在 Cu-Zn 原电池中所进行的电池反应和 Zn 置换 Cu^{2+} 的化学反应是一样的，只是原电池装置中，氧化剂和还原剂不直接接触，氧化、还原反应同时分别在两个不同的区域内进行，电子不是直接从还原剂转移给氧化剂，而是经导线进行传递，这正是原电池利用氧化还原反应产生电流的原因。

上述原电池可以用下列电池符号表示：

$$(-)Zn|ZnSO_4(c_1) \| CuSO_4(c_2)|Cu(+)$$

习惯上把负极（-）写在左边，正极（+）写在右边。其中"|"表示金属和溶液两相之间的接触界面，"‖"表示盐桥，c 表示溶液的浓度，当溶液浓度为 1mol/L 时，可不写。

每个原电池都是由两个"半电池"组成。例如，Cu-Zn 原电池就是由锌和锌盐溶液、铜和铜盐溶液两个"半电池"组成。而每一个"半电池"又都是由同一种元素不同氧化值的两种物质所构成。一种是处于低氧化值的可作为还原剂的物质（称为还原态物质），如锌半电池中的 Zn、铜半电池中的 Cu；另一种是处于高氧化值的可作氧化剂的物质（称为氧化态物质），例如锌半电池中的 Zn^{2+}、铜半电池中的 Cu^{2+}。

这种由同一种元素的氧化态物质和其对应的还原态物质所组成的整体，称为氧化还原电对。氧化还原电对习惯上常用符号来表示，如 Cu 和 Cu^{2+}、Zn 和 Zn^{2+} 所组成的氧化还原电对可写成 Cu^{2+}/Cu、Zn^{2+}/Zn。非金属单质及其相应的离子，也可以组成氧化还原电对，例如 H^+/H_2 和 O_2/OH^-。在用 Fe^{3+}/Fe^{2+}、Cl_2/Cl^-、O_2/OH^- 等电对作为半电池时，可用金属铂或其他惰性导体作电极。以氢电极为例，可表示为 $H^+(c)|H_2|Pt$。

氧化态物质和还原态物质在一定条件下，可以互相转化：

$$氧化态 + ne \rightleftharpoons 还原态$$

式中，n 为互相转化时的得失电子数。这种表示氧化态物质和还原态物质相互转化的关系，称为半电池反应或电极反应。

【例 3-3】　将下列氧化还原反应设计成原电池，并写出原电池符号。

$$2Fe^{2+}(1.0mol/L) + Cl_2(101.325kPa) \longrightarrow 2Fe^{3+}(aq,0.10mol/L) + 2Cl^-(aq,2.0mol/L)$$

解：
　　　　　正极　　$Cl_2(g) + 2e \longrightarrow 2Cl^-(aq)$
　　　　　负极　　$Fe^{2+}(aq) - e \longrightarrow Fe^{3+}(aq)$

原电池符号为：

$(-)Pt | Fe^{2+},Fe^{3+}(0.10mol/L) \| Cl^-(2.0mol/L),Cl_2(101.325kPa) | Pt(+)$

二、电极电势

在 Cu-Zn 原电池中，把两个电极用导线连接后就有电流产生，可见两电极之间存在一定的电势差。换句话说，构成原电池的两个电极的电势是不相等的。那么电极的电势是怎样产生的呢？

如果把金属放入其盐溶液中，则金属和其盐溶液之间产生了电势差，它可以作为金属在溶液中失去电子能力大小的衡量，也可作为金属的正离子获得电子能力大小的衡量。早在1889 年，德国化学家能斯特（H. W. Nernst）提出了双电层理论，可以用来说明金属和其盐溶液之间的电势差，以及原电池产生电流的机理。

按照能斯特的理论，由于金属晶体是由金属原子、金属离子和自由电子所组成，因此，如果把金属放在其盐溶液中，与电解质在水中的溶解过程相似，在金属与其盐溶液的接触界面上就会发生两个不同的过程：一个是金属表面的阳离子受极性水分子的吸引而进入溶液的过程；另一个是溶液中的水合金属离子在金属表面，受到自由电子的吸引而重新沉积在金属表面的过程。当这两种方向相反的过程进行的速率相等时，即达到动态平衡：

$$M(s) \rightleftharpoons M^{n+}(aq) + ne$$

不难理解，如果金属越活泼或溶液中金属离子浓度越小，金属溶解的趋势就越大于溶液中金属离子沉积到金属表面的趋势，达到平衡时金属表面因聚集了金属溶解时留下的自由电子而带负电荷，溶液则因金属离子进入溶液而带正电荷。这样，正、负电荷相互吸引，在金属与其盐溶液的接触界面处就建立起由带负电荷的电子和带正电荷的金属离子所构成的双电层 [图 3-2(a)]。相反，金属越不活泼或溶液中金属离子浓度越大，金属溶解趋势越小于金属离子沉积到金属表面的

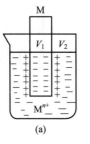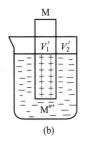

图 3-2　金属的电极电势

趋势，达到平衡时金属表面因聚集了金属离子而带正电荷，而溶液则由于金属离子减少而带负电荷，这样，也构成了相应的双电层［图3-2(b)］。这种双电层之间就存在一定的电势差。

金属与其盐溶液接触界面之间的电势差，实际上就是该金属与其溶液中相应金属离子所组成的氧化还原电对的平衡电势，简称为该金属的平衡电势。可以预料，氧化还原电对不同，对应的电解质溶液的浓度不同，它们的平衡电势也就不同。因此，若将两种不同平衡电势的氧化还原电对以原电池的方式连接起来，则在两极之间就有一定的电势差，因而产生电流。

必须指出，无论从金属进入溶液的离子或从溶液沉积到金属上的离子的量都非常少，用化学和物理方法还不能测定。

31. 电极电势

三、标准电极电势

1. 标准氢电极

到目前为止，金属平衡电势的绝对值还无法测定，只能选定某一电对的平衡电势作为参比标准，将其他电对的平衡电势与它比较而求出各电对平衡电势的相对值，犹如海拔高度是把海平面的高度作为比较标准一样。通常选作标准的是标准氢电极（图3-3）。

标准氢电极是将铂片镀上一层蓬松的铂（称铂黑），并把它浸入 H^+ 浓度为 $1\,mol/L$ 的稀硫酸溶液中，在 $298.15K$ 时不断通入压力为 $101.325kPa$ 的纯氢气流，这时氢被铂黑所吸收，此时被氢饱和了的铂片就像氢气构成的电极一样。铂片在标准氢电极中只是作为电子的导体和 H_2 的载体，并未参加反应。H_2 电极与溶液中的 H^+ 建立了如下平衡：

$$H_2(g) \Longleftrightarrow 2H^+(aq) + 2e$$

这样，在标准氢电极和具有上述浓度的 H^+ 之间的平衡电势称为标准氢电极的电极电势，人们规定它为零，即 $\varphi^{\ominus}(H^+/H_2) = 0.0000V$。某电极的平衡电势的相对值，可以将该电对与标准氢电极组成原电池，测得该原电池的电动势就等于所要测量的相对电势差值。在化学上，称此相对电势差值为某电对的电极电势。

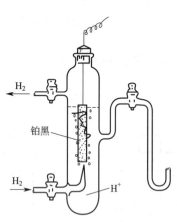

图 3-3　标准氢电极

$[Pt|H_2(101.325kPa)|H^+(1mol/L)]$

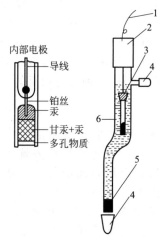

图 3-4　甘汞电极

1—导线；2—绝缘体；3—内部电极；4—橡皮帽；

5—多孔物质；6—饱和 KCl 溶液

2. 甘汞电极

虽然标准氢电极用作其他电极的电极电势的相对比较标准，但是标准氢电极要求氢气纯度很高，压力要稳定，并且铂在溶液中易吸附其他组分而中毒，失去活性。因此，实际上常用易于制备、使用方便而且电极电势稳定的甘汞电极等作为电极电势的相对比较标准，称为参比电极。

甘汞电极是金属汞（Hg）和甘汞（Hg_2Cl_2）及 KCl 溶液组成的电极，其构造如图 3-4 所示。内玻璃管中封接一根铂丝，铂丝插入纯汞中（厚度为 0.5～1cm），下置一层甘汞和汞的糊状物，外玻璃管中装入饱和 KCl 溶液，即构成甘汞电极。电极下端与待测溶液接触部分是熔结陶瓷芯或玻璃砂芯等多孔物质，或是一毛细管通道。

甘汞电极可以写成：

$$Hg, Hg_2Cl_2(s) \mid KCl$$

电极反应为：

$$Hg_2Cl_2(s) + 2e \Longrightarrow 2Hg(l) + 2Cl^-(aq)$$

当温度一定时，不同浓度的 KCl 溶液使甘汞电极的电势具有不同的恒定值，如表 3-2 所示。

表 3-2 甘汞电极的电极电势

KCl 浓度	饱和	1mol/L	0.1mol/L
电极电势 φ/V	+0.2445	+0.2830	+0.3356

3. Ag-AgCl 电极

将银丝镀上一层 AgCl，浸在一定浓度的 KCl 溶液中，即构成 Ag-AgCl 电极（图 3-5），可以写成：

$$Ag, AgCl(s) \mid KCl$$

电极反应为：

$$AgCl(s) + e \Longrightarrow Ag(s) + Cl^-(aq)$$

与甘汞电极相似，它的电极电势取决于内参比溶液 KCl 的浓度，25℃时银-氯化银电极的电极电势如表 3-3 所示。

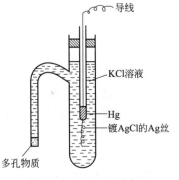

图 3-5 Ag-AgCl 电极

表 3-3 银-氯化银电极的电极电势

KCl 浓度	饱和	1mol/L	0.1mol/L
电极电势 φ/V	+0.2000	+0.2223	+0.2880

4. 标准电极电势的测定

电极电势的大小主要取决于物质的本性，但同时又与体系的温度、浓度等外界条件有关。当测定温度为 298.15K，溶液中组成电极的离子浓度为 1mol/L（严格地说，应为离子活度为 1mol/L；若为气体，其分压为 100kPa；若为液体或固体均应是纯净物质）时，所测得的电对的电极电势，称为该电对的标准电极电势，以符号 $\varphi^{\ominus}$ 表示。

例如，欲测定锌电极的标准电极电势，则应组成下列原电池：

$$(-)Zn \mid Zn^{2+}(1mol/L) \parallel H^+(1mol/L) \mid H_2(100kPa) \mid Pt (+)$$

测定时，根据电位计指针偏转方向，可知电流是由氢电极通过导线向锌电极（电子由锌电极流向氢电极）。锌电极为负极，氢电极为正极，测得该电池电动势（$E^{\ominus}$）为 0.763V，它等于正极的标准电极电势与负极的标准电极电势之差，即

$$E^{\ominus} = \varphi^{\ominus}(+) - \varphi^{\ominus}(-) = \varphi^{\ominus}(H^+/H_2) - \varphi^{\ominus}(Zn^{2+}/Zn) = 0.763V$$

因为 $\varphi^{\ominus}(H^+/H_2) = 0.0000V$，所以 $E^{\ominus} = 0.0000 - \varphi^{\ominus}(Zn^{2+}/Zn) = 0.763V$，$\varphi^{\ominus}(Zn^{2+}/Zn) = -0.763V$。

"一"表示与标准氢电极组成原电池时，该电极为负极。

如欲测定铜电极的标准电极电势，则应组成下列原电池：

$$(-)Pt, H_2(100kPa)|H^+(1mol/L) \parallel Cu^{2+}(1mol/L)|Cu(+)$$

根据电流方向，可知铜电极为正级，氢电极为负极。298.15K 时测得该原电池的标准电动势为 0.3419V，即

$$E^{\ominus} = \varphi^{\ominus}(+) - \varphi^{\ominus}(-) = \varphi^{\ominus}(Cu^{2+}/Cu) - \varphi^{\ominus}(H^+/H_2) = 0.3419V$$

因为 $\varphi^{\ominus}(H^+/H_2) = 0.0000V$，所以 $\varphi^{\ominus}(Cu^{2+}/Cu) = 0.3419V$。

"+"表示与标准氢电极组成原电池时，该电极为正极。

用类似的方法可以测得一系列电对的标准电极电势。

根据物质的氧化还原能力，对照标准电极电势表可以看出：电极电势代数值越小，电对所对应的还原态物质还原能力越强，氧化态物质氧化能力越弱；电极电势代数值越大，电对所对应的还原态物质还原能力越弱，氧化态物质氧化能力越强。因此，电极电势是表示氧化还原电对所对应的氧化态物质或还原态物质得失电子能力（即氧化还原能力）相对大小的一个物理量。

使用标准电极电势表时应注意以下几点：

① 本书采用 1953 年 IUPAC 所规定的还原电势，即认为 Zn 比 H_2 更容易失去电子，$\varphi^{\ominus}(Zn^{2+}/Zn)$ 为负值。

② $\varphi^{\ominus}$ 的代数值越小，电对中的氧化态物质得电子的倾向越小，是越弱的氧化剂，而其还原态物质越易失去电子，是越强的还原剂。$\varphi^{\ominus}$ 的代数值越大，电对中的氧化态物质越易获得电子，是越强的氧化剂，而其还原态物质越难失去电子，是越弱的还原剂。

③ 对同一电对而言，氧化态的氧化性越强，其还原态的还原性就越弱；反之亦然。这种关系与布朗斯特的共轭酸碱对之间的关系相类似。

④ 一个电对的还原态能够还原处于该电对上方任何一个电对的氧化态，也就是说 $\varphi^{\ominus}$ 代数值较大的电对中氧化态物质能和 $\varphi^{\ominus}$ 代数值较小的还原态物质反应。其实质是氧化还原反应总是由强氧化剂和强还原剂向生成弱还原剂和弱氧化剂的方向进行。例如 H^+/H_2 和 Cu^{2+}/Cu 两个电对都位于 Zn^{2+}/Zn 电对的上方，Zn 可与 H^+ 发生反应生成 Zn^{2+} 和 H_2，也可与 Cu^{2+} 反应生成 Zn^{2+} 和 Cu。

⑤ 同一种物质在某一电对中是氧化态，在另一电对中可能是还原态。例如 Fe^{2+} 在 Fe^{2+}/Fe 电对中是氧化态，$Fe^{2+} + 2e \Longleftrightarrow Fe(\varphi^{\ominus} = -0.44V)$，而在 Fe^{3+}/Fe^{2+} 电对中是还原态，$Fe^{3+} + e \Longleftrightarrow Fe^{2+}(\varphi^{\ominus} = +0.771V)$。

⑥ 电极电势没有加和性。不论半电池反应式的系数乘或除以任何系数，$\varphi^{\ominus}$ 值仍然不改变。也就是说，$\varphi^{\ominus}$ 值与电极反应中物质的计量系数无关。例如：

$$Cl_2 + 2e \Longleftrightarrow 2Cl^- \qquad \varphi^{\ominus} = +1.359V$$
$$\frac{1}{2}Cl_2 + e \Longleftrightarrow Cl^- \qquad \varphi^{\ominus} = +1.359V$$

32. 标准电极电势的测定

⑦ $\varphi^{\ominus}$ 是水溶液体系的标准电极电势，对于非标准态、非水溶液体系，不能利用 $\varphi^{\ominus}$ 比较物质氧化还原的能力。

四、影响电极电势的因素

电极电势的大小，不仅取决于电对本性，还与反应温度及氧化态物质、还原态物质的浓度、压力等有关。

1. 能斯特方程

对于一个任意给定的电极，其电极反应的通式为：

$$a \text{ 氧化态} + ne \Longrightarrow b \text{ 还原态}$$

$$\varphi = \varphi^{\ominus} + \frac{RT}{nF} \ln \frac{c^a(\text{氧化态})}{c^b(\text{还原态})} \tag{3-1}$$

在 298.15K 时，将各常数值代入上式，其相应的浓度对电极电势的影响的通式为：

$$\varphi = \varphi^{\ominus} + \frac{0.0592}{n} \lg \frac{c^a(\text{氧化态})}{c^b(\text{还原态})} \tag{3-2}$$

该式称为电极电势的能斯特方程式，简称能斯特（Nernst）方程式。

应用能斯特方程式时，应注意以下问题：

① 如果组成电对的物质为固体或纯液体时，则它们的浓度不列入方程式中。如果是气体物质，用相对压力 $p/p^{\ominus}$ 表示。

【例 3-4】 试计算锌在 $Zn^{2+} = 0.0010 mol/L$ 的溶液中的电极电势。

解：
$$Zn^{2+}(aq) + 2e \Longrightarrow Zn(s)$$

因为 $\varphi^{\ominus}(Zn^{2+}/Zn) = -0.763V$，故：

$$\varphi(Zn^{2+}/Zn) = \varphi^{\ominus}(Zn^{2+}/Zn) + \frac{0.0592}{2} \lg[Zn^{2+}]$$

$$= -0.763 + \frac{0.0592}{2} \lg 0.0010 = -0.852 \text{ (V)}$$

【例 3-5】 试计算 Cl^- 浓度为 $0.100 mol/L$，$p(Cl_2) = 300.0 kPa$ 时组成电对的电极电势。

解：
$$Cl_2(g) + 2e \Longrightarrow 2 Cl^-(aq)$$

查得 $\varphi^{\ominus}(Cl_2/Cl^-) = 1.359V$，故：

$$\varphi(Cl_2/Cl^-) = \varphi^{\ominus}(Cl_2/Cl^-) + \frac{0.0592}{2} \lg \frac{p(Cl_2)/p^{\ominus}}{[Cl^-]^2}$$

$$= 1.359 + \frac{0.0592}{2} \lg \frac{300.0/100}{0.100^2} = 1.432(V)$$

② 如果在电极反应中，除氧化态、还原态物质外，还有参加电极反应的其他物质（如 H^+、OH^- 存在），则把这些物质的浓度也表示在能斯特方程式中。

【例 3-6】 已知电极反应：

$$NO_3^-(aq) + 4H^+(aq) + 3e \Longrightarrow NO(g) + 2H_2O(l) \quad \varphi^{\ominus}(NO_3^-/NO) = 0.96V$$

求 $c(NO_3^-) = 1.0 mol/L$，$p(NO) = 100 kPa$，$c(H^+) = 1.0 \times 10^{-7} mol/L$ 时的 $\varphi(NO_3^-/NO)$。

解：
$$\varphi(NO_3^-/NO) = \varphi^{\ominus}(NO_3^-/NO) + \frac{0.0592}{3} \lg \frac{c(NO_3^-)c^4(H^+)}{p(NO)/p^{\ominus}}$$

$$= 0.96 + \frac{0.0592}{3} \lg \frac{1.0 \times (1.0 \times 10^{-7})^4}{100/100} = 0.41(V)$$

由上例可见，NO_3^- 的氧化能力随酸度的降低而降低，所以浓 HNO_3 氧化能力很强，而中性的硝酸盐（KNO_3）溶液氧化能力很弱。

在应用能斯特方程式时，严格地说，氧化态和还原态的浓度应以活度表示。而我们通常情况下知道的是溶液的浓度而不是活度，为简化起见，往往忽略溶液中离子强度的影响，以浓度代替活度来进行计算。但实际工作中，溶液的离子强度较大时，其影响则不可忽略。另外，当溶液组成改变时，还要注意电对的氧化态和还原态的存在形式的改变，它能引起电极电势的变化。

33. 能斯特方程

2. 浓度对电极电势的影响

（1）离子浓度改变对电极电势的影响

【例 3-7】 已知 $Fe^{3+} + e \Longrightarrow Fe^{2+}$，$\varphi^{\ominus} = 0.771V$，试求 $c(Fe^{3+}) = 1.00mol/L$，$c(Fe^{2+}) = 0.00100mol/L$ 时电对的电极电势。

解：

将已知数据代入能斯特方程得：

$$\varphi(Fe^{3+}/Fe^{2+}) = \varphi^{\ominus}(Fe^{3+}/Fe^{2+}) + \frac{0.0592}{1}\lg\frac{c(Fe^{3+})}{c(Fe^{2+})}$$

$$= 0.771 + \frac{0.0592}{1}\lg\frac{1.00}{0.00100} = 0.949(V)$$

计算结果表明，Fe^{2+} 浓度的降低使电极电势增大，作为氧化剂的 Fe^{3+} 夺取电子的能力增强。这与化学平衡移动原理相一致，在上述平衡体系中，Fe^{2+} 浓度减小促使平衡向右移动。上例说明，离子浓度变化时，由于 $\varphi^{\ominus}$ 和对数项前面的系数都是定值，所以 φ 值只与氧化态和还原态物质的浓度比值有关。

（2）形成沉淀（或弱电解质）对电极电势的影响　在溶液中加入适当的试剂，形成沉淀或难解离物质，从而使溶液中某种离子浓度降低，也会使电极电势发生变化。

① 沉淀剂与氧化态离子作用，使电极电势降低。

【例 3-8】 已知 $Ag^+ + e \Longrightarrow Ag(s)$，$\varphi^{\ominus} = 0.799V$，在溶液中加入 NaCl，产生 AgCl 沉淀，若沉淀达到平衡后 $c(Cl^-) = 1.00mol/L$，试求此时电对的电极电势。

解：

$c(Cl^-) = 1.00mol/L$ 时，Ag^+ 浓度为：

$$c(Ag^+) = \frac{K_{sp}^{\ominus}}{c(Cl^-)} = \frac{1.8 \times 10^{-10}}{1.00} = 1.8 \times 10^{-10}(mol/L)$$

$$\varphi(Ag^+/Ag) = \varphi^{\ominus}(Ag^+/Ag) + \frac{0.05921}{1}\lg c(Ag^+)$$

$$= 0.799 + \frac{0.0592}{1}\lg(1.8 \times 10^{-10}) = +0.222(V)$$

② 沉淀剂与还原态离子作用，电极电势升高。

【例 3-9】 在含有 Cu^{2+} 和 Cu^+ 的溶液中，加入 KI 达到平衡，$c(I^-) = c(Cu^{2+}) = 0.10mol/L$，求 $\varphi(Cu^{2+}/Cu^+)$。已知：$K_{sp}^{\ominus}(CuI) = 1.1 \times 10^{-12}$。

解： $Cu^{2+} + e \Longrightarrow Cu^+$，$\varphi^{\ominus} = +0.153V$，而反应 $Cu^+ + I^- \Longrightarrow CuI(s)$ 使 $c(Cu^+)$ 降低。

$$c(Cu^+) = \frac{K_{sp}^{\ominus}(CuI)}{c(I^-)} = \frac{1.1 \times 10^{-12}}{0.10} = 1.1 \times 10^{-11}(mol/L)$$

$$\varphi(Cu^{2+}/Cu^{+})=\varphi^{\ominus}(Cu^{2+}/Cu^{+})+\frac{0.0592}{1}\lg\frac{c(Cu^{2+})}{c(Cu^{+})}$$

$$=0.153+0.0592\lg\frac{0.10}{1.1\times10^{-11}}=+0.742(V)$$

上例说明，在溶液中加入某种物质能与电对中的氧化态或还原态物质生成沉淀时，电对的电极电势将较大程度地改变，影响氧化态的氧化能力和还原态的还原能力。

（3）配合物的生成对电极电势的影响　在电极溶液中加入配位剂，使之与电极物质发生反应，这将改变电极物质的浓度，电极电势也将随之改变。

【例 3-10】　计算说明：

（1）标准态下 Fe^{3+} 能否将 I^- 氧化成 I_2，写出相应的电极反应、电池反应。

（2）若在反应体系中加入固体 NaF，使平衡后 $c(F^-)=1.0mol/L$，且使其他物质处于标准态，求反应自发进行的方向。

解：

（1）电极反应：

$$Fe^{3+}+e\Longleftrightarrow Fe^{2+}\qquad\varphi^{\ominus}(Fe^{3+}/Fe^{2+})=0.771V$$
$$I_2+2e\Longleftrightarrow 2I^-\qquad\varphi^{\ominus}(I_2/I^-)=0.535V$$

电池反应：

$$2Fe^{3+}+2I^-\Longleftrightarrow I_2+2Fe^{2+}$$

因 $\varphi^{\ominus}(Fe^{3+}/Fe^{2+})>\varphi^{\ominus}(I_2/I^-)$，故标准态下 Fe^{3+} 氧化 I^- 为 I_2。

（2）在溶液中加入 NaF 固体，发生如下反应：

$$Fe^{3+}+6F^-\Longleftrightarrow[FeF_6]^{3-}\qquad K^{\ominus}=1.25\times10^{12}$$

$K^{\ominus}$ 较大，F^- 过量，认为 Fe^{3+} 已基本转化为配合物。假设溶液中 $c(Fe^{3+})=x\,mol/L$，则 $c([FeF_6]^{3-})=1.0-x\approx1.0(mol/L)$，由配位平衡计算 x 值。

$$K^{\ominus}=\frac{c([FeF_6]^{3-})}{c(Fe^{3+})c(F^-)^6}=\frac{1.0}{x1.0^6}=x^{-1}$$

$$\varphi(Fe^{3+}/Fe^{2+})=\varphi^{\ominus}(Fe^{3+}/Fe^{2+})+0.0592\lg\frac{c(Fe^{3+})}{c(Fe^{2+})}$$

$$=\varphi^{\ominus}(Fe^{3+}/Fe^{2+})+0.0592\lg\frac{1}{K^{\ominus}}$$

$$=0.771+0.0592\lg\frac{1}{1.25\times10^{12}}=0.0549(V)$$

$$\varphi(Fe^{3+}/Fe^{2+})<\varphi^{\ominus}(I_2/I^-)$$

Fe^{3+} 氧化 I^- 为 I_2，反应自发进行的方向为：

$$2Fe^{2+}+12F^-+I_2\Longleftrightarrow2[FeF_6]^{3-}+2I^-$$

上例说明，由于配合物的生成，大大降低了 Fe^{3+}/Fe^{2+} 中氧化态物质的浓度，使 φ 值降低，氧化态物质的氧化能力降低，而还原态物质的还原能力提高，从而使反应方向发生了改变。如果加入的配位剂与还原态物质作用，φ 值将升高，氧化态的氧化能力提高，还原态的还原能力降低。

3. 酸度对电极电势的影响

在有 H^+ 或 OH^- 参加的电极反应中，酸度的改变也会使电极反应发生变化，有时这种影响还是很显著的。

【例 3-11】 已知 $AsO_4^{3-} + 2H^+ + 2e \rightleftharpoons AsO_3^{3-} + H_2O$，$\varphi^{\ominus} = 0.559V$，计算得到氧化态和还原态物质的浓度均为 $1.00mol/L$，若在溶液中加入大量的 $NaHCO_3$，使 $pH = 8.00$，求此时的电极电势为多少？

解： $c(AsO_4^{3-}) = c(AsO_3^{3-}) = 1.00mol/L$，$c(H^+) = 1.0 \times 10^{-8}mol/L$，则

$$\varphi(AsO_4^{3-}/AsO_3^{3-}) = \varphi^{\ominus}(AsO_4^{3-}/AsO_3^{3-}) + \frac{0.0592}{2}lg\frac{c(AsO_4^{3-})c^2(H^+)}{c(AsO_3^{3-})}$$

$$= 0.559 + \frac{0.0592}{2}lg[(1.0 \times 10^{-8})^2] = 0.0854(V)$$

可见，AsO_4^{3-} 的氧化性随着酸度的降低而显著减弱；反之，随 H^+ 浓度增大而增强。同理可推得，$K_2Cr_2O_7$ 的氧化能力随溶液酸度的增大而增强，随溶液酸度降低而减弱。在实验室里，总是在较强的酸性溶液中用 $K_2Cr_2O_7$ 作氧化剂。

【例 3-12】 计算重铬酸钾在 H^+ 浓度为 $10mol/L$ 时的酸性介质中的电极电势。设其中的 $[Cr_2O_7^{2-}] = [Cr^{3+}] = 1mol/L$。

解：

在酸性介质中：

$$Cr_2O_7^{2-} + 14H^+ + 6e \rightleftharpoons 2Cr^{3+} + 7H_2O$$

查得 $\varphi^{\ominus}(Cr_2O_7^{2-}/Cr^{3+}) = 1.33V$，则：

$$\varphi(Cr_2O_7^{2-}/Cr^{3+}) = \varphi^{\ominus}(Cr_2O_7^{2-}/Cr^{3+}) + \frac{0.0592}{6}lg\frac{[Cr_2O_7^{2-}][H^+]^{14}}{[Cr^{3+}]^2}$$

$$= 1.33 + \frac{0.0592}{6}lg\frac{1 \times 10^{14}}{1^2} = 1.47(V)$$

由此可见，含氧酸在酸性介质中显示出较强的氧化性。

从以上举例可以看出，氧化态或还原态物质离子浓度的改变对电极电势有影响，但在通常情况下影响不大。另外，介质的酸碱性对含氧酸盐氧化性的影响较大。一般来说，含氧酸盐在酸性介质中表现出较强的氧化性。

五、电极电势的应用

1. 计算原电池的电动势

在组成原电池的两个半电池中，电极电势代数值较大的一个半电池是原电池的正极，代数值较小的一个半电池是原电池的负极。原电池的电动势等于正极的电极电势减去负极的电极电势：

$$\varphi = \varphi(+) - \varphi(-) \tag{3-3}$$

【例 3-13】 计算下列原电池的电动势，并指出正、负极。

$$Zn|Zn^{2+}(0.10mol/L) \| Cu^{2+}(2.00mol/L)|Cu$$

解： 先计算两电极的电极电势。

$$\varphi(Zn^{2+}/Zn) = \varphi^{\ominus}(Zn^{2+}/Zn) + \frac{0.0592}{2}lgc(Zn^{2+})$$

$$= -0.763 + \frac{0.0592}{2}lg0.10$$

$$= -0.793(V) \quad (作负极)$$

$$\varphi(Cu^{2+}/Cu) = \varphi^{\ominus}(Cu^{2+}/Cu) + \frac{0.0592}{2}lgc(Cu^{2+})$$

$$=0.337+\frac{0.0592}{2}\lg 2.00$$
$$=0.346(V)(作正极)$$
$$E=\varphi(+)-\varphi(-)$$
$$=0.346-(-0.793)$$
$$=1.139(V)$$

2. 判断氧化剂和还原剂的相对强弱

根据标准电极电势表中 $\varphi^{\ominus}$ 值的大小，可以判断氧化剂和还原剂的相对强弱。

【例 3-14】 根据标准电极电势，在下列电对中找出最强的氧化剂和最强的还原剂，并列出各氧化型物质氧化能力和各还原型物质还原能力的强弱次序：MnO_4^-/Mn^{2+}、Fe^{3+}/Fe^{2+}、I_2/I^-。

解：

查得各电对的标准电极电势为：

$$MnO_4^-+8H^++5e \Longrightarrow Mn^{2+}+4H_2O \quad \varphi^{\ominus}=1.507V$$
$$Fe^{3+}+e \Longrightarrow Fe^{2+} \quad \varphi^{\ominus}=0.771V$$
$$I_2+2e \Longrightarrow 2I^- \quad \varphi^{\ominus}=0.535V$$

电对 MnO_4^-/Mn^{2+} 的 $\varphi^{\ominus}$ 值最大，说明其氧化型 MnO_4^- 是最强的氧化剂。电对 I_2/I^- 的 $\varphi^{\ominus}$ 值最小，说明其还原型是最强的还原剂。

各氧化型物质氧化能力的顺序为：$MnO_4^->Fe^{3+}>I_2$。

各还原型物质还原能力的顺序为：$I^->Fe^{2+}>Mn^{2+}$。

【例 3-15】 分析化学中，从含有 Cl^-、Br^-、I^- 的混合溶液中进行 I^- 的定性鉴定时，常用 $Fe_2(SO_4)_3$ 将 I^- 氧化为 I_2，再用 CCl_4 将 I_2 萃取出来（呈紫红色），说明其原理。

解：
$$I_2+2e \Longrightarrow 2I^- \quad \varphi^{\ominus}=0.535V$$
$$Br_2+2e \Longrightarrow 2Br^- \quad \varphi^{\ominus}=1.066V$$
$$Cl_2+2e \Longrightarrow 2Cl^- \quad \varphi^{\ominus}=1.359V$$
$$Fe^{3+}+e \Longrightarrow Fe^{2+} \quad \varphi^{\ominus}=0.771V$$

由标准电极电势值可看出，$\varphi^{\ominus}(Fe^{3+}/Fe^{2+})$ 大于 $\varphi^{\ominus}(I_2/I^-)$，而小于 $\varphi^{\ominus}(Br_2/Br^-)$ 和 $\varphi^{\ominus}(Cl_2/Cl^-)$，因此 Fe^{3+} 可将 I^- 氧化成 I_2，而不能将 Br^- 和 Cl^- 氧化，Br^- 和 Cl^- 仍然留在溶液中。其原理就是选择了一个合适的氧化剂，只能氧化 I^-，而不能氧化 Br^- 和 Cl^-，从而达到鉴定的目的。其反应为：

$$2Fe^{3+}+2I^- \Longrightarrow 2Fe^{2+}+I_2$$

3. 判断氧化还原反应进行的方向

根据电极电势的大小，可以预测氧化还原反应进行的方向。

【例 3-16】 判断 $2Fe^{3+}+Cu \Longrightarrow 2Fe^{2+}+Cu^{2+}$ 反应在标准状态下的反应方向。

解：

查得：
$$Fe^{3+}+e \Longrightarrow Fe^{2+} \quad \varphi^{\ominus}=0.771V$$
$$Cu^{2+}+2e \Longrightarrow Cu \quad \varphi^{\ominus}=0.337V$$

由于 $\varphi^{\ominus}(Fe^{3+}/Fe^{2+})>\varphi^{\ominus}(Cu^{2+}/Cu)$，所以氧化能力 $Fe^{3+}>Cu^{2+}$，还原能力 $Fe^{2+}<Cu$。因此，Fe^{3+} 是比 Cu^{2+} 更强的氧化剂，Cu 是比 Fe^{2+} 更强的还原剂。故 Fe^{3+} 能将 Cu 氧化，该反应自发向右进行。

通常电动势大于零的反应，都可以自发进行。电动势越大，反应自发进行的程度越大。

因此，可根据反应电动势是否大于零，判断氧化还原反应能否自发进行。

上例是用标准电极电势来判断氧化还原进行的方向。如果参加反应的物质的浓度不是 $1.0 mol/L$，则需按能斯特方程计算出正极和负极的电极反应的电势，然后再判断反应进行的方向。如对反应方向做粗略判断时，也可以直接用 $\varphi^{\ominus}$ 数据。因为在一般情况下，标准电动势 $E^{\ominus} > 0.5V$ 时，不会因浓度变化而使电动势改变符号。当两个电对的标准电极电势之差 $E^{\ominus} < 0.2V$ 时，离子浓度的改变，可能会改变氧化还原反应的方向。

【例 3-17】 试判断反应 $Pb^{2+} + Sn \Longleftrightarrow Pb + Sn^{2+}$ 在标准状态下和 $c(Sn^{2+}) = 1 mol/L$，$c(Pb^{2+}) = 0.1 mol/L$ 时能否自发向右进行？已知：$\varphi^{\ominus}(Pb^{2+}/Pb) = -0.126V$，$\varphi^{\ominus}(Sn^{2+}/Sn) = -0.136V$。

解：

在标准状态下，即 $c(Pb^{2+}) = c(Sn^{2+}) = 1 mol/L$ 时：

$$E^{\ominus} = \varphi^{\ominus}(Pb^{2+}/Pb) - \varphi^{\ominus}(Sn^{2+}/Sn) = -0.126 - (-0.136) = +0.010(V)$$

因此，反应可以自发向右进行。

当 $c(Sn^{2+}) = 1 mol/L$，$c(Pb^{2+}) = 0.1 mol/L$ 时，则：

$$\varphi(Pb^{2+}/Pb) = \varphi^{\ominus}(Pb^{2+}/Pb) + \frac{0.0592}{2} \lg c(Pb^{2+})$$

$$= -0.126 + \frac{0.0592}{2} \lg 0.1 = -0.156(V)$$

$$E^{\ominus} = \varphi(Pb^{2+}/Pb) - \varphi^{\ominus}(Sn^{2+}/Sn) = -0.156 - (-0.136) = -0.020(V)$$

因此，反应不可正向自发进行而可逆向自发进行。

4. 判断氧化还原反应进行的程度

任意一个化学反应完成的程度可以用平衡常数来衡量。氧化还原反应的平衡常数可以通过两个电对的标准电极电势求得。

【例 3-18】 计算 Cu-Zn 原电池反应的平衡常数。

解：

Cu-Zn 原电池反应为 $Zn + Cu^{2+} \Longleftrightarrow Zn^{2+} + Cu$，反应开始时：

$$\varphi(Zn^{2+}/Zn) = \varphi^{\ominus}(Zn^{2+}/Zn) + \frac{0.0592}{2} \lg c(Zn^{2+})$$

$$\varphi(Cu^{2+}/Cu) = \varphi^{\ominus}(Cu^{2+}/Cu) + \frac{0.0592}{2} \lg c(Cu^{2+})$$

随着反应的进行，溶液中 $c(Cu^{2+})$ 逐渐减小，$c(Zn^{2+})$ 不断增大。当 $\varphi(Zn^{2+}/Zn) = \varphi(Cu^{2+}/Cu)$ 时，反应达到平衡状态，则可得以下关系：

$$\varphi^{\ominus}(Zn^{2+}/Zn) + \frac{0.0592}{2} \lg c(Zn^{2+}) = \varphi^{\ominus}(Cu^{2+}/Cu) + \frac{0.0592}{2} \lg c(Cu^{2+})$$

$$\frac{0.0592}{2} \lg \frac{c(Cu^{2+})}{c(Cu^{2+})} = \varphi^{\ominus}(Cu^{2+}/Cu) - \varphi^{\ominus}(Zn^{2+}/Zn)$$

该反应的平衡常数为 $K^{\ominus} = c(Zn^{2+})/c(Cu^{2+})$，所以：

$$\lg K^{\ominus} = \frac{2 \times [\varphi^{\ominus}(Cu^{2+}/Cu) - \varphi^{\ominus}(Zn^{2+}/Zn)]}{0.0592} = \frac{2 \times [0.337 - (-0.763)]}{0.0592} = 37.2$$

$$K^{\ominus} = 1.58 \times 10^{37}$$

可见，$K^{\ominus}$ 值很大，说明反应进行得很完全。

推广到一般情况（298.15K）时，任一氧化还原反应的平衡常数和对应电对的 $\varphi^{\ominus}$ 值的关系可写成如下通式：

$$\lg K^{\ominus} = \frac{n\Delta\varphi^{\ominus}}{0.0592}$$

氧化还原反应平衡常数 $K^{\ominus}$ 值的大小是直接由氧化剂和还原剂两电对的标准电极电势差决定的。电极电势差愈大，$K^{\ominus}$ 值愈大，反应进行得也愈完全。

从氧化还原滴定分析的要求来看，两个电对的电极电势值相差多少或 $K^{\ominus}$ 值多大时才可用于定量分析呢？这可按滴定分析的反应完全程度不低于 99.9％，允许误差为 0.1％的要求来推算（推算过程略）。

当两电对的半反应中电子转移数 $n_1 = n_2 = 1$ 时，两电对的电势差 $\Delta\varphi^{\ominus} \geqslant 0.4\text{V}$，$\lg K^{\ominus} \geqslant 6$，则滴定终点时，反应完全程度可达到 99.9％。对于电子转移数为 n_1、n_2 的反应，其通式为 $\lg K^{\ominus} \geqslant 3(n_1 + n_2)$。

以上讨论说明，由电极电势可以判断氧化还原反应进行的方向和程度。但需指出，由电极电势的大小不能判断反应速率的快慢。一般来说，氧化还原反应的速率比中和反应和沉淀反应的速率要小一些，特别是结构复杂的含氧酸盐参加的反应更是如此。有的氧化还原反应，两电对的电极电势差足够大，反应似乎应该进行得很完全，但由于速率很小，几乎观察不到反应的发生。例如，在酸性 $KMnO_4$ 溶液中，加纯 Zn 粉，虽然电池反应的标准电动势为 2.27V，但 $KMnO_4$ 的紫色却不容易褪掉。这是由于该反应速率非常慢，只有在溶液中加入少量的 Fe^{3+} 作催化剂，反应才能迅速进行，其反应如下：

34. 电极电势的应用

$$2MnO_4^- + 5Zn + 16H^+ \xrightarrow{Fe^{3+}} 2Mn^{2+} + 5Zn^{2+} + 8H_2O$$

工业生产上选择化学反应时，不但要考虑反应进行的方向和程度，还要考虑反应速率的问题。

习　题

一、选择题

1. 将下列反应设计成原电池时，不用惰性电极的是（　　）。

A. $H_2 + Cl_2 = 2HCl$ 　　　　　　　　　B. $2Fe^{3+} + Cu = 2Fe^{2+} + Cu^{2+}$

C. $Ag^+ + Cl^- = AgCl$ 　　　　　　　　D. $2Hg^{2+} + Sn^{2+} = Hg_2^{2+} + Sn^{4+}$

2. 下列氧化还原电对中，$E^{\ominus}$ 值最大的是（　　）。

A. $[Ag(NH_3)_2]^+/Ag$ 　　B. $AgCl/Ag$ 　　C. $AgBr/Ag$ 　　　　D. Ag^+/Ag

3. 某电池 $(-)A/A^{2+}(0.1\text{mol/L}) \| B^{2+}(1.0 \times 10^{-2}\text{mol/L}) \| B(+)$ 的电动势 E 为 0.27V，则该电池的标准电动势 $E^{\ominus}$ 为（　　）。

A. 0.24V 　　　　　B. 0.27V 　　　　　C. 0.30V 　　　　　D. 0.33V

4. 使下列电极反应中有关离子浓度减小一半，而 E 值增加的是（　　）。

A. $Cu^{2+} + 2e = Cu$ 　　　　　　　　B. $I_2 + 2e = 2I^-$

C. $2H^+ + 2e = H_2$ 　　　　　　　　　D. $Fe^{3+} + e = Fe^{2+}$

5. 已知 $E^{\ominus}(Fe^{3+}/Fe^{2+}) = 0.77\text{ V}$，$E^{\ominus}(Sn^{4+}/Sn^{2+}) = 0.15\text{V}$，$Fe^{3+}$ 与 Sn^{2+} 反应的平衡常数对数值（$\lg K$）为（　　）。

A. $(0.77-0.15)/0.0592$ 　　　　　　　B. $2 \times (0.77-0.15)/0.0592$

C. $3 \times (0.77-0.15)/0.0592$ 　　　　　D. $2 \times (0.15-0.77)/0.0592$

6. 0.05mol/L $SnCl_2$ 溶液 10mL 与 0.10mol/L $FeCl_3$ 溶液 20mL 相混合，平衡时体系的电位

是 [已知此条件时，$E^{\ominus}(Fe^{3+}/Fe^{2+})=0.68V$，$E^{\ominus}(Sn^{4+}/Sn^{2+})=0.14V$]（   ）。

A. 0.14V   B. 0.32V   C. 0.50V   D. 0.68V

二、简答题

1. 写出下列原电池的电极反应和电池反应。

（1）$(-)Fe \mid Fe^{2+}(1.0mol/L) \parallel H^+(1.0mol/L) \mid H_2(100kPa)$，$Pt(+)$

（2）$(-)Pt$，$O_2(100kPa) \mid H_2O_2(1.0mol/L)$，$H^+(1.0mol/L) \parallel Cr_2O_7^{2-}(1.0mol/L)$，$Cr^{3+}$ $(1.0mol/L)$，$H^+(1.0mol/L) \mid Pt(+)$

（3）$(-)Ag(s)$，$AgCl(s) \mid Cl^-(1.0mol/L) \parallel Ag^+(1.0mol/L) \mid Ag(s)(+)$

2. 根据下列反应设计原电池，写出电池符号。

（1）$2Fe^{3+}+Sn^{2+}\Longrightarrow 2Fe^{2+}+Sn^{4+}$

（2）$NO_3^-+Fe^{2+}+3H^+\Longrightarrow HNO_2+Fe^{3+}+H_2O$

（3）$Cl_2+2OH^-\Longrightarrow ClO^-+Cl^-+H_2O$

3.（1）根据 $\varphi_A^{\ominus}$ 值，将下列物质按氧化能力由弱到强的顺序排列，并写出酸性介质中它们对应的还原产物：$KMnO_4$、$K_2Cr_2O_7$、Cl_2、I_2、Cu^{2+}、Ag^+、Sn^{4+}、Fe^{3+}。

（2）根据 $\varphi_B^{\ominus}$ 值，将下列电对中还原型物质的还原能力由弱到强排列：O_2/HO_2^-、$CrO_4^{2-}/Cr(OH)_3$、$Fe(OH)_3/Fe(OH)_2$、MnO_4^-/MnO_2、$Co(NH_3)_6^{3+}/Co(NH_3)_6^{2+}$、$ClO^-/Cl^-$。

4. 根据要求选择适当的氧化剂或还原剂。

（1）将含有 Br^-、I^-、Cl^- 溶液中的 I^- 氧化，而 Br^-、Cl^- 不被氧化，氧化剂可选 $Fe_2(SO_4)_3$、$KMnO_4$。

（2）将含有 Cu^{2+}、Zn^{2+}、Sn^{2+} 的溶液中的 Cu^{2+}、Sn^{2+} 还原，而 Zn^{2+} 不被还原，还原剂可选 Cd、Sn、KI。

（3）酸性溶液中，将 Mn^{2+} 氧化成 MnO_4^-，氧化剂可选 $NaBiO_3$、$(NH_4)_2S_2O_8$、PbO_2、$K_2Cr_2O_7$、Cl_2。

三、计算题

1. 写出下列电池反应或电极反应的能斯特方程式，并计算电池的电动势或电极电位（298K）。

（1）$ClO_3^-(1.0mol/L)+6H^+(0.10mol/L)+6e\Longrightarrow Cl^-(1.0mol/L)+3H_2O$

（2）$AgCl(s)+e\Longrightarrow Ag+Cl^-(1.0mol/L)$

（3）$O_2(100kPa)+2e+2H^+(0.50mol/L)\Longrightarrow H_2O_2(1.0mol/L)$

（4）$S(s)+2e+2Ag^+(0.1mol/L)\Longrightarrow Ag_2S(s)$

2. 将下列反应设计成原电池，用标准电极电势判断标准状态下电池的正极和负极，电子传递的方向，正极和负极的电极反应，电池的电动势，写出电池符号。

（1）$Zn+2Ag^+\Longrightarrow Zn^{2+}+2Ag$

（2）$2Fe^{3+}+Fe\Longrightarrow 3Fe^{2+}$

（3）$Zn+2H^+\Longrightarrow Zn^{2+}+H_2$

（4）$H_2+Cl_2\Longrightarrow 2HCl$

（5）$3I_2+6KOH\Longrightarrow KIO_3+5KI+3H_2O$

3. 计算下列反应（298K）的 $E^{\ominus}$、$K^{\ominus}$、$\Delta_r G_m^{\ominus}$。

（1）$6Fe^{2+}+Cr_2O_7^{2-}+14H^+\Longrightarrow 6Fe^{3+}+2Cr^{3+}+7H_2O$

（2）$Hg^{2+}+Hg\Longrightarrow Hg_2^{2+}$

（3）$Fe^{3+}+Ag\Longrightarrow Ag^++Fe^{2+}$

4. 氧化还原滴定的指示剂在滴定终点时因与滴定操作溶液发生氧化还原反应而变色。为选择重铬酸钾作为滴定亚铁溶液的指示剂，请计算出达到滴定终点（$[Fe^{2+}]=10^{-3}mol/L$，$[Fe^{3+}]=$

10^{-2}mol/L）时 $Fe^{3+}+e \Longrightarrow Fe^{2+}$ 的电极电势，由此估算指示剂的标准电极电势应当多大？

5. 用能斯特方程计算来说明，使 $Fe+Cu^{2+} \Longrightarrow Fe^{2+}+Cu$ 的反应逆转是否有实现的可能性？

6. 利用半反应 $Cu^{2+}+2e \Longrightarrow Cu$ 和 $Cu(NH_3)_4^{2+}+2e \Longrightarrow Cu+4NH_3$ 的标准电极电势，计算配合反应 $Cu(NH_3)_4^{2+}+2e \Longrightarrow Cu+4NH_3$ 的平衡常数。

7. 利用半反应 $Ag^++e \Longrightarrow Ag$ 和 AgCl 的溶度积计算半反应 $AgCl+e \Longrightarrow Ag+Cl^-$ 的标准电极电势。

任务三　氧化还原滴定法及应用

任务引领

氧化还原滴定法（redox titration）是以氧化还原反应为基础的滴定分析法。它的应用范围非常广泛，可以直接或间接地测定许多无机物和有机物。由于氧化还原反应机理复杂，许多反应的历程也不够清楚。还有许多反应速率慢，而且副反应又多，不能满足滴定分析的要求。因此，在氧化还原滴定分析中，必须控制适当的反应条件，使其符合滴定分析的基本要求。

任务准备

1. 应用于氧化还原滴定法的反应应具备什么条件？
2. 氧化还原滴定曲线中突跃范围的大小主要与什么因素有关？
3. 常用的氧化还原滴定法有哪几类？这些方法的基本反应是什么？
4. 氧化还原滴定中的指示剂分为几类？各自如何指示滴定终点？

相关知识

氧化还原滴定法是以氧化还原反应为基础的滴定分析法。它的应用很广泛，可以用来直接测定氧化剂和还原剂，也可用来间接测定一些能和氧化剂或还原剂定量反应的物质。

一、氧化还原滴定曲线

氧化还原滴定和其他滴定方法一样，随着标准溶液的不断加入，溶液的性质不断发生变化，这种变化也是遵循量变引起质变这一规律的。由实验或计算表明，氧化还原滴定过程中电极电势的变化在化学计量点附近也有一个突跃。

图 3-6 是以 0.1000mol/L $Ce(SO_4)_2$ 溶液在 1mol/L H_2SO_4 溶液中滴定 Fe^{2+} 的滴定曲线，滴定反应为：

$$Ce^{4+}+Fe^{2+} \Longrightarrow Ce^{3+}+Fe^{3+}$$

未滴定前，溶液中只有 Fe^{2+}，$c(Fe^{3+})/$

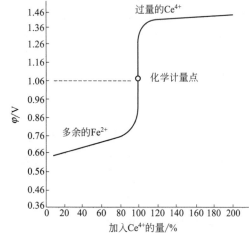

图 3-6　0.1000mol/L Ce^{4+} 滴定 0.1000mol/L Fe^{2+} 的滴定曲线（在 1mol/L H_2SO_4 中）

$c(Fe^{2+})$ 未知，因此无法利用能斯特方程式计算。

滴定开始后，溶液中存在两个电对，根据能斯特方程式，两个电对电极电势分别为：

$$\varphi(Fe^{3+}/Fe^{2+}) = \varphi^{\ominus}(Fe^{3+}/Fe^{2+}) + 0.0592\lg\frac{c(Fe^{3+})}{c(Fe^{2+})} \qquad \varphi^{\ominus}(Fe^{3+}/Fe^{2+}) = 0.771V$$

$$\varphi^{\ominus}(Ce^{4+}/Ce^{3+}) = \varphi^{\ominus}(Ce^{4+}/Ce^{3+}) + 0.0592\lg\frac{c(Ce^{4+})}{c(Ce^{3+})} \qquad \varphi^{\ominus}(Ce^{4+}/Ce^{3+}) = 1.44V$$

在滴定过程中，每加入一定量滴定剂，反应达到一个新的平衡时两个电对的电极电势相等。因此，溶液中各平衡点的电势可选用便于计算的任何一个电对来计算。

化学计量点前，溶液中存在过量的 Fe^{2+}，滴定过程中电极电势的变化可根据 Fe^{3+}/Fe^{2+} 电对计算，此时 $\varphi^{\ominus}(Fe^{3+}/Fe^{2+})$ 值随溶液中 $c(Fe^{3+})/c(Fe^{2+})$ 的改变而变化。

化学计量点后，加入了过量的 Ce^{4+}，因此可利用 Ce^{4+}/Ce^{3+} 电对来计算，此时 $\varphi^{\ominus}(Ce^{4+}/Ce^{3+})$ 值随溶液中 $c(Ce^{4+})/c(Ce^{3+})$ 的改变而变化。

化学计量点时，$c(Ce^{4+})/c(Ce^{3+})$ 很小，但它们的浓度相等，又由于反应达到平衡时两电对的电势相等，故可以联系起来计算。

令化学计量点时的电势为 φ_{sp}，则：

$$\varphi_{sp} = \varphi(Ce^{4+}/Ce^{3+}) = \varphi^{\ominus}(Ce^{4+}/Ce^{3+}) + 0.0592\lg\frac{c(Ce^{4+})}{c(Ce^{3+})}$$

$$= \varphi(Fe^{3+}/Fe^{2+}) = \varphi^{\ominus}(Fe^{3+}/Fe^{2+}) + 0.0592\lg\frac{c(Fe^{3+})}{c(Fe^{2+})}$$

又令 $\varphi_1^{\ominus} = \varphi^{\ominus}(Ce^{4+}/Ce^{3+})$，$\varphi_2^{\ominus} = \varphi^{\ominus}(Fe^{3+}/Fe^{2+})$，由上式可得：

$$n_1\varphi_{sp} = n_1\varphi^{\ominus} + 0.0592\lg\frac{c(Ce^{4+})}{c(Ce^{3+})}$$

$$n_2\varphi_{sp} = n_2\varphi^{\ominus} + 0.0592\lg\frac{c(Fe^{3+})}{c(Fe^{2+})}$$

将上两式相加，得：

$$(n_1+n_2)\varphi_{sp} = n_1\varphi_1^{\ominus} + n_2\varphi_2^{\ominus} + 0.0592\lg\frac{c(Ce^{4+})c(Fe^{3+})}{c(Ce^{3+})c(Fe^{2+})}$$

根据前述滴定反应式，当加入 Ce^{4+} 的物质的量与 Fe^{2+} 的物质的量相等时，$c(Ce^{4+}) = c(Fe^{2+})$，$c(Ce^{3+}) = c(Fe^{3+})$，此时：

$$\lg\frac{c(Ce^{4+})c(Fe^{3+})}{c(Ce^{3+})c(Fe^{2+})} = 0$$

故

$$\varphi_{sp} = \frac{n_1\varphi_1^{\ominus} + n_2\varphi_2^{\ominus}}{n_1+n_2} \tag{3-4}$$

上式即化学计量点电势的计算式，适合电对的氧化态和还原态的系数相等时使用。

对于 $Ce(SO_4)_2$ 溶液滴定 Fe^{2+}，化学计量点时的电极电势为：

$$\varphi_{sp} = \frac{\varphi^{\ominus}(Ce^{4+}/Ce^{3+}) + \varphi^{\ominus}(Fe^{3+}/Fe^{2+})}{2} = \frac{0.771+1.44}{2} = 1.10(V)$$

化学计量点后电势突跃的位置由 Fe^{2+} 剩余 0.1% 和 Ce^{4+} 过量 0.1% 时两点的电极电势所决定，即电势突跃由

$$\varphi(Fe^{3+}/Fe^{2+}) = 0.771 + 0.0592\lg\frac{99.9}{0.1} = 0.95(V)$$

到

$$\varphi(Ce^{4+}/Ce^{3+}) = 1.44 + 0.0592 \lg \frac{0.1}{100}$$
$$= 1.26(V)$$

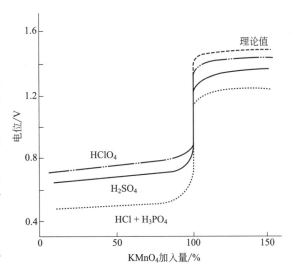

从计算可以看出，在化学计量点附近有明显的电势突跃。化学计量点附近电势突跃的大小和氧化剂与还原剂两电对的条件电极电势的差值有关。条件电极电势相差较大，突跃较大；反之则较小。

氧化还原滴定曲线，常因滴定介质的不同而改变其位置和突跃的大小。图 3-7 是用 $KMnO_4$ 溶液在不同介质中滴定 Fe^{2+} 的滴定曲线，图中曲线说明以下两点。

① 化学计量点前，曲线的位置取决于 $\varphi^{\ominus}(Fe^{3+}/Fe^{2+})$，而 $\varphi^{\ominus}(Fe^{3+}/Fe^{2+})$ 的大小与 Fe^{3+} 和介质阴离子的配位作用有关。由于 PO_4^{3-} 易与 Fe^{3+} 形成稳定的无色

图 3-7　用 $KMnO_4$ 溶液在不同介质中
滴定 Fe^{2+} 的滴定曲线

$[Fe(PO_4)_2]^{3-}$ 配离子而使 Fe^{3+}/Fe^{2+} 电对的条件电极电势降低，ClO_4^- 则不与 Fe^{3+} 形成配合物，故 $\varphi^{\ominus}(Fe^{3+}/Fe^{2+})$ 较高。所以在有 H_3PO_4 存在时的 HCl 溶液中滴定 Fe^{2+} 的曲线位置最低，滴定突跃最大。因此，无论用 $Ce(SO_4)_2$ 或 $KMnO_4$ 标准溶液滴定 Fe^{2+}，在 H_3PO_4 和 HCl 溶液中，终点时颜色变化都较敏锐。

② 化学计量点后，溶液存在过量的 $KMnO_4$，但实际上决定电极电势的是 $Mn(\mathrm{III})/Mn(\mathrm{II})$ 电对，因而曲线的位置取决于 $\varphi^{\ominus}[Mn(\mathrm{III})/Mn(\mathrm{II})]$。由于 $Mn(\mathrm{III})$ 易与 PO_4^{3-}、SO_4^{2-} 等阴离子配位而降低其条件电极电势，与 ClO_4^- 则不配位，所以在 $HClO_4$ 介质中用 $KMnO_4$ 滴定 Fe^{2+}，在化学计量点后曲线位置最高。

35. 氧化还原
滴定曲线

二、指示剂法氧化还原滴定终点的检测

在氧化还原滴定中，可利用指示剂在化学计量点附近时颜色的改变来指示终点。常用的指示剂有以下几种。

（1）氧化还原指示剂　氧化还原指示剂本身是具有氧化还原性质的有机化合物，它的氧化态和还原态具有不同颜色，能因氧化还原作用而发生颜色变化。例如常用的氧化还原指示剂二苯胺磺酸钠，它的氧化态呈红紫色，还原态呈无色。当用 $K_2Cr_2O_7$ 溶液滴定 Fe^{2+} 到化学计量点时，稍过量的 $K_2Cr_2O_7$ 即将二苯胺磺酸钠由无色的还原态氧化为红紫色的氧化态，指示终点的到达。

如果用 $In_{氧}$ 和 $In_{还}$ 分别表示指示剂的氧化态和还原态：

$$In_{氧} + ne \rightleftharpoons In_{还}$$

$$\varphi = \varphi_{In}^{\ominus} + \frac{0.0592}{n} \lg \frac{[In_{氧}]}{[In_{还}]}$$

式中，$\varphi_{In}^{\ominus}$ 为指示剂的标准电极电势。当溶液中氧化还原电对的电势改变时，指示剂的氧化态和还原态的浓度比也会发生改变，因而使溶液的颜色发生变化。

与酸碱指示剂的变化情况相似，当 $\dfrac{[\text{In}_{\text{氧}}]}{[\text{In}_{\text{还}}]}\geqslant 10$ 时，溶液呈现氧化态的颜色，此时：

$$\varphi \geqslant \varphi_{\text{In}}^{\ominus} + \frac{0.0592}{n}\lg 10 = \varphi_{\text{In}}^{\ominus} + \frac{0.0592}{n}$$

当 $\dfrac{[\text{In}_{\text{氧}}]}{[\text{In}_{\text{还}}]}\leqslant \dfrac{1}{10}$ 时，溶液呈现还原态的颜色，此时：

$$\varphi \leqslant \varphi_{\text{In}}^{\ominus} + \frac{0.0592}{n}\lg \frac{1}{10} = \varphi_{\text{In}}^{\ominus} - \frac{0.0592}{n}$$

36. 氧化还原
指示剂

故指示剂变色的电势范围为：

$$\varphi_{\text{In}'}^{\ominus} \pm \frac{0.0592}{n}(\text{V})$$

实际工作中，采用条件电极电势比较合适，得到指示剂变色的电势范围为：

$$\varphi_{\text{In}'}^{\ominus} \pm \frac{0.0592}{n}(\text{V})$$

当 $n=1$ 时，指示剂变色的电势范围为 $\varphi_{\text{In}'}^{\ominus} \pm 0.0592\text{V}$；当 $n=2$ 时，为 $\varphi_{\text{In}'}^{\ominus} \pm 0.030\text{V}$。由于此范围甚小，一般就可用指示剂的条件电极电势来估计指示剂变色的电势范围。

表 3-4 列出了一些重要的氧化还原指示剂的条件电极电势及颜色变化。

（2）自身指示剂　有些标准溶液或被滴定物质本身有颜色，而滴定产物为无色或颜色很浅，则滴定时就不需要另加指示剂，本身的颜色变化起着指示剂的作用，叫作自身指示剂。例如 MnO_4^- 本身显紫红色，而被还原的产物 Mn^{2+} 则几乎无色，所以用 $KMnO_4$ 来滴定无色或浅色还原剂时，一般不必另加指示剂。化学计量点后 MnO_4^- 过量 $2\times 10^{-6}\text{mol/L}$ 就使溶液呈粉红色。

（3）专属指示剂　有些物质本身并不具有氧化还原性，但它能与滴定剂或被测物产生特殊的颜色，因而可指示滴定终点。例如，可溶性淀粉与 I_3^- 生成深蓝色吸附配合物，反应特效而灵敏，蓝色的出现与消失可指示终点。又如以 Fe^{3+} 滴定 Sn^{2+} 时，可用 $KSCN$ 为指示剂，当溶液出现红色，即生成 $Fe(\text{III})$ 的硫氰酸配合物时到达终点。

表 3-4　一些氧化还原指示剂的条件电极电势及颜色变化

指示剂	$\varphi_{\text{In}'}^{\ominus}/\text{V}$ $[\text{H}^+]=1\text{mol/L}$	颜色变化	
		氧化态	还原态
亚甲基蓝	0.36	蓝色	无色
二苯胺	0.76	紫色	无色
二苯胺磺酸钠	0.84	红紫色	无色
邻苯氨基苯甲酸	0.89	红紫色	无色
邻二氮杂菲-亚铁	1.06	浅蓝色	红色

三、氧化还原滴定法及应用

（一）高锰酸钾法

1. 概述

高锰酸钾是一种强氧化剂，它的氧化能力和还原产物与溶液的酸度有关（表 3-5）。

表 3-5 **KMnO₄ 的氧化性与酸度的关系**

介质	反 应	$\varphi^{\ominus}/V$
强酸性	$MnO_4^- + 8H^+ + 5e \Longrightarrow Mn^{2+} + 4H_2O$	1.507
弱酸性、中性、弱碱性	$MnO_4^- + 2H_2O + 3e \Longrightarrow MnO_2 + 4OH^-$	0.595
强碱性	$MnO_4^- + e \Longrightarrow MnO_4^{2-}$	0.558

在强酸性溶液中，$KMnO_4$ 氧化能力最强，故一般都在强酸性条件下使用。酸化时常采用 H_2SO_4，因 HCl 具有还原性，干扰滴定；酸化也很少采用 HNO_3，因它含有氮氧化物，易产生副反应。在强碱性条件下（大于 2mol/L NaOH），$KMnO_4$ 与有机物的反应比在酸性条件下更快，所以常用 $KMnO_4$ 在强碱性溶液中与有机物的反应来测定有机物。

在近中性时，$KMnO_4$ 反应的产物为棕色的 MnO_2 沉淀，妨碍终点观察，氧化能力也不及酸性强，故很少在中性条件下使用。

高锰酸钾法的优点是氧化能力强，可以直接或间接测定多种无机物和有机物，因此应用广泛，还可借 MnO_4^- 自身的颜色指示终点，无须另加指示剂。其缺点是标准溶液不够稳定，反应历程比较复杂，易发生副反应，滴定的选择性比较差。但若标准溶液配制和保管得当，严格控制滴定条件，这些缺点是可以克服的。

2. 高锰酸钾标准溶液的配制与标定

由于高锰酸钾含有杂质，本身也不稳定，因此高锰酸钾标准溶液的配制常用间接配制法，可用还原剂作基准物来标定，如 $H_2C_2O_4 \cdot H_2O$、$Na_2C_2O_4$、$Fe(SO_4)_2(NH_4) \cdot 6H_2O$ 等都可用作基准物。其中，草酸钠不含结晶水，容易提纯，是最常用的基准物。

高锰酸钾法的指示剂为自身指示剂，在 H_2SO_4 溶液中，MnO_4^- 与 $C_2O_4^{2-}$ 的反应为：

$$2MnO_4^- + 5C_2O_4^{2-} + 16H^+ \Longrightarrow 2Mn^{2+} + 10CO_2 + 8H_2O$$

高锰酸钾标准溶液的配制：称取 1.7g 高锰酸钾，加 500mL 水，小火煮沸 15min，冷却过滤后置于棕色试剂瓶中保存 2 周。

高锰酸钾标准溶液的标定：准确称取 $0.15 \sim 0.2g$ 草酸钠固体（分析纯，于 $105 \sim 110°C$ 烘至恒重）至 250mL 锥形瓶中（三份）。加 30mL 蒸馏水溶解，加 10mL 3mol/L 硫酸溶液，加热到 $75 \sim 85°C$（开始冒蒸汽），趁热用待标定的高锰酸钾溶液滴定，待第一滴高锰酸钾溶液的红色消褪后，继续滴加，在临近终点前减慢滴定速度，滴定至溶液呈淡粉红色，保持 30s 不褪色，即为滴定终点。测定三份，同时做空白。计算高锰酸钾标准溶液的浓度。

3. 高锰酸钾法示例

(1) H_2O_2 的测定 H_2O_2 水溶液俗称双氧水，市售双氧水按其质量分数有 6%、12%、30% 三种规格。

在稀 H_2SO_4 介质中，H_2O_2 能使 MnO_4^- 褪色，其反应如下：

$$2MnO_4^-(aq) + 5H_2O_2(aq) + 6H^+(aq) \Longrightarrow 2Mn^{2+}(aq) + 5O_2(g) + 8H_2O(aq)$$

可用 $KMnO_4$ 标准溶液直接滴定 H_2O_2。开始时，$KMnO_4$ 褪色较慢，随着反应的进行，生成的 Mn^{2+} 催化反应，反应速率自动加快。

H_2O_2 不稳定，工业用 H_2O_2 中常加入某些有机化合物（如乙酰苯胺等）作为稳定剂，这些有机化合物大多能与 $KMnO_4$ 反应而干扰测定，此时最好采用碘量法测定 H_2O_2。

(2) 钙的测定 一些金属离子能与 $C_2O_4^{2-}$ 生成难溶草酸盐沉淀，如果将草酸盐沉淀溶于酸中，再用标准 $KMnO_4$ 溶液来滴定 $H_2C_2O_4$，就可间接测定这些金属离子。钙离子就用此法测定。

在沉淀 Ca^{2+} 时，如果将沉淀剂 $(NH_4)_2C_2O_4$ 加到中性或氨性的 Ca^{2+} 溶液中，此时生成的 CaC_2O_4 沉淀颗粒很小，难于过滤，而且含有碱式草酸钙和氢氧化钙。所以，必须适当地选择沉淀 Ca^{2+} 的条件。

正确沉淀 CaC_2O_4 的方法是在 Ca^{2+} 的试液中先以盐酸酸化，然后加入 $(NH_4)_2C_2O_4$。由于 $C_2O_4^{2-}$ 在酸性溶液中大部分以 $HC_2O_4^-$ 存在，$C_2O_4^{2-}$ 浓度很小，此时即使 Ca^{2+} 浓度相当大，也不会生成 CaC_2O_4 沉淀。如果在加入 $(NH_4)_2C_2O_4$ 后把溶液加热到 $70\sim80℃$，滴入稀氨水，由于 H^+ 逐渐被中和，$C_2O_4^{2-}$ 浓度缓缓增大，结果可以生成粗颗粒结晶的 CaC_2O_4 沉淀。最后应控制溶液的 pH 值在 $3.5\sim4.5$ 之间（甲基橙呈黄色），并继续保温约 30min 使沉淀陈化。这样不仅可避免其他不溶性钙盐的生成，而且所得 CaC_2O_4 沉淀又便于过滤和洗涤。放置冷却后过滤、洗涤，将 CaC_2O_4 溶于稀硫酸中，即可用 $KMnO_4$ 标准溶液滴定热溶液中与 Ca^{2+} 定量结合的 $C_2O_4^{2-}$。

（3）软锰矿中的 MnO_2 的测定　软锰矿的主要成分是 MnO_2 及少量低价锰的氧化物和氧化铁等，其中只有 MnO_2 具有氧化能力。一种测定 MnO_2 的方法是将已知过量的 $Na_2C_2O_4$ 和 H_2SO_4 加到粒度很细的软锰矿试样中，在水浴中加热至试样完全分解（棕黑色颗粒消失）：

$$MnO_2(s)+C_2O_4^{2-}(aq)+4H^+(aq)\Longrightarrow Mn^{2+}(aq)+2CO_2(g)+2H_2O(l)$$

剩余的 $Na_2C_2O_4$ 用 $KMnO_4$ 标准溶液滴定，但是 $Na_2C_2O_4$ 在酸性溶液中加热时易分解，而且该反应被产物 Mn^{2+} 催化，影响结果的准确度。

另一种方法是以亚砷酸为还原剂克服 $Na_2C_2O_4$ 分解的问题，还原反应为：

$$MnO_2(s)+H_3AsO_3(aq)+2H^+(aq)\Longrightarrow Mn^{2+}(aq)+H_3AsO_4(aq)+H_2O(l)$$

过量的 H_3AsO_3 可用 $KMnO_4$ 标准溶液在有痕量 KIO_3 作催化剂的情况下直接滴定。滴定反应为：

$$2MnO_4^-(aq)+5H_3AsO_3(aq)+6H^+(aq)\xrightarrow{\text{催化剂}}2Mn^{2+}(aq)+5H_3AsO_4(aq)+3H_2O(l)$$

亚砷酸的配制可由 As_2O_3 溶解于 NaOH 中，再酸化而成。

上面的方法还可以测定 PbO_2 或 Pb_3O_4，只需将 H_2SO_4 换成 HCl，以防止 $PbSO_4$ 沉淀。

（4）某些有机化合物的测定　利用在强碱性溶液中 $KMnO_4$ 氧化有机物的反应比在强酸性溶液中快的特点，可以测定有机物。以甘油的测定为例，将一定量过量的 $KMnO_4$ 溶液加入含有试样的 2mol/L NaOH 溶液中，此时发生下列反应：

$$C_3H_8O_3(aq)(甘油)+14MnO_4^-(aq)+20OH^-(aq)\Longrightarrow 3CO_3^{2-}(aq)+14MnO_4^{2-}(aq)+14H_2O(l)$$

静置，待反应完成后，将溶液酸化，MnO_4^{2-} 歧化为 MnO_4^- 和 MnO_2。加入过量的标准 $FeSO_4$ 溶液，所有的高价锰将被还原成 Mn^{2+}。最后再以 $KMnO_4$ 标准溶液滴定剩余的 $FeSO_4$。由两次加入的 $KMnO_4$ 的量和 $FeSO_4$ 的量即可计算出甘油的含量。

37. 高锰酸钾法

该法可测定甲醇、羟基乙酸、酒石酸、柠檬酸、苯酚、水杨酸、甲醛及葡萄糖等。

（二）重铬酸钾法

1. 概述

重铬酸钾是常用的氧化剂之一，在酸性溶液中被还原为 Cr^{3+}：

$$Cr_2O_7^{2-} + 14H^+ + 6e \Longrightarrow 2Cr^{3+} + 7H_2O \qquad \varphi^{\ominus} = 1.33V$$

由于其氧化能力比 $KMnO_4$ 低，应用不及 $KMnO_4$ 广泛。但是重铬酸钾法与高锰酸钾法相比有其独特的优点，主要是：①$K_2Cr_2O_7$ 易制成高纯度的试剂，在 150℃ 下烘干后即可作为基准物质，用直接法配制标准溶液；②$K_2Cr_2O_7$ 溶液非常稳定，只要避免蒸发，其浓度甚至可以数年不变，即使煮沸也不分解；③用 $K_2Cr_2O_7$ 作滴定剂时，不仅操作简单，而且与大多数有机物反应较慢，不会产生干扰。

重铬酸钾法有直接法和间接法之分。对一些有机试样，在硫酸溶液中，常加入过量重铬酸钾标准溶液，加热至一定温度，冷却后稀释，再用硫酸亚铁铵标准溶液返滴定。这种间接方法还可用于腐殖酸肥料中腐殖酸的分析、电镀液中有机物的测定。

重铬酸钾法常用的指示剂是二苯胺磺酸钠和邻氨基苯甲酸。使用 $K_2Cr_2O_7$ 时应注意废液处理，以免污染环境。

2. 重铬酸钾法应用示例

对于铁矿石中全铁的测定，重铬酸钾法被公认为是标准方法。关于测定的原理，前面已有叙述，这里就有关注意事项做一些说明：

（1）矿石的溶解　铁矿石可以用浓 HCl 加热溶解，由于形成 $FeCl_4^-$，能促进矿石的溶解。加热能加速矿石的分解，但不能煮沸，否则可能造成部分 $FeCl_3$ 挥发损失。矿石溶解完全后可能残留白色 SiO_2 残渣，但不妨碍测定。

（2）Fe(Ⅲ) 的还原　用 $SnCl_2$ 还原 Fe(Ⅲ) 时，应在热溶液中逐滴加入 $SnCl_2$，直到 Fe^{3+} 的黄色消失，再多加 1～2 滴即可。这里控制 $SnCl_2$ 的用量是关键，量少了还原不充分，多了则在加 $HgCl_2$ 除去过量 $SnCl_2$ 时会形成大量的 Hg_2Cl_2，甚至形成细粒状的灰黑色 Hg，它们能被 $K_2Cr_2O_7$ 氧化而产生很大的误差。

（3）过量的 $SnCl_2$ 的去除　在加 $HgCl_2$ 之前，应先将溶液冷却并用水稀释后，再加入足够量的 $HgCl_2$，以防止形成 Hg。由于这时 $HgCl_2$ 与 $SnCl_2$ 的反应速率较慢，一般应摇动 2～3min 后再滴定。但时间也不能太长，以免 Fe^{3+} 被空气中的 O_2 氧化。

（4）滴定条件　滴定前将溶液稀释到约 200mL，可使生成的 Cr^{3+} 颜色变浅，利于终点观察。在滴定前要加入 H_2SO_4-H_3PO_4 混酸，其作用有三：①保证滴定反应的酸度；②使 Fe^{3+} 生成无色的 $Fe(HPO_4)_2^-$，利于终点的观察；③降低电对 Fe^{3+}/Fe^{2+} 的电势，使二苯胺磺酸钠的变色点（$\varphi = 0.84V$）处于电势突跃范围内。

（三）碘量法

1. 概述

碘量法是氧化还原法中重要的方法之一，它是以下列反应为基础的：

$$I_3^- + 2e \Longrightarrow 3I^- \qquad \varphi^{\ominus} = 0.535V$$

为了简化和强调化学计量关系，通常将 I_3^- 简写成 I_2。I_2 是较弱的氧化剂，而 I^- 是中等强度的还原剂。因此，可以用 I_2 标准溶液滴定一些强还原剂，如 Sn(Ⅱ)、H_2S、$S_2O_3^{2-}$、As(Ⅲ)、维生素 C 等，例如：

$$I_2 + SO_2 + 2H_2O \Longrightarrow 2I^- + SO_4^{2-} + 4H^+$$

用 I_2 标准溶液直接滴定这类还原性物质，这种方法称为直接碘量法。另外，可以利用 I^- 的还原作用，与氧化剂，如 MnO_4^-、$Cr_2O_7^{2-}$、H_2O_2、Cu^{2+}、Fe^{3+} 等反应，例如：

$$2MnO_4^- + 10I^- + 16H^+ \Longrightarrow 2Mn^{2+} + 5I_2 + 8H_2O$$

定量析出的 I_2，用 $Na_2S_2O_3$ 标准溶液滴定：

$$I_2 + 2S_2O_3^{2-} === 2I^- + S_4O_6^{2-}$$

因而可间接测定氧化性物质，这种方法称为间接碘量法，在工作中的使用较普遍。

碘量法采用淀粉作指示剂。在直接碘量法（用碘滴定）中，淀粉可在滴定开始时加入。计量点时，稍过量的 I_2 溶液就能使滴定溶液出现深蓝色。在间接碘量法（碘的滴定）中，到达计量点前，溶液里都有 I_2 存在。因此，淀粉必须在接近计量点前加入（可从 I_2 的黄色变浅判断），否则在到达计量点后，仍有少量 I_2 与淀粉粒子结合，造成结果偏低，终点时蓝色消失。

淀粉-碘配合物对温度十分敏感。在 50℃ 时，颜色的强度仅及 25℃ 时的 1/10。有机溶剂也能降低碘和淀粉的亲和力，明显地降低淀粉指示剂的效力。

2. 间接碘量法

间接碘量法有两个基本反应：

（1）被测物（氧化剂）与 I^- 反应生成 I_2，该反应常常在较高的酸度下进行。

（2）用 $Na_2S_2O_3$ 滴定析出的 I_2。该反应必须在中性或微酸性条件下进行，I_2 与 $S_2O_3^{2-}$ 的计量关系为 1：2。若在强酸性条件下，$S_2O_3^{2-}$ 发生下列反应：

$$S_2O_3^{2-}(aq) + 2H^+(aq) === H_2SO_3(aq) + S(s)$$

而 H_2SO_3 与 I_2 的反应是：

$$H_2SO_3(aq) + I_2(aq) + H_2O(l) === SO_4^{2-}(aq) + 4H^+(aq) + 2I^-(aq)$$

I_2 与 SO_3^{2-} 的计量关系是 1：1，这必将引起误差。所幸的是，$S_2O_3^{2-}$ 的分解速率比它与 I_2 的反应速率慢得多。因此，只要 $Na_2S_2O_3$ 滴入速度不太快，并充分搅拌，勿使 $S_2O_3^{2-}$ 局部过浓，即使酸度高达 3～4mol/L 时，也能得到满意的结果。

滴定溶液 pH 值过高，部分 I_2 发生歧化，生成 HIO 和 IO_3^-，它们将 $S_2O_3^{2-}$ 氧化成 SO_4^{2-}。这样，I_2 与 SO_3^{2-} 的计量比变为 4：1，这也会引起误差。因此，用 $Na_2S_2O_3$ 滴定 I_2 必须控制在 pH<9 下进行。如果用 I_2 滴定 $Na_2S_2O_3$，pH 值的高限可达 11，但不能在酸中进行。

3. 直接碘量法

由于 I_2 是中等强度的氧化剂，故直接碘量法应用不及间接碘量法广泛。

由于 I_2 的强挥发性，难以准确称量，故采用间接法配制。先将一定量的 I_2 溶于少量 KI 中，待溶解后再稀释至规定体积，然后标定。基准物是 As_2O_3，它难溶于水，故用 NaOH 溶液溶解成亚砷酸盐。将试液酸化后，加入 $NaHCO_3$ 至 pH≈8，用 I_2 滴定至淀粉出现蓝色：

$$AsO_3^{3-}(aq) + I_2(aq) + H_2O(l) === AsO_4^{3-}(aq) + 2I^-(aq) + 2H^+(aq)$$

4. 应用示例

很多具有氧化性的物质都可以用间接碘量法测定。下面对铜的测定和漂白粉中的"有效氯"的测定做一些说明：

（1）铜的测定　该法基于 Cu^{2+} 与过量 KI 作用，定量析出 I_2，然后用 $Na_2S_2O_3$ 滴定。但因 CuI 表面吸附 I_2，将使结果降低。加入 KSCN 使 CuI 转化成 CuSCN，可解吸出 CuI 吸附的 I_2，从而提高测定的准确度。KSCN 应于近终点时加入，以避免 SCN^- 使 I_2 还原，造成结果偏低。

（2）漂白粉中"有效氯"的测定　漂白粉与酸作用放出的氯称为"有效氯"。它是漂白粉中氯的氧化能力的一种量度，因此常用 Cl_2 的质量分数表征漂白粉的质量。

用间接碘量法测定有效氯，是在试样的酸液中加入过量 KI，析出的 I_2 用 $Na_2S_2O_3$ 标准溶液滴定：

$$Cl_2(aq) + 2KI(aq) \Longrightarrow I_2(aq) + 2KCl(aq)$$

$$I_2(aq) + 2S_2O_3^{2-}(aq) \Longrightarrow 2I^-(aq) + S_4O_6^{2-}(aq)$$

根据 $Na_2S_2O_3$ 的量，可计算氯的质量分数。

（3）直接碘量法的应用示例　I_2 作为氧化剂，可直接用来滴定还原物质，也可加入过量的 I_2 标准溶液，待反应完成后，以 $Na_2S_2O_3$ 标准溶液滴定剩余的 I_2。例如：测定钢样中的 S 时，将试样与金属锡（作助熔剂）置于瓷坩埚中，于管式炉中加热至 1300℃，同时通入空气使 S 氧化成 SO_2，将其以水吸收后，以淀粉为指示剂，用 I_2 标准溶液滴定。为防止 SO_2 挥发，也可采用返滴定法。

$Na_2S_2O_3$ 标准溶液也采用间接法配制，标定 $Na_2S_2O_3$ 标准溶液的基准物有：KIO_3、$KBrO_3$、$K_2Cr_2O_7$、$K_3[Fe(CN)_6]$、纯铜等。这些物质在酸性溶液中与过量 KI 反应，析出的 I_2 以淀粉为指示剂，用 $Na_2S_2O_3$ 标准溶液滴定。标定时应注意：

① 基准物 $K_2Cr_2O_7$ 与 KI 反应时，溶液的酸度越大，反应速率越快。但酸度太大时，I^- 容易被空气中的 O_2 所氧化。故在开始滴定时，酸度一般以 0.8～1.0mol/L 为宜。

② $K_2Cr_2O_7$ 与 KI 的反应速率较慢，应将溶液在暗处放置一定时间（5min），待反应完全后再以 $Na_2S_2O_3$ 标准溶液滴定。KIO_3 与 KI 的反应速率快，不需要放置。

③ 在以淀粉作指示剂时，应先用 $Na_2S_2O_3$ 溶液滴定至溶液呈浅黄色（大部分 I_2 已作用），然后加入淀粉溶液，用 $Na_2S_2O_3$ 标准溶液继续滴定至蓝色恰好消失即为终点。淀粉指示剂若加入太早，则大量的 I_2 与淀粉结合成蓝色物质，这一部分碘就不容易与 $Na_2S_2O_3$ 反应，因而使滴定发生误差。

四、氧化还原滴定法结果的计算

氧化还原滴定结果的计算主要依据氧化还原反应式中的化学计量关系。

【例 3-19】　用 30.00mL $KMnO_4$ 溶液恰能氧化一定质量的 $KHC_2O_4 \cdot H_2O$，同样质量的 $KHC_2O_4 \cdot H_2O$ 又恰能被 25.20mL 0.2000mol/L KOH 溶液中和。$KMnO_4$ 溶液的浓度是多少？

解：

$KMnO_4$ 与 $KHC_2O_4 \cdot H_2O$ 反应为：

$$2MnO_4^- + 5C_2O_4^{2-} + 16H^+ \Longrightarrow 2Mn^{2+} + 10CO_2 \uparrow + 8H_2O$$

$$n(KMnO_4) = \frac{2}{5}n(KHC_2O_4 \cdot H_2O)$$

$KHC_2O_4 \cdot H_2O$ 与 KOH 的反应为：

$$HC_2O_4^- + OH^- \Longrightarrow C_2O_4^{2-} + H_2O$$

$$n(KHC_2O_4) = n(KOH)$$

因两个反应中 $KHC_2O_4 \cdot H_2O$ 质量相等，所以：

$$n(KMnO_4) = \frac{2}{5}n(KOH)$$

故

$$c(KMnO_4) = \frac{2c(KOH)V(KOH)}{5V(KMnO_4)}$$

$$= \frac{2 \times 0.2000 \times 25.20 \times 10^{-3}}{5 \times 30.00 \times 10^{-3}} = 0.06720(mol/L)$$

【例 3-20】　有一 $K_2Cr_2O_7$ 标准溶液的浓度为 $0.01683mol/L$，求其对 Fe 和 Fe_2O_3 的滴定度。称取含铁矿样 $0.2801g$，溶解后将溶液中 Fe^{3+} 还原为 Fe^{2+}，然后用上述 $K_2Cr_2O_7$ 标准溶液滴定，用去 $25.60mL$。求试样中铁的质量分数，分别以 $w(Fe)$ 和 $w(Fe_2O_3)$ 表示。

解：

$K_2Cr_2O_7$ 滴定 Fe^{2+} 的反应为：

$$Cr_2O_7^{2-} + 6Fe^{2+} + 14H^+ \rightleftharpoons 2Cr^{3+} + 6Fe^{3+} + 7H_2O$$

$$n(K_2Cr_2O_7) = \frac{1}{6}n(Fe)$$

$$T_{Fe/K_2Cr_2O_7} = \frac{m(Fe)}{V(K_2Cr_2O_7)} = \frac{6c(K_2Cr_2O_7)V(K_2Cr_2O_7)M(Fe)}{V(K_2Cr_2O_7)}$$

$$= \frac{6 \times 0.01683 \times 0.001 \times 55.85}{1} = 5.640 \times 10^{-3}(g/mL)$$

$$T_{Fe_2O_3/K_2Cr_2O_7} = \frac{3c(K_2Cr_2O_7)V(K_2Cr_2O_7)M(Fe_2O_3)}{V(K_2Cr_2O_7)}$$

$$= \frac{3 \times 0.01683 \times 0.001 \times 159.70}{1} = 8.063 \times 10^{-3}(g/mL)$$

因此

$$w(Fe) = \frac{T_{Fe/K_2Cr_2O_7}V(K_2Cr_2O_7)}{m}$$

$$= \frac{5.640 \times 10^{-3} \times 25.60}{0.2801} = 0.5155$$

$$w(Fe_2O_3) = \frac{T_{Fe_2O_3/K_2Cr_2O_7}V(K_2Cr_2O_7)}{m}$$

$$= \frac{8.063 \times 10^{-3} \times 25.60}{0.2801} = 0.7369$$

💡 习　题

一、填空题

1. 电对的电极电位越高，其氧化型的_____能力越强；电对的电极电位越低，其还原型的

_____能力越强。

2. 氧化型和还原型浓度分别为_____时，其电极电位称为_____。

3. 氧化还原滴定法可分为_____、_____和碘量法等。

4. 氧化还原滴定法采用的指示剂可分为氧化还原型指示剂、_____和_____三类。

5. 直接碘量法是用_____作标准溶液，间接碘量法是用_____作标准溶液。

6. 重铬酸钾滴定法是以_____作标准溶液进行滴定的氧化还原法。其标准溶液用_____法配。

7. 向 20.00mL 0.1000mol/L 的 Ce^{4+} 溶液中分别加入 15.00mL 及 25.00mL 0.1000mol/L 的 Fe^{2+} 溶液，平衡时，体系的电位分别为_____及_____（已知：$E_{Ce^{4+}/Ce^{3+}}=1.44V$，$E_{Fe^{3+}/Fe^{2+}}=0.68V$）。

8. 氧化还原法测定 KBr 纯度时，先将 Br^- 氧化为 BrO_3^-，除去过量氧化剂后，加入过量 KI，以 $Na_2S_2O_3$ 标准溶液滴定析出的 I_2，则 Br^- 与 $S_2O_3^{2-}$ 的摩尔比 $n_{Br^-} : n_{S_2O_3^{2-}}$ 为_____。

9. 取同体积的 KIO_3-HIO_3 溶液两份，其中一份直接用 0.1000mol/L NaOH 溶液滴定，消耗体积为 $V(mL)$，另一份溶液酸化后，加入过量 KI 溶液，以 $Na_2S_2O_3$ 溶液滴定，消耗体积为 $2V$ (mL)，$Na_2S_2O_3$ 溶液浓度为_____mol/L。

二、选择题

1. 当两电对的电子转移数均为 2 时，为使反应完全度达到 99.9%，两电对的条件电位差至少应大于（　　）。

A. 0.09V　　　　　B. 0.18V　　　　　C. 0.27V　　　　　D. 0.36V

2. 溴酸钾法测定苯酚的反应为：

$$BrO_3^- + 5Br^- + 6H^+ \longrightarrow 3Br_2 + 3H_2O$$

$$Br_2 + 2I^- \longrightarrow 2Br^- + I_2$$

$$I_2 + 2S_2O_3^{2-} \longrightarrow 2I^- + S_4O_6^{2-}$$

在此测定中，$Na_2S_2O_3$ 与苯酚的摩尔比为（　　）。

A. 6∶1　　　　　B. 4∶1　　　　　C. 3∶1　　　　　D. 2∶1

3. MnO_4^-/Mn^{2+} 电对的条件电位与 pH 值的关系是（　　）。

A. $\varphi^{\ominus\prime}=\varphi^{\ominus}-0.047pH$　　　　　　B. $\varphi^{\ominus\prime}=\varphi^{\ominus}-0.094pH$

C. $\varphi^{\ominus\prime}=\varphi^{\ominus}-0.12pH$　　　　　　D. $\varphi^{\ominus\prime}=\varphi^{\ominus}-0.47pH$

4. 下列说法正确的是（　　）。

A. MnO_2 能使 $KMnO_4$ 溶液保持稳定

B. Mn^{2+} 能催化 $KMnO_4$ 溶液的分解

C. 用 $KMnO_4$ 溶液滴定 Fe^{2+} 时，最适宜在盐酸介质中进行；用 $KMnO_4$ 溶液滴定 $H_2C_2O_4$ 时，不能加热，否则草酸会分解

D. 滴定时 $KMnO_4$ 溶液应当装在碱式滴定管中

5. 用重铬酸钾法测定 COD 时，反应应在（　　）条件下进行。

A. 酸性条件下，<100℃，回流 2h　　　B. 中性条件下，沸腾回流 30min

C. 强酸性条件下，300℃，沸腾回流 2h　　D. 强碱性条件下，300℃，2h

6. 二苯胺磺酸钠常用于（　　）中的指示剂。

A. 高锰酸钾法　　　B. 碘量法　　　C. 重铬酸钾法　　　D. 中和滴定法

7. 在酸性溶液中，用 $KMnO_4$ 标准溶液滴定草酸盐反应的催化剂是（　　）。

A. $KMnO_4$　　　B. Mn^{2+}　　　C. MnO_2　　　D. $C_2O_4^{2-}$

8. 用 $K_2Cr_2O_7$ 作基准物，标定 $Na_2S_2O_3$ 溶液时，用 $Na_2S_2O_3$ 溶液滴定前，最好用水稀释，其目的是（　　）。

A. 只是为了降低酸度，减少 I^- 被空气氧化

B. 只是为了降低 Cr^{3+} 浓度，便于终点观察

C. 为了 $K_2Cr_2O_7$ 与 I^- 的反应定量完成

D. 一是降低酸度，减少 I^- 被空气氧化；二是为了降低 Cr^{3+} 浓度，便于终点观察

9. 将金属锌插入到 0.1mol/L 硝酸锌溶液中和将金属锌插入到 1.0mol/L 硝酸锌溶液中所组成的电池应记为（　　）。

A. $Zn|ZnNO_3\,ZnNO_3|ZnNO_3$

B. $Zn|ZnNO_3\,ZnNO_3|Zn$

C. $Zn|ZnNO_3(0.1mol/L)\parallel ZnNO_3(1.0mol/L)|Zn$

D. $Zn|ZnNO_3(1.0mol/L)\parallel ZnNO_3(0.1mol/L)|Zn$

10. 某铁矿石中含有 40% 左右的铁，要求测定的相对误差为 0.2%，可选用下列（　　）的测定方法。

A. 邻菲罗啉比色法　　　　　　　B. 重铬酸钾滴定法

C. EDTA 络合滴定法　　　　　　D. 高锰酸钾滴定法

11. 反应式 $2KMnO_4+3H_2SO_4+5H_2O_2 =\!=\!= K_2SO_4+2MnSO_4+5O_2\uparrow+8H_2O$ 中，氧化剂是（　　）。

A. H_2O_2　　　B. H_2SO_4　　　C. $KMnO_4$　　　D. $MnSO_4$

三、判断题

1. 重铬酸钾法的优点是 $K_2Cr_2O_7$ 易提纯，可作为基准物直接配制，并且标准溶液稳定，易保存。（　　）

2. 提高反应溶液的温度，能提高氧化还原反应的速率，因此在酸性溶液中用 $KMnO_4$ 滴定 $H_2C_2O_4$ 时，必须加热至沸腾，才能保证正常滴定。（　　）

3. $Na_2S_2O_3$ 标准溶液可以直接配制。因为结晶的 $Na_2S_2O_3\cdot5H_2O$ 容易风化，并含有少量杂质，只能采用标定法。（　　）

4. 标定 I_2 溶液时，既可以用 $Na_2S_2O_3$ 滴定 I_2 溶液，也可以用 I_2 滴定 $Na_2S_2O_3$ 溶液，且都采用淀粉指示剂。这两种情况下，加入淀粉指示剂的时间是相同的。（　　）

5. 若某溶液中有 Fe^{2+}、Cl^- 和 I^- 共存，要氧化除去 I^- 而不影响 Fe^{2+} 和 Cl^-，可加入的试剂是 $FeCl_3$。（　　）

四、简答题

1. 应用于氧化还原滴定法的反应具备什么条件？

2. 怎样分别滴定混合液中的 Cr^{3+} 及 Fe^{3+}？

五、计算题

1. 将 0.1963g 分析纯 $K_2Cr_2O_7$ 试剂溶于水，酸化后加入过量 KI，析出的 I_2 需用 33.61mL $Na_2S_2O_3$ 溶液滴定。计算 $Na_2S_2O_3$ 溶液的浓度。

2. 称取含有 Na_2HAsO_3 和 As_2O_5 及惰性物质的试样 0.2500g，溶解后在 $NaHCO_3$ 存在下用 0.05150mol/L I_2 标准溶液滴定，用去 15.80mL。再酸化并加入过量 KI，析出的 I_2 用 0.1300mol/L $Na_2S_2O_3$ 标准溶液滴定，用去 20.70mL。计算试样中 Na_2HAsO_3 的质量分数。

3. 现有不纯的 KI 试样 0.3504g，在 H_2SO_4 溶液中加入纯 K_2CrO_4 0.1940g 与之反应，煮沸

逐出生成的 I_2。放冷后又加入过量 KI，使之与剩余的 K_2CrO_4 作用，析出的 I_2 用 0.1020mol/L $Na_2S_2O_3$ 标准溶液滴定，用去 10.23mL。问试样中 KI 的质量分数是多少？

任务四　碘量法测定铜含量

一、目的要求

1. 了解间接碘量法测定铜的原理。
2. 掌握 $Na_2S_2O_3$ 溶液的配制及标定方法。
3. 学习铜合金试样的分解方法。

二、测定原理

在弱酸性溶液中（pH＝3～4），Cu^{2+} 与过量的 KI 作用，生成 CuI 沉淀和 I_2，析出的 I_2 可以淀粉为指示剂，用 $Na_2S_2O_3$ 标准溶液滴定。有关反应如下：

$$2Cu^{2+} + 4I^- \Longrightarrow 2CuI \downarrow + I_2$$

或

$$2Cu^{2+} + 5I^- \Longrightarrow 2CuI \downarrow + I_3^-$$

$$I_2 + 2S_2O_3^{2-} \Longrightarrow 2I^- + S_4O_6^{2-}$$

Cu^{2+} 与 I^- 之间的反应是可逆的，任何引起 Cu^{2+} 浓度减小（如形成配合物等）或引起 CuI 溶解度增大的因素均使反应不完全，加入过量 KI，可使 Cu^{2+} 的还原趋于完全。但是，CuI 沉淀强烈吸附 I_3^-，又会使结果偏低。通常的办法是在近终点时加入硫氰酸盐，将 CuI（$K_{sp}=1.1×10^{-12}$）转化为溶解度更小的 CuSCN 沉淀（$K_{sp}=4.8×10^{-15}$）。在沉淀的转化过程中，吸附的碘被释放出来，从而被 $Na_2S_2O_3$ 溶液滴定，使分析结果的准确度得到提高。硫氰酸盐应在接近终点时加入，否则 SCN^- 会还原大量存在的 I_2，致使测定结果偏低。溶液的 pH 值应控制在 3.0～4.0 之间。酸度过低，Cu^{2+} 易水解，反应不完全，使结果偏低，而且反应速率慢，终点拖长；酸度过高，则 I^- 被空气中的氧氧化为 I_2（Cu^{2+} 催化此反应），使结果偏高。

Fe^{3+} 能氧化 I^-，对测定有干扰，可加入 NH_4HF_2 掩蔽。NH_4HF_2（即 $NH_4F \cdot HF$）溶液是一种很好的缓冲溶液，因 HF 的 $K_a=6.6×10^{-4}$，故能使溶液的 pH 值保持在 3.0～4.0 之间。

三、主要试剂

1. 0.01mol/L 重铬酸钾标准溶液：用差减法准确称取干燥的（180℃烘 2h）分析纯 $K_2Cr_2O_7$ 固体 0.7～0.8g 于 100mL 烧杯中，加 50mL 水使其溶解，定量转入 250mL 容量瓶中，用水稀释至刻度，摇匀。

2. 0.05mol/L 硫代硫酸钠溶液：在托盘天平上称取 6.5g 硫代硫酸钠溶液，溶于 500mL 新煮沸并放冷的蒸馏水中，加入 0.5g Na_2CO_3，转移到 500mL 试剂瓶中，摇匀后备用。

3. Na_2SO_4：30％水溶液。

4. 碘化钾：AR。

5. 硫氰酸钾溶液：20％。

6. 淀粉溶液：0.5%。称取 0.5g 可溶性淀粉，用少量水调成糊状，慢慢加入沸腾的 100mL 蒸馏水中，继续煮沸至溶液透明为止。

7. 盐酸：3mol/L。

8. 硝酸：1∶3。

9. 氢氧化铵溶液：1∶1。

10. 乙酸：6mol/L。

11. HAc-NaAc 缓冲溶液：pH 3.5。

12. 尿素：AR。

四、操作步骤

1. 硫代硫酸钠溶液的标定

用移液管移取 25.00mL $K_2Cr_2O_7$ 溶液置于 250mL 锥形瓶中，加入 3mol/L HCl 5mL，1g 碘化钾，摇匀后放置暗处 5min。待反应完全后，用蒸馏水稀释至 50mL。用硫代硫酸钠溶液滴定至草绿色，加入 2mL 淀粉溶液，继续滴定至溶液自蓝色变为浅绿色即为终点，平行标定三份，计算 $Na_2S_2O_3$ 溶液的量浓度。

2. 试液中铜的测定

准确吸取 25.00mL 试液三份，分别置于 250mL 锥形瓶中，加入 NaAc-HAc 缓冲溶液 5mL 及 1g 碘化钾，摇匀。立即用 $Na_2S_2O_3$ 溶液滴定至浅黄色，加入 20% KSCN 溶液 3mL，再滴定至黄色几乎消失，加入 0.5% 淀粉溶液 3mL，继续滴定至溶液蓝色刚刚消失即为终点。由消耗的 $Na_2S_2O_3$ 溶液的体积，计算试液中铜的含量。

3. 铜合金中铜的测定

准确称取三份 0.12g 左右的铜合金，分别置于 250mL 锥形瓶中，加入 1∶3 HNO_3[1] 5mL，在通风橱中小火加热，至不再有棕色烟产生，继续慢慢加热至合金完全溶解。趁热加入 1g 尿素[2] 蒸发至溶液约有 2mL 体积，取下，稍冷用少量水吹洗瓶壁，加入 30% Na_2SO_4[3] 10mL、蒸馏水 15mL，继续加热煮沸使可溶盐溶解，趁热滴加 1∶1 氨水至刚有白色沉淀出现，再滴加 HAc，边滴边摇至沉淀完全溶解，加入 pH=3.5 的 HAc-NaAc 缓冲溶液[4] 5mL，冷却至室温，加入 1g 碘化钾，摇匀，立即用 $Na_2S_2O_3$ 溶液滴至浅黄色，加入 20% KSCN 溶液 3mL，滴至溶液黄色稍微变浅，加入 0.5% 淀粉溶液 3mL，继续滴至蓝色消失为终点。由消耗滴定剂 $Na_2S_2O_3$ 溶液的体积计算铜合金中铜的含量。

假如试样中含有铁，铁（三价）也可与碘化钾作用析出碘使结果偏高：

$$2Fe^{3+}+2I^- \rule[0.5ex]{2em}{0.4pt} 2Fe^{2+}+I_2$$

加入氟氢化铵 NH_4HF_2，使铁生成不与碘化钾作用的 $[FeF_6]^{3-}$，以消除干扰。氟氢化铵还可以作为缓冲剂，调节 pH 值为 3.3～4。

注：

[1] 如试样中含有锡，则用 1∶1 盐酸和 30% 的 H_2O_2 溶液。

[2] 用 HNO_3 溶液，可用尿素或 H_2SO_4（冒白烟）赶净 HNO_3。

[3] 加入 Na_2SO_4 的目的主要是使铅以 $PbSO_4$ 沉淀存在，消除铅对测定的干扰，使终点颜色较清楚，不含铅时无须加入 Na_2SO_4。

[4] 假如合金或铜矿中含有砷、锑，应预先将砷、锑氧化为砷（V）、锑（V），调节溶液的 pH 值为 3.5～5 滴定，则可消除干扰。

38. 碘量法测
定铜含量原理

五、数据记录与处理

硫代硫酸钠溶液的标定记录单见表 3-6，待测样中铜含量的测定记录单见表 3-7。

表 3-6 硫代硫酸钠溶液的标定记录单

测定次数 项目	1	2	3	备用
滴定管初读数/mL				
滴定管终读数/mL				
滴定消耗硫代硫酸钠体积/mL				
c/(mol/L)				
$\bar{c}$/(mol/L)				
相对极差/%				

表 3-7 待测样中铜含量的测定记录单

测定次数 项目	1	2	3	备用
铜合金质量/g				
滴定管初读数/mL				
滴定管终读数/mL				
滴定消耗硫代硫酸钠体积/mL				
实际消耗硫代硫酸钠体积/mL				
c(铜溶液)/(mol/L)				
$\bar{c}$(铜溶液)/(mol/L)				
合金中铜含量/%				
相对极差/%				

六、操作注意事项

1. 试样溶解完全后，应尽量赶走多余的 HNO_3，但不能出现黑色 CuO 沉淀。

2. 尿素加入后，出现深蓝色后不能再滴加氨水，直接用 HAc 调至 Cu^{2+} 的纯蓝色。

3. 淀粉溶液必须在接近终点时加入，否则会吸附 I_2 分子，影响测定。但是试样中 Pb 存在影响终点观察，要在加入 KSCN 后滴定到黄色稍浅一点，就加入指示剂。否则，淀粉加进去后没有蓝色出现，已过终点。

七、思考题

1. 硫代硫酸钠能否作基准物质？如何配制 $Na_2S_2O_3$ 溶液？能否先将硫代硫酸钠溶于水再煮沸？为什么？

2. 用 $K_2Cr_2O_7$ 标定 $Na_2S_2O_3$ 时为什么加入碘化钾？为什么在暗处放 5min？滴定时为何要稀释？

3. 碘量法测铜时为何 pH 值必须维持在 3～4 之间，过低或过高有什么影响？

任务五 配位化合物的识用

任务引领

在硫酸铜溶液中加入氨水，开始时有蓝色 $Cu_2(OH)_2SO_4$ 沉淀生成，当继续加氨水至过量时，蓝色沉淀溶解变成深蓝色溶液。为什么会出现这样的现象呢？

任务准备

1. 什么叫配位化合物？其分子由哪几组成？
2. 配位化合物对中心离子及配位原子有什么要求？
3. 配体数及配位离子的电荷如何确定？
4. 配位化合物的命名规则是什么？

 相关知识

配位化合物（coordination compound）简称配合物，是组成复杂、应用广泛的一类化合物。早期也称为络合物，为由中心原子（或离子，统称中心原子）和围绕它的分子或离子（称为配位体/配体）完全或部分通过配位键结合而形成的化合物。化学家们发现，自然界中绝大多数无机化合物都是以配位化合物（简称配合物）的形式存在的。历史上最早有记载的配合物是 1704 年德国人 Diesbach 合成并作为染料和颜料使用的普鲁士蓝，其化学式为 $KFe[Fe(CN)_6]$。但通常认为配合物的研究始于 1789 年法国化学家塔萨厄尔（B. M. Tassert）对分子加合物 $CoCl_3 \cdot NH_3$ 的发现。19 世纪后陆续发现了更多的配合物，瑞典化学家 Werner 提出了配位理论，才对配合物的结构和某些性质给予了满意的解释，从而奠定了配位化合物的基础。

20 世纪以来，由于结构化学的发展和各种物理化学方法的采用，使配位化学成为化学科学中一个十分活跃的研究领域，并已逐渐渗透到有机化学、分析化学、物理化学、量子化学、生物化学等许多学科中，对近代科学的发展起了很大的作用。

一、配合物的定义

在硫酸铜溶液中加入氨水，开始时有蓝色 $Cu_2(OH)_2SO_4$ 沉淀生成，当继续加氨水至过量时，蓝色沉淀溶解变成深蓝色溶液。此时在溶液中，除 SO_4^{2-} 和 $[Cu(NH_3)_4]^{2+}$ 外，几乎检查不出 Cu^{2+} 的存在。

通常把由一个简单正离子（或原子）和一定数目的阴离子（或中性分子）以配位键相结合形成的复杂离子（或分子）称为配位单元，含有配位单元的复杂化合物称为配合物。这些化合物与简单的化合物区别在于分子中含有配位单元。$[Cu(NH_3)_4]^{2+}$、$[Ag(NH_3)_2]^+$ 等因为带正电荷，称为配位阳离子，$[Fe(CN)_6]^{4-}$、$[PtCl_6]^{2-}$ 等因为带负电荷，称为配位阴离子。此外，还有一些中性的配位分子，如 $[Ni(CO)_4]$、$[Fe(CO)_5]$ 等。

二、配合物的组成

由配离子形成的配位化合物，由内界和外界两部分组成。内界为配位化合物的特征部分，由中心离子和配体结合而成（用方括号标出），不在内界的其他离子构成外界。内界与外界之间以离子键结合，所带电荷的总量相等，符号相反。现以 $[Cu(NH_3)_4]SO_4$ 和 $K_4[Fe(CN)_6]$ 为例，说明配合物的组成（图 3-8）。

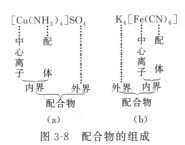

图 3-8　配合物的组成

1. 中心离子或原子

在配合物的内界中，总是由中心离子（或原子）和配体两部分组成。中心离子（central ion）在配离子的中心，例

如 $[Cu(NH_3)_4]^{2+}$ 中的 Cu^{2+}。常见的是一些过渡金属，如铁、钴、镍、铜、银、金、铂等金属元素的离子。高氧化数的非金属元素，如硼、硅、磷等和高氧化数的主族金属离子，如 $[AlF_6]^{3-}$ 中的 Al^{3+} 等也能作为中心离子。也有不带电荷的中性原子作中心原子，如 $[Ni(CO)_4]$、$[Fe(CO)_5]$ 中的 Ni、Fe 都是中性原子。

2. 配体和配位原子

能提供孤对电子，并与中心原子形成配位键的原子称为配位原子。常见配位原子多为：C、O、S、N、F、Cl、Br、I 等。含有配位原子的中性分子或阴离子称为配体。配体分为两大类：含有单个配位原子的配体为单齿配体；含有两个或两个以上配位原子的配体为多齿配体。多齿配体与中心原子形成的配合物也称为螯合物（chelate）。常见的配体列于表 3-8。

表 3-8　常见的配体

单齿配体	多齿配体
F^-、Cl^-、Br^-、I^-、NH_3、H_2O、CO（羰基）、CN^-（氰根）、SCN^-（硫氰酸根）、NCS^-（异硫氰酸根）、NO_2^-（硝基）、ONO^-（亚硝酸根）、$S_2O_3^{2-}$（硫代硫酸根）、C_5H_5N（吡啶）	$H_2NCH_2CH_2NH_2$（乙二胺）、$^-OOC—COO^-$（草酸根）、$H_2NCH_2COO^-$（甘氨酸根）、EDTA[乙二胺四乙酸，(HOOCH_2C)_2NCH_2CH_2N(CH_2COOH)_2]

3. 配位数

与中心离子（或原子）直接以配位键相结合的配位原子的总数叫作该中心离子（或原子）的配位数（coordination number）。例如：在 $[Ag(NH_3)_2]^+$ 中，中心离子 Ag^+ 的配位数为 2；在 $[Cu(NH_3)_4]^{2+}$ 中，中心离子 Cu^{2+} 的配位数为 4；在 $[Fe(CO)_5]$ 中，中心原子 Fe 的配位数为 5；在 $[Fe(CN)_6]^{4-}$ 和 $[CoCl_3(NH_3)_3]$ 中，中心离子 Fe^{2+} 和 Co^{3+} 的配位数皆为 6。

多齿配体的数目不等于中心离子的配位数。$[Pt(en)_2]^{2+}$ 中的 en 是双齿配体，因此 Pt^{2+} 的配位数不是 2 而是 4。

目前在配合物中，中心离子的配位数可以为 1～12，其中最常见的为 6 和 4。

中心离子配位数的大小，与中心离子和配体的性质（它们的电荷、半径、中心离子的电子层构型等）以及形成配合物时的外界条件（如浓度、温度等）有关。

增大配体的浓度或降低反应的温度，都将有利于形成高配位数的配合物。

4. 配离子的电荷

配离子的电荷等于中心离子电荷与配体总电荷的代数和，例如：$[Ag(NH_3)_2]^+$ 配离子电荷数为 +1，因为 NH_3 是电中性的。由于配合物必须是中性的，因此也可以从外界离子的电荷来确定配离子的电荷。如 $[Co(en)_3]Cl_3$ 中，外界有 3 个 Cl^-，所以配离子的电荷一定是 +3。

39. 配合物
　　的组成

三、配位化合物的命名

配合物的命名与一般无机化合物的命名相同，称为某化某、某酸某和某某酸等。由于配离子的组成较复杂，有其特定的命名原则。

下面通过实例来说明配合物的命名原则：

1. 配离子为阳离子的配合物

命名次序为：外界阴离子—配体—中心离子。外界阴离子和配体之间用"化"字连接，在配体和中心离子之间加"合"字，配体的数目用一、二、三、四等数字表示，中心离子的氧化数用罗马数字写在中心离子的后面，并加括弧。例如：

$[Ag(NH_3)_2]Cl$ 氯化二氨合银（Ⅰ）

$[Cu(NH_3)_4]SO_4$ 硫酸四氨合铜（Ⅱ）

$[Co(NH_3)_6](NO_3)_3$ 硝酸六氨合钴（Ⅲ）

2. 配离子为阴离子的配合物

命名次序为：配体—中心离子—外界阳离子。在中心离子和外界阳离子之间加"酸"字。例如：

$K_2[PtCl_6]$ 六氯合铂（Ⅳ）酸钾

$K_4[Fe(CN)_6]$ 六氰合铁（Ⅱ）酸钾

3. 有多种配体的配合物

如果含有多种配体，不同的配体之间要用"·"隔开。其命名顺序为：阴离子—中性分子。配体若都是阴离子时，则按简单—复杂—有机酸根离子的顺序。配体若都是中性分子时，则按配位原子元素符号的拉丁字母顺序排列。

40. 配位化合物的命名

$[CoCl_2(NH_3)_4]Cl$ 氯化二氯·四氨合钴（Ⅲ）

$[PtCl_3(NH_3)]^-$ 三氯·一氨合铂（Ⅱ）离子

4. 没有外界的配合物

命名方法与前面的相同，例如：

$[Ni(CO)_4]$ 四羰基合镍

$[CoCl_3(NH_3)_3]$ 三氯·三氨合钴（Ⅲ）

四、配合物的分类

配合物的范围极其广泛，根据其结构特征可将配合物分为以下几种类型：

1. 简单配合物

由单齿配体与中心原子直接配位形成的配合物叫作简单配合物。在简单配合物的分子或离子中，只有一个中心原子，且每个配体只有一个配位原子与中心原子结合，如 $[Ag(SCN)_2]^-$、$[Fe(CN)_6]^{4-}$、$[Cu(NH_3)_4]^{2+}$、$[PtCl_6]^{2-}$ 等。

2. 螯合物

当含有两个配位原子的配体与同一个金属离子生成两个配位键时，那两个配位原子就像螃蟹的双钳，紧紧抓住金属离子。这种由中心原子与多齿配体形成的环状配合物称为螯合物。例如，Cu^{2+} 与乙二胺（$H_2N—CH_2—CH_2—NH_2$）形成螯合物：

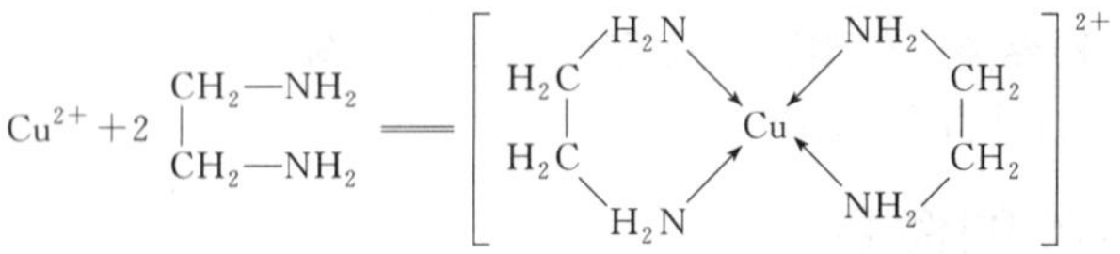

$$Cu^{2+}+2\ \begin{matrix} CH_2—NH_2 \\ | \\ CH_2—NH_2 \end{matrix} = \left[\begin{matrix} H_2C & H_2N & NH_2 & CH_2 \\ & \diagdown Cu \diagup & \\ H_2C & H_2N & NH_2 & CH_2 \end{matrix} \right]^{2+}$$

螯合剂的特点是：螯合剂中必须含有两个或两个以上能给出孤对电子的配位原子，这些配位原子的位置必须适当，相互之间一般间隔两个或三个其他原子，以形成稳定的五原子环或六原子环。

乙二胺四乙酸和它的二钠盐是最典型的螯合剂，可简写为 EDTA，分子式为：

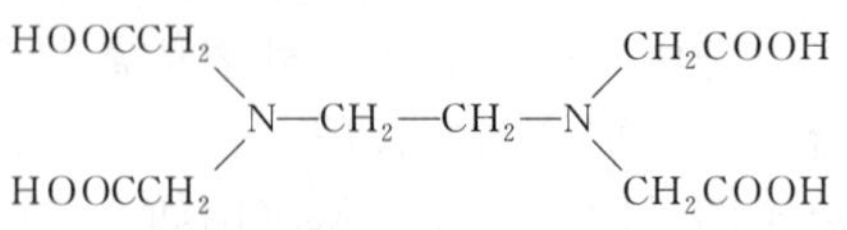

$$\begin{matrix} HOOCCH_2 & & & CH_2COOH \\ & N—CH_2—CH_2—N & \\ HOOCCH_2 & & & CH_2COOH \end{matrix}$$

分子中含有两个氨基氮和四个羧基氧，共六个配位原子，可以和很多金属离子形成十分稳定的螯合物。

3. 多核配合物

分子中含有两个或两个以上中心原子（离子）的配合物称为多核配合物。多核配合物是由配体中的一个配位原子同时与两个中心原子（离子）以配位键结合形成的。

4. 羰基配合物

以一氧化碳为配体的配合物称为羰基配合物（简称羰合物）。一氧化碳几乎可以和全部过渡金属形成稳定的配合物，如 $Fe(CO)_5$、$Ni(CO)_4$、$Co_2(CO)_8$、$Mn_2(CO)_{10}$ 等，一般是中性分子，也有少数是配离子，如 $[Co(CO)_4]^-$、$[Mn(CO)_6]^+$、$[V(CO)_6]^-$ 等。其中，金属元素处于低氧化值（包括零氧化值）。

习　题

命名下列配合物，并指出中心离子、配位体、配位原子和中心离子的配位数。

(1) $[CoCl_2(H_2O)_4]Cl$；　(2) $[PtCl_4(en)]$；　(3) $[NiCl_2(NH_3)_2]$；　(4) $K_2[Co(SCN)_4]$；
(5) $Na_2[SiF_6]$；　(6) $[Cr(H_2O)_2(NH_3)_4]_2(SO_4)_3$；　(7) $K_3[Fe(C_2O_4)_3]$；　(8) $(NH_4)_3[SbCl_6]\cdot 2H_2O$。

任务六　配位化合物稳定性及应用

 **任务引领**

有一含有 $0.10mol/L$ 自由 NH_3、$0.01mol/L$ NH_4Cl 和 $0.15mol/L$ $[Cu(NH_3)_4]^{2+}$ 溶液，问溶液中有无 $Cu(OH)_2$ 沉淀生成？氧化还原反应中，如加入与氧化性物质形成配合物的溶液，其电极电位如何变化？

 **任务准备**

1. 配位化合物溶液中，配合物解离形成配位平衡，其离子浓度如何确定？

2. 配位数相同的配离子的稳定性，与 $K_{稳}^{\ominus}$ 或 $K_{不稳}^{\ominus}$ 的关系如何？配位数不同的配离子的稳定性能直接用 $K_{稳}^{\ominus}$ 或 $K_{不稳}^{\ominus}$ 的大小来比较吗？

3. 氧化还原反应中，配位平衡是如何影响氧化还原反应电对的电极的？

4. 配位平衡与沉淀溶解平衡之间是如何转化的？

相关知识

一、配位平衡

在水溶液中，含有配离子的可溶性配合物在水溶液中的解离是分步进行的，最后达到某种平衡状态。配离子的解离反应的逆反应是配离子的形成反应，其形成反应也是分步进行的，最后也达到了某种平衡状态，这就是配位平衡。

1. 稳定常数和不稳定常数

将氨水加到 $CuSO_4$ 溶液中生成深蓝色的 $[Cu(NH_3)_4]^{2+}$，这类反应称为配位反应。若

在 $[Cu(NH_3)_4]^{2+}$ 溶液中再加入 Na_2S 溶液，便有黑色的 CuS 沉淀生成，证明 $[Cu(NH_3)_4]^{2+}$ 溶液中还有少量 Cu^{2+} 存在。这说明 Cu^{2+} 和 NH_3 配位反应的同时还存在着 $[Cu(NH_3)_4]^{2+}$ 的解离反应。这两种反应最终会建立平衡：

$$Cu^{2+} + 4NH_3 \rightleftharpoons [Cu(NH_3)_4]^{2+}$$

这种平衡称为配离子的配位平衡（coordination equilibrium）。根据化学平衡的原理，其平衡常数表达式为：

$$K_f^{\ominus} = K_{稳}^{\ominus} = \frac{c([Cu(NH_3)_4]^{2+})}{c(Cu^{2+})c^4(NH_3)}$$

式中，$K_f^{\ominus}$、$K_{稳}^{\ominus}$ 为配合物的稳定常数（stability constant）。$K_{稳}^{\ominus}$ 值越大，配离子越稳定，因此，配离子的稳定常数是配离子的一种特征常数。

上述平衡反应若是向左进行，则配离子 $[Cu(NH_3)_4]^{2+}$ 在水中的解离平衡为：

$$[Cu(NH_3)_4]^{2+} \rightleftharpoons Cu^{2+} + 4NH_3$$

其平衡常数表达式为：

$$K_b^{\ominus} = K_{不稳}^{\ominus} = \frac{c(Cu^{2+})c^4(NH_3)}{c([Cu(NH_3)_4]^{2+})}$$

式中，$K_b^{\ominus}$、$K_{不稳}^{\ominus}$ 为配合物的不稳定常数（instability constant）或解离常数。$K_{不稳}^{\ominus}$ 值越大，表示配离子在水中的解离程度越大，即越不稳定。很明显，同一配离子，$K_{稳}^{\ominus}$ 与 $K_{不稳}^{\ominus}$ 具有倒数关系：

$$K_{稳}^{\ominus} = \frac{1}{K_{不稳}^{\ominus}} \tag{3-5}$$

2. 逐级稳定常数和累积稳定常数

实际上，配离子在水溶液中的配合（或解离）过程都是分步进行的，每一步都有对应的稳定常数，称逐级稳定常数或分步稳定常数。以上 $K_{稳}^{\ominus}$ 表达式表示的是总稳定常数或累积稳定常数，等于逐级稳定常数的乘积。以 $[Cu(NH_3)_4]^{2+}$ 的生成过程为例：

第一级逐级稳定常数为：

$$Cu^{2+} + NH_3 \rightleftharpoons [Cu(NH_3)]^{2+}$$

$$K_{稳,1}^{\ominus} = \frac{c([Cu(NH_3)]^{2+})}{c(Cu^{2+})c(NH_3)}$$

以此类推可得到 $K_{稳,2}^{\ominus}$、$K_{稳,3}^{\ominus}$、$K_{稳,4}^{\ominus}$。显然各级逐级常数相乘等于总反应 $Cu^{2+} + 4NH_3 \rightleftharpoons [Cu(NH_3)_4]^{2+}$ 的稳定常数：

$$K_{稳,1}^{\ominus} K_{稳,2}^{\ominus} K_{稳,3}^{\ominus} K_{稳,4}^{\ominus} = \frac{c([Cu(NH_3)_4]^{2+})}{c(Cu^{2+})c^4(NH_3)} = K_{稳}^{\ominus}$$

推广到 ML_n 配离子，其逐级稳定常数与总稳定常数之间的关系也是如此。

将各逐级稳定常数的乘积称为各级累积稳定常数（cumulative stability constant），用 β_n 表示。

$$\beta_1^{\ominus} = K_1^{\ominus} = \frac{c(\text{ML})}{c(\text{M})c(\text{L})}$$

$$\beta_2^{\ominus} = K_1^{\ominus} K_2^{\ominus} = \frac{c(\text{ML}_2)}{c(\text{M})c^2(\text{L})}$$

$$\beta_n^{\ominus} = K_1^{\ominus} K_2^{\ominus} \cdots K_n^{\ominus} = \frac{c(\text{ML}_n)}{c(\text{M})c^n(\text{L})} \tag{3-6}$$

可见，最后一级累积稳定常数 β_n 就是配合物的总稳定常数。利用配合物的稳定常数，可进行配位平衡中有关离子的浓度计算。

一般配离子的逐级稳定常数彼此相差不大，因此在计算离子浓度时必须考虑各级配离子的存在。但在实际工作中，一般总是加入过量的配位剂，这时金属离子将绝大部分处在最高配位数的状态，其他较低级的配离子可忽略不计。此时若只求简单金属离子的浓度，只需按总的 $K_{\text{不稳}}^{\ominus}$ （或 $K_{\text{稳}}^{\ominus}$）进行计算，这样可使计算大为简化。

二、配离子稳定常数的应用

配离子 $\text{ML}_x^{(n-x)+}$、金属离子 M^{n+} 及配体 L^- 在水溶液中存在下列平衡：

$$\text{M}^{n+} + x\text{L}^- \Longrightarrow \text{ML}_x^{(n-x)+}$$

如果向溶液中加入某种试剂（包括酸、碱、沉淀剂、氧化还原剂或其他配位剂），由于这些试剂与 M^{n+} 或 L^- 可能发生各种化学反应，必将导致上述配位平衡发生移动，其结果是原溶液中各组分的浓度发生变动。利用配离子的稳定常数 $K_{\text{稳}}^{\ominus}$，可以计算配合物溶液中有关离子的浓度，判断配位平衡与沉淀溶解平衡之间、配位平衡与配位平衡之间转化的可能性，计算有关氧化还原电对的电极电势。

1. 计算配合物溶液中有关离子的浓度

【例 3-21】　计算溶液中与 1.0×10^{-3} mol/L $[\text{Cu(NH}_3)_4]^{2+}$ 溶液和 1.0 mol/L NH_3 处于平衡状态时游离 Cu^{2+} 的浓度。已知 $K_{\text{f}}^{\ominus}([\text{Cu(NH}_3)_4]^{2+}) = 2.09 \times 10^{13}$。

解：

设平衡时 $[\text{Cu}]^{2+} = x$ mol/L，溶液中存在下列平衡：

$$\text{Cu}^{2+} + 4\text{NH}_3 \Longrightarrow [\text{Cu(NH}_3)_4]^{2+}$$

平衡浓度/（mol/L）　　　x　　　1.0　　　　1.0×10^{-3}

$$K_{\text{f}}^{\ominus} = \frac{c_{\text{eq}}([\text{Cu(NH}_3)_4]^{2+})/c^{\ominus}}{[c_{\text{eq}}(\text{Cu}^{2+})/c^{\ominus}][c_{\text{eq}}(\text{NH}_3)/c^{\ominus}]^4} = \frac{1.0 \times 10^{-3}}{x \times (1.0)^4} = 2.09 \times 10^{13}$$

解得：　　　　　　　　　　　$x = 4.8 \times 10^{-17}$

即游离 Cu^{2+} 的浓度为 4.8×10^{-17} mol/L。

2. 配位平衡与沉淀溶解平衡之间的转化

沉淀反应与配位平衡的关系，可看成是沉淀剂和配位剂共同争夺中心离子的过程。配合物的稳定常数越大或沉淀的 $K_{\text{稳}}^{\ominus}$ 越大，则沉淀越容易被配位反应溶解。

【例 3-22】　向 0.1 mol/L 的 $[\text{Ag(CN)}_2]^-$ 配离子溶液（含有 0.10 mol/L 的 CN^-）中加入 KI 固体，假设 I^- 的最初浓度为 0.1 mol/L，判断有无 AgI 沉淀生成？已知：$[\text{Ag(CN)}_2]^-$ 的 $K_{\text{稳}}^{\ominus} = 1.0 \times 10^{21}$，AgI 的 $K_{\text{sp}}^{\ominus} = 8.3 \times 10^{-17}$。

解:

设 $[Ag(CN)_2]^-$ 配离子解离所生成的 $c(Ag^+)=x\,mol/L$,则:

$$Ag^+ + 2CN^- \rightleftharpoons [Ag(CN)_2]^-$$

初始浓度/(mol/L)　　　　　0　　0.10　　　　0.10

平衡浓度/(mol/L)　　　　x　　$2x+0.10$　　$0.10-x$

$[Ag(CN)_2]^-$ 解离度较小,故 $0.10-x \approx 0.1$,代入 $K_{稳}^{\ominus}$ 表达式得:

$$K_{稳}^{\ominus} = \frac{c([Ag(CN)_2]^-)}{c^2(CN^-)c(Ag^+)} = \frac{0.10}{x(0.10)^2} = 1.0 \times 10^{21}$$

解得:　　　　　　　　　　　　$x = 1.0 \times 10^{-20}$

即　　　　　　　　$c(Ag^+) = 1.0 \times 10^{-20}\,mol/L$

$$c(Ag^+)c(I^-) = 1.0 \times 10^{-20} \times 0.1 = 1.0 \times 10^{-21} < K_{sp,AgI}^{\ominus} = 8.3 \times 10^{-17}$$

因此,向 0.1mol/L 的 $[Ag(CN)_2]^-$ 配离子溶液(含有 0.10mol/L 的 CN^-)中加入 KI 固体,没有 AgI 沉淀产生。

【例 3-23】　有一含有 0.10mol/L 自由 NH_3、0.01mol/L NH_4Cl 和 0.15mol/L $[Cu(NH_3)_4]^{2+}$ 的溶液,问溶液中有无 $Cu(OH)_2$ 沉淀生成?

解:查得 $K_{f,[Cu(NH_3)_4]^{2+}} = 2.08 \times 10^{13}$,$K_{sp,Cu(OH)_2} = 2.2 \times 10^{-20}$,$K_{b,NH_3} = 1.76 \times 10^{-5}$。

要判断是否有 $Cu(OH)_2$ 沉淀生成,先计算出 $c_{Cu^{2+}}$、c_{OH^-},然后再根据溶度积规则判断。

由　　　　　　　　　　$K_f = \dfrac{c_{[Cu(NH_3)_4]^{2+}}}{c_{Cu^{2+}}c_{NH_3}^4}$

有　　　$c_{Cu^{2+}} = \dfrac{c_{[Cu(NH_3)_4]^{2+}}}{K_f c_{NH_3}^4} = \dfrac{0.15}{2.08 \times 10^{13} \times (0.1)^4} = 7.2 \times 10^{-11}\,(mol/L)$

溶液中存在 NH_3-NH_4Cl 缓冲对,OH^- 浓度应按缓冲溶液计算,则:

$$c_{OH^-} = \frac{K_b c_{NH_3}}{c_{NH_4Cl}} = \frac{1.76 \times 10^{-5} \times 0.10}{0.01} = 1.76 \times 10^{-4}\,(mol/L)$$

$$Q_i = c_{Cu^{2+}}(c_{OH^-})^2 = 7.2 \times 10^{-11} \times (1.76 \times 10^{-4})^2$$

$$= 2.23 \times 10^{-18} > K_{sp,Cu(OH)_2} = 2.2 \times 10^{-20}$$

所以,溶液中有 $Cu(OH)_2$ 沉淀生成。

3. 配位平衡之间的转化

在配位反应中,一种配离子可以转化成更稳定的配离子,即平衡向生成更难解离的配离子方向移动。两种配离子的稳定常数相差越大,则转化反应越容易发生。

如 $[HgCl_4]^{2-}$ 与 I^- 反应生成 $[HgI_4]^{2-}$,$[Fe(NCS)_6]^{3-}$ 与 F^- 反应生成 $[FeF_6]^{3-}$,其反应式如下:

$$[HgCl_4]^{2-} + 4I^- \rightleftharpoons [HgI_4]^{2-} + 4Cl^-$$

$$[Fe(NCS)_6]^{3-} + 6F^- \rightleftharpoons [FeF_6]^{3-} + 6SCN^-$$

　　　　　　　　　　血红色　　　　　　　　　无色

这是 $K_{稳}^{\ominus}(HgI_4)^{2-} > K_{稳}^{\ominus}(HgCl_4)^{2-}$,$K_{稳}^{\ominus}(FeF_6)^{3-} > K_{稳}^{\ominus}[Fe(NCS)_6]^{3-}$ 之故。

【例 3-24】　计算反应 $[Ag(NH_3)_2]^+ + 2CN^- \rightleftharpoons [Ag(CN)_2]^- + 2NH_3$ 的平衡常数,并判断配位反应进行的方向。

解:查得 $K_{稳}^{\ominus}([Ag(NH_3)_2]^+) = 1.12 \times 10^7$,$K_{稳}^{\ominus}([Ag(CN)_2]^-) = 1.0 \times 10^{21}$。

$$K^{\ominus}=\frac{c([Ag(CN)_2]^-)c^2(NH_3)}{c([Ag(NH_3)_2]^+)c^2(CN^-)}=\frac{c([Ag(CN)_2]^-)c^2(NH_3)}{c([Ag(NH_3)_2]^+)c^2(CN^-)}\times\frac{c(Ag^+)}{c(Ag^+)}$$

$$=\frac{K^{\ominus}_{稳}([Ag(CN)_2]^-)}{K^{\ominus}_{稳}([Ag(NH_3)_2]^+)}=\frac{1.0\times10^{21}}{1.0\times10^7}=9.09\times10^{13}$$

4. 计算配离子的电极电势

氧化还原电对的电极电势随着配合物的形成会发生变化，进而会改变其氧化还原能力的相对强弱。这是由于配合物的形成使金属离子的浓度发生变化，从而导致电极电势发生变化。

【例 3-25】 计算 $[Ag(NH_3)_2]^+ + e \rightleftharpoons Ag + 2NH_3$ 的标准电极电势。

解： 查得 $K^{\ominus}_{稳}[Ag(NH_3)_2]^+ = 1.12\times10^7$，$E^{\ominus}_{Ag^+/Ag} = 0.799V$。

① 求配位平衡时 $c(Ag^+)$：

$$Ag^+ + 2NH_3 \rightleftharpoons [Ag(NH_3)_2]^+$$

$$K^{\ominus}_{稳}=\frac{c([Ag(NH_3)_2]^+)}{c^2(NH_3)c(Ag^+)}$$

$$c(Ag^+)=\frac{c([Ag(NH_3)_2]^+)}{K^{\ominus}_{稳}c^2(NH_3)}$$

根据题意要求标准电极电势，此时 $c([Ag(NH_3)_2]^+) = c(NH_3) = 1mol/L$，所以：

$$c(Ag^+)=\frac{1}{K^{\ominus}_{稳}([Ag(NH_3)_2]^+)}=\frac{1}{1.12\times10^7}=8.92\times10^{-8}$$

② 求 $E^{\ominus}[Ag(NH_3)^+/Ag]$：

$$E(Ag^+/Ag)=E^{\ominus}(Ag^+/Ag)+\frac{0.05917}{n}\lg c(Ag^+)=0.799+0.05917\lg(8.92\times10^{-8})=0.382(V)$$

根据标准电极电势的定义，$c([Ag(NH_3)_2]^+) = c(NH_3) = 1mol/L$ 时，$E(Ag^+/Ag)$ 就是电极反应 $[Ag(NH_3)_2]^+ + e \rightleftharpoons Ag + 2NH_3$ 的标准电极电势，即 $E^{\ominus}([Ag(NH_3)_2]^+/Ag) = 0.382V$。

从例 3-25 可以看出，由于 Ag^+ 生成了配离子，电极电势降低了。

通过以上讨论可以知道，形成配合物后，物质的溶解性、酸碱性、氧化还原性、颜色等都会发生改变。在溶液中，配位解离平衡常与沉淀溶解平衡、酸碱平衡、氧化还原平衡等发生相互竞争。利用这些关系，使各平衡相互转化，可以实现配合物的生成或破坏，以达到科学实验或生产实践的需要。

41. 配离子稳定常数的应用

习 题

一、填空题

1. 配合物在水溶液中全部解离成_____，而配离子在水溶液中_____解离，存在着_____平衡。在 $[Ag(NH_3)_2]^+$ 水溶液中的解离平衡式为_____。

2. AgCl 在 1mol/L 氨水中比在纯水中的溶解度大，其原因是_____。

二、简答题

根据配合物稳定常数及难溶盐溶度积常数解释：

(1) AgCl 沉淀不溶于 HNO_3，但能溶于过量氨水；

（2）AgCl 沉淀溶于氨水，但 AgI 不溶；

（3）AgI 沉淀不溶于氨水，但可溶于 KCN 溶液中；

（4）AgBr 沉淀可溶于 KCN 溶液，但 Ag_2S 却不溶。

三、计算题

1. 将 0.10mol/L $ZnCl_2$ 溶液与 1.0mol/L NH_3 溶液等体积混合，求此溶液中 $[Zn(NH_3)_4]^{2+}$ 和 Zn^{2+} 的浓度。

2. 在 100.0mL 0.050mol/L $[Ag(NH_3)_2]^+$ 溶液中加入 1.0mL 1.0mol/L NaCl 溶液，溶液中 NH_3 的浓度至少需多大才能阻止 AgCl 沉淀生成？

3. 计算 AgCl 在 0.10mol/L 氨水中的溶解度。

4. 在 100.0mL 0.15mol/L $[Ag(CN)_2]^-$ 溶液中加入 50.0mL 0.10mol/L KI 溶液，是否有 AgI 沉淀生成？在上述溶液中再加入 50.0mL 0.20mol/L KCN 溶液，又是否会产生 AgI 沉淀？

5. 0.080mol $AgNO_3$ 溶解在 1L $Na_2S_2O_3$ 溶液中形成 $[Ag(S_2O_3)_2]^{3-}$，过量的 $S_2O_3^{2-}$ 浓度为 0.20mol/L。欲得到卤化银沉淀，所需 I^- 和 Cl^- 的浓度各为多少？能否得到 AgI、AgCl 沉淀？

6. 50.0mL 0.10mol/L $AgNO_3$ 溶液与等量的 6.0mol/L 氨水混合后，向此溶液中加入 0.119g KBr 固体，有无 AgBr 沉淀析出？如欲阻止 AgBr 析出，原混合溶液中氨的初始浓度至少应为多少？

7. 分别计算 $Zn(OH)_2$ 溶于氨水生成 $[Zn(OH_3)_4]^{2+}$ 和 $[Zn(OH)_4]^{2-}$ 时的平衡常数。若溶液中 NH_3 和 NH_4^+ 的浓度均为 0.10mol/L，则 $Zn(OH)_2$ 溶于该溶液中主要生成哪一种配离子？

8. 将含有 0.20mol/L NH_3 和 1.0mol/L NH_4^+ 的缓冲溶液与 0.020mol/L $Cu(NH_3)_4^{2+}$ 溶液等体积混合，有无 $Cu(OH)_2$ 沉淀生成？已知：$Cu(OH)_2$ 的 $K_{sp}^{\ominus} = 2.2 \times 10^{-20}$。

9. 向 0.10mol/L $[Ag(NH_3)_2]^+$、0.1mol/L Cl^- 和 5.0mol/L $NH_3 \cdot H_2O$ 溶液中滴加 HNO_3 至恰好有白色沉淀生成。近似计算此时溶液的 pH 值（忽略体积的变化）。

10. 通过计算，判断下列反应的方向。

（1）$[HgCl_4]^{2-} + 4I^- \longrightarrow [HgI_4]^{2-} + 4Cl^-$

（2）$[Cu(CN)_2]^- + 2NH_3 \longrightarrow [Cu(NH_3)_2]^+ + 2CN^-$

（3）$[Cu(NH_3)_4]^{2+} + Zn^{2+} \longrightarrow [Zn(NH_3)_4]^{2+} + Cu^{2+}$

（4）$[FeF_6]^{3-} + 6CN^- \longrightarrow [Fe(CN)_6]^{3-} + 6F^-$

任务七　配位滴定法及其应用

 任务引领

　　欲用 EDTA 法测定自来水的硬度，已知水中含有少量 Fe^{3+}。某同学用 $NH_3 \cdot H_2O$、NH_4Cl 调 pH = 9.6，选铬黑 T 为指示剂，用 EDTA 标准溶液滴定，溶液一直是红色的，找不到终点，这是什么原因呢？

 任务准备

1. 配位滴定曲线滴定突跃的大小取决于什么？
2. 配位滴定指示剂特点有哪些？什么叫指示剂的封闭与僵化？
3. EDTA 直接滴定金属离子，准确滴定的条件是什么？
4. 采用 EDTA 滴定剂时，存在较多的副反应，如何避免？

5. EDTA 滴定时如何干扰离子对测定结果的影响？

相关知识

　　配位滴定法（complexometry）是以生成配合物的反应为基础的滴定分析方法。配位滴定中最常用的配位剂是 EDTA。以 EDTA 为标准滴定溶液的配位滴定法称为 EDTA 配位滴定法。本任务主要讨论 EDTA 配位滴定法。

　　虽然能够形成无机配合物的反应很多，而能用于滴定分析的并不多，原因是许多无机配合反应常常是分级进行，并且配合物的稳定性较差，因此计量关系不易确定，滴定终点不易观察。能用于配位滴定的反应必须具备一定的条件：

　　（1）配位反应必须完全，即生成的配合物的稳定常数足够大；

　　（2）反应应按一定的反应式定量进行，即金属离子与配位剂的比例恒定；

　　（3）反应速率要足够快；

　　（4）有适当的方法检出终点。

　　例如，用 $AgNO_3$ 标准滴定溶液测定电镀液中 CN^- 的含量时，Ag^+ 与 CN^- 发生配位反应，生成配离子 $[Ag(CN)_2]^-$，其反应如下：

$$Ag^+ + 2CN^- \rightleftharpoons [Ag(CN)_2]^-$$

　　当滴定到达化学计量点后，稍过量的 Ag^+ 与 $[Ag(CN)_2]^-$ 结合生成 $Ag[Ag(CN)_2]$ 白色沉淀，使溶液变浑浊，指示终点的到达。其反应如下：

$$Ag^+ + [Ag(CN)_2]^- \rightleftharpoons Ag[Ag(CN)_2]\downarrow（白色）$$

　　配位反应具有极大的普遍性，但并不是所有的配位反应及其生成的配合物都能满足上述的条件。目前常用的配位剂是氨羧有机配位剂，其中以 EDTA 应用最广泛。

一、　EDTA 及其分析应用方面的特性

1. EDTA 的性质

　　乙二胺四乙酸（ethylene diamine tetraacetic acid）简称 EDTA（通常用 H_4Y 表示），其结构式如下：

$$HOOCCH_2 \quad\quad\quad\quad\quad CH_2COOH$$
$$N-CH_2-CH_2-N$$
$$HOOCCH_2 \quad\quad\quad\quad\quad CH_2COOH$$

　　乙二胺四乙酸为白色无水结晶粉末，微溶于水（22℃时，每 100mL 水溶解 0.02g），难溶于酸和一般有机溶剂，易溶于碱或氨水中形成相应的盐。乙二胺四乙酸溶解度小，因而不适合用作滴定剂。

　　乙二胺四乙酸二钠盐（$Na_2H_2Y \cdot 2H_2O$，也简称为 EDTA）为白色结晶粉末，室温下可吸附水分 0.3%，80℃时可烘干除去。在 100～140℃ 时失去结晶水而成为无水的 EDTA 二钠盐。EDTA 二钠盐易溶于水（22℃时，每 100mL 水溶解 11.1g，浓度约 0.3mol/L，pH≈4.4），因此，通常使用 EDTA 二钠盐作滴定剂。

　　乙二胺四乙酸在水溶液中具有双偶极离子结构：

$$HOOCCH_2 \quad\quad\quad\quad\quad CH_2COO^-$$
$$\overset{+}{N}-CH_2-CH_2-\overset{+}{N}$$
$$^-OOCCH_2 \quad H \quad\quad\quad H \quad CH_2COOH$$

因此，当 EDTA 溶解于酸度很高的溶液中时，它的两个羧酸根可再接受两个 H^+ 形成 H_6Y^{2+}，这样，它就相当于一个六元酸，有六级解离常数，即

$$H_6Y^{2+} \rightleftharpoons H^+ + H_5Y^+ \qquad K_{a_1} = 10^{-0.90}$$

$$H_5Y^+ \rightleftharpoons H^+ + H_4Y \qquad K_{a_2} = 10^{-1.60}$$

$$H_4Y \rightleftharpoons H^+ + H_3Y^- \qquad K_{a_3} = 10^{-2.00}$$

$$H_3Y^- \rightleftharpoons H^+ + H_2Y^{2-} \qquad K_{a_4} = 10^{-2.67}$$

$$H_2Y^{2-} \rightleftharpoons H^+ + HY^{3-} \qquad K_{a_5} = 10^{-6.16}$$

$$HY^{3-} \rightleftharpoons H^+ + Y^{4-} \qquad K_{a_6} = 10^{-10.26}$$

在任一水溶液中，EDTA 总是以 H_6Y^{2+}、H_5Y^+、H_4Y、H_3Y^-、H_2Y^{2-}、HY^{3-} 和 Y^{4-} 7 种形式存在。它们的分布系数 δ 与溶液 pH 值的关系如图 3-9 所示。

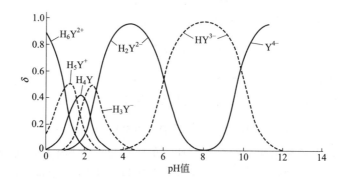

图 3-9   EDTA 溶液中分布系数与溶液 pH 值的关系

由分布曲线（图 3-9）可以看出，在 pH＜1 的强酸溶液中，EDTA 主要以 H_6Y^{2+} 形式存在；在 pH 值为 2.75～6.24 时，主要以 H_2Y^{2-} 形式存在；仅在 pH＞10.34 时才主要以 Y^{4-} 形式存在。

值得注意的是，在 7 种形式中只有 Y^{4-}（为了方便，以下均用符号 Y 来表示 Y^{4-}）能与金属离子直接配位。Y 分布系数越大，EDTA 的配位能力越强。而 Y 分布系数的大小与溶液的 pH 密切相关，所以溶液的酸度便成为影响 EDTA 配合物稳定性及滴定终点敏锐性的一个很重要的因素。

2. EDTA 与金属离子配合的特点

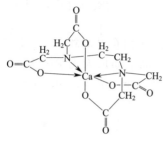

图 3-10   EDTA 与 Ca^{2+} 形成的螯合物的立方构型

EDTA 是一种常用的配位滴定剂。在一个 EDTA 分子中，由 2 个氨氮和 4 个羧氧提供了 6 个配位原子，它完全能满足一个金属离子所需要的配位数。在空间位置上，EDTA 均能与同一金属离子形成环状化合物，即螯合物。图 3-10 所示的是 EDTA 与 Ca^{2+} 形成的螯合物的立方构型。

EDTA 与金属离子的配合物具有如下特点：

（1）EDTA 具有广泛的配位性能，几乎能与所有金属离子形成配合物，因而配位滴定应用很广泛，但如何提高滴定的选择性便成为配位滴定中的一个重要问题。

（2）EDTA 配合物配位比简单，多数情况下都形成 1∶1 配合物。个别离子，如 Mo(Ⅴ) 与 EDTA 配合物 $[(MoO_2)_2Y]^{2-}$ 的配位比为 2∶1。

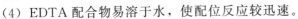

（3）EDTA 配合物稳定性高，能与金属离子形成具有多个五元环结构的螯合物。

42. EDTA 与金属
离子配合的特点

（4）EDTA 配合物易溶于水，使配位反应较迅速。

（5）大多数金属与 EDTA 配合物无色，这有利于指示剂确定终点。但 EDTA 与有色金属离子配位生成的螯合物颜色则加深。例如：

CuY^{2-}	NiY^{2-}	CoY^{2-}	MnY^{2-}	CrY^-	FeY^-
深蓝	蓝色	紫红	紫红	深紫	黄

因此，滴定这些离子时要控制其浓度勿过大，否则使用指示剂确定终点将产生困难。

3. 配合物在水溶液中的解离平衡

金属离子与 EDTA 形成配合物的稳定性，可用配合物的稳定常数 $K_稳$ 来表示。对于 1∶1 型的配合物 MY 来说，其配位反应式如下（为简便起见，可略去电荷）：

$$M + Y \rightleftharpoons MY$$

反应的平衡常数表达式为：

$$K_{MY} = \frac{[MY]}{[M][Y]} \tag{3-7}$$

K_{MY} 称为金属与 EDTA 配合物的绝对稳定常数，通常称为稳定常数。对于具有相同的配位数的配合物或配位离子，此数值越大，配合物越稳定。K_{MY} 稳定常数的倒数即为配合物的不稳定常数：

$$K_{不稳} = \frac{1}{K_稳}$$

常见金属离子与 EDTA 形成配合物的 $\lg K_{MY}$ 见表 3-9。需要指出的是：绝对稳定常数是指无副反应情况下的数据，它不能反映实际滴定过程中真实配合物的稳定情况。

表 3-9　常见金属离子与 EDTA 形成配位化合物的 $\lg K_{MY}$

阳离子	$\lg K_{MY}$	阳离子	$\lg K_{MY}$	阳离子	$\lg K_{MY}$
Na^+	1.66	Ce^{4+}	15.98	Cu^{2+}	18.80
Li^+	2.79	Al^{3+}	16.30	Ga^{2+}	20.30
Ag^+	7.32	Co^{2+}	16.31	Ti^{3+}	21.30
Ba^{2+}	7.86	Pt^{2+}	16.31	Hg^{2+}	21.80
Mg^{2+}	8.69	Cd^{2+}	16.49	Sn^{2+}	22.10
Sr^{2+}	8.73	Zn^{2+}	16.50	Th^{4+}	23.20
Be^{2+}	9.20	Pb^{2+}	18.04	Cr^{3+}	23.40
Ca^{2+}	10.69	Y^{3+}	18.09	Fe^{3+}	25.10
Mn^{2+}	13.87	VO^+	18.10	U^{4+}	25.80
Fe^{2+}	14.33	Ni^{2+}	18.60	Bi^{3+}	27.94
La^{3+}	15.50	VO^{2+}	18.80	Co^{3+}	36.00

二、配位滴定中的副反应

在滴定过程中，一般将 EDTA（Y）与被测金属离子 M 的反应称为主反应，溶液中存在的其他反应称为副反应（side reaction），如下式所示：

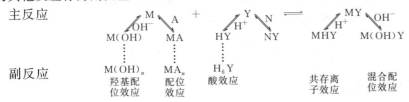

式中，A 为辅助配位剂；N 为共存离子。副反应影响主反应的现象称为"效应"。显然，反应物（M、Y）发生副反应不利于主反应的进行，而生成物（MY）的各种副反应则有利于主反应的进行，但所生成的这些混合配合物大多数不稳定，可以忽略不计。

1. 酸效应

在所有的副反应中最重要的是 H^+ 作用的影响，由于 H^+ 的存在使配体参加主反应能力降低的现象称为酸效应（acidic effect）。酸效应的程度用酸效应系数衡量，EDTA 的酸效应系数用符号 $\alpha_{Y(H)}$ 表示。

酸效应系数是指在一定酸度下未与 M 配位的 EDTA 各级质子化形式总浓度 $[Y']$ 与游离 EDTA 酸根离子浓度 $[Y]$ 的比值，即

$$\alpha_{Y(H)} = \frac{[Y']}{[Y]}$$

$$[Y'] = [Y] + [HY] + [H_2Y] + [H_3Y] + [H_4Y] + [H_5Y] + [H_6Y]$$

不同酸度下的 $\alpha_{Y(H)}$ 值可按下式计算：

$$\alpha_{Y(H)} = 1 + \frac{[H]}{K_6} + \frac{[H]^2}{K_6 K_5} + \frac{[H]^3}{K_6 K_5 K_4} + \cdots + \frac{[H]^6}{K_6 K_5 \cdots K_1} \tag{3-8}$$

式中，K_6、K_5、$\cdots K_1$ 为 H_6Y^{2+} 的各级解离常数。由上式可知，$\alpha_{Y(H)}$ 随 pH 值的增大而减小。$\alpha_{Y(H)}$ 越小则 $[Y]$ 越大，即 EDTA 有效浓度 $[Y]$ 越大，因而酸度对配合物的影响越小。

在 EDTA 滴定中，$\alpha_{Y(H)}$ 是最常用的副反应系数。为应用方便，通常用其对数值 $\lg\alpha_{Y(H)}$。表 3-10 列出不同 pH 值的溶液中 EDTA 酸效应系数 $\lg\alpha_{Y(H)}$ 值。

表 3-10 不同 pH 值时的 $\lg\alpha_{Y(H)}$

pH 值	$\lg\alpha_{Y(H)}$	pH 值	$\lg\alpha_{Y(H)}$	pH 值	$\lg\alpha_{Y(H)}$
0.0	23.64	3.8	8.85	7.4	2.88
0.4	21.32	4.0	8.44	7.8	2.47
0.8	19.08	4.4	7.64	8.0	2.27
1.0	18.01	4.8	6.84	8.4	1.87
1.4	16.02	5.0	6.45	8.8	1.48
1.8	14.27	5.4	5.69	9.0	1.28
2.0	13.51	5.8	4.98	9.5	0.83
2.4	12.19	6.0	4.65	10.0	0.45

43. 配位滴定
中的酸效应

也可将 pH 值与 $\lg\alpha_{Y(H)}$ 的对应值绘成如图 3-11 所示的 $\lg\alpha_{Y(H)}$-pH 曲线。由图 3-11 可看出，仅当 pH≥12 时，$\lg\alpha_{Y(H)} = 0$，即此时 Y 才不与 H^+ 发生副反应。

2. 金属离子的副反应及副反应系数

（1）金属离子 M 的副反应及副反应系数   在 EDTA 滴定中，由于其他配位剂的存在，使金属离子参加主反应的能力降低的现象称为配位效应。这种由于配位剂 L 引起副反应的副反应系数称为配位效应系数，用 $\alpha_{M(L)}$ 表示，其数值等于：

$$\alpha_{M(L)} = \frac{[M']}{[M]} = 1 + \beta_1[L] + \beta_2[L]^2 + \beta\cdots\beta_n[L]^n \tag{3-9}$$

$\alpha_{M(L)}$ 越大，表示副反应越严重。

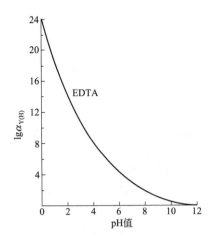

图 3-11　EDTA 的 $\lg\alpha_{Y(H)}$ 与 pH 值的关系

　　配位剂 L 一般是滴定时所加入的缓冲剂，或为防止金属离子水解所加入的辅助配位剂，也可能是为消除干扰而加的掩蔽剂。

　　在酸度较低的溶液中滴定 M 时，金属离子会生成羟基配合物 $[M(OH)_n]$，此时 L 就代表 OH^-，其副反应系数用 $\alpha_{M(OH)}$ 表示。常见金属离子的 $\lg\alpha_{M(OH)}$ 值见表 3-11。

表 3-11　常见金属离子的 $\lg\alpha_{M(OH)}$ 值

金属离子	离子强度	$\lg\alpha_{M(OH)}$													
		pH=1	pH=2	pH=3	pH=4	pH=5	pH=6	pH=7	pH=8	pH=9	pH=10	pH=11	pH=12	pH=13	pH=14
Al^{3+}	2					0.4	1.3	5.3	9.3	13.3	17.3	21.3	25.3	29.3	33.3
Bi^{3+}	3	0.1	0.5	1.4	2.4	3.4	4.4	5.4							
Ca^{2+}	0.1													0.3	1.0
Cd^{2+}	3									0.1	0.5	2.0	4.5	8.1	12.0
Co^{2+}	0.1								0.1	0.4	1.1	2.2	4.2	7.2	10.2
Cu^{2+}	0.1								0.2	0.8	1.7	2.7	3.7	4.7	5.7
Fe^{2+}	1									0.1	0.6	1.5	2.5	3.5	4.5
Fe^{3+}	3			0.4	1.8	3.7	5.7	7.7	9.7	11.7	13.7	15.7	17.7	19.7	21.7
Hg^{2+}	0.1			0.5	1.9	3.9	5.9	7.9	9.9	11.9	13.9	15.9	17.9	19.9	21.9
La^{3+}	3									0.3	1.0	1.9	2.9	3.9
Mg^{2+}	0.1										0.1	0.5	1.3	2.3
Mn^{2+}	0.1										0.1	0.5	1.4	2.4	3.4
Ni^{2+}	0.1									0.1	0.7	1.6			
Pb^{2+}	0.1							0.1	0.5	1.4	2.7	4.7	7.4	10.4	13.4
Th^{4+}	1				0.2	0.8	1.7	2.7	3.7	4.7	5.7	6.7	7.7	8.7	9.7
Zn^{2+}	0.1									0.2	2.4	5.4	8.5	11.8	15.5

　　若溶液中有两种配位剂 L 和 A 同时与金属离子 M 发生副反应，则其影响可用 M 的总副反应系数 α_M 表示。

$$\alpha_M = \alpha_{M(L)} + \alpha_{M(A)} - 1 \tag{3-10}$$

　　（2）共存离子效应和共存离子效应系数　　如果溶液中除了被滴定的金属离子 M 之外，还有其他金属离子 N 存在，且 N 也能与 Y 形成稳定的配合物，又当如何呢？

　　当溶液中共存金属离子 N 的浓度较大，Y 与 N 的副反应就会影响 Y 与 M 的配位能力，此时共存离子的影响不能忽略。这种由于共存离子 N 与 EDTA 反应降低了 Y 的平衡浓度的副反应现象称为共存离子效应。副反应进行的程度用副反应系数 $\alpha_{Y(N)}$ 表示，称为共存离子效应系数，其数值等于：

$$\alpha_{Y(N)} = \frac{[Y']}{[Y]} = \frac{[NY] + [Y]}{[Y]} = 1 + K_{NY}[N]$$

式中，$[N]$ 为游离共存金属离子 N 的平衡浓度。$\alpha_{Y(N)}$ 的大小只与 K_{NY} 以及 N 的浓度有关。

若有几种共存离子存在时，一般只取其中影响最大的，其他可忽略不计。实际上，Y 的副反应系数 α_Y 应同时包括共存离子和酸效应两部分，因此：

$$\alpha_Y \approx \alpha_{Y(H)} + \alpha_{Y(N)} - 1$$

实际工作中，当 $\alpha_{Y(H)} \gg \alpha_{Y(N)}$ 时，酸效应是主要的；当 $\alpha_{Y(N)} \gg \alpha_{Y(H)}$ 时，共存离子效应是主要的。一般情况下，在滴定剂 Y 的副反应中酸效应的影响大，因此 $\alpha_{Y(H)}$ 是重要的副反应系数。

（3）配合物 MY 的副反应　这种副反应在酸度较高或较低下发生。酸度高时，生成酸式配合物（MHY），其副反应系数用 $\alpha_{MY(H)}$ 表示；酸度低时，生成碱式配合物（MOHY），其副反应系数用 $\alpha_{MY(OH)}$ 表示。酸式配合物和碱式配合物一般不太稳定，计算时可忽略不计。

3. 条件稳定常数

通过上述副反应对主反应影响的讨论，用绝对稳定常数描述配合物的稳定性显然是不符合实际情况的，应将副反应的影响一起考虑，由此推导的稳定常数应区别于绝对稳定常数，而称为条件稳定常数或表观稳定常数，用 K'_{MY} 表示。K'_{MY} 与 α_Y、α_M、α_{MY} 的关系如下：

$$K'_{MY} = K_{MY} \frac{\alpha_{MY}}{\alpha_M \alpha_Y}$$

当条件恒定时，α_Y、α_M、α_{MY} 均为定值，故 K'_{MY} 在一定条件下为常数，称为条件稳定常数。当副反应系数为 1 时（无副反应），$K'_{MY} = K_{MY}$。

若将上式取对数，得：

$$\lg K'_{MY} = \lg K_{MY} + \lg \alpha_{MY} - \lg \alpha_M - \lg \alpha_Y$$

多数情况下（溶液的酸碱性不是太强时）不形成酸式或碱式配合物，故 $\lg \alpha_{MY}$ 忽略不计，上式可简化成：

$$\lg K'_{MY} = \lg K_{MY} - \lg \alpha_M - \lg \alpha_Y$$

如果只有酸效应，上式又简化成：

$$\lg K'_{MY} = \lg K_{MY} - \lg \alpha_{Y(H)} \tag{3-11}$$

三、配位滴定能否进行的判别方法

在配位滴定中要求配合反应能够定量地完成，这样才能使测定误差在允许范围内，测定结果达到一定的准确度。配合反应能否定量地完成，主要看这个配合物的条件稳定常数 K'_{MY}，应用它可以判断滴定金属离子的可行性。

金属离子的准确滴定与允许误差和检测终点方法的准确度有关，还与被测金属离子的原始浓度有关。设金属离子的原始浓度为 c_M（对终点体积而言），用等浓度的 EDTA 滴定，滴定分析的允许误差为 E_t，在化学计量点时：

（1）被测定的金属离子几乎全部发生配位反应，即 $[MY] = c_M$；

（2）被测定的金属离子的剩余量应符合准确滴定的要求，即 $c_{M(余)} \leqslant c_M E_t$；

（3）滴定时过量的 EDTA 也符合准确度的要求，即 $c_{EDTA(余)} \leqslant c_{EDTA} E_t$。

将这些数值代入条件稳定常数的关系式，得：

$$K'_{MY} = \frac{[MY]}{c_{M(余)}c_{EDTA(余)}}$$

$$K'_{MY} \geqslant \frac{c_M}{c_M E_t c_{EDTA} E_t}$$

由于 $c_M = c_{EDTA}$，不等式两边取对数，整理后得：

$$\lg(c_M K'_{MY}) \geqslant -2\lg E_t$$

若允许误差 $E_t = 0.1\%$，得：

$$\lg(c_M K'_{MY}) \geqslant 6$$

上式为单一金属离子准确滴定的可行性条件。

在金属离子的原始浓度 $c_M = 0.010 \text{mol/L}$ 的特定条件下，则：

$$\lg K'_{MY} \geqslant 8 \tag{3-12}$$

上式是在上述条件下准确滴定 M 时 $\lg K'_{MY}$ 的允许低限。

与酸碱滴定相似，若降低分析准确度的要求，或改变检测终点的准确度，则滴定要求的 $\lg(c_M K'_{MY})$ 也会改变。例如，如果 $E_t = \pm 0.5\%$，$\Delta pM = \pm 0.2$，$\lg(c_M K'_{MY}) = 5$ 时也可以滴定。

用 EDTA 滴定金属离子，若要准确滴定，必须选择适当的 pH，因为酸度是金属离子被准确滴定的重要影响因素。

四、酸效应曲线

若滴定反应中除 EDTA 酸效应外没有其他副反应，则根据单一离子准确滴定的判别式，在被测金属离子的浓度为 0.01mol/L 时，$\lg K'_{MY} \geqslant 8$，因此：

$$\lg K'_{MY} = \lg K_{MY} - \lg \alpha_{Y(H)} \geqslant 8$$

即

$$\lg \alpha_{Y(H)} \leqslant \lg K_{MY} - 8$$

将各种金属离子的 $\lg K_{MY}$ 代入上式，即可求出对应的最大 $\lg \alpha_{Y(H)}$ 值，再查得与它对应的最小 pH 值。例如，对于浓度为 0.01mol/L 的 Zn^{2+} 溶液的滴定，以 $\lg \alpha_{Y(H)} = 16.50$ 得 $\lg \alpha_{Y(H)} \leqslant 8.5$。可查得 $pH \geqslant 4.0$，即滴定 Zn^{2+} 允许的最小 pH 值为 4.0。将金属离子的 $\lg K_{MY}$ 值与最小 pH 值（或对应的 $\lg \alpha_{Y(H)}$ 与最小 pH 值）绘成曲线，称为酸效应曲线（或称 Ringboim 曲线），如图 3-12 所示。

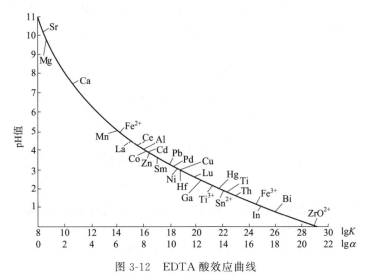

图 3-12　EDTA 酸效应曲线

实际工作中，利用酸效应曲线可查得单独滴定某种金属离子时所允许的最低 pH 值，还可以看出混合离子中哪些离子在一定 pH 范围内有干扰。此外，酸效应曲线还可当作 $\lg\alpha_{Y(H)}$ -pH 值曲线使用。

必须注意，使用酸效应曲线查单独滴定某种金属离子的最低 pH 值的前提是：金属离子浓度为 0.01mol/L；允许测定的相对误差为 ±0.1%；溶液中除 EDTA 酸效应外，金属离子未发生其他副反应。如果前提变化，曲线将发生变化，因此要求的 pH 值也会有所不同。

为了能准确滴定被测金属离子，滴定时酸度一般大于所允许的最小 pH 值。但溶液的酸度不能过低，因为酸度太低，金属离子将会发生水解，形成 $M(OH)_n$ 沉淀，除影响反应速率，使终点难以确定之外，还影响反应的计量关系，因此需要考虑滴定时金属离子不水解的最低酸度（最高 pH 值）。

在没有其他配位剂的存在下，金属离子不水解的最低酸度可由 $M(OH)_n$ 的溶度积求得。

例如，为防止开始时形成 $Zn(OH)_2$ 的沉淀，必须满足下式：

$$[OH]=\sqrt{\frac{K_{sp,Zn(OH)_2}}{[Zn^{2+}]}}=\sqrt{\frac{10^{-15.3}}{2\times10^{-2}}}=10^{-6.8}$$

即

$$pH=7.2$$

因此，EDTA 滴定浓度为 0.01mol/L Zn^{2+} 溶液，应在 pH 值为 4.0～7.2 范围内滴定，pH 值越近高限，K'_{MY} 就越大。若加入辅助配位剂（如氨水、酒石酸等），则 pH 值还会更高些。例如，在氨性缓冲溶液存在下，可在 pH=10 时滴定 Zn^{2+}。

44. 酸效应曲线

五、金属指示剂

指示配位滴定终点的方法很多，其中最重要的就是使用金属离子指示剂（metallochromic indicator，简称金属指示剂）指示终点。

1. 金属指示剂变色原理

金属指示剂大多是一种有机染料，能与某些金属离子反应，生成与其本身颜色显著不同的配合物以指示终点。

在滴定前加入金属指示剂（用 In 表示金属指示剂的配位基团），则 In 与待测金属离子 M 发生如下反应（省略电荷）：

$$In+M \Longrightarrow MIn$$

A 色　　　B 色（与 A 色不同）

这时呈现 MIn 的 B 色。当加入 EDTA 溶液后，Y 与游离的 M 结合，至化学计量点附近，Y 夺取 MIn 中的 M，化学计量点时：

$$MIn + Y \Longrightarrow MY+In$$

B 色　　　　　A 色

指示剂 In 游离出来，溶液由 B 色变为 A 色，指示滴定终点的到达。

例如，在 pH=10 的缓冲溶液中，以 EDTA 标准滴定溶液滴定 Mg^{2+}，用铬黑 T（EBT）为指示剂时：

45. 金属指示剂
变色原理

滴定开始前：$Mg^{2+} + EBT \Longrightarrow Mg-EBT$（紫红色）

滴定过程中：$Mg^{2+} + Y \Longrightarrow MgY$（无色）

化学计量点时：$Y+Mg-EBT$(紫红色)$\rightleftharpoons$ $MgY+EBT$(蓝色)

当溶液由红色变为纯蓝色时，即为滴定终点。

2. 金属指示剂应具备的条件

作为金属指示剂，必须具备以下条件：

(1) 在滴定 pH 值范围内，金属指示剂与金属离子形成的配合物的颜色应与金属指示剂本身的颜色有明显的不同，这样才能借助颜色的明显变化来判断终点的到达。

(2) 金属指示剂与金属离子形成的配合物 MIn 要有适当的稳定性。如果 MIn 稳定性过高，则在化学计量点附近 Y 不易与 MIn 中的 M 结合，终点推迟，甚至不变色，得不到终点，通常要求 $K_{MY}/K_{MIn} \geqslant 10^2$。如果 MIn 稳定性过低，则未到达化学计量点时 MIn 就会分解，变色不敏锐，影响滴定的准确度，一般要求 $K_{MIn} \geqslant 10^4$。

(3) 金属指示剂与金属离子之间的反应要迅速，变色可逆，这样才便于滴定。

(4) 金属指示剂应易溶于水，不易变质，便于使用和保存。但有些金属指示剂本身放置空气中易被氧化破坏，或发生聚合作用而失效，为避免金属指示剂失效，对稳定性差的金属指示剂可用中性盐配成固体混合物储存备用。也可在金属指示剂溶液中加入防止其变质的试剂，如在铬黑 T 中加三乙醇胺等。

3. 常用金属指示剂

(1) 铬黑 T　铬黑 T（EBT）属偶氮类染料，其结构式为：

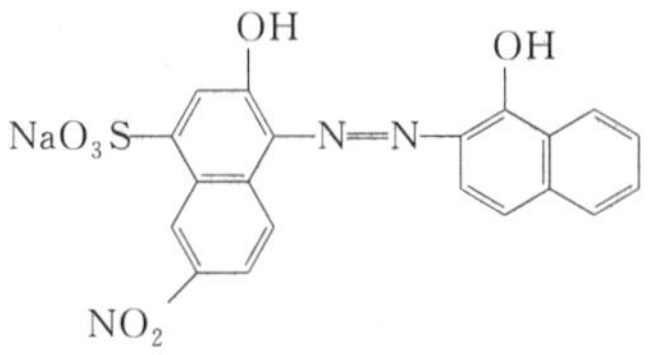

铬黑 T 为黑色粉末，略带金属光泽，溶于水后结合在磺酸根上的 Na^+ 全部电离，以阴离子形式存在于溶液中。铬黑 T 在溶液中有如下平衡：

$$H_2In^- \underset{}{\overset{pK_{a_2}=6.3}{\rightleftharpoons}} HIn^{2-} \underset{}{\overset{pK_{a_3}=11.6}{\rightleftharpoons}} In$$

紫红色　　　　　　蓝色　　　　　　橙色

pH<6.3　　　　　pH=8~11　　　　　pH>11.6

铬黑 T 与大部分金属离子形成的配合物颜色为红色或紫红色，所以为使终点敏锐，最好控制 pH 值在 8~11 范围内使用，终点由红色变为蓝色才比较敏锐。实验表明，最适宜的酸度是 pH 值为 9~10。

铬黑 T 固体相当稳定，但其水溶液仅能保存几天，主要是聚合反应的缘故。聚合后的铬黑 T 不能再与金属离子结合显色，pH<6.5 的溶液中聚合更为严重，加入三乙醇胺可减慢聚合速度。

铬黑 T 是在弱碱性溶液中滴定 Mg^{2+}、Zn^{2+}、Pb^{2+} 等离子的常用指示剂。

(2) 钙指示剂　其结构式如下：

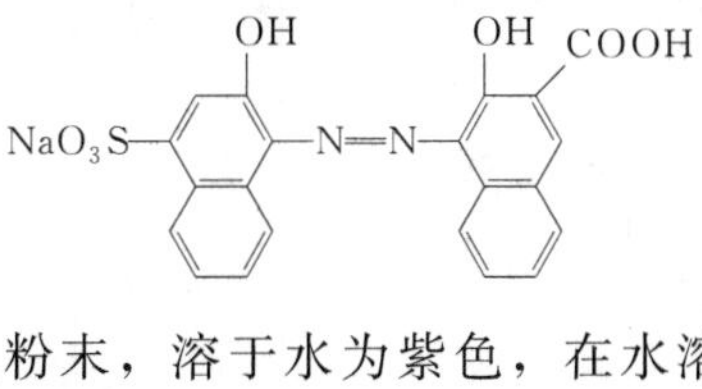

钙指示剂（NN）为深棕色粉末，溶于水为紫色，在水溶液中不稳定，通常与 NaCl 固体粉末配成混合物使用。该指示剂的性质和铬黑 T 很相近，在水溶液中，不同的 pH 条件

下，其颜色变化为：

$$H_2In \underset{}{\overset{pK_1=7.4}{\rightleftharpoons}} HIn \underset{}{\overset{pK_2=13.5}{\rightleftharpoons}} In$$

酒红色	蓝色	酒红色
pH<7.4	pH=8~13	pH>13.5

钙指示剂能与 Ca^{2+} 形成红色配合物，在 pH=13 时，可用于钙镁混合物中钙的测定，滴定终点由酒红色变为蓝色，颜色变化十分敏锐。在此条件下，Mg^{2+} 生成 $Mg(OH)_2$ 沉淀，不被滴定。

（3）二甲酚橙　其结构式如下：

二甲酚橙（XO）为多元酸，一般使用的是二甲酚橙的四钠盐，为紫色结晶，易溶于水，pH>6.3 时呈红色，pH<6.3（酸性）时呈黄色。它与金属离子形成的配合物为红色，因此只能在 pH<6.3 的酸性溶液中使用。通常配成 0.5% 水溶液，可保存 2~3 周。许多金属离子可用二甲酚橙作指示剂直接滴定，如 Bi^{3+}、Th^{4+}、Pb^{2+}、Zn^{2+}、Cd^{2+}、Hg^{2+}、Sc^{2+} 等离子都可直接滴定，滴定终点由于红色变为黄色，十分敏锐。

（4）其他指示剂　除前面所介绍的指示剂外，还有磺基水杨酸、PAN 等常用指示剂。磺基水杨酸（无色）在 pH=2 时与 Fe^{3+} 形成紫红色配合物，可用作滴定 Fe^{3+} 的指示剂。PAN 指示剂本身为黄色，在 pH 值为 4~5 时与 Cu^{2+} 形成紫红色配合物，可用作滴定 Cu^{2+} 的指示剂，或利用 Cu-PAN 作间接指示剂测定 Ni^{2+}、Pb^{2+}、Zn^{2+}、Ca^{2+}、Co^{2+}、Bi^{3+} 等。

常用金属指示剂的使用 pH 条件、可直接滴定的金属离子和颜色变化以及配制方法列于表 3-12。

表 3-12　常用的金属指示剂

指示剂	解离常数	滴定元素	颜色变化	配制方法	对指示剂封闭离子
酸性铬蓝 K	$pK_{a_1}=6.7$ $pK_{a_2}=10.2$ $pK_{a_3}=14.6$	Mg(pH=10) Ca(pH=12)	红→蓝	0.1% 乙醇溶液	
钙指示剂	$pK_{a_1}=3.8$ $pK_{a_2}=9.4$ $pK_{a_3}=13~14$	Ca(pH=12~13)	酒红→蓝	与 NaCl 按 1:100 的质量比混合	Co^{2+}、Ni^{2+}、Cu^{2+}、 Fe^{3+}、Al^{3+}、Ti^{4+}
铬黑 T	$pK_{a_1}=3.9$ $pK_{a_2}=6.4$ $pK_{a_3}=11.5$	Ca(pH=10,加入 EDTA—Mg) Mg(pH=10) Pb(pH=10,加入酒石酸钾) Zn(pH=6.8~10)	红→蓝 红→蓝 红→蓝 红→蓝	与 NaCl 按 1:100 的质量比混合	Co^{2+}、Ni^{2+}、Cu^{2+}、 Fe^{3+}、Al^{3+}、Ti^{4+}
紫脲酸铵	$pK_{a_1}=1.6$ $pK_{a_2}=8.7$ $pK_{a_3}=10.3$ $pK_{a_4}=13.5$ $pK_{a_5}=14$	Ca(pH>10,φ=25% 乙醇) Cu(pH=7~8) Ni(pH=8.5~11.5)	红→紫 黄→紫 黄→紫红	与 NaCl 按 1:100 的质量比混合	

续表

指示剂	解离常数	滴定元素	颜色变化	配制方法	对指示剂封闭离子
PAN	$pK_{a_1}=2.9$ $pK_{a_2}=11.2$	Cu(pH=6) Zn(pH=5～7)	红→黄 粉红→黄	1g/L 乙醇溶液	
磺基水杨酸	$pK_{a_1}=2.6$ $pK_{a_2}=11.7$	Fe(Ⅲ)(pH=1.5～3)	红紫→黄	10～20g/L 水溶液	

4. 使用金属指示剂时存在的问题

（1）指示剂的封闭现象　有些指示剂与某些金属离子生成很稳定的配合物（MIn），其稳定性超过了相应的金属离子与 EDTA 的配合物（MY），即 $K_{MIn}>K_{MY}$。例如，EBT 与 Fe^{3+}、Al^{3+}、Cu^{2+} 等生成的配合物非常稳定，若用 EDTA 滴定这些离子，过量较多的 EDTA 也无法将 EBT 从 MIn 中置换出来。因此，滴定这些离子时不用 EBT 作指示剂。如滴定 Mg^{2+} 时有少量 Fe^{3+}、Al^{3+} 杂质存在，到化学计量点仍不能变色，这种现象称为指示剂的封闭现象（blocking of indicator）。解决的办法是加入掩蔽剂，使干扰离子生成更稳定的配合物，从而不再与指示剂作用。Fe^{3+}、Al^{3+} 对铬黑 T 的封闭可加三乙醇胺予以消除；Cu^{2+}、Co^{2+}、Ni^{2+} 可用 KCN 掩蔽；Fe^{3+} 也可先用抗坏血酸还原为 Fe^{2+}，再加 KCN 掩蔽。若干扰离子的量太大，则需预先分离除去。

46. 金属指示剂中存在的问题

（2）指示剂的僵化现象　有些指示剂或金属-指示剂配合物在水中的溶解度太小，使得滴定剂与金属-指示剂配合物（MIn）交换缓慢，终点拖长，这种现象称为指示剂的僵化（ossification of indicator）。解决的办法是加入有机溶剂或加热，以增大其溶解度。例如，用 PAN 作指示剂时，经常加入乙醇或在加热下滴定。

（3）指示剂的氧化变质现象　金属指示剂大多为含双键的有色化合物，易被日光、氧化剂、空气所分解，在水溶液中多不稳定，日久会变质。若配成固体混合物则较稳定，保存时间较长。例如铬黑 T 和钙指示剂，常用固体 NaCl 或 KCl 作稀释剂来配制。

六、配位滴定条件的选择

正确选择滴定条件是所有滴定分析的一个重要方面，特别是配位滴定，因为溶液的酸度和其他配位剂的存在都会影响生成配合物的稳定性。那么，如何选择合适的滴定条件使滴定顺利进行呢？

1. 配位滴定曲线

在配位滴定中，随着配位滴定剂的加入，金属离子不断与配位剂反应生成配合物，其浓度不断减小。当滴定达到化学计量点时，金属离子浓度（pM）发生突变。若将滴定过程中各点 pM 与对应的配位剂的加入体积绘成曲线，即可得到配位滴定曲线。配位滴定曲线反映了滴定过程中配位滴定剂的加入量与待测金属离子浓度之间的关系。

配位滴定曲线可通过计算绘制，也可通过仪器测量绘制。现以在 pH=12 时，以 0.01000mol/L EDTA 标准滴定溶液滴定 20.00mL 0.01000mol/L Ca^{2+} 溶液为例，通过计算滴定过程中的 pM，说明配位滴定过程中配位滴定剂的加入量与待测金属离子浓度之间的变化关系。

由于 Ca^{2+} 既不易水解也不与其他配位剂反应，因此在处理此配位平衡时只需考虑 EDTA 酸效应，在 pH=12 条件下，CaY^{2-} 的条件稳定常数计算如下：

已知 $lgK_{CaY}=10.69$，pH=12，$lg\alpha_{Y(H)}=0$，则：

$$lg K'_{CaY} = lg K_{CaY} - lg \alpha_{Y(H)} = 10.69 - 0 = 10.69$$

$$K'_{CaY} = 10^{10.69}$$

（1）滴定前　溶液中只有 Ca^{2+}，$[Ca^{2+}] = 0.01000 mol/L$，$pCa = 2.00$。

（2）滴定开始至计量点前　溶液中有剩余的金属离子 Ca^{2+} 和滴定产物 CaY^{2-}。由于 $lg K'_{CaY} > 10$，剩余的 Ca^{2+} 对 CaY^{2-} 的解离有一定的抑制作用，可忽略 CaY^{2-} 的解离，因此可按剩余的金属离子浓度 $[Ca^{2+}]$ 计算 pCa 值。

当滴入 EDTA 溶液体积为 19.98mL 时（误差-0.1%）：

$$[Ca^{2+}] = \frac{0.02 \times 0.01000}{20.00 + 19.98} = 5 \times 10^{-6} (mol/L)$$

$$pCa = -lg [Ca^{2+}] = 5.3$$

（3）化学计量点时　Ca^{2+} 与 EDTA 几乎全部配位，生成 CaY^{2-}，所以：

$$[CaY^{2-}] = \frac{20.00 \times 0.01000}{20.00 + 20.00} = 5 \times 10^{-3} (mol/L)$$

因为 pH≥12，$lg\alpha_{Y(H)} = 0$，所以 $[Y^{4-}] = [Y]_{总}$，同时 $[Ca^{2+}] = [Y^{4-}]$，则：

$$K'_{MY} = \frac{[CaY^{2-}]}{[Ca^{2+}]^2}$$

$$10^{10.69} = \frac{5 \times 10^{-3}}{[Ca^{2+}]^2} \qquad [Ca^{2+}] = 3.2 \times 10^{-7} mol/L$$

$$pCa = 6.5$$

（4）化学计量点后　当加入的 EDTA 溶液体积为 20.02mL 时（误差+0.1%）：

$$[Y]_{总} = \frac{0.02 \times 0.01000}{20.00 + 20.02} = 5.0 \times 10^{-6} (mol/L)$$

$$10^{10.69} = \frac{5 \times 10^{-3}}{[Ca^{2+}] \times 5 \times 10^{-6}}$$

$$[Ca^{2+}] = 10^{-7.69} mol/L$$

$$pCa = 7.69$$

按上述各步同样的方法，可求出不同滴定剂加入体积时的 pCa 值，所得数据列于表 3-13。

表 3-13　pH=12 时用 0.01000mol/L EDTA 标准滴定溶液滴定 20.00mL 0.01000mol/L Ca^{2+} 溶液中 pCa 的变化

EDTA 加入量		被滴定的分数/%	EDTA 过量的分数/%	pCa	
0mL	0%			2.0	
10.80mL	90.0%	90.0		3.3	
19.80mL	99.0%	99.0		4.3	
19.98mL	99.9%	99.9		5.3	突
20.00mL	100.0%	100.0		6.5	跃 范
20.02mL	100.1%		0.1	7.7	围
20.20mL	101.0%		1.0	8.7	
40.00mL	200.0%		100	10.7	

根据表 3-13 中所列数据，以 pCa 值为纵坐标，以加入 EDTA 体积为横坐标作图，得到滴定曲线，如图 3-13 所示。可以看出，在 pH＝12 时，用 0.01000mol/L EDTA 标准滴定溶液滴定 20.00mL 0.01000mol/L Ca^{2+}，计量点时 pCa 为 6.5，滴定突跃的 pCa 为 5.3～7.7。滴定突跃较大，可以准确滴定。

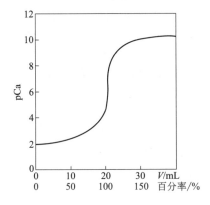 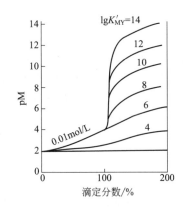

图 3-13　pH＝12 时 0.01000mol/L
EDTA 标准滴定溶液滴定 20.00mL
0.01000mol/L Ca^{2+} 溶液的滴定曲线

图 3-14　不同 lgK'_{MY} 的滴定曲线　　　47. 配位滴定曲线

2. 影响滴定突跃大小的主要因素

配位滴定中滴定突跃越大，就越容易准确地指示终点。上述计算结果表明，配合物的条件稳定常数和被滴定金属离子的浓度是影响突跃范围的主要因素。

（1）配合物的条件稳定常数对滴定突跃的影响　图 3-14 是金属离子浓度一定的情况下，不同 lgK'_{MY} 时的滴定曲线。由图可以看出：配合物的条件稳定常数 lgK'_{MY} 越大，滴定突跃（ΔpM）越大。由此可知，决定配合物条件稳定常数 lgK'_{MY} 大小的因素首先就是绝对稳定常数（lgK_{MY}），但对某一指定金属离子而言，绝对稳定常数 lgK_{MY} 是一常数，此时溶液酸度、配位掩蔽剂及其他辅助配位剂将直接影响条件稳定常数 lgK'_{MY}。

① 酸度　酸度增加，lg$\alpha_{Y(H)}$ 变大，lgK'_{MY} 变小，因此滴定突跃变小。

② 其他配位剂的配位作用　滴定过程中加入掩蔽剂、缓冲溶液等辅助配位剂，会增大 lg$\alpha_{M(L)}$ 值，使 lgK'_{MY} 变小，因此滴定突跃变小。

（2）浓度对滴定突跃的影响　图 3-15 是用 EDTA 滴定不同浓度溶液时的滴定曲线，可以看出，金属离子浓度（c_M）越大，滴定曲线起点越低，因此滴定突跃越大。

3. 提高配位滴定选择性的方法

由于 EDTA 能与大多数金属离子形成稳定的配合物，而在被滴定的试液中往往同时存在多种金属离子，这样，在滴定时可能彼此干扰。如何提高配位滴定的选择性，是配位滴定要解决的重要问题。为了减小或消除共存离子的干扰，在实际滴定中，常采用下列几种方法。

（1）控制溶液的酸度　不同的金属离子与 EDTA 所形成的配合物的稳定常数是不相同的，因此在滴定时所允许的最小 pH 值也不同。若溶液中同时有两种或两种以上的金属离子，它们与 EDTA 所形成的配合物的稳定常数又相差足够大，则控制溶液的酸度，使其只满足滴定某一种离子允许的最小 pH 值，但又不会使该离子发生水解而析出沉淀，此时就只能有一种离子与 EDTA 形成稳定的配合物，其他离子与 EDTA 不发生配位反应，这样就可

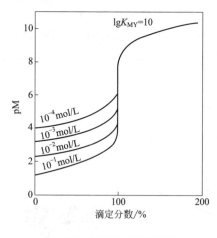

图 3-15   EDTA 滴定不同
浓度溶液时的滴定曲线

以避免干扰。

设溶液中含有能与 EDTA 形成配合物的金属离子 M 和 N，且 $K_{MY} > K_{NY}$，则用 EDTA 滴定时，首先被滴定的是 M。若 K_{MY} 与 K_{NY} 相差足够大，此时可准确滴定 M 离子（若有适当的指示剂），而 N 离子不干扰。滴定 M 离子后，若 N 离子满足单一离子准确滴定的条件，则又可继续滴定 N 离子，此时称 EDTA 可分别滴定 M 和 N。问题是 K_{MY} 与 K_{NY} 相差多少时才能分步滴定？滴定又应在什么样的酸度范围内进行？

用 EDTA 滴定含有离子 M 和 N 的溶液，若 M 未发生副反应，溶液中的平衡关系如下：

$$M + \begin{matrix} & Y & \\ H \swarrow & & \searrow N \\ HY & & NY \\ & \cdots & \\ & H_6Y & \end{matrix} \rightleftharpoons MY$$

当 $K_{MY} > K_{NY}$，且 $\alpha_{Y(N)} \gg \alpha_{Y(H)}$ 的情况下，可推导出：

$$\lg(c_M K'_{MY}) = \lg K_{MY} - \lg K_{NY} + \lg \frac{c_M}{c_N}$$

上式说明，两种金属离子配合物的稳定常数相差越大，被测离子浓度（c_M）越大，干扰离子浓度（c_N）越小，则在 N 离子存在下滴定 M 离子的可能性越大。至于两种金属离子配合物的稳定常数要相差多大才能准确滴定 M 离子，而 N 离子不干扰，决定于所要求的分析准确度和两种金属离子的浓度比（c_M/c_N）及终点和化学计量点 pM 差值（ΔpM）等因素。

由以上讨论可推出，若溶液中只有 M、N 两种离子，当 $\Delta pM = \pm 0.2$ ［目测终点一般有 $\pm(0.2 \sim 0.5)\Delta pM$ 的偏差］，$E_t \leqslant \pm 0.1\%$ 时，要准确滴定 M 离子而 N 离子不干扰，必须使 $\lg(c_M K'_{MY}) \geqslant 6$，即

$$\Delta \lg K + \lg \frac{c_M}{c_N} \geqslant 6$$

上式是判断能否用控制酸度方法准确滴定 M 离子，而 N 离子不干扰的判别式。滴定 M 离子后，若 $\lg(c_N K'_{NY}) \geqslant 6$，则可继续准确滴定 N 离子。

当 $\Delta pM = \pm 0.2$，$E_t \leqslant \pm 0.5\%$ 时，则可用下式判别控制酸度分别滴定的可能性：

$$\Delta \lg K + \lg \frac{c_M}{c_N} \geqslant 5$$

（2）掩蔽和解蔽的方法   当 $\lg K_{MY} - \lg K_{NY} < 5$ 时，采用控制酸度分别滴定已不可能，这时可加入掩蔽剂（masking agent）降低干扰离子的浓度，以消除干扰。掩蔽方法按掩蔽反应类型的不同分为配位掩蔽法、氧化还原掩蔽法和沉淀掩蔽法，其中以配位掩蔽法最多使用。

① 配位掩蔽法   配位掩蔽法在化学分析中应用最广泛，它是通过加入能与干扰离子形成更稳定配合物的配位剂（通称掩蔽剂）掩蔽干扰离子，从而能够更准确地滴定待测离子。例如测定 Al^{3+} 和 Zn^{2+} 共存溶液中的 Zn^{2+} 时，可加入 NH_4F 与干扰离子 Al^{3+} 形成十分稳定的 AlF_6^{3-}，因而消除了 Al^{3+} 的干扰。又如测定水中 Ca^{2+}、Mg^{2+} 总量（即水的总硬度）时，

Fe^{3+}、Al^{3+} 的存在干扰测定，在 pH=10 时加入三乙醇胺，可以掩蔽 Fe^{3+} 和 Al^{3+}，消除其干扰。

采用配位掩蔽法，在选择掩蔽剂时应注意如下几个问题。

a. 掩蔽剂与干扰离子形成的配合物应远比待测离子与 EDTA 形成的配合物稳定（即 $\lg K'_{NY} \gg \lg K'_{MY}$），而且所形成的配合物应为无色或浅色。

b. 掩蔽剂与待测离子不发生配位反应或形成的配合物稳定性远小于待测离子 EDTA 配合物的稳定性。

c. 掩蔽作用与滴定反应的 pH 条件大致相同。例如，已经知道在 pH=10 时测定 Ca^{2+}、Mg^{2+} 总量，少量 Fe^{3+}、Al^{3+} 的干扰可使用三乙醇胺来掩蔽，但若在 pH=1 时测定 Bi^{3+} 就不能再使用三乙醇胺掩蔽，因为 pH=1 时三乙醇胺不具有掩蔽作用。实际工作中，常用的配位掩蔽剂见表 3-14。

表 3-14　常用的配位掩蔽剂

掩蔽剂	被掩蔽的金属离子	pH 值
三乙醇胺	Al^{3+}、Fe^{3+}、Sn^{4+}	10
氟化物	Al^{3+}、Sn^{4+}、Zr^{4+}	>4
乙酰丙酮	Al^{3+}、Fe^{2+}	5~6
邻二氮菲	Cu^{2+}、Co^{2+}、Ni^{2+}、Cd^{2+}、Hg^{2+}	5~6
氰化物	Cu^{2+}、Co^{2+}、Ni^{2+}、Cd^{2+}、Hg^{2+}、Fe^{2+}	10
2,3-二巯基丙醇	Zn^{2+}、Pb^{2+}、Bi^{3+}、Sb^{2+}、Sn^{4+}、Cd^{2+}、Cu^{2+}	
硫脲	Hg^{2+}、Cu^{2+}	
碘化物	Hg^{2+}	

② 氧化还原掩蔽法　可加入一种氧化剂或还原剂改变干扰离子价态，以消除干扰。例如锆铁矿中锆的滴定，由于 Zr^{4+} 和 Fe^{3+} 与 EDTA 配合物的稳定常数相差较小（$\Delta \lg K = 29.9-25.1=4.8$），$Fe^{3+}$ 干扰 Zr^{4+} 的滴定。此时可加入抗坏血酸或盐酸羟胺使 Fe^{3+} 还原为 Fe^{2+}。由于 Fe^{2+} 与 EDTA 配合物的稳定性比 Fe^{3+} 与 EDTA 配合物的稳定性小 $[\lg K(FeY^{2-})=14.3, \lg K(FeY^{-})=25.1]$，因而能掩蔽 Fe^{3+} 的干扰。

③ 沉淀掩蔽法　该法是加入选择性沉淀剂与干扰离子形成沉淀，从而降低干扰离子的浓度，以消除干扰的一种方法。例如在 Ca^{2+}、Mg^{2+} 共存溶液中加入 NaOH，使 pH>12，生成 $Mg(OH)_2$ 沉淀，这时 EDTA 就可直接滴定 Ca^{2+}。

沉淀掩蔽法要求所生成的沉淀溶解度小，沉淀的颜色为无色或浅色，沉淀最好是晶形沉淀，吸附作用小。

由于某些沉淀反应进行得不够完全，造成掩蔽效率有时不太高，加上沉淀的吸附现象，既影响滴定准确度，又影响终点观察。因此，沉淀掩蔽法不是一种理想的掩蔽方法，在实际工作中的应用不多。配位滴定中常用的沉淀掩蔽剂见表 3-15。

④ 解蔽方法　在金属离子配合物的溶液中，加入一种试剂（解蔽剂），将已被 EDTA 或掩蔽剂配位的金属离子释放出来，再进行滴定，这种方法叫解蔽。例如，用配位滴定法测定铜合金中的 Zn^{2+} 和 Pb^{2+}，试液调至碱性后，加 KCN（氰化钾是剧毒物，只允许在碱性溶液中使用！）掩蔽 Cu^{2+}、Zn^{2+}，此时 Pb^{2+} 不被 KCN 掩蔽，故可在 pH=10 时以铬黑 T 为指示剂，用 EDTA 标准滴定溶液进行滴定，在滴定 Pb^{2+} 后的溶液中，加入甲醛破坏 $[Zn(CN)_4]^{2-}$：

$$4HCHO + [Zn(CN)_4]^{2-} + 4H_2O \longrightarrow Zn^{2+} + 4H_2C(OH)(CN) + 4OH^-$$

表 3-15　部分常用的沉淀掩蔽剂

掩蔽剂	被掩蔽离子	被测离子	pH 值	指示剂
氢氧化物	Mg^{2+}	Ca^{2+}	12	钙指示剂
KI	Cu^{2+}	Zn^{2+}	5～6	PAN
氟化物	Ba^{2+}、Sr^{2+}、Ca^{2+}、Mg^{2+}	Zn^{2+}、Cd^{2+}、Mn^{2+}	10	EBT
硫酸盐	Ba^{2+}、Sr^{2+}	Ca^{2+}、Mg^{2+}	10	EBT
铜试剂	Bi^{3+}、Cu^{2+}、Cd^{2+}	Ca^{2+}、Mg^{2+}	10	EBT

原来被 CN^- 配位了的 Zn^{2+} 又释放出来,再用 EDTA 继续滴定。

在实际分析中,用一种掩蔽剂常不能得到令人满意的结果,当有许多离子共存时,常将几种掩蔽剂或沉淀剂联合使用,这样才能获得较好的选择性。但应注意,共存干扰离子的量不能太多,否则得不到满意的结果。

(3)选用其他配位滴定剂　随着配位滴定法的发展,除 EDTA 外又研制了一些新型的氨羧配合物作为滴定剂,它们与金属离子形成配合物的稳定性各有特点,可以用来提高配位滴定法的选择性。

例如,EDTA 与 Ca^{2+}、Mg^{2+} 形成的配合物稳定性相差不大,而 EGTA 与 Ca^{2+}、Mg^{2+} 形成的配合物稳定性相差较大,故可以在 Ca^{2+}、Mg^{2+} 共存时,用 EGTA 选择性滴定 Ca^{2+}。此外,EDTP 与 Cu^{2+} 形成的配合物稳定性高,可以在 Zn^{2+}、Cd^{2+}、Mn^{2+}、Mg^{2+} 共存的溶液中选择性滴定 Cu^{2+}。

当利用控制酸度或掩蔽等方法避免干扰都有困难时,也可用化学分离法把被测离子从其他组分中分离出来。

七、常见配位滴定法及应用

在配位滴定中采用不同的滴定方法,可以扩大配位滴定的应用范围。配位滴定法中,常用的滴定方法有以下几种:

1. 直接滴定法及应用

直接滴定法是配位滴定中的基本方法。这种方法是将试样处理成溶液后,调节至所需的酸度,再用 EDTA 直接滴定被测离子。在多数情况下,直接滴定法引入的误差较小,操作简便、快速。只要金属离子与 EDTA 的配位反应能满足直接滴定的要求,应尽可能地采用直接滴定法。但在以下任何一种情况时,都不宜直接滴定:

(1)待测离子与 EDTA 不形成配合物或形成的配合物不稳定。

(2)待测离子与 EDTA 的配位反应很慢,例如 Al^{3+}、Cr^{3+}、Zr^{4+} 等的配合物虽稳定,但在常温下反应进行得很慢。

(3)没有适当的指示剂,或金属离子对指示剂有严重的封闭或僵化现象。

(4)在滴定条件下,待测金属离子水解或生成沉淀,滴定过程中沉淀不易溶解,也不能用加入辅助配位剂的方法防止这种现象的发生。

实际上大多数金属离子都可采用直接滴定法。例如,测定钙、镁有多种方法,但以直接配位滴定法最为简便。钙、镁联合测定的方法是:先在 pH=10 的氨性溶液中,以铬黑 T 为指示剂,用 EDTA 滴定。由于 CaY 比 MgY 稳定,故先滴定的是 Ca^{2+}。但它们与铬黑 T 配位化合物的稳定性则相反($\lg K_{CaIn}=5.4$,$\lg K_{MgIn}=7.0$),因此当溶液由紫红变为蓝色时,表示 Mg^{2+} 已定量滴定。而此时 Ca^{2+} 早已定量反应,故由此测得的是 Ca^{2+}、Mg^{2+} 总量。另取同量试液,加入 NaOH 调节溶液酸度至 pH>12。此时镁以 $Mg(OH)_2$ 沉淀形式被掩蔽,选用钙指示剂为指示剂,用 EDTA 滴定 Ca^{2+}。由前后两次测定之差,即得到镁含量。

表 3-16 列出部分金属离子常用的 EDTA 直接滴定法示例。

表 3-16　直接滴定法示例

金属离子	pH 值	指示剂	其他主要滴定条件	终点颜色变化
Bi^{3+}	1	二甲酚橙	介质	紫红→黄
Ca^{2+}	12～13	钙指示剂		酒红→蓝
Cd^{2+}、Fe^{2+}、Pb^{2+}、Zn^{2+}	5～6	二甲酚橙	六亚甲基四胺	红紫→黄
Co^{2+}	5～6	二甲酚橙	六亚甲基四胺,加热至 80℃	红紫→黄
Cd^{2+}、Mg^{2+}、Zn^{2+}	9～10	铬黑 T	氨性缓冲液	红→蓝
Cu^{2+}	2.5～10	PAN	加热或加乙醇	红→黄绿
Fe^{3+}	1.5～2.5	磺基水杨酸	加热	红紫→黄
Mn^{2+}	9～10	铬黑 T	氨性缓冲溶液、抗坏血酸、$NH_2OH \cdot HCl$ 或酒石酸	红→蓝
Ni^{2+}	9～10	紫脲酸铵	加热至 50～60℃	黄绿→紫红
Pb^{2+}	9～10	铬黑 T	氨性缓冲溶液,加酒石酸,并加热至 40～70℃	红→蓝
Th^{2+}	1.7～3.5	二甲酚橙	介质	紫红→黄

2. 返滴定法及应用

返滴定法是在适当的酸度下,在试液中加入定量且过量的 EDTA 标准溶液,加热(或不加热)使待测离子与 EDTA 配位完全,然后调节溶液的 pH,加入指示剂,以适当的金属离子标准溶液作为返滴定剂,滴定过量的 EDTA。

返滴定法适用于如下一些情况:

(1) 被测离子与 EDTA 反应缓慢;

(2) 被测离子在滴定的 pH 下会发生水解,又找不到合适的辅助配位剂;

(3) 被测离子对指示剂有封闭作用,又找不到合适的指示剂。

例如,Al^{3+} 与 EDTA 配位反应速率缓慢,而且对二甲酚橙指示剂有封闭作用;酸度不高时,Al^{3+} 还易发生一系列水解反应,形成多种多核羟基配合物。因此 Al^{3+} 不能直接滴定。用返滴定法测定 Al^{3+} 时,先在试液中加入一定量并过量的 EDTA 标准溶液,调节 pH＝3.5,煮沸以加速 Al^{3+} 与 EDTA 的反应(此时溶液的酸度较高,又有过量 EDTA 存在,Al^{3+} 不会形成羟基配合物)。冷却后,调节 pH 值至 5～6,以保证 Al^{3+} 与 EDTA 定量配位,然后以二甲酚橙为指示剂(此时 Al^{3+} 已形成 AlY,不再封闭指示剂),用 Zn^{2+} 标准溶液滴定过量的 EDTA。

返滴定法中用作返滴定剂的金属离子 N 与 EDTA 的配合物 NY 应有足够的稳定性,以保证测定的准确度,但 NY 又不能比待测离子 M 与 EDTA 的配合物 MY 更稳定,否则将发生下列反应(略去电荷),使测定结果偏低:

$$N+MY \Longleftrightarrow NY+M$$

上例中 ZnY^{2-} 虽比 AlY^{3-} 稍稳定($lgK_{ZnY}=16.5$,$lgK_{AlY}=16.1$),但因 Al^{3+} 与 EDTA 配位缓慢,一旦形成,离解也慢。因此,在滴定条件下 Zn^{2+} 不会把 AlY 中的 Al^{3+} 置换出来。但是,如果返滴定时温度较高,AlY 活性增大,就有可能发生置换反应,使终点难以确定。表 3-17 列出了常用作返滴定剂的金属离子和滴定条件。

表 3-17　常用作返滴定剂的金属离子和滴定条件

待测金属离子	pH 值	返滴定剂	指示剂	终点颜色变化
Al^{3+}、Ni^{2+}	5～6	Zn^{2+}	二甲酚橙	黄→紫红
Al^{3+}	5～6	Cu^{2+}	PAN	黄→蓝紫（或紫红）
Fe^{2+}	9	Zn^{2+}	铬黑 T	蓝→红
Hg^{2+}	10	Mg^2、Zn^{2+}	铬黑 T	蓝→红
Sn^{4+}	2	Th^{4+}	二甲酚橙	黄→红

3. 置换滴定法及应用

配位滴定中用到的置换滴定有下列两类：

（1）置换出金属离子　例如 Ag^+ 与 EDTA 配合物不够稳定（$\lg K_{AgY}=7.3$），不能用 EDTA 直接滴定。若在 Ag^+ 试液中加入过量的 $Ni(CN)_4^{2-}$，则会发生如下置换反应：

$$2Ag^+ + Ni(CN)_4^{2-} \longrightarrow 2Ag(CN)_2^- + Ni^{2+}$$

此反应的平衡常数 $\lg K_{AgY}=10.9$，反应进行较完全。在 $pH=10$ 的氨性溶液中，以紫脲酸铵为指示剂，用 EDTA 滴定置换出 Ni^{2+}，即可求得 Ag^+ 含量。

要测定银币试样中的 Ag 与 Cu，通常做法是：先将试样溶于硝酸后，加入氨调溶液的 $pH=8$，以紫脲酸铵为指示剂，用 EDTA 滴定 Cu^{2+}，再用置换滴定法测 Ag^+。

紫脲酸铵是配位滴定 Ca^{2+}、Ni^{2+}、Co^{2+} 和 Cu^{2+} 的一种经典指示剂，强氨性溶液滴定 Ni^{2+} 时，溶液由配合物的紫色变为指示剂的黄色，变色敏锐。由于 Cu^{2+} 与指示剂的稳定性差，只能在弱氨性溶液中滴定。

（2）置换出 EDTA　用返滴定法测定可能含有 Cu、Pb、Zn、Fe 等杂质离子的某复杂试样中的 Al^{3+} 时，实际测得的是这些离子的含量。为了得到准确的 Al^{3+} 量，在返滴定至终点后，加入 NH_4F，F^- 与溶液中的 AlY^- 反应，生成更为稳定的 AlF_6^{3-}，置换出与 Al^{3+} 相当量的 EDTA：

$$AlY^- + 6F^- + 2H^{2+} == AlF_6^{3-} + H_2Y^{2-}$$

置换出的 EDTA，再用 Zn^{2+} 标准溶液滴定，由此可得 Al^{3+} 的准确含量。

锡的测定也常用此法。如测定锡-铅焊料中锡、铅含量，试样溶解后加入一定量并过量的 EDTA，煮沸，冷却后用六亚甲基四胺调节溶液 pH 值至 5～6，以二甲酚橙作指示剂，用 Pb^{2+} 标准溶液滴定 Sn^{4+} 和 Pb^{2+} 的总量。然后再加入过量的 NH_4F，置换出 SnY 中的 EDTA，再用 Pb^{2+} 标准溶液滴定，即可求得 Sn^{4+} 的含量。

48. 常见配位滴
定法及应用

置换滴定法不仅能扩大配位滴定法的应用范围，还可以提高配位滴定法的选择性。

4. 间接滴定法及应用

有些离子和 EDTA 生成的配合物不稳定，如 Na^+、K^+ 等；有些离子和 EDTA 不配位，如 SO_4^{2-}、PO_4^{3-}、CN^-、Cl^- 等阴离子。这些离子可采用间接滴定法测定。表 3-18 列出常用的部分离子的间接滴定法以供参考。

表 3-18　常用的部分离子的间接滴定法

待测离子	主　要　步　骤
K^+	沉淀为 $K_2Na[Co(NO_2)_6] \cdot 6H_2O$，经过滤、洗涤、溶解后测出其中的 Co^{3+}
Na^+	沉淀为 $NaZn(UO_2)_3Ac_9 \cdot 9H_2O$

续表

待测离子	主　要　步　骤
PO_4^{3-}	沉淀为 $MgNH_4PO_4 \cdot 6H_2O$，沉淀经过滤、洗涤、溶解，测定其中 Mg^{2+}，或测定滤液中过量的 Mg^{2+}
S^{2-}	沉淀为 CuS，测定滤液中过量的 Cu^{2+}
SO_4^{2-}	沉淀为 $BaSO_4$，测定滤液中过量的 Ba^{2+}，用 Mg—Y 铬黑 T 作指示剂
CN^-	加一定量并过量的 Ni^{2+}，使形成 $[Ni(CN)_4]^{2-}$，测定过量的 Ni^{2+}
Cl^-、Br^-、I^-	沉淀为卤化银，过滤，滤液中过量的 Ag^+ 与 $[Ni(CN)_4]^{2-}$ 置换，测定置换出的 Ni^{2+}

习　题

一、单选题

1. 直接与金属离子配位的 EDTA 形式为 （　　）。

A. H_6Y^{2+}　　　　　B. H_4Y　　　　　C. H_2Y^{2-}　　　　　D. Y^{4-}

2. 一般情况下，EDTA 与金属离子形成的配合物的配合比是 （　　）。

A. $1:1$　　　　　B. $2:1$　　　　　C. $1:3$　　　　　D. $1:2$

3. 铝盐药物的测定常用配位滴定法。加入过量 EDTA，加热煮沸片刻后，再用标准锌溶液滴定。该滴定方式是 （　　）。

A. 直接滴定法　　　B. 置换滴定法　　　C. 返滴定法　　　D. 间接滴定法

4. $\alpha_{M(L)} = 1$，表示 （　　）。

A. M 与 L 没有副反应　　　　　B. M 与 L 的副反应相当严重

C. M 的副反应较小　　　　　D. $[M] = [L]$

5. 用 EDTA 直接滴定有色金属离子 M，终点所呈现的颜色是 （　　）。

A. 游离指示剂的颜色　　　　　B. EDTA 与 M 配合物的颜色

C. 指示剂与 M 配合物的颜色　　　D. 上述 A+B 的混合色

6. 下列叙述中，错误的是 （　　）。

A. 酸效应使配合物的稳定性降低　　　B. 共存离子使配合物的稳定性降低

C. 配位效应使配合物的稳定性降低　　　D. 各种副反应均使配合物的稳定性降低

7. 用 Zn^{2+} 标准溶液标定 EDTA 时，体系中加入六亚甲基四胺的目的是 （　　）。

A. 中和过多的酸　　B. 调节 pH 值　　C. 控制溶液的酸度　　D. 起掩蔽作用

8. 在配位滴定中，直接滴定法的条件包括 （　　）。

A. pH$\leqslant$8　　　　　　B. 溶液中无干扰离子

C. 有变色敏锐、无封闭作用的指示剂　　　D. 反应在酸性溶液中进行

9. 测定水中钙硬时，Mg^{2+} 的干扰是用 （　　） 消除的。

A. 控制酸度法　　　B. 配位掩蔽法　　　C. 氧化还原掩蔽法　　D. 沉淀掩蔽法

10. 配位滴定中加入缓冲溶液的原因是 （　　）。

A. EDTA 配位能力与酸度有关　　　　　B. 金属指示剂有其使用的酸度范围

C. EDTA 与金属离子反应过程中会释放出 H^+　　　D. 会随酸度改变而改变

11. 产生金属指示剂的僵化现象是因为 （　　）。

A. 指示剂不稳定　　B. MIn 溶解度小　　C. $K'_{MIn} < K'_{MY}$　　　D. $K'_{MIn} > K'_{MY}$

12. 已知 $M_{ZnO} = 81.38 \text{g/mol}$，用它来标定 0.02mol 的 EDTA 溶液，宜称取 ZnO 为 （　　）。

A. 4g　　　　　B. 1g　　　　　C. 0.4g　　　　　D. 0.04g

13. 某溶液主要含有 Ca^{2+}、Mg^{2+} 及少量 Al^{3+}、Fe^{3+}，今在 pH=10 时加入三乙醇胺后，用 EDTA 滴定，用铬黑 T 为指示剂，则测出的是 （　　）。

A. Mg^{2+} 的含量　　　　　　　　B. Ca^{2+}、Mg^{2+} 的含量

C. Al^{3+}、Fe^{3+} 的含量　　　　　D. Ca^{2+}、Mg^{2+}、Al^{3+}、Fe^{3+} 的含量

二、填空题

1. EDTA 在水溶液中有_____种存在形式，只有_____能与金属离子直接配位。

2. 溶液的酸度越大，Y^{4-} 的分布分数越_____，EDTA 的配位能力越_____。

3. EDTA 与金属离子之间发生的主反应为_____，配合物的稳定常数表达式为_____。

4. 化学计量点之前，配位滴定曲线主要受_____效应影响；化学计量点之后，配位滴定曲线主要受_____效应影响。

5. 配位滴定中，滴定突跃的大小决定于_____和_____。

6. 指示剂与金属离子的反应：In(蓝)＋M══MIn(红)。滴定前，向含有金属离子的溶液中加入指示剂时，溶液呈_____色；随着 EDTA 的加入，当到达滴定终点时，溶液呈_____色。

7. 当被测离子与 EDTA 配位缓慢或在滴定的 pH 下水解，或对指示剂有封闭作用时，可采用_____。

三、判断题

1. 金属指示剂是指示金属离子浓度变化的指示剂。　　　　　　　　　　　　（　　）

2. 造成金属指示剂封闭的原因是指示剂本身不稳定。　　　　　　　　　　　（　　）

3. EDTA 滴定某金属离子有一允许的最高酸度（pH 值），溶液的 pH 再增大就不能准确滴定该金属离子了。　　　　　　　　　　　　　　　　　　　　　　　　　（　　）

4. 用 EDTA 配位滴定法测水泥中的氧化镁含量时，不用测钙镁总量。　　　（　　）

5. 金属指示剂的僵化现象是指滴定时终点没有出现。　　　　　　　　　　　（　　）

6. 在配位滴定中，若溶液的 pH 值高于滴定 M 的最小 pH 值，则无法准确滴定。（　　）

7. EDTA 酸效应系数 $\alpha_{Y(H)}$ 随溶液 pH 值变化而变化。pH 值低，则 $\alpha_{Y(H)}$ 值高，对配位滴定有利。　　　　　　　　　　　　　　　　　　　　　　　　　　　　　（　　）

8. 滴定 Ca^{2+}、Mg^{2+} 总量时要控制 pH≈10，而滴定 Ca^{2+} 分量时要控制 pH 为 12～13。　　　　　　　　　　　　　　　　　　　　　　　　　　　　　　　　　（　　）

四、计算题

1. 在 Bi^{3+} 和 Ni^{2+} 均为 0.01mol/L 的混合溶液中，试求以 EDTA 溶液滴定时所允许的最小 pH 值。能否采取控制溶液酸度的方法，实现二者的分别滴定？

2. 在 pH＝10 的氨缓冲溶液中，滴定 100.0mL 含 Ca^{2+}、Mg^{2+} 的水样，消耗 0.01016mol/L 的 EDTA 标准溶液 15.28mL。另取 100.0mL 水样，用 NaOH 处理，使 Mg^{2+} 生成 $Mg(OH)_2$ 沉淀，滴定时消耗 EDTA 标准溶液 10.43mL，计算水样中 $CaCO_3$ 和 $MgCO_3$ 的含量（以 $\mu g/mL$ 表示）。

3. 以铬黑 T 为指示剂，在 pH＝9.60 的 NH_3-NH_4Cl 缓冲溶液中，以 0.02mol/L EDTA 溶液滴定同浓度的 Mg^{2+}，当铬黑 T 发生颜色转变时，ΔpM 值为多少？

4. 取 100.0mL 水样，以铬黑 T 为指示剂，在 pH＝10 时用 0.01060mg/L EDTA 溶液滴定，消耗 31.30mL。另取 100.0mL 水样，加 NaOH 使 pH＝12，Mg^{2+} 生成 $Mg(OH)_2$ 沉淀，用 EDTA 溶液 19.20mL 滴定至钙指示剂变色为终点。计算水的总硬度（以 mg/L CaO 表示）及水中钙和镁的含量（以 mg/L CaO 和 mg/L MgO 表示）。

项目四
烃

烃是碳氢化合物的简称，是把"碳"中的"火"和"氢"中的"圣"合写而成的。根据其结构不同又可分成不同类型。

脂肪烃类：开链的烃叫作脂肪烃。

脂环烃类：环状的烃叫作脂环烃。

烷烃：分子中只含有 C—C 单键和 C—H 单键的脂肪烃。

环烷烃：分子中只含有 C—C 单键和 C—H 单键的脂环烃。

烯烃：分子中含有 C＝C 双键的烃。

炔烃：分子中含有 C≡C 三键的烃。

烃的分类见图 4-1。

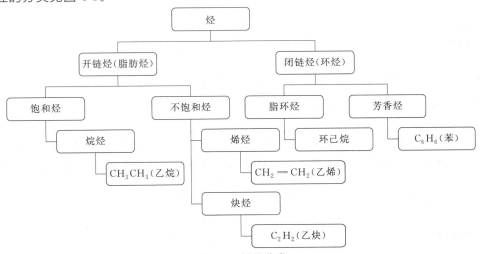

图 4-1　烃的分类

烃的最重要来源是石油和天然气，以及炼焦过程中产生的煤焦油。有的烃存在于植物中，例如烟叶上的蜡、番茄和胡萝卜中的色素、天然橡胶等都是烃，蜂蜡中也含有烃。烃的最重要用途是作为交通运输和工业的动力，以及生活用的燃料，如汽油、柴油、液化石油气、沼气等，还有是作为化学工业的原料。石油化学工业所生产的烃类原料主要有乙烯、丙烯、苯、甲苯、二甲苯、丁烯、乙炔、萘等,进一步加工得到的原料有丁二烯、乙苯、异丙苯、苯乙烯、环己烷等。利用这些烃类原料可再加工成各种中间产物或产物，如塑料、橡胶、纤维、去污剂、染料、药物、杀虫剂、溶剂等。烃的另一种用途是作润滑油,还可以用来培养细菌，食用烃的细菌排泄出的蛋白质，可用作饲料。烃类的重要性可以同碳水化合物和蛋白质相比。加工应用烃类化合物的规模和深度可以反映一个国家经济和技术的发展程度。

知识目标

1. 了解烷烃、烯烃、炔烃、环烷烃、芳烃的基本物理性质。
2. 了解不同烃类的结构差异、同分异构现象。
3. 掌握烃类化合物的取代反应、氧化反应、加成反应、聚合反应等。
4. 掌握环己烷和取代环己烷的优势构象。
5. 掌握苯环上取代基的定位规律及其应用。
6. 掌握不同有机物的鉴别、分离和合成方法。

能力目标

1. 能正确地写出烃类有机物的名称和结构式。
2. 能根据反应条件正确书写典型化学反应的产物。
3. 能熟练应用定位基规律设计正确的合成路线。
4. 能识别常见的有机反应玻璃仪器。
5. 能测定有机物的熔、沸点。

任务一　甲烷及烷烃的识用

 任务引领

甲烷分子式 CH_4，分子量 16.04，是最简单的有机化合物。甲烷在自然界分布很广，是天然气、煤气等的主要成分，无色，无味，难溶于水，具有可燃性，和空气组成适当比例混合气时，遇火花会发生爆炸。

一般条件下甲烷不与其他物质反应，但在适当条件下能发生氧化、卤代、热解等反应。工业上甲烷主要用于制造乙炔、经转化制取氢气、合成氨及作为有机合成的原料，也用来制备炭黑、一氯甲烷、二氯甲烷、氯仿、四氯化碳等。甲烷可直接用作燃料，工业上主要由天然气获得，实验室中可用无水乙酸钠和碱石灰共热制得。

任务准备

1. 什么是通式、系差、同系物？
2. 常见的玻璃仪器有哪些？
3. 烷烃的同分异构体如何书写及命名？
4. 烷烃具有哪些化学性质？

 相关知识

一、有机化合物概念与分类

1. 有机化合物和有机化学

有机化学作为一门科学是在 19 世纪产生的。但是，有机化合物在生活和生产中的应用则由来已久。据我国《周礼》记载，早在周朝就设有专官管理染色、酿酒和制醋工作，周王时代已知用胶，汉朝时代发明造纸等。虽然人类制造和使用有机物质已有很长的历史，但是对纯粹有机物的认识却是近代的事。例如，在 1769~1785 年间，人类获得了许多有机酸，如酒石酸、苹果酸、柠檬酸、没食子酸、乳酸、尿酸和草酸等。1773 年由尿中离析了尿素，1805 年从鸦片中提取了第一个生物碱——吗啡。早在 19 世纪初，人们认为这些化合物是在生物体内生命力的影响下生成的，所以有别于从没有生命的矿物中得到的化合物，因此把前者叫作有机化合物，而后者则叫作无机化合物，从此有了有机化合物和有机化学的名称。

有机化合物：含碳的化合物，确切地说是烃及其衍生物。烃是指仅由碳、氢两种元素组成的化合物。烃衍生物是指烃类化合物上的氢被其他基团取代了的化合物。

有机化学：研究含碳化合物的结构、性质和合成方法的化学。

有机化合物的特性：

① 具有可燃性；

② 熔点低；

③ 难溶于水，易溶于有机溶剂；

④ 反应速率慢；

⑤ 反应产物复杂，常有副反应发生，产率低；

⑥ 异构现象普遍存在。

分子式相同的不同化合物叫异构体，这种现象叫异构现象，有机化合物中普遍存在着多种异构现象，如构造异构、顺反异构、对映异构、构象异构等。

2. 有机化合物的分类

有机化合物数量庞大，为了便于学习和研究，对有机化合物进行分类是十分必要的。一般分类方法有两种，一种是按碳架分类，另一种是按官能团分类。

（1）按碳架分类

① 开链化合物　这类化合物中的碳原子互相连接成链状的碳架，由于长链化合物最初在油脂中发现，所以这类化合物又叫脂肪族化合物，例如：$H_3C—CH_2—OH$、$H_3C—CH_2—O—CH_2—CH_3$。

② 碳环化合物　这类化合物分子中含有完全由碳原子组成的环，根据环中碳原子的连接方式又可以分为以下三类：

a. 脂环化合物　它们的性质与脂肪族化合物相似，例如：

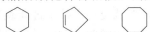

b. 芳香族化合物　这类化合物分子中大多含有苯环，它们具有与脂肪族和脂环族不同的性质，例如：

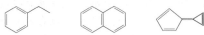

c. 杂环化合物　这类化合物分子中的环除碳原子外，还有其他元素的原子，如氧、氮、

硫等，例如：

噻吩　　　　　　　吡啶　　　　　　四氢呋喃

（2）按官能团分类　有机化合物中，含有相同官能团的化合物化学性质相似，因此，通常将含有相同官能团的化合物归为一类。有机化合物中常见的官能团及其分类见表 4-1。

表 4-1　有机化合物中常见的官能团及其分类

有机化合物类别	官能团结构	官能团名称	化合物实例
烯烃	$\diagup C=C \diagdown$	碳碳双键	$H-\overset{H}{\underset{}{C}}=\overset{H}{\underset{}{C}}-H$ 乙烯
炔烃	$-C\equiv C-$	碳碳三键	$H-C\equiv C-H$ 乙炔
卤代烃	$-X$	卤素	CH_3CH_2-Cl 氯乙烷
醇	$-OH$	醇羟基	CH_3CH_2-OH 乙醇
酚	$-OH$	酚羟基	⬡$-OH$ 苯酚
醚	$-\overset{|}{C}-O-\overset{|}{C}-$	醚键	$CH_3CH_2-O-CH_2CH_3$ 乙醚
醛	$-\overset{O}{\overset{\|}{C}}-H$	醛基	$CH_3-\overset{O}{\overset{\|}{C}}-H$ 乙醛
酮	$\diagup C=O$	酮基（羰基）	$CH_3-\overset{O}{\overset{\|}{C}}-CH_3$ 丙酮
羧酸	$-\overset{O}{\overset{\|}{C}}-OH$	羧基	$CH_3-\overset{O}{\overset{\|}{C}}-OH$ 乙酸
硝基化合物	$-NO_2$	硝基	⬡$-NO_2$ 硝基苯
胺	$-NH_2$	氨基	CH_3-NH_2 甲胺
腈	$-C\equiv N$	氰基	CH_3-CN 乙腈
偶氮化合物	$-C-N=N-C-$	偶氮基	⬡$-N=N-$⬡ 偶氮苯
磺酸	$-SO_3H$	磺酸基	⬡$-SO_3H$ 苯磺酸

3. 有机反应的基本类型

化合物分子之间发生化学反应，必然有这些分子中某些化学键的断裂和新的化学键的形成。有机反应中，根据化学键形成方式的不同可以分为三种类型：①自由基反应（free radical reaction）；②离子反应（ionic reaction）；③协同反应（concerted reaction）。

有机化合物绝大多数是共价化合物，以碳与其他非碳原子间共价键的断裂为例，共价键的断裂方式有两种：一种叫均裂，也就是一个共价键断裂时，组成该键的一对电子由键合的两个原子各留一个；另一种叫异裂，成键的一对电子保留在一个原子上，断裂的方式取决于分子结构和反应条件。

均裂产生的带单电子的原子或基团叫自由基（或游离基），按均裂方式进行的反应叫自由基反应。一般自由基反应多在高温、光照或过氧化物存在的条件下进行。

异裂反应产生的则是正、负离子，按异裂方式进行的反应叫离子型反应。它一般是在酸或碱的催化下，或在极性介质中，有机分子通过共价键的异裂形成一个离子型的活性中间体而完成。

离子型反应根据反应试剂的类型不同，又可分为亲电反应（electrophilic reaction）和亲核反应（nucleophilic reaction）两类：

亲电反应是反应试剂很需要电子或"亲近"电子，容易与被反应的化合物中能提供电子的部位发生反应，例如：

$$HBr + RCH = CH_2 \longrightarrow \overset{+}{R}CH-CH_3 + Br^- \longrightarrow \underset{\underset{Br}{|}}{RCHCH_3}$$

亲核反应是试剂能提供电子，容易与底物中较电正性的部位发生反应，例如：

$$:Nu^- + \overset{\delta+}{R}CH_2 \longrightarrow \overset{\delta-}{X} \longrightarrow RCH_2Nu + :X^-$$

协同反应不同于上述两类反应，在反应过程中不生成游离基或离子型活性中间体，其特点是：反应过程中键的断裂与生成是同时发生的。

协同反应往往有一个环状过渡态，不存在中间步骤。例如：

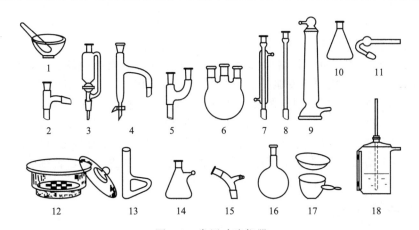

环状过渡态

二、有机化学实验常用玻璃仪器的清点和清洗

1. 常见玻璃仪器的清点、认领

使用前应逐个认识、验收实验中用的全部仪器。常用玻璃仪器见图 4-2。验收时应特别注意仪器是否有破损，对带有活塞、盖子的仪器应检查是否能打开，带有螺旋的铁器应检查螺旋是否能转动等。对验收中发现的问题可按仪器的名称、规格、数量及存在的问题的性质填写在仪器领用单中。

图 4-2 常用玻璃仪器

1—研钵；2—蒸馏头；3—磨口恒压滴液漏斗；4—油水分离器；5— Y 形管；6—三口烧瓶；
7—直形冷凝管；8—空气冷凝管；9—干燥塔；10—锥形瓶；11—磨口干燥管；12—干燥器；
13—提勒管；14—抽滤瓶；15—尾接管；16—圆底烧瓶；17—蒸发皿；18—水蒸气发生器

2. 玻璃仪器的洗涤和干燥

仪器的洗涤是化学实验中最基本的一项操作。仪器洗涤是否符合要求，直接影响实验结果的准确性和可靠性，所以实验前必须将仪器洗涤干净。仪器用过之后要立即清洗，避免残留物质固化，造成洗涤困难。

玻璃仪器的洗涤方法很多，应根据实验要求、污物的性质和沾污的程度来选择洗涤方法。

① 水洗 直接用水刷洗可以洗去水溶性污物，也可刷掉附着在仪器表面的灰尘和不溶性物质。但是这种方法不能洗去玻璃仪器上的有机物和油污。

② 用去污粉、洗衣粉或肥皂洗涤　这种方法可以洗去有机物和轻度油污。洗涤时应对仪器内外壁仔细擦洗，再用水冲洗干净，直到没有细小的去污粉颗粒为止。

③ 用铬酸洗液洗涤　铬酸洗液是等体积的浓硫酸和饱和重铬酸钾溶液混合配制而成，它的强氧化性足以除去器壁上的有机物和油垢。对一些管细、口小、毛刷不能刷洗的仪器，采取这种洗法效果很好。用铬酸洗液清洗时，先用其将仪器浸泡一段时间，对口小的仪器可先往仪器内加入仪器容积 1/5 的洗液，然后将仪器倾斜并慢慢转动仪器，目的是让洗液充分浸润仪器内壁，然后将洗液倒出。如果仪器污染程度很重，采用热洗液效果会更好些，但加热洗液时，要防止洗液溅出，洗涤时也要格外小心，防止洗液外溢，以免灼伤皮肤。洗液具有强腐蚀性，使用时千万不能用毛刷蘸取洗液刷洗仪器。如果不慎将洗液洒在衣物、皮肤或桌面时，应立即用干燥的抹布擦干后再用大量清水冲洗。废的洗液应倒在废液缸里，不能倒入水槽，以免腐蚀下水道。洗液用后，应倒回原瓶，可反复多次使用，多次使用后洗液会变成绿色，这时洗液已不具有强氧化性，不能再继续使用。

④ 用有机溶剂清洗　有些有机反应残留物呈胶状或焦油状，用上述方法较难洗净，这时可根据具体情况采用有机溶剂（如氯仿、丙酮、苯、乙醚等）浸泡，或用稀氢氧化钠、浓硝酸煮沸除去。

已洗净的玻璃仪器应该是清洁透明且内壁不挂水珠。在进行多次洗涤时，使用洗涤液应本着"少量多次"的原则，这样可节约试剂，也能保证洗涤效果。用自来水洗净后，应根据实验要求，有时还需用蒸馏水、去离子水或试剂清洗。

3. 玻璃仪器的干燥

有些实验要求仪器必须是干燥的，根据不同情况，可采用下列方法将仪器干燥。

（1）倒置晾干　对于不急用的仪器，可将仪器插在格栅板上或实验室的干燥架上晾干。

（2）热（冷）风吹干　将仪器倒置控去水分，可用电吹风直接将仪器吹干。若在吹风前用少量有机溶剂（如乙醇、丙酮等）淋洗一下，则干得更快。

（3）加热烘干　将洗净的仪器控去残留水，放在电热干燥箱的隔板上，将温度控制在 105℃左右烘干。一些常用的蒸发皿、试管等器具可直接用火烘干。用火烤试管时，要用试管夹夹住试管，使试管口朝下倾斜在火上烘烤，以免水珠倒流使试管炸裂，并不断移动试管使其受热均匀，不见水珠后，去掉火源，将管口朝上让水蒸气挥发出去。必须指出，在化学实验中，许多情况下并不需要将仪器干燥，如量器、容器等，使用前先用少量溶液润洗 2～3 次，洗去残留水滴即可。带有刻度的计量容器不能用加热法干燥，否则会影响仪器的精度。如需要干燥时，可采用晾干或冷风吹干的方法。

三、烷烃的命名

1. 通式、同系物和系差

碳原子最外层共有 4 个价电子，每个碳原子可以与四个原子成键，如甲烷（CH_4）、乙烷（CH_3-CH_3）、丙烷（$CH_3-CH_2-CH_3$）等。甲烷、乙烷、丙烷、丁烷如下：

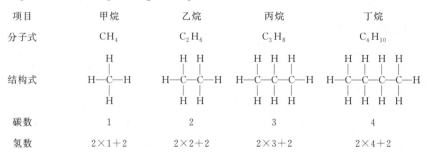

项目	甲烷	乙烷	丙烷	丁烷
分子式	CH_4	C_2H_6	C_3H_8	C_4H_{10}
结构式				
碳数	1	2	3	4
氢数	$2×1+2$	$2×2+2$	$2×3+2$	$2×4+2$

由此可推断出烷烃的分子通式为 C_nH_{2n+2}。

当烷烃失去两个氢原子后，则会形成一个 $C＝C$，转变为烯烃，因此烯烃的分子通式为 C_nH_{2n}。或者成环状结构，即转变为环烷烃，故而环烷烃同烯烃的分子通式相同，为 C_nH_{2n}。

烯烃若进一步失去两个氢原子，原来的双键会进一步变为更不饱和的三键，此时烯烃即转变为炔烃，或者在原烯烃的结构上增加一个双键，成为二烯烃，两者通式均为 C_nH_{2n-2}。

综上所述，能够代表某一类有机物里面任意一个有机物组成的式子，即为该类有机物的通式。

根据各类烃的通式，我们可以发现，任意相差 n 个碳原子的同类烃，分子式相差均为 n 个"CH_2"，这种结构和性质相似，在组成上相差一个或数个"CH_2"的一系列化合物，称为同系列，同系列中的各化合物互为同系物（如甲烷是乙烷的同系物，乙烷是甲烷的同系物，甲烷乙烷互为同系物），其中相差的"CH_2"称为系差。

同系物具有相似的化学性质。其物理性质，如熔沸点、密度、溶解度、折射率等，一般随着分子量的改变呈规律性的变化。一些直链烷烃的物理常数见表4-2。

表 4-2　一些直链烷烃的物理常数

名称	熔点/℃	沸点/℃	相对密度(d_4^{20})	折射率(n_D^{20})
甲烷	−183	−161.5	0.424	—
乙烷	−172	−88.6	0.546	—
丙烷	−188	−42.1	0.501	1.3397
丁烷	−135	−0.5	0.579	1.3562
戊烷	−130	36.1	0.626	1.3577
己烷	−95	68.7	0.659	1.3750
庚烷	−91	98.4	0.684	1.3877
辛烷	−57	125.7	0.703	1.3976
壬烷	−54	150.8	0.718	1.4056
癸烷	−30	174.1	0.730	1.4120
十一烷	−26	195.9	0.740	1.4173
十二烷	−10	216.3	0.749	1.4216

2. 烷烃的同分异构现象

丙烷中的一个氢原子被甲基取代，可得到两种不同的丁烷：

熔点：−138℃　　熔点：−159℃
沸点 : −0.5℃　　沸点 : 11.7℃

这两种不同的丁烷，具有相同的分子式和不同的结构式，互为同分异构体。

同分异构体——分子式相同，结构式不同的化合物。

同分异构现象——分子式相同，结构式不同的现象。

烷烃分子中，随着碳原子数增加，同分异构体迅速增加。同分异构现象是造成有机化合物数量庞大的重要原因之一。烷烃构造异构体的数目见表4-3。

表 4-3 烷烃构造异构体的数目

碳原子数	异构体数	碳原子数	异构体数
4	2	11	159
5	3	13	802
7	9	15	4347
10	75	20	366319

3. 烷烃的命名

（1）烃基的命名

① 伯、仲、叔、季碳及伯、仲、叔氢　与三个氢原子相连的碳原子，叫伯碳原子（第一碳原子、一级碳原子），用 $1°$ 表示。与两个氢原子相连的碳原子，叫仲碳原子（第二碳原子、二级碳原子），用 $2°$ 表示。与一个氢原子相连的碳原子，叫叔碳原子（第三碳原子、三级碳原子），用 $3°$ 表示。与四个碳原子相连的碳原子，叫季碳原子（第四碳原子、四级碳原子），用 $4°$ 表示。连在伯碳上的氢原子叫伯氢原子（一级氢，$1°H$）。连在仲碳上的氢原子叫仲氢原子（二级氢，$2°H$）。连在叔碳上的氢原子叫叔氢原子（三级氢，$3°H$）。

伯碳、仲碳、叔碳、季碳如下：

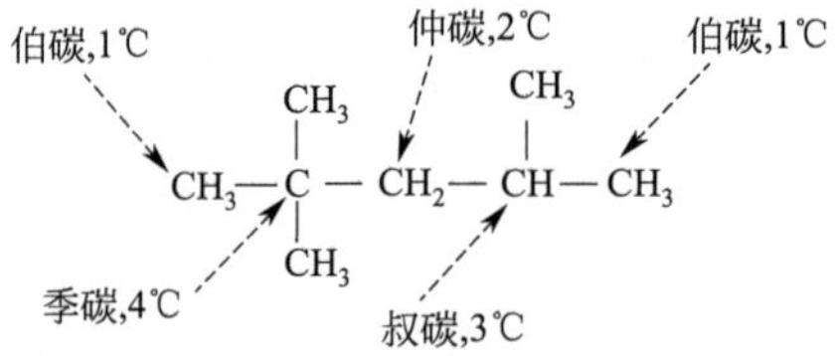

② 烷基　烷烃分子去掉一个氢原子所剩下的基团叫作烷基，用 R 表示。例如：

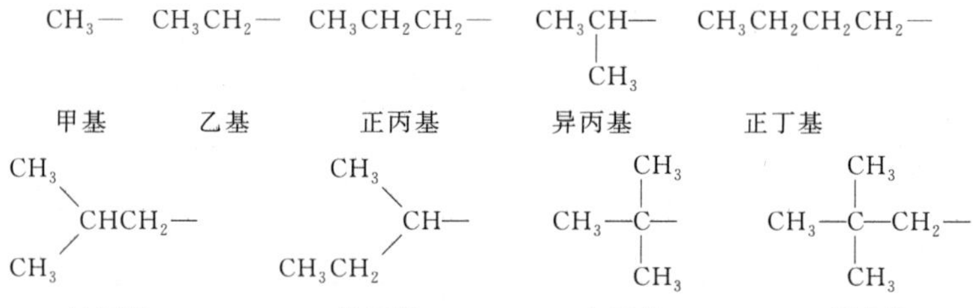

烷基的系统命名法：选择带有自由价碳原子的最长碳链作为主链，根据主链碳原子数称为"某基"。把自由价碳原子作为 1 位，将主链编号，在"某基"的名称之前写出所具有的支链的位号与名称。例如：

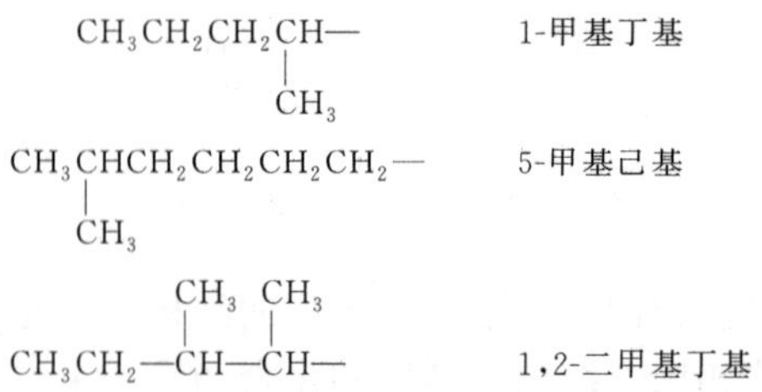

对于带支链的烷基，为了尊重习惯，IUPAC（International Union of Pure and Applied Chemistry，国际纯粹与应用化学联合会）同意保留下列八个烷基的习惯名称：

$$CH_3CH-\quad 异丙基 \qquad\qquad CH_3\overset{\underset{|}{CH_3}}{\underset{|}{C}}-\quad 叔丁基$$

$$\underset{\underset{CH_3}{|}}{CH_3}$$

$$CH_3CHCH_2-\quad 异丁基$$
$$\underset{|}{CH_3}$$

$$CH_3CHCH_2CH_2-\quad 异戊基 \qquad\qquad CH_3CH_2\underset{\underset{CH_3}{|}}{\overset{\overset{CH_3}{|}}{C}}-\quad 叔戊基$$
$$\underset{|}{CH_3}$$

$$CH_3CHCH_2CH_2CH_2-\quad 异己基 \qquad\qquad CH_3\overset{\overset{CH_3}{|}}{\underset{\underset{CH_3}{|}}{C}}CH_2-\quad 新戊基$$
$$\underset{|}{CH_3}$$

$$CH_3CH_2CH-\quad 仲丁基$$
$$\underset{|}{CH_3}$$

烷烃分子去掉两个氢原子所剩下的基团叫作亚烷基，例如：

$$\overset{\diagdown}{\diagup}CH_2 \qquad \overset{\diagdown}{\diagup}CHCH_3 \qquad \overset{\diagdown}{\diagup}C(CH_3)_2 \qquad -CH_2CH_2- \qquad -CH_2CH_2CH_2CH_2CH_2CH_2-$$
亚甲基　　　　亚乙基　　　　亚异丙基　　　1,2-亚乙基　　　　　　1,6-亚己基

烷烃分子去掉三个氢原子所剩下的基团叫作次烷基，例如：

$$-CH \quad 次甲基 \qquad -\overset{\diagup}{C}-CH_3 \quad 次乙基$$

（2）普通命名法　普通命名法亦称为习惯命名法，适用于简单化合物。

对于直链烷烃，叫正某（甲、乙、丙、丁、戊、己、庚、辛、壬、癸、十一、十二等）烷，例如：

49. 烷烃的命名

C—C—C—C—C—C—C—C　　C—C—C—C—C—C—C—C—C—C—C
　　　　正辛烷　　　　　　　　　　　　　正十一烷

对于有支链的烷烃：

① 有 $\overset{C}{\underset{C}{}}C-$ （异丙基）结构片段者叫异某烷。

② 有 $C-\overset{\overset{C}{|}}{\underset{\underset{C}{|}}{C}}-C-$ （叔丁基）结构片段者叫新某烷。例如：

$$CH_3-\underset{\underset{CH_3}{|}}{CH}-CH_2-CH_2-CH_3 \qquad\qquad CH_3-\overset{\overset{CH_3}{|}}{\underset{\underset{CH_3}{|}}{C}}-CH_2-CH_2-CH_3$$
　　　　　　　　异己烷　　　　　　　　　　　　　　新庚烷

（3）衍生物命名法　衍生物命名法适用于简单化合物。命名时，以甲烷为母体，选择取代基最多的碳为甲烷的碳原子，例如：

$$CH_3-\underset{\underset{CH_3}{|}}{CH}-CH_2CH_3 \qquad\qquad CH_3-\overset{\overset{CH_3}{|}}{\underset{\underset{CH_3}{|}}{C}}-CH_3$$
　　　二甲基乙基甲烷　　　　　　　　　四甲基甲烷

（4）系统命名法　IUPAC命名规则顺口溜：最长碳链作主链，主链需含官能团；支链近端为起点，阿拉伯数依次编；两条碳链一样长，支链多的为主链；主链单独先命名，支链定位名写前；相同支链要合并，不同支链简在前；两端支链一样远，编数较小应挑选。

① 直链烷烃　与普通命名法相似，省略"正"字，例如：

$$CH_3CH_2CH_2CH_2CH_3 \quad 戊烷$$

② 有支链时　取最长碳链为主链，对主链上的碳原子编号，从距离取代基最近的一端开始编号，用阿拉伯数字表示位次，例如：

C
｜
C—C—C—C—C　　　　C—C—C
　　　　　　　　　　　　　　｜
　　　　　　　　　　　　　C—C—C

2-甲基戊烷　　　　3-甲基己烷

③ 多支链时　合并相同的取代基，用汉字一、二、三等表示取代基的个数，用阿拉伯数字 1、2、3 等表示取代基的位次，按次序（简单在前，复杂在后）命名，例如：

CH₃
｜
CH₃CH₂C—CHCH₂CH₂CH₃　　　3,3-二甲基-4-乙基庚烷
｜
CH₃CH₂CH₃

④ 其他情况

a. 含多个长度相同的碳链时，选取代基最多的链为主链，例如：

CH₃CH₂CH—CHCH₂CH₃　　　2,5-二甲基-3,4-二乙基己烷
｜　　　　｜
CH₃CH　CHCH₃
｜　　　｜
CH₃　　CH₃

b. 在保证从距离取代基最近一端开始编号的前提下，尽量使取代基的位次和最小，例如：

CH₃　CH₃
｜　　｜
CH₃CCH₂CHCH₃　　　2,2,4-三甲基戊烷
｜
CH₃

四、甲烷及烷烃的性质识用

1. 甲烷和烷烃的结构

有机化合物的链烃分子中，只含有碳碳单键和碳氢键的化合物称为烷烃。甲烷是最简单的烷烃。

（1）甲烷的分子结构　实验证明，甲烷的分子不是平面构型，而是正四面体构型，即四个氢原子位于正四面体的四个顶点，碳原子位于正四面体的中心，四个 C—H 键长都为 0.109nm，所有键角∠H—C—H 都是 109.5°。甲烷构型见图 4-3。

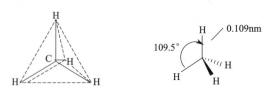

50. 甲烷的分子结构

图 4-3　甲烷的正四面体构型

甲烷的正四面体构型可用杂化轨道理论加以解释。碳原子的基态电子排布是（$1s^2 2s^2 2p_x^1 2p_y^1 2p_z^0$），碳原子在与其他四个氢原子结合时，一个 s 轨道与三个 p 轨道经过杂化后，形成四个等同的 sp^3 杂化轨道，彼此间夹角为 109.5°。当它们分别与四个氢原子的 s 轨道重叠时，就形成了四个完全等同的 C—H σ 键。

（2）烷烃的结构

① 碳原子轨道的 sp^3 杂化：

$$C:2s^2\ 2p^2\quad \uparrow\!\!\downarrow\quad\uparrow\quad\uparrow\quad—$$

实验事实：

a. CH_2 性质极不稳定，非常活泼，有形成 4 价化合物的倾向；

b. CO 也很活泼，具有还原性，易被氧化成 4 价的 CO_2，而 CH_4 和 CO_2 的性质都比较稳定；

c. CH_4 中的 4 个 C—H 键完全相同。

可见：C 有形成 4 价化合物的趋势，即在绝大多数有机物中，C 都是 4 价。

51. sp^3 杂化

对实验事实的解释：

杂化的结果：

a. sp^3 轨道具有更强的成键能力和更大的方向性：

b. 4 个 sp^3 杂化轨道间取最大的空间距离为正四面体构型，键角为 $109.5°$ 构型——原子在空间的排列方式。

c. 四个轨道完全相同。

② σ 键的形成及其特性　因为 CH_4 中的 4 个杂化轨道为正四面体构型（sp^3 杂化），所以氢原子只能从正四面体的四个顶点进行重叠（因为顶点方向电子云密度最大），形成 4 个 σ_{sp^3-s} 键（图 4-4）。

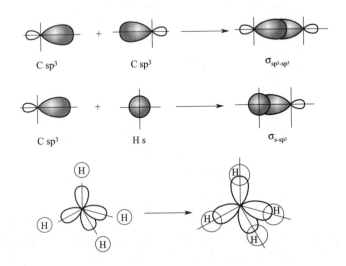

图 4-4　σ 键的形成

σ 键的电子云围绕两核间连线呈圆柱体轴对称，可自由旋转。乙烷和丙烷分子中的碳原子也都采取 sp^3 杂化：

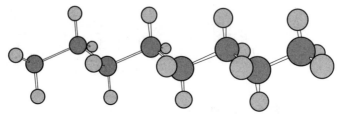

乙烷   丙烷

由于 $\underset{C}{\overset{C}{\diagdown}}C$ 键角不是 180°，而是 109.5°，所以烷烃中的碳链是锯齿形的，而不是直线型：

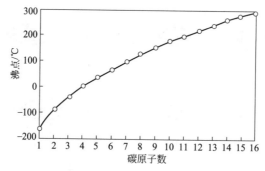

52. 甲烷的化学键

σ键的特点：

a. σ键电子云重叠程度大，键能大，不易断裂；

b. σ键可自由旋转（成键原子绕键轴的相对旋转不改变电子云的形状）；

c. 两核间不能有两个或两个以上的σ键。

2. 烷烃的物理性质

直链烷烃的物理性质见表 4-2。

（1）沸点　沸点即化合物的蒸气压等于外压（0.1MPa）时的温度。

烷烃的沸点随分子量的增加而有规律地增加，直链烷烃的沸点与分子中所含碳原子数的关系见图 4-5。

图 4-5　直链烷烃的沸点与分子中所含碳原子数的关系

① 每增加一个 CH_2，沸点的升高值随分子量的增加而减小，例如：

CH_4　　　沸点：-162℃　　　　　　C_2H_6　　沸点：-88℃　　　（沸点差为 74℃）

$C_{14}H_{30}$　　沸点：-251℃　　　　　　$C_{15}H_{32}$　沸点：-268℃　　（沸点差为 17℃）

原因：分子间色散力（瞬间偶极间的吸引力）与分子中原子的大小和数目成正比，分子量增加，色散力也增加，因而沸点升高。

② 正构烷烃沸点高，随着支链增多，沸点降低，例如：

正戊烷　沸点：36℃　　　异戊烷　沸点：28℃　　　新戊烷　沸点：9.5℃

原因：支链多的烷烃体积松散，分子间距离大，色散力小，故沸点降低。

（2）熔点　当在一定压力下，外界温度升高使得分子动能能够克服晶格能时，晶体便可熔化，这个温度即为该物质在该压力下的熔点。

① 烷烃的熔点随分子量的增加而有规律地增加。总趋势是分子量增加，熔点升高。但仔细观察，偶碳数与奇碳数的烷烃构成两条熔点曲线，偶碳数烷烃曲线熔点高，奇碳数烷烃曲线熔点低。直链烷烃的熔点与分子中所含碳原子数的关系见图 4-6。

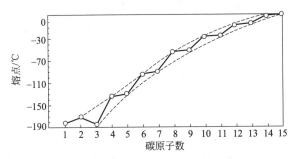

图 4-6　直链烷烃的熔点与分子中所含碳原子数的关系

原因：烷烃在结晶状态时，碳原子排列很有规律，碳链为锯齿形。

a. 以正丁烷为例

偶数碳烷烃分子间距离紧凑，分子间力大，晶格能高，熔点高。

b. 以正戊烷为例

奇数碳烷烃分子间距离松散，分子间力小，晶格能低，熔点低。

② 烷烃的熔点变化除与分子量有关外，还与分子的形状有关。相同分子式的同分异构体，对称性越高，晶格能越大，熔点越高；对称性越差，晶格能越小，熔点越低。

（3）相对密度　随分子量增加，烷烃的相对密度增加，最后接近于 0.8（$d \leqslant 0.8$）。

原因：随着烷烃的分子量增加，其分子间力随之增加，分子间相对距离缩小，最后趋于一极限。

（4）溶解度　烷烃不溶于水，易溶于有机溶剂，如 CCl_4、$(C_2H_5)_2O$、C_2H_5OH 等。

"相似相溶"：烷烃极性小，易溶于极性小的有机溶剂中。

（5）折射率　折射率反映了分子中电子被光极化的程度，折射率越大，表示分子被极化的程度越大。正构烷烃中，随着碳链长度增加，折射率增大。

53. 烷烃的物理性质

3. 烷烃的化学性质

烷烃分子中有 C—C σ 键和 C—H σ 键，这两种键的极性都很小，所以烷烃的化学性质稳定，尤其是直链烷烃更稳定，在常温下与强酸、强碱、强氧化剂、强还原剂及活泼金属都不反应。所以，烷烃的应用很广。如机械零件常用分子量较大的烷烃——凡士林加以保护，以防生锈。活泼的金属钾、钠常浸泡在煤油中，以防与氧气和水蒸气反应。石油醚常用作有机溶剂，石蜡用作药物基质。作为燃料，供汽油机用的汽油、供柴油机用的柴油及供喷气飞机发动机用的航空煤油等，都是不同烷烃的混合物。

烷烃的稳定性是相对的，在一定条件下 σ 键也能发生断裂，如在高温、光照、过氧化物及催化剂的影响下，烷烃也可以发生一些化学反应。

（1）取代反应　烷烃中的氢原子被其他原子或原子团取代的反应称为取代反应。烷烃中的氢原子被氯原子取代的反应称为氯化反应，也称为氯代反应。

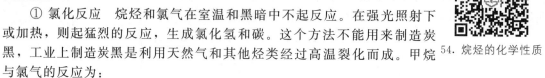

54. 烷烃的化学性质

① 氯化反应　烷烃和氯气在室温和黑暗中不起反应。在强光照射下或加热，则起猛烈的反应，生成氯化氢和碳。这个方法不能用来制造炭黑，工业上制造炭黑是利用天然气和其他烃类经过高温裂化而成。甲烷与氯气的反应为：

$$CH_4 + 2Cl_2 \xrightarrow[\text{漫射光}]{\text{日光}} 4HCl + C$$

这个反应放出大量的热，属于爆炸性的反应，实用价值不大。

如将甲烷与氯气混合，在漫射光或适当加热的条件下，甲烷分子中的氢原子能逐步被氯原子所取代，得到多种氯甲烷和氯化氢的混合物：

$$CH_4 + Cl_2 \longrightarrow \underset{\text{一氯甲烷}}{CH_3Cl} + \underset{\text{二氯甲烷}}{CH_2Cl_2} + \underset{\text{三氯甲烷}}{CHCl_3} + \underset{\text{四氯化碳}}{CCl_4} + HCl$$

该反应很难停留在一个氢原子被取代的阶段，产物通常是四种氯代烷与 HCl 的混合物。但控制反应物中原料的配比或反应时间，可控制产物中的主要成分。甲烷过量很大时，产物主要是一氯甲烷。反应时间短，有利于得到一氯甲烷。

工业上常利用烷烃的氯化反应来制备氯代烷，作为溶剂使用。另外，氯代烷也是洗涤剂、增塑剂、农药等的原料。例如，沸点范围在 240～360℃ 的液体石蜡，氯化后得到的氯化石蜡，可用作聚氯乙烯、橡胶的助增塑剂，以及用作塑料、合成纤维的阻燃剂。

不同的卤素单质与烷烃的反应活性为：$F_2 > Cl_2 > Br_2 > I_2$。

烷烃和 F_2 反应过于猛烈，难以控制。烷烃和 I_2 反应难以进行，因为反应产生的碘化氢为强还原剂，可把生成的碘代烷再还原成烷烃。一般常用 Cl_2 或 Br_2 与烷烃反应。

其他烷烃与氯在一定条件下，也能发生取代反应，但反应产物更复杂。例如，丙烷的一氯代产物有两种。

$$CH_3CH_2CH_3 + Cl_2 \xrightarrow{\text{光照}} \underset{\substack{| \\ Cl \\ 55\% \\ \text{1-氯丙烷}}}{CH_3CH_2CH_2} + \underset{\substack{| \\ Cl \\ 45\% \\ \text{2-氯丙烷}}}{CH_3CHCH_3}$$

大量的实验证明，烷烃不同位置的氢原子被取代的难易程度是不同的。氢原子的反应活性顺序：$3°H > 2°H > 1°H$。这是由于自由基的稳定性不同，烷基自由基的稳定性顺序为：

$$(CH_3)_3C \cdot > (CH_3)_2CH \cdot > CH_3CH_2CH_2 \cdot > CH_3 \cdot$$

② 氯化反应的机理——自由基反应　反应机理是指化学反应所经过的途径或过程，也称为反应历程。反应机理是根据大量的实验事实做出的理论假设。

实验证明，甲烷的氯化反应是典型的自由基反应，反应经过以下三步：

a. 链的引发　在光照或高温下，氯分子吸收能量而发生共价键的均裂，产生两个氯自由基而引发反应：

$$Cl_2 \xrightarrow[\text{或高温}]{\text{光照}} 2Cl \cdot$$

b. 链的增长　氯自由基很活泼，可以夺取甲烷分子中的一个氢原子而生成氯化氢和一个新的自由基——甲基自由基：

$$Cl \cdot + CH_4 \longrightarrow HCl + \cdot CH_3$$

甲基自由基再与氯分子作用，生成一氯甲烷和氯的自由基。反应一步步传递下去，逐步生成二氯甲烷、三氯甲烷和四氯化碳：

$$\cdot CH_3 + Cl_2 \longrightarrow CH_3Cl + Cl\cdot$$
$$CH_3Cl + Cl\cdot \longrightarrow CH_2Cl\cdot + HCl$$
$$CH_2Cl\cdot + Cl_2 \longrightarrow CH_2Cl_2 + Cl\cdot$$
$$\cdots\cdots$$
$$CCl_3\cdot + Cl_2 \longrightarrow CCl_4 + Cl\cdot$$

c. 链的终止　自由基相互结合，从而失去活性，反应逐渐终止：

$$Cl\cdot + Cl\cdot \longrightarrow Cl_2$$
$$CH_3\cdot + CH_3\cdot \longrightarrow CH_3-CH_3$$
$$CH_3\cdot + Cl\cdot \longrightarrow CH_3Cl$$

由于整个反应是由自由基引发的，故称为自由基取代反应机理。

（2）氧化反应　在有机化学中，把有机化合物分子中引入氧或脱去氢的反应，都称为氧化反应。把失去氧或引入氢的反应，称为还原反应。

① 燃烧　在高温下和足量的空气中，烷烃能够燃烧，并放出大量的热。当空气充足时，烷烃全部氧化成二氧化碳和水。1mol 的烷烃完全燃烧所放出的热量，称为该烷烃的燃烧热。烷烃的燃烧热是随着分子量的增加而有规律地增加的。

汽油、煤油、柴油作为燃料，正是利用烷烃燃烧放出的热量使气体膨胀，从而推动活塞使内燃机运转。从理论上讲，燃烧产物只有二氧化碳和水，实际上燃烧废气总含有少量的一氧化碳、炭黑和其他有机物，造成对空气的严重污染。据统计，现在工业、交通排入大气一氧化碳的 70%、烃污染物的 55% 以上是由内燃机排放的。

汽油在燃烧时，往往有爆震现象，这不仅浪费能量，也有损气缸。实践证明，支链多的烷烃比直链烷烃在气缸中的燃烧性能要好，即爆震程度小。经过比较，2,2,4-三甲基戊烷（俗称异辛烷）的燃烧效果较好，人为地将它的抗震性定为 100，即辛烷值为 100。另外，把燃烧效果最差的正庚烷的辛烷值定为 0。在比较各种汽油的燃烧效果时，如果一种汽油的燃烧效果相当于异辛烷时，其辛烷值是 100；如果相当于正庚烷，其辛烷值为 0；如果介于二者之间，相当于异辛烷和正庚烷的某一百分比，这种汽油的辛烷值也可表示出来。越高级的汽油，其辛烷值就越高。

为减小汽油燃烧的爆震现象，以前是在低辛烷值的汽油中添加防爆剂——四乙基铅。只要在每升汽油中加入 0.2~0.6mL 的四乙基铅，就会大幅度提高汽油的辛烷值。但汽车尾气中的铅化物能造成严重的大气污染，我国已有部分大城市禁止使用添加四乙基铅的汽油，全部改用催化异构化汽油，以降低对大气的污染。

② 氧化　烷烃燃烧后的产物含有氧，因此烷烃的燃烧也是氧化反应。不过这种氧化属于深度氧化。如果在燃点以下氧化，会使碳链断裂，生成比原来烷烃碳原子数少的醇、醛、酮、酸等含氧化合物的混合物。但控制一定的条件，可得到较为单一的产物。例如，工业上在 120℃，以高锰酸钾、二氧化锰等锰盐为催化剂，使高级烷烃氧化成高级脂肪酸：

$$RCH_2CH_2R' + O_2 \xrightarrow[KMnO_4]{120℃} RCOOH + R'COOH$$

其中，$C_{12}\sim C_{18}$ 的脂肪酸可直接与氢氧化钠反应，生成高级脂肪酸的钠盐——肥皂。

（3）异构化反应　为了提高汽油的辛烷值，必须对汽油馏分进行加工，使直链烷烃变成支链较多的烷烃，这一过程称为异构化。异构化反应是在催化剂作用下，使烷烃碳骨架重新排列的一种化学反应，在石油化学工业中占有重要的位置。

炼厂气加工过程之一，是以铂-氧化铝或铂-分子筛为催化剂使正构烷烃异构化的过程。

在石油炼厂中，它常用于将炼厂气中的正丁烷异构为异丁烷，作为石油烃烷基化原料，也用于正戊烷、正己烷的异构化，以提高辛烷值（马达法辛烷值分别从 61 和 26 提高到 89 和 73），是炼厂提高汽油辛烷值的较经济的方法。

例如：

$$CH_3CH_2CH_2CH_3 \xrightarrow[\text{铂-氧化铝}]{145\sim205℃、2.1\sim2.8\text{MPa}} CH_3CH(CH_3)CH_3$$

碳原子数较多的直链烷烃，异构化的产物是许多异构体的混合物。反应条件不同时，异构体的比例也不相同。

（4）裂化反应　烷烃在高温和无氧条件下，分子中的碳碳键或碳氢键发生断裂，生成较小的分子，这种反应称为裂化反应。例如：

$$CH_3CH_2CH_2CH_3 \xrightarrow{\text{约}500℃} \begin{cases} CH_4+CH_2=CH-CH_3 \\ CH_3-CH_3+CH_2=CH_2 \\ CH_2=CHCH_2CH_3+H_2 \end{cases}$$

裂化反应在石油化学工业中具有非常重要的意义，其目的就是增产汽油。以硅酸铝为催化剂，在 450～500℃ 下裂化石油高沸点馏分（如重柴油），所得到的汽油称为催化裂化汽油。经过催化裂化得到的汽油比原油直接蒸馏得到的汽油辛烷值高，可直接使用。

把石油在更高的温度下（高于 750℃）进行深度裂化，称为裂解。裂解可以得到更多的乙烯、丙烯等低级烯烃。

裂解和裂化就反应过程而言，都是碳碳键或碳氢键的断裂反应。但裂化是以得到汽油、柴油等油品为主要目的，而裂解是以得到乙烯、丙烯等低级烯烃为主要目的。目前，世界上有许多国家采用不同的石油原料进行裂解，以制备乙烯、丙烯等化工原料，并常常以乙烯的产量来衡量一个国家的石油化学工业的水平。

习　题

一、选择题

1. 下列说法正确的是（　　）。
A. 最简式相同，分子结构不同的有机物一定是同分异构体
B. 分子量相同，分子结构不同的有机物一定互为同分异构体
C. 分子式相同，分子结构相同的有机物互为同分异构体
D. 分子式相同，分子结构不同的有机物互为同分异构体

2. 下列说法正确的是（　　）。
A. 凡是分子组成相差一个或几个 CH_2 原子团的物质，彼此一定是同系物
B. 两种物质组成元素相同，各元素质量分数也相同，则二者一定是同分异构体
C. 分子量相同的几种物质，互称为同分异构体
D. 组成元素的质量分数相同，且分子量相同和结构不同的化合物互称为同分异构体

3. C_6H_{14} 的同分异构体有（　　）个。
A. 3　　　　　　　　B. 4　　　　　　　　C. 5　　　　　　　　D. 6

4. C_7H_{16} 的同分异构体有（　　）个。
A. 6　　　　　　　　B. 7　　　　　　　　C. 8　　　　　　　　D. 9

二、判断题

1. 只含有单键的有机物是烷烃。
（　　）

2. 直链烷烃随分子量增大而发生物态变化。　　　　　　　　　　　（　　）

3. 分子量大的直链烷烃一定比分子量小的直链烷烃熔、沸点高。　　（　　）

4. 相同碳原子数的烷烃，支链多的沸点低。　　　　　　　　　　　（　　）

5. 相同碳原子数的烷烃，支链多的熔点高。　　　　　　　　　　　（　　）

6. 戊烷的同分异构体中，正戊烷的熔点最高。　　　　　　　　　　（　　）

三、简答题

1. 下列哪些是同一化合物？

$$(1)\ CH_3C(CH_3)_2CH_2CH_3$$

$$(2)\ CH_3-\overset{\overset{\displaystyle CH_3}{|}}{\underset{\underset{\displaystyle CH_2-CH_3}{|}}{C}}-CH_3$$

$$(3)\ CH_3CH_2CH_2\underset{\underset{\displaystyle CH_3}{|}}{CH}CH_3$$

$$(4)\ CH_3CH(CH_3)CH_2CH_2CH_3$$

$$(5)\ CH(CH_3)_2CH(CH_3)_2$$

$$(6)\ CH_3-CH_2-\underset{\underset{\displaystyle CH_2-CH_3}{|}}{CH}-CH_3$$

$$(7)\ CH_3CH_2CH(CH_3)CH_2CH_3$$

$$(8)\ CH_3-\underset{\underset{\displaystyle CH_3}{|}}{CH}-\underset{\underset{\displaystyle CH_3}{|}}{CH}-CH_3$$

2. 画出庚烷（C_7H_{16}）的所有碳链异构体。

3. 写出下列结构所代表化合物的 IUPAC 名称。

(1)　(2)　(3)

(4)　(5)　(6)

4. 用衍生物命名法命名下列化合物。

$$(1)\ CH_3CH_2CH_2\underset{\underset{\displaystyle CH_3}{|}}{CH}CH_3$$

$$(2)\ CH_3-\overset{\overset{\displaystyle CH_3}{|}}{\underset{\underset{\displaystyle CH_2-CH_3}{|}}{C}}-CH_3$$

$$(3)\ CH_3-\underset{\underset{\displaystyle CH_3}{|}}{CH}-\underset{\underset{\underset{\displaystyle CH_3}{|}}{\displaystyle CH_2}}{CH}-CH_3$$

$$(4)\ CH_3-CH_2-CH_2-\underset{\underset{\underset{\displaystyle CH_3}{|}}{\displaystyle CH_2}}{CH}-CH_2-CH_3$$

5. 某烷烃分子量为 114，氯代反应只得一种一氯代物，试推测该烷烃的结构式。

6. 分子式为 C_5H_{12} 的烷烃与氯在紫外光照射下反应，产物中的一氯代烷只有一种，写出该烷烃的结构。

任务二　乙烯及烯烃的识用

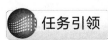
任务引领

　　烯烃是重要的化工原料，工业上主要通过石油裂解的方法制备烯烃，化工企业通常以甲醇通过 MTO 技术制备乙烯，以获取制备聚乙二醇（MEG）单体的原料，有时也利用醇在高温下脱水制取。实验室中主要使用浓硫酸等作为催化剂使醇发生分子内脱水，或利用卤代烃在强碱存在下发生消除反应来制备烯烃。

乙烯是非常重要的基本有机合成原料之一，来源于焦炉气、石油裂解气和炼厂气。不溶于水，略溶于乙醇，溶于乙醚、丙酮、苯中。化学性质活泼，用途非常广泛，是生产乙醇、乙醛、环氧乙烷、聚乙烯、苯乙烯、氯乙烯等重要有机化工产品的原料，用于制造合成纤维、合成橡胶、合成树脂等，并可代替乙炔用于切割和焊接金属。人们通常用乙烯的产量来衡量一个国家的石油化工发展水平。

 任务准备

1. 烯烃为什么性质活泼、容易加成？
2. 如何鉴别乙烷和乙烯？
3. 亲电加成反应的机理是什么？
4. 双烯合成反应产物如何判断？
5. 共轭二烯烃具有哪些特殊的化学性质？

 **相关知识**

一、烯烃

1. 烯烃的同分异构现象

烯烃由于含有碳碳双键，因此它的同分异构现象比烷烃复杂些。乙烯和丙烯无异构体，但从丁烯开始，除了有与烷烃一样的碳链异构外，还有因双键在碳链中的位置不同而产生的官能团位置异构。

此外，由于用双键相连的两个碳原子不能相对自由旋转，还产生了顺反异构。

（1）碳链异构　烯烃中双键的位置不变，而碳链发生了改变，例如：

$$CH_3—CH_2—CH=CH_2 \qquad CH_3—\overset{\overset{\displaystyle CH_3}{|}}{C}=CH_2$$

1-丁烯　　　　　　　2-甲基丙烯

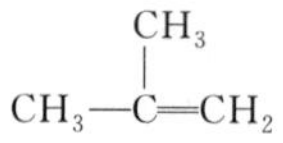

（2）官能团位置异构　烯烃中碳链的连接方式不变，而双键在碳链中的位置发生了改变，例如：

$$CH_3—CH_2—CH=CH_2 \qquad CH_3—CH=CH—CH_3$$

1-丁烯　　　　　　　2-丁烯

（3）顺反异构　由于碳碳双键不能自由旋转，因此当双键的两个碳原子上各连有两个不同的原子或原子团时，四个基团在空间上的排列有两种方式。两个相同的基团在双键同侧，称为"顺式"；两个相同的基团在双键异侧，称为"反式"。

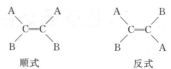

顺式　　　　　　反式

这两种异构体称为顺反异构体，这种现象称为顺反异构现象。这种构造相同，而分子中的原子或原子团在空间的排列方式不同，称为构型异构。顺反异构体在物理性质和化学性质上都是不同的。注意，并不是所有的烯烃都能产生顺反异构体。只要两个双键碳原子中有一个连有两个相同的原子或基团，就不会产生顺反异构体，例如：

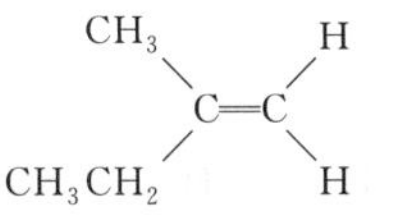

55. 烯烃的同
分异构现象

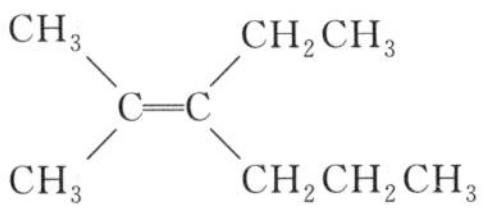

上面两个化合物中，由于（Ⅰ）中一个碳原子连有两个氢原子，（Ⅱ）中一个碳原子连有两个甲基，因此无顺反异构体。

2. 烯烃的命名

（1）普通命名法　少数简单的烯烃常用习惯名称，例如：

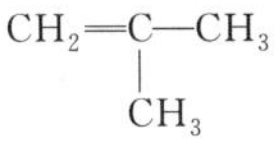

$$CH_2=C-CH_3$$
$$\quad\quad |$$
$$\quad\quad CH_3$$

异丁烯

（2）衍生物命名法　以乙烯为母体，选择 C＝C 双键作为母体乙烯，双键上连的其他原子和基团作为取代基，例如：

$$CH_2=CHCH_3 \qquad\qquad CH_2=C-CH_3$$
$$\qquad\qquad\qquad\qquad\qquad\qquad |$$
$$\qquad\qquad\qquad\qquad\qquad\qquad CH_3$$

甲基乙烯　　　　　　　　不对称二甲基乙烯

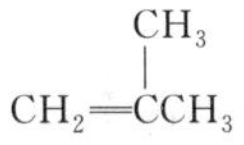

（3）系统命名法　烯烃的命名基本上与烷烃相似，但由于烯烃分子中有官能团（C＝C）存在，因此命名方法与烷烃有所不同，命名原则如下：

① 选取含有双键在内的最长碳链作为主链，根据主链上的碳原子数，称为某烯。

② 从距离双键最近的一端开始，对主链碳原子进行编号，或者说给予双键最小的编号。

③ 以双键碳原子中编号小的数字标明双键的位次，并将取代基的位次、名称及双键的位次写在烯的名称前。

④ 含十碳以上的烯烃，在"烯"字之前要加一个"碳"字，而烷烃则无，例如：

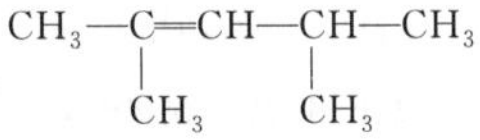

$$CH_3-C=CH-CH-CH_3 \qquad\qquad CH_2=C-CH-CH_2-CH_3$$

2,4-二甲基-2-戊烯 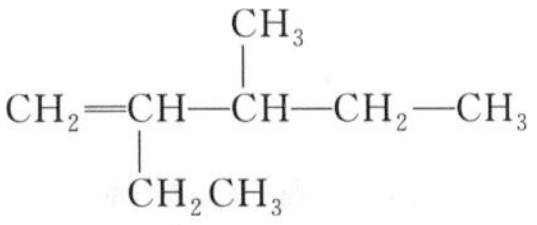　　　　　　　3-甲基-2-乙基-1-戊烯

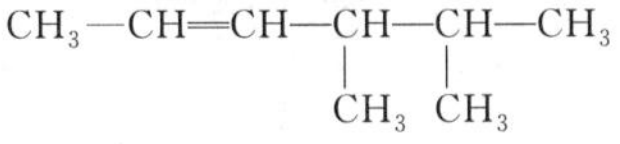

$$CH_3-CH=CH-CH-CH-CH_3 \qquad CH_3(CH_2)_{15}CH=CH_2$$

4,5-二甲基-2-己烯　　　　　　　　1-十八碳烯

⑤ 含有多个双键的烯烃，在"烯"字前面加上数字二、三等，以表明双键的个数，例如：

$$CH_2=CH-CH=CH_2 \qquad\qquad CH_2=CH-CH=CH-CH_3$$

1,3-丁二烯　　　　　　　　　　1,3-戊二烯

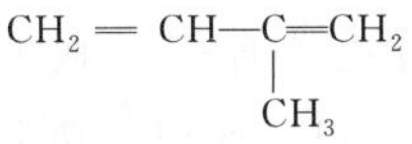

$$CH_2=CH-C=CH_2 \qquad\qquad CH_2=CH-CH=CH-CH=CH_2$$

2-甲基-1,3-丁二烯　　　　　　　1,3,5-己三烯

（4）顺反异构体的命名

① 顺反命名法　对于有顺反异构体的烯烃的命名，只需在系统名称之前加一个"顺"字或"反"字，例如：

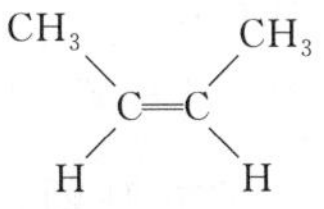

顺-2-丁烯 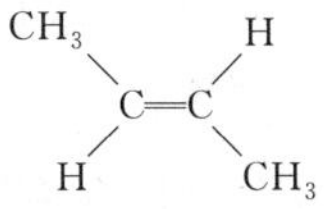　　　　　　　反-2-丁烯

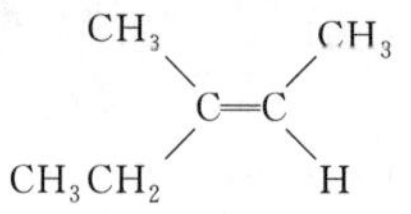

$$CH_3\diagdown C=C\diagup CH_3 \qquad CH_3CH_2\diagdown C=C\diagup CH_3$$

顺-3-甲基-2-戊烯 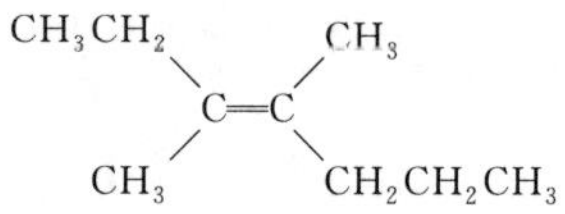　　　　反-3,4-二甲基-3-庚烯

但如果两个双键碳原子上连有四个不同的原子或基团时，用顺反命名法则无法确定它的构型。例如：

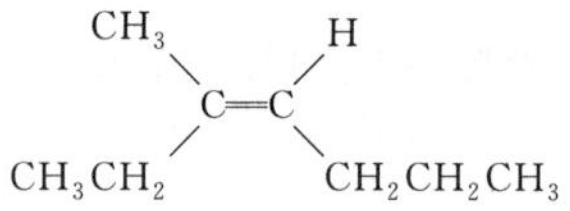

$$CH_3\diagdown C=C\diagup H$$

为此，国际上做了统一的规定，需用 Z/E 命名法来命名。

② Z/E 命名法　字母 Z 和 E 分别是德文 Zusammen 和 Entgegen 的第一个字母，前者的意思是"同一侧"，后者的意思是"相反、相对"。用次序规则决定 Z、E 的构型。次序规则的要点如下：

a. 将连接在双键碳原子上的各个原子，按原子序数的大小，由大到小进行排列。例如，有机化合物的几种常见原子的排列次序为：

$$I > Br > Cl > S > F > O > N > C > H$$

原子序数：　　　53　35　　17　　16　9　　8　　7　　6　　1

两个原子序数大的基团在双键的同一侧，称为 Z 式构型。两个原子序数大的基团在双键的异侧，称为 E 式构型。例如：

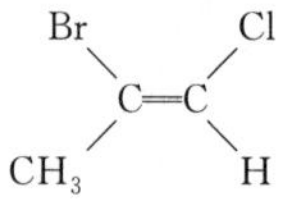

$$\begin{array}{cc}Br\diagdown C=C\diagup Cl\\CH_3 \qquad H\end{array} \qquad \begin{array}{cc}Br\diagdown C=C\diagup CH_3\\CH_3 \qquad Cl\end{array}$$

（Z）-1-氯-2-溴丙烯 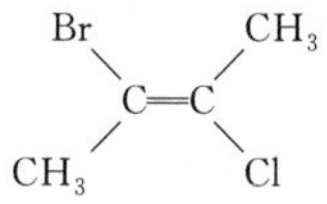　　　　（E）-1-氯-2-溴丙烯

b. 如与双键碳原子直接相连的第一个原子相同，则比较第二个原子，如仍相同则比较第三个，以此类推，例如：

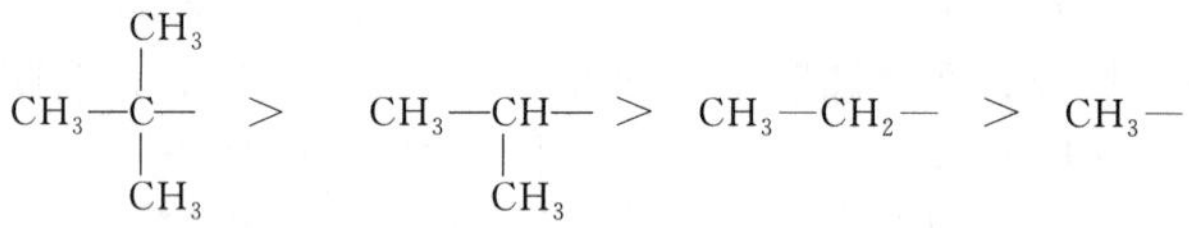

$$CH_3\!-\!\underset{CH_3}{\overset{CH_3}{C}}\!- \; > \; CH_3\!-\!\underset{CH_3}{CH}\!- \; > \; CH_3\!-\!CH_2\!- \; > \; CH_3\!-$$

以上四个烷基的第一个原子都是碳原子，则比较第二个原子。叔丁基与第一个碳原子相连的是 C、C、C，异丙基是 C、C、H，乙基是 C、H、H，而甲基则是 H、H、H。由于碳的原子序数大于氢，所以有上述顺序，例如：

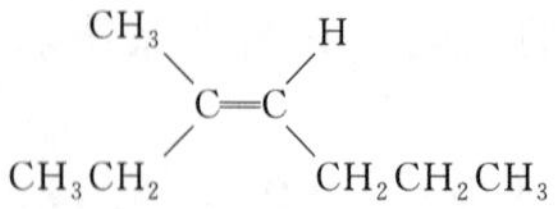

$$\begin{array}{cc}CH_3\diagdown C=C\diagup H\\CH_3CH_2 \qquad CH_2CH_2CH_3\end{array} \qquad \begin{array}{cc}CH_3\diagdown C=C\diagup CH(CH_3)_2\\CH_3CH_2 \qquad CH_2CH_2CH_3\end{array}$$

（Z）-3-甲基-3-庚烯 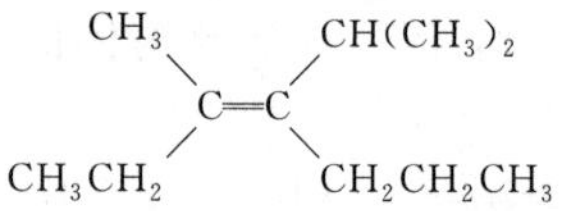　　　　（E）-3-甲基-4-异丙基-3-庚烯

c. 如与双键碳原子直接相连的是含有双键或三键的基团，则把不饱和键看成是单键的重复，即双键连接着两个原子而三键连接着三个原子。如果每个双键上所连的基团都有 Z/E 两种构型，则需逐个标明其构型，例如：

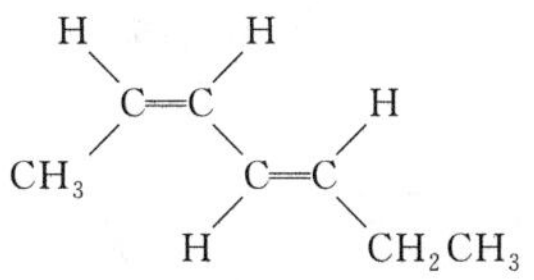

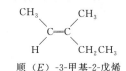

$(2Z，4E)$-2,4-庚二烯

根据次序规则，常见烃基排列次序为：

$-C\equiv CH > -C(CH_3)_3 > -CH=CH_2 > -CH(CH_3)_2 > -CH_2CH_2CH_3 > -CH_3$

应当指出，Z/E 命名法与顺反命名法不是完全对应的。Z 式不一定
是顺式；反之，E 式也不一定是反式。例如：

56.烯烃的顺反异构
和命名

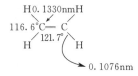

顺（E）-3-甲基-2-戊烯

二、乙烯及烯烃性质的识用

1. 乙烯和烯烃的结构

（1）乙烯的结构　根据实验事实，用仪器测得乙烯中六个原子共
平面：

① 杂化轨道理论的描述

a. C_2H_4 中，C 采取 sp^2 杂化，形成三个等同的 sp^2 杂化轨道：

b. sp^2 杂化轨道的形状与 sp^3 杂化轨道大致相同，只是 sp^2 杂化轨道的 s 成分更大些：

57. 乙烯分子
的结构

c. 为了减小轨道间的相互斥力，使轨道在空间相距最远，要求平面
构型，并取最大键角为 120°：

3个sp²杂化轨道取
最大键角为120°

未参加杂化的p轨道
与3个sp²杂化轨道垂直

② 分子轨道理论的描述

a. 分子轨道理论主要用来处理 p 电子。

b. 乙烯分子中有两个未参加杂化的 p 轨道，这两个 p 轨道可通过线性组合而形成两个
分子轨道。

c. 分子轨道理论解释的结果与价键理论的结果相同，最后形成的 π 键电子云为两块冬

瓜形，分布在乙烯分子平面的上、下两侧，与分子所在平面对称。

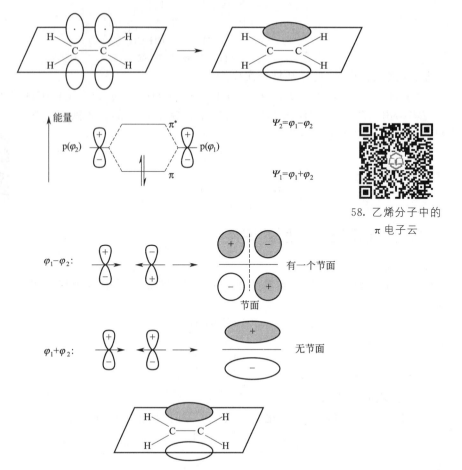

58. 乙烯分子中的
π 电子云

（2）π 键的特性

① π 键不能自由旋转。

② π 键键能小，不如 σ 键牢固。碳碳双键键能为 611kJ/mol，碳碳单键键能为 347kJ/mol，所以 π 键键能为 611－347＝264(kJ/mol)。

③ π 键电子云流动性大，受核束缚小，易极化，故 π 键易断裂，起化学反应。

④ 其他烯烃分子中的 C＝C 如下：

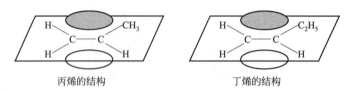

丙烯的结构　　　　　　　　　丁烯的结构

2. 烯烃的物理性质

烯烃的物理性质与烷烃很相似，4 个碳原子以下的烯烃在常温下是气体，5～18 个碳原子的烯烃是液体，高级烯烃是固体。直链烯烃比带有支链的同系物的沸点高一些。对于顺反异构体来说，由于反式异构体的几何形状是对称的，偶极矩为零，而顺式异构体是非对称的弱极性分子，所以顺式异构体比反式异构体的沸点略高。而熔点则相反，因为对称的分子在晶格中可以排列得比较紧，所以反式异构体比顺式异构体的熔点高。烯烃的相对密度都小于

1。烯烃都不溶于水而溶于有机溶剂。常用烯烃的物理常数见表 4-4。

表 4-4 常用烯烃的物理常数

名称	熔点/℃	沸点/℃	相对密度
乙烯	−169.4	−103.9	0.570
丙烯	−185.2	−47.7	0.610
1-丁烯	−130.0	−6.4	0.625
顺-2-丁烯	−139.3	3.5	0.621
反-2-丁烯	−105.5	0.9	0.604
2-甲基丙烯	−140.8	−6.9	0.631
1-戊烯	−166.2	30.1	0.641
顺-2-戊烯	−151.4	37	0.655
反-2-戊烯	−136.0	36	0.648
3-甲基-1-丁烯	−168.5	25	0.648
2-甲基-2-丁烯	−133.8	39	0.662
2-甲基-1-丁烯	−137.6	20.1	0.633
己烯	−139	63.5	0.673
庚烯	−119	93.6	0.697
1-辛烯	−104	122.5	0.716

3. 烯烃的化学性质

烯烃中的 C = C 双键是由一个 σ 键和一个 π 键组成。由于 π 键的强度较 σ 键低得多，易被极化而断裂，而且构成 π 键的电子云都暴露在烯烃分子所在平面的上、下方，容易被具有亲电性的试剂进攻而发生反应，因此 π 键有较大的反应活性，从而使烯烃的化学性质活泼。此外，与双键直接相连的 α-碳上的氢原子受 π 键的影响，也显示出一定的活性。

烯烃反应的主要部位：

① 双键的反应（加成、氧化、聚合）。

② α-H 的卤代反应。

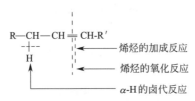

（1）加成反应 在一定的条件下，烯烃分子中的 π 键断裂，两个原子或基团分别加到两个双键碳原子上，生成饱和产物的反应，称为加成反应。

① 催化加氢 在催化剂的作用下，烯烃与氢发生加成反应而生成相应的烷烃，这个反应称为催化加氢。常用催化剂是镍、钯、铂等。例如：

$$CH_3-CH = CH_2 + H_2 \xrightarrow{Pt} CH_3-CH_2-CH_3$$

反应的温度和压力，随烯烃和催化剂的不同而改变。分子中含有碳碳双键的化合物，都可在适当条件下进行催化加氢。催化加氢是定量进行的，可以根据氢气消耗的量来确定分子中双键的数目。

催化加氢在石油工业上可提高汽油质量，因为由石油裂化得到的汽油中含有少量的烯烃，易氧化、聚合而影响质量，加氢后的汽油称为加氢汽油，加氢提高了汽油的化学稳定性。

② 加卤素 烯烃和卤素可以发生加成反应，得到邻二卤代烃。卤素中，烯烃与氟的加成太猛烈，常使碳链断裂，生成小分子的混合物。碘和烯烃的加成比较困难。常用反应一般

是加氯和溴，且加氯比加溴快，反应甚至无须加催化剂，在室温下即可进行。工业上常用此反应来制备氯代烃，例如：

$$CH_2 = CH_2 + Cl_2 \longrightarrow \underset{\underset{\displaystyle Cl}{|}}{CH_2} - \underset{\underset{\displaystyle Cl}{|}}{CH_2}$$
1,2-二氯乙烷

1,2-二氯乙烷易挥发，有剧毒，难溶于水，溶于乙醚和乙醇等许多有机溶剂，其蒸气与空气能形成爆炸性混合物。其主要用作脂肪、蜡、橡胶等的溶剂，大量用于制造氯乙烯，并用作谷物的气体消毒杀虫剂。

溴和烯烃的加成反应使溴褪色，可用于对烯烃的检验。例如，将乙烯或丙烯通入溴的四氯化碳溶液中，溴的红棕色立即消失：

$$CH_3 - CH = CH_2 + Br_2 \xrightarrow{CCl_4} \underset{\underset{\displaystyle Br}{|}}{CH_3 - CH} - \underset{\underset{\displaystyle Br}{|}}{CH_2}$$
1,2-二溴丙烷

59. 乙烯的催化
加氢和加卤素

③ 加卤化氢

a. 与卤化氢的加成　烯烃能与卤化氢（氯化氢、溴化氢、碘化氢）发生加成反应，生成卤代烷。

例如，乙烯和氯化氢在氯化铝的催化下，于 130～250℃ 发生加成反应，生成氯乙烷。这是工业上制备氯乙烷的方法之一。

$$CH_2 = CH_2 + HCl \xrightarrow{AlCl_3} CH_3 - CH_2 - Cl$$
氯乙烷

氯乙烷的挥发很快，微溶于水，溶于乙醚和乙醇等有机溶剂，其蒸气与空气能形成爆炸性混合物。氯乙烷在医药上用于外科手术的麻醉剂（局部麻醉）。其可用于制造乙基纤维素等，并用作油脂、树脂、蜡等的溶剂，以及有机合成的乙基化试剂等，农业上用作杀虫剂。

由于乙烯是一个对称分子，无论氯化氢中的氯原子或氢原子加到哪个碳原子上，产物是相同的。而丙烯就不同了，由于丙烯是不对称分子，它与氯化氢加成就可能生成两种产物：

$$CH_3 - CH = CH_2 + HCl \longrightarrow \underset{\underset{\displaystyle Cl}{|}}{CH_3 - CH} - CH_3 + CH_3 - CH_2 - \underset{\underset{\displaystyle Cl}{|}}{CH_2}$$
2-氯丙烷　　　　　　1-氯丙烷

实验证明，丙烯与氯化氢加成的主要产物是 2-氯丙烷。

溴化氢和碘化氢与丙烯发生同样反应，而且更容易进行。

$$CH_3 - CH = CH_2 + HBr \longrightarrow \underset{\underset{\displaystyle Br}{|}}{CH_3 - CH} - CH_3$$
主要产物

$$CH_3 - \underset{\underset{\displaystyle CH_3}{|}}{C} = CH_2 + HBr \longrightarrow CH_3 - \underset{\underset{\displaystyle CH_3}{\overset{\displaystyle Br}{|}}}{C} - CH_3$$
主要产物

根据大量的实验结果，归纳总结出一条经验规律：不对称烯烃与卤化氢等极性试剂加成时，氢原子总是加到含氢较多的双键碳原子上，而卤原子（或其他原子和基团）则加到含氢较少的双键碳原子上。此规律称为马尔科夫尼科夫（Markovnikov）规则，简称马氏加成规则。

在烯烃中，凡是具有 R—CH =CH₂、R₂C =CH₂、R₂C =CH—R（R 代表烷基，R 可

以相同，也可以不同）结构的烯烃，都是不对称烯烃。

烯烃与卤化氢加成时，烯烃的活性顺序为：

$$(CH_3)_2C=CH > CH_3CH=CH_2 > CH_2=CH_2$$

卤化氢的活性顺序：$HI > HBr > HCl$。

b. 马尔科夫尼科夫规则的理论解释　要理解该规则，必须先了解不对称烯烃与卤化氢加成反应的机理。卤化氢与烯烃的加成是分步进行的。首先，极性分子卤化氢中的质子与双键上的 π 电子结合，生成碳正离子。然后卤负离子再与碳正离子结合，生成卤代烷。其反应机理表示如下：

$$HBr \rightleftharpoons H^+ + Br^-$$

$$CH_3 \rightarrow \overset{\delta+}{C}H = \overset{\delta-}{C}H_2 + H^+ \longrightarrow CH_3 - \overset{+}{C}H - CH_3$$
碳正离子

$$CH_3 \rightarrow \overset{+}{C}H \rightarrow CH_3 + Br^- \longrightarrow CH_3 - \underset{\underset{Br}{|}}{C}H - CH_3$$

反应是由缺乏电子的 H^+ 首先进攻而开始的，这种缺电子体具有亲电性，称为亲电试剂。由亲电试剂向反应物中电子云密度较高部分进攻而引起的加成反应，称为亲电加成反应。在丙烯分子中，与双键碳原子相连的甲基碳原子是 sp^3 杂化，而双键碳原子是 sp^2 杂化，sp^2 杂化轨道与 sp^3 杂化轨道相比，含有更多的 s 轨道成分，因此前者的电负性强。丙烯分子中的电子云沿着碳链传递，使双键的 π 电子云发生极化而偏移，使 C1 上的电子云密度增大而带有部分负电荷（用 δ− 表示），C2 上的电子云密度相对减小而带有部分正电荷（用 δ+ 表示）。当丙烯与 HX 加成时，H^+ 带正电荷是亲电试剂，自然要加到带有部分负电荷的双键碳原子上，发生马尔科夫尼科夫加成：

$$CH_3 - CH = CH_2 + HX \longrightarrow CH_3 - \underset{\underset{X}{|}}{C}H - CH_3$$

因此，马尔科夫尼科夫规则也可以用另一种方式描述：不对称烯烃与卤化氢等极性试剂加成时，试剂中带正电荷的部分加到含氢较多的双键碳原子上，而带负电荷的部分则加到含氢较少的双键碳原子上。例如：

$$CH_3 - CH = CH_2 + ICl \longrightarrow CH_3 - \underset{\underset{Cl}{|}}{C}H - \underset{\underset{I}{|}}{C}H_2$$
2-氯-1-碘丙烷

这种由于分子中原子或基团的电负性不同，使成键电子云向一方偏移，分子发生极化的现象，称为诱导效应。

马尔科夫尼科夫加成规则也可以用碳正离子的稳定性来解释。碳正离子越稳定则越容易生成，而加成反应的速率和方向往往取决于生成碳正离子的难易程度。在丙烯与溴化氢的加成反应的第一步中，产生的碳正离子可能有两种：

$$CH_3 - CH = CH_2 + H^+ \begin{cases} \longrightarrow CH_3 - \overset{+}{C}H - CH_3 \,(Ⅰ) \\ \longrightarrow CH_3 - CH_2 - \overset{+}{C}H_2 \,(Ⅱ) \end{cases}$$

根据物理学的规律，带电体系的稳定性取决于所带电荷的分布情况，而电荷越分散则体系越稳定。碳正离子的稳定性也同样取决于其电荷的分布情况。烷基正离子的稳定顺序为：叔＞仲＞伯＞甲基正离子。例如：

$$CH_3 - CH = CH_2 + H^+ \begin{cases} \longrightarrow CH_3 - \overset{+}{C}H - CH_3 \\ \longrightarrow CH_3 - CH_2 - \overset{+}{C}H_2 \end{cases}$$

甲基与氢相比，甲基是一个供电子的基团，而带正电荷的中心碳离子连接的甲基越多，碳正离子的电荷越分散，从而稳定性就越好。

c. 过氧化物效应　　不对称烯烃与卤化氢的加成一般遵从马尔科夫尼科夫加成规则。但在有过氧化物的存在下，不对称烯烃与溴化氢（只有溴化氢）加成时，氢原子是加到双键上含氢较少的碳原子上——反马尔科夫尼科夫规则。这种现象，称为过氧化物效应。例如：

$$CH_3-CH=CH_2 + HBr \begin{cases} \xrightarrow{\text{过氧化物}} CH_3-CH_2-CH_2Br \\ \xrightarrow{\text{无过氧化物}} CH_3-\underset{\underset{Br}{|}}{CH}-CH_3 \end{cases}$$

60. 马氏规则的
理论解释

在过氧化物存在下，加成反应的类型由离子型变为自由基型，由于两者的反应机理不同，因此产物不同。过氧化物效应只对不对称烯烃与溴化氢的加成有影响，而氯化氢和碘化氢与烯烃的加成不存在过氧化物效应。

④ 加硫酸　　烯烃与浓硫酸作用生成硫酸氢酯（酸性硫酸酯）。例如：

$$CH_2=CH_2 + HOSO_2OH \longrightarrow CH_3-CH_2-OSO_2OH$$
硫酸氢乙酯

$$CH_3CH=CH_2 + HOSO_2OH \longrightarrow CH_3-\underset{\underset{OSO_2OH}{|}}{CH}-CH_3$$
硫酸氢异丙酯

不对称烯烃和硫酸的加成，也符合马尔科夫尼科夫加成规则。

烯烃与浓硫酸的加成产物——硫酸氢酯与水共热，则水解生成相应的醇，并重新给出硫酸。除乙烯外，其他烯烃得不到伯醇。烯烃加硫酸的活性顺序与加卤化氢相同。

$$CH_3CH_2-OSO_2OH + H_2O \xrightarrow{\triangle} CH_3CH_2-OH + H_2SO_4$$
乙醇

$$CH_3-\underset{\underset{OSO_2OH}{|}}{CH}-CH_3 + H_2O \xrightarrow{\triangle} CH_3\underset{\underset{OH}{|}}{CH}CH_3 + H_2SO_4$$
异丙醇

从以上反应可以看出，烯烃与浓硫酸反应后水解，可以得到醇。这是工业上以烯烃为原料制取各种醇的方法——烯烃间接水合法。烯烃与硫酸的加成也常用来分离烯烃和烷烃。从石油工业中得到的烷烃中常含有少量的烯烃，将它们通过硫酸，烯烃即生成可溶于硫酸的硫酸氢酯，而烷烃不溶于硫酸，从而达到分离的目的。

⑤ 加水　　一般情况下，烯烃不能和水直接发生加成反应。但在酸的催化下，烯烃和水可以发生加成反应。工业上采取烯烃和水蒸气在高温高压下，以载于硅藻土上的磷酸为催化剂，直接进行反应。例如：

$$CH_2=CH_2 + H_2O \xrightarrow{H_3PO_4/\text{硅藻土}} CH_3-CH_2-OH$$

$$CH_3CH=CH_2 + H_2O \xrightarrow{H_3PO_4/\text{硅藻土}} CH_3\underset{\underset{OH}{|}}{CH}CH_3$$

61. 烯烃的水合反应

这个反应也称为烯烃的直接水合法，是醇的制备方法之一。

⑥ 加次氯酸　　烯烃能与次氯酸反应生成氯代醇。例如：

$$CH_2=CH_2 + HOCl \longrightarrow \underset{\underset{Cl}{|}}{CH_2}-\underset{\underset{OH}{|}}{CH_2}$$
2-氯乙醇

在实际生产中是用氯气和水代替次氯酸，即将乙烯和氯气同时通入水中进行反应生成氯乙醇。氯乙醇有毒，能与水、乙醇、丙酮等混溶，不溶于烃类，用于制造乙二醇、环氧丙烷、丙烯腈等，并用作发芽催速剂和溶剂。

$$CH_3CH=CH_2 + HOCl \longrightarrow CH_3-\underset{OH}{\underset{|}{CH}}-\underset{Cl}{\underset{|}{CH_2}}$$

1-氯-2-丙醇

　　丙烯和次氯酸的加成产物虽有两种可能，但按照马尔科夫尼科夫加成规则，主要产物应是 1-氯-2-丙醇。事实也是如此，1-氯-2-丙醇的产率达 90%。

　　综上所述，烯烃与卤素、卤化氢、硫酸、水、次氯酸的加成都是亲电加成反应。不对称烯烃与上述试剂的亲电加成反应，都遵循马尔科夫尼科夫加成规则。

　　（2）氧化反应　烯烃的氧化反应较复杂，随烯烃的结构、反应条件、氧化剂和催化剂等条件不同而得到不同的产物。

　　① 高锰酸钾氧化　烯烃很容易被高锰酸钾等氧化剂氧化，使高锰酸钾的紫色褪去，生成棕色的二氧化锰沉淀。这是鉴别不饱和键的常用方法之一。但应注意，除不饱和烃外，醇、醛等有机化合物也能被高锰酸钾所氧化，因此不能认为能使高锰酸钾溶液褪色的就一定是不饱和烃。

　　氧化的产物取决于反应条件。在温和的条件下，如在稀的、冷的高锰酸钾的中性或碱性水溶液中，烯烃 C = C 双键中的 π 键断裂，双键碳原子各引入一个羟基，生成邻二醇。例如：

$$CH_3CH=CH_2 + KMnO_4 + H_2O \longrightarrow CH_3-\underset{OH}{\underset{|}{CH}}-\underset{OH}{\underset{|}{CH_2}} + MnO_2 + KOH$$

1,2-丙二醇

　　1,2-丙二醇又称为 α-丙二醇，无色黏稠液体，有吸湿性，是油脂、石蜡、树脂、染料和香料等的溶剂，也可用作抗冻剂、润滑剂、脱水剂等。

　　在加热条件下或在高锰酸钾的酸性溶液中，烯烃双键完全断裂：

$$RCH=CH_2 + KMnO_4 \xrightarrow{H^+} RCOOH + CO_2 + H_2O$$

羧酸

$$R-\underset{R}{\underset{|}{C}}=CH-R + KMnO_4 \xrightarrow{H^+} R-\underset{R}{\underset{|}{C}}=O + RCOOH$$

酮

　　双键断裂时，由于双键碳原子上连接的烷基不同，氧化产物也不同。双键碳原子上只连有两个氢原子的部分，氧化产物为二氧化碳和水。双键上连有一个烷基的部分，氧化产物为羧酸。双键上连有两个烷基的部分，氧化产物为酮。

　　由于反应产物是混合物，分离困难，因此在合成上意义不大。但可根据所得产物推测烯烃的构造。例如：某烯烃经高锰酸钾氧化后得到乙酸和二氧化碳，可推测该烯烃为 $CH_3CH=CH_2$；某烯烃经高锰酸钾氧化后得到丙酸和丙酮，可推测该烯烃为 $(CH_3)_2C=CHCH_2CH_3$。

　　② 催化氧化　在催化剂存在下对烯烃进行氧化，相同的反应物随着反应条件的不同，产物也不同。例如，工业上采用银作为催化剂，用空气或氧气氧化，则乙烯 C = C 双键中的 π 键断裂生成环氧化合物——环氧乙烷：

$$CH_2=CH_2 + O_2 \xrightarrow[250℃]{Ag} \underset{O}{\overset{CH_2-CH_2}{\diagdown\diagup}}$$

环氧乙烷

　　环氧乙烷又称氧化乙烯，是一种最简单的环醚，沸点 10.7℃，有乙醚的气味，溶于水、乙醇和乙醚等，与空气能形成爆炸性混合物。其化学性质非常活泼，能与许多化合物发生加成反应。

环氧乙烷是重要的有机合成中间体，用于制备乙二醇、抗冻剂、合成洗涤剂、乳化剂和塑料等。

采用过氧化物作氧化剂，也能将烯烃氧化成环氧化合物。例如，用过氧酸氧化丙烯得到 1,2-环氧丙烷：

$$CH_3-CH=CH_2 + R-\overset{\overset{\displaystyle O}{\|}}{C}-O-O-H \longrightarrow CH_3-\underset{\underset{\displaystyle O}{\diagup\!\diagdown}}{CH-CH_2}$$

过氧酸   1,2-环氧丙烷

1,2-环氧丙烷又称为氧化丙烯，沸点 35℃，有醚的气味，主要用于制备 1,2-丙二醇和泡沫塑料，也是乙酸纤维素、硝酸纤维素、树脂等的溶剂。

在氯化钯-氯化铜水溶液中，用空气或氧气氧化烯烃，由乙烯生成乙醛，由丙烯生成丙酮：

$$CH_2=CH_2 + O_2 \xrightarrow[120℃]{PdCl_2\text{-}CuCl_2} CH_3CHO$$

乙醛

$$CH_3-CH=CH_2 + O_2 \xrightarrow[120℃]{PdCl_2\text{-}CuCl_2} CH_3-\overset{\overset{\displaystyle O}{\|}}{C}-CH_3$$

丙酮

乙醛沸点 20.2℃，有辛辣刺激性的气味，能与水、乙醇、乙醚、氯仿相混溶，易燃，易挥发，蒸气与空气能形成爆炸性的混合物，用于制备乙酸、乙酸酐、乙酸乙酯、正丁醇、季戊四醇、合成树脂等。

丙酮是无色易挥发的液体，沸点 56.5℃，能与水、乙醇、乙醚、氯仿、吡啶等混溶，其蒸气与空气能形成爆炸性的混合物，是制备乙酸酐、氯仿、碘仿、环氧树脂、聚异戊二醇橡胶、甲基丙烯酸甲酯的重要原料等。

（3）α-氢原子的反应 烯烃分子中与 C═C 双键直接相连的碳原子称为 α-碳原子，α-碳原子上的氢原子称为 α-氢原子。由于 α-氢原子在分子中受 C═C 双键的影响，具有较活泼的性质。与一般烷烃的氢原子不同，α-氢原子容易发生取代和氧化反应。

①α-氢原子的氯代反应 烯烃与氯很容易发生加成反应，对于含有 α-氢原子的烯烃，不仅能够发生加成反应，还可以发生 α-氢原子被取代的反应。因此，当丙烯与氯反应时，就会发生两个反应——加成反应和取代反应，从而生成两种不同的产物。实验证明，温度低时主要发生加成反应，温度高时主要发生取代反应。工业上就是采用这个方法，使干燥的丙烯在约 500℃时与氯气反应（高温氯代反应）来制备 3-氯丙烯。

$$CH_3-CH=CH_2 + Cl_2 \xrightarrow{500℃} \underset{\underset{\displaystyle Cl}{|}}{CH_2}-CH=CH_2 + HCl$$

3-氯丙烯

3-氯丙烯有令人不愉快的气味，沸点 45℃，溶于水、乙醇、乙醚、丙酮、石油醚等，性质活泼，是制备丙烯醇、环氧氯丙烷、甘油、环氧树脂的重要原料。

②α-氢原子的氧化 α-氢原子也容易被氧化，在不同的条件下，氧化产物也不同。前面已经讨论过，丙烯经催化氧化生成丙酮。如果用氧化亚铜作催化剂，丙烯被氧化成丙烯醛。

$$CH_3-CH=CH_2 + O_2 \xrightarrow[350℃]{Cu_2O} CH_2=CH-CHO$$

丙烯醛

丙烯醛有特别辛辣刺激的气味，溶于水、乙醇和乙醚，可作消毒剂及合成医药和树脂的

原料。如果用磷钼酸铋作催化剂，丙烯被氧化成丙烯酸。

$$CH_3—CH = CH_2 + O_2 \xrightarrow[350℃]{磷钼酸铋} CH_2 = CH—COOH$$

丙烯酸

丙烯酸的酸性较强，有刺激性气味，有腐蚀性，溶于水、乙醇和乙醚，化学性质活泼，用于制备丙烯酸树脂。

若丙烯的氧化反应在氨的存在下进行，则生成丙烯腈。

$$CH_3—CH=CH_2 + NH_3 + O_2 \xrightarrow[470℃]{磷钼酸铋} CH_2 = CH—CN$$

丙烯腈

该反应又称为氨氧化反应。丙烯腈稍溶于水，易溶于一般有机溶剂，其蒸气与空气能形成爆炸性的混合物。丙烯腈水解生成丙烯酸，还原生成丙腈，易聚合，是合成腈纶（人造羊毛）的单体，用于制备丁腈橡胶和其他合成树脂，也用于电解制备己二腈。

（4）聚合反应 在催化剂作用下，烯烃 C = C 双键中的 π 键断裂，分子间互相结合生成长链的大分子或高分子化合物，这种反应称为聚合反应，聚合生成的产物称为聚合物。能进行聚合反应的低分子量化合物称为单体。聚合反应是烯烃的重要反应之一，是一种特殊的加成反应。乙烯以有机过氧化物（如过苯甲酸叔丁酯）作为引发剂，在 150～160MPa、200℃下聚合成聚乙烯。由于聚合是在高压下进行的，工业上称为高压聚合法，所得聚乙烯称为高压聚乙烯。

$$n CH_2 = CH_2 \xrightarrow[温度、压力]{引发剂} \left[CH_2—CH_2 \right]_n$$

高压聚乙烯

高压聚乙烯由于具有支链，故密度较低（$0.92g/cm^3$）和比较柔软，所以高压聚乙烯又称为低密度聚乙烯或软聚乙烯。它的分子量一般在 25000 左右，是无味、无嗅、无毒的乳白色半透明物质，耐腐蚀，有良好的绝缘性和韧性，广泛用于生产薄膜、编织袋、塑料容器、电缆包皮等，在工业和日常生活用品中有广泛的应用。乙烯也可通过齐格勒-纳塔（Ziegler-Natta）催化剂 $[(CH_3CH_2)_3Al + TiCl_4]$，在常压或 1～1.5MPa 的压力下聚合成聚乙烯。这种方法在工业上称为低压聚合法，所得聚乙烯称为低压聚乙烯。

$$n CH_2 = CH_2 \xrightarrow[60～75℃]{(CH_3CH_2)_3Al\text{-}TiCl_4} \left[CH_2—CH_2 \right]_n$$

低压聚乙烯

低压聚乙烯又称为高密度聚乙烯或硬聚乙烯，它的分子量在 35000 左右。低压聚乙烯的密度较高（$0.94g/cm^3$），质地较硬，力学性能好，用于制造板、管、桶、箱及各种包装用具，也用于生产薄膜等。由丙烯聚合而成的聚丙烯是应用范围很广的高分子材料，也可由低压聚合法生产。聚丙烯的密度为 $0.90g/cm^3$，它的强度高，硬度大，耐磨、耐热性比聚乙烯好。

$$n CH_3—CH = CH_2 \xrightarrow[50℃、1MPa]{(CH_3CH_2)_3Al\text{-}TiCl_4} \left[\begin{array}{c} CH_2—CH \\ | \\ CH_3 \end{array} \right]_n$$

乙烯和丙烯两种单体，在齐格勒-纳塔催化剂的作用下进行聚合，得到弹性体——乙丙橡胶。这种由不同的单体之间进行的加成聚合反应，称为共聚反应。

$$n CH_2 = CH_2 + n CH_3—CH = CH_2 \longrightarrow \left[\begin{array}{c} CH_2—CH_2—CH—CH_2 \\ | \\ CH_3 \end{array} \right]_n$$

乙丙橡胶

乙丙橡胶主要用于电缆、电线及耐高温的橡胶制品。

烯烃化学反应小结见图 4-7。

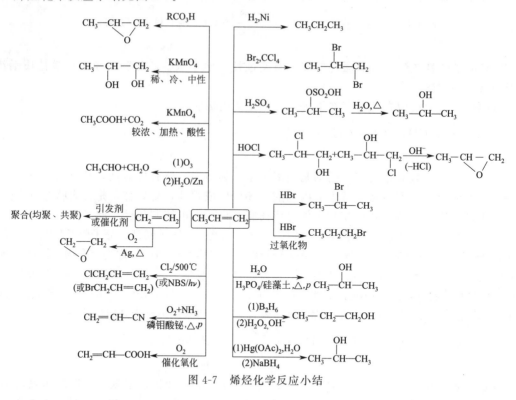

图 4-7　烯烃化学反应小结

三、二烯烃性质的识用

1. 二烯烃的分类

按分子中双键相对位置的不同，二烯烃分为三种类型：

（1）聚集二烯烃　聚集二烯烃又称累积二烯烃，是两个双键连接在一个碳原子上的二烯烃。例如：丙二烯（$CH_2 = C = CH_2$）。

（2）共轭二烯烃　共轭二烯烃为两个双键被一个单键隔开的二烯烃。例如：1,3-丁二烯（$H_2C = CH—CH = CH_2$）。

（3）隔离二烯烃　隔离二烯烃为两个双键被两个或两个以上的单键隔开的二烯烃。例如：1,4-戊二烯（$CH_2 = CH—CH_2—CH = CH_2$）。

由于聚集二烯烃的两个双键连接在一个碳原子上，因此它很不稳定，实际应用也较少。

隔离二烯烃的性质与一般烯烃相同，这里不再讨论。共轭二烯烃的结构和性质都很特殊，无论在理论中还是在实际应用中都有比较重要的价值。

2. 二烯烃的命名

与单烯烃相似，二烯烃的命名主要是分别指出烯键的数目和位置就行：

$$CH_2 = C—CH = CH_2 \qquad CH_2 = CH—CH = CH—CH = CH_2$$
$$\quad\ \ |$$
$$\quad\ \ CH_3$$

2- 甲基 -1,3-丁二烯　　　　　　　　1,3,5-己三烯

　　位置　数目　　　　　　　　　　位置　数目

有几何异构的需要标出每个双键的顺、反或者 Z、E。对多烯烃，每个烯键都可能有顺反构型问题，两个烯键有两个顺反问题，组合起来就有顺顺、顺反、反反三种异构体：

顺，顺-2,4-己二烯
(Z),(Z)-

(反，顺)

顺，反-2,4-己二烯
(Z),(Z)-

反，反-2,4-己二烯
(E),(E)-

62. 二烯烃的
分类和命名

3. 共轭二烯烃的结构

共轭二烯烃中最简单也最重要的是1,3-丁二烯，以它为例说明共轭二烯烃的结构。

近代实验方法测定结果表明，1,3-丁二烯分子中的四个碳原子和六个氢原子在同一个平面内，所有键角都接近120°，如图4-8所示。

(a)　　　(b)

图4-8　1,3-丁二烯的分子结构

这是因为1,3-丁二烯分子中的每个碳原子都是sp^2杂化，相邻的两个碳原子的sp^2杂化轨道相互交盖形成C—C σ键，碳原子的sp^2杂化轨道与氢原子的1s轨道相互交盖形成C—H σ键，这样分子中形成了三个C—C σ键和六个C—H σ键。每个σ键之间的夹角都接近120°，形成了分子中的所有σ键都在一个平面的结构。

此外，每个碳原子都有一个未参与杂化的p轨道，处于同一平面的四个碳原子的四条p轨道与杂化轨道的平面相互垂直并彼此平行，除C1与C2之间、C3与C3之间的p轨道侧面交盖形成π键以外，在C2与C3之间的p轨道也会发生一定程度的侧面交盖，使得C2和C3间也具有了部分双键的性质：

（1）1,3-丁二烯分子中的共轭π键　丁二烯分子中的四个π电子不再局限于原来的位置，而是在四个碳原子间运动形成了一个大π键，这个大π键称为共轭体系。在共轭体系中，由于π电子的离域，引起电子云的平均化，体系趋于稳定。像1,3-丁二烯这样，π电子不再局限于两个碳原子间，而是在整个共轭体系中运动，称为π电子的"离域"。相对而言，乙烯或孤立二烯中π电子的运动仅限于两个碳原子间的局部区域，称为π电子的"定域"。

（2）共轭体系的特点

① 共平面性　共平面性是共轭体系的一个重要的特点。共轭效应的产生，是由于共轭体系中的每一个碳原子的 sp^2 杂化轨道都处于同一平面上，方能使碳原子的 p 轨道侧面交盖。如果平面发生了偏移，则 p 轨道交盖不完全或完全不交盖，共轭效应就减弱或完全消失。

② 键长平均化　由于电子云密度分布发生改变，共轭体系分子中的 C—C 单键和 C＝C 双键的键长也发生了改变，键长趋于平均化。例如：乙烷 C—C 单键的键长为 0.154nm，而丁二烯的 C—C 单键的键长缩短为 0.148nm；乙烯 C＝C 双键的键长为 0.133nm，丁二烯的 C＝C 双键的键长却增长为 0.134nm。

③ 体系能量降低　从氢化热（将双键用氢饱和所放出的热量）实验得知，共轭二烯烃的氢化热（239kJ）低于两个双键的氢化热（374kJ），说明共轭二烯烃的能量低于孤立二烯烃，因此共轭二烯烃比较稳定。

4. 共轭二烯烃的化学性质

共轭二烯烃分子中含有 C＝C—C＝C 共轭 π 键。与 C＝C 双键相似，C＝C—C＝C 共轭 π 键的化学性质主要是加成和聚合。以 1,3-丁二烯为例，叙述共轭二烯烃不同于单烯烃的化学性质。

（1）加成：

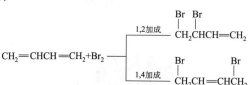

63. 丁二烯分子中的 π 电子云

一般 1,2 加成和 1,4 加成同时发生，试剂不仅可以加到一个双键上，而且也可以加到共轭体系的两端碳原子上，二者的比例决定于反应条件，也就是与溶剂、温度有关。

项目	1,2 加成	1,4 加成
温度－80℃	80%	20%
－40℃	20%	80%
溶剂 $CHCl_3$/40℃		70%
环己烷/－15℃	62%	

（2）D-A 反应，即狄耳斯-阿尔德反应（Diel-Alder），1,3-丁二烯和丁二烯酸酐作用。

64.1,3-丁二烯的1,4 加成

环己烯-4,5-二酸酐

反应特征：

① 一部分是共轭体系，丁二烯共轭体系的二双链打开，在 C2、C3 形成双链二烯体。

② 另一部分是含不饱和双链的体系，叫亲二烯体。

③ 生成的都是环状化合物。

④ 顺式加成。

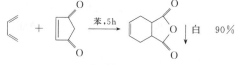

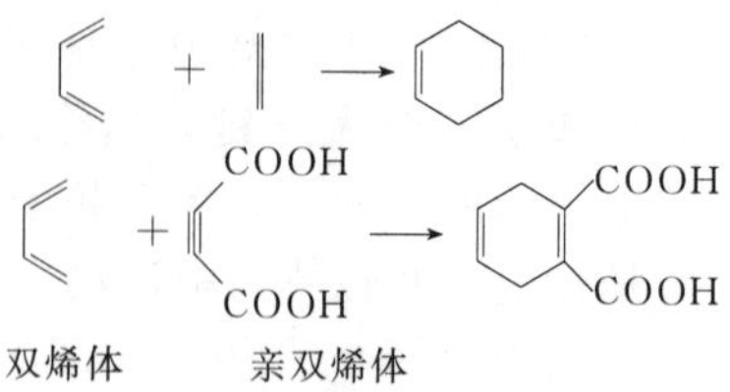

双烯体　　亲双烯体

用途：由链状化合物生成环状化合物的重要方法。

（3）聚合与橡胶　含有共轭双键的二烯烃，也容易发生聚合反应。与加成反应相似，既可以进行1,2加成聚合，又可以进行1,4加成聚合，或两种聚合反应同时发生。其中1,4加成聚合反应是制备橡胶的基本反应。利用不同的反应物，选择不同的反应条件和催化剂，可以控制加成聚合的方式，从而得到不同的高聚物。

65.双烯合成反应

① 分类：

$$1,2\text{加成聚合}\quad \left[\begin{array}{c}CH_2-CH\\ \quad\ \ |\\ \quad\ \ CH=CH_2\end{array}\right]_n \quad 1,2\text{-加成聚合物}$$

$$1,4\text{-加成聚合}\quad \left[\begin{array}{c}CH_2\quad\ \ CH_2\\ \ \ \backslash\quad\ \ /\\ \ \ C=C\\ \ \ /\quad\ \ \backslash\\ H\quad\quad\ H\end{array}\right]_n \quad \text{顺-1,4-加成聚合物}$$

$$\left[\begin{array}{c}CH_2\quad\ \ H\\ \ \ \backslash\quad\ \ /\\ \ \ C=C\\ \ \ /\quad\ \ \backslash\\ H\quad\quad CH_2\end{array}\right]_n \quad \text{反-1,4-加成聚合物}$$

② 聚合反应

$$nCH_2=CHCH=CH_2 \xrightarrow{\text{齐格勒-纳塔催化剂}} \left[\begin{array}{c}CH_2\quad\ \ CH_2\\ \ \ \backslash\quad\ \ /\\ \ \ C=C\\ \ \ /\quad\ \ \backslash\\ H\quad\quad\ H\end{array}\right]_n \quad \text{顺丁橡胶}$$

$$nCH_2=\underset{\underset{CH_3}{|}}{C}CH=CH_2 \longrightarrow \left[\begin{array}{c}CH_2\quad\ \ H\\ \ \ \backslash\quad\ \ /\\ \ \ C=C\\ \ \ /\quad\ \ \backslash\\ H\quad\quad CH_2\end{array}\right]_n \quad \text{顺-1,4-聚异戊二烯橡胶}$$

$$nCH_2=CH-CH=CH_2+n\underset{\underset{}{\bigcirc}}{CH=CH_2} \xrightarrow{ROOR'} \cdots CH_2CH=CHCH_2\underset{\underset{}{\bigcirc}}{CHCH_2}\cdots \quad \text{丁苯橡胶}$$

$$nCH_2=\underset{\underset{Cl}{|}}{C}CH=CH_2 \longrightarrow \left[\begin{array}{c}CH_2\quad\ \ CH_2\\ \ \ \backslash\quad\ \ /\\ \ \ C=C\\ \quad\ \ \ |\\ \quad\ \ Cl\end{array}\right]_n \quad \text{氯丁橡胶}$$

氯丁橡胶单体的制备反应历程：

$$\overset{\delta^+}{CH_2}=CHC\equiv\overset{\delta^-}{CH}+H-Cl \longrightarrow \underset{\underset{Cl}{|}}{CH_2}CH=C=CH_2 \longrightarrow CH_2=CH\underset{\underset{Cl}{|}}{C}=CH_2$$

习　题

一、判断题

1. 烯烃是分子里含有不饱和键的烃类的总称。　　　　　　　　　　　（　　）

2. 烯烃内部一定含有不饱和键。　　　　　　　　　　　　　　　　　（　　）

3. 烯烃的密度一定小于水的密度。　　　　　　　　　　　　　　　　（　　）

4. 顺式烯烃的沸点和熔点都比反式烯烃要高。　　　　　　　　　　　　　　　（　　）

二、选择题

1. 1-丁烯与 Br_2 发生亲电加成的反应产物是（　　）。

A. 1-溴丁烷　　　　　　B. 2-溴丁烷　　　　　　C. 1,2-二溴丁烷　　　D. 1,4-二溴丁烷

2. 1-丁烯与 HBr 发生亲电加成的反应产物是（　　）。

A. 1-溴丁烷　　　　　　B. 2-溴丁烷　　　　　　C. 1,2-二溴丁烷　　　D. 1,4-二溴丁烷

3. 1-丁烯与 HBr 在过氧化物作用下发生加成反应的产物是（　　）。

A. 1-溴丁烷　　　　　　B. 2-溴丁烷　　　　　　C. 1,2-二溴丁烷　　　D. 1,4-二溴丁烷

4. 1-丁烯与 H_2O 发生亲电加成的反应产物是（　　）。

A. 1-丁醇　　　　　　　B. 2-丁醇　　　　　　　C. 3-丁醇　　　　　　　D. 4-丁醇

5. 1-丁烯与 H_2SO_4 发生亲电加成的反应产物是（　　）。

A. 1-丁醇　　　　　　　B. 2-丁醇　　　　　　　C. 3-丁醇　　　　　　　D. 4-丁醇

6. 丙烯（CH_3—CH=CH_2）在高锰酸钾酸性条件下氧化，主要产物是（　　）。

A. CO_2　　　　　　B. CH_3COOH　　　　C. H_2O　　　　　　D. CH_3COOH 和 CO_2

7. 某烯烃被强氧化剂氧化后的产物为乙酸（CH_3COOH）和丙酮（CH_3COCH_3），该烯烃结构为（　　）。

A. 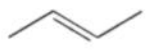 　　　B.  　　　C.  　　　D.

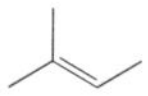

三、填空题

完成下列反应式：

(1) 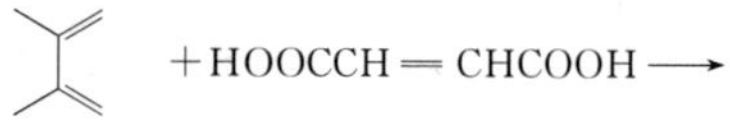 +HOOCCH=CHCOOH ⟶

(2) 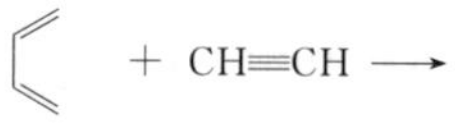 + CH≡CH ⟶

(3) 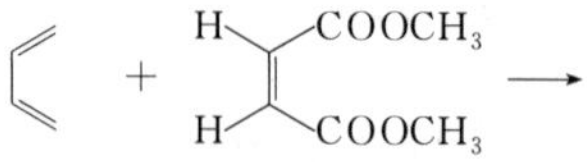 + ⟶

(4) 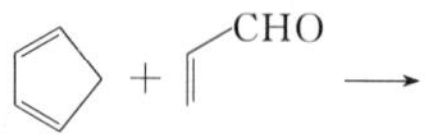 + ⟶

四、简答题

1. 用系统命名法命名下列有机物。

(1)

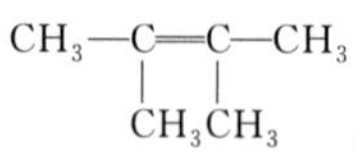

(2)

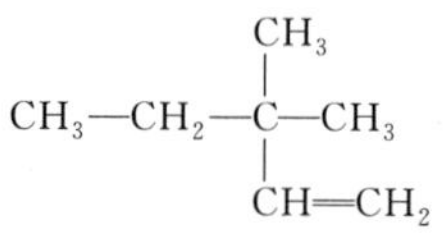

(3)

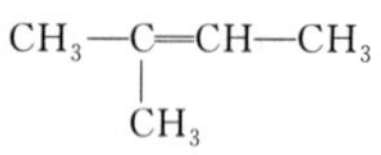

(4)

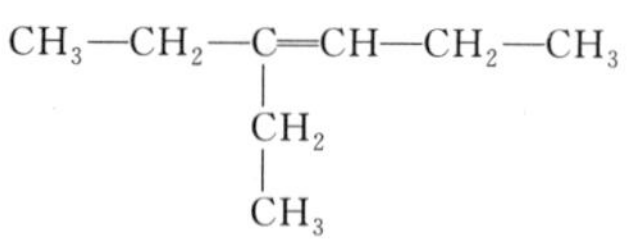

(5)

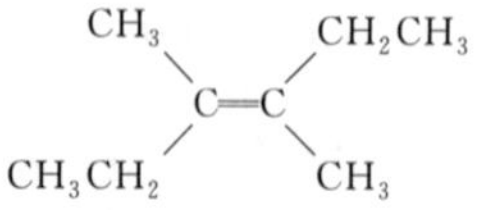

(6)

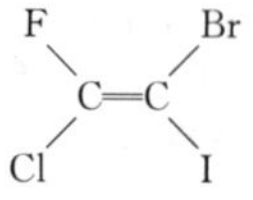

(7)

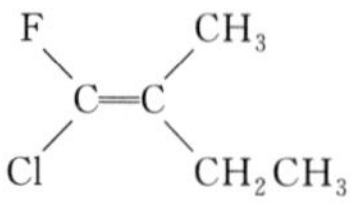

(8)

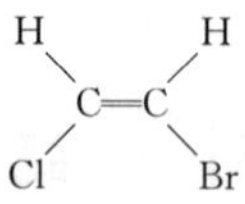

2. 写出丙烯与下列试剂反应的主要产物。

(1) H_2/Ni　　　　　　　　　(2) Br_2/CCl_4　　　　　　　(3) HCl

(4) HI　　　　　　　　　　　(5) HBr　　　　　　　　　　(6) HBr/过氧化物

(7) Cl_2/H_2O　　　　　　　　(8) H_2SO_4/H_2O　　　　　　(9) HCl/过氧化物

3. 经酸性高锰酸钾氧化后得到下述产物，写出原烯烃结构。

(1) 二氧化碳　　　　　(2) 二氧化碳和丙酮
(2) 乙酸　　　　　　　(4) 乙酸和丙酸

任务三　乙炔及炔烃的识用

 **任务引领**

乙炔是有机化工生产的重要原料之一。目前工业上生产乙炔的方法主要有电石法和甲烷部分氧化法两种。

乙炔主要应用于金属的加热及热处理、金属切割、焊接、仪器分析等。乙炔及其衍生物在合成塑料、合成纤维、合成橡胶、医药、农药、染料、香料、溶剂、黏合剂、表面活性剂以及有机导体和半导体等许多工业领域具有广泛用途。

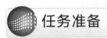 **任务准备**

1. 炔烃的命名规则与烯烃的异同有哪些？
2. 如何鉴别乙烯和乙炔？如何鉴别 1-丁炔和 2-丁炔？
3. 炔烃有没有几何异构？为什么？
4. 末端炔烃具有什么特殊化学性质？

 **相关知识**

一、炔烃的命名

1. 炔烃的同分异构现象

由于分子中含有三键，因此炔烃与碳原子数相同的烷烃相比少四个氢原子，与碳原子数相同的烯烃相比少两个氢原子，故炔烃的通式为 C_nH_{2n-2}，与二烯烃互为同分异构体。例如，$CH_3CH_2C{\equiv}CH$ 和 $CH_2{=}CHCH{=}CH_2$，它们的分子式同为 C_4H_6，但结构不同，性质各异。$C{\equiv}C$ 三键是炔烃的官能团。最简单的炔烃是乙炔。

含四个碳原子以上的炔烃只有碳链异构和官能团位置异构两种异构现象。由于炔烃是线型分子，三键的碳原子上不能连有支链，所以炔烃的异构体比相同碳原子的烯烃少。例如，丁烯有三个构造异构体，而丁炔只有两个：

$$CH_3{-}CH_2{-}C{\equiv}CH \qquad\qquad CH_3{-}C{\equiv}C{-}CH_3$$
$$\text{1-丁炔} \qquad\qquad\qquad\qquad \text{2-丁炔}$$

戊烯有五个构造异构体，而戊炔只有三个：

$$CH_3CH_2CH_2C{\equiv}CH \quad CH_3CH_2C{\equiv}CCH_3 \quad CH_3{-}\underset{\underset{CH_3}{|}}{CH}{-}C{\equiv}CH$$
$$\text{1-戊炔} \qquad\qquad \text{2-戊炔} \qquad\qquad \text{3-甲基-1-丁炔}$$

2. 炔烃的命名

炔烃的系统命名法和烯烃相似，只是将"烯"字改为"炔"字。

（1）选择主链　选择包含碳碳三键的最长碳链作主链，而支链作取代基，根据主链的碳数确定母体名称为某炔。

（2）编号　用阿拉伯数字从离三键最近一端给主链编号确定官能团和取代基的位置。将官能团的编号放在某炔前面，并用短线隔开构成其母体名称为 n-某炔。

（3）写出名称　按从左至右先取代基后母体的顺序写出炔烃的名称。

66. 炔烃的命名

（4）烯炔（同时含有三键和双键的分子）的命名：

① 选择含有三键和双键的最长碳链为主链。

② 主链的编号遵循链中双、三键位次最低系列原则。

③ 通常使双键具有最小的位次。

二、乙炔及炔烃性质的识用

1. 乙炔及炔烃的结构

乙炔分子中的碳原子成键时，是以一个 2s 轨道和一个 2p 轨道重新组合成两个相同的 sp 杂化轨道，还有两个没有参与杂化的 2p 轨道。

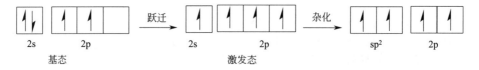

每个 sp 杂化轨道包含 1/2 s 轨道成分和 1/2 p 轨道成分。每个碳原子各以一个 sp 杂化轨道沿轨道对称轴正面交盖成 C—C σ 键，另一条 sp 杂化轨道与氢原子的 1s 轨道形成 C—H σ 键。乙炔分子是直线型结构，键角为 180°：

$$H—C≡C—H$$

碳原子上没有参与杂化的两个 p 轨道与杂化轨道相互垂直，每个碳原子的两个 p 轨道侧面平行交盖成两个相互垂直的 π 键，这两个 π 键电子云在空间绕 C—C σ 键呈圆筒状的分布：

sp杂化轨道的分布　　　　乙炔分子的三个σ键

乙炔分子是由一个 σ 键和两个 π 键组成。由于 sp 杂化轨道含 s 轨道的成分最多，电负性最大，所以乙炔两个碳原子之间的电子云密度比 C—C 单键和 C＝C 双键都高，而 C≡C 三键的键长（0.120nm）比 C—C 单键（0.154nm）和 C＝C 双键（0.134nm）的键长短，键能（835kJ/mol）比 C—C 单键和 C＝C 双键的键能都大。

以乙炔为例，用仪器测得 C_2H_2 中，四个原子共直线：

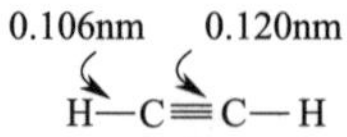

0.106nm　　0.120nm

H—C≡C—H

量子化学的计算结果表明，在乙炔分子中的碳原子是 sp 杂化：

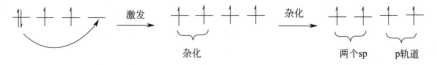

两个 sp 杂化轨道取最大键角为 180°，直线构型：

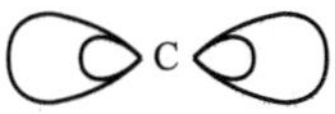

乙炔分子的 σ 骨架：

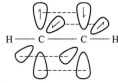

每个碳上还有两个剩余的 p 轨道，相互肩并肩形成两个 π 键：

67. sp 杂化

因此，可以得到以下结论：

①—C≡C—中碳原子为 sp 杂化。

②—C≡C—中有一个 σ 键、两个相互垂直的 π 键。

③ 共价键参数：

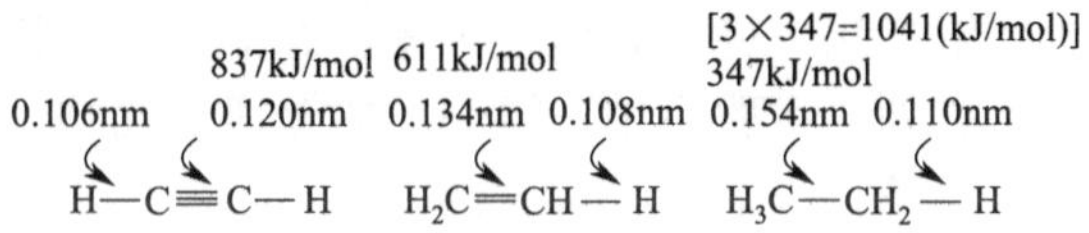

$$
\begin{array}{cc}
& [3×347=1041(kJ/mol)] \\
837kJ/mol\ 611kJ/mol & 347kJ/mol \\
0.106nm\ \ 0.120nm\ \ 0.134nm\ 0.108nm\ 0.154nm\ 0.110nm
\end{array}
$$

$$H-C≡C-H \qquad H_2C=CH-H \qquad H_3C-CH_2-H$$

原因：a. —C≡C—中有一个 σ 键和两个 π 键；b. sp 杂化轨道中的 s 成分多（s 电子的特点就是离核近，即 s 电子云更靠近核）。

2. 炔烃的物理性质

炔烃的物理性质与烷烃、烯烃基本相似。四个碳原子以下的炔烃在常温常压下是气体，五个碳原子以上是液体，高级炔烃是固体。炔烃的物理常数也随着分子量的增加而呈现出规律性的变化。低级炔烃的熔点、沸点、相对密度比相应的烷烃、烯烃都高一些。炔烃不溶于水，比水密度小，而易溶于极性小的有机溶剂，如石油醚、苯、乙醚、丙酮、四氯化碳等。例如在 15℃ 时，1 体积的丙酮可溶解 25 体积的乙炔。一些常见炔烃的物理常数见表 4-5。

表 4-5　常见炔烃的物理常数

名称	熔点/℃	沸点/℃	相对密度
乙炔	−80.8	−84.0	0.618(−32℃)
丙炔	−101.5	−23.2	0.706(−50℃)
1-丁炔	−122.7	8.1	0.678
2-丁炔	−32.3	27.0	0.691
1-戊炔	−90.0	40.2	0.690
2-戊炔	−101.0	56.1	0.710
3-甲基-1-丁炔	−89.7	29.3	0.666
1-己炔	−132.0	71.3	0.716
2-己炔	−89.5	84.0	0.732
3-己炔	103.0	81.5	0.723
1-庚炔	−81.0	99.7	0.733
1-辛炔	−79.3	125.2	0.747
1-壬炔	−50.0	150.8	0.760
1-癸炔	−36.0	174.0	0.765

3. 炔烃的化学性质

炔烃中的三键中的碳为 sp 杂化，sp 杂化轨道含较多的 s 成分，电子离核比较近，不易给出电子，因此不像烯烃那样易受亲电试剂的进攻。所以，炔烃进行亲电加成的反应速率不如烯烃进行亲电加成的反应速率快。

杂化轨道的电负性问题：电负性大小 $sp > sp^2 > sp^3$，sp 杂化轨道的原子电负性大，虽然炔烃中有两个 π 键，但也不易给出电子。因此，炔烃的亲电加成速率比烯烃的亲电加成速率慢。

炔烃的官能团是—C≡C—，它有两个 π 键，有较弱的亲核性（Lewis 碱），其化学性质与烯烃有不少相似之处，例如能发生加成、氧化和聚合反应等。

（1）金属炔化物的生成　乙炔或 R—C≡CH 型（末端炔烃）炔类与硝酸银或氯化亚铜的氨溶液反应，立即生成白色的炔化银沉淀或红棕色的炔化亚铜沉淀。例如：

$$CH \equiv CH + Ag(NH_3)_2NO_3 \longrightarrow AgC \equiv CAg \downarrow$$
$$乙炔银（白色）$$
$$CH \equiv CH + Cu(NH_3)_2Cl \longrightarrow CuC \equiv CCu \downarrow$$
$$乙炔亚铜（红棕色）$$

此反应非常灵敏，现象也便于观察，因此常用于鉴定末端型炔烃化合物。

金属炔化物在润湿状态下还比较稳定，但在干燥状态下受热或撞击时，易发生爆炸，生成金属和碳。为了避免发生意外，实验室中不再利用的金属炔化物，应加酸予以处理：

$$AgC \equiv CAg \xrightarrow{\triangle} 2Ag + 2C$$
$$AgC \equiv CAg + 2HNO_3 \longrightarrow CH \equiv CH + 2AgNO_3$$

末端炔烃还可以与金属钠、氨基钠作用生成炔化钠，炔化钠可用来合成高级炔烃：

$$CH \equiv CH + Na \xrightarrow{液氨} CH \equiv CNa \xrightarrow[190 \sim 220℃]{Na} NaC \equiv CNa$$
$$乙炔钠 \qquad 乙炔二钠$$

这些反应表明：连接在三键碳原子上的氢原子是比较活泼的。因为炔烃三键上的碳原子是以 sp 杂化轨道与氢原子成键，sp 杂化轨道中的 s 成分比 sp^2 和 sp^3 杂化轨道中的大，杂化轨道中的 s 成分愈大，电子云愈靠近碳原子核，即 sp 杂化状态的碳原子电负性较强，使碳氢键的极性增大，所以直接与三键碳相连的氢原子比相应的烯烃、烷烃的氢原子更易离离解出质子而显酸性，有利于金属炔化物的生成。

68. 末端炔烃的鉴别

（2）加成反应

① 催化加氢　催化加氢与烯烃相似，炔烃也可以催化加氢，首先生成烯烃，进而生成烷烃：

$$R - C \equiv CH + H_2 \xrightarrow{Pt} R - CH = CH_2 \xrightarrow{H_2, Pt} R - CH_2 - CH_3$$

当使用 Pt、Pd、Ni 等催化剂时，反应往往难以停留在烯烃阶段，而是直接得到烷烃。

炔烃比烯烃更容易催化加氢。若在同一分子中含有三键和双键，首先在三键上发生氢化，例如：

$$CH \equiv C - CH = CH - CH_2 - CH_2OH + H_2 \xrightarrow[喹啉]{Pd-CaCO_3} CH_2 = CH - CH = CH - CH_2 - CH_2OH$$

这是由于炔烃在催化剂表面的吸附作用较强，它的吸附阻止了烯烃在催化剂表面的吸附，因而炔烃更容易进行催化加氢。

炔烃加氢转变成烯烃、烷烃的过程，不仅仅是碳碳三键中的 π 键发生变化，而且三键碳原子的杂化状态也随之发生相应的改变，即由炔烃转变为烯烃、烷烃的同时，成键碳原子的杂化状态也由 sp 杂化相继转化为 sp^2、sp^3 杂化状态。

因此，构成碳碳 σ 键和碳氢 σ 键的碳原子轨道也相应地变化，也就是说，在 π 键变化的同时，σ 键也是相应改变的，其他不饱和键的加成反应也是如此。

69. 乙炔的催化加氢

② 亲电加成

a. 加卤素　氯和溴容易与炔烃发生加成反应，首先生成一分子加成产物，但一般可继续加成，生成二分子加成产物。例如：

$$CH\equiv CH \xrightarrow[CCl_4]{Br_2} \underset{Br}{\overset{}{CH}}=\underset{Br}{\overset{}{CH}} \xrightarrow[CCl_4]{Br_2} \underset{Br}{\overset{Br}{CH}}-\underset{Br}{\overset{Br}{CH}}$$

碘也可与炔加成，但主要得到一分子加成产物：

$$CH\equiv CH \xrightarrow[CCl_4]{I_2} \underset{I}{\overset{}{CH}}=\underset{I}{\overset{}{CH}}$$

当分子中同时存在双键和三键时，亲电加成首先发生在双键上。例如：

$$CH_2=CH-CH_2-C\equiv C-CH_3 + Br_2 \xrightarrow{低温} \underset{Br}{\overset{}{CH_2}}-\underset{Br}{\overset{}{CH}}-CH_2-C\equiv C-CH_3$$

b. 加卤化氢　炔烃与卤化氢的加成也比烯烃困难，一般要有催化剂存在。例如：

$$CH\equiv CH + HCl \xrightarrow[120\sim180℃]{HgCl_2} \underset{H}{\overset{}{CH}}=\underset{Cl}{\overset{}{CH}}$$

不对称炔烃与卤化氢加成时，同样遵循马氏规则。例如：

$$CH_3-C\equiv CH + HCl \xrightarrow{HgCl_2} CH_3-\underset{Cl}{\overset{}{C}}=\underset{H}{\overset{}{CH}} \xrightarrow[HCl]{HgCl_2} CH_3-\underset{Cl}{\overset{Cl}{C}}-\underset{H}{\overset{H}{CH}}$$

和烯烃情况相似，在过氧化物存在下，炔烃与 HBr 的加成也是自由基加成反应，得到的是反马氏规则的产物。例如：

$$CH_3CH_2CH_2CH_2-C\equiv CH + HBr \xrightarrow{过氧化物} CH_3CH_2CH_2CH_2-\underset{H}{\overset{}{C}}=CHBr$$

c. 加水　炔烃很难与水发生加成反应，但在强酸及汞盐的催化下，炔烃可与水加成，首先生成烯醇，但由于烯醇不稳定，随即进行分子内重排形成醛或酮：

$$HC\equiv CH + H_2O \xrightarrow[H_2SO_4]{HgSO_4} \underset{OH}{\overset{}{CH}}=\underset{H}{\overset{}{CH}} \longrightarrow \underset{O}{\overset{}{CH_3}}-\overset{}{C}-H$$

乙醛

不对称炔烃与水的加成，也同样遵循马氏规则。例如：

$$CH_3-C\equiv CH + H_2O \xrightarrow[H_2SO_4]{HgSO_4} CH_3-\underset{OH}{\overset{}{C}}=\underset{H}{\overset{}{CH}} \longrightarrow CH_3-\overset{O}{\overset{}{C}}-CH_3$$

丙酮

由上述讨论可知，炔烃的亲电加成反应一般比烯烃困难些。

③ 亲核加成

a. 加醇　在碱存在下，炔烃可以和醇发生加成反应生成不饱和醚。例如，乙炔和甲醇反应生成甲基乙烯基醚：

$$HC\equiv CH + CH_3OH \xrightarrow[\text{加热、加压}]{KOH} CH_2 = CH-OCH_3$$

甲基乙烯基醚

甲基乙烯基醚可以看成乙烯的衍生物，是制造涂料、清漆、黏合剂和增塑剂的原料。

炔烃在碱性溶液中与醇的加成，并不是亲电加成，因为这里并不存在亲电试剂（例如：氢离子或卤素）。在氢氧化钾的溶液中，有下列反应：

$$CH_3OH + KOH \rightleftharpoons CH_3C^-K^+ + H_2O$$
$$CH_3O^-K^+ \rightleftharpoons CH_3O^- + K^+$$

一般认为，是带负电荷的甲氧基离子 CH_3O^- 首先和炔烃作用，生成碳负离子中间体，然后再和一分子醇作用，又获得一个质子而生成甲基乙烯基醚：

$$HC\equiv C\ H + CH_3O^- \longrightarrow CH_3O-CH = CH^- \xrightarrow{CH_3OH} CH_3O-CH = CH_2 + H_2O$$

甲基乙烯基醚

甲氧基是带负电荷的离子，能提供电子，所以是一种亲核试剂。反应首先是由甲氧基负离子攻击乙炔开始。由亲核试剂进攻而引起的加成反应称为亲核加成反应。炔烃与醇的加成是一种亲核加成反应。

b. 加氢氰酸　在氯化亚铜的催化下，氢氰酸可以与炔烃作用生成不饱和腈。例如：

$$HC\equiv CH + HCN \xrightarrow{Cu_2Cl_2} CH_2 = CH-CN$$

丙烯腈

丙烯腈是合成纤维和塑料的原料。

c. 氧化反应　炔烃可被高锰酸钾等氧化剂氧化，碳碳三键完全断裂，生成羧酸或二氧化碳等。例如：

$$HC\equiv CH \xrightarrow[H_2O]{KMnO_4} CO_2 + H_2O$$

$$R-C\equiv CH \xrightarrow[H_2O]{KMnO_4} R-COOH + CO_2 + H_2O$$

$$R-C\equiv C-R' \xrightarrow[H_2O]{KMnO_4} R-COOH + R'-COOH$$

70. 炔烃的亲核加成反应

反应时，高锰酸钾的紫色消失，同时生成褐色的二氧化锰沉淀，可以用来检验分子中是否含有碳碳三键，并可根据氧化产物的不同来推断三键在炔烃中的位置。

d. 聚合反应　炔烃比烯烃难形成高聚物，常见的仅是几个分子的聚合，聚合后形成链状或环状化合物。例如：

$$HC\equiv CH \xrightarrow[H^+]{Cu_2Cl_2-NH_4Cl} CH_2 = CH-C\equiv CH \xrightarrow[Cu_2Cl_2,NH_4Cl,H^+]{HC\equiv CH} CH_2 = CH-C\equiv C-CH = CH_2$$

乙烯基乙炔　　　　　　　　　　　二乙烯基乙炔
1-丁烯-3-炔　　　　　　　　　　1,5-己二烯-3-炔

$$3HC\equiv CH \xrightarrow{500℃} \bigcirc$$

✎ 习　题

一、判断题

1. 分子式为 C_nH_{2n-2} 的有机物一定是炔烃。　　　　　　　　　　　　　　（　　）

2. 炔烃没有顺反异构。 （　　）

3. 炔烃三键里面有一个π键，两个σ键。 （　　）

4. 同碳原子数的直链炔烃比烷烃和烯烃的熔、沸点高。 （　　）

5. 炔烃和烯烃都含有不饱和键，所以两者都有顺反异构。 （　　）

6. 乙炔是无色、有刺激性气味的气体。 （　　）

二、选择题

1. 下列化合物不可能是由炔烃加成得到的是 （　　）。

A 正戊烷 　　　　B. 正己烷 　　　　C. 异戊烷 　　　　D. 新戊烷

2. 丙炔与足量的 HCl 加成得到的产物是 （　　）。

A. 1-氯丙烷 　　B. 2-氯丙烷 　　C. 1,1-二氯丙烷 　　D. 2,2-二氯丙烷

3. 丙炔在林德拉催化剂的作用下与氢加成，最终产物是 （　　）。

A. 丙烷 　　　　B. 丙烯 　　　　C. 丙炔 　　　　D. 丙醇

三、简答题

1. 用系统命名法命名下列化合物。

(1) $CH_3—C≡C—CH_3$ 　　　　　　(2) $CH≡CCH_2CH_3$

(3)  ∧∧∧ 　　　　　　(4) 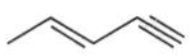 ∧∧∧

2. 写出分子式为 C_5H_8 的所有炔烃的结构式。

3. 写出 1-丁炔与足量下列试剂反应的主要产物。

(1) H_2/Ni 　　　　　(2) Br_2/CCl_4 　　　　　(3) HCl

(4) HI 　　　　　(5) HBr 　　　　　(6) $KMnO_4/H^+$

4. 用简便的化学方法鉴别下列各组化合物。

(1) 乙烷、乙烯、乙炔

(2) 1-丁炔、2-丁炔

(3) 1,3-戊二烯、1-戊炔

5. 以乙炔为原料，合成下列化合物。

(1) 乙烯 　　　　(2) 一氯乙烷 　　　　(3) 1-丁炔

四、综合题

分子式为 C_7H_{10} 的某开链烃 （A），可发生下列反应：A 经催化加氢可生成 3-乙基戊烷；A 与硝酸银氨溶液反应可产生白色沉淀；A 在 Pd/BaSO_4 催化下吸收 1mol H_2 生成化合物 B，B 能与顺丁烯二酸酐反应生成化合物 C。试写出 A、B、C 的结构式。

任务四　环己烷及环烷烃的性质识用

环己烷分子式为 C_6H_{12}，碳原子以 sp^3 杂化轨道形成 σ 键。分子量 84.16，相对密度为 0.779，熔点 6.5℃，沸点 80.7℃，闪点 −18℃，折射率为 1.4264。毒性 LD_{50} 为小鼠经口 813mg/kg。环己烷为有汽油气味的无色流动性液体，不溶于水，可与乙醇、乙醚、丙酮、苯等多种有机溶剂混溶。

环己烷及其取代衍生物是石油产品中常见的环烷烃，主要用于制备环己醇和环己酮，也用于合成尼龙 66。在涂料工业中广泛用作溶剂，是树脂、脂肪、石蜡油类、丁基橡胶等的极好溶剂。

1. 如何鉴别丙烷、环丙烷、丙烯？

2. 取代环己烷的优势构象如何判断？

3. 小环烷烃有什么化学性质？

4. 环烷烃的同分异构体如何书写？

 相关知识

一、环烷烃的分类和命名

1. 脂环烃的分类

脂环烃：碳原子组成环状而其化学性质与开链烃（即脂肪烃）相似的烃类。

立体异构：构造相同，分子中原子在空间的排列方式不同。

单环烷烃的通式为 C_nH_{2n}，与单烯烃互为同分异构体。

（1）按分子中有无不饱和键可分为

① 饱和脂环烃——环烷烃，如环己烷。

② 不饱和脂环烃——环烯烃，如环己烯。

（2）按分子中碳环数目可分为

① 单环脂环烃　单环烃可根据成环碳原子个数，分为小环（C_3、C_4）、普通环（$C_5 \sim C_7$）、中环（$C_8 \sim C_{11}$）和大环（C_{12} 以上）。

② 二环和多环烃。

2. 脂环烃的命名

（1）单环脂环烃的命名

① 根据分子中成环碳原子数目，称为环某烷。

② 把取代基的名称写在环烷烃的前面。

③ 取代基位次按"最低系列"原则列出，基团顺序按"次序规则"小的优先列出。

（2）环烯烃的命名

① 称为环某烯。

② 以双键的位次和取代基的位置最小为原则。例如：

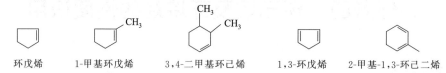

环戊烯　　　1-甲基环戊烯　　3,4-二甲基环己烯　　1,3-环戊烯　　2-甲基-1,3-环己二烯

（3）多环脂环烃的命名

① 桥环烃　两个环共用两个或两个以上碳原子的烃叫桥环烃（bridged cyclohydrocarbons）。

编号原则：从桥的一端开始，沿最长桥编至桥的另一端，再沿次长桥至始桥头，最短的桥最后编号。

命名：根据成环碳原子总数目称为环某烷，在环字后面的方括号中标出除桥头碳原子外的桥碳原子数（大的数目排前，小的排后），其他同环烷烃的命名。

例如：

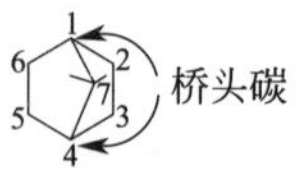

桥头碳

7,7-二甲基二环 [2,2,1] 庚烷

② 螺环烃和稠环烃的命名　脂环烃分子中两个碳环共有一个碳原子的环烃称为螺环烃（spiro hydrocarbon）。

编号原则：从较小环中与螺原子相邻的一个碳原子开始，途经小环到螺原子，再沿大环至所有环碳原子。

命名：根据成环碳原子的总数称为环某烷，在方括号中标出各碳环中除螺碳原子以外的碳原子数目（小的数目排前，大的排后），其他同烷烃的命名。例如：

1-溴-5-甲基螺[3,4]辛烷

71. 环烷烃的
分类和命名

二、环己烷及环烷烃的性质识用

1. 环己烷的构象

环己烷分子中碳原子是以 sp^3 杂化的，六个碳原子不在同一平面内。

（1）环己烷的椅式构象和船式构象　环己烷最稳定的构象是椅式构象，常温下环己烷分子中 99% 以上为椅式构象。扭船式构象的能量比椅式构象高 23kJ/mol，但比船式构象稳定。一种椅式通常很易转变成另一种椅式构象，这时原来的 a 键就变成了 e 键。三种构象如下：

椅式　　　扭船式　　　船式

72. 环己烷的
船式构象

73. 环己烷的
椅式构象

椅式构象稳定的原因：

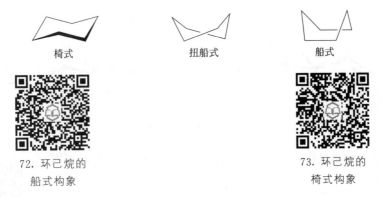

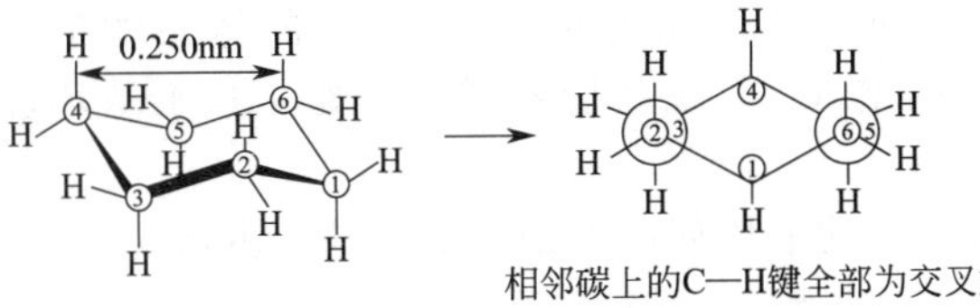

相邻碳上的C—H键全部为交叉式

船式构象不稳定的原因：

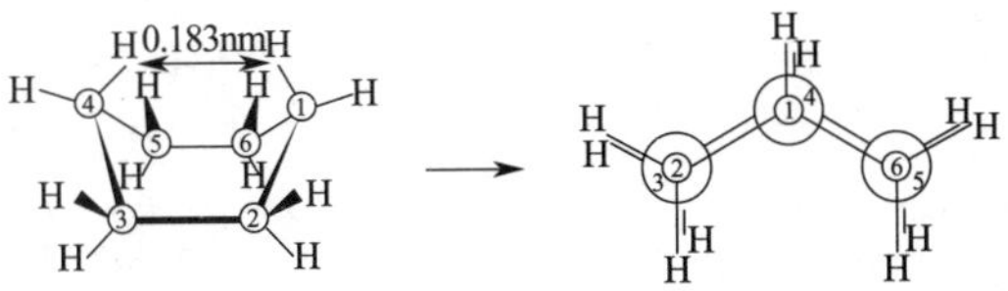

相邻碳上的C—H键全部为重叠式

环己烷各构象之间的能量关系：由椅式转换成另一种椅式，所经过的各种构象椅式能量最低，半椅式的能量最高。

（2）平伏键与直立键　在椅式构象中 C—H 键分为两类。第一类六个 C—H 键与分子的对称轴平行，叫作直立键或 a 键（其中三个向环平面上方伸展，另外三个向环平面下方伸展）；第二类六个 C—H 键与直立键形成接近 109.5°的夹角，平伏着向环外伸展，叫作平伏键或 e 键。

在室温时，环己烷的椅式构象可通过碳碳键的转动（而不经过碳碳键的断裂），由一种椅式构象变为另一种椅式构象，在互相转变中，原来的 a 键变成了 e 键，而原来的 e 键变成了 a 键：

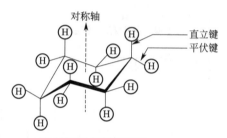

环己烷的直立键和平伏键

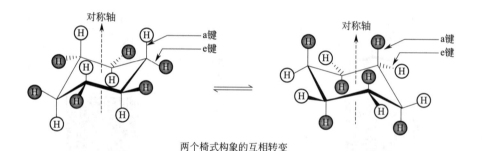

两个椅式构象的互相转变

当六个碳原子上连的都是氢时，两种构象是同一构象。连有不同基团时，则构象不同。

2. 取代环己烷的构象

在一取代环己烷的平衡化合物中，大多数取代基占据在平伏键上（如 e-甲基构象占 95%、e-异丙基构象占 97%），这时的体系能量最低。随着烷基取代基体积的增大，e-烷基构象增加，如 e-叔丁基环己烷构象已大于 99.99%。

74. 环己烷的构象
转化与能量变化

（1）一元取代环己烷　一元取代环己烷中，取代基可占据 a 键，也可占据 e 键，但占据 e 键的构象更稳定。例如：

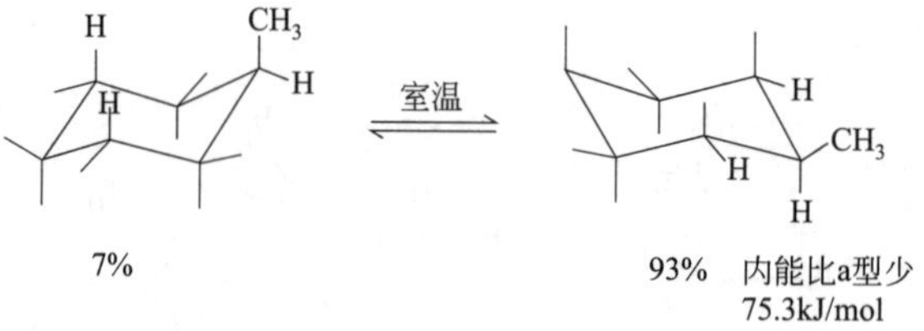

$$\text{（图示）} \quad \xrightarrow{\text{室温}} \quad \text{（图示）}$$

7%　　　　　　　　　　　93%　内能比a型少
　　　　　　　　　　　　　　　　　75.3kJ/mol

原因：a 键取代基结构中的非键原子间斥力比 e 键取代基的大（非键原子间的距离小于

正常原子键的距离所致)。从原子在空间的距离数据可清楚看出，取代基越大，e 键型构象为主的趋势越明显：

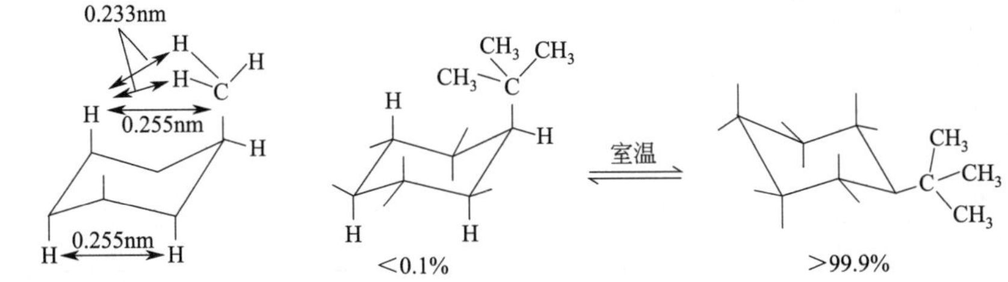
0.233nm
0.255nm
0.255nm
室温
<0.1%
>99.9%

甲基环己烷原子间的距离

(2) 二元取代环己烷

① 1,2-二取代：

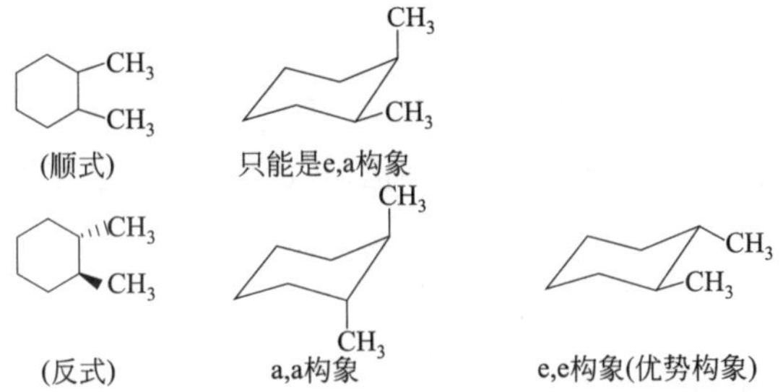
(顺式)
只能是e,a构象
(反式)
a,a构象
e,e构象(优势构象)

② 1,3-二取代：

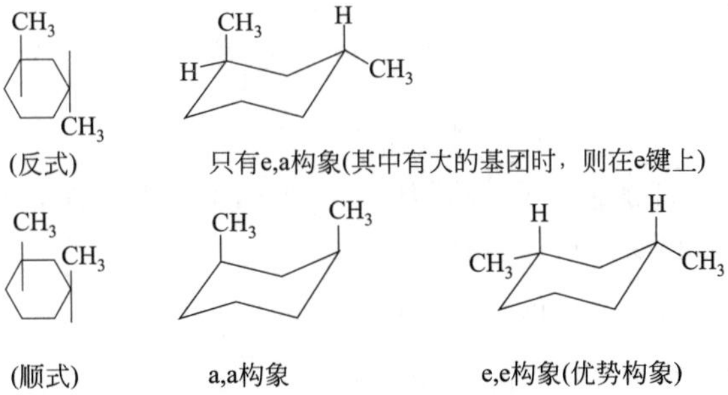
(反式)
只有e,a构象(其中有大的基团时，则在e键上)
(顺式)
a,a构象
e,e构象(优势构象)

其他二元、三元等取代环己烷的稳定构象，可用上述同样方法得知。

二取代环己烷的构象中，由于顺反构型的关系，有时不可能两取代基都在能量较低的平伏键上。从许多实验事实总结如下：

a. 环己烷多元取代物的最稳定的构象是 e 取代最多的构象。

b. 环上有不同取代基时，大的取代基在 e 键的构象最稳定。

3. 环烷烃的物理性质

环烷烃是无色、具有一定气味的物质。没有取代基的环烷烃的沸点、熔点和相对密度等，也随着分子中碳原子数（或分子量）的增大，而呈现规律性的变化。环烷烃的沸点、熔点和相对密度都比同碳原子数的直链烷烃高，这是环烷烃分子间的作用力比较强的缘故。表

4-6 给出一些环烷烃的物理常数。

表 4-6 一些烷烃及环烷烃的物理常数

名称	熔点/℃	沸点/℃	相对密度(d_4^{20})
环丙烷	−127.6	−32.9	0.720(−79℃)
丙烷	−187.69	−42.07	0.5005(7℃)
环丁烷	−90	12.5	0.703(0℃)
丁烷	−138.45	−0.5	0.5788
环戊烷	−93.9	49.3	0.7454
戊烷	−129.72	36.07	0.6262
环己烷	6.6	80.7	0.7786
己烷	−95	68.95	0.6603

4. 环烷烃的化学性质

环烷烃的反应与非环烷烃的性质相似。含三元环和四元环的小环化合物有一些特殊的性质，它们容易开环生成开链化合物。

(1) 取代反应 例如：

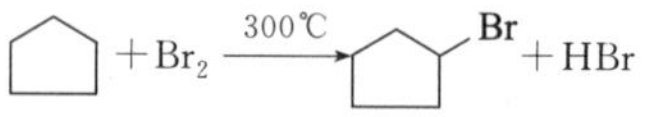

+Br2
300℃
Br
+HBr

(2) 氧化反应 常温下，环丙烷与一般氧化剂（高锰酸钾水溶液）不起反应。例如：

CH3
CH═C
CH3
KMnO4
COOH +
CH3
C═O
CH3

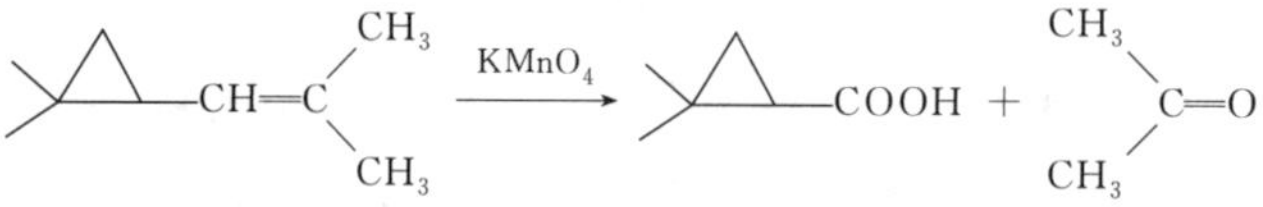

上述反应中双键被氧化了，而环不受影响。故可用高锰酸钾溶液来区别烯烃与环丙烷衍生物。

(3) 加成反应

① 加氢 例如：

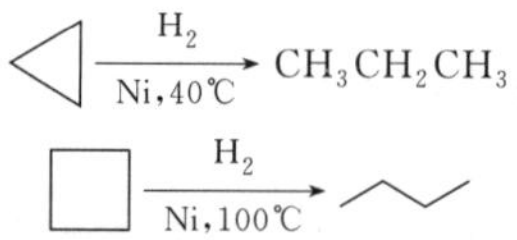

H2
Ni,40℃
CH3CH2CH3
H2
Ni,100℃

② 加溴 溴在室温下即能使环丙烷开环，生成 1,3-二溴丙烷，而环丁烷、环戊烷等与溴的反应与烷烃相似，即起取代反应。例如：

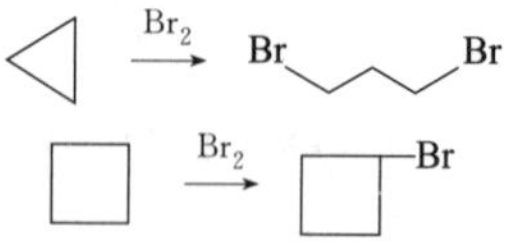

Br2
Br
Br
Br2
Br

③ 加卤化氢 例如：

HBr
Br
Br
HBr

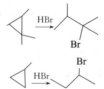

75. 小环烷烃的加成反应

溴化氢也能使环丙烷开环，产物为 1-溴丙烷，取代环丙烷与溴化氢的反应符合马尔科夫尼科夫规则，环的断裂在取代基最多和取代基最少的碳碳键之间发生，环丁烷、环戊烷等不易与溴化氢反应。

习　题

一、判断题

1. 环己烷的船式构象和椅式构象都没有角张力，所以这两个构象一样稳定。　　（　　）
2. 环己烷的椅式构象没有角张力和扭转张力，所以比较稳定。　　（　　）
3. 拜尔的平面张力环理论可以解释环己烷构象的稳定性。　　（　　）
4. 三元环是张力环，所以三元环不稳定，容易被氧化剂氧化。　　（　　）
5. 三元环内部的张力包括角张力和扭转张力。　　（　　）
6. 根据拜尔的张力环理论，最稳定的环是六元环。　　（　　）
7. 环烷烃内部只有C—C和C—H，所以与烷烃的化学性质一样。　　（　　）

二、选择题

1. 下列两个取代环己烷，比较稳定的是（　　）。

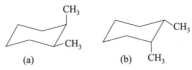

A.（a）比较稳定　　　　　　　　B.（b）比较稳定
C.（a）和（b）一样稳定　　　　D. 无法判断

2. 下列两个取代环己烷，比较稳定的是（　　）。

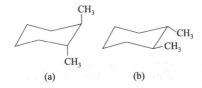

A.（a）比较稳定　　　　　　　　B.（b）比较稳定
C.（a）和（b）一样稳定　　　　D. 无法判断

3. 下列两个取代环己烷，比较稳定的是（　　）。

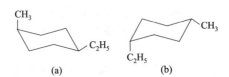

A.（a）比较稳定　　　　　　　　B.（b）比较稳定
C.（a）和（b）一样稳定　　　　D. 无法判断

4. 下列两个取代环己烷，比较稳定的是（　　）。

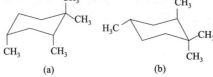

A.（a）比较稳定　　　　　　　　B.（b）比较稳定
C.（a）和（b）一样稳定　　　　D. 无法判断

5. 环丙烷在室温下与单质溴反应，主要产物是 (　　)。

A. 1-溴环丙烷　　　　B. 2-溴环丙烷　　　　C. 1,2-二溴环丙烷　　D. 1,3-二溴丙烷

6. 环丁烷在加热情况下与单质溴反应，主要产物是 (　　)。

A. 1-溴环丁烷　　　　B. 2-溴环丁烷　　　　C. 1,2-二溴环丁烷　　D. 1,4-二溴丁烷

7. 环戊烷在加热情况下与单质溴发生反应，主要产物是 (　　)。

A. 1-溴环戊烷　　　　B. 2-溴环戊烷　　　　C. 1,2-二溴戊烷　　　D. 1,5-二溴戊烷

8. 环己烷在加热情况下与单质溴发生反应，主要产物是 (　　)。

A. 1-溴环己烷　　　　B. 2-溴环己烷　　　　C. 1,2-二溴己烷　　　D. 1,6-二溴己烷

三、填空题

完成下列反应式：

(1) 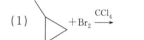　　(2) 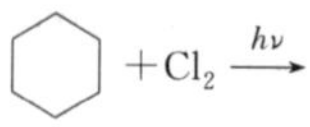 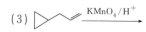　　(3)

四、简答题

1. 用系统命名法命名下列化合物

(1) 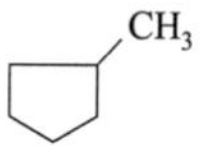 　　(2) 　　(3)

2. 用简单的化学方法鉴别下列各组化合物

(1) 环丙烷和丙烯

(2) 丙炔、环丙烷、丙烯

五、推断题

化合物 A 的分子式为 C_6H_{10}，催化加氢后可生成甲基环戊烷。A 经过量高锰酸钾氧化后生成 3-甲基-戊二酸。试推断 A 的结构式。

任务五　苯及芳香烃的性质识用

任务引领

在苯的结构中，虽然含有不饱和键，但由于在环状共轭体系中电子密度的平均化，它的化学性质比烯烃、炔烃稳定，不易发生加成反应和氧化反应，却易发生取代反应，成为苯和其他芳香烃的特征反应。

聚对苯二甲酸（PTA）是制造聚酯纤维、薄膜、绝缘漆的重要原料，主要用于生产聚对苯二甲酸乙二醇酯（PET）、聚对苯二甲酸丙二醇酯（PTT）以及聚对苯二甲酸丁二醇酯（PBT），也用作染料中间体。长期以来，我国 PTA 工业的发展滞后于聚酯工业的发展。

芳香烃最早是从一些天然香料中提取出来的，因其具有芳香味故称为芳香烃。芳香烃是重要的基础有机化工原料，是合成染料、药物、塑料、合成纤维等的主要原料。

凯库勒（Friedrich August Kekulé）注意到许多芳香化合物经过逐步降解后，最终得到 C_6H_6 的物质，C_6H_6 非常稳定，再进行降解非常困难，称为苯（benzene）。本任务所讨论的芳香烃均为苯及苯的衍生物。

任务准备

1. 如何鉴别丙烷、环丙烷、丙烯？

2. 取代环己烷的优势构象如何判断？

3. 小环烷烃有什么化学性质？

4. 环烷烃的同分异构体如何书写？

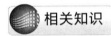 相关知识

一、苯的性质识用

1. 芳香烃的分类

芳香烃根据含有苯环的数目和结构可以分为单环芳烃、多环芳烃和稠环芳烃三大类，见图4-9。

图 4-9 芳香烃的分类

2. 芳香烃的命名

单环芳烃可以看作是苯环上的氢原子被烃基取代的衍生物。

（1）一取代苯 一取代苯只有一种，没有异构体。

① 一取代苯命名是以苯环作为母体，称为某烃某基苯（"基"字可略去）。例如：

甲苯　　　异丙苯

② 如果取代烃基较复杂，或有不饱和键时，也可以把侧链取代基当作母体，苯环当作取代基。例如：

苯乙烯　　　二苯乙烯　　　2,3-二甲基-1-苯基-1-己烯

（2）二取代苯 二取代苯有三种异构体：

1,2-二甲苯　　　1,3-二甲苯　　　1,4-二甲苯

（3）三取代苯 三取代苯也有三种异构体：

1,2,3-三甲苯　　　1,2,4-三甲苯　　　1,3,5-三甲苯

（4）芳基　当芳烃分子消去一个氢原子后，所剩下的原子团叫芳基，用 Ar 表示。

C_6H_5—：苯基，可用 Ph 表示。

$C_6H_5CH_2$—：苄基（苯甲基），可用 Bz 表示。

（5）芳烃衍生物的命名

① 某些取代基（硝基—NO_2、亚硝基—NO、卤素—X 等）通常只作取代基而不作母体。具有这些取代基的芳烃衍生物命名时，芳烃为母体，叫作某取代芳烃。例如：

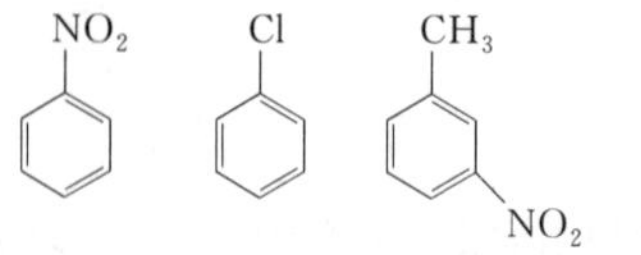

硝基苯　　　氯苯　　　间硝基甲苯

② 当取代基为—NH_2、—OH、—CHO、—COOH、—SO_3H 等时，则把它们看作另一类化合物。例如：

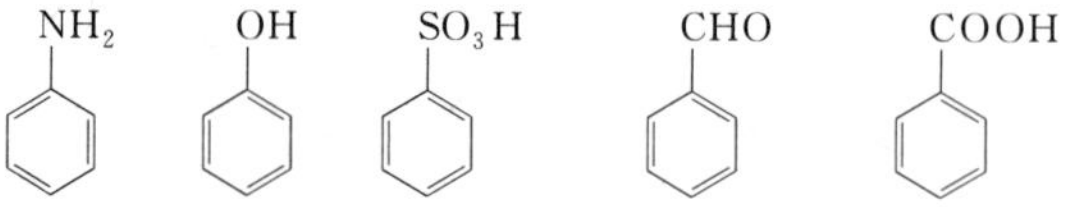

苯胺　　苯酚　　苯磺酸　　　苯甲醛　　苯甲酸

③ 当环上有多种取代基时，首先选择好母体。选择母体的顺序如下：—OR、—R、—NH_2、—OH、—COR、—CHO、—CN、—$CONH_2$、—COX、—COOR、—SO_3H、—COOH、—NR_3 等。在这个顺序中，排在后的多为母体，排在前的为取代基。例如：

对氯苯酚　　对氨基苯磺酸　　对羟基苯甲醛　　对硝基苯甲酸

3. 苯的结构

（1）苯的凯库勒式　1865 年凯库勒（Kekule）从苯的分子式出发，根据苯的一元取代物只有一种，认为六个氢原子是等同的，提出了苯的环状构造式：

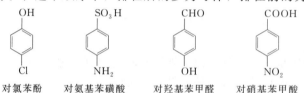

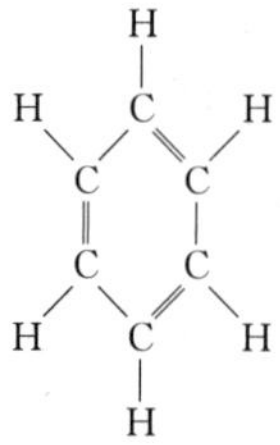

因为碳原子是四价的，故再把它写成：

这个式子虽然可以说明苯分子的组成以及原子间连接的次序，但这个式子仍存在着缺点，它不能说明下列问题。

① 既然含有三个双键，为什么苯不发生类似烯烃的加成反应？

② 根据上式，苯的邻二元取代物应当有两种，然而实际上只有一种：

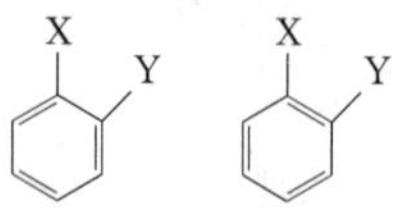

凯库勒曾用两个式子来表示苯的结构，并且设想这两个式子之间的摆动代表着苯的真实

结构：

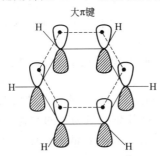

由此可见，凯库勒式并不能确切地反映苯的真实情况。

（2）苯分子结构的价键观点　根据现代物理方法（如 X 射线法、光谱法等）证明了苯分子是一个平面正六边形构型，键角都是 120°，碳碳键的键长都是 0.1397nm：

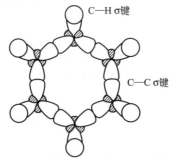

　　按照轨道杂化理论，苯分子中六个碳原子都以 sp^2 杂化轨道互相沿对称轴的方向重叠形成六个 C—C σ 键，组成一个正六边形。每个碳原子各以一个 sp^2 杂化轨道分别与氢原子 1s 轨道沿对称轴方向重叠形成六个 C—H σ 键。由于是 sp^2 杂化，所以键角都是 120°，所有碳原子和氢原子都在同一平面上。每个碳原子还有一个垂直于 σ 键平面的 p 轨道，每个 p 轨道上有一个 p 电子，六个 p 轨道组成了大 π 键：

　　（3）苯的分子轨道模型　分子轨道法认为六个 p 轨道线性组合成六个 π 分子轨道，其中三个成键轨道 ψ_1、ψ_2、ψ_3 和三个反键轨道 ψ_4、ψ_5、ψ_6。

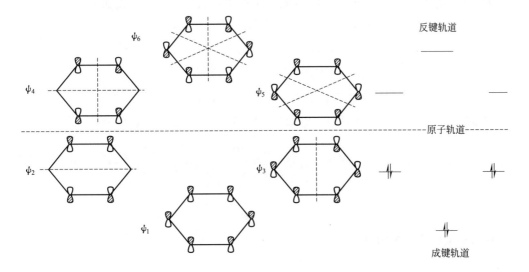

在这个分子轨道中，有一个能量最低的 ψ_1 轨道，有两个相同能量较高的 ψ_2 和 ψ_3 轨道，各有一个节面，这三个是成键轨道。ψ_4 与 ψ_5 能量相同，有两个节面，ψ_6 能量最高，有三个节面，这三个是反键轨道。

在基态时，苯分子的 6 个 p 电子成对地填入三个成键轨道，这时所有能量低的成键轨道全部充满了电子，所以苯分子是稳定的，体系能量较低。

（4）从氢化热看苯的稳定性　氢化热是衡量分子内能大小的尺度。氢化热越高，分子内能越高，越不稳定；氢化热越低，分子内能越低，分子越稳定。

① 环己烯氢化热为 119.6kJ/mol。

② 如果苯的构造式用凯库勒式表示的话，苯的氢化热为环己烯氢化热的三倍，即 $119.6 \times 3 = 358.8$（kJ/mol）。

③ 实际上苯的氢化热是 208.4kJ/mol，比预计的数值低 150.4kJ/mol。这是由于苯环中存在共轭体系，π 电子高度离域，这部分能量为苯的共轭能或离域能。

综上所述，我们可以认识到苯分子具有较低的内能，分子稳定。

76. 苯分子的结构 1　　　　　　　　　77. 苯分子的结构 2

4. 苯的化学性质

（1）可燃性　苯与甲烷、乙烯、乙炔燃烧时的现象相比较，火焰明亮并带有浓烟，主要原因是苯分子内含碳量高，常温下为液态，燃烧更加不充分。

（2）亲电取代反应

① 硝化反应

$$\text{〔苯〕} + HO{-}NO_2\text{（浓）} \xrightarrow[55\sim60℃]{H_2SO_4\text{（浓）}} \text{〔硝基苯〕} + H_2O$$

浓 H_2SO_4 的作用——促使 $-NO_2^+$（硝基正离子）的生成。反应式如下：

$$H_2SO_4 + HO{-}NO_2 \overset{快}{\rightleftharpoons} HO^+{-}NO_2 + HSO_4^-$$

$$HO^+{-}NO_2 \overset{慢}{\rightleftharpoons} NO_2^+ + H_2O$$

$$H_2SO_4 + H_2O \rightleftharpoons H_3O^+ + HSO_4^-$$

$$2H_2SO_4 + HO{-}NO_2 \rightleftharpoons NO_2^+ + 2HSO_4^- + H_3O^+$$

反应是以 $-NO_2^+$ 为亲电试剂的亲电加成-消除历程，无 π-配合物生成：

$$\text{〔苯〕} + \overset{O}{\underset{O}{N^+}} \xrightarrow[\text{亲电加成}]{慢} \text{〔}\sigma\text{-配合物〕} \xrightarrow[\text{消除}]{快} \text{〔硝基苯〕} + H^+$$

σ-配合物

硝基苯继续硝化比苯困难：

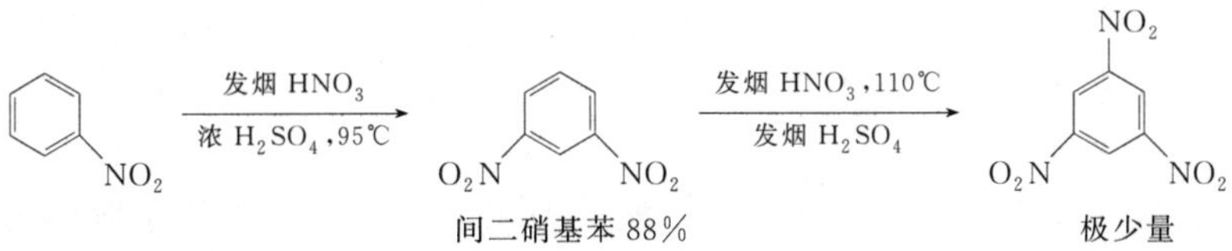

78. 苯的硝化反应

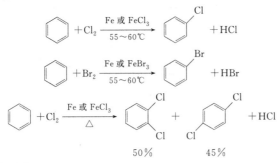

$$\text{（苯硝基）} \xrightarrow[\text{浓 H}_2\text{SO}_4\text{,95℃}]{\text{发烟 HNO}_3} \text{间二硝基苯 88\%} \xrightarrow[\text{发烟 H}_2\text{SO}_4]{\text{发烟 HNO}_3\text{,110℃}} \text{极少量}$$

烷基苯比苯易硝化：

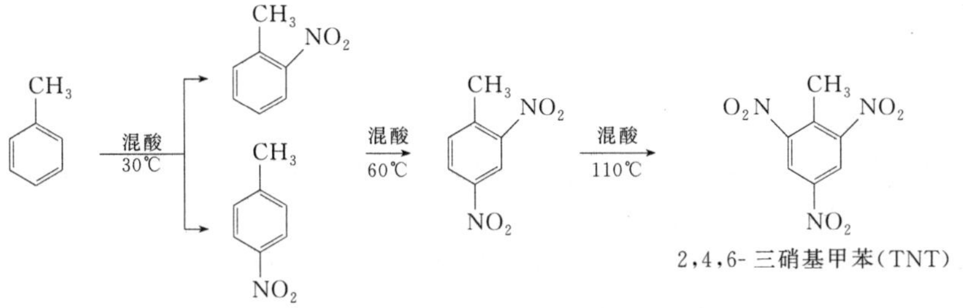

$$\text{甲苯} \xrightarrow[\text{30℃}]{\text{混酸}} \text{邻、对硝基甲苯} \xrightarrow[\text{60℃}]{\text{混酸}} \xrightarrow[\text{110℃}]{\text{混酸}} \text{2,4,6- 三硝基甲苯（TNT）}$$

② 卤代反应

$$\text{苯} + Cl_2 \xrightarrow[55\sim60℃]{\text{Fe 或 FeCl}_3} \text{氯苯} + HCl$$

$$\text{苯} + Br_2 \xrightarrow[55\sim60℃]{\text{Fe 或 FeBr}_3} \text{溴苯} + HBr$$

$$\text{苯} + Cl_2 \xrightarrow[\triangle]{\text{Fe 或 FeCl}_3} \text{邻二氯苯（50\%）} + \text{对二氯苯（45\%）} + HCl$$

③ 磺化反应

$$\text{苯} \xrightarrow[30\sim50℃]{H_2SO_4 \cdot SO_3 （发烟硫酸）} \text{苯磺酸（SO}_3\text{H）}$$

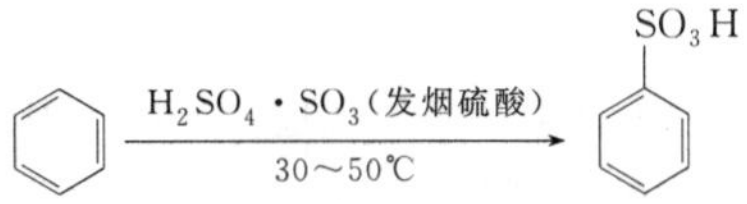

甲苯较苯易磺化，且得到邻位和对位产物：

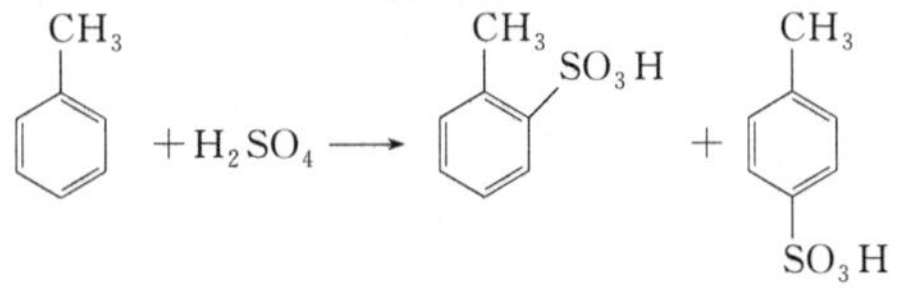

$$\text{甲苯} + H_2SO_4 \longrightarrow \text{邻甲基苯磺酸} + \text{对甲基苯磺酸}$$

	温度	邻甲基苯磺酸	对甲基苯磺酸
反应温度不同	0℃	43%	53%
产物比例不同	25℃	32%	62%
	100℃	13%	79%

磺化反应是可逆反应—— —SO$_3$H 可作为占位基：

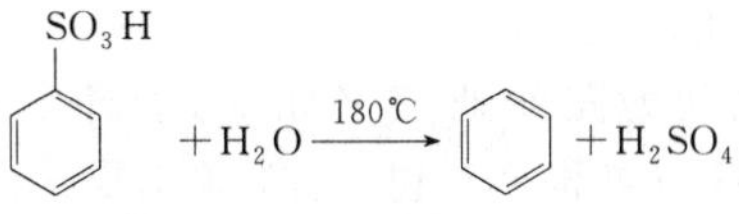

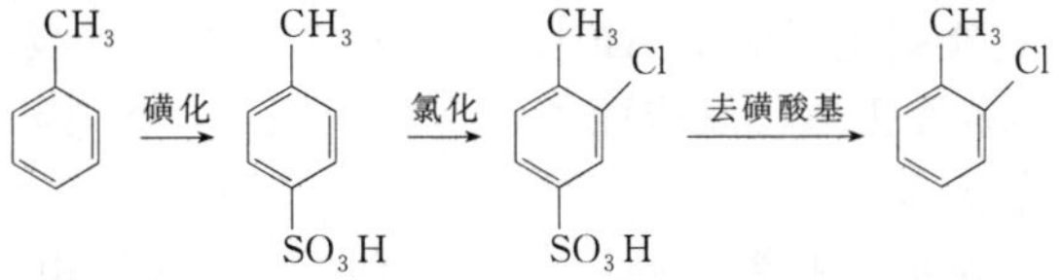

$$\text{苯磺酸} + H_2O \xrightarrow{180℃} \text{苯} + H_2SO_4$$

$$\text{甲苯} \xrightarrow{\text{磺化}} \xrightarrow{\text{氯化}} \xrightarrow{\text{去磺酸基}} \text{邻氯甲苯}$$

磺化反应历程：SO$_3$ 作为亲电试剂，无 π-配合物生成。

④ 付瑞德-克拉夫茨反应　1877 年，法国化学家付瑞德和美国化学家克拉夫茨发现了制备烷基苯和芳酮的反应，简称为付-克（C. Friede-J. M. Crafts）反应。前者叫付-克烷基化反应，后者叫付-克酰基化反应。

a. 烷基化反应　苯与烷基化剂在路易斯酸的催化下生成烷基苯的反应称为付-克烷基化反应：

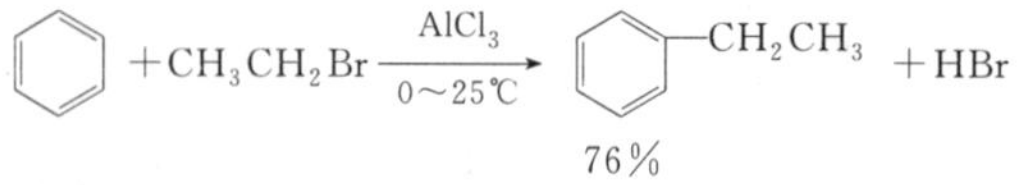

$$\text{（苯）} + CH_3CH_2Br \xrightarrow[0\sim25℃]{AlCl_3} \text{（} CH_2CH_3 \text{）} + HBr$$

76%

此反应中应注意以下几点：

ⅰ. 路易斯酸作催化剂，除无水 $AlCl_3$ 以外，也可以用 $FeCl_3$、BF_3、$ZnCl_2$、无水 $AlBr_3$、$SnCl_4$、HF 等。其作用是增加烷基化试剂的亲电性。

ⅱ. 反应中苯需要过量，因为它不仅是反应物，而且是反应的溶剂。

ⅲ. 当用含三个或三个以上碳原子的卤代烃时，会有异构化产物：

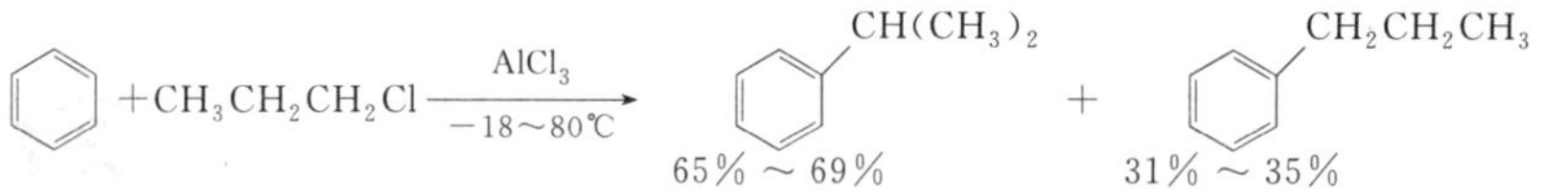

$$\text{（苯）} + CH_3CH_2CH_2Cl \xrightarrow[-18\sim80℃]{AlCl_3} \text{（} CH(CH_3)_2 \text{）} + \text{（} CH_2CH_2CH_3 \text{）}$$

65% ～ 69%　　　　31% ～ 35%

ⅳ. 反应不易停在一元取代阶段，会有多烷基化产物生成：

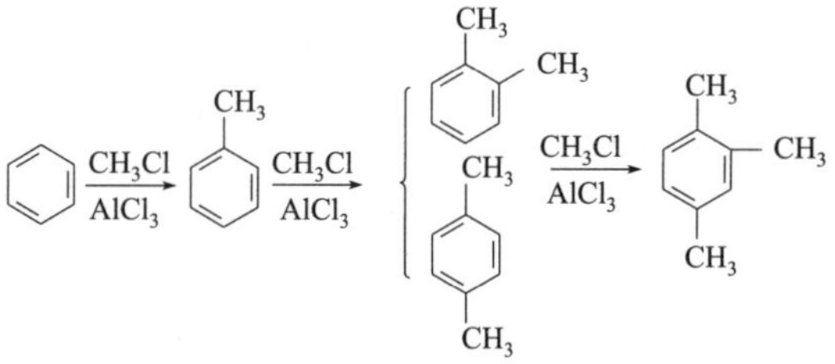

$$\text{（苯）} \xrightarrow[AlCl_3]{CH_3Cl} \text{（甲苯）} \xrightarrow[AlCl_3]{CH_3Cl} \left[\text{（二甲苯）} \right] \xrightarrow[AlCl_3]{CH_3Cl} \text{（三甲苯）}$$

ⅴ. 当苯环上有强吸电子基团，如—NO_2、—COOH、—COR、—CF_3、—SO_3H、$N(CH_3)_3$ 等时，付-克烷基化反应不能进行。

ⅵ. 当苯环上有—NH_2、—NHR、—NR_2 时，付-克烷基化反应也不能进行。

b. 酰基化反应

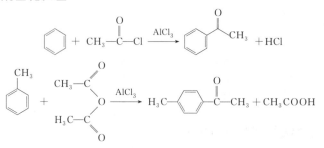

79. 苯的烷基化反应

酰基化反应的特点：产物纯、产量高。

需要注意以下几点：催化剂为路易斯酸（如前）；环上有硝基、磺酸基、酰基和氰基（—CN）等吸电子基时难以反应（如前）；付-克酰基化反应无多酰基化产物；付-克酰基化反应无异构化产物；付-克酰基化反应中 $AlCl_3$ 用量比付-克烷基化反应多。

（3）加成反应　苯环易发生取代反应而难发生加成反应，但并不是绝对的，在特定条件下，也能发生某些加成反应。

① 加氢，如催化氢化反应（高温、高压、催化剂，均相或异相）：

$$\text{（苯）}+3H_2 \xrightarrow[180\sim225℃]{Ni} \text{（环己烷）}$$

$$\text{（环己烷）} \xrightarrow{HNO_3} \begin{array}{l} CH_2CH_2COOH \\ | \\ CH_2CH_2COOH \end{array}$$

$$n\begin{array}{l} CH_2CH_2COOH \\ | \\ CH_2CH_2COOH \end{array} + n\begin{array}{l} CH_2CH_2CH_2NH_2 \\ | \\ CH_2CH_2CH_2NH_2 \end{array} \longrightarrow HO\underset{n}{[\!\!-\!\!CCH_2CH_2CH_2CH_2C\!-\!NHCH_2CH_2CH_2CH_2CH_2CH_2\!\!-\!\!]}NH_2 \text{（尼龙66）}$$

② 加氯，如紫外线、自由基加成反应：

$$\text{（苯）}+3Cl_2 \xrightarrow[50℃]{光} \text{（六氯环己烷）}$$

C_6Cl_6（六六六）对人畜有害，世界禁用，我国从 1983 年开始禁用。

（4）苯环氧化反应　苯环一般不易氧化，在特定激烈的条件下，苯环可被氧化破坏。例如：

$$\text{（苯）}+O_2 \xrightarrow[450\sim500℃]{V_2O_5} \text{（顺丁烯二酸酐）}+CO_2+H_2O$$

$$2\text{（苯）}+15O_2 \xrightarrow{点燃} 12CO_2+6H_2O$$

（5）侧链自由基取代反应

$$\text{CH}_3-\text{（苯）} \xrightarrow[日光或热]{Cl_2} \text{CH}_2\text{Cl}-\text{（苯）} \xrightarrow[日光或热]{Cl_2} \text{CHCl}_2-\text{（苯）} \xrightarrow[日光或热]{Cl_2} \text{CCl}_3-\text{（苯）}$$

一氯化苄　　　　二氯化苄　　　　三氯化苄

苯一氯甲烷　　　苯二氯甲烷　　　苯三氯甲烷

侧链较长的芳烃光照卤代主要发生在 α-碳原子上：

$$\text{（苯）}-CH_2CH_3 \xrightarrow{Cl_2,光} \text{（苯）}-\underset{\underset{Cl}{|}}{C}HCH_3 + \text{（苯）}-CH_2CH_2Cl$$

91%　　　　　　　9%

$$\text{（苯）}-CH_2CH_3 \xrightarrow{Br_2,光} \text{（苯）}-\underset{\underset{Br}{|}}{C}HCH_3$$

100%

$$\text{（苯）}-CH_2CH_2-\underset{\underset{CH_3}{|}}{C}H-CH_3 \xrightarrow{Br_2,光} \text{（苯）}-\underset{\underset{Br}{|}}{C}HCH_2-\underset{\underset{CH_3}{|}}{C}H-CH_3$$

反应条件不同，产物不同：

$$\text{甲苯}+Cl_2 \left\{ \begin{array}{l} \xrightarrow{铁} \text{苯环上的亲电取代反应} \\ \xrightarrow{光} \text{苯环侧链上的自由基取代反应} \end{array} \right.$$

（6）侧链氧化反应　侧链氧化反应为 α-H 氧化反应，烷基苯（有 α-H 时）侧链时，易被氧化成羧酸：

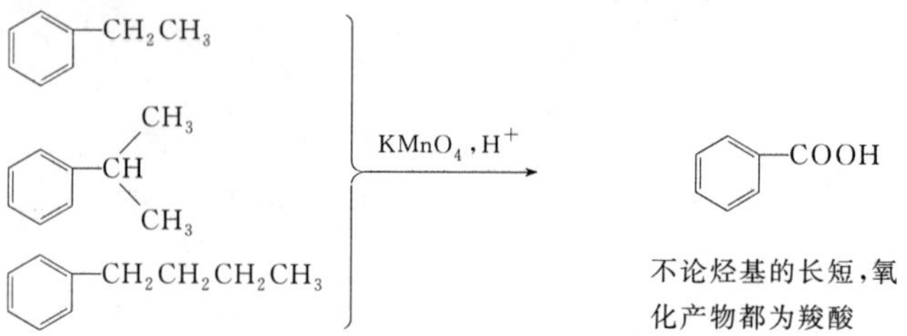

不论烃基的长短，氧化产物都为羧酸

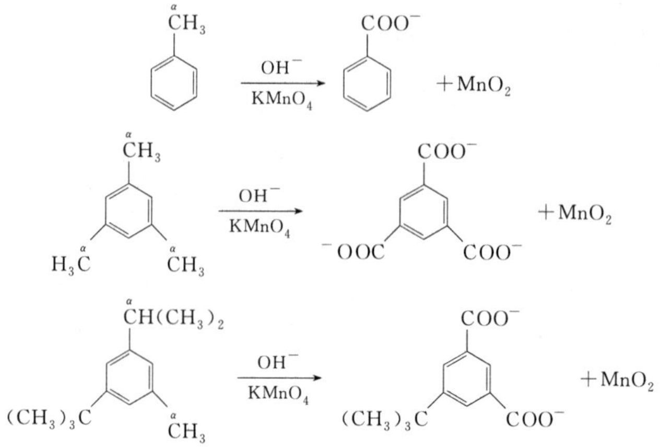

反应的前提是烷基具有 α-H：

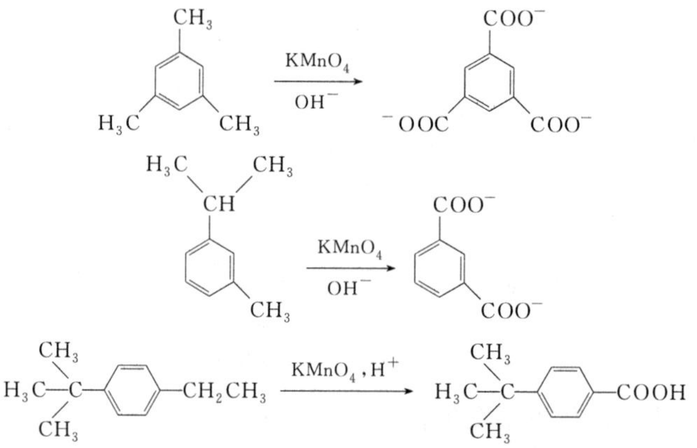

也可以发生催化氧化，若两个烃基处在邻位，氧化的最后产物是酸酐。例如：

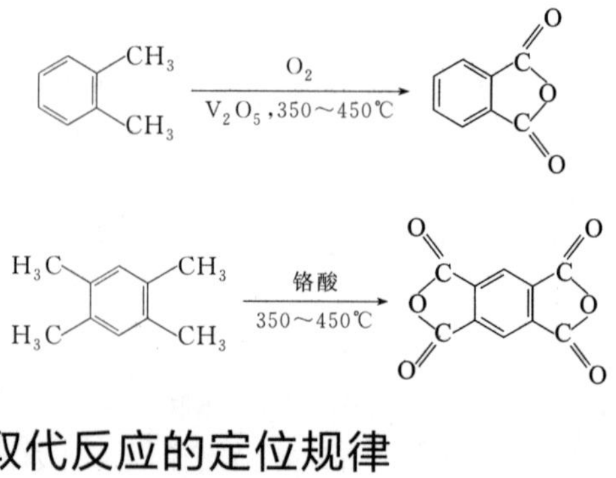

二、苯环上亲电取代反应的定位规律

1. 定位基分类和取代规律

苯环在进行亲电取代反应时，苯环上原有的取代基对于新引入的基团进入苯环的位置有指定作用，同时还影响苯环亲电取代反应的活性。取代基的这种作用称为定位效应。原有的取代基叫作定位取代基。

（1）邻对位定位取代基 当苯环上已带有这类定位取代基时，再引入的其他基团主要进入它的邻位或对位，而且第二个取代基的进入一般比没有这个取代基（即苯）时容易，或者说这个取代基使苯环活化。

特征：这类取代基中直接连于苯环上的原子多数具有未共用电子对，并不含有双键或三键。

定 位 取 代 效 应 按 下 列 次 序 而 渐 减：—N（CH$_3$）$_2$、—NH$_2$、—OH、—OCH$_3$、—NHCOCH$_3$、—R(Cl、Br、I)。

邻对位定位取代基的定位效应：邻对位定位取代基除卤素外，其他的多是斥电子的基团，能使定位取代基的邻对位的碳原子的电子云密度升高，所以亲电试剂容易进攻这两个位置的碳原子。

卤素和苯环相连时，与苯酚羟基相似，也有方向相反的吸电子诱导和共轭两种效应。但在此情况下，诱导效应占优势，使苯环上电子云密度降低，苯环钝化，故亲电取代反应比苯难。但共轭使间位电子云密度降低的程度比邻对位更明显，所以取代反应主要在邻对位进行。

（2）间位定位取代基 当苯环上已有这类定位取代基时，再引入的其他基团主要进入它的间位，而且第二个取代基的进入比苯要难，或者说这个取代基使苯环钝化。

特征：取代基中直接与苯环相连的原子，有的带有正电荷，有的含有双键或三键。

定位效应按下列次序而渐减：—N$^+$（CH$_3$）$_3$、—NO$_2$、—CN、—SO$_3$H、—CHO、—COOH。

间位定位基的定位效应：这类定位取代基是吸电子的基团，使苯环上的电子云移向这些基团，因此苯环上的电子云密度降低。这样，对苯环起了钝化作用，所以较苯难于进行亲电取代反应。

共振理论对定位效应的解释：邻对位中间体均有一种稳定的共振式（邻对位定位基的影响），在间位定位基的影响下，在三个可能的碳正离子中间体中，邻对位共振式中正电荷是在连有吸电子基的碳上，它使碳正离子中间体更不稳定。所以，间位碳正离子中间体是最有利的。

2. 二取代苯的定位规律

如果苯环上已经有了两个取代基，当引入第三个取代基时，影响第三个取代基进入的位置的因素较多。两个取代基对反应活性的影响有加和性。

80. 苯环上亲电取代反应的定位规律

（1）苯环上已有两个定位基对于引入第三个取代基的定位效应一致时，仍由上述定位规律来决定。例如，下列化合物中再引入一个取代基时，取代基主要进入箭头所示的位置：

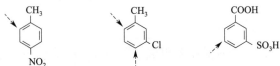

（2）苯环上原有的两个定位基对于引入第三个取代基的定位效应不一致时，有以下几种情况。

① 如果两个定位基是同一类，均为邻对位定位基或间位定位基时，第三个取代基进入的位置，主要由定位作用较强的一个来决定。如果两个定位基的定位效应相近，则得到混合物（混合物中各异构体的含量相差不太大）。例如：

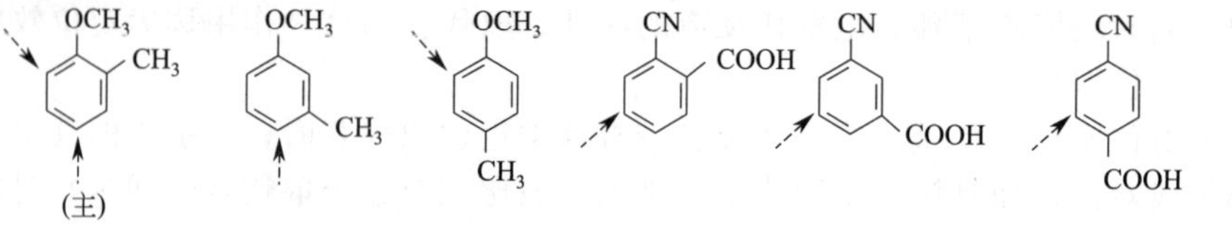

② 如果两个定位基属于不同类，第三个取代基进入苯环的位置，一般是邻对位定位基起主要定位作用，因为这类定位基活化苯环。例如：

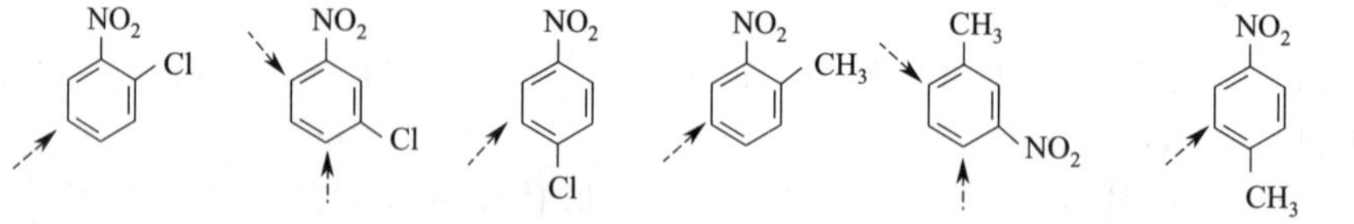

③ 两个定位基在苯环的 1 位和 3 位时，由于空间位阻的关系，第三个取代基在 2 位发生取代反应的比例较小。

3. 苯环上取代定位规律的应用

苯环上亲电取代反应的定位规律对于预测反应的主产物，帮助我们选择适当的合成路线具有重大的指导作用，在合成过程中可以少走弯路，既能获得较高的收率，又可避免复杂的分离过程。例如：

（1）预测主要产物

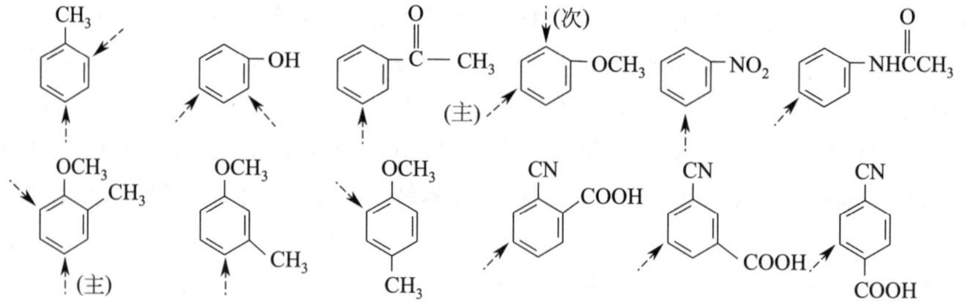

（2）选择合理的合成路线

① 以苯为原料，制备 o-、p-、m-三种硝基氯苯。

o-、p-，先氯化，后硝化：

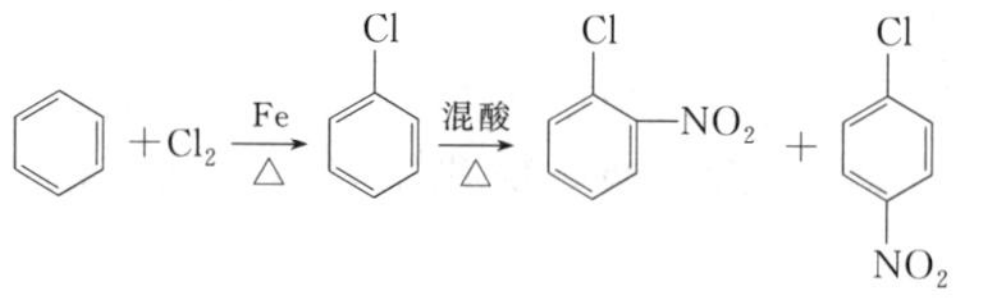

o-氯硝基苯 p-氯硝基苯

m-，先硝化，后氯化：

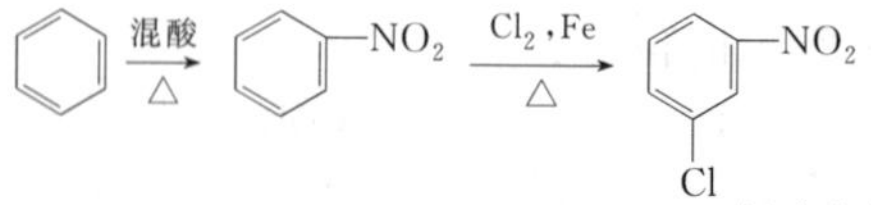

m-氯硝基苯

② 以甲苯为原料，制备 o-、p-、m-三种硝基苯甲酸。

o-、p-，先硝化，后氧化：

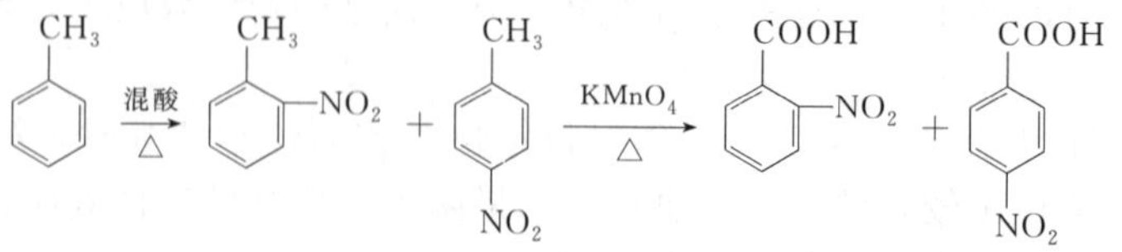

o-硝基苯甲酸 p-硝基苯甲酸

m-，先氧化，后硝化：

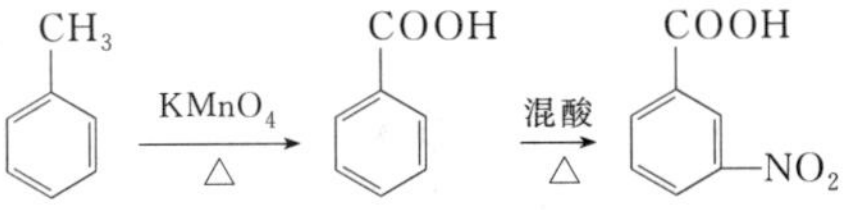

③ 由苯合成间硝基对氯苯磺酸。

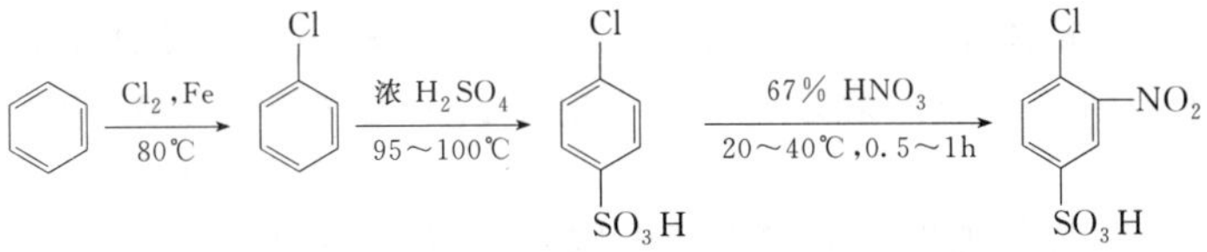

三、芳香烃的性质识用

多环芳烃是指分子中含有多个苯环的烃。按照苯环相互连接方式，多环芳烃可分为以下三类：多苯代脂肪烃、联苯和联多苯、稠环芳烃。一般将富勒烯也归到多环芳烃中，这里重点介绍稠环芳烃。

1. 联苯和联多苯

联苯：苯环间以单键直接相连。例如：

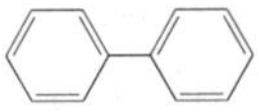

联苯 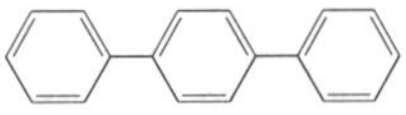　　　　　　　　联三苯

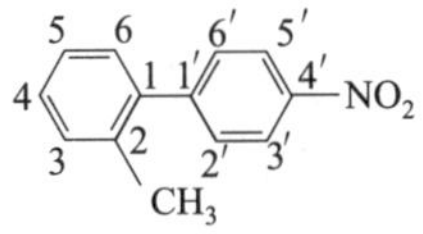

2-甲基-4'-硝基联苯 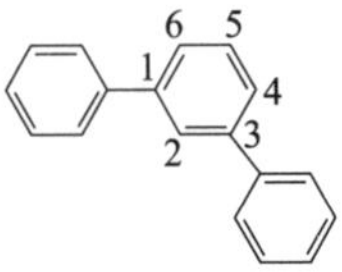　　　1,3-联三苯

联苯的制备方法：

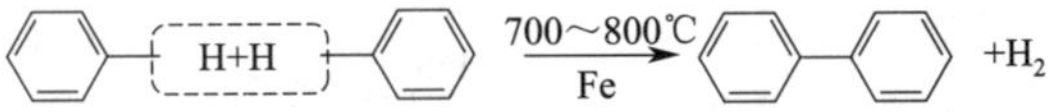

联苯的化学性质与苯相似，可发生亲电取代反应，且主要得到对位产物（苯基为第一类定位基，且因位阻而以对位产物为主）：

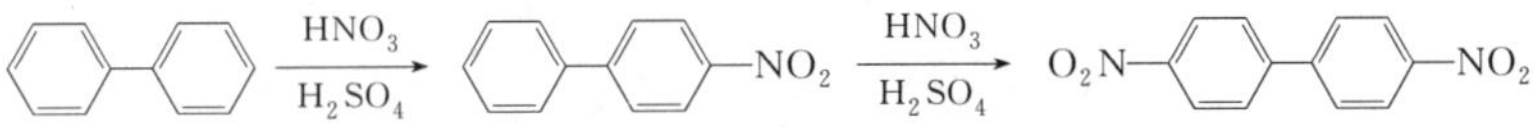

多苯代脂肪烃：苯环间由非芳香碳原子相连，脂肪烃为母体，将苯环看成取代基。例如：

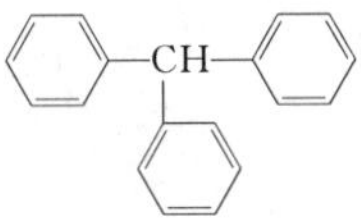

三苯甲烷 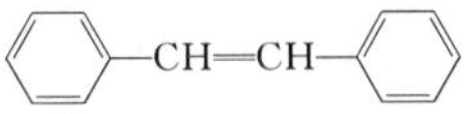　　　　　1,2-二苯基乙烯

2. 稠环芳烃

两个或两个以上的苯环通过共用两个邻位碳原子稠合而成的芳烃，叫作稠环芳烃。最重要的稠环芳烃是萘、蒽、菲等：

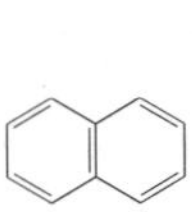

萘 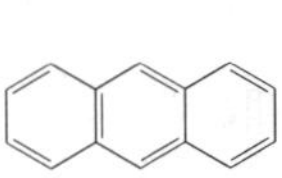　　　　　蒽 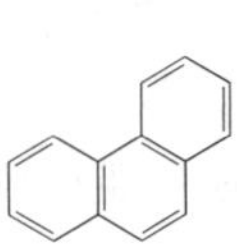　　　　　菲

（1）萘的结构和命名　萘是煤焦油中含量最多的一种化合物，熔点 $80℃$，沸点 $218℃$，

容易升华，是主要的化工原料，常常用作防蛀剂。

萘的结构：

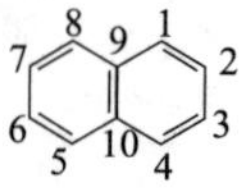

两个苯环在同一平面上，每个碳原子的 sp^2 杂化形成 C—C σ 键，各碳原子的 p 轨道侧面互相重叠形成一个共轭体系。9、10 位两个碳原子的 p 轨道除了彼此重叠之外，分别和 1、8 和 4、5 位碳原子 p 轨道重叠。萘分子中的 π 电子云不是均匀分布在 10 个碳上，各碳原子之间的键长也有所不同。

（2）萘的反应　萘与苯类似，能发生亲电取代反应，α 位易于 β 位。

① 氧化反应　萘比苯易氧化：

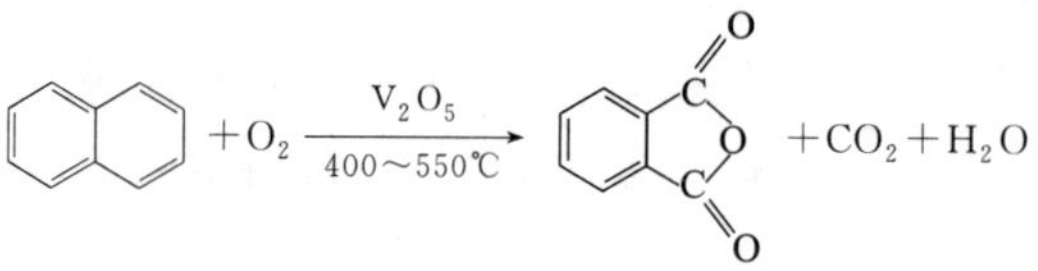

② 加成　萘比苯容易加成，在不同条件下可以发生部分加氢或全部加氢：

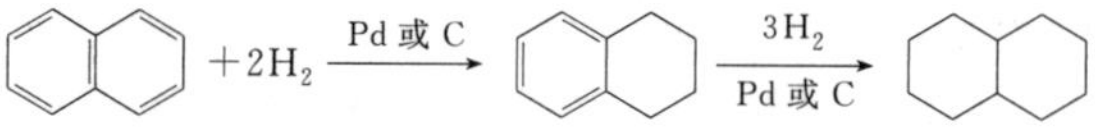

③ 硝化反应　萘与混酸在常温下就可以反应，产物几乎全是 α-硝基萘：

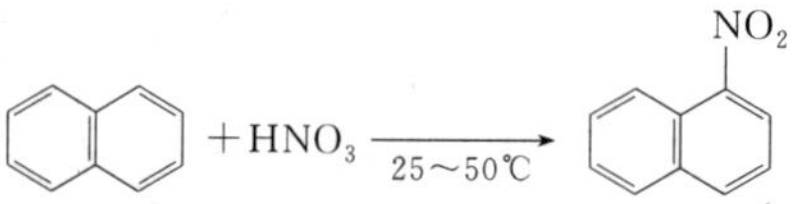

④ 磺化反应：

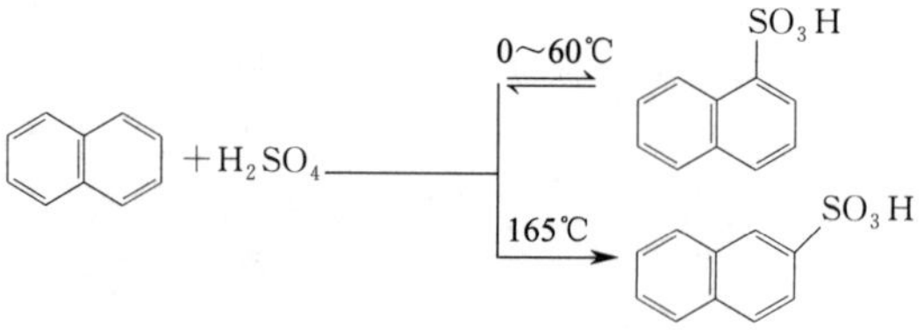

⑤ 卤化：

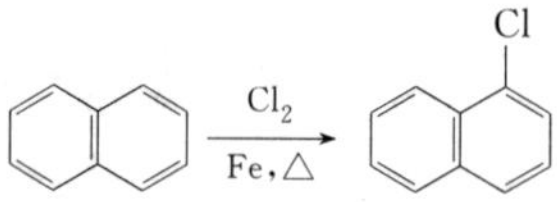

⑥ 酰基化：

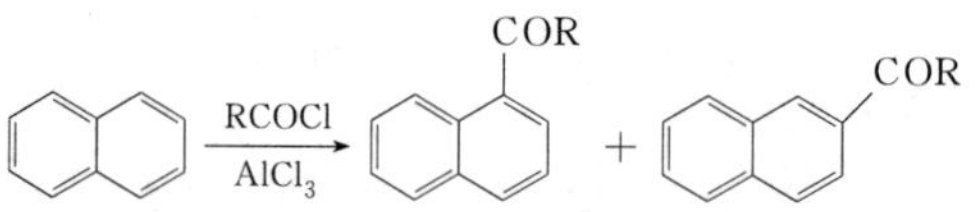

酰基化产物通常得到混合物。当用 $AlCl_3$ 作催化剂，CS_2 作溶剂时，主要得到 α-取代物：

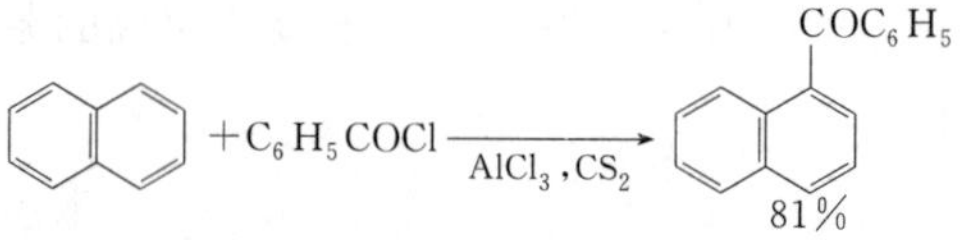

当用硝基苯作溶剂时，则主要得到 β-取代物：

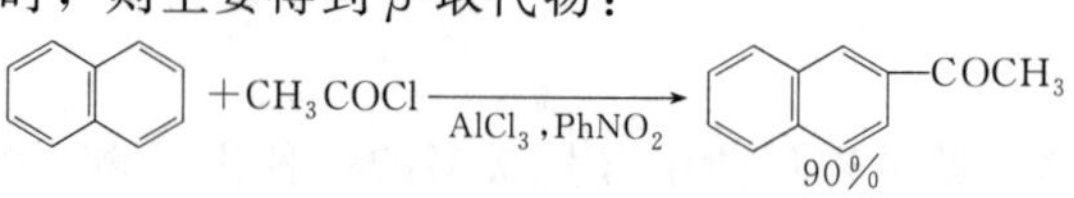

（3）取代萘的化学反应

① 萘环上原取代基为第一类定位基：

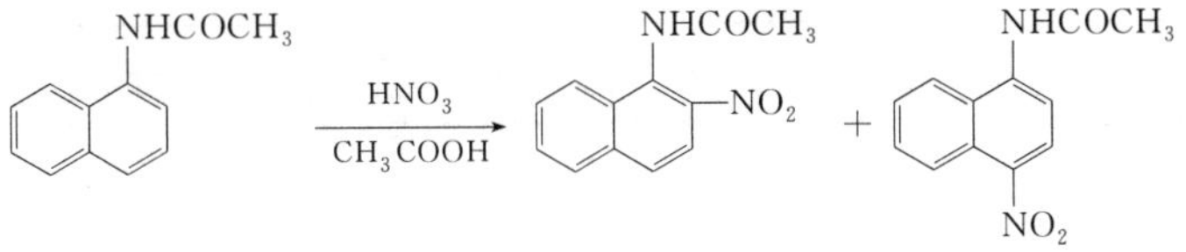

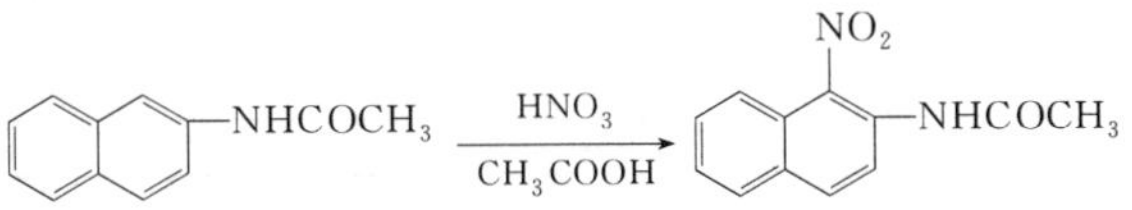

② 萘环上原取代基为第二类定位基　无论原取代基在萘环的 α 位还是 β 位，新进入基团一般进入异环的 α 位（5 位或 8 位）：

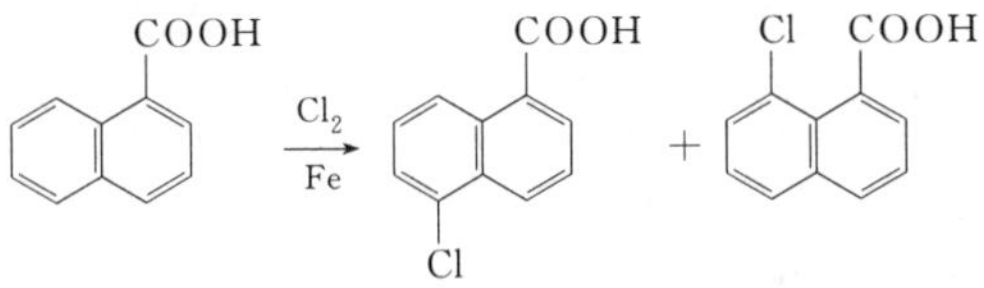

③ 在付-克酰基化和磺化反应时，常常出现一些特殊情况：

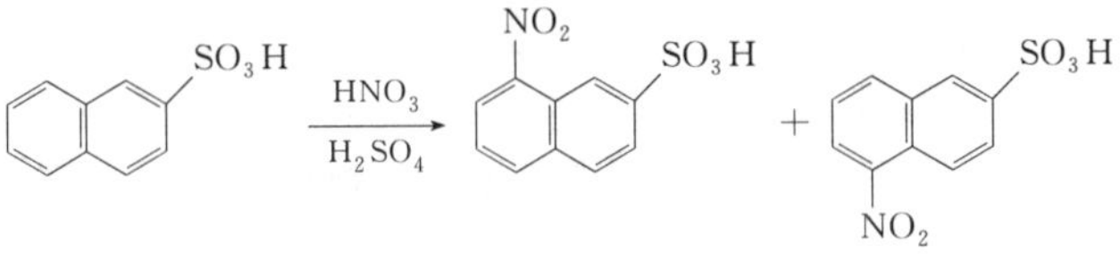

（4）蒽

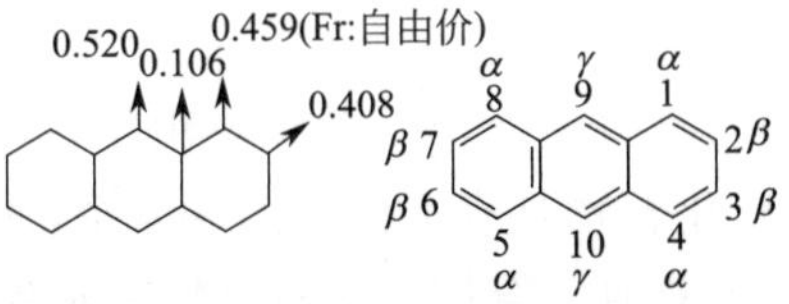

9 位、10 位特别活泼，大部分反应都发生在这两个位置上。

（5）菲　菲存在于煤焦油的蒽油馏分中，为带光泽的无色晶体，熔点 101℃，沸点 340℃，不溶于水，溶于乙醇、苯和乙醚中，溶液有蓝色的荧光。其结构为：

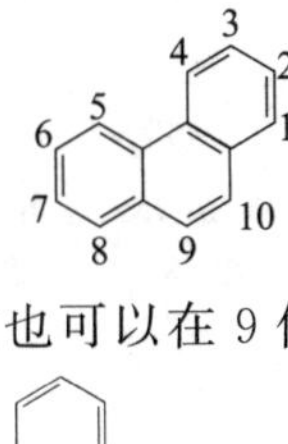

菲的化学性质介于萘和蒽之间，它也可以在 9 位、10 位发生加成反应，但没有蒽容易：

（6）其他稠环烃　多环芳烃是尚未很好开发的一类物质，而且来源丰富，大量存在于煤焦油和石油中。现在已从焦油中分离出好几百种稠环芳烃，有待研究利用。

人们很久以前就注意到，如在动物体上长期涂抹煤焦油，可以引起皮肤癌，经过长期的实验，发现合成的 1,2,5,6-二苯并蒽具有致癌的性质，后来又从煤焦油中分离出一个致癌的物质 3,4-苯并芘。现在已知的致癌物质中，以 6-甲基-1,2-苯并-5,10-亚乙基蒽的效力最强。

3. 芳香烃的物理性质

苯和它的常见同系物一般为无色的液体，不溶于水，易溶于有机溶剂，相对密度 0.8～0.9。

芳香烃一般都有毒性，液体芳香烃常用作有机溶剂。苯及其同系物的物理常数见表4-7。

表 4-7   苯及其同系物的物理常数

名称	熔点/℃	沸点/℃	相对密度(d_4^{20})
苯	5.5	80.1	0.8765
甲苯	−95	110.6	0.8669
邻二甲苯	−25.2	144.4	0.8802
间二甲苯	−47.9	139.1	0.8641
对二甲苯	−13.2	138.4	0.8610
乙苯	−93.9	136.2	0.8667
连三甲苯	<−15	176.1	0.8943
偏三甲苯	−57.4	169.4	0.8758
均三甲苯	−52.7	164.7	0.8651
正丙苯	−101.6	159.2	0.8620
异丙苯	−96.9	152.4	0.8617

苯及其同系物的沸点随分子量的增加而升高。它们的熔点与分子量和分子形状有关。分子对称性高，熔点也高。例如，苯的熔点就大大高于甲苯。对于二取代苯，对位异构体的对称性较高，其熔点也比其他两个异构体高。一般来说，熔点越高，异构体的溶解度也就越小，易结晶。利用这一性质，通过重结晶可以从二甲苯的邻、间、对位三种异构体中分离出对位异构体。

4. 休克尔规则

苯、萘是平面型分子，分子中存在着环状的闭合共轭体系，π电子云高度离域，具有"芳香性"。

81. 休克尔规则

但有些不具有苯环结构的烃类化合物，也具有一定的芳香性，这类化合物称为非苯系芳香烃。

1931年，休克尔（Hüchel，德国物理化学家）提出了一个判断芳香性体系的规则。如果一个单环状化合物具有平面的离域体系，π电子数为 $4n+2$（$n=0$，1，2等整数），就具有芳香性。这就是休克尔规则，也叫作 $4n+2$ 规则。

休克尔规则用于判断芳香性体系的规则，有机物结构需满足以下几个条件：

① 成环原子共平面或接近于平面；

② 环上的每个原子采取 sp^2 杂化，具有相互平行的 p 轨道；

③ 环状闭合共轭体系；

④ 环上 π 电子数为 $4n+2$（$n=0,1,2$ 等整数）。

休克尔规则把芳香性概念由苯系芳烃扩展到非苯系芳香烃，以至于扩展到芳香杂环化合物中。凡符合休克尔规则，表现出芳香性，但不具有苯环的烃类化合物，称作非苯系芳烃。

习　题

一、判断题

1. 含有苯环的化合物一定是芳香族化合物。　　　　　　　　　　　　　　　（　　）

2. 不含有苯环的化合物一定不是芳香族化合物。　　　　　　　　　　　　（　　）

3. 苯环上的取代基对后续进入的取代基有定位效应。　　　　　　　　　　（　　）

4. 苯环上的取代基分为三类，即邻位定位基、对位定位基和间位定位基。　（　　）

二、选择题

1. 硝基苯进一步发生硝化的产物是（　　　）。

A. 1,2-二硝基苯　　　B. 1,3-二硝基苯　　　　C. 1,4-二硝基苯　　　D. 1,5-二硝基苯

2. 苯酚进一步发生硝化的产物有（　　　）。

A. 1-硝基苯酚　　　　B. 2-硝基苯酚　　　　　C. 3-硝基苯酚　　　　D. 4-硝基苯酚

3. 氯苯进一步发生硝化的产物有（　　　）。

A. 1-硝基-2-氯苯　　　B. 1-硝基-3-氯苯　　　C. 1-硝基-4-氯苯　　　D. 1-硝基-5-氯苯

4. 休克尔规则表明，对完全共轭的、单环的、平面多烯来说，具有（　　　）个 π 电子的分子，具有芳香性。

A. 4　　　　　　　　B. $4n$　　　　　　　　C. $4n+2$　　　　　　D. $4n-2$

5. 根据休克尔规则，当平面共轭烯烃带有一个负离子的时候，成环 π 电子数应当（　　　）。

A. 不变　　　　　　　B. 加上 1 个　　　　　C. 减掉 1 个　　　　　D. 减掉 2 个

6. 根据休克尔规则，下列化合物具有芳香性的是（　　　）。

A. 环戊二烯负离子　B. 环丁二烯　　　　　C. 环戊二烯　　　　　D. 环戊二烯正离子

三、填空题

完成下列各反应式：

(1)  ⬡ $+ClCH_2CH(CH_3)CH_2CH_3 \xrightarrow{AlCl_3}$

(2) ⬡ （过量）$+CH_2Cl_2 \xrightarrow{AlCl_3}$

(3) ⬡⬡ $\xrightarrow[H_2SO_4]{HNO_3}$

(4) ⬡⬡ $\xrightarrow[0℃]{HNO_3, \ H_2SO_4}$

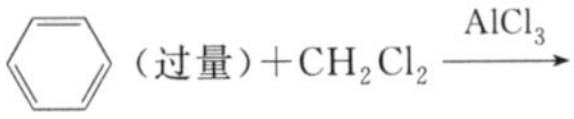

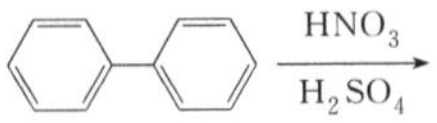

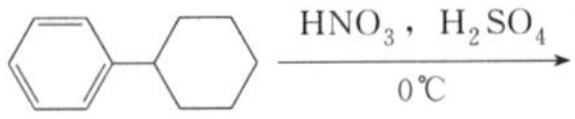

四、简答题

1. 写出分子式为 C_9H_{12} 单环芳烃的所有异构体。

2. 命名下列化合物：

(1) 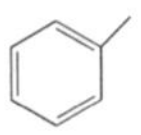 ⬡—CH₃

(2) 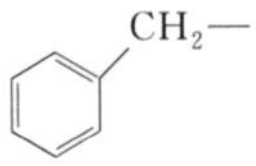 ⬡—CH₂—

(3) 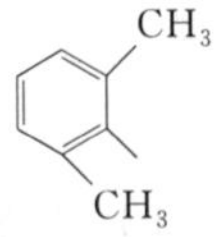 邻二甲苯 CH₃ CH₃

(4) 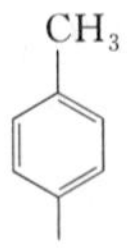 CH₃—⬡—CH₃

(5) 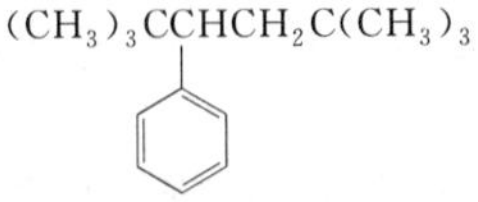 $(CH_3)_3CCHCH_2C(CH_3)_3$ 苯基

(6) 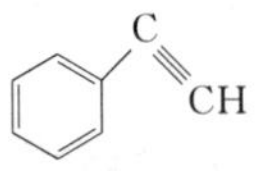 ⬡—C≡CH

3. 写出下列化合物的结构式：

(1) 间二硝基苯

(2) 对溴硝基苯

(3) 对羟基苯甲酸

(4) 2,4,6-三硝基苯酚

4. 用化学方法区别下列各组化合物：

(1) 环己烷、环己烯和苯

(2) 苯和 1,3,5-己三烯

5. 将下列各组化合物，按其进行硝化反应的难易次序排列：

(1) 苯、间二甲苯、甲苯　　　　　　　　　　(2) 乙酰苯胺、苯乙酮、氯苯

6. 比较下列各组化合物进行一元溴化反应的相对速率，按由大到小排列：

(1) 甲苯、苯甲酸、苯、溴苯、硝基苯

(2) 对二甲苯、对苯二甲酸、甲苯、对甲基苯甲酸、间二甲苯

任务六　有机化合物熔点测定

 任务引领

当晶体物质加热到一定温度时即从固态转变成液态，此时的温度即为该化合物的熔点。熔点的严格定义应为固液二态在大气压力为 101.3kPa 时达成平衡时的温度。纯粹的固体有机物一般都有固定的熔点，它是有机物的重要物理常数。在外界压力固定的情况下，纯物质固液二态之间的变化是非常敏锐的，从开始熔化到全部熔化的温度变化范围（熔点距）一般不超过 0.5～1℃。当有杂质存在时，则熔点降低且熔点距加大。所以，熔点的测定常用于鉴定纯粹的固体物质，还可根据熔点距的长短定性地检验物质的纯度。

测定熔点的方法有几种，以毛细管法最为普遍。其优点为样品用量少，装置和操作简单，而且结果准确。

 任务准备

1. 本任务所需的玻璃仪器有哪些，各是什么型号？
2. 毛细管的管壁厚度、洁净与否对实验结果有什么影响？
3. 加热升温过程要注意什么？
4. 如何利用熔点判断化合物是否纯净？

 相关知识

一、熔点相关概念

熔点：固体物质在一定大气压下，固液两相达到平衡时的温度。一般可以认为是固体物质在受热到一定温度时，由固态转变为液态，此时的温度即为该物质的熔点。

熔程：固体物质从开始熔化到完全熔化的温度范围即为熔程（也叫熔点范围）。

初熔：固体刚开始熔化的温度（或观察到有少量液体出现时的温度）。

全熔：固体刚好全部熔化时的温度。

二、混合熔点

在鉴定某未知物时，如测得其熔点和某已知物的熔点相同或相近时，不能认为它们为同一物质，还需把它们按不同比例混合来测这些混合物的熔点。若熔点仍不变，才能认为为同一物质。若混合物熔点降低，熔程增大，则说明它们为不同的物质。故混合熔点实验，是检验两种熔点相同或相近的有机物是否为同一物质的最简便方法。多数有机物的熔点都在400℃以下，较易测定。

三、熔点测定意义

物体的熔点同它的晶格能有关，分子对称性越好，结构越规整，则晶格能越高，而混合物由于分子完全不一样，所以互相破坏了其晶格的完整性，造成熔点低于它的任何一个组成化合物。故测定熔点对于鉴定纯粹有机物和定性判断固体化合物的纯度具有很大的价值。

四、熔点测定方法

熔点测定方法有毛细管法和熔点测定仪法 2 种。毛细管法测定熔点实验装置如图 4-10（a）所示。

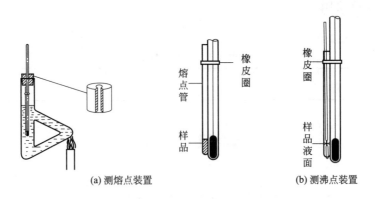

(a) 测熔点装置　　　　(b) 测沸点装置

图 4-10　熔沸点测定装置示意图

毛细管法测定熔点的实验操作：

① 样品的装入　将少许样品放于干净表面皿上，用玻璃棒将其研细并集成一堆。把毛细管一端封口，用开口一端垂直插入堆集的样品中，使一些样品进入管内。然后，把该毛细管垂直于桌面轻轻上下振动，使样品进入管底，再用力在桌面上下振动，尽量使样品装得紧密。或将装有样品且管口向上的毛细管，放入长约 50～60cm 垂直桌面的玻璃管中，管下可垫一表面皿，使之从高处落于表面皿上。如此反复几次后，可把样品装实，样品高度 2～3mm。熔点管外的样品粉末要擦干净，以免污染热浴液体。装入的样品一定要研细、夯实，否则影响测定结果。

② 测熔点　按图 4-10 搭好装置，放入加热液（石蜡油），剪取一小段橡皮圈套在温度计和熔点管的上部。将附有熔点管的温度计小心地插入加热浴中，以小火在图示部位加热。开始时升温速度可以快些，当传热液温度距离该化合物熔点约 10～15℃时，调整火焰使每分钟上升约 1～2℃，愈接近熔点，升温速度应愈缓慢，每分钟约升温 0.2～0.3℃。为保证有充分时间让热量由管外传至毛细管内使固体熔化，以及准确测定熔点，升温速度是关键。另外，观察者不可能同时观察温度计所示读数和试样的变化情况，只有缓慢加热才可使此项误差减小。记下试样开始塌落并有液相产生时（初熔）和固体完全消失时（全熔）的温度读数，即为该化合物的熔程。

熔点测定，至少要有两次的重复数据。每一次测定必须用新的熔点管另装试样，不得将已测过熔点的熔点管冷却，使其中试样固化后再做第二次测定。因为有时某些化合物部分分解，有些经加热会转变为具有不同熔点的其他结晶形式。

如果是测定未知物的熔点，应先对试样粗测一次，加热可以稍快，知道大致的熔距。待浴温冷至熔点以下 30℃左右，再另取一根装好试样的熔点管做准确的测定。

五、数据记录

数据记录见表 4-8。

表 4-8　数据记录

样品序号	粗熔/℃		精熔/℃		熔距/℃	
	初熔	全熔	初熔	全熔	初熔	全熔
1 号样						
2 号样						
3 号样						

六、待测样判断

待测样判断见表 4-9。

表 4-9　待测样判断

样品序号	1 号样	2 号样	3 号样
样品种类			

习　题

选择题

1. 萘的熔点是 80.5℃，乙酰苯胺的熔点是 114.3℃，两者混合物的熔点区间应该是（　　）。

A. 低于 80.5℃ 　　　　　　B. 介于 80.5 和 114.3℃ 之间

C. 高于 114.3℃ 　　　　　　D. 无法判断

2. 熔点管不干净，测得的有机物熔点（　　）。

A. 偏大 　　　B. 偏小 　　　C. 一样 　　　D. 无法判断

3. 熔点管壁太厚，测定的熔点（　　）。

A. 偏大 　　　B. 偏小 　　　C. 一样 　　　D. 无法判断

4. 样品未完全干燥或含有杂质，测得的熔点（　　）。

A. 偏大 　　　B. 偏小 　　　C. 一样 　　　D. 无法判断

5. 加热太快，测得的熔点（　　）。

A. 偏大 　　　B. 偏小 　　　C. 一样 　　　D. 无法判断

项目五
烃的衍生物

项目描述

　　烃类化合物只由碳和氢两种元素组成。如果烃分子的氢原子被卤素原子、羟基、醛基、羧基、硝基等原子或基团取代，则会生成新的有机化合物。取代氢原子的原子或基团决定了新的有机化合物的性质，这种原子或基团叫作官能团。新的有机化合物由烃衍生而来，具有不同于相应烃的化学性质，这类化合物统称为烃的衍生物。烃的衍生物不仅是有机合成中重要的中间体，并且在日常生活和工业生产中有着直接、广泛的用途。重要的烃的衍生物有卤代烃、醇、酚、醚、醛、酮、羧酸、酯、硝基化合物等。

知识目标

　　1. 掌握卤代烃、醇、酚、醚、醛、酮、羧酸及羧酸衍生物、硝基化合物、有机胺的命名，了解其结构特点。
　　2. 掌握重要的烃的衍生物，如氯乙烷、乙醇、苯酚、乙醚、乙醛、丙酮、乙酸、乙酸乙酯和苯胺、硝基苯的化学性质，了解其用途。
　　3. 了解上述烃的衍生物的物理性质。

能力目标

　　1. 能够用正确的化学反应方程式描述反应的实质。
　　2. 能掌握蒸馏、分馏、萃取、重结晶等有机化合物分离与提纯的方法及操作。
　　3. 能根据分水器的水量，估计酯化反应完成的程度。

任务一　氯乙烷及卤代烃的识用

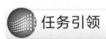 任务引领

　　烃分子中的氢原子被卤素原子取代后的化合物称为卤代烃，其中卤素原子就是卤代

烃的官能团。卤代烃一般不存在于自然界中，主要通过有机合成反应来制备，卤素原子的引入使分子性能发生了改变，性质比烃更加活泼，能发生取代反应、消去反应等有机反应生成其他类型的化合物，所以卤代烃在有机合成中起着桥梁作用。氯乙烷是重要的卤代烃之一。

 任务准备

1. 卤代烃是如何分类的？
2. 卤代烃的命名规则是什么？
3. 卤代烃的性质是什么？
4. 氯乙烷的性质和工业上的用途是什么？

 相关知识

一、卤代烃的分类

（1）按照烃基的结构分为：
① 饱和的卤代烃，例如：

$CH_3CHBrCH_3$ CH_3CH_2Cl

② 不饱和的卤代烃，例如：

$CH_2=CHCl$ $CH_3CBr=CH_2$

③ 卤代芳烃，例如：

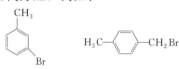

（2）按卤代烃分子中含不同类型的卤素原子分为：氟代烃（如 CH_2F_2）、氯代烃（如 CH_3Cl）、溴代烃（如 CH_2BrCH_3）、碘代烃（如 CH_3I）。

（3）按卤代烃中卤素原子的个数分为：

一元卤代烃（如 CH_3Br）、二元卤代烃（如 CH_2Br_2）、多元卤代烃（如 $CHBr_3$）。

（4）按与卤素原子相连的碳原子类型不同分为：

$R-CH_2-X$	R_2CH-X	R_3C-X
伯卤代烃	仲卤代烃	叔卤代烃
一级卤代烃（1°）	二级卤代烃（2°）	三级卤代烃（3°）

二、卤代烃的命名

（1）简单的卤代烃用习惯命名法，根据相应的烃基命名，称为某基卤。例如：CH_3Cl，甲基氯；CH_3CH_2Br，乙基溴等。有些卤代烷常采用俗名，例如：$CHCl_3$，氯仿（三氯甲烷）；CHI_3，碘仿（三碘甲烷）。

（2）复杂的卤代烃常用系统命名法命名，以最长的碳链烃作为母体，支链和卤素原子都当作取代基。

① 选择含有卤素原子的最长碳链为主链，根据主链的碳原子数称为"某烷"。

② 从靠近取代基的一端将主链上的碳原子依次编号。

③ 命名时，取代基写在母体烃的名称之前。如有两个或两个以上的取代基时，取代基的先后顺序按次序规则排列，较优的原子和基团依次放在后面。例如：

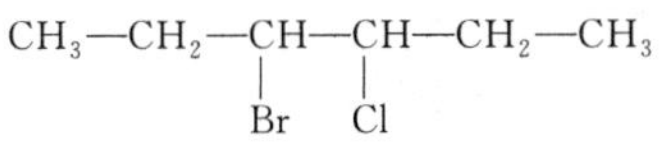

$$\underset{\substack{| \quad\quad | \\ Br \quad Cl}}{CH_3-CH_2-CH-CH-CH_2-CH_3} \qquad \underset{\substack{| \quad\quad\quad\quad | \\ Cl \quad\quad\quad CH_3}}{CH_3-CH-CH_2-CH-CH_2-CH_3}$$

3-氯-4-溴己烷 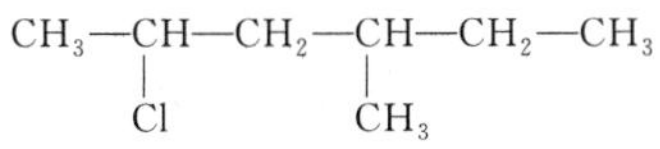　　　　　　　4-甲基-2-氯己烷

（3）不饱和卤代烃的命名，以不饱和烃作为母体，卤素原子作为取代基。将含有卤素原子和不饱键的最长碳链作为主链，并使不饱和键的位次最小。卤代芳烃则以芳香烃为母体，卤素原子为取代基来命名。例如：

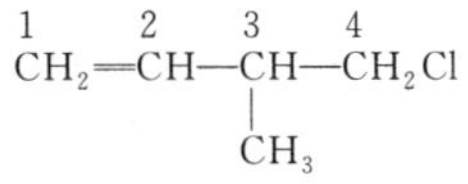

3-甲基-4-氯-1-丁烯

（4）卤素原子直接取代苯环上的卤代芳烃，以芳烃为母体，卤素原子为取代基；侧链卤代芳烃以烷烃为母体，卤原子和芳环作为取代基。例如：

2-溴甲苯　　　　　　3-苯基-1-氯丁烷　　　82. 卤代烃的分类与命名

三、卤代烃的性质

1. 物理性质

相态：在常温常压下，一般的卤代烃多为液体，15 个碳以上的卤代烷则为固体。只有少数卤代烃，如氯甲烷、溴甲烷、氯乙烷、氯乙烯为气体。

沸点：卤代烃中烃基相同但是卤原子不同时，碘代烃的沸点最高，溴代烃次之，氯代烃最低。同分异构体中，直链卤代烃沸点较高，含支链越多，沸点越低。

相对密度：一氯代烷和一氟代烷相对密度小于 1，其余卤代烃相对密度都大于 1。

溶解性：卤代烃不溶于水，易溶于醇、醚、烃等有机溶剂。

2. 化学性质

卤代烃的化学性质活泼，反应主要发生在 C—X 键上。因为：

① 分子中 C—X 键为极性共价键，碳带部分正电荷，易受带正电荷或孤电子对的试剂的进攻。

卤代烷	CH_3CH_2-Cl	CH_3CH_2-Br	CH_3CH_2-I	CH_3CH_3
偶极矩 μ/D	2.05	2.03	1.91	0

② 分子中 C—X 键（C—F 除外）都比 C—H 键的键能小。

键	C—H	C—Cl	C—Br	C—I
键能/（kJ/mol）	414	339	285	218

故 C—X 键比 C—H 键容易断裂而发生各种化学反应。

卤代烃的反应活性顺序为：R—I＞R—Br＞R—Cl＞R—F。

（1）取代反应

$$RX + :Nu \longrightarrow RNu + X^-$$

① 水解反应　卤代烃不溶于水，水解反应非常缓慢，为了加快反应速率，常加入强碱的水溶液促进水解反应，使反应更完全。此反应是制备醇的一种方法：

$$RCH_2—X + NaOH \xrightarrow{水} RCH_2OH + NaX$$

② 与氰化钠反应　卤代烷与氰化钠在乙醇溶液中反应时，卤素原子被氰基（—CN）取代生成腈。反应后分子中增加了一个碳原子，是有机合成中增长碳链的方法之一。

$$RCH_2X + NaCN \xrightarrow{醇} \underset{腈}{RCH_2CN} + NaX$$

③ 与醇钠（R′ONa）反应　伯卤代烷与醇钠发生醇解反应，卤素原子被烃氧基（—OR′）取代生成醚。此反应是制备混合醚的最好方法。仲、叔卤代烷与醇钠反应时，主要发生消除反应生成烯烃。

$$R—X + R'ONa \longrightarrow \underset{醚}{R—OR'} + NaX$$

④ 与氨反应　伯卤代烷与过量的氨在乙醇溶液中共热时，卤素原子被氨基（—NH_2）取代生成伯胺，这是工业上制取伯胺的方法之一。

$$R—X + NH_3（过量） \longrightarrow R—NH_2 + NH_4X$$

⑤ 与硝酸银的乙醇溶液反应　卤代烃与硝酸银的乙醇溶液反应生成卤化银沉淀。此反应中卤代烃的反应活性顺序为：叔卤代烷＞仲卤代烷＞伯卤代烷，即叔卤代烷生成卤化银沉淀速度最快，其次是仲卤代烷，伯卤代烷需要加热才能生成沉淀。可以利用这一反应现象鉴别伯、仲、叔卤代烷。

（2）消除反应　卤代烷与强碱的醇溶液共热时，脱去卤素与 β-碳原子上的氢原子而生成烯烃：

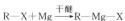

$$\underset{\begin{array}{cc} | & | \\ H & X \end{array}}{R—CH—CH_2} + NaOH \xrightarrow{醇} R—CH=CH_2 + NaX + H_2O$$

消除反应的活性大小：叔卤代烷＞仲卤代烷＞伯卤代烷。卤代烷脱卤化氢时，遵守扎依采夫规则，即从含氢较少的 β-碳上脱去氢原子：

$$\underset{\begin{array}{c} | \\ Br \end{array}}{CH_3CH_2CH_2CHCH_3} \xrightarrow{KOH,乙醇} \underset{69\%}{CH_3CH_2CH=CHCH_3} + \underset{31\%}{CH_3CH_2CH_2CH=CH_2}$$

（3）与金属镁的反应　卤代烃能与金属镁发生反应，生成有机金属化合物——金属原子直接与碳原子相连接的化合物。这种化合物称为格利雅试剂，简称格氏试剂。

83. 卤代烃的
消除反应
和格氏取代

$$R—X + Mg \xrightarrow{干醚} R—Mg—X$$

在格氏试剂中，C—Mg 键是极性很强的共价键，电负性 C 为 2.5，Mg 为 1.2，所以格氏试剂非常活泼，能被许多含活泼氢的物质分解为烃。例如：

$$RMgX + H—Y \longrightarrow RH + Mg\begin{array}{c} Y \\ \diagdown \\ \diagup \\ X \end{array}$$

$$（Y = —OH、—OR、—X、—NH_2、—C≡CR）$$

四、氯乙烷

乙烷分子（CH_3CH_3）中的一个氢原子被氯原子（Cl）取代后的化合物为氯乙烷（CH_3CH_2Cl）。

1. 物理性质

氯乙烷常温下为略带甜味的无色气体，有类似醚样的气味，沸点 12.2℃，易挥发，通常装于压缩钢瓶中使用，相对密度小于 1，微溶于水，和乙醇、乙醚能以任意比例混合。

2. 工业制法

采用在催化剂（三氯化铝）的存在下，乙烯与氯化氢进行加成反应制得。

3. 工业用途

氯乙烷在有机合成中常用作乙基化试剂，可和纤维反应制得乙基纤维素，用以制造涂料、塑料或橡胶代用品等。因氯乙烷沸点低，医药上用作小型外科手术的局部麻醉剂，将氯乙烷喷洒在要施行手术的部位，使皮肤温度骤降而失去痛觉。农业上，氯乙烷也可作为杀虫剂。

习　题

写出 $CH_3CH_2CH_2Br$ 与下列物质反应的主要产物：

(1) KOH（水）；(2) KOH（醇）；(3) NaCN；(4) NH_3；(5) $AgNO_3$（醇）；(6) CH_3CH_2ONa（乙醇）；(7) Mg，干醚；(8) (7) 的产物＋H_2O；(9) (7) 的产物＋$HC{\equiv}CH$；(10) (7) 的产物＋HBr。

任务二　醇、酚、醚的识用

任务引领

醇、酚、醚都是含氧的烃的衍生物。醇和酚具有相同的官能团羟基（—OH），一般所指的醇，羟基是与一个饱和的 sp^3 杂化的碳原子相连。若羟基与苯环相连，则是酚。醇和酚的通式为 R(Ar)—OH。同碳原子数的醇和醚是同分异构体，在结构上醚键（—O—）与两个烃基相连，醚键是醚的官能团。醇和酚分别可以看成是水分子中的一个氢原子被脂肪烃基或芳基取代，醚可以看成是水分子中的两个氢原子被烃基取代。所以，醇、酚、醚也可以认为是水的衍生物。醇、酚、醚不同的官能团和结构决定了其不同的性质和作用。

任务准备

1. 醇、酚、醚的分类。
2. 醇、酚、醚的命名规则。
3. 醇、酚、醚的性质和作用。

 相关知识

一、醇

1. 醇的分类

① 根据醇分子中羟基所连接的碳原子种类分为：一级醇（伯醇）、二级醇（仲醇）、三级醇（叔醇）。

② 根据醇分子中烃基的类别分为：脂肪醇、脂环醇和芳香醇（羟基如直接连在芳环上则不是醇，而是酚）。脂肪醇又可分为饱和脂肪醇和不饱和脂肪醇。

③ 根据分子中所含羟基的数目多少分为：一元醇、二元醇和多元醇。

2. 醇的命名

① 习惯命名法　低级的一元醇适用此方法，将醇看作由烃基和羟基两部分组成，用"烃（基）＋醇"命名。例如：

$CH_3CH_2CH_2CH_2OH$　正丁醇　　　　　　$(CH_3)_2CHCH_2OH$　异丁醇

② 系统命名法　结构比较复杂的醇，采用系统命名法。羟基为官能团，母体为醇。首先，选择含有羟基的最长碳链为主链命名为某醇。其次，从靠近羟基的一端开始编号，按照次序规则在某醇前加上取代基的位次、数目、名称及羟基的位次。不饱和醇应选择同时含有羟基和不饱和键在内最长碳链作为主链，仍然从靠近羟基的一端开始编号，根据主链上碳原子的数目称为某烯醇或某炔醇。例如：

$$\begin{array}{l} H_3C-CH-CH_2-OH \\ \quad\quad\; | \\ \quad\quad CH_3 \end{array}$$　2-甲基-1-丙醇

$$\begin{array}{l} \quad\quad\quad\quad\; OH \\ \quad\quad\quad\quad\; | \\ CH_3-CH-CH-CH_2-CH-CH_3 \\ \quad\quad\; | \quad\quad\quad\quad\quad\; | \\ \quad\quad CH_3 \quad\quad\quad\quad\; Cl \end{array}$$　2-甲基-5-氯-3-己醇

$$\begin{array}{l} CH_3-CH-CH_2-CH=CH_2 \\ \quad\quad\; | \\ \quad\quad OH \end{array}$$　4-戊烯-2-醇

3. 醇的物理性质

饱和直链一元醇中，4 个碳以下的醇为有乙醇气味的液体，5～11 个碳的醇为具有不愉快气味的油状液体，12 个碳以上的醇为无嗅无味的蜡状固体。

因为醇的极性大于烷烃，所以醇的沸点比分子量相近的烷烃的沸点高。另外，醇分子中含有羟基，分子间能形成氢键，所以沸点也比同碳烷烃的沸点高 100～120℃。分子式相同的醇，分子中支链越多，沸点越低。

甲、乙、丙醇与水以任意比混溶，四个碳以上的醇则随着碳链的增长溶解度减小（烃基增大，阻碍了醇羟基与水形成氢键），分子中羟基越多，在水中的溶解度越大。

4. 醇的化学性质

醇的官能团羟基决定了其化学性质。从化学键来看，反应的部位有 C—OH 键、O—H 键和 α 位的 C—H 键。

① 与活泼金属的反应　醇具有比水还弱的酸性，醇的酸性表现在能和钾、钠等活泼金属反应生成氢气和醇钠。醇钠中的 RO^- 的碱性比 OH^- 强，所以醇钠极易水解。

$$R-OH+K \longrightarrow ROK+H_2\uparrow$$

② 与氢卤酸反应　醇与氢卤酸反应生成卤代烃和水，这是实验室制备卤代烃的重要方法。

$$R-OH+HX \longrightarrow R-X+H_2O$$

此反应活性与醇的结构和氢卤酸的活性有关。

醇的活性次序：烯丙式醇＞叔醇＞仲醇＞伯醇＞甲醇。

氢卤酸的反应活性：$HI > HBr > HCl$。

伯醇与盐酸直接反应比较困难，但是与溶有无水氯化锌的浓盐酸（卢卡斯试剂）共热时，能反应生成相应的氯代烷。仲醇需放置后才有反应，叔醇立即反应。因卤代烷不溶于水，溶液会发生浑浊分层现象。

$$CH_3-\underset{\underset{CH_3}{|}}{\overset{\overset{CH_3}{|}}{C}}-OH \xrightarrow[\text{室温}]{\text{浓 HCl＋无水 ZnCl}_2} CH_3-\underset{\underset{CH_3}{|}}{\overset{\overset{CH_3}{|}}{C}}-Cl + H_2O$$

1min浑浊，放置分层

$$CH_3CH_2\underset{\underset{OH}{|}}{CH}CH_3 \xrightarrow[\text{室温}]{\text{卢卡斯试剂}} CH_3CH_2\underset{\underset{Cl}{|}}{CH}CH_3 + H_2O$$

10min浑浊，放置分层

$$CH_3CH_2CH_2CH_2OH \xrightarrow[\text{室温}]{\text{卢卡斯试剂}} CH_3CH_2CH_2CH_2Cl + H_2O$$

放置 1h 也不反应（浑浊），
加热才起反应（先浑浊，后分层）

卢卡斯试剂与 6 个碳以下的卤代烷烃反应，根据发生浑浊分层的先后顺序可判断伯、仲、叔醇。

③ 与三卤化磷和亚硫酰氯反应　三卤化磷主要是三氯化磷和三溴化磷，与醇反应后得相应氯代烷和溴代烷。

$$R-OH + PX_3 \longrightarrow R-X + H_3PO_4$$

亚硫酰氯与醇反应，生成 SO_2 和 HCl 两种易离开反应体系的气体，使反应向正向进行，生成更多的氯代烷。这是制备氯代烃的常用方法。

$$ROH + SOCl_2 \longrightarrow RCl + SO_2\uparrow + HCl\uparrow$$

④ 与酸的反应　醇与含氧的无机酸反应生成无机酸酯。

$$ROH + H_2SO_4 \Longrightarrow ROSO_3H + H_2O$$

醇与有机酸反应生成羧酸酯。

$$ROH + R'COOH \Longrightarrow R'COOR + H_2O$$

⑤ 脱水反应　醇与强酸共热，随反应条件不同可发生分子内或分子间的脱水反应。分子内脱水生成烯烃，分子间脱水生成醚。

$$\underset{\underset{H}{|}}{CH_2}-\underset{\underset{OH}{|}}{CH_2} \xrightarrow[\text{或 Al}_2O_3,360℃]{H_2SO_4,170℃} CH_2{=}CH_2 + H_2O$$

$$\underset{\underset{H}{|}}{CH_2}-\underset{\underset{OH}{|}}{CH_2} \xrightarrow[\text{或 Al}_2O_3,240\sim260℃]{H_2SO_4,140℃} CH_3CH_2OCH_2CH_3 + H_2O$$

醇的反应活性：叔醇＞仲醇＞伯醇。

醇的分子内脱水与卤代烃的脱卤化氢一样，遵循扎依采夫规则，即消去羟基和含氢较少的 β-碳原子上的氢原子。

$$CH_3CH\underset{\boxed{H\ \ OH}}{CH}-CH_3 \xrightarrow[\text{100℃}]{60\%H_2SO_4} CH_3CH{=}CHCH_3 + H_2O$$

⑥ 氧化和脱氢反应　具有 α-氢的醇可以在酸性条件下被氧化剂氧化成醛或酮。伯醇被

氧化成醛，仲醇被氧化成酮，叔醇没有 α-氢，所以不能被氧化。

$$CH_3CH_2OH \xrightarrow{KMnO_4,H^+} CH_3CHO$$

$$CH_3-\underset{\underset{CH_3}{|}}{C}H-OH \xrightarrow{KMnO_4,H^+} CH_3-\underset{\underset{O}{\|}}{C}-CH_3$$
丙酮

84. 醇的化学性质

具有 α-氢的伯、仲醇的蒸气在高温下通过催化活性铜时发生脱氢反应，生成醛和酮。

$$CH_3CH_2OH \xrightarrow{Cu,325℃} CH_3CHO+H_2$$
$$(CH_3)_2CHOH \xrightarrow{Cu,325℃} (CH_3)_2C=O$$

5. 常见醇的用途

甲醇是重要的工业原料，可用作有机溶剂和甲基化试剂，也可用来制备甲醛。甲醇毒性很强，饮用后会导致中毒，造成眼睛失明或死亡。

乙醇的用途很广，主要作为有机溶剂使用，也可用作消毒剂、防腐剂，工业上还是合成染料、香料、药物的原料。

二、酚

羟基直接与芳环相连的化合物称为酚。

1. 酚的分类

按酚分子中芳环不同，可将酚分为苯酚、萘酚等：

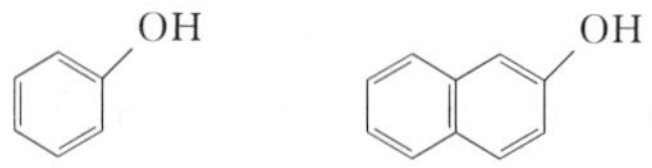

苯酚　　　　　萘酚

按芳环上连接的羟基的个数不同，分为一元酚、二元酚、三元酚等：

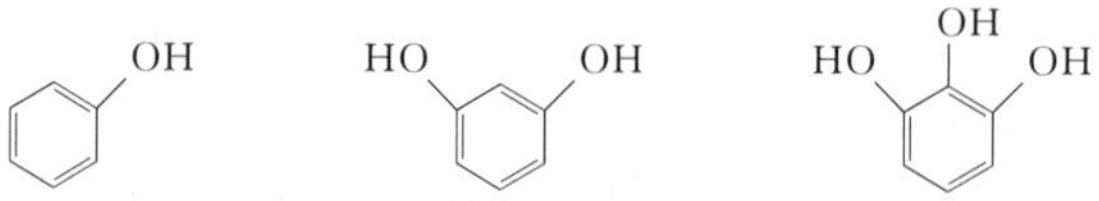

一元酚　　　　二元酚　　　　三元酚

2. 酚的命名

酚的命名一般是在酚字的前面加上芳环的名称作为母体，如果芳环上还有其他的官能团，则按官能团的优先次序确定母体和取代基，并编号。

羟基优先于甲基，以苯酚为母体，甲基为取代基。例如：

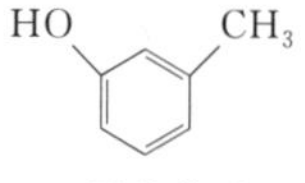

3-甲基苯酚

醛基优先于羟基，以甲醛为母体，羟基为取代基。例如：

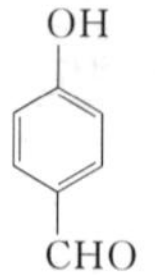

4-羟基苯甲醛

3. 酚的物理性质

大多数的酚为低熔点固体或高沸点液体。因为有氢键的存在，酚的沸点较高。但是在水中的溶解度很低，微溶或不溶于水，这是因芳基的阻碍作用，与水不易形成氢键。在空气中久置易变成粉红色。酚有强腐蚀性，有一定的杀菌能力，用于防腐和消毒。

4. 酚的化学性质

（1）酚羟基的反应

① 酸性　乙醇、苯酚、碳酸的 pK_a 对比如下：

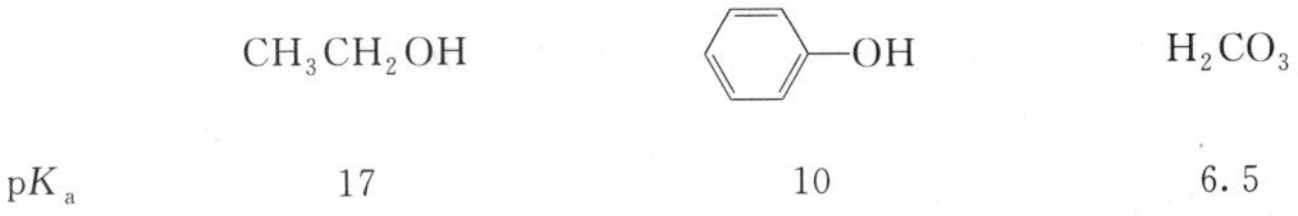

$$CH_3CH_2OH \qquad\qquad \text{（苯酚）}—OH \qquad\qquad H_2CO_3$$

| pK_a | 17 | 10 | 6.5 |

苯酚具有一定的酸性，能使石蕊变红。但是其酸性比乙醇强，比碳酸要弱。苯酚不溶于碳酸氢钠溶液，但能够溶于强碱氢氧化钠水溶液中，生成苯酚钠盐，酚盐遇酸则又会析出游离的酚。

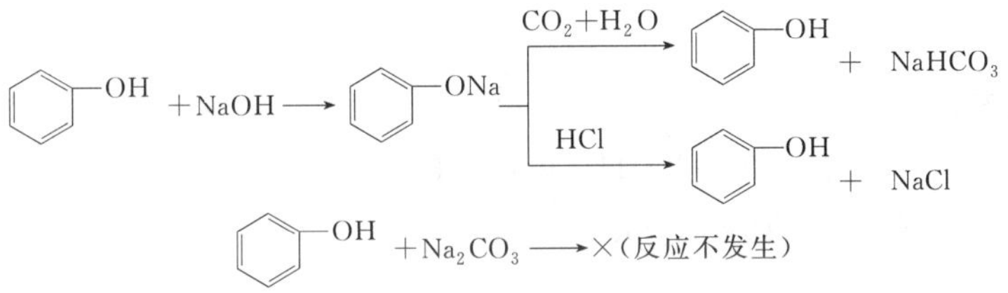

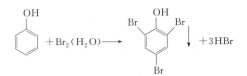

酚具有酸性主要是羟基氧电子向苯环移动，使羟基氧电子云密度降低的缘故。同时，苯环负离子由于共轭效应影响，负电荷分散到苯环上，使电子云平均化，更容易解离出氢离子。所以，当苯酚环上连有推电子基（如烷基）时，负电荷增强，所以酸性减弱。当苯酚环上连有拉电子基（如硝基）时，负电荷减弱，所以酸性增强。

② 与 $FeCl_3$ 的显色反应　具有烯醇式结构的化合物能与三氯化铁溶液作用，生成具有特殊颜色的化合物。具有酚羟基的酚类物质也具有此现象，与三氯化铁作用生成有色络离子。此现象常用来鉴别酚。

③ 酚醚的生成　醇的分子间脱水生成醚，但是酚醚不能通过酚分子间脱水制得。用酚钠与较强的烃基化试剂（如：碘甲烷、硫酸二甲酯）反应可制得酚醚：

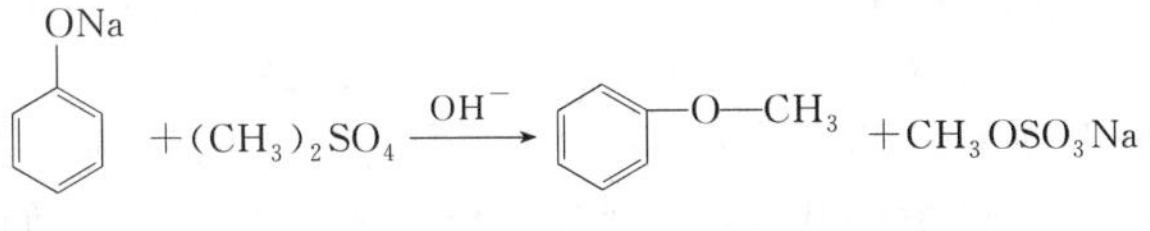

$$\text{（ONa）}+(CH_3)_2SO_4 \xrightarrow{OH^-} \text{（O—CH}_3\text{）}+CH_3OSO_3Na$$

酚醚虽然较稳定，但是与 HI 作用可分解为原来的酚。在有机合成中，常用先合成酚醚再与 HI 作用分解的方式保护酚羟基不被破坏。

（2）苯环上的取代反应　羟基是一个较强的邻对位定位基，酚的苯环上的取代反应比苯容易得多。

① 卤代反应　常见卤代反应如下：

$$\text{（OH）}+Br_2(H_2O) \longrightarrow \text{（2,4,6-三溴苯酚）}\downarrow+3HBr$$

85. 酚的
化学性质

苯酚的水溶液与溴水在常温下作用，立刻产生 2,4,6-三溴苯酚白色沉淀。此反应很灵敏，很稀的苯酚溶液都能使溴水浑浊。故溴水可用作苯酚的定性和定量测定。

② 硝化反应　用稀硝酸在常温下可使苯酚硝化，生成邻硝基苯酚、对硝基苯酚的混合物，产率较低。

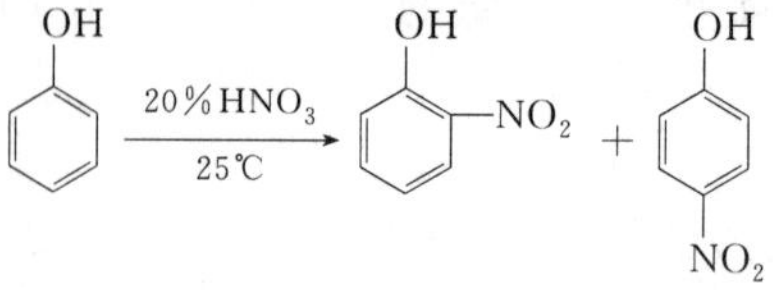

邻位产物生成分子内氢键成螯环状，在水中溶解度小，挥发性大，易于蒸发，而对位产物不能生成分子内氢键，能生成分子间氢键，在水中溶解度大，不易蒸出。因此，邻硝基苯酚在水中的溶解度和沸点比其异构体低得多，故可随水蒸气蒸馏出来。

③ 磺化反应　苯酚与浓硫酸作用，得到羟基苯磺酸。如果磺化反应在室温下进行，生成近似等量的邻位和对位取代产物；如果磺化反应在较高温度下进行，则主要产物为对位异构体。

三、醚

1. 醚的分类

醚的分类如下：

$$
\text{饱和醚}\begin{cases} \text{简单醚} & \text{如 } CH_3CH_2OCH_2CH_3 \\ \text{混合醚} & \text{如 } CH_3OCH_2CH_3 \end{cases}
$$

不饱和醚　如 $CH_3OCH_2CH{=}CH_2$、$CH_2{=}CHOCH{=}CH_2$

芳香醚　如

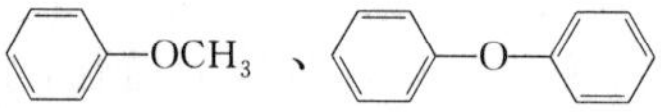

环醚　如 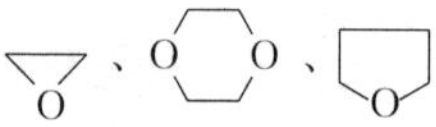 。

大环多醚（冠醚）

2. 醚的命名

（1）醚键连接两个相同烃基的简单醚的命名是"（二）烃基的名称"＋"醚"字。例如：

　　　$H_3C{-}O{-}CH_3$　　　　　　$H_3C{-}CH_2{-}O{-}CH_2{-}CH_3$
　　　（二）甲醚　　　　　　　　　　　（二）乙醚

（2）醚键连接两个不同烃基的混合醚命名时，先写较小的烃基，再写较大的烃基。分子中有芳香基时，芳香在前，脂肪烃基在后，"基"字一般可省去。例如：

　　$CH_3OCH_2CH{=}CH_2$　　　　　　$-OCH_2CH_3$

　　　甲基烯丙基醚　　　　　　　　　　　苯乙醚

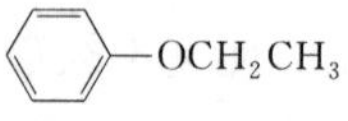

（3）结构较复杂的醚可用系统命名法，选取最长的碳链作主链，—OR 通常当作取代基。例如：

$$CH_3{-}CHOCH_2CH_2CH_2CH_2OH$$
$$\qquad\ \ \overset{|}{C}H_3$$

4-异丙氧基-1-丁醇

3. 醚的物理性质

常温下，甲醚、甲乙醚以气体状态存在，其他大多数醚为易燃、有特殊香味的液体。醚的分子之间不能形成氢键，所以沸点比同分子量的醇低很多。醚的氧仍可与水生成氢键，水溶性与同分子量的醇相近。

乙醚沸点较低，为 34.5℃，在常温下为易挥发的无色液体。乙醚易挥发，易燃，使用时不要接近明火。比水轻，微溶于水，水中可溶 7.5% 乙醚，易溶于有机溶剂。大多数的有机物也溶于乙醚，所以乙醚是常用的有机溶剂和萃取剂。乙醚具有麻醉作用，可作麻醉剂。

4. 醚的化学性质

醚由两个烃基通过醚键（C—O—C）组成，化学性质不活泼，对碱、氧化剂、还原剂都十分稳定。醚的稳定性仅次于烷烃。在常温下醚与金属钠不反应，所以可以用金属钠来干燥醚。由于醚键的存在，它又可以发生一些特有的反应。

（1）烊盐的生成　醚的氧原子上有未共用电子对，能与强酸（如浓硫酸或浓氢卤酸）的质子结合生成烊盐而溶于浓的强酸中。醚还可以和路易斯酸（如 BF_3、$AlCl_3$、RMgX）等生成烊盐。例如：

$$R-\overset{..}{\underset{..}{O}}-R+HCl \longrightarrow R-\overset{+}{\underset{\underset{H}{|}}{O}}-R+Cl^-$$

$$R-\overset{..}{\underset{..}{O}}-R+H_2SO_4 \longrightarrow R-\overset{+}{\underset{\underset{H}{|}}{O}}-R+HSO_4^-$$

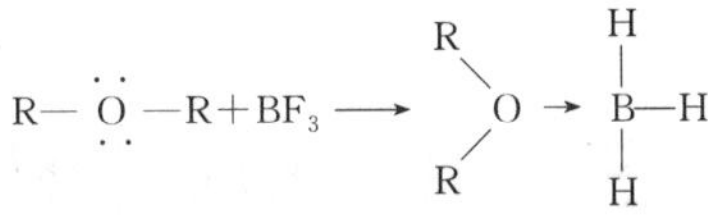

$$R-\overset{..}{\underset{..}{O}}-R+BF_3 \longrightarrow \overset{R}{\underset{R}{>}}O \rightarrow B-H$$

烊盐是很不稳定的弱碱强酸盐，加水稀释即可重新分解成原来的醚。因此，利用这个反应可将醚从烷烃或卤代烃中分离出来。

（2）醚键的断裂　在较高温度下及强酸性条件下，醚可与浓 HI 作用，醚键断裂生成碘代烷和醇（酚）。

① 两个不相同的烷基醚，醚键断裂时，较小的烷基生成碘代烷。例如：

$$CH_3CH_2-O-CH_3 \xrightarrow{HI} CH_3I+CH_3CH_2OH$$

② 含有一个芳基的芳香混合醚，醚键断裂时，生成苯酚和碘代烷。例如：

$$\text{（苯基）}-O-CH_3+HI \xrightarrow{\triangle} CH_3I+\text{（苯基）}-OH$$

86. 醚的性质

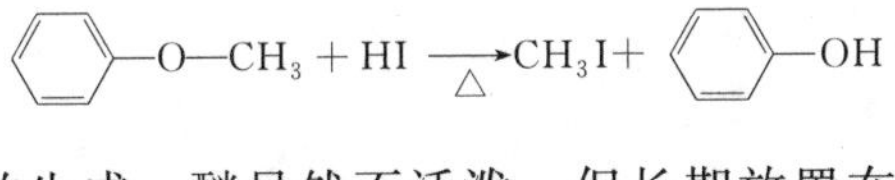

（3）过氧化物的生成　醚虽然不活泼，但长期放置在空气中，会慢慢生成不易挥发的过氧化物，过氧化物不稳定，加热时易分解而发生爆炸。因此，醚类一般应放在棕色玻璃瓶中，避光保存。储存时可在醚中加入少许金属钠，以避免过氧化物生成。

放置过久的含有过氧化物的醚要处理后方能使用。处理方法：加入 5% 的 $FeSO_4$ 还原剂于醚中振摇后蒸馏。

检查醚中过氧化物的方法是：① 用淀粉-碘化钾试纸，如有过氧化物，则试纸变蓝；② 硫酸亚铁和硫氰化钾混合液与醚振摇，有过氧化物则溶液呈红色。

习　题

一、填空题

1. 2-戊醇的分子式是_____。

2. 下列化合物与卢卡斯试剂反应最快的是 _____。

（1）正丁醇 　　　　（2）2-丁醇 　　　　（3）2-甲基-2-丁醇 　　（4）乙醇

3. 下列化合物沸点最高的是 _____。

（1）正丁醇 　　　　（2）异丁醇 　　　　（3）仲丁醇 　　　　　（4）叔丁醇

4. 化合物 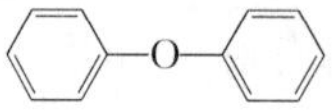  的命名为 _____。

5. 化合物 $H_3C-\overset{\displaystyle CH_3}{\underset{}{CH}}-\overset{\displaystyle OCH_3}{\underset{}{CH}}-CH_3$ 的命名为 _____。

6.

7.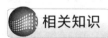

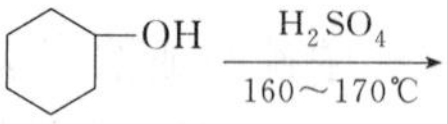

二、简答题

1. 什么是卢卡斯试剂？

2. 试解释为什么低级直链饱和一元醇的沸点比分子量相近的烷烃的沸点高得多？

3. 如何用化学方法区别下列化合物？

　　A. $CH_3(CH_2)_2CH_2OH$

　　B. $(CH_3)_3COH$

　　C. $CH_3CH_2CHOHCH_3$

任务三　醛和酮的识用

🔘 任务引领

　　醛和酮分子中都含有相同的官能团羰基（ $\diagup C=O$ ），属于羰基化合物。羰基在链端的称为醛，通式为 RCHO。—CHO 称为醛基，也称为甲酰基。羰基不在链端的称为酮，通式为 RCOR，酮中的羰基称为酮基。醛和酮的分类、命名及物理性质都相似，相同的官能团决定了相似的化学性质。

🔘 任务准备

1. 醛和酮的分类规则是什么？

2. 醛和酮有几种命名方法，是怎样命名的？

3. 醛和酮在化学性质上有哪些相同点和不同点？

🔘 相关知识

一、醛和酮的分类

① 按照羰基所连接的烃基的种类不同，分为脂肪族和脂环族醛、酮，芳香族醛、酮。

② 按照烃基是否含有不饱和键，分为饱和的醛、酮和不饱和的醛、酮。

③ 按照分子中所含羰基数目的不同，又分为一元醛、酮和多元醛、酮。

④ 按照酮分子中羰基连接的两个烃基是否相同，分为单酮和混酮。

常见的醛和酮如下：

$CH_3CH_2CH_2CHO$	脂肪醛	$CH_3CH_2-\overset{\overset{\large O}{\|}}{C}-CH_3$	脂肪酮
	脂环醛		脂环酮
	芳香醛		芳香酮
$CH_3CH{=}CHCHO$	不饱和醛	$CH_3CH{=}CH-\overset{\overset{\large O}{\|}}{C}-CH_3$	不饱和酮
$\begin{matrix}CH_2CHO\\ \vert \\ CH_2CHO\end{matrix}$	二元醛	$CH_3-\overset{\overset{\large O}{\|}}{C}-CH_2-\overset{\overset{\large O}{\|}}{C}-CH_3$	二元酮

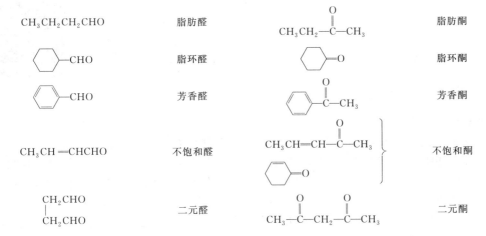

二、醛和酮的命名

1. 习惯命名法

（1）简单醛的习惯命名法与醇的习惯命名法相似，命名为某醛。例如：

$CH_3CH_2CH_2OH$　丙醇　　　CH_3CH_2CHO　丙醛

$CH_3CH(CH_3)CH_2OH$　异丁醇　　　$CH_3CH(CH_3)CHO$　异丁醛

（2）脂肪酮命名与醚相似，按酮基所连接的两个烃基名称称为某某酮。若两个烃基不同且均为脂烃基，则把小的烃基写在前面；若为芳香酮，则先写芳烃基，再写脂烃基。例如：

CH_3OCH_3　甲醚　　　$H_3C-\overset{\overset{\large O}{\|}}{C}-CH_3$　二甲酮

$H_3C-\overset{\overset{\large O}{\|}}{C}-CH_2-CH_3$　甲基乙基酮

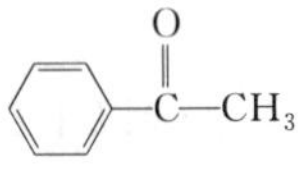

苯基甲基酮

2. 系统命名法

（1）选择含有羰基的最长碳链为主链，称为某醛或某酮。从靠近羰基的一端给主链碳编号，主链以外的原子或基团均为取代基，把取代基的位次、数目及名称写在母体醛或酮之前。编号时，由于醛基必在链端，命名醛时数字 1 通常省略不写。酮基的位置则需用数字标明，写在“某酮”之前。例如：

$CH_3CH_2CH_2CHO$　丁醛　　　$CH_3COCH(CH_3)CH_2CH_3$　3-甲基-2-戊酮

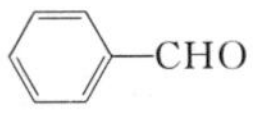

苯甲醛

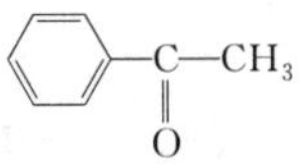

苯乙酮

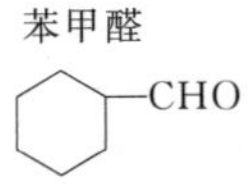

环己基甲醛

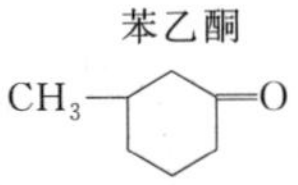

3-甲基环己酮

（2）如有不饱和键，应同时选择含有羰基和不饱和键的最长的碳链为主链，编号仍然是从靠近羰基的一端开始，命名时需标明不饱和键的位次，称为某烯醛或某烯酮。例如：

$$CH_3CH_2CH = CHCHO$$
2-戊烯醛

$$CH_3CH(CH_3)CH = CHCOCH_3$$
5-甲基-3-己烯-2-酮

$$\text{〇}-CH = CH-CHO$$
3-苯基丙烯醛

$$\text{〇}-CH = CH-CH_2-\underset{\underset{O}{||}}{C}-CH_3$$
5-苯基-4-戊烯-2-酮

87. 醛和酮
的分类与命名

三、醛和酮的性质

1. 醛和酮的物理性质

12 个碳原子以下的醛、酮除甲醛是气体外，其余都是液体，高级脂肪醛、酮和芳香酮一般都为固体。另外，中级醛有花果香，所以 $C_8 \sim C_{13}$ 的醛常用于香料工业。醛、酮中的官能团羰基中氧吸引电子的能力强于碳，所以羰基是很强的极性基团，分子间的引力大，与分子量相近的烷烃和醚相比，沸点较高。又因为醛、酮分子间不能形成氢键，故其沸点低于相应的醇。羰基氧能和水分子形成氢键，所以分子量低的低级醛、酮能溶于水。醛、酮的水溶性随着分子量增大会降低，直至不溶。

2. 醛和酮的化学性质

羰基是醛、酮的官能团，容易与亲核试剂进行加成反应（亲核加成反应）。此外，受羰基氧的吸电子诱导效应的影响，与羰基直接相连的 α-碳原子上的氢原子（α-H）较活泼，能发生一系列反应。

亲核加成反应和 α-H 的反应体现了醛、酮的两类主要化学性质。

（1）亲核加成反应　不同结构的醛、酮进行亲核加成反应的难易程度不同，由于羰基所连接烷基的推电子效应和烷基所占空间体积的阻碍两个因素的影响，其由易到难的顺序为：

$$HCHO > RCHO > RCOCH_3 > RCOR > PhCOR$$

① 与氢氰酸的加成：

$$\underset{(CH_3)H}{\overset{R}{C}} = O + H + CN \overset{OH^-}{\rightleftharpoons} \underset{(CH_3)H}{\overset{R}{\underset{\underset{CN}{|}}{C_\alpha}}} OH$$

α-氰醇
（α-羟基腈）

醛、脂肪族甲基酮及 8 个碳以下的环酮在少量碱的催化条件下能与氢氰酸发生加成反应生成 α-氰醇。α-羟基腈比原来的醛或酮增加一个碳原子，是有机合成中增长碳链的方法之一，在酸性条件下，可以转化为 α-羟基酸或 α,β-不饱和酸。

② 与饱和亚硫酸氢钠（40%）的加成：

$$\underset{(CH_3)H}{\overset{R}{C}} = O + H + SO_3Na \rightleftharpoons \underset{(CH_3)H}{\overset{R}{\underset{\underset{SO_3Na}{|}}{C}}} OH$$

$$\underset{(CH_3)H}{\overset{R}{\underset{\underset{SO_3Na}{|}}{C}}} OH \begin{cases} \xrightarrow{HCl} R-\underset{\underset{O}{||}}{C}-H(CH_3) + NaCl + SO_2\uparrow + H_2O \\ \xrightarrow{Na_2CO_3} RC-H(CH_3) + Na_2SO_3 + CO_2\uparrow + H_2O \end{cases}$$

醛、脂肪族甲基酮及 8 个碳以下的环酮可与饱和亚硫酸氢钠溶液反应，生成产物 α-羟基磺酸盐为不溶于饱和的亚硫酸氢钠溶液的白色结晶；与酸或碱共热，又可得原来的醛、酮。故此反应可以用来提纯醛、酮。

③ 与格氏试剂的加成：

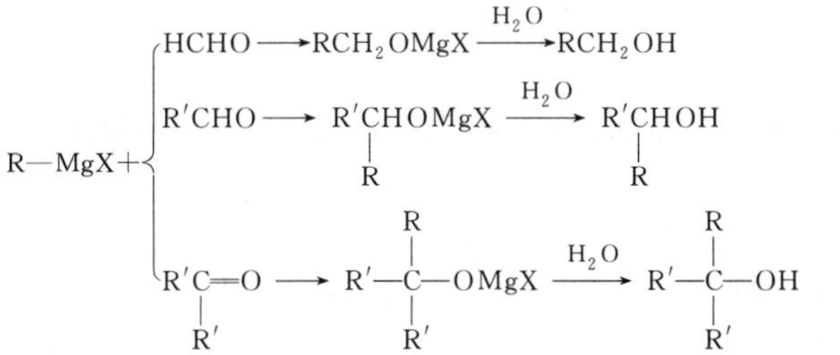

醛、酮与格氏试剂加成，产物直接水解可制得相应的醇。与甲醛作用生成伯醇，生成的醇比用作原料的格氏试剂多一个碳原子；与其他醛作用生成仲醇；与酮作用生成叔醇。

④ 与醇的加成：

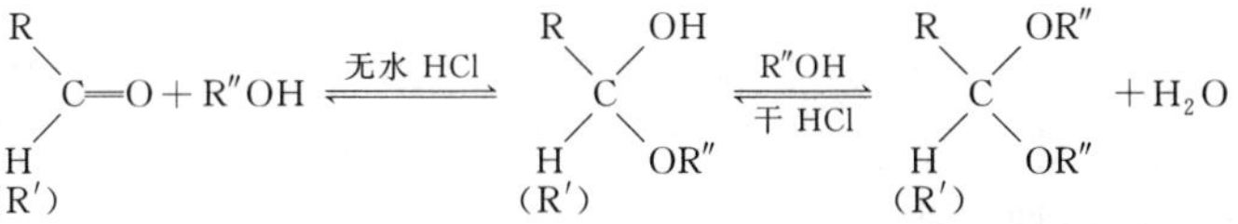

半缩醛（酮）　　　　缩醛（酮），双醚结构
不稳定　　　　　　　对碱、氧化剂、还原剂稳定，可分离出来
一般不能分离出来　　酸性条件下易水解

⑤ 与氨及其衍生物的加成　氨的衍生物都含有氨基，可用通式 $H_2N—B$ 表示，常用的为：

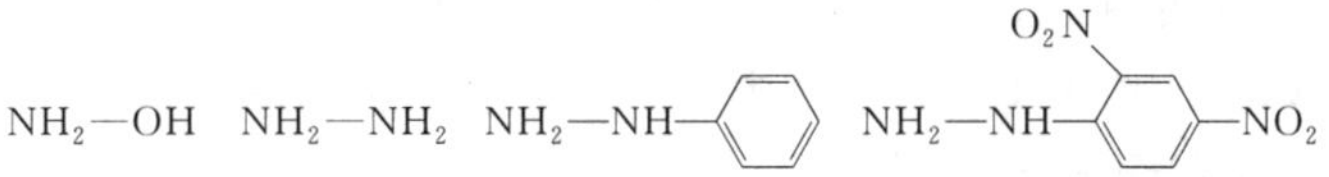

NH₂—OH　　NH₂—NH₂　　NH₂—NH苯　　NH₂—NH(2,4-二硝基苯)
羟氨　　　　肼　　　　　苯肼　　　　　2,4-二硝基苯肼

醛或酮可与氨的衍生物发生先亲核加成，后分子内脱水的反应，生成含碳氮双键的产物。产物为不溶于水的晶体，且有明确的熔点，在稀酸的存在下能水解为原来的醛、酮。所以，常用来分离、提纯和鉴别醛酮。例如：

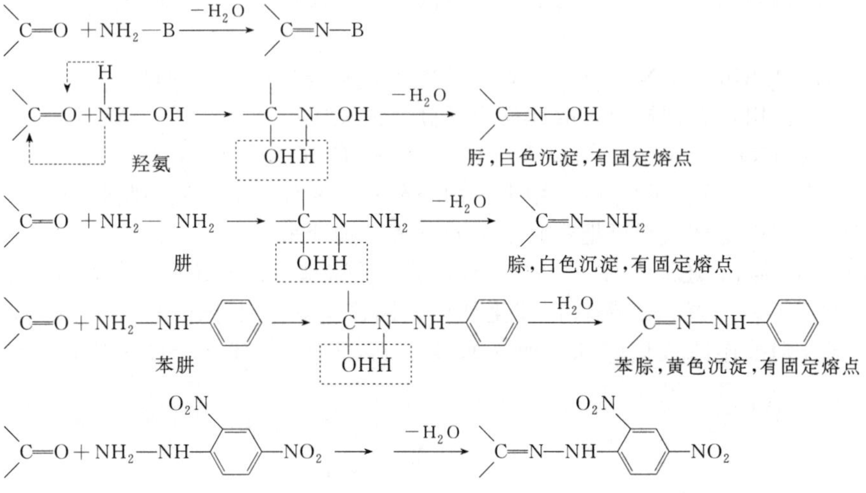

（2）α-H 的反应　　受醛、酮分子中羰基的影响，α-H 变得活泼，具有酸性，所以带有 α-H 的醛、酮具有如下的反应：

① 卤代反应　　含有 α-甲基的醛、酮 $\left[\begin{array}{c} O \\ \| \\ CH_3C-H(R) \end{array}\right]$ 在碱溶液中与卤素反应，三个 α-H 被卤素取代生成 α-卤代醛、酮。三卤代物在碱性溶液中不稳定，立即分解成三卤甲烷和羧酸盐，这就是卤仿反应。$CHCl_3$（氯仿）和 $CHBr_3$（溴仿）都是液体，而 CHI_3（碘仿）为黄色固体，容易识别，故碘仿反应常用来鉴别乙醛和甲基酮。次碘酸钠也是氧化剂，可把乙醇及具有 $CH_3CH(OH)$—结构的仲醇分别氧化成相应的乙醛或甲基酮，故也可发生碘仿反应。反应如下：

$$\underset{(H)}{R-\overset{O}{\overset{\|}{C}}-CH_3} + NaOH + \underset{(NaOX)}{X_2} \longrightarrow \underset{(H)}{R-\overset{O}{\overset{\|}{C}}-CX_3} \longrightarrow \underset{\text{卤仿}}{CHX_3} + RCOONa$$

② 羟醛缩合反应　　两个含有 α-H 的醛在稀碱（10% NaOH）溶液中能相互作用，生成 β-羟基醛。β-羟基醛在受热的情况下很不稳定，易脱水生成 α,β-不饱和醛，故称为羟醛缩合反应，它是增长碳链的一种方法。

无 α-H 的醛不能发生羟醛缩合，但无 α-H 的醛可和另一分子有 α-H 的醛进行缩合，控制反应条件可得到单一产物。反应如下：

$$HCHO + (CH_3)_2CHCHO \longrightarrow HOCH_2C(CH_3)_2CHO$$

（3）氧化还原反应

① 氧化反应　　醛易被氧化，弱的氧化剂（如托伦试剂和斐林试剂）可将醛氧化，生成含相同数碳原子的羧酸。酮难被氧化，使用强氧化剂（如重铬酸钾和浓硫酸）氧化酮，则发生碳链的断裂而生成复杂的氧化产物。

托伦试剂（硝酸银的氨溶液）可将醛氧化成羧酸，而银离子被还原成单质银。若用试管反应，银可以在试管壁上生成明亮的银镜，所以这一反应又称为银镜反应。反应如下：

$$RCHO + 2[Ag(NH_3)_2]OH \xrightarrow[\triangle]{\text{水浴}} RCOONH_4 + 2Ag\downarrow + 3NH_3\uparrow + H_2O$$

斐林试剂（硫酸铜和酒石酸钾钠的氢氧化钠溶液）与醛共热则被还原成砖红色的氧化亚铜沉淀：

$$RCHO + 2Cu^{2+} + NaOH + H_2O \longrightarrow RCOONa + Cu_2O\downarrow + 4H^+$$

甲醛与斐林试剂作用，有铜析出，故此反应又称铜镜反应：

$$HCHO + Cu^{2+} + NaOH + H_2O \longrightarrow HCOONa + Cu\downarrow$$

托伦试剂只氧化醛，不氧化酮，故可用来区别醛和酮。斐林试剂只氧化脂肪醛，不氧化芳香醛和酮。因此，利用斐林试剂可把脂肪醛和芳香醛区别开来。

② 还原反应　　在不同的还原条件下，醛、酮分子中的羰基可以被还原成羟基或亚甲基。

a. 羰基被还原成羟基　　醛、酮羰基在催化剂铂、镉、镍等条件下催化加氢，羰基被还原成羟基。醛、酮分别被还原成伯醇和仲醇。如果分子中同时含有 C═C 键或 C≡C 键，则同时被还原：

$$\underset{(R')H}{\overset{R'}{C}}=O \xrightarrow[\text{Ni}]{H_2} \underset{(R')H}{\overset{R}{C}}H-OH$$

$$CH_3-CH=CH-CHO \xrightarrow[\text{Ni}]{H_2} CH_3-CH_2-CH_2-CH_2OH$$

化学还原剂硼氢酸钠（$NaBH_4$）和氢化铝锂（$LiAlH_4$）只能选择性地把羰基还原成羟

基，不能还原 C $=$ C 键和 C $\equiv$ C 键。例如：

$$CH_3CH=CHCH_2CHO \longrightarrow CH_3CH=CHCH_2CH_2OH$$

b. 羰基被还原成亚甲基　醛、酮羰基在锌汞齐及浓盐酸条件下，羰基被还原成亚甲基，这一反应称为克莱门森还原：

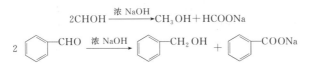

（4）歧化反应　无 α-氢原子的醛在浓碱作用下发生自身的氧化还原反应，即一分子醛被还原成醇，另一分子醛被氧化成羧酸，这一反应称为坎尼扎罗反应。例如：

88. 醛和酮的
化学性质

如果是两种不含 α-氢原子的醛在浓碱条件下作用，则进行交叉歧化反应。若两种醛其中一种是甲醛，由于甲醛是还原性最强的醛，所以总是甲醛被氧化成酸，而另一醛被还原成醇。这一特性使得该反应有实际意义。例如：

$$\text{（苯基）}-CHO + HCHO \xrightarrow{40\%NaOH} \text{（苯基）}-CH_2OH + HCOONa$$
$$\downarrow H^+$$
$$HCOOH$$

习　题

一、填空题

1. （结构式，顶部标 O） 命名为 _____。
2. 甲基乙基酮的结构式为 _____。
3. 羰基碳原子上同时连有两个氢原子的有机物是 _____。
4. 醛、酮分子中都具有的官能团是 _____。

二、简答题

1. （环己基）—CHO 能否发生坎尼扎罗反应？
2. 如何鉴别并分离苯乙酮和苯乙醛？
3. 丙醛和丙酮如何鉴别？
4. 如何把2-丁烯醛转变为丁醇？
5. 醛能发生歧化反应的条件是什么？

任务四　羧酸及衍生物的识用

烃基与羧基相连的化合物为羧酸，通式为 R(H)—COOH。羧酸在水溶液中能电离出氢

离子，具有明显的酸性。羧酸衍生物在结构上都含有酰基（ $R{-}\overset{O}{\overset{\|}{C}}{-}$ ），所以又称为酰基化合物。羧酸分子中的羟基被卤原子、酰氧基、烷氧基、氨基取代后生成的化合物，分别称为酰卤、酸酐、酯和酰胺。羧酸衍生物通常指的就是这四类有机化合物。羧酸衍生物都含有酰基，所以它们的化学性质很相似，能发生许多相似的化学反应。

 任务准备

1. 羧酸及衍生物是如何分类的？
2. 羧酸及衍生物的命名规则是什么？
3. 羧酸的衍生物有哪些，是羧酸如何衍生而得到的？
4. 羧酸及衍生物有哪些物理及化学性质？

 **相关知识**

一、羧酸及衍生物的分类

1. 羧酸的分类

按与羧基相连的烃基种类的不同，分为脂肪族羧酸和芳香族羧酸。按烃基是否饱和，可分为饱和羧酸和不饱和羧酸。按羧酸分子中含有羧基的数目，又可分为一元羧酸和二元羧酸等：

$$
羧酸
\begin{cases}
脂肪族羧酸
\begin{cases}
饱\quad和
\begin{cases}
一元羧酸\\
多元羧酸
\end{cases}\\
不饱和
\begin{cases}
一元羧酸\\
多元羧酸
\end{cases}
\end{cases}\\
芳香族羧酸
\begin{cases}
一元羧酸\\
多元羧酸
\end{cases}
\end{cases}
$$

2. 羧酸衍生物的分类

分类如下：

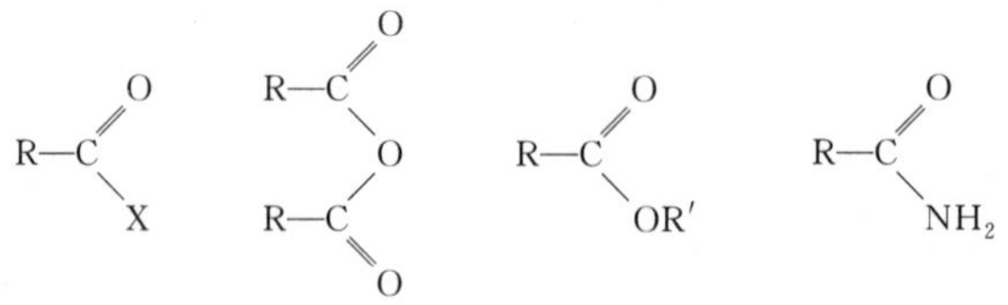

$$
R{-}\overset{O}{\overset{\|}{C}}{-}X \qquad
\begin{matrix}
R{-}\overset{O}{\overset{\|}{C}}\\
\quad\quad\;O\\
R{-}\overset{O}{\overset{\|}{C}}
\end{matrix} \qquad
R{-}\overset{O}{\overset{\|}{C}}{-}OR' \qquad
R{-}\overset{O}{\overset{\|}{C}}{-}NH_2
$$

酰卤　　　　　酸酐　　　　　酯　　　　　酰胺

二、羧酸及衍生物的命名

1. 羧酸的命名

（1）来源命名　甲酸（HCOOH）最初是由蚂蚁蒸馏得到的，称为蚁酸。乙酸（CH_3COOH）最初是从食用的醋中得到，又称为醋酸。

（2）系统命名　选择含有羧基的最长的碳链作主链，按主链碳原子数目命名为某酸。从羧基中的碳原子开始给主链上的碳原子编号。取代基的位次用阿拉伯数字标明。不饱和酸则取同时含有不饱和键和羧基的最长的碳链作

89. 羧酸的分类和命名

主链命名为某烯酸或某炔酸，并标明不饱和键的位次。例如：

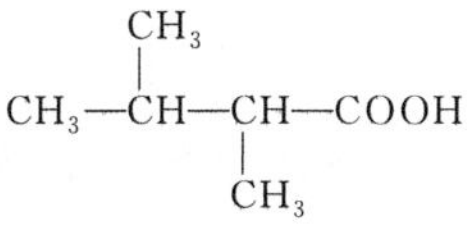

$$CH_3-CH-CH-COOH \qquad CH_2=CHCOOH$$

2,3-二甲基丁酸 丙烯酸

对于芳香族羧酸，如果羧基连接在芳环上，一般以苯甲酸为母体；如果羧基连接在侧链上，则以脂肪酸为母体，芳环作为取代基来命名。例如：

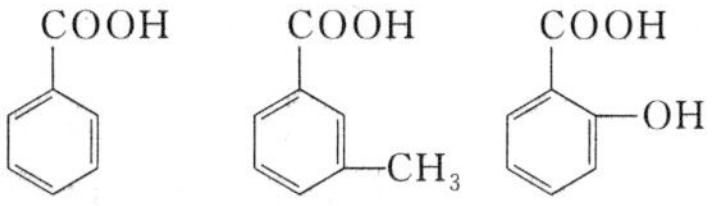

苯甲酸 间甲基苯甲酸 邻羟基苯甲酸

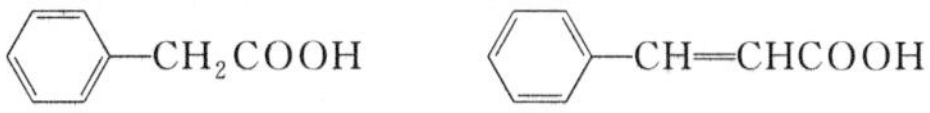

苯乙酸 3-苯丙烯酸

对于含有两个羧基的二元羧酸，则应选择包含两个羧基的最长碳链作主链，称为某二酸。例如：

$$COOH \qquad HCOOH-CH_2-COOH$$
$$COOH$$

乙二酸 丙二酸

2. 羧酸衍生物的命名

酰卤和酰胺根据相应的酰基命名，称为某酰某。例如：

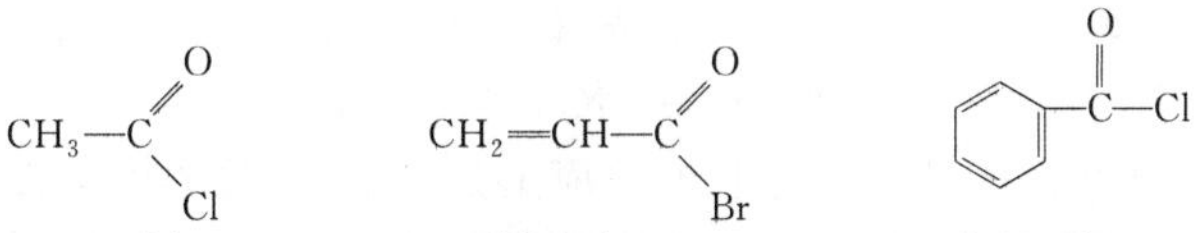

乙酰氯 丙烯酰溴 苯甲酰氯

乙酰胺 苯甲酰胺

酸酐是羧酸发生分子间脱水后得到的化合物，它的命名是在相应羧酸的名称之后加一"酐"字。例如：

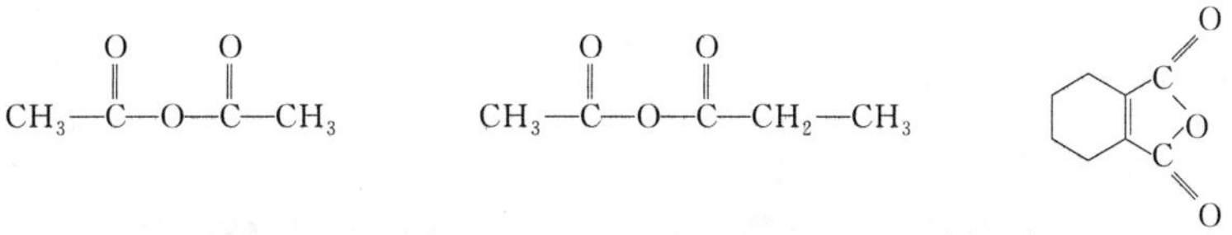

乙酸酐 乙酸丙酸酐 1,2-环己烯二甲酸酐

酯是羧酸和醇（酚）的脱水产物，它的命名是根据形成它的酸和醇称为某酸某酯。

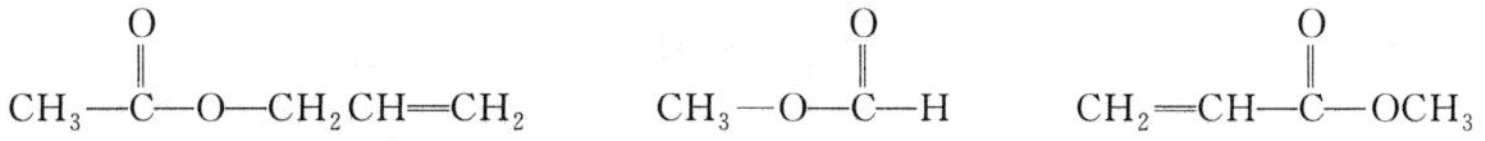

乙酸烯丙酯 甲酸甲酯 丙烯酸甲酯

三、羧酸及衍生物的性质

1. 物理性质

（1）羧酸的物理性质　$C_1 \sim C_3$ 的羧酸为有刺激性酸味的液体，能够溶于水；$C_4 \sim C_9$ 的羧酸为有酸腐臭味的油状液体，难溶于水；C_9 以上的羧酸为蜡状固体，无气味。羧酸的熔点有一定规律，随着分子中碳原子数目的增加呈锯齿状的变化。因为羧酸分子间能以两个氢键形成双分子缔合的二聚体，所以羧酸的沸点比分子量相近的醇的沸点要高。

（2）羧酸衍生物的物理性质　低级的酰卤和酸酐是具有强烈的刺激性气味的液体，低级酯为无色、具有果香味的液体，许多花果的香味就是酯所引起的（例如乙酸异戊酯有香蕉气味，苯甲酸甲酯有茉莉花香味等）。高级酯为蜡状固体。酰胺除了甲酰胺外，几乎都是固体。低级酰氯和酸酐遇水分解，高级酸酐和酯不溶于水，低级酰胺溶于水，随着分子量增大，在水中的溶解度降低。酰卤、酯和酸酐的熔点比相应羧酸低。酰胺的沸点比分子量相近的羧酸、醇都高。

2. 化学性质

（1）羧酸的化学性质　根据羧酸的构造，化学反应主要有以下四类：

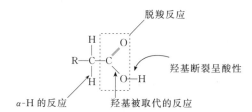

① 羧基断裂呈酸性　羧酸在水中可解离出质子而呈酸性，一般羧酸的 pK_a 约在 $4 \sim 5$ 之间，能使蓝色石蕊试纸变红，能与氢氧化钠溶液作用生成盐。解离反应式为：

$$RCOOH \rightleftharpoons RCOO^- + H^+$$

羧酸的酸性强弱，受分子中烃基的电子效应的影响。一般地说，羧基与吸电子的基团相连时，能降低羧基中羧基氧原子的电子云密度，氢原子易于解离而使其酸性增强。相反，若羧基与供电子基团相连时，酸性减弱。一些物质的 pK_a 如下：

	HCOOH	CH_3COOH	CH_3CH_2COOH	
pK_a	3.77	4.76	4.88	

	Cl_3CCOOH	$Cl_2CHCOOH$	$ClCH_2COOH$	CH_3COOH
pK_a	0.65	1.29	2.86	4.76

② 羟基被取代的反应

a. 被卤原子取代　羧酸与三氯化磷、五氯化磷、亚硫酰氯（$SOCl_2$）等反应时，分子中的羟基被卤原子取代，生成酰卤。反应式为：

$$3R{-}\overset{\displaystyle O}{\overset{\|}{C}}{-}OH + PCl_3 \longrightarrow 3R{-}\overset{\displaystyle O}{\overset{\|}{C}}{-}Cl + H_3PO_3$$

$$R{-}\overset{\displaystyle O}{\overset{\|}{C}}{-}OH + PCl_5 \longrightarrow R{-}\overset{\displaystyle O}{\overset{\|}{C}}{-}Cl + POCl_3 + HCl$$

$$R{-}\overset{\displaystyle O}{\overset{\|}{C}}{-}OH + SOCl_2 \longrightarrow R{-}\overset{\displaystyle O}{\overset{\|}{C}}{-}Cl + SO_2\uparrow + HCl\uparrow$$

b. 被酰氧基取代　二分子羧酸在脱水剂（如五氧化二磷、乙酸酐等）作用下，脱水生成酸酐。反应式为：

$$R-\overset{\displaystyle O}{\overset{\|}{C}}-OH \quad \overset{\displaystyle O}{\overset{\|}{C}}-OH \quad \xrightarrow[\triangle]{(CH_3CO)_2O} \quad \overset{\displaystyle R-\overset{O}{\overset{\|}{C}}}{\underset{R-\overset{O}{\underset{\|}{C}}}{\bigg\rangle}} O \quad + CH_3COOH$$

c. 被烷氧基取代　羧酸与醇作用，发生分子间脱水生成酯的反应，也叫酯化反应。反应式为：

$$R-\overset{\displaystyle O}{\overset{\|}{C}}-OH \quad +HOR' \rightleftharpoons R-\overset{\displaystyle O}{\overset{\|}{C}}-OR' \quad +H_2O$$

d. 被氨基取代　羧酸与氨或胺反应，生成铵盐，铵盐加热后易脱水形成酰胺。反应式为：

$$R-\overset{\displaystyle O}{\overset{\|}{C}}-OH +NH_3 \longrightarrow R-\overset{\displaystyle O}{\overset{\|}{C}}-ONH_4 \xrightarrow{\triangle} R-\overset{\displaystyle O}{\overset{\|}{C}}-NH_2 +H_2O$$

③ 脱羧反应　羧酸在一定条件下受热脱去二氧化碳的反应为脱羧反应。一元羧酸的 α 碳原子上连有强吸电子基团时，易发生脱羧。例如：

$$CCl_3COOH \xrightarrow{\triangle} CHCl_3+CO_2\uparrow$$

$$CH_3\overset{\displaystyle O}{\overset{\|}{C}}CH_2COOH \xrightarrow{\triangle} CH_3\overset{\displaystyle O}{\overset{\|}{C}}CH_3 +CO_2\uparrow$$

④ α-H 的反应　羧酸分子中的 α-H 因受羧基的影响，具有一定的活泼性，在少量红磷、硫等催化剂存在下被溴或氯取代生成卤代羧酸。若控制好反应条件，反应可停留在一取代阶段。反应式为：

$$RCH_2COOH \xrightarrow[P,\triangle]{Br_2} R\overset{}{\underset{Br}{C}}HCOOH \xrightarrow[P,\triangle]{Br_2} R-\overset{Br}{\underset{Br}{\overset{\|}{C}}}-COOH$$

（2）羧酸衍生物的化学性质

① 水解反应　酰卤、酸酐、酯、酰胺水解后，都生成相应的羧酸。但是活性不同，酰氯和酸酐容易水解，酯和酰胺需要在酸和碱的催化条件下发生水解：

$$RCOCl+H_2O \longrightarrow RCOOH+HCl$$
$$(RCO)_2O+H_2O \longrightarrow RCOOH+RCOOH$$
$$RCOOR'+H_2O \longrightarrow RCOOH+R'OH$$
$$RCONH_2+H_2O \longrightarrow RCOOH+NH_3\uparrow$$

90. 羧酸的化学性质

② 醇解反应　酰卤、酸酐、酯在不同条件下与醇反应生成酯的反应，又称为醇解反应。酰氯和酸酐与醇作用时，反应不仅快，并且反应是不可逆的，所以这个反应是制备酯的方法

之一。反应式为：

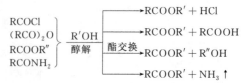

③ 氨解反应　酰卤、酸酐、酯均可与氨或胺反应生成酰胺，这是制备酰胺的常用方法。反应式为：

$$RCOCl + 2NH_3 \longrightarrow RCONH_2 + NH_4Cl$$

$$(RCO)_2O + 2NH_3 \longrightarrow RCONH_2 + RCOONH_4$$

$$RCOOR' + NH_3 \Longleftrightarrow RCONH_2 + R'OH$$

④ 霍夫曼降解反应　酰胺与次溴酸钠或次氯酸钠的碱性溶液作用时脱去羰基，生成少一个碳原子的伯胺，这个反应叫作霍夫曼降级反应。反应式为：

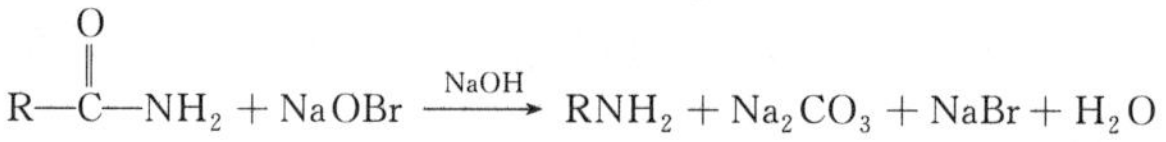

$$R\overset{\overset{\displaystyle O}{\|}}{C}-NH_2 + NaOBr \xrightarrow{NaOH} RNH_2 + Na_2CO_3 + NaBr + H_2O$$

习　题

一、填空题

1. 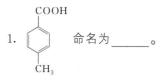命名为_____。

2. 乙酰胺的结构式为_____。

3. 乙酸异戊酯的结构式为_____。

4. $(CH_3)_2CHCH_2COCl$的命名为_____。

5. $CH_3CH_2COOH + Cl_2 \xrightarrow{P}$ _____。

6. $CH_3COOH + SOCl_2 \longrightarrow$ _____。

7. $CH_3COOH + CH_3CH_2OH \longrightarrow$ _____。

8. $CH_3COCl + H_2O \longrightarrow$ _____。

二、简答题

1. 三氯乙酸和氯乙酸比较，谁的酸性强，为什么？

2. 苯甲醇中少量的苯甲醛如何除去？

任务五　含氮化合物的识用

任务引领

含氮化合物的结构特征是含有碳氮键（C—N、C＝N、C≡N），有的还含有 N—N、N＝N、N≡N、N—O、N＝O 及 N—H 键等。

含氮化合物是合成阳离子、两性表面活性剂、染料、聚氨酯等的重要原料，还可以作为香料使用，是一种重要的化工原料。

分子中含有氮元素的有机化合物叫作含氮有机化合物，种类很多，例如硝基化合物、胺、腈、重氮化合物、偶氮化合物、氨基酸、蛋白质等都属于含氮有机化合物，这里主要讨论硝基化合物和胺。分子中含有—NO_2 官能团的化合物统称为硝基化合物。硝基化合物可看成是烃分子中的一个或几个氢原子被硝基取代的结果。芳香族的多硝基化合物通常具有爆燃性，可作炸药，有的多硝基化合物具有香味，可作香料。氨分子中氢原子被烃基取代后的衍生物称为胺。胺类化合物和生命活动有密切的关系，如核酸、蛋白质等都是胺的复杂的衍生物。掌握含氮化合物的性质是研究这些物质的基础。

 任务准备

1. 硝基化合物和胺是如何分类的？
2. 硝基化合物和胺的命名规则是什么？
3. 硝基化合物和胺有哪些重要的物理性质和化学性质？

 **相关知识**

一、硝基化合物的分类

烃分子中的氢原子被硝基（—NO_2）取代后所形成的化合物称为硝基化合物。

（1）根据硝基的个数不同可分为：

一元硝基化合物：$CH_3CH_2NO_2$　　硝基乙烷

多元硝基化合物：$NO_2CH_2NO_2$　　二硝基乙烷

（2）根据硝基所连的碳原子不同可分为：

伯硝基化合物：$CH_3CH_2NO_2$　　硝基乙烷

仲硝基化合物：$CH_3CH(NO_2)CH_3$　　2-硝基丙烷

叔硝基化合物：$CH_3-\overset{\displaystyle CH_3}{\underset{\displaystyle CH_3}{C}}-NO_2$　　2-甲基-2-硝基丙烷

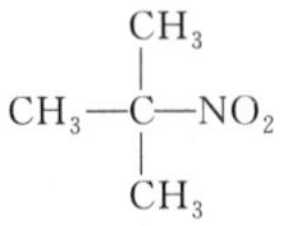

（3）按烃基的不同可分为：

脂肪族硝基化合物：RNO_2

芳香族硝基化合物：$Ar—NO_2$

二、硝基化合物的命名

硝基化合物的命名以烃为母体，硝基为取代基，与卤代烃的命名类似。例如：

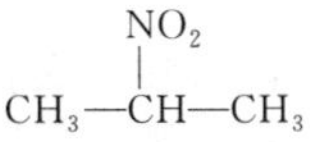

2-硝基-4-氯苯甲酸　　2,4,6-三硝基苯酚　　二硝酸乙二酯

91. 硝基化合物的分类与命名

三、硝基化合物的性质

1. 物理性质

硝基化合物有较高的极性和较大的偶极矩。因此，分子间虽然不能形成氢键，但相对于分子量相近的其他物质，却有较高的沸点。硝基化合物比水密度大，相对密度均大于 1，不溶于水，易溶于有机溶剂。脂肪族硝基化合物多数是液体，芳香族硝基化合物除了硝基苯是高沸点液体外，其余多是淡黄色固体，有苦杏仁气味。

2. 化学性质

(1) 还原反应　硝基化合物可在酸性还原系统中（Fe、Zn、Sn 和盐酸）或催化氢化条件下生成胺。例如：

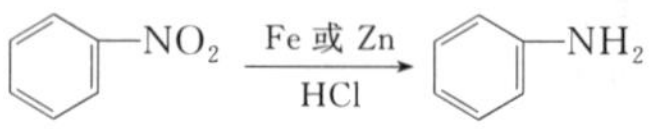

NO2
Fe 或 Zn
HCl
NH2

(2) 对苯环上取代基的影响

① 使苯酚的酸性增强　硝基在苯酚的酚羟基的邻、对位时，通过诱导和共轭效应的吸电子作用，使负电荷分散，稳定酚氧负离子，使苯酚的酸性增强。例如：

OH
OH
NO2
OH
NO2
OH
NO2
NO2
OH
O2N
NO2
NO2

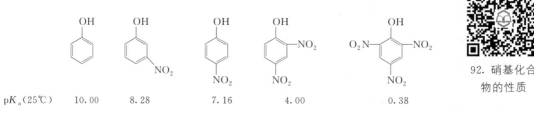

pK_a(25℃)　10.00　8.28　7.16　4.00　0.38

92. 硝基化合物的性质

② 使卤素原子活化　硝基同苯环相连后，使苯环钝化，亲电取代反应变得困难，但硝基可使邻位基团的反应活性（亲核取代）增强。例如：

Cl
10% NaOH
400℃,32MPa
OH
Cl
NO2
NaHCO3 溶液
130℃
ONa
NO2
H+
OH
NO2

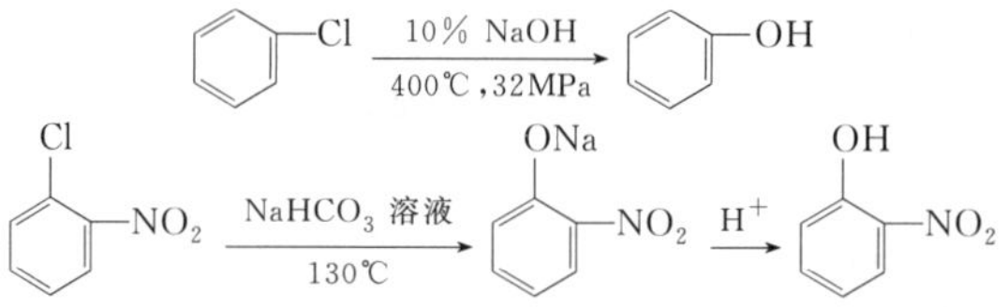

四、胺的分类

胺是氨分子中的氢原子被烃基取代后所得到的化合物。

(1) 根据氨分子中氢原子被取代的个数可分为：伯胺（一个氢原子被取代）、仲胺（两个氢原子被取代）、叔胺（三个氢原子被取代）。

(2) 根据烃基的种类可分为：脂肪胺（R—NH_2）和芳香胺（Ar—NH_2）。

(3) 根据分子中氨基的数目可分为：一元胺和多元胺。

五、胺的命名

简单胺的命名是把烃基看成取代基，氨看作母体，在烃基名称后加胺字，称为某胺。当多个烃基取代时，按次序规则，将较优的烃基放在后面。例如：

CH_3NH_2	甲胺	$CH_3CH_2NH_2$	乙胺
$(CH_3)_2NH$	二甲胺	$CH_3NHCH_2CH_3$	甲乙胺

复杂结构的胺是将氨基和烷基作为取代基来命名。例如：

$$CH_3CHCH_2CHCH_2CH_3$$
$$\quad | \qquad |$$
$$\quad CH_3 \quad NH_2$$

2-甲基-4-氨基己烷

$$CH_3CH_2CHCH_2CH_2NHCH_3$$
$$\qquad |$$
$$\qquad CH_3$$

3-甲基-1-甲氨基戊烷

季铵盐或季铵碱的命名是将其看作铵的衍生物来命名。例如：

$$(CH_3)_4\overset{+}{N}OH^-$$

氢氧化四甲铵

$$(CH_3)_3\overset{+}{N}(C_2H_5)Cl^-$$

氯化三甲基乙基铵

氮上同时有芳基和脂肪烃基时，在烃基名称前加"N"字母，以表示烃基是连在氨基上。例如：

N-甲基苯胺　　　　N,N-二甲基苯胺　　　　N-甲基-N-乙基苯胺

六、胺的性质

1. 物理性质

低级的脂肪胺，如甲胺、二甲胺、乙胺等在常温下是气体，丙胺以上是液体。高级脂肪胺是固体。芳香胺是高沸点的液体或低熔点的固体，吸入蒸气或皮肤接触都可以中毒。低级胺可溶于水，这是因为氨基可以与水形成氢键。但随胺中烃基碳原子数的增多，水溶性减小，甚至不溶。伯胺、仲胺都可以形成分子间氢键，故沸点较分子量相近的烷烃高，但比相应的醇低。而叔胺不能形成分子间氢键，沸点与烃相近。

2. 化学性质

（1）碱性　胺和氨相似，具有碱性，能与大多数酸作用成盐。生成的弱碱盐与氢氧化钠溶液作用时，释放出游离胺。例如：

$$R—\overset{..}{N}H_2+HCl \longrightarrow R—\overset{+}{N}H_3Cl^-$$

$$R—\overset{..}{N}H_2+HOSO_3H \longrightarrow R—\overset{+}{N}H_3^- OSO_3H$$

$$R—\overset{+}{N}H_3Cl^-+NaOH \longrightarrow RNH_2+Cl^-+H_2O$$

脂肪胺碱性：

在气态时，因为烷基的供电子效应，碱性大小为：

$$(CH_3)_3N>(CH_3)_2NH>CH_3NH_2>NH_3$$

在水溶液中碱性的强弱决定于电子效应和溶剂化效应，碱性大小为：

$$(CH_3)_2NH>CH_3NH_2>(CH_3)_3N>NH_3$$

芳胺的碱性比氨弱：

$$NH_3>ArNH_2>Ar_2NH>Ar_3N$$

（2）氮上的酰基化反应　伯胺、仲胺易与酰氯或酸酐等酰基化剂作用生成酰胺。反应时氨基（或亚氨基）上的氢原子被酰基取代，因叔胺氮原子上没有氢原子，所以不能发生酰基化反应。例如：

$$\begin{array}{c} RNH_2 \\ (Ar) \end{array} \xrightarrow[\text{或}(R'CO)_2O]{R'COCl} RNHCOR'$$

$$R_2NH \xrightarrow{R'COCl} R_2NCOR'$$

$$\text{C}_6\text{H}_5\text{-NHCH}_3 \xrightarrow{\text{CH}_3\text{COCl}} \text{C}_6\text{H}_5\text{-N(CH}_3)\text{COCH}_3 \quad \begin{array}{c} \text{R}_3\text{N} \\ \text{(Ar)}_3\text{N} \end{array} \xrightarrow[\text{或(R'CO)}_2\text{O}]{\text{R'COCl}} \times$$

　　胺与磺酰化试剂反应生成磺酰胺的反应叫作磺酰化反应，也叫兴斯堡反应。伯胺生成的磺酰胺能溶于碱，仲胺生成的磺酰胺仍为固体，叔胺无此反应。所以，此反应可用于鉴别及分离纯化伯、仲、叔胺。反应如下：

$$\left.\begin{array}{l} \text{RNH}_2 \\ \\ \text{R}_2\text{NH} \\ \\ \text{R}_3\text{N} \end{array}\right\} \xrightarrow{\text{C}_6\text{H}_5\text{-SO}_2\text{Cl}} \begin{array}{l} \text{C}_6\text{H}_5\text{-SO}_2\text{NHR} \xrightarrow{\text{NaOH}} [\text{C}_6\text{H}_5\text{-SO}_2\text{N-R}]^- \text{Na}^+ \\ \quad\text{白色固体} \qquad\qquad\qquad\qquad \text{溶于碱} \\ \\ \text{C}_6\text{H}_5\text{-SO}_2\text{NR}_2 \xrightarrow{\text{NaOH}} \text{不溶于碱,仍为固体} \\ \quad\text{白色固体} \\ \\ \text{无反应} \end{array}$$

　　(3) 芳胺上的取代反应　在芳胺中，氨基直接与苯环相连，由于氨基是很强的邻、对位定位基，可活化苯环，使其邻、对位上的氢原子容易被取代。

　　① 卤代反应：

$$\text{C}_6\text{H}_5\text{NH}_2 + \text{Br}_2(\text{H}_2\text{O}) \longrightarrow \text{2,4,6-三溴苯胺} + 3\text{HBr}$$

2,4,6-三溴苯胺（白色沉淀），可用于鉴别苯胺

93. 胺的化学性质

　　② 硝化反应　芳伯胺直接硝化易被硝酸氧化，必须用乙酰化或成盐方式先把氨基保护起来，然后再进行硝化。反应如下：

$$\text{C}_6\text{H}_5\text{NH}_2 \xrightarrow{(\text{CH}_3\text{CO})_2\text{O}} \text{C}_6\text{H}_5\text{NHCOCH}_3 \left\{\begin{array}{l} \xrightarrow[\text{在乙酸中}]{\text{HNO}_3} \text{对-NO}_2\text{-C}_6\text{H}_4\text{-NHCOCH}_3 \\ \\ \xrightarrow[\text{在乙酐中}]{\text{HNO}_3} \text{邻-NO}_2\text{-C}_6\text{H}_4\text{-NHCOCH}_3 \\ \qquad\qquad\quad \text{主要产物} \end{array}\right.$$

　　③ 磺化反应　苯胺与浓硫酸混合，先生成苯胺硫酸盐，经加热重排后为对氨基苯磺酸。例如：

$$\text{C}_6\text{H}_5\text{NH}_2 \xrightarrow{\text{浓硫酸}} \text{C}_6\text{H}_5\text{NH}_2 \cdot \text{H}_2\text{SO}_4 \xrightarrow[\text{烘焙}]{180\sim190\text{℃}} \text{对-HO}_3\text{S-C}_6\text{H}_4\text{-NH}_2 \longrightarrow \text{对-}^-\text{O}_3\text{S-C}_6\text{H}_4\text{-}\overset{+}{\text{N}}\text{H}_3$$

💡 习　　题

简答题

1. 写出下列化合物的构造式

(1) 间硝基乙酰苯胺　　　(2) 甲胺硫酸盐　　　(3) *N*-甲基-*N*-乙基苯胺

(4) 对甲基苄胺　　　　　(5) 1,6-己二胺　　　　(6) 异氰基甲烷

2. 用化学方法区别下列各组化合物

(1) 乙醇、乙醛、乙酸和乙胺。

(2) 邻甲苯胺、*N*-甲基苯胺、*N*,*N*-二甲基苯胺。

(3) 乙胺和乙酰胺。

(4) 环己烷和苯胺。

任务六　重结晶法提纯苯甲酸

一、目的要求

1. 学习和熟悉固体溶解、热过滤、减压过滤等基本操作

2. 通过苯甲酸重结晶实验，理解固体有机物重结晶提纯的原理及意义。

二、方法原理

重结晶是利用被提纯物和杂质的溶解度及各自在混合物中的含量不同而进行的一种分离纯化方法。绝大多数固体化合物在溶剂中的溶解度随温度的升高而增大，随温度的下降而减小。通常混合物中，被提纯物为主要成分，其含量较高，容易配制成热的饱和溶液，而此时杂质则远未达到饱和溶液。因此，当热的饱和溶液冷却时，被提纯的物质由于溶解度下降会结晶出来，而杂质则全部或部分留在溶液中（若杂质在溶剂中的溶解度极小，则配成热饱和溶液后被过滤除去），这样便达到了提纯的目的。

重结晶适用于提纯杂质含量在 5% 以下的固体化合物，杂质含量过多，常会影响提纯效果，需经多次重结晶才能提纯。因此，常用其他方法，如水蒸气蒸馏、萃取等手段先将粗产品初步化，然后再用重结晶法提纯。

三、仪器与试剂

仪器：天平、烧杯、酒精灯、热漏斗、滤纸、无颈漏斗、保温漏斗、布氏漏斗、石棉网、抽滤瓶、烘箱、表面皿、玻璃棒、量筒、水循环真空泵。

试剂：苯甲酸、活性炭、沸石。

四、操作步骤

(1) 热溶解　称取 2g 粗苯甲酸，加入 150mL 烧杯中，加入 120mL 水和几粒沸石，盖上合适的小漏斗或表面皿，在石棉网上加热至沸，并用玻璃棒不断搅动，观察固体溶解情况，如溶解不完，可加入少量的水，直到溶解完全为止（不溶性杂质除外）。如有颜色，可冷却溶液后，加入适量活性炭，搅拌后再加热煮沸 5～10min。

(2) 保温过滤　利用预先加热到约 100℃ 的保温漏斗进行保温过滤。如一次未能倒完溶液，需注意加热保温。过滤完后，用少量热水洗涤烧杯和残渣。静置滤液，使其自然结晶。

(3) 洗涤　用布氏漏斗抽滤后，用少量热蒸馏水洗涤结晶，抽滤吸干，并如此重复两次。

(4) 结晶干燥　将结晶摊放在表面皿或滤纸上，放入 80℃ 以下烘箱中干燥，称重，计算回收率，测定熔点。

五、数据记录与处理

数据记录与处理见表 5-1。

表 5-1　数据记录与处理

项目	粗苯甲酸/g	重结晶后苯甲酸/g
性状		
质量		
熔点	—	
收率		

操作人：　　　　　　　　审核人：　　　　　　　　日期：

六、操作注意事项

（1）溶剂的量要适当，公认的原则是按饱和溶液的需要量多加 20%，这是一个参考值，在实际工作中，主要根据实验来确定。

（2）若溶液中有颜色或树脂状悬浮液时，可以加入 1%～5% 的活性炭进行脱色。活性炭的量不宜过多，加入时应注意样品必须溶解完全，且在溶液稍冷之后再加入。活性炭绝对不可以加到正在沸腾的溶液中，否则将造成暴沸！此后，再加热 5～10min。

（3）漏斗一定要事先在烘箱中预热，即取即用。

七、思考题

（1）重结晶纯化有机物的依据是什么？
（2）该实验为什么在粗苯甲酸全溶后，还要加少量蒸馏水？
（3）被溶解的粗苯甲酸为什么要趁热过滤？
（4）为什么滤液需在静置条件下缓慢结晶？
（5）冷却结晶时，是不是温度越低越好？

任务七　工业乙醇的蒸馏

一、目的要求

1. 学习蒸馏的原理、仪器装置及操作技术。
2. 了解蒸馏提纯液体有机物的原理、用途及掌握其操作步骤。

二、方法原理

将液体加热至沸，使液体变为气体，然后再将蒸气冷凝为液体，这两个过程的联合操作称为蒸馏。

蒸馏是分离和纯化液体有机混合物的重要方法之一。当液体混合物受热时，由于低沸点物质易挥发，首先被蒸出，而高沸点物质因不易挥发或挥发的少量气体易被冷凝而滞留在蒸馏瓶中，从而使混合物得以分离。

蒸馏主要用于以下三个方面：

① 分离和提纯液态有机物。

② 测出某纯液态物质的沸程，如果该物质为未知物，那么根据所测得的沸程数据，查

物理常数手册，可以知道该未知物可能是什么物质。

③根据所测定的沸程可以判断该液态有机物的纯度。

三、仪器与试剂

仪器：量筒、圆底烧瓶、蒸馏头、直形冷凝管、尾接管、温度计、锥形瓶、烧杯。

试剂：工业乙醇、沸石。

四、操作步骤

（1）取 30mL 工业乙醇倒入 100mL 圆底烧瓶中，加入 2～3 粒沸石，以防止暴沸。

（2）按蒸馏装置安装好仪器（图 5-1），通入冷凝水。

（3）用水浴加热，注意观察蒸馏烧瓶中蒸气上升情况及温度计读数的变化。当瓶内液体开始沸腾时，蒸气逐渐上升，当蒸气包围温度计水银球时，温度计读数急剧上升。蒸气进入冷凝管被冷凝为液体后滴入锥形瓶，然后当温度上升到 75℃ 时换一个干燥的锥形瓶作接收器，收集馏出液，并调节热源温度，控制在 75～80℃ 之间，控制蒸馏速度为每秒 1～2 滴为宜，记录下这部分液体开始馏出的第一滴和最后一滴时温度计的读数 T_1、T_2，即该馏分的沸程，直到圆底烧瓶内蒸馏完毕，停止蒸馏。

（4）停止蒸馏时，先移去热源，待体系稍冷却后关闭冷凝水，自上而下、自后向前拆卸装置。

（5）量取并记录收集的乙醇的体积 V，计算收率。

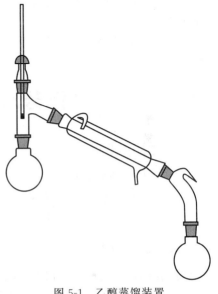

图 5-1　乙醇蒸馏装置

五、数据记录与处理

数据记录与处理见表 5-2。

表 5-2　数据记录与处理

T_1/℃	T_2/℃	V/mL	收率/%

六、操作注意事项

（1）蒸馏烧瓶大小的选择据待蒸馏液体的量而定，通常待蒸馏液体的体积约占蒸馏烧瓶体积的 1/3～2/3。

（2）温度计水银球的上端与蒸馏头侧管口的下限在同一水平线上。

（3）沸石应在加热前加入，在蒸馏过程中如果忘了加沸石，此时不能直接投放沸石，以免引发暴沸。正确的做法是：先停止加热，待液体稍冷片刻后再补加沸石。在蒸馏过程中，一旦停止沸腾或中途停止蒸馏，则原有沸石失效，再次加热前，应补加新的沸石。

（4）在蒸馏过程中，温度计的水银球上应始终附有冷凝的液滴，以保持汽液两相的平衡。

（5）蒸馏装置的各磨口连接一定要严密。否则，在蒸馏时容易漏气，不仅影响产率，还污染环境。

（6）蒸馏时液体不能蒸干，应在被蒸液体剩 0.5～1mL 时停止蒸馏，以免蒸馏烧瓶破裂或发生其他意外事故。

七、思考题

（1）是否所有具有固定沸点的物质都是纯物质？为什么？

（2）什么叫沸点？液体的沸点和大气压有什么关系？

（3）蒸馏时加入沸石的作用是什么？如果蒸馏前忘记加沸石，能否立即将沸石加至将近沸腾的液体中？当重新蒸馏时，用过的沸石能否继续使用？

（4）温度计水银球的上部为什么要与蒸馏头侧管的下限在同一水平上？过高或过低会造成什么结果？

（5）在蒸馏过程中，为什么要控制蒸馏速度为每秒 1～2 滴？蒸馏速度过快对实验结果有何影响？

任务八　丙酮-水的分馏

一、目的要求

1. 了解分馏的原理和意义。
2. 熟悉分馏柱的种类和选用方法。
3. 学习实验室常用分馏的操作方法。

二、方法原理

利用分馏柱将几种沸点相近的混合物进行分离的方法称为分馏。加热使混合液沸腾，沸腾的混合液蒸气进入分馏柱时，因为沸点较高的组分易被冷凝，所以冷凝液中含有较多沸点较高的组分，而上升的蒸气中低沸点的成分就相对较多。冷凝液向下流动时又与上升的蒸气接触，二者之间进行热交换，使上升的蒸气中沸点较高物质又被冷凝下来，低沸点物质的蒸气继续上升，而冷凝液中低沸点的物质则受热汽化，高沸点的仍是液态。如此经过多次的气相和液相的热交换和物质交换，使得低沸点的物质不断上升，最后被蒸馏出来。高沸点的物质则不断流回受热容器中，从而将沸点不同的物质分离。因此，分馏就是利用分馏柱使原先需要多次重复的普通蒸馏，一次得以完成。

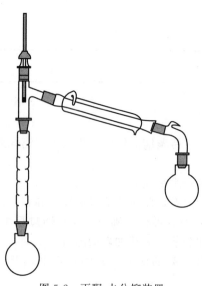

图 5-2　丙酮-水分馏装置

三、仪器与试剂

仪器：圆底烧瓶、韦氏分馏柱、蒸馏头、温度计、直形冷凝管、尾接管、锥形瓶、量筒。

试剂：丙酮、沸石。

四、测定步骤

（1）在圆底烧瓶内加入丙酮和水各 20mL，加入 1～2 粒沸石，防止暴沸。

（2）按分馏装置安装好仪器（图 5-2），通入冷凝水。

（3）控制加热程度，使馏出液以 1～2 滴/s 的速度蒸出。

（4）调节火焰，使蒸气缓慢上升，以保持分馏柱内有均匀的温度梯度。从 5mL 开始，记录每增加 1mL 馏出液时的温度及总体积。

（5）分别收集 56～62℃ 间的馏分，以及 62～98℃ 的馏分。当蒸气温度达到 98℃ 时，停止蒸馏，移去热源。稍冷，使分馏柱内的液体回流至烧瓶。卸下烧瓶，收集残液，量出并记录各馏分的体积。

（6）以柱顶温度为纵坐标，馏出液总体积为横坐标，将实验结果绘成温度-体积曲线，讨论分馏效率。

五、数据记录与处理

数据记录与处理见表 5-3 及表 5-4。

表 5-3 温度与体积

$T/℃$	56～62	62～98	98
V/mL			

表 5-4 馏液体积与温度

馏液体积/mL	5	6	7	8	9	10	11	12	13
温度/℃									
馏液体积/mL	14	15	16	17	18	19	20	21	22
温度/℃									

六、操作注意事项

（1）分馏柱顶温度计的水银球与支管底部相平。

（2）控制火力使馏出液速率为 1～2 滴/s。

（3）必须尽量减少分馏柱的热量散失和波动，为提高分馏柱的绝热性能可用玻璃布等保温材料将柱身裹起来。

（4）分馏一定要缓慢进行，要控制恒定的蒸馏速度，如果馏出速度太快，会产生液泛现象。

七、思考题

（1）什么是液泛现象？

（2）在分馏装置中分馏柱为什么要尽可能垂直？

（3）影响分馏效率的主要因素是什么？

任务九 苯甲酸的合成

一、目的要求

1. 学习利用坎尼扎罗反应由苯甲醛制备苯甲酸的原理与方法。
2. 掌握回流、重结晶、萃取等基本操作和技能。

二、方法原理

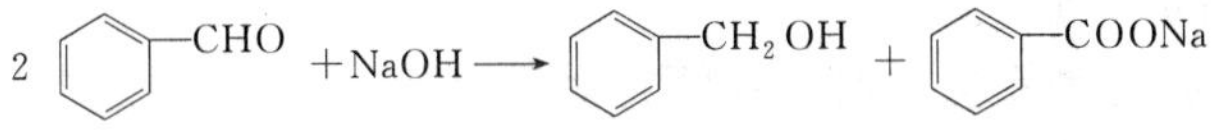

$$\underset{}{\text{⬡—COONa}} + \text{HCl} \longrightarrow \underset{}{\text{⬡—COOH}} + \text{NaCl}$$

三、仪器与试剂

仪器：三口烧瓶、分液漏斗、回流冷凝管、烧杯、锥形瓶、量筒。
试剂：苯甲醛（12.6mL）、氢氧化钠（11g）、浓盐酸、苯、pH 试纸。

四、操作步骤

（1）在 125mL 的三口烧瓶中，加入 36mL 水，并在不断振荡下，将 11g 氢氧化钠分次加入烧瓶中。溶液冷却后，加入 12.6mL 新蒸馏的苯甲醛。

（2）三口烧瓶装上搅拌器和回流冷凝管，开动搅拌器，加热回流 40min。当反应混合物变透明时，表示反应已达终点，加热停止。

该实验中的部分装置见图 5-3。

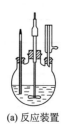
(a) 反应装置

(b) 萃取装置

布氏漏斗

抽滤瓶

(c) 抽滤装置

图 5-3   实验装置

（3）从冷凝管口加 20mL 水，将混合液倒入分液漏斗中，加入 10mL 苯萃取，共萃取三次。

（4）经三次萃取后的水层溶液合并，加入 100mL 水，在不断搅拌下加入 27mL 浓盐酸，用 pH 试纸检验直到溶液呈酸性为止。

（5）冷至室温，生成的白色沉淀经抽滤、洗涤、重结晶，晾干后称量，计算产率。

五、数据记录与处理

数据记录与处理见表 5-5。

表 5-5   数据记录与处理

产物性状	
理论产量/g	
实际产量/g	
产率/%	

六、操作注意事项

（1）用分液漏斗萃取溶液时，上层溶液从上口倒出，下层溶液从下口放出。

（2）在前 30min 搅拌速度可稍快些，以加快反应速率，后 10min 可减慢速度，以便观察终点。

（3）盐酸中和时会产生大量的热，需加水和不断搅拌，防止因放热造成溶液暴沸。

七、思考题

（1）简述该反应的原理。

（2）经苯萃取的水层和苯层分别含有哪些物质？

任务十　乙酸正丁酯的合成

一、目的要求

1. 学习乙酸乙酯的制备原理和方法。
2. 学习分水器的使用。
3. 复习加热回流、蒸馏、洗涤等基本操作。

二、方法原理

相关反应如下：

$$CH_3COOH + CH_3CH_2CH_2CH_2OH \overset{浓 H_2SO_4}{\rightleftharpoons} CH_3COOCH_2CH_2CH_2CH_3 + H_2O$$

制备酯类物质最常用的方法是羧酸和醇直接酯化。酯化反应是可逆反应，在室温下反应速率很慢，可加浓硫酸作催化剂，使酯化反应速率大大加快。同时，为了使平衡向生成物方向移动，可以采用增加反应物冰醋酸浓度和将生成物水除去的方法，使酯化反应趋于完全。

三、仪器与试剂

仪器：圆底烧瓶、分水器、球形冷凝管、直形冷凝管、蒸馏头、温度计、接收管、分液漏斗、锥形瓶。

试剂：正丁醇 9.3g（10mL，0.125mol）、冰醋酸 9.4（9mL，0.15mol）、沸石、浓硫酸、10％碳酸钠、无水硫酸镁。

四、操作步骤

（1）在 100mL 圆底烧瓶中分别加入 11.5mL 正丁醇、9mL 冰醋酸、1mL 浓硫酸，充分振摇，加入几粒沸石，如图 5-4 所示安装装置，加热回流 1.5h 左右。

（2）将烧瓶中的反应液和分水器中分出的酯层倒入分液漏斗，分别用 10mL 的水洗涤，分出上层的有机层，再用 10mL 碳酸钠溶液洗涤一次，有机层再用 10mL 的水洗涤一次。酯层用无水硫酸镁干燥。

（3）干燥滤液放入蒸馏烧瓶中，加热蒸馏，收集 124～127℃ 的馏分，称重，计算产率。

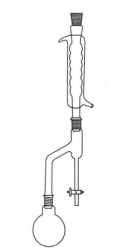

图 5-4　制备乙酸正丁酯的装置图

五、数据记录与处理

数据记录与处理见表 5-6。

表 5-6　数据记录与处理

产物性状	
理论产量/g	
实际产量/g	
产率/%	

六、操作注意事项

（1）在分水器中预先加水量应略低于支管口的下沿。

（2）滴加浓硫酸时，要边加边摇，以免局部炭化。

（3）本实验中得到的是无色透明液体，如果得到浑浊液体或蒸馏前几滴是浑浊的，这是仪器不干燥或酯未彻底干燥引起的。

（4）用分液漏斗洗涤时要做到充分轻振荡，切忌用力过猛，振荡时间过长，否则将形成乳浊液，难以分层，给分离带来困难。一旦形成乳浊液，可加入少量食盐等电解质或水，使之分层。

七、思考题

（1）酯化反应有哪些特点？本实验中如何提高产品收率？又如何加快反应速率？

（2）粗产品中含有哪些杂质？如何将它们除去？

（3）干燥剂能否用无水氯化钙，为什么？

项目六
糖类和脂类的识用

项目描述

　　糖类是自然界中存在最丰富的一类有机化合物，由C、 H、 O三种元素组成。它在机体生命活动过程中起着重要的作用，是一切生命活动的主要能量来源。糖类的分布十分广泛，植物体内的淀粉和纤维素，动物细胞中的葡萄糖和糖原等都是糖类。糖类在生产生活中扮演着重要角色，是工业上的主要原料，用于生产制备各种产品。同时，糖类化合物也是重要的药物，其不良反应小、应用广泛。因此，对于糖类物质的识用就十分重要。糖类的性质和含量直接影响产品的品质和价值。糖类物质的定性定量测定是工业上的主要分析项目之一。本章主要介绍糖类和脂类的识用。

知识目标

1. 了解糖类的组成和分类。
2. 掌握葡萄糖的结构式和性质及其简单应用。
3. 掌握葡萄糖的变旋光现象、旋光度及比旋光度的含义和测定方法。
4. 掌握葡萄糖含量的测定方法。
5. 了解脂类的概念、分类及特点。
6. 掌握油脂的组成、结构、皂化、氢化，并了解皂化、氢化性质的简单应用。

能力目标

1. 能熟练应用圆盘旋光仪测定葡萄糖的旋光度。
2. 会正确使用阿贝折光仪测定葡萄糖的折射率。
3. 能熟练使用可见分光光度计。
4. 会依据标准曲线法测定样品中的葡萄糖含量。

任务一　糖类的识用

 任务引领

　　糖类的性质和含量直接影响产品的品质和价值，糖类物质的定性定量测定也是工业上的主要分析项目之一。例如：分析者欲对某种饮料中的糖类物质进行测定，那么，就需要了解糖类物质是什么，有哪些种类和性质，可以通过什么样的分析方法进行测定等。

 任务准备

　　1. 什么是糖类？
　　2. 葡萄糖的结构和理化性质有哪些？
　　3. 糖类物质有哪些种类？它们的结构怎样？
　　4. 糖类物质有哪些应用价值？

 相关知识

一、糖的定义和类别

　　糖类是由碳、氢、氧三种主要元素构成的一类多羟基醛、多羟基酮或其衍生物和聚合物。最初，人们发现植物果实中的淀粉、茎干中的纤维素、蜂蜜和水果中的葡萄糖等均由碳、氢、氧三种元素组成，它们的结构通式都可以用 $C_n(H_2O)_n$ 通式来表示。因大多数糖的氢和氧的原子数比例是 2∶1，与水分子中氢氧的比例相同，由此得名为碳水化合物（carbohydrate）。但实际上，随着研究的深入和认知领域的扩展，人们发现有些化合物，如鼠李糖（$C_6H_{12}O_5$）和岩藻糖（$C_6H_{12}O_5$），它们的结构和性质应属于碳水化合物，可分子式并不符合上述结构通式。而有些糖类化合物中除 C、H、O 外，还有 N、S、P 等元素。另外，还有些化合物［如乙酸（$C_2H_4O_2$）、甲醛（CH_2O）等］，虽然分子式符合上述结构通式，但其结构和性质与碳水化合物却完全不同。因此，将糖类化合物称为碳水化合物并不恰当。"碳水化合物"这一名词已失去它原有的含义，但因沿用已久，所以至今仍在使用。

　　糖类物质可以根据其水解情况分为三类：（1）不能水解为更小分子的多羟基醛或酮，例如葡萄糖和果糖等，称为单糖（monosaccharide），单糖又可以依据分子中含碳原子的数量分为三碳糖（丙糖）、四碳糖（丁糖）、五碳糖（戊糖）、六碳糖（己糖）等，葡萄糖和果糖是常见的六碳糖，而核糖则是常见的五碳糖。（2）由 2～10 个单糖分子脱水缩合而成的多羟基醛或酮，水解生成单糖分子，如蔗糖和麦芽糖等，称为寡糖（oligosaccharide）。自然界中常见的寡糖是二糖（由两个单糖分子以糖苷键连接而成），如蔗糖、麦芽糖等；还有是三糖，如棉籽糖、龙胆三糖等。（3）能水解成 10 个以上单糖分子的多羟基醛或酮称为多糖（polysaccharide）。植物中的重要多糖是淀粉和纤维素，动物体内主要多糖是糖原。在生物体内，糖类还与一些非糖物质结合形成复合物，例如糖蛋白和糖脂等，它们在机体代谢过程中充当不同角色。

　　糖类化合物一直是重要的药物之一，现在使用的糖类化合物药物已超过 500 种，几乎用于所有疾病的治疗，而糖类药物中研究最多的是多糖类，多糖类药物的制备工艺以及生理药理作用一直是研究的热点之一。

二、葡萄糖的结构和变旋光现象

葡萄糖（glucose）经过分子量和元素组成测定，确认它的分子式为 $C_6H_{12}O_6$，它是六碳醛糖，因分子中含有游离醛基而具有还原性，是自然界分布最广且最为重要的一种单糖。其结构式为 $CH_2OH—CHOH—CHOH—CHOH—CHOH—CHO$，可以简写为：

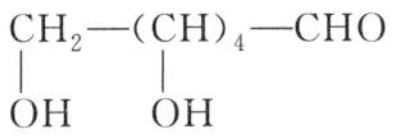

$$\underset{\underset{OH}{|}}{CH_2}—\underset{\underset{OH}{|}}{(CH)_4}—CHO$$

1. 葡萄糖的结构

单糖是构成各类糖类物质的基本结构单元，其化学结构决定了其他糖类物质的结构形式和生理功能，成为糖类物质生化性质的分子基础。己糖在单糖中广泛存在，而葡萄糖是己糖中数量最多的一类。

葡萄糖与无水氰化氢加成生成氰醇衍生物，再经水解和氢碘酸还原可以生成正庚酸，这说明葡萄糖可能是一个直链的己醛。另外，葡萄糖与乙酸酐加热可以形成五乙酸酯，这说明葡萄糖分子中有五个羟基。碳原子的立体结构中如果只带有一个羟基，其结构就比较稳定。以上实验结果说明，葡萄糖除末端碳原子是醛基外，其余碳原子上各有一个羟基，其余共价键与氢结合，可见葡萄糖是 2,3,4,5,6-五羟基己醛。而与葡萄糖分子式相同的果糖完成以上反应则得到 2-甲基己酸和五乙酸酯，可见其具有 1,3,4,5,6-五羟基己酮结构，是己酮糖，与葡萄糖互为同分异构体。

单糖的碳骨架以直链式结构表示时为开链式，开链式单糖一般采用 Fischer 投影式或其简化式表示。葡萄糖的开链式结构为：

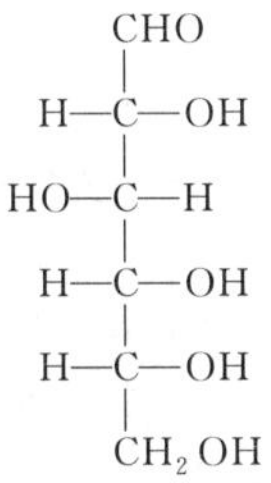

$$\begin{array}{c} CHO \\ H—C—OH \\ HO—C—H \\ H—C—OH \\ H—C—OH \\ CH_2OH \end{array}$$

也可以写成简化式：

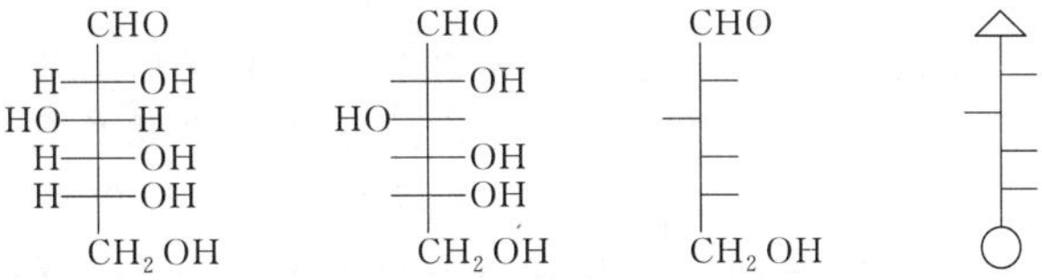

如果单糖的链状结构是唯一的，那么单糖的化学性质就应该与普通醛类一致，但实际上并非如此，比如葡萄糖的醛基不像普通醛类一样可以和 $NaHSO_3$ 及 Schiff 试剂进行加合作用，也没有普通醛基活泼，而且新鲜配制的葡萄糖溶液的旋光度最初不停变化。这些性质很难以单糖的直链式结构来解释，但如果存在环状结构就可以解释清楚。直链单糖分子上的醛基与分子内的羟基形成半缩醛时就不如自由醛基活泼，分子具有环状结构，同时 C1 连接的氢和羟基也可以左右换位置。因此，半缩醛羟基可有两种不同的排列方式，由此产生了两种异构体，这两种异构体并不是对映体。单糖结构由开链转变成环状后，C1 成为新的不对称碳原子，而 C1 上的羟基方向不同，所以这两个非对映体又称为异头物，而环状结构中 C1 也称作异头碳原子或异头中心。异头物的半缩醛羟基和分子末端—CH_2OH 基靠近不对称碳原子的羟基在碳链同侧的

异构体称为 α-异头物，在异侧的称为 β-异头物。开链的葡萄糖醛基可与 C4—OH 进行氧桥结合，形成五元环，也可与 C5—OH 结合形成六元环。因为所形成的含氧五元环和六元环分别与呋喃环和吡喃环结构类似，所以，含有五元环的葡萄糖称为呋喃型葡萄糖，含有六元环的葡萄糖称为吡喃型葡萄糖，它们的 Fischer 投影式如图 6-1 所示。

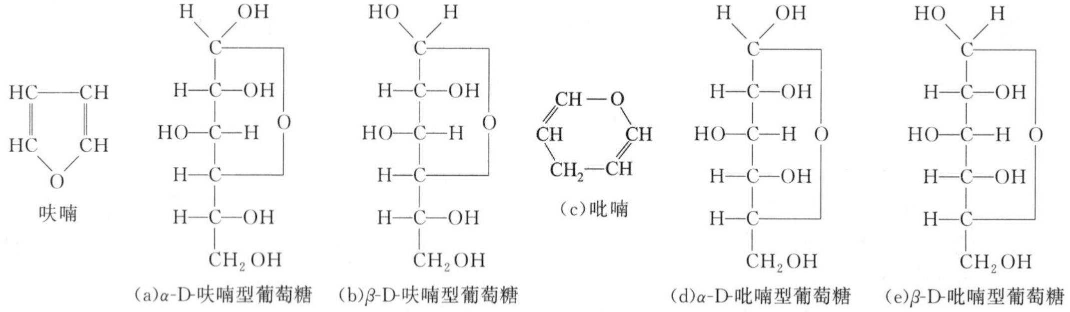

(a)α-D-呋喃型葡萄糖　(b)β-D-呋喃型葡萄糖　　　(d)α-D-吡喃型葡萄糖　(e)β-D-吡喃型葡萄糖

图 6-1　葡萄糖 Fischer 投影式写法

在分子热力学中，六元环比五元环稳定，所以天然葡萄糖分子主要是以吡喃型结构存在。

在 Fischer 投影式中虽然较好地解释了变旋现象，但无法反映出分子中原子和基团在空间的排布。为更形象地表示氧环式结构，1926 年英国化学家 Haworth 提出了以透视式表达糖环状结构，即 Haworth 投影式（简称 Haworth 式）。Haworth 式中己醛糖的吡喃环用垂直于纸平面的六角环来表示，将直立环式改写成平面环式时，将直立环式右边的—OH 写在平面环式下方，左边的—OH 写在平面环式上方；环外多余的碳原子，如果直链环（氧桥）在右侧，则将未成环的碳原子写在环上方，反之写在环下方；省略成环碳原子，把朝向前面的三个 C—C 键用粗实线表示。当决定葡萄糖构型的碳原子参与成环时，参照 Haworth 式标准定位，羟甲基在环上面的为 D 型糖，反之为 L 型糖。不论是 D 型糖还是 L 型糖，异头碳羟基与末端羟甲基反式的为 α-异头物，顺式的为 β-异头物。

2. 葡萄糖的构型

构型指的是一个有机分子中各个原子特有的固定的空间排列，而使其具有特定的立体化学形式，如 D-甘油醛与 L-甘油醛。D-葡萄糖和 L-葡萄糖是链状葡萄糖的两种构型，α-D-葡萄糖和 β-D-葡萄糖是环状葡萄糖的两种构型。一般情况下，构型都比较稳定，任何分子的构型改变，都必须通过共价键的断裂和再形成而实现，构型的改变往往使分子的光学活性发生变化。

不对称碳原子也称为手性碳原子，是指与四个不同原子或基团共价连接并因而失去对称性的四面体碳。分子中因有不对称碳原子，即可形成互为镜像关系的两种异构体，被称为一对"对映体"，这两种构型至今仍采用 D/L 名称进行标记。D/L 构型的定义是以人为规定的甘油醛构型比较而得到的，并不是实际测出的，所以叫相对构型。它以甘油醛为标准来确定。人们规定在甘油醛中，—OH 写在右边的为右旋构型，记为 D-甘油醛；相反，—OH 写在左边的为左旋构型，记为 L-甘油醛。D/L 构型命名法有其局限性，它只适合于含有氢原子的手性碳原子。通常是含有羟基和氢原子的手性碳原子更易用 D/L 构型命名法命名，羟基在手性碳原子右侧的叫 D 型，羟基在手性碳原子左侧的叫 L 型。凡在理论上可由 D-甘油醛衍生出来的单糖皆为 D 型糖，由 L-甘油醛衍生出来的单糖皆为 L 型糖。醛糖和酮糖的构型是由分子中离羰基最远（即编号最大）的不对称碳原子上的羟基方向来决定的。葡萄糖中离羰基最远的不对称碳原子上羟基在右边的为 D 型，羟基在左边的为 L 型，如图 6-2 所示。

94. 葡萄糖的构型

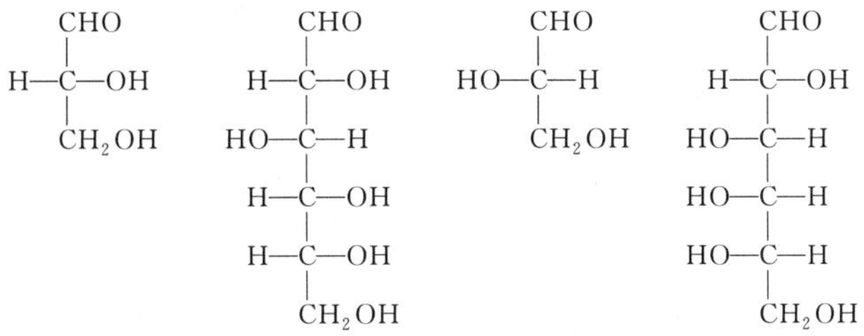

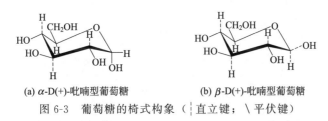

（a）D-甘油醛　　（b）D-葡萄糖　　（c）L-甘油醛　　（d）L-葡萄糖

图 6-2　葡萄糖的构型

3. 葡萄糖的构象

构象是指一个有机化合物分子中，不改变其共价键结构，仅绕单键旋转所产生的原子的不同空间排布。单键的旋转是自由的，因而理论上一个有机化合物分子可以有很多种构象。但实际上，单键的旋转受到很多因素的影响，一个有机化合物分子只能以某种或者某几种构象存在，一种构象改变为另一种构象时，不要求其共价键断裂和重新形成。不同的构象一般不能分离出来，它们之间的互变迅速快捷。在众多构象中，船式和椅式是两种极限构象，船式构象最不稳定，椅式构象最稳定。

吡喃型葡萄糖通常是以椅式构象存在的。在两种椅式构象中，占主导位置的是所有的羟基和羟甲基都排列在与糖环平面平行的椅式结构（β-D-吡喃型葡萄糖），而不是处于垂直的结构（α-D-吡喃型葡萄糖），因为这种排列可以保证各个取代基间拥有最大的活动空间，如图 6-3 所示。

（a）α-D(+)-吡喃型葡萄糖　　　（b）β-D(+)-吡喃型葡萄糖

图 6-3　葡萄糖的椅式构象（┊直立键；＼平伏键）

4. 葡萄糖的旋光性

分子中含有不对称碳原子的化合物，因其可以把偏振光的偏振面旋转一定角度，被称为旋光活性物质，它使偏振面旋转的角度称为旋光度，以 α 表示。许多糖类物质都含有手性碳原子，具有旋光性。旋光性物质中，可以使偏振光平面向右旋转的称为"具有右旋性"，以"＋"号表示；可以使偏振光平面向左旋转的称为"具有左旋性"，以"－"号表示。物质旋光度的大小与入射光波长、温度，旋光物质浓度、种类和液层厚度都有关系，当波长、温度等一定时，旋光度与溶液浓度和液层厚度成正比例关系，当旋光物质质量浓度为 100g/100mL，液层厚度为 1dm 时所测定的旋光度称为比旋光度，以 $[\alpha]$ 表示。

葡萄糖是五羟基己醛，含有 4 个手性碳原子，因此具有旋光性。其旋光异构体数目 $N=2^4=16$，其中 D 型 8 种，L 型 8 种，D-葡萄糖是其中的一种：

D-（＋)-阿洛糖　　　　D-（＋)-阿卓糖　　　　D-（＋)-葡萄糖　　　　D-（－)-古罗糖

CHO
|
CH$_2$OH
D-(+)-甘露糖

CHO
|
CH$_2$OH
D-(+)-塔洛糖

CHO
|
CH$_2$OH
D-(+)-半乳糖

CHO
|
CH$_2$OH
D-(—)-艾杜糖

结晶葡萄糖有两种，一种是从乙醇中结晶出来的，熔点 146℃。它的新配溶液的 $[\alpha]_D$ 为+112°，此溶液在放置过程中，比旋光度逐渐下降，达到+52.17°以后维持不变。另一种是从吡啶中结晶出来的，熔点 150℃，新配溶液的 $[\alpha]_D$ 为+18.7°，此溶液在放置过程中，比旋光度逐渐上升，也达到+52.7°以后维持不变。具有旋光性的糖类物质，在溶解的过程中，它的旋光度初期变化迅速，后来慢慢缓和，最后自行转变为常数的现象称为变旋光现象。

葡萄糖的变旋光现象，就是开链结构与环状结构形成平衡体系过程中的比旋光度变化所引起的。在溶液中 α-D-葡萄糖可转变为开链结构，再由开链结构转变为 β-D-葡萄糖。同样，β-D-葡萄糖也转变为开链结构，再转变为 α-D-葡萄糖。经过一段时间后，三种异构体达到平衡，形成一个互变异构平衡体系，其比旋光度也不再改变，如图 6-4 所示。

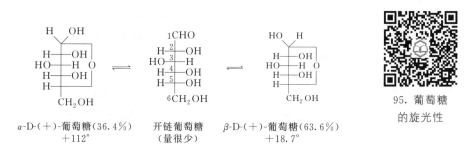

95. 葡萄糖的旋光性

α-D-(+)-葡萄糖（36.4%）　　开链葡萄糖　　β-D-(+)-葡萄糖（63.6%）
　+112°　　　　　　　　（量很少）　　　　　+18.7°

图 6-4　葡萄糖的变旋光现象

不仅葡萄糖有变旋光现象，凡能形成环状结构的单糖，都会产生变旋光现象。物质的旋光度是物理常数，可以采用旋光仪进行测定，通过对样品旋光度的测定可以确定物质的含量、纯度等，这种分析方法叫作旋光法。

三、葡萄糖的性质

葡萄糖是自然界分布最广泛的单糖。纯净的葡萄糖为白色晶体，有甜味但甜味不如蔗糖，易溶于水，微溶于乙醇，不溶于乙醚和烃类，熔点 146℃。天然葡萄糖水溶液旋光向右，故属于"右旋糖"。

葡萄糖因其开链结构中具有羟基和羰基，可以参与诸多的特征化学反应，如一般羟基的成酯、成醚、脱水和脱氧反应，异头羟基的成苷反应，醛基的氧化反应和羰基的还原反应等。

1. 氧化反应

葡萄糖是还原性糖，可以被多种氧化剂氧化，在不同的氧化剂和不同的反应条件下，能够得到不同类型的氧化产物。

（1）葡萄糖的酸性条件氧化

① 弱氧化剂氧化　葡萄糖在弱氧化剂（如溴水）作用下，其醛基可被氧化成羧基，生成葡萄糖酸：

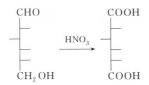

酮糖不能被溴水氧化，可用此反应来区别醛糖和酮糖。

② 强氧化剂氧化　葡萄糖的醛基和伯醇基均可被较强的氧化剂（如热的稀硝酸）氧化为羧基，成为葡萄糖二酸。

96. 葡萄糖
的氧化反应

$$\begin{array}{c} CHO \\ | \\ | \\ | \\ | \\ CH_2OH \end{array} \xrightarrow{HNO_3} \begin{array}{c} COOH \\ | \\ | \\ | \\ | \\ COOH \end{array}$$

（2）葡萄糖的碱性条件氧化　在碱性条件下，葡萄糖可以发生多种反应，如被 Tollens 试剂氧化产生银镜：

$$\begin{array}{c} CHO \\ | \\ HO \!-\!\! OH \\ | \\ OH \\ | \\ OH \\ | \\ CH_2OH \end{array} \xrightarrow[OH^-]{Ag^+(NH_3)_2} Ag\downarrow + \begin{array}{c} COO^- \\ | \\ CH(OH) \\ | \\ HO\!-\! \\ | \\ OH \\ | \\ OH \\ | \\ CH_2OH \end{array}$$

上述反应广泛应用于工业上制镜和热水瓶胆镀银，还在医疗上用于检验人体尿液中是否含较多量的葡萄糖。

葡萄糖还能被 Feiling 试剂氧化。Feiling 试剂中的 Cu^{2+} 是一种弱氧化剂，能使糖分子的醛基氧化为羧基，而 Cu^{2+} 还原生成氧化亚铜砖红色沉淀。所有的醛糖都能参与 Feiling 试剂反应，因此 Feiling 试剂常被用于还原糖的检测。

采用 Feiling 试剂的直接滴定法是目前最常用的测定还原糖的方法，适用于各类食品中还原糖的测定，是国家标准分析法。

（3）葡萄糖的脱氢酶氧化　葡萄糖在特定的脱氢酶作用下可以只氧化其伯醇基而保留醛基，生成葡萄糖醛酸。葡萄糖醛酸在机体内能够与某些有毒物质结合形成苷类随尿液排出，起到解毒作用，人体内的过多激素和芳香类物质也可以和葡萄糖醛酸生成苷类而被排出。

（4）葡萄糖的生物氧化　生物体内的葡萄糖，在酶的催化作用下通过无氧分解、有氧分解和磷酸戊糖途径氧化生成不同的代谢产物，并释放出不等的热量：

$$C_6H_{12}O_6 + 6O_2 \xrightarrow{\text{酶}} 6CO_2 + 6H_2O + 2870kJ$$

$$C_6H_{12}O_6 \xrightarrow{\text{酶}} 2C_3H_6O_3(\text{乳酸}) + 196.65kJ$$

葡萄糖的分解是大多数机体生命活动所需能量的主要来源。人和动物所需能量的 50% 来自葡萄糖的氧化分解。

2. 还原反应

由于葡萄糖结构中含有不饱和羰基基团，在一定的还原条件下，可以被还原成多元醇，称为糖醇。如利用还原剂 H_2 / Ni（工业）、$NaBH_4$（实验室）可以将 D-葡萄糖还原转化为 D-葡萄糖醇（也称为山梨醇）：

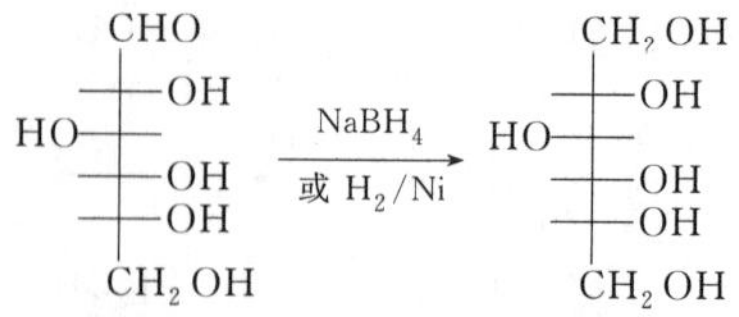

D-葡萄糖　　　　山梨醇

山梨醇广泛存在于植物界，从低等藻类到高等被子植物中的果实中都有，但含量不高。山梨醇无毒，有轻微的甜味和吸湿性，用于化妆品和药物中作为保湿剂使用。

3. 成脎反应

葡萄糖是还原性糖，可与苯肼作用生成含有两个苯腙基的衍生物，称为糖脎。在乙酸溶液中，葡萄糖与苯肼反应先生成苯腙，在过量苯肼作用下，α-羟基继续与苯肼作用成脎。

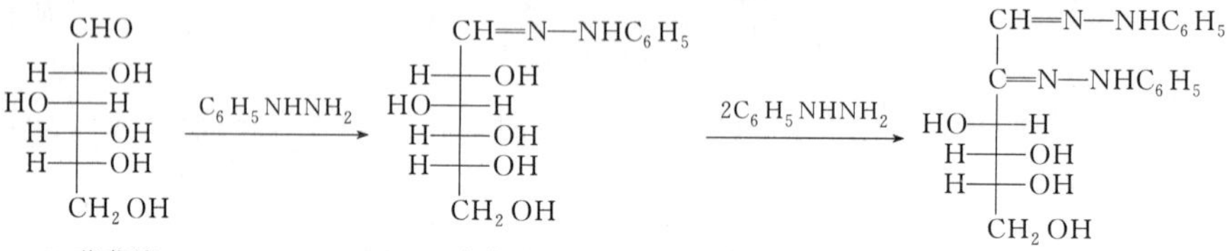

D-葡萄糖　　　　　　D-葡萄糖腙　　　　　　D-葡萄糖脎

还原糖的 C1、C2 都可发生成脎反应，但不涉及其他碳原子。产物糖脎为黄色结晶，很稳定，不溶于水，不同糖脎的结晶形状和熔点不同，可据此鉴别不同的还原糖。

4. 成苷反应

葡萄糖环状结构中的半缩醛羟基比较活泼，在干燥 HCl 催化下可与其他醇或酚化合物的羟基脱水生成缩醛类化合物，这类化合物称为糖苷，该反应称为成苷反应（生成配糖物）。糖苷分子中提供半缩醛羟基的糖部分称为糖基，与之缩合反应的"非糖"部分称为糖苷配基，糖基与糖苷配基之间的化合键称为糖苷键。

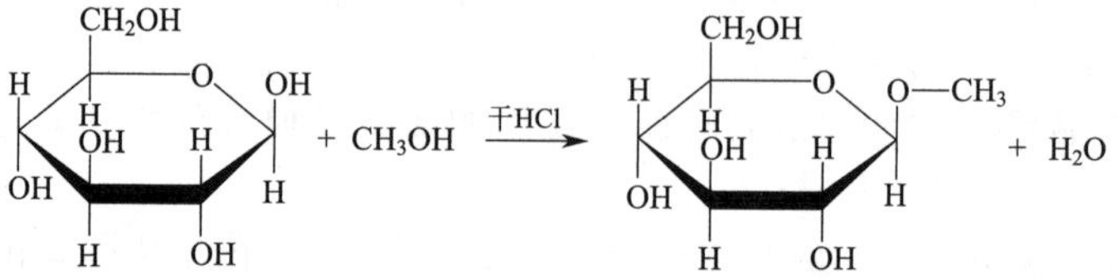

β-葡萄糖　　　　　　　　β-葡萄糖甲苷

糖苷与糖的性质不同。糖苷比较稳定，其水溶液在一般的条件下不能再转化成开链式，也不会再出现自由的半缩醛羟基。因此，糖苷没有还原性，不易发生氧化反应。糖苷也没有变旋光现象。糖苷在碱性溶液中稳定，但在酸性溶液中或酶的作用下，则易水解成原来的糖。

糖苷广泛分布于植物的根、茎、叶、花和果实中，为无色无臭晶体，味苦，能溶于水和乙醇，难溶于乙醚，有些有剧毒，有旋光性，天然的糖苷一般是左旋的。糖苷化学结构复杂，也有明确的生理作用。例如广泛存在于银杏（白果）和许多种水果核仁中的苦杏仁苷，其结构式为：

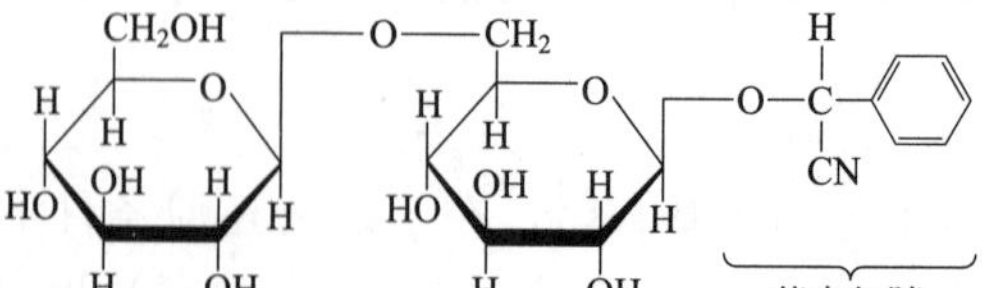

β-D(+)-葡萄糖　　　　　β-D(+)-葡萄糖　　　苦杏仁腈

龙胆二糖

式中的苦杏仁腈部分，由苯甲醛和 HCN 加成。苦杏仁苷有明显的止咳平喘效果，但因氰基有毒，所以银杏、杏仁等不宜多吃。

5. 莫利施（Molish）反应

葡萄糖遇 α-萘酚的乙醇溶液、浓硫酸后，溶液界面会出现紫色环，可用于鉴别所有的糖类化合物（莫利施反应）。

6. 酯化反应

葡萄糖分子中的羟基可以和一些酸作用生成酯。

糖的酯化反应通常是在碱催化作用下用酰氯或酸酐完成的。分子中的所有羟基都可以被酯化，如吡喃型葡萄糖在吡啶溶液中与乙酸酐反应生成葡萄糖五乙酸酯。

生物体内在高能磷酸化合物和 ATP 作用下，葡萄糖可以磷酸化生成各种磷酸酯，如 1-磷酸葡萄糖、2-磷酸葡萄糖等，它们是生物体新陈代谢的重要中间产物。

7. 甲基化反应

在甲基亚磺酰甲基钠（SMSM）存在时，用碘甲烷处理或者在碱性条件下用硫酸二甲酯处理糖类物质，可以得到它的甲醚衍生物，此反应称为糖的甲基化反应。例如 α-D-吡喃型葡萄糖甲基化生成 5-O-甲基-α-D-吡喃型葡萄糖。

四、葡萄糖的用途

葡萄糖是最普通的单糖，是自然界中存在量最多的化合物之一。在自然界中，绿色植物和光合细菌能够通过光合作用由水和环境中的二氧化碳合成葡萄糖，以获取生命所需的最初能量。葡萄糖在生物体内经过一系列分解作用后释放能量，供生命需要。同时，分解过程产生的中间产物又作为蛋白质和脂类合成的原料。因此，葡萄糖是生物体能量代谢的基础物质。"葡萄糖"这个名称的得来则是由于其最初是从葡萄汁中分离出来的。

葡萄糖以游离的形式存在于植物的浆汁中，尤其以水果和蜂蜜中的含量为多。但葡萄糖的大规模生产却不是从含葡萄糖多的天然植物中提取而来的。工业生产中主要是利用玉米和马铃薯淀粉来制取葡萄糖。在 100℃ 下玉米和马铃薯中的淀粉发生酸水解反应，生成葡萄糖的水溶液，经浓缩后便可得到葡萄糖晶体。现在酸水解方法已经很少采用了，几乎都采用酶水解的方法生产葡萄糖，即在淀粉糖化酶的作用下，使玉米和马铃薯中的淀粉发生水解反应，可得到含量为 90% 的葡萄糖水溶液，浓缩后即成葡萄糖晶体。

葡萄糖是重要的工业原料，它的甜味约为蔗糖的 3/4，主要用于食品工业，如用于生产面包、糖果、糕点、饮料等。在医疗上，葡萄糖被大量用于病人输液。葡萄糖被氧化时，能生成葡萄糖酸，而葡萄糖酸钙是能有效提供钙离子的药物；葡萄糖被还原时，可生成正己六醇，它是合成维生素 C 的原料。

葡萄糖是生命活动中不可缺少的物质，它直接参与机体的新陈代谢。在消化道中，葡萄糖比任何其他单糖都容易被吸收，被吸收后的葡萄糖随血液循环输送到各个组织，再经过特定载体进入细胞被分解利用。人体摄取的其他糖类必须先转化为葡萄糖之后，才能被人体组织吸收利用。

五、其他糖类

糖类是多羟基醛或酮及水解后能生成多羟基醛或酮的化合物的统称，是与蛋白质、脂肪并列的生命三大基础物质之一，在自然界中含量较为丰富。自然界中除了单糖外还有寡糖和多糖等糖类物质。

1. 寡糖

寡糖也叫低聚糖，由 2～10 个相同或不同的单糖分子缩合而成，水解时可得到相应数目的单糖。寡糖和单糖都溶于水，多数具有甜味。其中，二糖是最重要的寡糖。

二糖也称双糖，可以看作是由两分子单糖以苷键结合形成的化合物，是寡糖中最简单的一类，二糖根据不同的失水方式可分为非还原性二糖和还原性二糖。

非还原性二糖是由两个单糖分子的半缩醛羟基失水缩合而成的。这种方式形成的二糖分子内没有苷羟基，不能再转变成开链式，没有变旋光现象，不能与 Tollens 试剂和 Feiling 试剂反应，也不能与苯肼反应。

蔗糖是最常见的非还原性二糖，它由一分子葡萄糖和一分子果糖失水缩合而成，结构式如下：

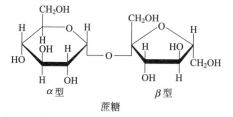

α 型   β 型

蔗糖

97. 寡糖的识用

纯净蔗糖为无色晶体，易溶于水，难溶于乙醇，具有右旋光性，比旋光度为 $+66.5°$，熔点 186℃，加热（200℃）呈褐色焦糖。蔗糖分子中没有半缩醛羟基，故没有还原性，为非还原性二糖。

所有光合植物体内均有蔗糖存在，甜菜和甘蔗中含量最高，故又称为甜菜糖。动物不能合成蔗糖，也不能在体内储存蔗糖。蔗糖不属于功能性寡糖。

还原性二糖是一个单糖的半缩醛羟基与另一个单糖的非半缩醛羟基形成糖苷键失水缩合而成的，其分子中仍有一个游离的半缩醛羟基，因而具有还原性。在水溶液中能再转变成开链式，具有变旋光现象，也可以还原 Tollens 试剂和 Feiling 试剂，还能与苯肼反应。

乳糖、麦芽糖和纤维二糖等是最常见的还原性二糖。

（1）乳糖   乳糖由一分子 β-D-半乳糖和一分子 D-葡萄糖以 β-1,4-糖苷键缩合而成，结构式如下：

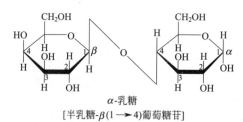

α-乳糖

[半乳糖-β(1→4)葡萄糖苷]

绝大部分哺乳动物乳汁中糖的主要成分是乳糖，个别是葡萄糖，不同动物种类的含量也不相同（大约为 0～7%）。

乳糖不易溶解，甜度较低（是蔗糖的 1/5），呈右旋光性（比旋光度为 $+55.4°$）。乳糖有 α-乳糖和 β-乳糖两种异构体，乳汁中的乳糖为 α、β 两型的混合物，而晶体乳糖一般为 α 型，两种异构体在水溶液中可以相互转变。

（2）麦芽糖   麦芽糖大量存在于萌发的谷粒，特别是麦芽中，是饴糖的主要成分。麦芽糖是由两分子 α-D-葡萄糖通过 α-1,4-糖苷键连接形成的双糖，分子式为 $C_{12}H_{22}O_{11}$，结构式如下：

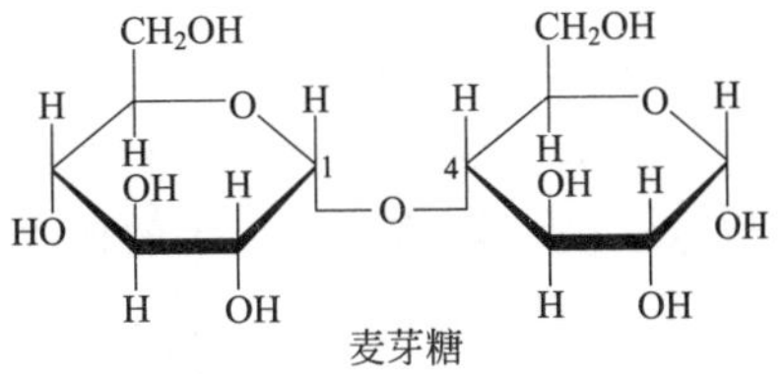

麦芽糖

麦芽糖由于分子中含有游离的半缩醛羟基而具有还原性，是一种还原性二糖。其易溶于水，具有右旋光性，比旋光度为 $+136°$。麦芽糖的甜味只有蔗糖的 $30\% \sim 40\%$，营养价值与蔗糖相同。因其易被酵母发酵，而在啤酒发酵过程中作为碳源物质使用。工业上常用酶解淀粉的方法生产麦芽糖。

若两分子 α-D-葡萄糖通过 α-1,6-糖苷键缩合失水，则生成异麦芽糖。自然界中，异麦芽糖基本上不以游离形式存在，而广泛存在于支链淀粉和糖原中。

（3）纤维二糖 纤维二糖是纤维素部分水解的产物，无色晶体，具有右旋光性，熔点 225℃。其分子式与麦芽糖相同，也是 $C_{12}H_{22}O_{11}$，结构式如下：

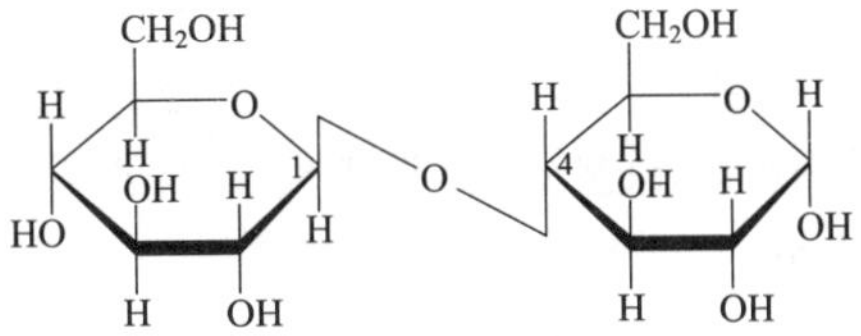

纤维二糖
[葡萄糖-β(1 → 4)葡萄糖]

纤维二糖与麦芽糖一样，也可水解生成两分子 D-葡萄糖，两分子 D-葡萄糖也以 1,4-糖苷键连接，两者的区别仅在于成苷部分葡萄糖中的半缩醛羟基的构型不同，一个是 α 型，另一个是 β 型。纤维二糖分子中有半缩醛羟基，也具有还原性。与有甜味的麦芽糖不同，纤维二糖是没有甜味的，同时也不能在人体内被酶水解消化。

2. 多糖

多糖是由 10 个以上单糖通过糖苷键相互连接而成的、分子量较大的高分子化合物，又称为多聚糖，其水解的最终产物是单糖。多糖广泛存在于生物体内，90% 以上的糖类在自然界中是以多糖形式存在的。多糖是生命体构成的主要成分，例如纤维素、半纤维素是植物器官的结构多糖，葡聚糖、果聚糖是低等植物的储存多糖，淀粉、菊粉等是主要的高等植物的储存多糖，而

98. 多糖的
识用

糖原则是动物的主要能量储藏物质。同时，多糖在调整细胞生长、维持新陈代谢以及调控细胞周期和信息传导过程中具有重要的生理功能。20 世纪 50 年代末，人们发现真菌多糖具有抗肿瘤活性，自此之后，多糖越来越受到药物资源开发和利用的重视。多糖的生理学活性和它的纯度以及化学结构之间有直接的联系。

多糖根据其自身的来源和特征有多种分类方法：

依据糖基单体的组成不同，多糖分为均质多糖（同多糖）和非均质多糖（杂多糖）。其中由同一种单糖缩合而成的多糖称为均质多糖（同多糖），例如纤维素、淀粉和木聚糖等。由多种不同的单糖缩合而成的多糖称为非均质多糖（杂多糖），例如透明质酸。

依据来源不同，多糖分为植物多糖、动物多糖和微生物多糖三类。

依据多糖在生物细胞中的分泌部位不同，可将多糖分为胞内多糖、胞外多糖和细胞壁多糖。其中，胞外多糖是一类主要的由微生物生成的多糖，因其易于菌体分离而成为工业化生产的主要类别。

多糖性质与单糖有较大的不同。多糖大部分为无定形粉末，无甜味，无一定熔点，多数

也不溶于水，个别能与水形成胶体溶液，基本上没有还原性。

淀粉、纤维素和糖原是动植物体内常见的多糖。

（1）淀粉　淀粉是高等植物细胞内的储存多糖，是光合作用的产物，在植物的种子、块茎和块根中含量特别高，其中以米、麦、红薯和土豆等农作物中的含量最丰富。

淀粉是一种无味、白色、无定形固体，不溶于有机溶剂，没有还原性。D-葡萄糖以α-1,4-糖苷键和α-1,6-糖苷键连接成的多聚体即为淀粉，分子通式为 $(C_6H_{10}O_5)_nC_6H_{12}O_6$。天然淀粉因葡萄糖分子之间的连接方式不同有两种类型，即直链淀粉与支链淀粉。

直链淀粉是由α-D-葡萄糖通过α-1,4-糖苷键连接而成的链状高分子化合物，约占总淀粉量的 $20\%\sim30\%$。其结构式如下：

链端 α-1,4-糖苷键   链尾
直链淀粉

直链淀粉的结构并不是几何概念上的直线形，而是没有支链的链状分子，其在空间上形成有序的螺旋结构，靠氢键维持其稳定性。当遇碘时，碘分子可以进入螺旋结构的中心，使淀粉变为蓝紫色，如图 6-5 所示。

图 6-5　淀粉-碘复合物结构示意图

直链淀粉的螺旋结构具有较好的吸附性，除了可以吸附碘外，还可以吸附脂质和有机极性分子。这种螺旋结构似紧密堆积的线圈，不利于水分子接近，故直链淀粉难溶于水。

支链淀粉是许多淀粉的主要成分，D-葡萄糖通过α-1,4-糖苷键连接成支链淀粉的主链，通过α-1,6-糖苷键形成分支侧链，约相隔 $20\sim25$ 个葡萄糖单位出现一个分支，其结构式如下：

α-1,6-糖苷键

支链淀粉

支链淀粉分子量要比直链淀粉大得多，其分子中各个分支也卷曲成螺旋状，其结构示意如图 6-6 所示。

直链淀粉与支链淀粉在理化性质方面有着显著的差别。支链淀粉与直链淀粉相比，不但含有更多的葡萄糖单位，而且具有高度分支，不像直链淀粉那样结构紧密，所以有利于水分

子的接近，易溶于水。支链淀粉遇碘呈紫红色，直链淀粉遇碘呈蓝紫色，以此反应可以区别直链淀粉与支链淀粉。

利用物理、化学和生物学的方法使淀粉的性质发生改变，形成的产物为变性淀粉，变性淀粉的颗粒结构和分子结构的变化导致其物理性能也发生了一系列变化。因此，变性淀粉的应用领域更加广泛。通过各种变性手段，不仅使淀粉的用途增加，还提高了相关产品的质量和加工性能。例如：麦芽糊精

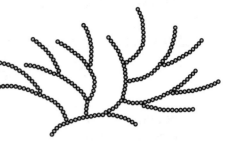

图 6-6　支链淀粉结构示意图

在饮料加工中作为配料，可以提高产品的溶解性，降低黏稠度；在糖果生产中，麦芽糊精可以增加糖果韧性，降低甜度。预糊化淀粉在饲料加工中主要作为黏结剂，以增大饲料颗粒光滑度；作为纺织上浆剂，预糊化淀粉能在线纱表面形成浆膜保护层，增加浆膜的耐磨性和抗拉性。酸解淀粉在造纸工业中作为表面施胶，可以改善纸张的强度和着墨性能；在建筑业中，酸解淀粉可用来生产无灰浆墙壁的石膏板。将深度氧化的淀粉加入洗涤剂中，能够提高污物的悬浮性，改善洗涤效果。双醛淀粉能够吸附氮，可减轻尿毒症患者的病情；因其不能分解，故也可作为糖尿病患者的低糖品使用。酯化淀粉是面类制品的重要品质改良剂。羧甲基淀粉是食品加工业里的一种极好的稳定剂和增稠剂；在制药业中，它可以作为片剂的崩解剂使用。

（2）纤维素　纤维素是自然界中最丰富的多糖化合物，是植物的结构多糖，通过植物光合作用合成。纤维素主要来源于棉花、麻、木材和植物的根茎，如麦秆、稻草和甘蔗渣等。作为一种可再生资源，纤维素已经广泛应用到现代工业中。

纤维素是由 β-D-葡萄糖单位经 β-1,4-糖苷键连接而成的长链分子，一般无分支链，葡萄糖残基的数目为 3000～15000。经过水解反应，纤维素基本上被完全水解为葡萄糖，葡萄糖残基在连接时需要反转 180°，因此纤维素的基本单位是纤维二糖，而不是葡萄糖。纤维素的分子链结构如下：

β-1,4-糖苷键
纤维素

纯净的纤维素是白色、无臭、无味的固体，性质稳定，在水中不溶解，但因分子中含大量羟基而溶胀，不溶于乙醇、乙醚等有机溶剂。在一定条件下，某些酸可使纤维素溶解，如65%的浓硫酸、35%～44%的浓盐酸、73%～83%的浓磷酸可以溶解纤维素，碱溶液和盐溶液也可以溶解纤维素，但它们的分解能力有限，锌酸钠可以提高碱溶液的溶解能力。配合物类溶剂也是工业上常用的一类纤维素溶剂。另外，在人体内，消化道分泌出的淀粉酶不能水解纤维素，人体不能以纤维素作为营养物质。近年来发现，纤维素是一类非常重要的膳食成分，它能促进肠道蠕动，减少胆固醇的吸收，降低血清胆固醇的含量，加快粪便排出，缩短有毒有害物质在体内的停留时间，减少对肠道的有害刺激，因此被称为人类的第七大营养要素。

纤维素分子因含有大量强氢键而不可溶，这对纤维素的开发利用极为不利，如果用化学反应对其羟基进行转变（酯化或醚化）获得纤维素的酯或醚，就可以使纤维素的性质和加工

性能得到比较显著的改变，从而生产出具有新的性质、新的价值的产品。到目前为止，纤维素的利用量和自然产量相差很远，溶解问题是其应用最大的一个障碍。因此，纤维素溶解问题一直是国内外纤维化学家的研究重点。

习　题

一、名词解释

糖　构型　构象　单糖　寡糖　多糖　糖脎　成苷反应　糖的甲基化

二、填空题

1. 糖类是_____及水生成的多羟基醛或酮的化合物的统称。

2. 双糖是由两分子单糖以_____结合形成的化合物，是寡糖中最简单的一类。

3. 蔗糖是最常见的非还原性二糖，它由一分子_____和一分子_____失水缩合而成。

4. 乳糖由一分子 β-D-半乳糖和一分子 D-葡萄糖以_____缩合而成，因分子中具有_____而具有还原性。

5. 麦芽糖是由两分子 α-D-葡萄糖通过_____连接形成的双糖。

6. 直链淀粉是由 D-葡萄糖通过_____连接而成的链状高分子化合物；支链淀粉中 D-葡萄糖通过_____连接成支链淀粉主链，通过_____形成分支侧链；纤维素则是由 D-葡萄糖单位经_____连接而成的长链分子，一般无分支链。

三、判断题

1. 糖类是由碳、氢、氧三种主要元素构成的一类多羟基醛、多羟基酮或其衍生物和聚合物。
（　　）

2. 葡萄糖和蔗糖是常见的寡糖。（　　）

3. 纤维素是人体主要的能源之一。（　　）

4. 葡萄糖因分子中含有游离醛基而具有还原性。（　　）

5. 葡萄糖和果糖是同分异构体。（　　）

6. 单糖结构由开链转变成环状后 C1 成为新的不对称碳原子，而 C1 上的—OH 方向不同，从而形成不同的对映体。（　　）

7. 吡喃型葡萄糖通常是以椅、船式构象存在的。（　　）

8. 葡萄糖是还原性糖，可与苯肼作用生成含有苯腙基的衍生物。（　　）

9. 由于葡萄糖结构中含有不饱和羰基基团，在一定的还原条件下，可以被 H_2/Ni 还原成糖醇。（　　）

10. 果糖是左旋性的，因此它属于 L 构型。（　　）

四、写出葡萄糖与下列试剂反应的主产物。

(1) Tollens 试剂；(2) 溴水；(3) 稀硝酸（热）；(4) 乙酸酐（吡啶溶液）；(5) 葡萄糖脱氢酶；(6) $NaBH_4$（实验室）；(7) 过量苯肼；(8) 甲醇（干燥 HCl）。

任务二　葡萄糖旋光度和折射率的测定

 任务引领

旋光仪是测量物质旋光度的仪器，通过对样品旋光度的测定可以分析样品的浓度、含量和纯度等。葡萄糖分子结构中因含有不对称碳原子而具有旋光活性，许多食品因含有单糖、

低聚糖、淀粉和氨基酸等旋光活性物质而具有旋光性。因此，旋光法可用于糖品、味精及氨基酸等的分析。

每一种均一的物质都有固定的折射率，而对于同一种样品溶液而言，其浓度与折射率的大小成正比。通过测定折射率可以确定糖液的浓度及饮料、糖水罐头等食品的糖度，还可以测定以糖为主要成分的果汁、蜂蜜等食品中的可溶性固形物的含量。

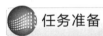

1. 什么是不对称碳原子？
2. 什么是旋光度？旋光度的测定和哪些因素有关？
3. 物质的比旋光度有什么意义？
4. 如何测定样品的旋光度？
5. 折射率与溶液的浓度有何关系？

早在 19 世纪就发现许多天然有机化合物，如樟脑、酒石酸等的晶体具有旋光性，而且即使溶解成溶液后仍具有旋光性，这说明它们的旋光性不仅与晶体有关，而且与分子结构有关。

1874 年随着碳原子四面体学说的提出，Van't Hoff 指出，如果一个碳原子上连有 4 个不同基团，这 4 个基团在碳原子周围可以有两种不同的排列形式，即两种不同的四面体空间构型，它们互为镜像，和左右手之间的关系一样，外形相似但不能重合，这样的碳原子称为不对称碳原子，又称为手性碳原子，而具有手性碳原子结构的分子则都具有旋光性。

一、手性分子

1. 不对称碳原子

在化合物分子结构中，饱和碳原子与 4 个不同的原子或基团相连，这样的碳原子称为不对称碳原子，通常用"＊"号标出，例如：

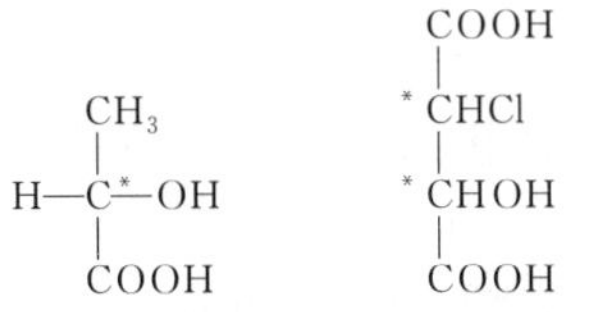

$$
\begin{array}{cc}
& \text{COOH} \\
\text{CH}_3 & {}^*\text{CHCl} \\
\text{H}-\overset{|}{\underset{|}{\text{C}}}{}^*\text{—OH} & {}^*\text{CHOH} \\
\text{COOH} & \text{COOH} \\
\text{乳酸} & \text{氯代苹果酸}
\end{array}
$$

2. 手性和手性分子

含有不对称碳原子的物质的分子具有两种不同的四面体空间构型，它们互为镜像不能重合，如同我们的左手和右手一样，物质的这种特征称为手性，具有手性的分子称为手性分子。分子在结构上不具有对称面、对称中心或对称轴，这个物质就具有手性，它与其镜像互为对映异构体。对映异构体都有旋光性，其中一个是左旋，另一个是右旋。所以，对映异构体又称为旋光异构体。

葡萄糖是含五羟基的己醛，含有 4 个手性碳原子，旋光异构体数目为 $N=2^4=16$。

旋光异构体之间的理化性质一般都相同，比旋光度的数值相等，但旋光方向相反。在手性环境条件下，对映异构体会表现出某些不同的性质，如反应速率有差异，生理作用不相同等。（＋）葡萄糖在动物代谢中能起到独特的作用，具有营养价值，但其对映异构体（－）葡萄糖则不能被动物代谢；氯霉素是左旋的，有抗菌作用，其对映异构体则无疗效。

99. 手性分子

100. 乳酸的手性

二、旋光法的原理

1. 自然光与偏振光

光波是一种电磁波，波长为 380～780nm，在普通光线里，光波可在垂直于它前进方向的任何平面上振动，这种光即为自然光，自然光有无数个与前进方向垂直的振动面。

尼科尔（Nicol）棱镜好像一个栅栏，只允许与棱镜晶轴相互平行的平面上振动的光线透过。这种通过尼科尔棱镜的光线只有一个与其前进方向垂直的振动面，这种光叫作平面偏振光，简称偏振光。

偏振片和尼科尔（Nicol）棱镜的使用，可以将自然光转变为偏振光。

2. 旋光性和旋光度

若使偏振光透过具有手性分子的物质（如葡萄糖、乳酸等），则偏振光的振动平面会旋转一定的角度，这种能使偏振光振动平面旋转的性质称为物质的旋光性。具有旋光性的物质称为旋光活性物质，能够使偏振光振动平面向右旋转的物质具有右旋性，称为右旋体；反之，则称为左旋体。旋光物质使偏振光振动平面旋转的角度称为旋光度，通常用 α 表示。物质的旋光度是它的一个物理常数，其大小与温度、入射光波长、物质的浓度和液层厚度有关。在温度和波长等条件一定时，物质旋光度的大小与物质的浓度和液层厚度成正比关系。

3. 比旋光度

物质的旋光性，一般用比旋光度 $[\alpha]_{\lambda}^{t}$ 表示，在一定的波长和温度下，比旋光度 $[\alpha]_{\lambda}^{t}$ 可以用下列关系式表示：

纯液体的比旋光度：$[\alpha]_{\lambda}^{t}=\alpha/(Ld)$

溶液的比旋光度：$[\alpha]_{\lambda}^{t}=\alpha/(Lc)$

式中，α 为旋光度，即旋光仪的读数，（°）；t 为测定温度，℃；λ 为测定光波长，一般采用钠光（589.3nm，用 D 表示），nm；d 为密度，g/cm^3；L 为液层厚度，dm；c 为质量浓度（100mL 溶液中所含样品的质量），g/100mL。

比旋光度是物质的一个物理常数，在一定条件下为定值，其大小可以表示物质旋光性的强弱和方向。如：肌肉乳酸的比旋光度为 $[\alpha]_{D}^{20}=+0.38°$，发酵乳酸的比旋光度为 $[\alpha]_{D}^{20}=-0.38°$，葡萄糖的比旋光度为 $[\alpha]_{D}^{20}=+53°$。其中，（＋）表示右旋，（－）表示左旋。

101. 旋光度与比旋光度

通过测定旋光度，可以鉴定物质的纯度，测定溶液的浓度、密度和鉴别光学异构体。旋光度受温度、波长、溶剂、浓度、测定管长度的影响，因此在不以水为溶剂时，需注明溶剂的名称，有时还要注明测定时溶液的浓度。例如：

右旋酒石酸：$[\alpha]_{D}^{20}=+3.79°$（乙醇 5%）。

三、旋光仪

旋光仪是测量物质旋光度的仪器，广泛用于化工、食品和医药等领域。

旋光仪主要由光源、两个尼科尔棱镜和一个盛有测试样品的旋光管组成，如图 6-7 所示。

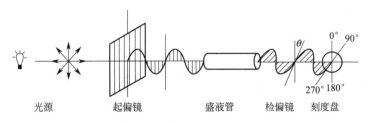

光源　　　　起偏镜　　　　盛液管　　检偏镜　刻度盘

图 6-7　旋光仪的组成

光源发出的自然光经过起偏镜（用于产生偏振光的尼科尔棱镜）变成偏振光，通过盛液管（旋光管）后，由检偏镜（一个可转动的尼科尔棱镜）检测偏振光的旋转角度和方向。若测试样品使偏振光振动平面向右旋转，则称右旋，用（＋）表示；若使偏振光振动平面向左旋转，则称左旋，用（－）表示。旋转角度为物质的旋光度，由刻度盘标尺读数得出。

如果盛液管中不放试样或样品没有旋光性，起偏镜产生的偏振光就直接射在检偏镜上，则物镜视野明亮。显然，只有当检偏镜的晶轴和起偏镜的晶轴相互平行时，偏振光才能通过。如果两个棱镜的晶轴相互垂直，则偏振光完全不能通过。在这种情况下，向盛液管中加入旋光活性物质，则经过起偏镜的偏振光振动面就会发生一定角度的旋转，此时物镜视野稍微明亮。此时若将检偏镜调整一定角度，视野复黑暗，此旋转角度即为样品的旋光度。

实际测定时先旋转检偏镜，使视野中光亮度相等，得到零点，然后加入旋光活性物质，视野中光亮度就不相等，再旋转检偏镜，使视野的亮度再变成一样，这时所得到的读数与零点之间的差就是该物质的旋光度 α。

102. 旋光仪的
结构、原理
及使用

任务三　葡萄糖旋光度的测定

一、目的要求

1. 了解旋光仪的构造和旋光度的测定原理。
2. 掌握旋光仪的使用方法。
3. 掌握比旋光度的计算方法。

二、方法原理

入射光通过起偏镜后转变为偏振光，偏振光通过样品管中的旋光活性物质时，振动平面旋转一定角度，调节附有刻度的检偏镜使偏振光通过，检偏镜所旋转的度数显示在刻度盘上，此即样品的实测旋光度 α。

旋光度的大小受被测分子的立体结构、待测溶液的浓度、偏振光通过溶液的厚度（即旋光管的长度）、温度、所用光源的波长、所用溶剂等因素的影响，这些因素在测定结果中都要表示出来。常用比旋光度来表示物质的旋光性。

三、仪器和试剂

旋光仪、洗瓶、胶头滴管、滤纸、容量瓶、分析天平、恒温槽。

蒸馏水、5%葡萄糖溶液。

四、操作步骤

1. 配制葡萄糖溶液

用分析天平精确称取纯样品 3～5g，溶解，置于 50mL 的容量瓶中定容。

溶剂常选水、乙醇、氯仿等。溶液配好后必须透明、无固体颗粒，否则需经干滤纸过滤。

由于葡萄糖溶液具有变旋光现象，所以待测葡萄糖溶液应该提前 24h 配好，以消除变旋光现象，否则测定过程中会出现读数不稳定的现象。

2. 仪器的准备

测定之前，先要将恒温槽与旋光仪连接，恒温在 20℃。

打开旋光仪电源开关，预热 5～10min，待完全发出钠黄光后方可观察使用。

3. 调零校正

在测定样品前，必须先用蒸馏水来调节旋光仪的零点。

干净盛液管装入蒸馏水润洗 3～5 次后装满蒸馏水，使液面略凸出管口，旋紧螺帽盖，左右摇动使微小气泡位于旋光管凸起部位。

擦干盛液管放入旋光仪，合上盖子。

将刻度盘调在零点左右，用目镜观察零度视场。旋动粗动，微动手轮，使视场内三分视野亮度一致，即为零点视场，记下刻度盘读数，重复调零 3～5 次，取平均值。

103. 旋光仪的校正

4. 样品的测定

把样品恒温到 20℃，快速测定旋光度，方法与调零方法相同。

每次测定之前，盛液管必须先用蒸馏水清洗 1～2 遍，再用少量待测液润洗 2～3 遍，以免受污物的影响，然后装上样品进行测定。旋动刻度盘，寻找较暗照度下亮度一致的零度视场。读数与零点值之差，即为样品在测定温度时的旋光度。记下测定时样品的温度和盛液管长度。测定完后倒出盛液管中溶液，用蒸馏水把管洗净，擦干放好。

按以上方法测定 5%葡萄糖溶液的旋光度 2～3 次，记录测定值、盛液管的长度。

5. 比旋光度的计算

$$[\alpha]_\lambda^t = \alpha/(Lc)$$

式中，α 为旋光度，即旋光仪的读数，(°)；t 为测定温度，℃；λ 为测定光波长，一般采用钠光（589.3nm，用 D 表示），nm；L 为液层厚度，dm；c 为质量浓度（100mL 溶液中所含样品的质量），g/100mL。

说明：如果测得的角度 α 既符合右旋 $+\alpha$（或 $\alpha+180°$），又符合左旋 $180°-\alpha$（或 $360°-\alpha$），为了确定其旋转方向，必须进行第二次测量。例如使盛液管长度减半或溶液浓度减半，若测得的旋转角为 $\frac{\alpha}{2}$（或 $\frac{\alpha}{2}+90°$），则为右旋；若测得的旋转角为 $90°-\frac{\alpha}{2}$（或 $180°-\frac{\alpha}{2}$），则为左旋。

6. 结束工作

测量结束后，关闭电源，清洗晾干棱镜，盛液管入盒，清理工作台，填写仪器使用记录。清洗容量瓶等玻璃仪器，放置好。

五、思考题

1. 浓度为 5% 的某旋光活性物质，用 2dm 长的盛液管测定旋光度，如果读数为 $-10°$，那么如何确定其旋光度是 $-10°$ 还是 $+170°$？

2. 为什么在样品测定前要校正旋光仪的零点？如何进行零点校正？

3. 使用旋光仪有哪些注意事项？

任务四　葡萄糖折射率的测定

一、目的要求

1. 了解阿贝折光仪的构造。
2. 掌握折射率的含义。
3. 掌握折射率的测定方法。

二、方法原理

一束光线照射在两种介质的分界面上时，一部分光线会改变传播方向，但仍在原介质中传播，这种现象叫光的反射，还有一部分光线进入第二种介质中，并改变传播方向，这种现象叫光的折射。光线折射时入射角（α）和折射角（β）的正弦之比恒等于光线在两种介质中的速度之比。光在空气中的传播速度和在另一种介质中的传播速度之比称为折射率。介质的折射率（n）就是指光在真空中的传播速度与在该介质中的传播速度之比，即光线从真空进入这种介质时的入射角与折射角的正弦之比，即 $n = \dfrac{\sin\alpha}{\sin\beta}$。

物质的折射率随入射光线波长不同而改变，也随测定温度不同而变化。所以，折射率（n）的表示需要注明所用光线波长和测定的温度，常用 n_D^t 来表示，D 表示钠光。

折光仪的浓度标度是用纯蔗糖溶液标定的，非蔗糖纯溶液因含有其他可溶性物质而对折射率有所影响，此时测定的是溶液中的可溶性固形物的浓度和含量。通常使用折光仪测定液体化合物的折射率，折光仪是利用临界角原理测定物质折射率的仪器，最常用的是阿贝折光仪、手提式折光仪、数字阿贝折光仪。

三、仪器和试剂

阿贝折光仪、洗瓶、胶头滴管、滤纸、蒸馏水、葡萄糖、分析天平、容量瓶。

四、操作步骤

1. 配制葡萄糖溶液

样品液 A：用分析天平称取纯样品 3～5g，用蒸馏水溶解，置于 50mL 的容量瓶中定容。

样品液 B：用分析天平称取纯样品 6～8g，用蒸馏水溶解，置于 50mL 的容量瓶中定容。

2. 阿贝折光仪的校正

阿贝折光仪使用前一定要校正。

通常用测定蒸馏水折射率的方法进行校正，在 20℃ 下折光仪应表示出折射率为 1.33299

或可溶性固形物为 0%。若校正时温度不是 20℃，应查出该温度下蒸馏水的折射率再进行核正。对于高刻度值部分，用具有一定折射率的标准玻璃块（仪器附件）校正。将折光仪放置在光线充足的位置，分开直角棱镜，用丝绸或擦镜纸蘸少量乙醇或丙酮轻轻擦洗上下镜面。待乙醇或丙酮挥发后，加一滴蒸馏水于下面镜面上，关闭棱镜，调节反光镜使镜内视场明亮，转动棱镜直到镜内观察到有界线或出现彩色光带。若出现彩色光带，则调节色散，使明暗界线清晰，再转动直角棱镜使界线恰巧通过十字交叉中心。记录读数与温度。重复两次测得纯水的平均折射率与纯水的标准值比较，可求得折光仪

104. 阿贝折光仪的校正与使用

的校正值，校正值一般很小，若数值太大时，整个仪器必须重新校正。纯水的标准折射率可查。

3. 葡萄糖溶液的折射率测定

仪器校正后，打开棱镜，擦干表面，用滴管将待测液体 2～3 滴均匀地滴在磨砂面棱镜上，要求液体无气泡并充满视场，关紧棱镜。调节反射镜使光线入内，转动反射镜使视场最亮。旋转棱镜旋钮，找到明暗分界视野或彩色光带，调整色散旋钮，至看到明晰的黑白分界线。再调整棱镜旋钮，使明暗分界线对准十字交叉中心，由读数镜筒读数。重复 2～3 次，记平均值为样品的折射率。

4. 结束工作

测量结束后，清洗棱镜表面。清理工作台，填写仪器使用记录。清洗容量瓶等玻璃仪器，放置好。

105. 折射率的测定

说明：对于色泽比较深暗的样品，可用反射光进行测定。折射率通常规定在 20℃测定，若温度不是 20℃，需要按实际温度校正。

五、思考题

葡萄糖的浓度和折射率之间有何关系？

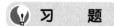
习　题

一、名词解释

偏振光　不对称碳原子　旋光性　旋光活性物质　旋光度　比旋光度　变旋光现象　折射率

二、判断题

1. 分子中含有不对称碳原子的化合物可以把偏振光的偏振面旋转一定角度。　　　（　　）

2. 在利用旋光法测定葡萄糖类食品时需要将其提前配制好。　　　　　　　　　（　　）

3. 糖的变旋现象是指糖溶液放置后，旋光方向从右旋变成左旋，或从左旋变成右旋。
　　　　　　　　　　　　　　　　　　　　　　　　　　　　　　　　　　（　　）

4. 一切有旋光性的糖都有变旋现象。　　　　　　　　　　　　　　　　　　　（　　）

5. 乳酸分子具有一个手性碳原子。　　　　　　　　　　　　　　　　　　　　（　　）

6. 旋光异构体的比旋光度的数值相等，但旋光方向相反。　　　　　　　　　　（　　）

7. 浓度为 5% 的某旋光性物质，用 2dm 长的样品管测定旋光度，如果读数为 $-10°$，则可以判定该物质的旋光度为 $-10°$。　　　　　　　　　　　　　　　　　　　　　（　　）

8. 物质的折射率与入射光线波长有关，与测定温度无关。　　　　　　　　　　（　　）

9. 溶液的折射率与该物质的浓度正相关。　　　　　　　　　　　　　　　　　（　　）

10. 测定溶液折射率过程中，旋转棱镜旋钮可消除彩色光带。　　　　　　　　（　　）

三、计算题

20g/100mL 麦芽糖标准溶液的旋光度 $[\alpha]_D^t$ 为 +26°，测定时使用的旋光管长度为 10cm，计算麦芽糖的比旋光度。某一未知麦芽糖溶液在该条件下测得的旋光度为 +19.5°，问该麦芽糖的质量浓度是多少？

任务五　葡萄糖含量的测定（蒽酮比色法）

在食品生产中，为了判断原料的成熟度，鉴别原料的品质，控制糖果等食品的质量指标，常常需要测定糖类的含量。糖类在硫酸的作用下生成糠醛酮，糠醛酮再与蒽酮作用生成一种绿色的配合物，其绿色的深浅与含糖量有关。通过可见分光光度法可以测定样品中的葡萄糖浓度和含量，从而对样品的质量进行评判。

1. 可见分光光度法的基本原理是什么？
2. 什么是吸收曲线？物质的吸收曲线有哪些特征？
3. 朗伯-比尔定律的内容是什么？
4. 什么是标准曲线？标准曲线的制作有哪些要求？
5. 标准曲线法定量分析的基本操作步骤有哪些？

不同物质的溶液呈现出不同的颜色，如 $K_2Cr_2O_7$ 溶液呈橘红色，$CuSO_4$ 溶液呈蓝色。溶液颜色的深浅与物质的浓度有关，溶液浓度越高，颜色越深；浓度越低，颜色越浅。基于物质对光的选择性吸收而建立起来的分析方法称为吸光光度法，它包括比色法和分光光度法。比色法是通过比较有色溶液颜色的深浅来确定有色物质的含量；分光光度法是通过物质对光的选择性吸收来测定组分含量，包括可见光分光光度法、紫外分光光度法、红外分光光度法等。

一、物质对光的选择性吸收

光是一种电磁波，具有波粒二象性，不同波长的光具有不同的能量：

$$E = h\nu = hc/\lambda$$

式中，h 为普朗克常数，$h = 6.626 \times 10^{-34} J \cdot s$；$\nu$ 为光的频率；c 为真空中的光速；λ 为光的波长。

由此可见，波长越短，能量越高。

仅具有单一波长的光是单色光，而复合光则是由不同波长的光所组成的，人们肉眼所见的白光（如日光等）是由红、橙、黄、绿、青、蓝、紫七种不同色光组合而成的复合光。光按照波长长短的顺序范围成谱就得到电磁波谱或光谱。光谱中，人眼只能感受到波长范围在 400~780nm 的电磁波谱，我们称为可见光。不同波长的可见光使人产生不同的视觉效果，因而看到不同的颜色。实验证明：两种色光按照一定强度比例混合就可以形成白光，这两种颜色的光称为互补光。例如绿色光和紫色光互补，黄色光和蓝色光互补等。

在光照射到某物质后，该物质的分子就有可能吸收光子的能量而发生能级跃迁，这种现象就叫作光的吸收，并不是任何一种波长的光照射到物质上都能够被物质所吸收。只有当照射光的能量与物质分子的某一能级恰好相等时，才有可能发生能级跃迁，与此能量相应的那种波长的光才能被吸收。由于分子的能级是量子化的，因此分子吸收能量同样具有量子化的特征。由于不同物质的分子的组成与结构不同，它们所具有的特征能级不同，能级差也不同，所以不同物质对不同波长的光的吸收就具有选择性。

二、物质颜色的产生

物质对不同波长光的吸收特性表现在人视觉上，所产生的反映就是颜色。物质呈现的颜色与入射光的组成和物质本身的结构有关，当光束照射到物体上时，由于不同物质对于不同波长的光的吸收程度不同而呈现不同的颜色。溶液呈现不同的颜色正是物质分子选择性地吸收了某一波长范围的光而造成的。当一束白炽光作用于某一物质时，如果该物质对可见光区各波段的光全部吸收，物质呈黑色；如果该物质对可见光区各波段的光都不吸收，即入射光全部透过，则物质呈透明无色；若物质吸收了某一波长的光，而让其余波段的光都透过，物质呈吸收光的互补光。例如：硫酸铜溶液因吸收了白光中的黄色光而呈蓝色；高锰酸钾溶液因吸收了白光中的绿色光而呈紫色。值得注意的是，如果物质分子吸收的是其他波段的光（非可见光）时，则不能用颜色来判断物质分子对光子的吸收与否。

106. 物质的颜色

三、吸收曲线

通过物质所呈现的颜色可以简单地描述物质对不同波长的可见光选择性吸收的情况，而溶液的吸收曲线则可以精细地反映溶液对光的选择性吸收特征。

依次将各种波长的单色光通过某一有色溶液，测量不同波长处有色溶液对该波长光的吸收程度（吸光度 A），以波长为横坐标，吸光度为纵坐标作图，得到一条曲线，称为该溶液的吸收曲线，也叫作吸收光谱，有色溶液的吸收曲线有以下几个特征：

（1）在可见光范围内，有色溶液对不同波长的入射光的吸收程度不同，在某一波长处有最大吸收，而对其他波长的光则吸收很少，如高锰酸钾溶液对 525nm 附近的绿色光有最大吸收。光吸收程度最大处的波长，称为最大吸收波长，常用 λ_{max} 表示。在 λ_{max} 处吸光度随浓度变化的幅度最大，测定最灵敏，最大吸收波长处的入射光常作为该物质的测定波长。吸收曲线是定量分析中选择入射光波长的重要依据。

（2）不同浓度的有色溶液的光吸收曲线形状相似，最大吸收波长不变。物质吸收曲线与物质特性有关，不同物质吸收曲线的形状和 λ_{max} 各不相同，根据这个特性可对物质进行初步的定性分析。

107. 吸收曲线

（3）浓度不同的同种物质的有色溶液，在一定波长处的吸光度随溶液的浓度增加而增加，这个特性可作为物质定量分析的基础。

四、光吸收的基本定律

1. 朗伯-比尔定律

当一束平行单色光（光强度 I_0）通过厚度为 b、均匀、浓度为 c 的溶液时，溶液吸收了光能，光的强度就减弱。溶液的浓度越大、液层越厚，则光被吸收得越多，透过溶液的光强度（即透射光的强度 I_t）越弱。

透射比 T 用来描述入射光透过溶液的程度：

$$T = \frac{I_t}{I_0}$$

溶液的吸光度 A 与光强度的关系为：

$$A = \lg \frac{I_0}{I_t}$$

因此，透射比的负对数即为吸光度：

$$A = -\lg T$$

1760 年，朗伯（Lamber）指出，当单色光通过浓度一定、均匀的吸收溶液时，该溶液对光的吸收程度与液层厚度成正比，这种关系称为朗伯定律。

1852 年，比尔（Beer）指出，当单色光通过液层厚度一定、均匀的吸收溶液时，该溶液对光的吸收程度与溶液中吸光物质的浓度成正比，这种关系称为比尔定律。

二者的结合称为朗伯-比尔定律，其数学表达式为：

$$A = Kbc$$

式中，A 为吸光度；K 为吸光系数；b 为液层厚度；c 为溶液浓度。

朗伯-比尔定律又称光吸收定律，它表示在一定条件下，当一束平行单色光垂直通过某溶液时，溶液的吸光度与吸光物质浓度及液层厚度成正比。

朗伯-比尔定律不仅适用于有色溶液，也可适用于其他均匀非散射的吸光物质（包括液体、气体和固体）。该定律应用于单色光时，既适用于可见光，也适用于红外光和紫外光，是各类吸光光度法的定量依据。

108. 朗伯-比尔定律

2. 吸光系数

吸光系数 K 表示吸光物质对某波长光的吸收本领，与吸光物质的性质、入射光波长及温度等因素有关。K 值随 b 和 c 的单位不同而不同。

当 c 的单位为 g/L，b 的单位为 cm 时，K 用 a 表示，其单位为 L/(g·cm)，a 称为质量吸收系数，这时朗伯-比尔定律关系式变为 $A = abc$。

当 c 的单位用 mol/L，b 的单位用 cm 时，K 用 κ 表示，其单位为 L/(mol·cm)，κ 称为摩尔吸收系数，此时朗伯-比尔定律关系式变为 $A = \kappa bc$。

其中，κ 与 a 的关系为 $\kappa = Ma$（M 为摩尔质量）。

摩尔吸收系数 κ 可看成是待测物质浓度 c 为 1mol/L、液层厚度为 1cm 时，在特定波长下所具有的吸光度。κ 值越大，表示有色物质对该波长光的吸收能力越强，有色物质的颜色越深，测定的灵敏度也就越高。摩尔吸收系数 κ 的大小除了与吸光物质本身的性质有关外，还与温度和波长有关。在温度和波长一定时，κ 是常数。这表明同一吸光物质在不同波长 λ 下的 κ 值不同。在这些不同的 κ 值之中，最大吸收波长 λ_{max} 下的摩尔吸收系数 κ_{max} 是一个重要的特征常数。

109. 吸收系数

它反映了该物质吸光能力可能达到的最大限度，反映了用光度法测定该物质可能达到的最大灵敏度。一般认为，如果 $\kappa_{max} \geq 10^4 \text{L/(mol·cm)}$，则用光度法测定具有较高的灵敏度；$\kappa_{max} \leq 10^3 \text{L/(mol·cm)}$ 则认为不灵敏，不宜用光度法测定。

3. 标准曲线

当入射光波长及吸收池光程一定时，吸光度与吸光物质的浓度呈线性关系，标准曲线法就是以此为依据的。配制四个以上浓度不同的待测物质的标准溶液，在同样条件下显色和测量，得到各溶液对应的吸光度。以吸光度为纵坐标，以配制的标准溶液的浓度为横坐标，绘出吸光度-浓度曲线，该曲线称为标准曲线。在相同条件下测定待测溶液的吸光度，即可通过标准曲线法求得待测溶液的浓度，这就是标准曲线法定量分析的过程。

但在实际工作中，特别是在溶液浓度较高时，常会出现标准曲线不成直线的现象，这种现象称为偏离比尔定律。引起这种偏离的因素很多，主要是：①非单色光引起的偏离；②溶液浓度过高引起的偏离；③化学反应引起的偏离。因此，在制作标准曲线的过程中，标准溶液浓度的选取十分关键，应使其吸光度在 0.2～0.8 之间。

五、分光光度计

在可见光区用于测定溶液吸光度的仪器设备称为可见分光光度计，目前，可见分光光度计的型号很多，但其组成相似，都由光源、单色器、样品吸收池、检测器和信号显示系统组成。

（1）光源　光源主要是提供测定所需的入射光，在测定所需的光谱区域内发射连续辐射。在可见光区测量时，一般用钨丝灯作光源，它能发出波长约为 320～2500nm 的连续光谱，目前不少分光光度计也采用卤钨灯代替钨丝灯。在近紫外区测定时，常采用氢灯或氘灯作为光源，产生 180～375nm 的连续光谱。

（2）单色器　单色器由入射狭缝、准光器（透镜或凹面反射镜使入射光变成平行光）、色散元件、聚焦元件和出射狭缝等几个部分组成。其核心部分是色散元件，将光源发射的复合光分成单色光。

（3）样品吸收池　样品吸收池又称比色皿，用于盛装待测溶液，完成待测物质对光的吸收，依其厚度分为 0.5cm、1cm、2cm、3cm 等。样品吸收池和相应的池架附件置于样品室内，它是单色器与信号接收器之间光路的连接部分。单色器出来的单色光全部进入被测溶液，并且从被测溶液出来的光全部进入信号接收器，因此要求样品吸收池的材质对通过的光完全透明，即不吸收或只有很少吸收，它有两个互相平行而且距离一定的透光平面，而侧面和底面是毛玻璃。样品吸收池有石英池和玻璃池两种，在可见区一般用玻璃池，紫外区必须采用石英池，其透光面是石英玻璃。因为普通玻璃吸收紫外线，千万不可混淆。

（4）检测器　检测器通常是利用光电效应将透过吸收池的光信号变成可测的电信号，常用的有光电池、光电管和光电倍增管，它们是依据光电效应原理制作的。

（5）信号显示系统　信号显示系统的作用是放大电信号并以适当的方式显示出来，用以记录。常用的信号指示装置有直流检流计、电位调零装置、数字显示及自动记录装置等。现在许多分光光度计配有微型计算机，一方面可以对仪器进行控制，另一方面可以进行数据的采集和处理。

110. 分光光度计的组成

在测定过程中，由光源发出的复合光，经过单色器后被分成一定波长的单色光，单色光照射装有待测样品溶液的吸收池后被吸收一部分便有所减弱，经过检测器后变化的光强度信号转变为可测电信号，经放大器放大后，显示出吸光度，完成测量。

习　题

一、名词解释

互补光　吸收曲线　最大吸收波长　朗伯-比尔定律　质量吸收系数　摩尔吸收系数　标准曲线

二、判断题

1. 不同物质对不同波长的光的吸收具有选择性。　　　　　　　　　　　（　　）
2. 符合比尔定律的有色溶液稀释时，其最大吸收峰的波长位置不移动，但高峰值降低。

　　　　　　　　　　　　　　　　　　　　　　　　　　　　　　　　（　　）
3. 当一束单色光通过均匀有色溶液时，有色溶液的吸光度正比于溶液的酸度。（　　）
4. 某物质的摩尔吸收系数（κ）较大，说明该物质对某波长光的吸收能力很强。（　　）
5. 在溶液浓度较高时，会出现标准曲线不成直线的现象。　　　　　　　　（　　）
6. 有甲、乙两个不同浓度的同一有色物质的溶液，在同一波长下做光度测定，当甲溶液用
1cm 比色皿，乙用 2cm 比色皿时获得的吸光度值相同，则它们的浓度关系为甲是乙的一半。

　　　　　　　　　　　　　　　　　　　　　　　　　　　　　　　　（　　）
7. 可见分光光度计的光源是钨丝灯。　　　　　　　　　　　　　　　　　（　　）
8. 墨水呈黑色状态，是因为它对白光全部透过。　　　　　　　　　　　　（　　）
9. 测定过程中，在可见区一般采用玻璃池，紫外区采用石英池。　　　　　（　　）
10. 玻璃比色皿配套性检查，以蒸馏水为试剂于 440nm 处进行测定。　　　（　　）

三、计算题

1. 已知某吸光物质的摩尔吸收系数为 1.3×10^4 L/(mol·cm)，当此物质溶液的浓度为
2.00×10^5 mol/L、液层厚度为 1.0cm 时，求 A。

2. 用蒽酮比色法测定试样中葡萄糖含量时，50.00mL 溶液中含 25.5μg 葡萄糖。在一定波长
下用 1.00cm 比色皿测得吸光度为 0.320。已知 M（葡萄糖）＝180.16g/mol。那么，葡萄糖配合
物的摩尔吸收系数[L/(mol·cm)]是多少？

3. 用蒽酮比色法测定樱桃果肉中蔗糖含量。标准溶液是由 100μg/L 蔗糖液配制的。根据下
列数据，绘制标准曲线。

标准蔗糖溶液体积 V/mL	0.0	0.2	0.4	0.6	0.8	1.0
蒸馏水体积/mL	2.0	1.8	1.6	1.4	1.2	1.0
吸光度 A	0.0	0.180	0.350	0.530	0.700	0.900

称取樱桃果肉样品（干重）0.0404g，放入大试管中，加 5mL 蒸馏水，以塑料薄膜封口，于
沸水中提取 30min，提取液滤入 25mL 容量瓶定容至刻度。吸取样品提取液 0.5mL 于大试管中，
加蒸馏水 1.5mL。于绘制标准曲线相同条件下显色和测定吸光度，测得 A＝0.346，求樱桃果肉
中蔗糖的含量（mg/g）。

任务六　溶液中葡萄糖含量的测定

一、目的要求

1. 学习分光光度计吸收池配套性检验的方法。
2. 学会正确使用可见分光光度计。
3. 学会优化分光光度分析的实验条件。
4. 学习分光光度法定量测定葡萄糖的操作方法。

二、方法原理

可见分光光度法是利用有色物质对某一单色光的吸收程度来进行定量分析的。如果待测
物质本身有较深的颜色，则可直接测定。如果待测物质无色或颜色很浅，则需要选择适当的
试剂与被测离子反应生成有色化合物后再进行测定。可见分光光度法用于测定待测样品时，

通常都需要显色操作，显色剂和显色条件的选择对测定结果的灵敏度和准确度极为重要。

蒽酮比色法是一个快速而简便的定糖方法。糖在硫酸的作用下生成糠醛酮，糠醛酮再与蒽酮作用生成一种绿色的配合物，该配合物在 620nm 处有最大吸收，其绿色的深浅与含糖量有关。

三、仪器与试剂

（1）可见分光光度计（或紫外-可见分光光度计）、玻璃比色皿、分析天平、烧杯、容量瓶、吸量管、水浴锅、大试管。

（2）蒽酮-乙酸乙酯试剂：称取 1g 蒽酮溶解于 50mL 乙酸乙酯中，为促进溶解可用温水浴微微加热，该试剂不可久储，最好用前临时配制。

（3）1‰葡萄糖标准溶液：称取分析纯葡萄糖 1.0000g，在小烧杯中加少量水溶解，移入 100mL 容量瓶中，加 0.6mL 浓硫酸，然后用蒸馏水定容至刻度，摇匀，即为含葡萄糖 1‰的标准溶液。

（4）100×10^{-6} 葡萄糖标准溶液：精确吸取 1‰葡萄糖标准溶液 1mL，移入 100mL 容量瓶中，加水至刻度，摇匀，即为 100×10^{-6} 葡萄糖标准溶液，该溶液现用现配。

（5）浓硫酸（化学纯），相对密度 1.84。

四、操作步骤

在阅读仪器说明后进行检查和测量。

1. 开机检查与预热

检查仪器，打开电源开关，开启样品室盖子，预热 20min 以上。

2. 吸收池的配套性检查

111. 玻璃比色皿的配套性使用

玻璃比色皿装入适量蒸馏水，于 440nm 处以一个吸收池为参比，调节透射比为 100%，测量其他吸收池的透射比，偏差小于 0.5%的吸收池可配成一套使用。

3. 吸收曲线的制作和测量波长的选择

吸取 100×10^{-6} 葡萄糖标准溶液配制成 0×10^{-6}、30×10^{-6} 的标准溶液。

分别吸取 0.0×10^{-6}、30.0×10^{-6} 葡萄糖标准溶液 2mL 放入试管中，每管中加入蒽酮-乙酸乙酯试剂 0.5mL；然后沿每管管壁缓缓加入 5mL 浓硫酸，先将试管轻摇一下。待乙酸乙酯水解后，再猛摇试管数次（注意勿将硫酸溅出）使液体充分混匀，立即放入沸水浴中保温 1min，取出置试管架上，冷却后倒入比色杯，以试剂空白（即 0×10^{-6} 葡萄糖溶液）为参比溶液，在 $540 \sim 660nm$，每隔 10nm 测一次吸光度，在最大吸收峰附近，每隔 5nm 测定一次吸光度。在坐标纸上，以波长 λ 为横坐标，以吸光度 A 为纵坐标，绘制 A 和 λ 关系的吸收曲线。从吸收曲线上选择测定葡萄糖的适宜波长，一般选最大吸收波长 λ_{max}。

112. 吸收曲线的绘制

4. 标准曲线的制作

吸取 100×10^{-6} 葡萄糖标准溶液配制成 0×10^{-6}、10×10^{-6}、20×10^{-6}、30×10^{-6}、40×10^{-6}、50×10^{-6} 的工作液。

分别吸取以上浓度的工作液 10mL 放于 6 个已编号的试管中，每管中加入蒽酮-乙酸乙酯试剂 2.5mL，然后沿每管管壁缓缓加入 20mL 浓硫酸，先将试管轻摇一下。待乙酸乙酯水解后，再猛摇试管数次（注意勿将硫酸溅出）使液体充分混匀，立即放入沸水浴中保温 1min，取出置试管架上，冷却后倒入比色杯，以试剂空白作参照，以 λ_{max} 为入射光在分光光度计上测定，读取吸光度。以葡萄糖浓度为横坐标，对应的吸光度为纵坐标绘制标准曲线。

5. 溶液中葡萄糖的测定

取 50mL 容量瓶数只，按样品号码编号，用 1mL 移液管吸取待测液 0.5mL 移入容量瓶，再加 9.5mL 蒸馏水、2.5mL 蒽酮-乙酸乙酯试剂，然后沿管壁缓缓加入 20mL 浓硫酸，按制作标准曲线同样操作方法显色，冷却后，以试剂空白作参照，以 λ_{max} 为入射光在分光光度计上进行测量，读出吸光度。

113. 标准曲线的绘制

6. 数据记录与处理

将实验中测得的数据填入表 6-1。

表 6-1　数据记录

容量瓶编号	1	2	3	4	5	6	7	8
标液浓度	0×10^{-6}	10×10^{-6}	20×10^{-6}	30×10^{-6}	40×10^{-6}	50×10^{-6}	样品液	样品液
吸光度								

从标准曲线上查出相应的糖浓度，计算试样中葡萄糖的质量浓度。

7. 结束工作

测量结束后，关闭电源，清洗、晾干吸收池后入盒。清理工作台，填写仪器使用记录。

清洗容量瓶等玻璃仪器，放置好。

114. 葡萄糖含量的测定

五、思考题

1. 吸收曲线与标准曲线有何区别？各有何实际意义？
2. 本实验中浓硫酸和蒽酮的作用各是什么？
3. 怎样用分光光度法测定饮料中的葡萄糖含量？试拟出简单步骤。

任务七　脂类的识用

 任务引领

脂类的性质和含量直接影响食品产品的外观、口感和营养价值，在食品的加工过程中可依据原料的类别、工艺的要求以及产品的结构等特征选择添加适量的脂类物质。食品中的脂类含量是行业主要控制指标之一。分析者若要对这一指标进行测定，就需要了解脂类物质是什么，有哪些种类和性质，在生产中有何应用。

 **任务准备**

1. 脂类的概念是什么？
2. 脂类物质有哪些种类？它们的结构怎样？
3. 油脂的结构和理化性质有哪些？
4. 脂类物质有哪些应用价值？

 相关知识

　　脂类是由脂肪酸和醇作用而成的酯及其衍生物的统称，它们不溶于水而能被乙醚、氯仿、苯等非极性有机溶剂抽提，包括脂肪（甘油三酯）和类脂（磷脂、蜡、萜类、甾族）两大类。

一、油脂

　　油脂是油和脂肪的通称，一般把常温下是液体的称作油，植物脂肪呈液态，如花生油、豆油、菜籽油、橄榄油等。而把常温下是固体的称作脂肪，如猪油、牛脂、鲸脂等。它们都是由 C、H、O 三种元素组成。油脂属于酯类化合物，是高级脂肪酸甘油酯的通称。从组成上看，甘油的三个羟基可分别与 1 个、2 个和 3 个脂肪酸酯化，生成单酰甘油、二酰甘油和三酰甘油，油脂即三酰甘油（甘油三酯）。油脂中甘油的分子比较简单，而脂肪酸的种类和长短却不相同，脂肪酸有饱和脂肪酸、单不饱和脂肪酸、多不饱和脂肪酸三大类，不同的油脂中含有的脂肪酸的种类和数量各不相同。

1. 油脂的组成和结构

　　油脂的主要成分是含有偶数个碳原子的直链高级脂肪酸和甘油生成的酯，结构式如下：

$$
\begin{array}{l}
CH_2O-\overset{\displaystyle O}{\overset{\displaystyle \|}{C}}-R^1 \\[6pt]
CHO-\overset{\displaystyle O}{\overset{\displaystyle \|}{C}}-R^2 \\[6pt]
CH_2O-\overset{\displaystyle O}{\overset{\displaystyle \|}{C}}-R^3
\end{array}
$$

　　式中，R^1、R^2、R^3 为脂肪酸的烃链，可以是饱和脂肪酸，也可以是不饱和脂肪酸。饱和脂肪酸主要存在于各种动物脂肪中，而不饱和脂肪酸主要存在于各种植物油中，绝大多数脂肪酸是含偶数碳原子的直链羧酸，从 $C_{12} \sim C_{26}$ 不等。多数脂肪酸在人体内能够合成，但亚油酸、亚麻酸和花生四烯酸等多不饱和脂肪酸在人体内不能合成，必须由食物提供，因此它们被称为必需脂肪酸，山茶油、亚麻油和橄榄油等植物油即含有大量不饱和脂肪酸。

115. 油脂的
组成和结构

　　油脂结构式中，R^1、R^2、R^3 相同时为简单甘油酯，其中两个不同或者全部不同时，为混合甘油酯。天然油脂多为混合甘油酯。

2. 油脂的性质

　　油脂中脂肪酸组分的构造决定了油脂的性质。纯净的油脂无色、无味、无臭。天然油脂中除了混合甘油酯，还含有少量游离脂肪酸、高级醇、高级烃、维生素和色素等，因而呈现出不同的颜色和气味。油脂没有确定的熔点和沸点，熔点随烃链碳原子数的增加而升高，随不饱和键的增加而降低。油脂比水轻，其相对密度在 0.9～0.95 之间，其极性很小，不溶于水，但易溶于苯、氯仿、乙醚、丙酮等极性很小的有机溶剂，利用这一特点，可从动植物组织中提取油脂，也可利用这一特点对食品中的脂类含量进行测定，索氏提取法便是测定时常用的经典方法。

　　油脂属于酯类，具有酯的性质，同时有些油脂因含有不饱和脂肪酸而具有双键的一些性质，可进行双键的加成、氧化等反应。

　　（1）水解反应　油脂在酸、碱或酶的作用下水解为甘油和脂肪酸，在氢氧化钠（或氢氧

化钾）溶液中，油脂水解产生的脂肪酸与碱结合形成脂肪酸的盐类，习惯上称为肥皂，因此把油脂在碱性溶液中的水解反应称为皂化作用。

1g油脂完全水解所需氢氧化钾的质量（mg），叫作皂化值。皂化值可反映脂肪酸的平均分子量的大小，还可用来检验油脂的纯度。脂肪的皂化值与脂肪酸分子量成反比，皂化值越高表示含有分子量低的脂肪酸越多，纯度越高。

（2）氧化反应　天然油脂长期暴露在空气中会自动发生氧化反应，发生酸臭、变苦的现象，称为油脂的酸败。即油脂中的不饱和链烃被空气中的氧所氧化，生成过氧化物，过氧化物继续分解产生低级醛、酮、羧酸，产生令人不愉快的嗅感和味感。

油脂的酸败会使其中的维生素和脂肪酸遭到破坏，失去营养价值。食用酸败的油脂对人体健康极为有害。热、光照、空气、重金属离子、微生物、水等因素，都可能加快油脂的酸败，因此不宜使用铁器或其他金属容器来储存油脂，并应选择避光、干燥处放置。

（3）加成反应　液态油中的不饱和脂肪酸含有碳碳双键，在催化剂的作用下，可发生加氢或加碘的加成反应，分别叫作油脂的氢化和碘化。

碘化反应中，根据碘的用量，可以判断油脂的不饱和程度。每100g油脂能吸收的碘的质量（g），称为油脂的碘值。碘值愈高，油脂分子中的双键愈多，表示油脂的不饱和程度愈大。

不饱和油脂经过氢化后转化为饱和油脂，由液态转变成固态，也叫油脂的硬化，硬化后的油脂便于运输。氢化后的油脂又叫氢化油或硬化油。食品工业中利用油脂硬化的原理来生产人造奶油。

油脂在人体内氧化时能够产生大量热能，是食物中能量最高的营养素。

油脂也是重要的化工原料，可用作制造肥皂、护肤品、润滑剂以及人造奶油等的原料。

二、类脂

类脂是广泛存在于生物组织中的天然大分子有机化合物，这些有机化合物都具有很长的碳链，但结构中其他部分的差异相当大，这些有机化合物化学结构与油脂有较大差异，但它们在物态及物理性质方面与油脂类似，因此叫作类脂化合物。常见的类脂化合物有蜡、磷脂、萜类和甾族化合物。

1. 蜡

蜡是指含有偶数碳原子的长链脂肪酸和高分子一元醇或固醇所形成的酯的混合物，同时还含有部分游离脂肪酸、醇及烃类等。蜡在化学结构上不同于脂肪，也不同于石蜡和人工合成的聚醚蜡，故也称为酯蜡。在室温下，蜡为固态，如工蜂蜡腺分泌的蜂蜡，鲸油中分离出的软蜡等。蜡的凝固点都比较高，约在38~90℃之间。碘值较低（1~15g/100g），说明不饱和度低于中性脂肪。蜡通常在狭义上是指脂肪酸、一价或二价的脂肪醇和熔点较高的油状物质。但在广义上，蜡通常是指植物、动物或者矿物中所产生的某种常温下为固体，加热后容易液化或者汽化，容易燃烧，不溶于水，具有一定的润滑作用的物质。

蜡的物理性质和物态都与石蜡相似，但它们的化学组成则完全不同，石蜡是含有20个碳原子以上的高级烃类的混合物，而蜡是酯，水解后可得到酸和醇。

蜡在工农业生产上具有广泛的用途。例如：在化妆品制造业中，洗浴液、口红、胭脂等许多美容用品中都含有蜂蜡；在蜡烛加工业中，以蜂蜡为主要原料可以制造各种类型的蜡烛；在医药工业中，蜂蜡可用于制造牙科铸造蜡、基托蜡、黏蜡、药丸的外壳；在食品工业中，蜂蜡可用作食品的涂料、包装和外衣等；蜂蜡还可用作农业及畜牧业中的果树接木蜡和害虫黏着剂。

2. 磷脂

磷脂是含有磷酸的复合酯，是组成生物膜的主要成分。磷脂分为甘油磷脂与鞘磷脂两大类，分别由甘油和鞘氨醇与磷酸生成。

磷酸甘油酯由甘油和磷酸生成，其中所含甘油的两个羟基和脂肪酸成酯，另一个羟基与磷酸连接酯化，继而磷酸基再连接其他醇羟基化合物的羟基，组成不同的磷脂。一般情况下，构成磷脂的两分子脂肪酸中，1分子为饱和脂肪酸，1分子为不饱和脂肪酸。

磷脂是两性脂类。甘油磷脂中的两条长的烃链构成磷脂疏水性的非极性尾部，磷酸基与醇发生酯化的部分形成磷脂亲水性的极性头部。磷脂双分子层是形成生物细胞膜的主要成分。在细胞膜内，磷脂的极性头部伸入水相，非极性尾部长链一端则在双层内部交错配合，稳定地聚集在一起，非极性物质可以透过双层内部从一个水相迁移到另一个水相。而极性物质，特别是 K^+、Na^+、Ca^+ 等则不能透过双分子层，它们要借助细胞膜上的特殊通道进出细胞。

3. 萜类

萜类化合物是指存在于自然界中，分子式为异戊二烯单位的倍数 $(C_5H_8)_n$ ($n=1$，2，…) 的烃类及其含氧衍生物，这些含氧衍生物可以是醇、醛、酮、羧酸、酯等，萜类化合物也可以看成是由异戊二烯单位首尾相连而组成的一类天然化合物。

含有2个异戊二烯单位的称单萜。含有3个异戊二烯单位的称倍半萜。含有4个异戊二烯单位的称二萜。含有6个异戊二烯单位的称三萜。萜分为开链和环状两种，例如：

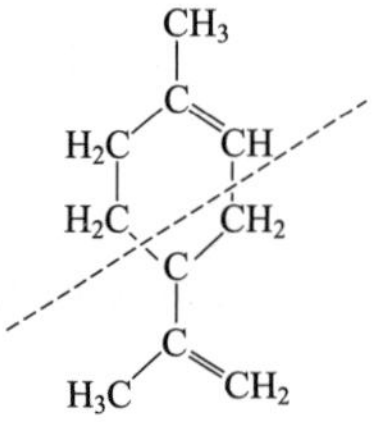

单环萜   环双萜醇
宁烯   维生素A_1

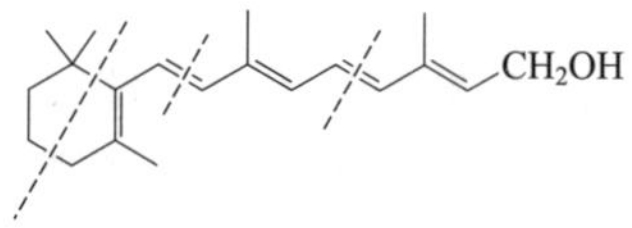

萜类化合物广泛存在于自然界中，是构成某些植物香精、树脂、色素等的主要成分，如玫瑰油、桉叶油、松脂等都含有多种萜类化合物。另外，某些动物的激素、维生素等也属于萜类化合物。萜类化合物，特别是一些含氧衍生物，由于有香气和对哺乳动物的低毒性，是主要的香料和食用香料。萜类化合物还具有一定的生理活性，如祛痰、止咳、发汗、驱虫、镇痛等。比如，广泛存在于高等植物分泌组织里的单萜类化合物，多数是挥发油中沸点较低部分的主要组成部分，而其含氧衍生物沸点较高，多数又具有较强的香气和生理活性，是医药、仪器和化妆品工业的重要原料。萜类化合物是中草药中的一类比较重要的化合物，已经发现许多化合物是中草药中的有效成分。萜类化合物还是重要的工业原料，如多萜化合物橡胶是反式链接的异戊二烯长链化合物，是汽车工业和飞机工业的重要原料。

4. 甾族化合物

甾族化合物也称类固醇化合物，属简单类脂，广泛存在于生物体内，并在生命活动中起着重要作用，如胆固醇、麦角甾醇、皮质甾醇、胆酸、维生素D、雄激素、雌激素、孕激素等均属此类。

甾族化合物的共同特点是分子中都含有一个环戊烷与氢化菲稠合的基本母核，同时含有三个支链。例如：

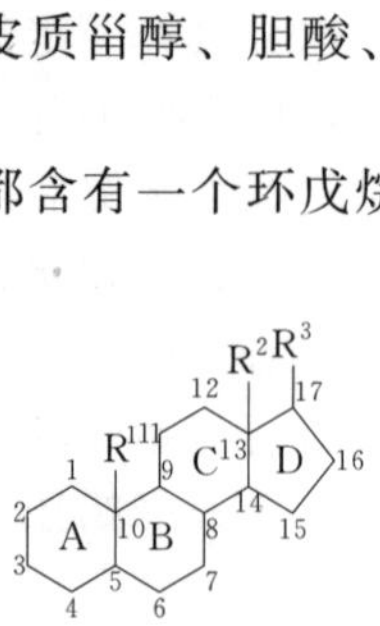

　　甾族化合物的命名多采用俗名，例如胆固醇、黄体酮等。比较重要的甾族化合物为胆固醇，又名胆甾醇。胆固醇广泛存在于动物细胞中，在脑和神经组织中含量较多，因它是从胆石中发现的固体醇而得名。胆固醇在机体的不同部位可转变成一系列具有生理活性的类固醇化合物，包括胆酸、7-脱氢胆固醇、维生素 D_3、皮质激素、雌激素、睾酮等。人体中的胆固醇一部分由动物性食物中摄取，一部分由机体细胞自行合成，从外部摄取的为外源性胆固醇，自行合成的为内源性胆固醇。胆固醇在机体内不能完全氧化，其代谢产物由肝细胞分泌至胆管中随胆汁进入肠道。

　　胆固醇为无色蜡状物，难溶于水，而易溶于乙醇、乙醚、氯仿等有机溶剂。胆固醇的冰醋酸溶液与三氯化铁及浓硫酸作用生成物为紫色，紫色的深浅与胆固醇的含量成正比。因此，在临床化验中常利用这些颜色反应来测定血清中胆固醇的含量。在人体内当胆固醇代谢发生障碍时，血液中胆固醇含量增加，这是动脉硬化的原因之一。胆结石中的胆石几乎全部是由胆固醇组成的。

习　题

一、名词解释

脂类　单酰甘油　简单甘油酯　皂化作用　皂化值　油脂的氢化和碘化　油脂的硬化

二、判断题

1. 脂类不溶于水，易溶于乙醚和氯仿。　　　　　　　　　　　　　　　　（　　）
2. 油脂属于酯类化合物，是高级脂肪酸甘油酯的通称。　　　　　　　　　（　　）
3. 不同的油脂中含有的脂肪酸的种类和数量各不相同。　　　　　　　　　（　　）
4. 亚油酸和亚麻酸在人体内能自行合成，是人体的非必需脂肪酸。　　　（　　）
5. 脂肪的皂化值与脂肪酸分子量成正比。　　　　　　　　　　　　　　　（　　）
6. 天然油脂长期暴露在空气中，会自动发生氧化反应造成油脂的酸败。　（　　）
7. 食品工业上利用油脂硬化的原理来生产人造奶油。　　　　　　　　　　（　　）
8. 蜡的物理性质和物态与石蜡相似，化学组成也相同。　　　　　　　　　（　　）
9. 甘油的两个羟基和脂肪酸成酯，另一个羟基与磷酸连接酯化组成磷脂。（　　）
10. 萜类化合物是由异戊二烯单位首尾相连而组成的一类天然化合物。　　（　　）

项目七

蛋白质和酶

项目描述

　　蛋白质是组成人体一切细胞、组织的重要成分，没有蛋白质就没有生命。机体所有重要的组成部分都需要有蛋白质的参与。蛋白质是生命的物质基础，是构成有机大分子及细胞的基本有机物，是生命活动的主要承担者。一般来说，蛋白质约占人体全部质量的 18%。

　　蛋白质是人类和其他动物的主要食物成分，高蛋白膳食是人民生活水平提高的重要标志之一。许多纯的蛋白质制剂也是有效的药物，例如胰岛素、人丙种球蛋白和一些酶制剂等。在临床检验方面，测定有关酶的活力和某些蛋白质的变化可以作为一些疾病临床诊断的指标，例如甲胎蛋白的升高可以作为早期肝癌病变的指标等。在工业生产上，某些蛋白质是食品工业及轻工业的重要原料，如羊毛和蚕丝都是蛋白质，皮革是经过处理的胶原蛋白。在制革、制药、缫丝等工业部门应用各种酶制剂后，可以提高生产效率和产品质量。蛋白质在农业、畜牧业、水产养殖业方面的重要性也是显而易见的。

　　酶是由活细胞产生的，对其底物具有高度特异性和高度催化效能的蛋白质或 RNA。酶是一类生物催化剂，生物体内含有数千种酶，它们支配着生物的新陈代谢、营养和能量转换等许多催化过程，与生命过程关系密切的反应大多是酶催化反应。

　　酶可应用于疾病诊断。正常人体内酶活性较稳定，当人体某些器官和组织受损或发生疾病后，某些酶被释放入血、尿或体液内。如急性胰腺炎时，血清和尿中淀粉酶活性显著升高；肝炎和其他原因导致肝脏受损，肝细胞坏死或通透性增强，大量转氨酶释放入血，使血清转氨酶升高等。酶可应用于临床治疗，如胰蛋白酶、糜蛋白酶等能催化蛋白质分解，已用于外科扩创，化脓伤口净化，胸、腹腔浆膜粘连的治疗等。酶在生产生活中也有广泛应用。如在酿酒工业中，酶的作用是将淀粉等通过水解、氧化等过程，最后转化为乙醇；酱油、食醋的生产也是在酶的作用下完成的。

知识目标

　　1. 掌握氨基酸的结构通式，熟悉氨基酸的重要性质。
　　2. 重点掌握蛋白质的 α-螺旋、β-折叠结构的特点和四级结构的特点。
　　3. 掌握蛋白质的胶体性质、两性电离与等电点、沉淀、变性作用和颜色反应，了解其简单的应用。

4. 了解酶的系统命名法和国际系统分类法，了解酶原及酶原激活的概念与作用。

5. 掌握酶促反应动力学中米氏方程及 K_m 的意义与应用。

6. 了解酶浓度、底物浓度、 pH 值、温度、激活剂与抑制剂对酶促反应的影响。

 能力目标

1. 能够用盐析法提取蛋白质。
2. 能够用比色法测定酶的活力。
3. 会熟练使用分光光度计。

任务一　氨基酸的识用

 任务引领

氨基酸是生物功能大分子蛋白质的基本组成单位，是构成动物营养所需蛋白质的基本物质。氨基酸工业是自 20 世纪 50 年代以来兴起的一个朝气蓬勃的新工业体系。20 世纪 60 年代初，氨基酸主要用于鲜味调料。20 世纪 60 年代后期开始用于饲料添加剂。20 世纪 70～80 年代用于营养制剂。20 世纪 90 年代以后用于医药保健、食品添加剂、日用化工、农药等。氨基酸在医药上主要用来制备复方氨基酸输液，也用作治疗药物和用于合成多肽药物。用作药物的氨基酸有 100 余种，其中包括构成蛋白质的氨基酸（有 20 种）和构成非蛋白质的氨基酸（有 100 多种）。由多种氨基酸组成的复方制剂在现代静脉营养输液以及"要素饮食"疗法中占有非常重要的地位，对维持危重病人的营养，抢救患者生命起积极作用，成为现代医疗中不可缺少的医药品种之一。

 任务准备

1. 什么是氨基酸?
2. 氨基酸的基本结构是什么?
3. 哪些氨基酸是人体必需的?
4. 氨基酸有哪些重要的理化性质?
5. 氨基酸的主要用途有哪些?

相关知识

一、氨基酸的结构

氨基酸是含有氨基和羧基的一类有机化合物的统称，广义上是指含有一个碱性氨基，也含有一个酸性羧基的有机化合物，即羧酸分子中烃基上的氢被氨基取代而生成的化合物。氨基酸是生物功能大分子蛋白质的基本组成单位，一般的氨基酸是指构成蛋白质的结构单位。氨基连在 α-碳上的为 α-氨基酸，组成蛋白质的氨基酸大部分都是 α-氨基酸（除甘氨酸外），其结构通式如下：

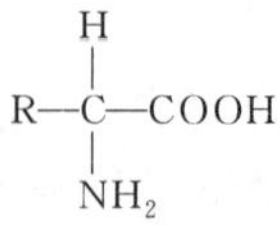

$$
\begin{array}{c}
H \\
| \\
R - C - COOH \\
| \\
NH_2
\end{array}
$$

除甘氨酸外，其他蛋白质氨基酸的 α-碳原子均为不对称碳原子（即与 α-碳原子键合的四个取代基各不相同），因此氨基酸可以有立体异构体，即可以有不同的构型。氨基酸有 D 型与 L 型两种构型，习惯上用 D/L 构型标记法。按费歇尔投影式，羧基在上方，氨基在横线右侧的是 D 型，在横线左侧的是 L 型。D/L 构型标记法区分的构型与旋光性没有必然关系。D 型与 L 型举例如下：

$$
\begin{array}{cc}
COOH & COOH \\
| & | \\
H - C - NH_2 & H_2N - C - H \\
| & | \\
R & R \\
D\text{-氨基酸} & L\text{-氨基酸}
\end{array}
$$

116. 氨基酸的结构

其中，R 基代表氨基酸的侧链部分，不同种类的氨基酸，R 基不同。尽管目前发现的氨基酸种类繁多，但在生物体内作为合成蛋白质原料的氨基酸只有 20 种。除甘氨酸外，构成蛋白质的天然氨基酸都有旋光性，而且都是 L 型的。

二、氨基酸的分类

近几年来，在氨基酸的研究开发和应用等方面取得重大进展，发现的氨基酸的种类已由 20 世纪 60 年代 50 种左右，发展到 20 世纪 80 年代的 400 种，目前已达 1000 多种。根据不同的标准，生物体内作为合成蛋白质原料的 20 种氨基酸的分类如下所示。

1. 根据侧链基团极性

非极性氨基酸（疏水氨基酸），包括丙氨酸、缬氨酸、亮氨酸、异亮氨酸、苯丙氨酸、脯氨酸、色氨酸、蛋氨酸。

极性氨基酸（亲水氨基酸），又可分为极性中性（不带电荷）氨基酸、极性碱性（带正电荷）氨基酸和极性酸性（带负电荷）氨基酸。

极性中性氨基酸，包括甘氨酸、酪氨酸、丝氨酸、半胱氨酸、天冬酰胺、谷氨酰胺和苏氨酸。

极性碱性氨基酸（氨基数目大于羧基数目），包括赖氨酸、精氨酸和组氨酸。

极性酸性氨基酸（羧基数目大于氨基数目），包括谷氨酸和天冬氨酸。

氨基酸的分类见表 7-1。

表 7-1　氨基酸的分类（根据侧链基团极性）

序号	中文名称	缩写	结构式	等电点(pI)
非极性氨基酸	丙氨酸	Ala		6.02
	缬氨酸	Val		5.96
	亮氨酸	Leu		5.98
	异亮氨酸	Ile	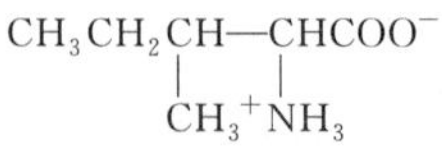 $CH_3CH_2CH-CHCOO^-$ 侧链 CH_3 和 $^+NH_3$	6.02
	苯丙氨酸	Phe	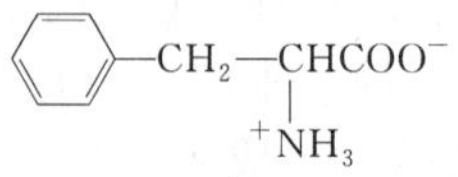 苯环$-CH_2-CHCOO^-$ 下方 $^+NH_3$	5.48

续表

序号	中文名称	缩写	结构式	等电点(pI)
非极性氨基酸	脯氨酸	Pro	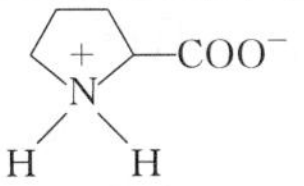 （环状结构）$\overset{+}{N}$—COO⁻ 带H H	6.30
	色氨酸	Trp	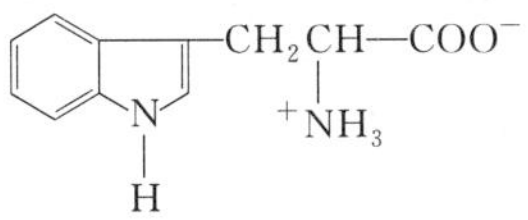 （吲哚环）CH₂CH—COO⁻，$\overset{+}{N}H_3$	5.89
	蛋氨酸	Met	$CH_3SCH_2CH_2-CHCOO^-$，$\overset{+}{N}H_3$	5.74
极性中性氨基酸	甘氨酸	Gly	CH_2-COO^-，$\overset{+}{N}H_3$	5.97
	丝氨酸	Ser	$HOCH_2-CHCOO^-$，$\overset{+}{N}H_3$	5.68
	酪氨酸	Tyr	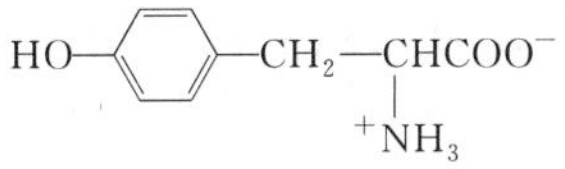 HO—（苯环）—$CH_2-CHCOO^-$，$\overset{+}{N}H_3$	5.66
	天冬酰胺	Asn	$H_2N-\overset{O}{\overset{\|}{C}}-CH_2CHCOO^-$，$\overset{+}{N}H_3$	5.41
	半胱氨酸	Cys	$HSCH_2-CHCOO^-$，$\overset{+}{N}H_3$	5.02
	谷氨酰胺	Gln	$H_2N-\overset{O}{\overset{\|}{C}}-CH_2CH_2CHCOO^-$，$\overset{+}{N}H_3$	5.65
	苏氨酸	Thr	$CH_3CH-CHCOO^-$，OH $\overset{+}{N}H_3$	6.53
极性酸性氨基酸	天冬氨酸	Asp	$HOOCCH_2CHCOO^-$，$\overset{+}{N}H_3$	2.97
	谷氨酸	Glu	$HOOCCH_2CH_2CHCOO^-$，$\overset{+}{N}H_3$	3.22
极性碱性氨基酸	赖氨酸	Lys	$\overset{+}{N}H_3CH_2CH_2CH_2CH_2CHCOO^-$，$NH_2$	9.74
	精氨酸	Arg	$H_2N-\overset{\overset{+}{N}H_2}{\overset{\|}{C}}-NHCH_2CH_2CH_2CHCOO^-$，$NH_2$	10.76
	组氨酸	His	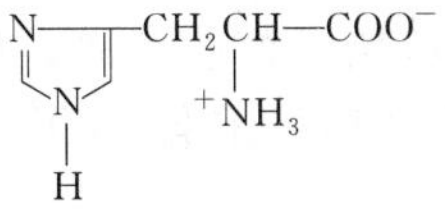 （咪唑环）$CH_2CH-COO^-$，$\overset{+}{N}H_3$	7.59

2. 根据烃基类型

脂肪族氨基酸：丙氨酸、缬氨酸、亮氨酸、异亮氨酸、蛋氨酸、天冬氨酸、谷氨酸、赖氨酸、精氨酸、甘氨酸、丝氨酸、苏氨酸、半胱氨酸、天冬酰胺、谷氨酰胺。

芳香族氨基酸：苯丙氨酸、酪氨酸。

杂环族氨基酸：组氨酸、色氨酸。

杂环亚氨基酸：脯氨酸。

117. 氨基酸的
类别

3. 根据营养学

必需氨基酸：赖氨酸、色氨酸、苯丙氨酸、蛋氨酸、苏氨酸、异亮氨酸、亮氨酸、缬氨酸。

半必需氨基酸和条件必需氨基酸：精氨酸、组氨酸。

非必需氨基酸：甘氨酸、丙氨酸。

三、氨基酸的性质

1. 物理性质

（1）外观性状　氨基酸为无色晶体，结晶形状因氨基酸的结构不同而有所差异，如 L-谷氨酸为四角柱形结晶，D-谷氨酸则为菱形片状结晶。

（2）熔点　氨基酸的熔点一般在 200℃ 以上，比一般有机化合物的熔点高很多，许多氨基酸在达到或接近熔点时会分解成胺和 CO_2 等。

（3）溶解度　绝大部分氨基酸都能溶于水，不同氨基酸在水中的溶解度差别很大，如赖氨酸、精氨酸、脯氨酸的溶解度较大，酪氨酸、半胱氨酸、组氨酸的溶解度很小。氨基酸能溶于稀酸或稀碱，但不溶于有机溶剂。通常用乙醇可以把氨基酸从其溶液中沉淀析出。

（4）味感　α-氨基酸有酸、甜、苦、鲜 4 种不同味感。谷氨酸单钠盐和甘氨酸是用量最大的鲜味调味料。其味感的种类与氨基酸的种类、立体结构有关。从立体结构上讲，一般来说，D 型氨基酸都具有甜味，其甜味强度高于相应的 L 型氨基酸。

（5）光学性质　由于手性碳原子的存在，使得氨基酸具有旋光性。氨基酸的旋光方向和旋光度大小取决于侧链 R 基团的性质，并且与测定时溶液的 pH 有关。

各种常见的氨基酸对可见光均无吸收能力，在近紫外（200～300nm）区，酪氨酸、色氨酸和苯丙氨酸具有光吸收能力，其最大吸收分别在 278nm、290nm 和 259nm 波长处。大多数蛋白质中都含有这 3 种氨基酸，尤其是酪氨酸。因此，可以利用紫外吸收特性定量检测蛋白质的含量。

2. 化学性质

（1）两性解离与等电点　所谓两性离子是指在同一个氨基酸分子中带有能放出质子的 $-NH_3^+$ 正离子和能接受质子的 $-COO^-$ 负离子。因此氨基酸是两性电解质，它可以和酸生成盐，也可以和碱生成盐。

$$R-CH-COOH \xleftarrow{H^+} R-CH-COOH \xrightarrow{OH^-} R-CH-COO^-$$
$$\overset{|}{^+NH_3} \qquad\qquad \overset{|}{NH_2} \qquad\qquad \overset{|}{NH_2}$$

大量实验证明，氨基酸在水溶液中主要以两性离子（或称兼性离子）形式存在，不带电荷的中性分子为数极少。

溶液中的氨基酸，其正负离子都能解离，但解离度与溶液的 pH 有关。在不同 pH 的溶液中，氨基酸以阳离子、偶极离子和阴离子三种形式存在，并处于动态平衡状态。表示如下：

$$\text{R—CH—COOH} \atop |\ \text{NH}_2$$

$$\underset{\underset{\text{带负电荷}}{\text{pH}>\text{p}I}}{\text{R—CH—COO}^-} \atop {|\ \text{NH}_2} \quad \overset{\text{OH}^{\ominus}}{\underset{\text{H}^{\oplus}}{\rightleftharpoons}} \quad \underset{\underset{\text{净电荷为零}}{\text{pH}=\text{p}I}}{\text{R—CH—COO}^-} \atop {|\ \text{NH}_3^+} \quad \overset{\text{H}^{\oplus}}{\underset{\text{OH}^{\ominus}}{\rightleftharpoons}} \quad \underset{\underset{\text{带正电荷}}{\text{pH}<\text{p}I}}{\text{R—CH—COOH}} \atop {|\ \text{NH}_3^+}$$

当向氨基酸溶液中加酸时，其—COO$^-$负离子接受质子，使氨基酸带正电荷，在电场中向阴极移动。加入碱时，其—NH$_3^+$正离子解离放出质子（与 OH$^-$结合成水），使氨基酸带负电荷，在电场中向阳极移动。当调节氨基酸溶液的 pH，使氨基酸分子上的—NH$_3^+$和—COO$^-$的解离度完全相等时，氨基酸所带净电荷为零，该种氨基酸刚好以偶极离子形式存在，在电场中既不向阴极移动也不向阳极移动，此时溶液的 pH 值称为该氨基酸的等电点，用符号 pI 表示。等电点是氨基酸的一种特征参数，不同的氨基酸，其等电点不同，见表 7-1。

可以通过测定氨基酸的等电点来鉴别氨基酸。中性氨基酸的等电点小于 7，一般为 5.0～6.5。酸性氨基酸的等电点为 3 左右。碱性氨基酸的等电点为 7.58～10.8。

118. 氨基酸的等电点

利用氨基酸的等电点性质，可以利用电泳技术分离氨基酸的混合物。

(2) 氨基的反应

① 与亚硝酸的反应　氨基酸中的氨基可以与亚硝酸作用，生成羟基酸和水，并放出氮气。

$$\text{R—CH—COOH} + \text{HNO}_2 \longrightarrow \text{R—CH—COOH} + \text{N}_2\uparrow + \text{H}_2\text{O} \atop {\quad\ |\ \text{NH}_2 \qquad\qquad\qquad\qquad |\ \text{OH}}$$

该反应是定量完成的，测定放出 N$_2$ 的体积便可计算出氨基酸中氨基的含量，这种方法称为范斯来克（Van Slyke）氨基测定法。

② 氨基的酰基化　氨基的氢原子可被酰基取代，生成 N-取代酰胺或 N,N-二取代酰胺。

$$\text{R}'\text{—COCl} + \text{NH}_2\text{—CH—COOH} \longrightarrow \text{R}'\text{—C—NH—CH—COOH} + \text{HCl} \atop {\qquad\qquad\qquad |\ \text{R} \qquad\qquad\qquad\quad \|\qquad\quad |\ \text{R} \atop \qquad\qquad\qquad\qquad\qquad\qquad\qquad\qquad \text{O}}$$

③ 氨基的烃基化　氨基酸与 RX 作用而烃基化成 N-烃基氨基酸。氟代二硝基苯在多肽结构分析中用作测定 N 端的试剂，也用来鉴别氨基酸。

$$\text{O}_2\text{N—}\hexagon\text{—F} + \text{NH}_2\text{—CH—COOH} \longrightarrow \text{O}_2\text{N—}\hexagon\text{—NH—CH—COOH} + \text{HF} \atop {\qquad\qquad\qquad\qquad\qquad\qquad\qquad\qquad\qquad\qquad\qquad\qquad\qquad\underset{\text{黄色}}{}}$$

④ 与甲醛的反应　甲醛能与氨基酸中的氨基作用，使氨基的碱性消失，这样就可以用碱来滴定氨基酸的羧基，从而测定氨基酸的含量，称为氨基酸的甲醛滴定法。

$$\text{R—CH—COOH} + 2\text{HCHO} \longrightarrow \underset{\text{HOH}_2\text{C—N—CH}_2\text{OH}}{\overset{\text{R—CH—COOH}}{|}} \atop {\quad\ |\ :\text{NH}_2}$$

（3）羧基的反应　氨基酸分子中的羧基具有能成盐、酯化、生成酰胺、生成酰氯、还原、脱羧的性质：

$$OH^- \longrightarrow R-\underset{\underset{NH_2}{|}}{CH}COO^- \qquad 成盐$$

$$PCl_5 \longrightarrow R-\underset{\underset{NH_2}{|}}{CH}COCl \qquad 生成酰氯$$

$$\underset{H^+}{C_6H_5CH_2OH} \longrightarrow R-\underset{\underset{NH_2}{|}}{CH}COOCH_2C_6H_5 \qquad 酯化$$

$$RCHCOOH \Big\{$$

$$R'NH_2 \longrightarrow R-\underset{\underset{NH_2}{|}}{CH}CONHR' \qquad 生成酰胺$$

$$LiAlH_4 \longrightarrow R-\underset{\underset{NH_2}{|}}{CH}CH_2OH \qquad 还原$$

$$\triangle \longrightarrow RCH_2NH_2 \qquad 脱羧$$

（4）与水合茚三酮反应　该反应是氨基酸中的氨基和羧基共同参与的反应。在弱酸性条件下，α-氨基酸与茚三酮共热，会发生氧化、脱氨脱羧等一系列复杂的反应，最后生成蓝紫色化合物，这就是茚三酮反应。脯氨酸或羟脯氨酸与茚三酮反应生成黄色化合物。该反应经常用于 α-氨基酸的定性和定量分析。反应如下：

茚三酮　　　　　　　　　水合茚三酮

此外，具有特殊 R 基的氨基酸，也能与某些试剂发生独特的颜色反应，见表 7-2。这些显色反应可作为氨基酸、多肽以及蛋白质定性和定量分析的基础。

表 7-2　鉴别具有特殊 R 基氨基酸的颜色反应

反应名称	试剂	颜色	鉴别的氨基酸
蛋白黄反应	浓硝酸	橙黄色	苯丙氨酸、酪氨酸、色氨酸
米伦反应（Millon 反应）	硝酸亚汞、硝酸汞和硝酸混合液	红色	酪氨酸
乙醛酸反应	乙醛酸和浓硫酸	两液层面处呈紫红色环	色氨酸
亚硝酰铁氰化钠反应	亚硝酰铁氰化钠溶液	红色	半胱氨酸

（5）氨基酸的热分解反应　该反应也是氨基酸中的氨基和羧基共同参与的反应。氨基酸的羧基与另一分子氨基酸的氨基失去一分子水而形成的酰胺键称为肽键。多个氨基酸以肽键（酰胺键）相连而成的化合物称多肽。

$$NH_2-\underset{\underset{R}{|}}{CH}-\overset{\overset{O}{\|}}{C}-OH + NH_2-\underset{\underset{R'}{|}}{CH}-COOH \xrightarrow{-H_2O} NH_2-\underset{\underset{R}{|}}{CH}-\boxed{\overset{\overset{O}{\|}}{C}-NH}-\underset{\underset{R'}{|}}{CH}-COOH$$

肽键

💡 **习　　题**

一、选择题

1. 下列含有两个羧基的氨基酸是（　　　）。

A. 组氨酸　　　　　　　B. 赖氨酸　　　　　　　C. 甘氨酸　　　　　　　D. 天冬氨酸

2. 在下列所有氨基酸溶液中，不引起偏振光旋转的氨基酸是（　　　）。

A. 丙氨酸　　　　　　　B. 亮氨酸　　　　　　　C. 甘氨酸　　　　　　　D. 丝氨酸

3. 天然蛋白质中含有的 20 种氨基酸的结构（　　　）。

A. 全部是 L 型　　　　　　　　　　　　　B. 全部是 D 型

C. 部分是 L 型，部分是 D 型　　　　　　D. 除甘氨酸外都是 L 型

二、判断题

1. 一氨基一羧基氨基酸的 pI 接近中性，因为—COOH 和—NH_3^+ 的解离度相等。　　（　　）

2. 生物体内只有蛋白质才含有氨基酸。　　（　　）

3. 天然氨基酸都有一个不对称 α-碳原子。　　（　　）

4. 溶液的 pH 可以影响氨基酸的等电点。　　（　　）

5. 多数氨基酸有 D 型和 L 型两种不同构型，而构型的改变涉及共价键的断裂。　　（　　）

6. 所有氨基酸都具有旋光性。　　（　　）

三、填空题

1. 氨基酸一般与茚三酮发生氧化脱羧脱氨反应生成_____色化合物，而脯氨酸与茚三酮反应生成_____色化合物。

2. 精氨酸的 pI 值为 10.76，将其溶于 pH 7 的缓冲液中，并置于电场中，则精氨酸应向电场的_____方向移动。

3. 氨基酸处于等电状态时，主要是以_____形式存在，此时它的溶解度最小。

四、简答题

1. 为什么氨基酸具有两性解离的性质？

2. 哪些氨基酸是极性氨基酸？

任务二　蛋白质的识用

任务引领

　　蛋白质是组成人体一切细胞、组织的重要成分。没有蛋白质就没有生命，它是与生命及与各种形式的生命活动紧密联系在一起的物质。机体中的每一个细胞和所有重要组成部分都有蛋白质参与。一般来说，蛋白质约占人体全部质量的 18%，最重要的还是其与生命现象有关。蛋白质类药物包括动、植物来源和应用生物技术研究开发的具有一定生物活性，用于防治和诊断人类、动物和植物疾病的蛋白质产品。其中，动物来源的包括各种血液制品、组织细胞合成分泌或组织器官提取物，如干扰素及各种蛋白质类激素、明胶、鱼精蛋白等。植物来源的如植物凝集素、天花粉蛋白、植物毒蛋白等。应用生物技术研究开发，已投放和可望近期内投放市场的医药产品包括基因工程疫苗、基因工程技术生产的蛋白质类激素、细胞因子等。1982 年美国礼来公司首先将重组胰岛素投放市场，标志着第一个重组蛋白质药物的诞生。

任务准备

　　1. 蛋白质的基本组成是什么？

　　2. 蛋白质有哪些种类？

　　3. 蛋白质有哪些重要的理化性质？

4. 蛋白质的结构分类如何？

 相关知识

一、蛋白质的分类

蛋白质的种类繁多，功能复杂，化学结构大多不清楚，因此蛋白质的分类仅能按其分子形状、组成、溶解度和功能等差异粗略划分。蛋白质的分类，对蛋白质的研究及利用有着重要的意义。

1. 根据分子形状分类

（1）球状蛋白质　球状蛋白质分子形状的长短轴比小于10。生物界多数蛋白质属球状蛋白质，一般为可溶性，有特异生物活性，如酶、免疫球蛋白等。球状蛋白质多用于合成生物活性因子，如酶、激素、免疫因子、补体等。

（2）纤维状蛋白质　纤维状蛋白质分子形状的长短轴比大于10。一般不溶于水，多为生物体组织的结构材料，是形成机体组织的物质基础，如毛发中的角蛋白、结缔组织中的胶原蛋白和弹性蛋白、蚕丝的丝心蛋白等。

2. 根据组成分类

（1）单纯蛋白质　蛋白质经过水解之后，只产生氨基酸，如清蛋白、球蛋白、组蛋白、精蛋白和植物谷蛋白等。

（2）结合蛋白质　由蛋白质和非蛋白质两部分组成，水解后还有其所含的非蛋白质分子（辅基）。根据非蛋白质部分的不同，将其分为核蛋白、糖蛋白、脂蛋白、磷蛋白、黄素蛋白、色蛋白以及金属蛋白七个小类。

3. 根据溶解度分类

（1）可溶性蛋白质　可溶性蛋白质是指可溶于水、稀中性盐和稀酸溶液，如血清蛋白质等。可溶性蛋白质是重要的渗透调节物质和营养物质，它们的增加和积累能提高细胞的保水能力，对细胞的生命物质及生物膜起到保护作用，因此经常用作筛选抗性的指标之一。

（2）醇溶性蛋白质　这是一类不溶于水而溶于70%～80%乙醇的蛋白质。醇溶性蛋白质是植物种子储存蛋白的组分之一，发现于小麦和玉米中，如小麦醇溶性蛋白质、玉米醇溶性蛋白质等。醇溶性蛋白质具有很强的耐水性、耐热性和耐脂性，广泛用于食品、医药、纺织、造纸等工业。醇溶性蛋白质经酶法还可生产生物活性肽，这些肽可用于制药。

（3）不溶性蛋白质　此类蛋白质既不溶于水、稀盐溶液，也不溶于一般有机溶剂。不溶性蛋白质包括各种弹性硬蛋白和胶原在内的，不能用水或中性盐溶液提取的各种鱼体结缔组织。

4. 根据功能分类

（1）活性蛋白质　活性蛋白质按生理作用不同，又可分为酶、激素、抗体、收缩蛋白、运输蛋白等。

（2）非活性蛋白质　非活性蛋白质是担任生物的保护或支持作用，而其本身不具有生物活性的物质。例如：储存蛋白（清蛋白、酪蛋白等）、结构蛋白（角蛋白、弹性蛋白胶原等）等。

5. 根据营养价值分类

（1）完全蛋白质　这类蛋白质的特点是含必需氨基酸的种类齐全，数量充足，比例合适。在膳食中用这类蛋白质作为唯一的蛋白质来源时，可以维持成年人健康，并可促进儿童的正常生长发育。完全蛋白质是一种高质量的蛋白质，如乳类、蛋类以及瘦肉和大豆中的蛋白质均属于这种完全蛋白质。

（2）半完全蛋白质 这类蛋白质中所含的必需氨基酸种类不够齐全，数量多少不均，比例不太合适，食用虽然对健康有益，但不够理想。如果将半完全蛋白质在膳食中作为唯一的蛋白质来源时，可以维持生命，但不能促进生长发育。属于半完全蛋白质的食物包括米、面粉、土豆、干果中的蛋白质等。

119. 蛋白质的
分类

（3）不完全蛋白质 这类蛋白质中缺少若干种必需氨基酸，更谈不上合适的比例。如果用这类蛋白质作为膳食中唯一的蛋白质来源时，既不能维持生命，更不能促进生长发育。玉米、豌豆、肉皮、蹄筋中的蛋白质均属于不完全蛋白质。

总的来说，动物性食物中的蛋白质大多数是完全蛋白质，植物性食物中的蛋白质大多数是不完全蛋白质。

二、蛋白质的性质

蛋白质是由 α-氨基酸通过肽键构成的高分子化合物，在蛋白质分子中存在着氨基和羧基，因此与氨基酸相似，蛋白质也是两性物质，同时组成肽链的氨基酸残基侧链上还含有各种功能团。蛋白质作为高分子化合物，还具有胶体、变形等大分子的特性。

1. 两性解离的性质

蛋白质多肽链中有游离的氨基和羧基等酸碱基团，具有两性。

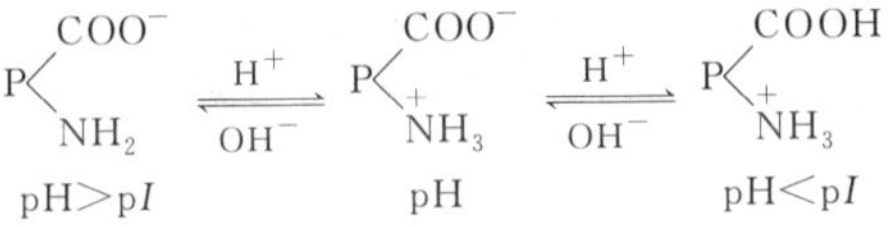

$$P\diagup\genfrac{}{}{0pt}{}{COO^-}{NH_2} \underset{OH^-}{\overset{H^+}{\rightleftharpoons}} P\diagdown\genfrac{}{}{0pt}{}{COO^-}{NH_3^+} \underset{OH^-}{\overset{H^+}{\rightleftharpoons}} P\diagdown\genfrac{}{}{0pt}{}{COOH}{NH_3^+}$$

$$pH > pI \qquad\qquad pH \qquad\qquad pH < pI$$

式中，P 代表蛋白质大分子。

蛋白质分子除两端的氨基和羧基可解离外，侧链上的某些基团在一定条件下也可解离成带负电荷或正电荷的基团。蛋白质在溶液中的带电情况主要取决于溶液的 pH 值。在等电点时，蛋白质颗粒易聚集而沉淀析出，此时蛋白质的溶解度、黏度、渗透压以及导电能力都最小。各种蛋白质都具有特定的等电点，这与其所含的氨基酸的种类和数目有关。一般来说，含酸性氨基酸较多的蛋白质，等电点偏酸；含碱性氨基酸较多的蛋白质，等电点偏碱。

当溶液 pH 值不等于等电点时，蛋白质在电场中可发生电泳现象，并且不同的蛋白质，其颗粒形状、大小不同，在溶液中带电性质和数量也不同，因此它们在电场中泳动的速率必然不同，常利用这种性质来分离提纯蛋白质。

2. 胶体性质

蛋白质的分子量很大，分子粒径在 $1\sim100nm$ 之间，容易在水中形成胶体颗粒，具有胶体性质。蛋白质颗粒表面都带电荷，在酸性溶液中带正电荷，在碱性溶液中带负电荷，由于同性电荷相斥，颗粒互相隔离而不黏合，形成稳定的胶体体系。胶体溶液具有布朗运动、丁达尔现象、电泳现象、不能透过半透膜以及具有吸附能力等特性。

在水溶液中，蛋白质形成亲水胶体（就是在胶体颗粒之外包有一层水膜）。水膜可以把各个颗粒相互隔开，所以颗粒不会凝聚成块而下沉。如果蛋白质表面的水化层和电荷层被破坏（如盐析），那么蛋白质颗粒就会聚集沉淀。

3. 沉淀反应

蛋白质的沉淀是指蛋白质分子聚集而从溶液中析出的现象，主要方法有：

（1）盐析 盐析（可逆沉淀）是指向蛋白质溶液中加入大量中性盐，从而使蛋白质溶解度降低而析出沉淀的现象。大量中性盐在溶解时争夺了蛋白质颗粒表面的水化层，在解离后又中和了蛋白质分子表面的电荷，稳定蛋白质亲水胶体的这两个因素被破坏，于是蛋白质颗粒聚集沉淀。

不同蛋白质分子大小及电荷多少不同，因此，盐析时所需的盐浓度就会不同。可利用不同的盐浓度使混合蛋白质溶液中的各组分分别沉淀，即分级沉淀分离蛋白质。该方法常用于酶、激素等具有生物活性蛋白质的分离制备，沉淀出的蛋白质不变性。

$$\text{蛋白质溶液} \xrightarrow{\text{碱金属盐或铵盐}} \underset{\text{(蛋白质)}}{\text{沉淀}} \xrightarrow{H_2O} \text{溶解}$$

（2）有机溶剂沉淀　向蛋白质溶液中加入一定量的乙醇、甲醇、丙酮等可与水互溶的有机溶剂，能够破坏蛋白质分子表面的水化层，降低溶液的介电常数，从而使蛋白质分子易于聚集沉淀。在等电点时加入有机溶剂更易使蛋白质沉淀。

不同蛋白质沉淀所需有机溶剂的浓度不同，如果分离两种以上的蛋白质混合物，可用调节有机溶剂浓度的方法分级沉淀。有机溶剂沉淀容易引起蛋白质变性，如有机溶剂浓度过高或沉淀温度过高、操作过程所用时间过长等。为尽量减少变性，宜在低温下快速进行。

（3）加热沉淀　在等电点时加热蛋白质，最易引起蛋白质沉淀，而在偏酸或偏碱时加热，蛋白质虽然变性也不易沉淀。实际操作中常利用在等电点时加热促使杂蛋白质变性沉淀（不可逆沉淀）。

（4）重金属沉淀　由于蛋白质在 pH 值大于等电点的溶液中带负离子，因此可与 Cu^{2+}、Hg^{2+}、Pb^{2+}、Ag^+ 等重金属离子结合成不溶性蛋白盐而变性沉淀（不可逆沉淀）。

（5）生物碱试剂沉淀　由于蛋白质在 pH 值小于等电点的溶液中带正离子，因此可与一些生物碱试剂（如苦味酸、磷钨酸、磷钼酸、三氯乙酸等）结合生成不溶性的盐而变性沉淀（不可逆沉淀）。如在中草药注射液中蛋白质的检查，以及血液样品分析中无蛋白质滤液的制备等，都运用了该沉淀法。

120. 蛋白质的沉淀作用

4. 变性作用

蛋白质在某些理化因素作用下，导致空间构象发生改变或破坏，从而引起其生物学活性丧失和一些理化性质改变的现象称为蛋白质的变性作用。蛋白质变性时的共价键不变，其实质是次级键和二硫键被破坏，不涉及一级结构的改变。蛋白质变性后，溶解度降低，黏度增加，生物活性丧失，易被蛋白酶水解。能使蛋白质变性的化学方法有加强酸、强碱、重金属盐、尿素、乙醇、丙酮等；能使蛋白质变性的物理方法有加热、紫外线及 X 射线照射、超声波、剧烈振荡或搅拌等。

大多数蛋白质变性时其空间结构破坏严重，不能恢复，称为不可逆变性。但有些蛋白质变性后，若除去变性因素则可恢复其活性，称为可逆变性。例如，核糖核酸酶经尿素和 β-巯基乙醇作用变性后，再透析除去，又可恢复其酶活性。

蛋白质被强碱或强酸变性后，仍能存在于强碱或强酸溶液中。若将此强碱或强酸溶液的 pH 值调至等电点，则变性蛋白质立即结成絮状的不溶物，这种现象称为蛋白质的结絮作用。结絮作用所生成的絮状物还能再溶于强碱或强酸溶液中。但如果再加热，则絮状物变为比较坚固的凝块，此凝块不易再溶解于强酸或强碱溶液中，这种现象称为蛋白质的凝固作用。鸡蛋煮熟后本来流动的蛋清变成了固体状，豆浆中加入少量氯化镁即可变成豆腐，都是蛋白质凝固的典型。蛋白质的变性与凝固常常相继发生，蛋白质变性后结构松散，长肽链状似乱麻或相互缠绕、相互穿插、扭成一团、结成一块即是蛋白质凝固的表现。

蛋白质变性具有重要的实际意义。一方面，低温保存生物活性蛋白质，避免其变性失活。如制备或保存酶、疫苗、激素和抗血清等蛋白质制剂时，必须选择合适的条件，防止其生物活性降低或丧失。另一方面，可利用变性因素消毒灭菌。常用高温、紫外线和乙醇消毒，就是促使细菌或病毒蛋白质变性而失去繁殖和致病能力。临床上急救重金属盐中毒患者，常先服用大量牛奶和蛋清，使蛋白质在消化道中与重金属盐结合成变性蛋白质，从而阻止有毒重金属离子被人体吸收。

蛋白质变性后，溶解度降低而从溶液中析出的现象称为蛋白质沉淀。变性的蛋白质容易沉淀，但沉淀的蛋白质不一定变性。

5. 加热凝固

结絮后的蛋白质仍可溶解于强酸和强碱中。如再加热则絮状物可变成比较坚固的凝块，此凝块不易再溶于强酸和强碱中，这种现象称为蛋白质的凝固作用。因此，凡凝固的蛋白质一定发生变性。

6. 显色反应

蛋白质能发生多种显色反应，可用来鉴别蛋白质。

（1）双缩脲反应　该反应用于蛋白质、多肽的定性、定量测定，也可用于蛋白质水解程度的测定。

蛋白质在碱性溶液中可与 Cu^{2+} 产生紫红色反应。碱性铜溶液称双缩脲试剂，又称肽键试剂。该反应是肽键的特征反应，颜色深浅与肽键数量成正比。反应如下：

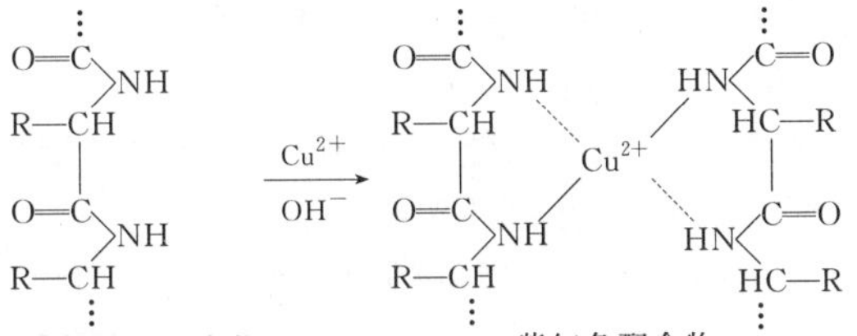

蛋白质等含肽键化合物　　　　　　紫红色配合物

（2）酚试剂反应　该反应常用于测定蛋白质浓度。在碱性条件下，蛋白质中的酪氨酸、色氨酸可与酚试剂（含磷钨酸-磷钼酸化合物）生成蓝色化合物，蓝色强度与蛋白质的浓度成正比。

（3）蛋白黄反应　蛋白质中含有苯环的氨基酸，遇浓硝酸发生硝化反应而生成黄色硝基化合物的反应称为蛋白黄反应。

（4）米勒反应　蛋白质中酪氨酸的酚基遇到硝酸汞的硝酸溶液后变红色的反应即为米勒反应。

（5）茚三酮反应　当 pH 值在 5～7 时，蛋白质与茚三酮的丙酮溶液加热可呈现蓝紫色。多肽、氨基酸及伯胺类化合物也有同样反应。

7. 蛋白质的紫外吸收特征

蛋白质分子中的酪氨酸、色氨酸、苯丙氨酸残基的侧链具有吸收紫外光的能力，最大吸收峰在 280nm 处。因此，可通过测该波长下的吸收值对蛋白质进行定量测定。

121. 蛋白质的加热凝固、显色反应及紫外吸收特征

三、蛋白质的结构

1. 蛋白质的一级结构

蛋白质的一级结构是指由氨基酸经过缩合形成的具有一定氨基酸排列顺序的肽链结构（50 个以上氨基酸）。每种蛋白质都有唯一而确定的氨基酸序列。蛋白质一级结构是理解蛋白质结构、作用机制以及与其同源蛋白质生理功能的必要基础。例如：

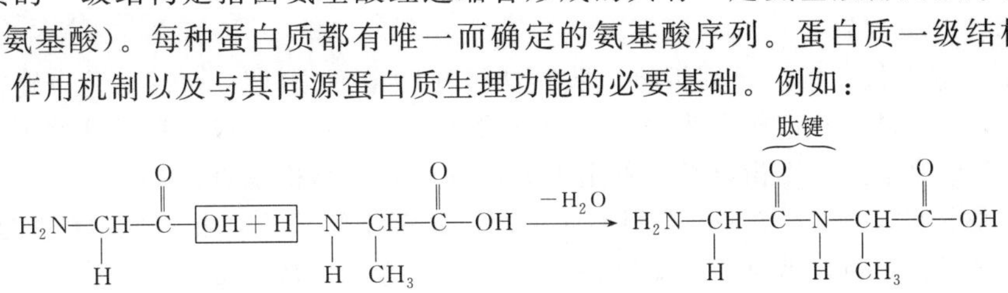

甘氨酸　　　　　　　丙氨酸　　　　　　　甘氨酰丙氨酸

一级结构中的主要化学键是肽键，有些蛋白质还有二硫键。多肽链中自由氨基的一端为氨基末端或 N 端，一般规定书写于肽链的左侧；另一端有自由羧基，称为羧基末端或 C 端，书写于肽链的右侧。

蛋白质的一级结构包括：

（1）组成蛋白质的多肽链的数目；

（2）多肽链的氨基酸顺序；

（3）多肽链内或链间二硫键的数目和位置。

2. 蛋白质的二级结构

蛋白质的二级结构是指蛋白质分子中某一段肽链的局部空间结构，反映了该段肽链主链骨架原子的相对空间位置，不包括与肽链其他区段的相互关系以及氨基酸残基侧链的构象。

蛋白质二级结构主要有 α-螺旋、β-折叠、β-转角和无规卷曲。常见的二级结构是 α-螺旋和 β-折叠。

（1）α-螺旋　α-螺旋是蛋白质中常见的一种二级结构，由蛋白质分子中多个肽单元通过氨基酸 α-碳原子的旋转，使多肽链的主链围绕假想的中心轴有规律螺旋上升，盘旋成稳定的螺旋构象，如图 7-1 所示。它具有以下特点：

① 螺旋的方向为右手螺旋　肽链围绕一个中心轴向右盘旋使螺旋上升，每圈包含 3.6 个氨基酸残基，向上平移 0.54nm，故螺距为 0.54nm。

② 相邻螺旋之间形成链内氢键　α-螺旋的每个肽键的 N 上的 H 与第四个肽单元羧基上的 O 生成氢键，氢键的方向与螺旋长轴基本平行。由于肽链中的全部肽键都可形成氢键，故 α-螺旋十分稳定。α-螺旋构象因氢键破坏而遭破坏。

③ 侧链影响　氨基酸残基的 R 侧链分布在螺旋外侧，其形状、大小及电荷等均影响 α-螺旋的形成和稳定性。

（2）β-折叠　β-折叠又称 β-片层结构，是一种相当舒展的结构，如图 7-2 所示。它具有以下特点：

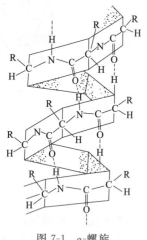

图 7-1　α-螺旋

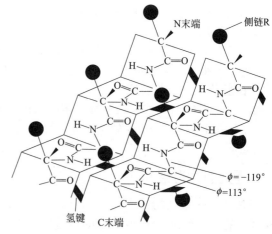

图 7-2　β-折叠

① 肽链呈锯齿状，按层排列折叠　肽链伸展使肽单元之间以 α-碳原子为旋转点，依次折叠成锯齿状。可以把它们想象为由折叠的条状纸片侧向并排而成，每条纸片可看成是一条肽链。侧链交替地排列于锯齿状结构的上下方，并与片状结构垂直。

② 相邻肽链的 C＝O 与 N—H 间形成氢键　肽链平行排列，相邻肽链的肽键相互交替形成许多氢键，氢键与长轴垂直，是维持 β-折叠结构的主要次级键。

③ 相邻肽链平行或反平行排列，反平行的更稳定　两条以上肽链或一条肽链内若干肽

段的锯齿状结构可平行排列，平行走向有同向（顺式）和反向（反式）两种，肽链的 N 端在同侧为顺式，不在同侧为反式。

④ 一个残基占 0.32nm（平行式）或 0.34nm（反平行式）。

（3）β-转角　β-转角又称为 β-弯曲、β-回折、发夹结构和 U 形转折等。蛋白质分子中，肽链常有 180°回折。在此肽链的回折角上的有规律肽键结构称为 β-转角，如图 7-3 所示。它由 4 个连续的氨基酸残基中第一个残基的 C ═O 与第 4 个残基的 N—H 形成氢键，以致主链骨架形成大约 180°返回折叠的构象。

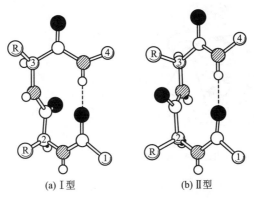

(a) Ⅰ型　　　　　　(b) Ⅱ型

图 7-3　两种最常见的 β-转角结构

（黑球为氧原子，斜线球为氮原子。Ⅰ型和Ⅱ型的差别是第 2 个和第 3 个氨基酸间的肽平面旋转了 180°）

（4）无规卷曲　此种结构为多肽链中除以上几种比较规则的构象外，其余没有确定规律性的那部分肽链的二级结构构象。

3. 蛋白质的三级结构

具有二级结构的多肽链以一定的方式进一步盘绕、折叠，形成更为复杂的有规则的空间结构，称为蛋白质的三级结构。蛋白质的三级结构反映了整条肽链中所有原子在三维空间的排列方式。大多数蛋白质都具有三级结构。

在蛋白质的三级结构中，多肽链上相互邻近的二级结构紧密联系在一起，形成一个或数个发挥生物学功能的特定区域，称为结构域。结构域是酶的活性部位或是受体与配体的结合部位，大多呈裂缝状、口袋状或洞穴状。

维系三级结构的主要化学键有氢键、离子键、疏水键和范德华力等，分布于多肽链上相应结构基团之间。其中，起主要作用的是疏水键（疏水性氨基酸的侧链 R 为疏水基团，有避开水、相互聚集而藏于蛋白质分子内部的自然趋势，这种结合力叫疏水键）。

蛋白质三级结构的特点为：

（1）含多种二级结构单元；

（2）有明显的折叠层次；

（3）为紧密的球状或椭球状实体；

（4）分子表面有一空穴（活性部位）；

（5）疏水侧链埋藏在分子内部，亲水侧链暴露在分子表面。

4. 蛋白质的四级结构

许多蛋白质分子含有两条或多条多肽链，才能全面地发挥功能。每一条多肽链都有其完整的三级结构，称为蛋白质的亚基，亚基与亚基之间呈特定的三维空间排布，并以非共价键相连接和相互作用而形成空间结构，称为蛋白质的四级结构。

在四级结构中，各个亚基间的结合力主要是疏水键，氢键和离子键也参与维持四级结构。对具有四级结构的蛋白质来说，单独的亚基一般没有生物学功能，只有完整的四级结构寡聚体才有生物学功能。血红蛋白由两个 α 亚基和两个 β 亚基组成了四聚体，两种亚基的三级结构颇为相似，且每个亚基都结合有 1 个血红素辅基，如图 7-4 所示。4 个亚基通过 8 个离子键相连，形成血红蛋白的四聚体，具有运输氧和 CO_2 的功能。

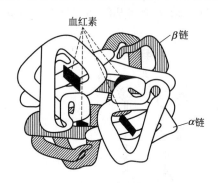

122. 蛋白质的三、四级结构

图 7-4　血红蛋白的四级结构示意图

习　题

一、选择题

1. 在寡聚蛋白质中，亚基间的立体排布、相互作用以及接触部位间的空间结构称为 （　　）。
A. 三级结构　　　　　B. 缔合现象　　　　　C. 四级结构　　　　　D. 变构现象

2. 若形成稳定的肽链空间结构，肽键中的四个原子以及和它相邻的两个 α-碳原子应处于（　　）。
A. 不断绕动状态　　　　　　　　　　B. 可以相对自由旋转
C. 同一平面　　　　　　　　　　　　D. 随不同外界环境而变化的状态

3. 维持蛋白质二级结构稳定的主要因素是 （　　）。
A. 静电作用力　　　　B. 氢键　　　　　C. 疏水键　　　　　D. 范德华力

4. 蛋白质变性是指蛋白质 （　　）。
A. 一级结构改变　　　B. 空间构象破坏　　　C. 分子量变小　　　D. 蛋白质水解

5. 当蛋白质处于等电点时，蛋白质分子的 （　　）。
A. 稳定性增加　　　B. 表面净电荷不变　　C. 表面净电荷增加　　D. 溶解度最小

6. 蛋白质一级结构与功能关系的特点是 （　　）。
A. 相同氨基酸组成的蛋白质，功能一定相同
B. 一级结构相近的蛋白质，其功能类似性越大
C. 一级结构中任何氨基酸的改变，其生物活性即消失
D. 不同生物来源的同种蛋白质，其一级结构相同

二、判断题

1. 构型的改变必须有旧的共价键破坏和新的共价键形成，而构象的改变则不发生此变化。
（　　）

2. 所有的蛋白质都具有一、二、三、四级结构。　　　　　　　　　　　　　　（　　）

3. 蛋白质分子中个别氨基酸的取代未必会引起蛋白质活性的改变。　　　　　　（　　）

4. 所有氨基酸与茚三酮的反应都产生蓝紫色的化合物。　　　　　　　　　　　（　　）

5. 在蛋白质分子中，只有一种连接氨基酸残基的共价键，即肽键。　　　　（　　）

三、填空题

1. 不同蛋白质的含＿＿＿＿量颇为相近，平均含量为＿＿＿＿％。

2. 在蛋白质分子中，一个氨基酸的 α 碳原子上的＿＿＿＿与另一个氨基酸 α 碳原子上的＿＿＿＿脱去一分子水形成的键叫＿＿＿＿，它是蛋白质分子中的基本结构键。

3. 蛋白质颗粒表面的＿＿＿＿和＿＿＿＿是蛋白质亲水胶体稳定的两个因素。

4. 通常可用紫外分光光度法测定蛋白质的含量，这是因为蛋白质分子中的＿＿＿＿、＿＿＿＿和＿＿＿＿三种氨基酸的共轭双键有紫外吸收能力。

5. 蛋白质之所以出现各种内容丰富的构象是因为＿＿＿＿键和＿＿＿＿键能有不同程度的转动。

6. Pauling 等人提出的蛋白质 α-螺旋模型，每圈螺旋包含＿＿＿＿个氨基酸残基，高度为＿＿＿＿。每个氨基酸残基沿轴上升＿＿＿＿，并沿轴旋转＿＿＿＿°。

7. 一般来说，球状蛋白质的＿＿＿＿性氨基酸侧链位于分子内部，＿＿＿＿性氨基酸侧链位于分子表面。

8. 两条相当伸展的肽链（或同一条肽链的两个伸展的片段）之间形成氢键的结构单元称＿＿＿＿。

9. 维持蛋白质构象的化学键有＿＿＿＿、＿＿＿＿、＿＿＿＿、＿＿＿＿和＿＿＿＿。

10. 蛋白质的二级结构有＿＿＿＿、＿＿＿＿、＿＿＿＿和＿＿＿＿等几种基本类型。

四、简答题

1. 什么是蛋白质的变性？变性的机制是什么？举例说明蛋白质变性在实践中的应用。

2. 什么是蛋白质的一级结构？什么是多肽链的 N 端和 C 端？

3. 什么是亚基？

4. 为什么可以用紫外吸收法测定蛋白质含量？其优点和要求有哪些？

任务三　酶功能及应用

 任务引领

在生物体内，存在着一类能推动新陈代谢，促使一切与生命有关的化学反应顺利进行的物质，这种物质就是酶。酶有一个十分庞大的家族，人体和哺乳动物体内约含有 5000 种酶。人体中的酶遍布在人的口腔、胃肠道、胰腺、肝脏、肌肉和皮肤里。酶是细胞赖以生存的基础，没有酶就没有生物体的新陈代谢，也就没有形形色色、丰富多彩的生物世界。

酶在我们日常生活中有各种各样的应用，如：①加酶洗衣粉，碱性蛋白酶类，易于洗去衣物上的血迹、奶迹等污渍；②凝乳酶，奶酪生产的凝结剂，并可用于分解蛋白质；③乳糖酶，降解乳糖为葡萄糖和半乳糖，获得没有乳糖的牛乳制品，有利于乳品的消化吸收；④淀粉酶，广泛应用于纺织品的退浆，其中细菌淀粉酶能承受 100～110℃ 的高温操作条件；⑤纤维素酶，代替沙石洗涤工艺处理制作牛仔服的棉布，提高牛仔服质量；⑥胰蛋白酶，用于促进伤口愈合和溶解血凝块，还可用于去除坏死组织，抑制污染微生物的繁殖。

酶还可用于疾病诊断。正常人体内酶活性较稳定，当人体某些器官和组织受损或发生疾病后，某些酶被释放入血、尿或体液内。如：急性胰腺炎时，血清和尿中淀粉酶活性显著升高；肝炎和其他原因导致肝脏受损，肝细胞坏死或通透性增强，大量转氨酶释放入血，使血清转氨酶升高。

任务准备

1. 什么是酶？
2. 酶有哪些作用及应用？
3. 酶的催化作用有哪些特点？
4. 酶的分子特征是什么？
5. 什么是酶原激活？

相关知识

一、酶的相关定义

酶是指由生物体内活细胞产生的一种生物催化剂，具有活性中心和特殊构象，大多数由蛋白质组成（少数为 RNA），能在机体中十分温和的条件下，高效率地催化各种生物化学反应，促进生物体的新陈代谢。

细胞新陈代谢的化学反应几乎都是在酶的催化下进行的，它们或是溶解于细胞液中，或是与各种膜结构结合在一起，或是位于细胞内其他结构的特定位置上，这些酶统称胞内酶。另外，还有一些在细胞内合成后再分泌至细胞外的酶，即胞外酶。

由酶催化的化学反应称为酶促反应，酶所作用的物质称为酶的底物，酶所具有的催化能力称为酶的活性。

酶分子中与酶活性密切相关的基团称作酶的必需基团。这些必需基团在一级结构上可能相距很远，但在空间结构上彼此靠近，组成特定空间结构的区域，它能与底物特异结合，并将底物转变为产物，这一区域称为酶的活性中心。

二、酶的命名

酶的命名通常有习惯命名法和系统命名法两种方法。

1. 习惯命名法

1961 年以前命名的酶名称都是习惯沿用的，称为习惯名。习惯命名法的原则是：

（1）根据酶作用的底物命名，如催化水解淀粉的酶叫淀粉酶，催化水解蛋白质的酶叫蛋白质酶。

（2）根据酶所催化反应的性质命名，如催化底物分子水解的酶叫水解酶，催化一种化合物上的氨基转移到另一化合物上的酶叫转氨酶。

（3）结合（1）与（2）原则命名，如催化琥珀酸脱氢反应的酶叫琥珀酸脱氢酶、碱性磷酸酶等。

（4）在底物名称前冠以酶的来源或其他特点，如血清谷氨酸-丙酮酸转氨酶、唾液淀粉酶、碱性磷酸酯酶和酸性磷酸酯酶等。

习惯命名法比较简单，应用历史较长，但缺乏系统性，有时出现一种酶有几种名称或不同的酶用同一种名称的现象。如肠激酶和肌激酶，很像来源不同而作用相似的两种酶，实际上它们的作用方式截然不同。又如铜硫解酶和乙酰辅酶 A 转酰基酶，实际上是同一种酶，但名称却完全不同。

鉴于上述情况和新发现的酶不断增加，为适应酶学发展的新情况，国际酶学委员会于 1961 年推荐了一套系统的酶命名方案和分类方法，决定每一种酶应有系统名称和习惯名称。

同时，每一种酶有一个固定编号。

2. 系统命名法

按照国际系统命名法的原则，酶的系统名称应同时标明酶的底物和酶催化反应的性质，有多种底物时应同时标明，中间用"："隔开。如谷丙转氨酶所催化的反应为：丙氨酸＋α-酮戊二酸——→丙酮酸＋谷氨酸，将其写成系统名称时，应将它的两个底物（即"丙氨酸"和"α-酮戊二酸"）同时列出，并用"："隔开，反应的性质"氨基转移"也需指出。因此，它的系统名称为"丙氨酸：α-酮戊二酸氨基转移酶"。又如草酸氧化酶，因为有草酸和氧两个底物，应用"："隔开，又因为是氧化反应，所以其系统命名为"草酸：氧氧化酶"。如有水作为底物，则水可以不写。

有时底物名称太长，为了使用方便，国际酶学学会从每种酶的习惯名称中，选定一个简便和实用的作为推荐名称，可从手册和数据库中检索。

3. 国际系统分类法及酶的编号

按照国际系统分类法，每种酶有一个特定的编号，这种系统命名原则及系统编号是相当严格的。

国际系统分类法分类的原则是：将所有的酶促反应按反应性质分为六大类，分别用1、2、3、4、5、6的编号来表示。再根据底物中被作用的基团或键的特点，将每一大类分为若干个亚类，每个亚类按顺序编号为1、2、3、4等。每一个亚类再分为若干个亚亚类，仍用1、2、3、4等编号。每个亚亚类中将酶再进行编号，顺序为1、2、3等。因此，每个酶的分类编号由四个数字组成，第一个数字指明该酶属于六个大类中的哪一类，第二个数字指明该酶属于哪一个亚类，第三个数字指明该酶属于哪一个亚亚类，第四个数字指明该酶在特定亚亚类中的排号，数字间由"."隔开。另外，编号之前往往冠以EC（国际酶学委员会缩写）。

例如，ATP：葡萄糖磷酸转移酶，它的分类编号是EC2.7.1.1，其中，EC代表按国际酶学委员会的规定命名，第一个数字"2"代表该酶属于第二大类（即转移酶类），第二个数字"7"代表该酶属于第七亚类（即磷酸转移酶类），第三个数字"1"代表该酶属于第一亚亚类（即以羟基作为受体的磷酸转移酶类），第四个数字"1"代表该酶在亚亚类中的排号。

所有新发现的酶都能按此系统得到适当的编号。这种系统命名原则及系统编号是相当严格的，一种酶只可能有一个名称和一个编号。一切新发现的酶，都能按此系统得到适当的编号。从酶的编号可了解到该酶的类型和反应性质。

123. 酶的命名

值得注意的是，即使是同一名称和EC编号，但来自不同的物种或不同的组织和细胞的同一种酶，如来自动物胰脏、麦芽等和枯草杆菌BF7658的α-淀粉酶等，它们的一级结构或反应机制可以不同，它们虽然都能催化淀粉的水解反应，但有不同的活力和最适合的反应条件。

三、酶的分类

国际系统分类法将所有的酶按反应性质分为六大类：

（1）氧化还原酶类　氧化还原酶类催化氧化还原反应，包括氧化酶和脱氢酶两类。

由氧化酶催化的反应通式：$AH_2 + O_2 \xrightarrow{\text{氧化酶}} A + H_2O$

由脱氢酶催化的反应通式：$AH_2 + B \xrightarrow{\text{脱氢酶}} A + BH_2$

式中，AH_2为底物；B为原初受氢体。在氧化反应中，从底物分子中脱下来的氢原子，不经传递直接与氧反应生成水。在脱氢反应中，氢的原初受体从底物上得到氢原子后，再经过一定的传递过程，最后使之与氧结合成水。

例如，乳酸：NAD^+氧化还原酶（乳酸脱氢酶）催化乳酸脱氢反应：

$$
\begin{array}{c}
CH_3 \\
| \\
HO-CH \\
| \\
COOH
\end{array}
+ NAD^+
\xrightarrow[]{\text{乳酸脱氢酶}}
\begin{array}{c}
CH_3 \\
| \\
C=O \\
| \\
COOH
\end{array}
+ NADH
$$

（2）转移酶类　转移酶类催化功能基团（如乙酰基、甲基、氨基、磷酸基等）的转移反应，即将一个底物分子的基团或原子转移到另一个底物分子上。例如，甲基转移酶、氨基转移酶、乙酰转移酶、转硫酶、激酶和多聚酶等。

转移酶催化的反应通式：$A-R+B \xrightarrow{\text{转移酶}} A+B-R$

例如，丙氨酸：α-酮戊二酸氨基转移酶（谷丙转氨酶）催化氨基转移反应：

$$
\begin{array}{c}
CH_3 \\
| \\
H_2N-CH \\
| \\
COOH
\end{array}
+
\begin{array}{c}
COOH \\
| \\
CH_2 \\
| \\
CH_2 \\
| \\
C=O \\
| \\
COOH
\end{array}
\rightleftharpoons
\begin{array}{c}
CH_3 \\
| \\
C=O \\
| \\
COOH
\end{array}
+
\begin{array}{c}
COOH \\
| \\
CH_2 \\
| \\
CH_2 \\
| \\
CH-NH_2 \\
| \\
COOH
\end{array}
$$

丙氨酸α-酮戊二酸丙酮酸谷氨酸

（3）水解酶类　水解酶类催化底物加水分解。例如，淀粉酶、蛋白酶、脂肪酶、磷酸酶、糖苷酶等。

水解酶催化的反应通式：$A-B+H_2O \xrightarrow{\text{水解酶}} AH+BOH$

例如，肽酶催化肽的水解反应：

$$
\begin{array}{c}
O \\
\| \\
NH_2-CH-C-NH-CH-COOH \\
| | \\
R^1 R^2
\end{array}
+ H_2O
\rightleftharpoons
\begin{array}{c}
NH_2-CH-COOH \\
| \\
R^1
\end{array}
+
\begin{array}{c}
NH_2-CH-COOH \\
| \\
R^2
\end{array}
$$

（4）裂解酶类　裂解酶类催化底物分子中化学键断裂，断裂后一分子底物转变为两分子产物，例如脱水酶、脱羧酶等。

裂解酶催化的反应通式：$A-B \xrightarrow{\text{裂解酶}} A+B$

例如，醛缩酶催化1,6-二磷酸果糖裂解为磷酸甘油醛与磷酸二羟丙酮：

$$
\begin{array}{c}
CH_2-PO_4 \\
| \\
C=O \\
| \\
HO-CH \\
| \\
CH-OH \\
| \\
CH-OH \\
| \\
CH_2-PO_4
\end{array}
\xrightarrow[]{\text{醛缩酶}}
\begin{array}{c}
CH_2-PO_4 \\
| \\
C=O \\
| \\
CH_2OH
\end{array}
+
\begin{array}{c}
CH=O \\
| \\
CH-OH \\
| \\
CH_2-PO_4
\end{array}
$$

1,6-二磷酸果糖$$磷酸二羟丙酮磷酸甘油醛

（5）异构酶类　异构酶催化底物分子发生各种同分异构体、几何异构体或光学异构体相互转化，例如异构酶、表构酶、消旋酶等。

异构酶类催化的反应通式：$A \rightleftharpoons B$（异构酶）

例如，6-磷酸葡萄糖异构酶催化6-磷酸葡萄糖与6-磷酸果糖之间的异构反应：

$$
\begin{array}{ccc}
\text{CHO} & & \text{CH}_2\text{OH} \\
| & & | \\
\text{CH—OH} & & \text{C=O} \\
| & & | \\
\text{HO—CH} & \rightleftharpoons & \text{HO—CH} \\
| & & | \\
\text{CH—OH} & & \text{CH—OH} \\
| & & | \\
\text{CH—OH} & & \text{CH—OH} \\
| & & | \\
\text{CH}_2\text{—PO}_4 & & \text{CH}_2\text{—PO}_4 \\
\text{6-磷酸葡萄糖} & & \text{6-磷酸果糖}
\end{array}
$$

（6）合成酶类　合成酶又称连接酶，催化两个分子连接在一起，并伴随有 ATP 分子中的高能磷酸键的断裂。

合成酶催化的反应通式：$A+B+ATP \underset{}{\overset{合成酶}{\rightleftharpoons}} A—B+ADP+Pi$

例如，丙酮酸羧化酶催化丙酮酸和二氧化碳的合成反应：

124. 酶的分类

$$
\begin{array}{ccc}
\text{CH}_3 & & \text{COOH} \\
| & & | \\
\text{C=O} & +CO_2+ATP \rightleftharpoons & \text{CH}_2 \\
| & & | \\
\text{COOH} & & \text{C=O} \quad +ADP+Pi \\
\text{丙酮酸} & & | \\
& & \text{COOH} \\
& & \text{草酰乙酸}
\end{array}
$$

一切新发现的酶，都应按国际系统分类法原则命名、分类及编号。酶的编号、系统名称、习惯名称、酶的来源、酶的性质等有关内容，可通过查阅酶学手册或某些专著获得。

四、酶的化学本质和组成

酶是生物大分子，分子量至少在 1 万以上，大的可达百万。酶的催化作用有赖于酶分子的一级结构及空间结构的完整。若酶分子变性或亚基解聚均可导致酶活性丧失。酶的化学本质除有催化活性的 RNA 之外几乎都是蛋白质，所有的酶都含有 C、H、O、N 四种元素。按照酶的化学组成可将酶分为单纯酶和结合酶两类。

单纯酶分子中只有氨基酸残基组成的肽链。结合酶分子中除了多肽链组成的蛋白质，还有非蛋白质成分，如金属离子、铁卟啉或含 B 族维生素的小分子有机物。结合酶的蛋白质部分称为酶蛋白，非蛋白质部分统称为辅助因子，两者一起组成全酶。只有全酶才有催化活性，如果两者分开则酶活性消失。非蛋白质部分若与酶蛋白以共价键相连，非蛋白质部分称为辅基（如金属离子），用透析或超滤等方法不能使它们与酶蛋白分开。如果两者以非共价键相连，非蛋白质部分称为辅酶（如维生素 B_1），可用上述方法把两者分开。辅助因子有两大类：一类是金属离子，常为辅基，起传递电子的作用；另一类是小分子有机化合物，主要起传递氢原子、电子或某些化学基团的作用。

五、酶的分子特点

按照酶的分子结构，可将酶分为以下三类。

（1）单体酶　仅有一个活性中心的多肽链组成的酶，一般是由一条多肽链组成，如牛胰岛素、胰核糖核酸酶、溶菌酶等。但有的单体酶是由多条多肽链组成，如胰凝乳蛋白酶由三条肽链组成，链间由二硫键相连构成一个共价整体。这类含几条肽链的单体酶往往是由一条前体肽链经活化断裂而生成。单体酶种类很少，一般多是催化水解反应的酶，分子量在 35000 以下。

（2）寡聚酶　由两个或多个相同或不相同亚基以非共价键连接的酶，称为寡聚酶。这些亚基可以是相同的，也可以是不同的。绝大多数寡聚酶都含偶数亚基，但个别寡聚酶含奇数亚基，如荧光素酶、嘌呤核苷磷酸化酶均含三个亚基。亚基之间靠次级键结合，容易分开。

（3）多酶复合体　多种酶靠非共价键相互嵌合催化连续反应的体系，称为多酶复合体。

六、酶催化作用的特性

生物体内的各种化学反应，几乎都是由酶催化的。酶作为生物催化剂，与一般催化剂有相同之处，也有其自身的特点。

酶与其他催化剂的相同之处在于能改变化学反应速率，本身不被消耗；只能催化热力学允许进行的反应；可以加快化学反应速率，缩短达到平衡时间，但不改变平衡点；能降低活化能，使速率加快。

酶与一般催化剂的不同点在于：

1. 高效性，即催化作用的效率高

酶催化反应的速率比非酶催化反应的速率高 $10^8 \sim 10^{20}$ 倍，比一般催化剂高 $10^7 \sim 10^{13}$ 倍。酶催化反应的效率之所以这么高，是由于酶催化反应可以使所需的活化能显著降低。底物分子要发生反应，首先要吸收一定的能量成为活化分子。活化分子进行有效碰撞才能发生反应，形成产物。在一定的温度条件下，1mol 的初态分子转化为活化分子所需的自由能称为活化能，其单位为焦/摩尔（J/mol）。酶催化和非酶催化反应所需的活化能有显著差别。

例如，过氧化氢酶催化过氧化氢分解的反应，无催化剂时，所需的活化能为 75.24kJ/mol；用胶态钯作催化剂时，催化所需的活化能为 48.95kJ/mol；而用过氧化氢酶作为催化剂时，活化能仅为 8.36kJ/mol。

2. 专一性，任何一种酶只作用于一种或几种相关的化合物

酶催化作用的专一性是酶最重要的特征之一，也是酶与其他非酶催化剂最主要的不同之处。酶的专一性是指酶对底物及其催化反应的严格选择性。在一定的条件下，一种酶只能催化一种或一类结构相似的底物进行某种类型反应。如：过氧化氢酶只能催化过氧化氢分解，不能催化其他化学反应；蛋白酶只能水解蛋白质；脂肪酶只能水解脂肪；淀粉酶只能作用于淀粉。细胞代谢能够有条不紊进行，与酶的专一性是分不开的。

不同的酶具有不同程度的专一性。酶的专一性按照其严格程度的不同，可以分为绝对专一性、相对专一性、立体异构专一性三种类型。

（1）绝对专一性　绝对专一性是指一种酶只能催化一种底物进行一种反应。若底物分子发生细微的改变，便不能作为酶的底物。所以当酶作用的底物含有不对称碳原子时，酶只能作用于异构体的一种。例如，乳酸脱氢酶催化丙酮酸进行加氢反应生成 L-乳酸，而 D-乳酸脱氢酶却只能催化丙酮酸加氢生成 D-乳酸。又如，脲酶具有绝对专一性，它只催化尿素发生水解反应，生成氨和二氧化碳，而对尿素的各种衍生物，如尿素的甲基取代物或氯取代物均不起作用。再如，天冬氨酸裂合酶，此酶仅仅作用于 L-天冬氨酸，经过脱氨基作用生成延胡索酸（反丁烯二酸）及发生逆反应，而对 D-天冬氨酸和马来酸（顺丁烯二酸）一概不作用。

（2）相对专一性　相对专一性是指能够催化一类结构相似的底物进行某种相同类型的反应，又可分为键专一性和基团专一性两类。

① 键专一性　键专一性的酶能够作用于具有相同化学键的一类底物，对于化学键两侧连接的基团并无严格要求。例如，肽酶作用于底物中的肽键，使底物在肽键处发生水解反应，而对肽键两侧的酸和醇的种类均无特殊要求。又如，酯酶可以催化所含有酯键的酯类物质水解生成醇和酸。

② 基团专一性　基团专一性的酶要求底物含有某一相同的基团。酶对底物作用时，除了要求底物有一定的化学键，还对键的一侧所连基团有特定要求，而对键的另一侧所连基团无要求。例如，氨肽酶和羧肽酶不仅要求作用于肽键，而且要求肽键一侧是氨基或羧基。又如，胰蛋白酶选择性地水解含有赖氨酰-羰基肽键的物质，不管是酰胺、酯、多肽、蛋白质

都能被该酶水解。

（3）立体异构专一性　酶对底物的立体构型的特异要求，称为立体异构专一性或特异性。在生物体中，具有立体异构专一性的酶相当普遍。如：α-淀粉酶只能水解淀粉中 α-1,4-糖苷键，不能水解纤维素中的 β-1,4-糖苷键；L-乳酸脱氢酶的底物只能是 L 型乳酸，而不能是 D 型乳酸。

3. 多样性

生物体内具有种类繁多的酶。

4. 易变性

由于大多数酶是蛋白质，因而对环境的变化非常敏感，会被高温、强酸、强碱、重金属等破坏。酶也常因温度、pH 的轻微改变或抑制剂的存在而改变活性。

5. 酶的催化活性受到调节控制

酶是生物体的组成成分，和体内其他物质一样，不断在体内新陈代谢，酶的催化活性也受多方面的调控。例如，酶的生物合成的诱导和阻遏、酶的化学修饰、抑制物的调节作用、代谢物对酶的反馈调节、酶的别构调节以及神经体液因素的调节等，这些调控保证酶在体内新陈代谢中发挥其恰如其分的催化作用，使生命活动中的种种化学反应都能够有条不紊、协调一致进行，这是酶区别于一般催化剂的一个重要特性。酶在体内受到多方面因素的调节和控制，不同的酶调节方式也不同。

6. 酶催化作用的条件温和

酶催化作用与非酶催化作用的另一个显著差别是酶催化作用的条件温和。酶的催化作用一般都在常温、常压、pH 近乎中性的条件下进行。与之相反，一般非酶催化作用往往需要高温、高压和极端的 pH 条件。因此，采用酶作为催化剂，可节省能源、减少设备投资、改善工作环境和劳动条件。酶催化条件温和的原因，可能是酶催化所需的活化能较低，而且酶是生物大分子，如在高温、高压、过高或过低 pH 值等极端条件下，大多数酶会变性失活而失去其催化功能。

七、酶分子特征

酶分子很大，其催化作用往往并不需要整个分子，如用氨基肽酶处理木瓜蛋白酶，使其肽链自 N 端开始逐渐缩短，当其原有的 180 个氨基酸残基被水解掉 120 个后，剩余的短肽仍有水解蛋白质的活性。又如将核糖核酸酶肽链 C 末端的三肽切断，余下部分也有酶的活性，足见某些酶的催化活性仅与其分子的一小部分有关。

1. 酶的活性中心

酶分子中氨基酸残基的侧链有不同的化学组成。其中一些与酶活性密切相关的化学基团称作酶的必需基团。这些必需基团在一级结构上可能相距很远，可能位于同一肽链的不同部位，也可能位于不同的肽链上，但在空间结构上通过肽链的盘绕、卷曲和折叠彼此靠近，组成具有特定空间结构的区域，能和底物特异结合并将底物转化为产物。这一区域称为酶的活性中心或活性部位。活性中心位于酶分子表面，或为裂缝或凹陷。

常见的必需基团包括丝氨酸的羟基、半胱氨酸的巯基、组氨酸的咪唑基等亲核性基团，以及天冬氨酸和谷氨酸的羧基、赖氨酸的氨基、酪氨酸的酚羟基等酸碱性基团。构成酶活性中心的必需基团可分为两种，与底物结合的必需基团称为结合基团，促进底物发生化学变化的基团称为催化基团。活性中心中有的必需基团可同时具有这两方面的功能。还有些必需基团虽然不参加酶的活性中心的组成，但为维持酶活性中心应有的空间构象所必需，这些基团是酶的活性中心以外的必需基团。

2. 酶的别构部位

有些酶分子除具有与底物结合的活性中心外，还存在着一些可以与非底物分子发生结合的部位，这些部位以及与其结合的物质都对酶促反应速率有调节作用，所以将该部位称为酶的别构部位或调节部位。与别构部位结合的这些非底物分子称为别构剂或调节剂。别构剂与别构部位结合后，引起酶分子构象改变，从而影响酶的活性中心，改变酶促反应速率。

八、酶原激活

某些酶在细胞内合成或初分泌时没有活性，这些没有活性的酶的前身称为酶原，使酶原转变为有活性酶的作用称为酶原激活。使无活性的酶原转变为有活性的酶的物质称为活化素。活化素对于酶原激活具有一定的特异性。例如，消化系统中的各种蛋白酶以无活性的前体形式合成与分泌，然后输送到特定的部位，当体内需要时，经特异性蛋白水解酶的作用转变为有活性的酶而发挥作用。酶原激活的本质是切断酶原分子中特异肽键或去除部分肽段，即酶原在一定条件下被打断一个或几个特殊的肽键，从而使酶构象发生一定的变化，形成具有活性的三维结构。需要注意的是，这种由无活性状态转变成活性状态的过程是不可逆的。

酶原激活有重要的生理意义，一方面它保证合成酶的细胞本身不受蛋白酶的消化破坏，另一方面使它们在特定的生理条件和规定的部位受到激活并发挥其生理作用。如组织或血管内膜受损后激活凝血因子；胃主细胞分泌的胃蛋白酶原和胰腺细胞分泌的糜蛋白酶原、胰蛋白酶原、弹性蛋白酶原等分别在胃和小肠激活成相应的活性酶，促进食物蛋白质的消化就是明显的例证。特定肽键的断裂所导致的酶原激活在生物体内广泛存在，是生物体的一种重要的调控酶活性的方式。如果酶原的激活过程发生异常，将导致一系列疾病的发生。出血性胰腺炎的发生就是由于蛋白酶原在未进小肠时就被激活，激活的蛋白酶水解自身的胰腺细胞，导致胰腺出血、肿胀。

图 7-5 显示的是胰蛋白酶的激活过程。当胰蛋白酶原（245 个氨基酸）经胰腺 α 细胞合成进入小肠时，在 Ca^{2+} 存在下可被肠液中的肠激酶激活，从 N 端水解下一个六肽，胰蛋白酶一级结构改变后，分子构象发生卷曲形成活性中心，于是无活性的胰蛋白酶原变成有活性的胰蛋白酶（239 个氨基酸）。胰蛋白酶原被激活后，生成的胰蛋白酶对胰蛋白酶原有自身激活作用，这大大加速了该酶的激活作用，同时胰蛋白酶还可激活胰凝乳蛋白酶原。羧基肽酶原 A 和弹性蛋白酶原等，加速肠道对食物的消化过程。血液中血液凝固与纤维蛋白溶解系统的酶原激活也具有典型的逐步放大效应，呈级联反应。少量凝血因子被激活时，可通过瀑布式放大作用，使大量凝血酶原转化为凝血酶，迅速引起血液凝固。

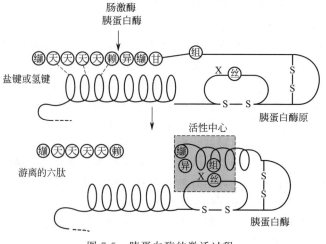

图 7-5   胰蛋白酶的激活过程

九、酶的用途

胶原蛋白酶是在各种动物组织的细胞内（特别是深酶体部分）发现的一类蛋白酶，来源于同一类组织细胞内由组织蛋白酶组成。胶原蛋白酶是一种在酸性、中性、碱性环境下均能分解蛋白质的蛋白酶，蛋白酶的介入使身体内的蛋白质加速分解生长，并补充到人体的各个衰老组织，高效高质量的蛋白质在蛋白酶的作用下被人体的皮肤组织吸收，当皮肤组织蛋白质含量达到饱和时，被分解的一部分蛋白质重新形成肽链，在酶的特殊催化作用下，形成新的三维网状结构螺旋肽链。随着与新生蛋白质的不断结合，形成饱和的蛋白质肽链组，对皮肤的凹陷处（收缩、脱水的细胞组织）进行填充。

转氨酶是人体代谢过程中必不可少的"催化剂"，主要存在于肝细胞内。当肝细胞发生炎症、坏死、中毒等，造成肝细胞受损时，转氨酶便会释放到血液里，使血清转氨酶升高。

酿酒工业中使用的酵母菌，就是通过有关的微生物产生的。酶将淀粉等通过水解、氧化等过程，最后转化为乙醇。酱油、食醋的生产也是在酶的作用下完成的。用淀粉酶和纤维素酶处理过的饲料，营养价值提高。洗衣粉中加入酶，可以使洗衣粉效率提高，使原来不易除去的汗渍等很容易除去等。

习　题

一、选择题

1. 关于酶的性质，说法不对的是（　　）。
A. 高效催化性
B. 专一性
C. 反应条件温和
D. 可使反应平衡向有利于产物方向移动

2. 下列关于酶活性中心的描述，正确的是（　　）。
A. 酶分子上的几个必需基团
B. 酶分子与底物的结合部位
C. 酶分子结合底物并发挥催化作用的三维结构区域
D. 酶分子催化底物转化的部位

3. 具有生物催化剂特征的核酶，其化学本质是（　　）。
A. 蛋白质
B. RNA
C. DNA
D. 以上都是

4. 下面关于酶的描述，不正确的是（　　）。
A. 所有的蛋白质都是酶
B. 酶是生物催化剂
C. 酶具有专一性
D. 酶是在细胞内合成的，但也可以在细胞外发挥催化功能

5. 下列关于酶活性部位的描述，错误的是（　　）。
A. 活性部位是酶分子中直接和底物结合，并发挥催化功能的部位
B. 活性部位的基团按功能可分为两类：一类是结合基团，一类是催化基团
C. 酶活性部位的基团可以是同一条肽链，但在结构上相距很远的基团
D. 不同肽链上的有关基团不能构成该酶的活性部位

二、填空题

1. 酶是_____产生的，具有催化活性的_____。

2. 酶具有_____、_____、_____和____等催化特点。

3. 全酶由_____和_____组成，在催化反应时，二者所起的作用不同，其中_____决定酶的专一性和高效率，_____起传递电子、原子或化学基团的作用。

4. 辅助因子包括_____、_____和_____等。其中_____与酶蛋白结合紧密，需要_____

除去，_____与酶蛋白结合疏松，可以用_____除去。

5. 根据国际系统分类法，所有的酶按所催化的化学反应的性质可分为六类：_____、_____、_____、_____、_____和_____。

6. 根据国际酶学委员会的规定，每一种酶都有一个唯一的编号。醇脱氢酶的编号是EC1.1.1.1，EC代表_____，4个数字分别代表_____、_____、_____和_____。

7. 根据酶的专一性程度不同，酶的专一性可以分为_____、_____和_____。

8. 酶的活性中心包括_____和_____两个功能部位，其中_____直接与底物结合，决定酶的专一性，_____是发生化学变化的部位，决定催化反应的性质。

三、简答题

1. 酶作为生物催化剂，有哪些特点？

2. 什么是全酶、酶蛋白和辅助因子，在酶促反应中各起什么作用？

3. 什么是单体酶？

四、论述题

1. 说明酶原与酶原激活的生理意义。

2. 举例说明酶在医学中的应用。

任务四　　酶促反应影响速率及变化

丁酸在农业、轻纺、食品、医药、饲料等行业应用广泛。在饲料行业，丁酸钠具有无污染、无有害残留和独特营养生理功能的特点，逐渐成为热门的抗生素替代品之一。为降低发酵法生产丁酸的成本，使用廉价的饲料原料作载体是一种有效的选择。有研究利用廉价的饲料原料作为固定化细胞的载体，构建了新型的内置式和外置式纤维床生物反应器应用于丁酸的生物发酵，开拓了一种新的思路。将米糠作为固定化酪丁酸梭菌的载体，构建了内置式纤维床反应器，应用于固定化发酵产丁酸试验。以酪丁酸梭菌为发酵菌株，进行了游离细胞和固定化细胞发酵比较。结果表明，固定化细胞分批发酵丁酸生产率为 0.43g·L/h，比游离分批发酵提高了 38.71%。

以甘蔗糖蜜为原料，采用聚氨酯泡沫固定米曲霉进行发酵试验。曲酸最高浓度可达 15.43g/L，用此固定化酶发酵酸处理的糖蜜，当糖蜜培养基中糖浓度为 80g/L 时，获得的曲酸最高浓度为 9.02g/L。

1. 什么是酶促反应？

2. 酶促反应受到哪些因素的影响？

3. 什么是米氏方程？

4. 米氏常数的意义是什么？

相关知识

酶促反应又称酶催化或酵素催化作用，指的是由酶作为催化剂进行催化的化学反应。生物体内的化学反应绝大多数属于酶促反应。研究酶促反应的速率以及影响该速率的各种因素的科学称为酶促反应动力学。在探讨各种因素对酶促反应速率的影响时，通常测定其初始速率来代表酶促反应速率，即底物转化量<5％时的反应速率。酶促反应动力学是研究酶促反应速率及其影响因素的科学。这些因素包括酶浓度、底物浓度、pH值、温度、激活剂和抑制剂等。在实际生产中要充分发挥酶的催化作用，以较低的成本生产出较高质量的产品，就必须准确把握酶促反应的条件。

一、底物浓度对酶促反应的影响

底物浓度对酶促反应速率的影响比较复杂。由实验观察到，在酶浓度不变时，不同的底物浓度与反应速率的关系为一矩形双曲线，即当底物浓度较低时，反应速率的增加与底物浓度的增加成正比（一级反应）。此后，随底物浓度的增加，反应速率的增加量逐渐减少（混合级反应）。最后，当底物浓度增加到一定量时，反应速率达到一最大值，不再随底物浓度的增加而增加（零级反应）。

1. 酶促反应速率与底物浓度的关系曲线

酶促反应中，在酶浓度、pH、温度等条件不变的情况下，反应速率与底物浓度的关系呈矩形双曲线，如图 7-6 所示。在酶促反应起始阶段，反应速率迅速升高呈直线上升，这种反应速率与底物浓度呈正比的反应为一级反应（a）。当底物浓度继续增加，反应体系中酶分子大部分与底物结合，反应速率的升高则渐渐变缓，即反应的第二阶段为混合级反应（b）。如底物浓度再继续增加，所有的酶分子均被底物饱和，反应速率不再增加，曲线平坦，此时反应速率与底物浓度的增加无关，反应为零级反应（c）。这种酶被底物所饱和的现象，在非酶促反应中是不存在的。

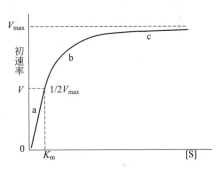

图 7-6 底物浓度对酶促反应速率的影响

2. 米氏方程

几乎所有的酶都有上述被底物饱和的现象，但是不同的酶达到饱和时所需要的底物浓度不同。所谓"饱和"和"部分饱和"是指整体酶，而不是单一的分子。一个酶分子结合一个底物分子，无所谓"部分饱和"，只是对整体酶而言，有些和底物发生络合，有些仍然以游离酶分子形式存在。

为了解释上述现象，研究者曾经提出了各种各样的假说。其中，比较合理的是 Brown（1902 年）和 Henri（1903 年）提出的"中间产物"假说。根据此假说，酶和底物的作用是通过酶和底物生成配合物而进行的。此配合物被看作稳定的过渡态物质，然后配合物进一步分解，最终形成底物和游离态酶。

1913 年，Leonor Michaelis 和 Maud Menten 在前人工作的基础上，进行了大量的实验研究，提出了酶促反应速率与底物浓度关系的数学方程式，即著名的米-曼方程，简称米氏方程，使得"中间产物"假说得到了人们的广泛认同。米氏方程表达式如下：

$$V = \frac{V_{max}[S]}{K_m + [S]}$$

式中，V_{max} 为最大反应速率；$[S]$ 为底物浓度；K_m 为米氏常数；V 为不同底物浓度时的反应速率。

当 $[S]$ 很低时（$[S] \ll K_m$），分母中的 $[S]$ 可忽略不计，$V = \dfrac{V_{max}[S]}{K_m}$，即反应速率与底物浓度成正比，为一级反应；当 $[S]$ 很高时（$[S] \gg K_m$），K_m 可忽略不计，此时 $V \approx$

V_{max}，反应速率达最大，此时再增加 [S]，反应速率也不再增加，反应为零级反应。

（1）米氏常数 K_m 的意义　由米氏方程得：

$$K_m = [S]\left(\frac{V_{max}}{V} - 1\right)$$

当酶促反应处于 $V = V_{max}/2$ 的特殊情况时，$[S] = K_m$。因此，K_m 的物理意义在于它是反应速率达到最大反应速率一半时的底物浓度，其单位为 mol/L，与底物浓度单位一致。关于 K_m 的分析如下：

① K_m 值是酶的特征性常数之一，一般只与酶的性质有关，而与酶浓度无关。不同种类酶的 K_m 值不同。

② K_m 也会因外界条件，如温度、pH 值以及离子强度等因素的影响而不同。因此，K_m 作为常数，只是对应某一特定的酶反应、特定底物、特定的反应条件而言的。

③ K_m 值近似地反映了酶与底物的亲和力大小。K_m 值大，表明达到 V_{max} 的一半时所需底物浓度也大，这意味着酶与底物之间的亲和力弱。反之，K_m 值小，则表明酶与底物的亲和力强。据此，可判断酶的最适底物。

④ 同一种相对专一性的酶，一般有多个不同的底物，则酶对每一种底物都有其各自特定的 K_m 值。其中，最小的那种底物一般称为酶的最适底物或者天然底物。

（2）K_m 的测定　从图 7-6 可知，由于底物浓度对反应速率影响呈矩形双曲线，难以从该图中准确测得 K_m 和 V_{max}。为了得到较准确的 K_m 和 V_{max}，Lineweaver Burk 将米氏方程进行两侧取倒数处理，得到：

$$\frac{1}{V} = \frac{K_m}{V_{max}} \times \frac{1}{[S]} + \frac{1}{V_{max}}$$

125. 米氏方程

以 $1/V$ 对 $1/[S]$ 作图，即得到一条直线，称为林-贝氏（Lineweaver-Burk）作图或双倒数作图。如图 7-7 所示，直线在横轴上的截距为 $-1/K_m$，纵轴上截距为 $1/V_{max}$，由此直线可较容易地求得 V_{max} 和 K_m。

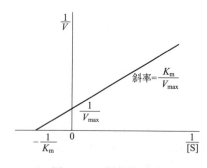

图 7-7　双倒数作图法

二、酶浓度对酶促反应的影响

在一定的温度和 pH 条件下，当底物浓度大大超过酶的浓度时，酶的浓度与反应速率呈正比关系。

在酶促反应中，酶分子首先与底物分子作用，生成活化的中间产物，而后再转变为最终产物。在底物充分过量的情况下，酶的数量越多，则生成的中间产物越多，反应速率也就越快。当酶促反应体系的温度、pH 不变，底物浓度足够大（足以使酶饱和）时，则反应速率与酶浓度成正比关系，$V = k[E]$。

三、 pH 值对酶促反应的影响

酶促反应受环境 pH 的影响极为显著。酶分子中有许多可解离的基团，在不同 pH 条件下解离状态不同，所带电荷的数量和种类也不同。一种酶通常在某一 pH 值时的解离状态最有利于酶正确的空间构象的形成。

（1）通常各种酶只有在一定的 pH 值范围内才表现出它的活力，一种酶表现其活性最高时的 pH 值，称为该酶的最适 pH 值。此时酶的各个必需基团的解离状态，包括辅酶及底物的解离状态均适合酶发挥最大活性。低于或高于酶的最适 pH 值时，酶的活性逐渐降低，如图 7-8 所示。

不同酶的最适 pH 值不同，动物体内酶的最适 pH 值在 6.5～8 之间，接近中性。但少数酶也有例外，如胃蛋白酶的最适 pH 值为 1.8，精氨酸酶的最适 pH 值为 9.8。最适 pH 值不是酶的特征性常数，它受底物浓度、缓冲溶液的浓度和种类以及酶纯度等因素影响。如唾液淀粉酶最适 pH 值为 6.8，但在磷酸缓冲溶液中，其最适 pH 值为 6.4～6.6，而在乙酸缓冲溶液中则为 5.6。

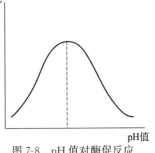

图 7-8　pH 值对酶促反应
速率的影响

（2）酶在试管中的最适 pH 值与它在正常细胞中的生理 pH 值并不一定完全相同。这是因为一个细胞内可能会有几百种酶，不同的酶对此细胞内的生理 pH 值的敏感性不同。也就是说，此 pH 值对一些酶是最适 pH 值，而对另一些酶则不是，不同的酶表现出不同的活性。这种不同对于控制细胞内复杂的代谢途径可能具有很重要的意义。

四、温度对酶促反应的影响

化学反应的速率随温度升高而加快，但酶是蛋白质，可随温度的升高而变性。在温度较

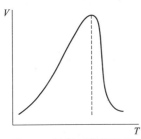

图 7-9　温度对酶促反应
速率的影响

低时，前一影响较大，反应速率随温度升高而加快。但温度超过一定范围后，酶受热变性的因素占优势，反应速率反而随温度上升而减慢。常将酶促反应速率最大的某一温度范围，称为酶的最适温度，反应体系的温度低于最适温度时，加热可使反应速率加快，每升高 10℃ 反应速率增加 1～2 倍。当反应温度高于最适温度时，反应速率则因酶受热变性而降低，如图 7-9 所示。人体内酶的最适温度接近体温，一般为 37～40℃ 之间，若将酶加热到 60℃ 即开始变性，超过 80℃，酶的变性不可逆。

酶的最适温度与反应所需时间有关，酶可以在短时间内耐受较高的温度。相反，延长反应时间，最适温度便降低。一般情况下低温不使酶破坏，只是使酶活性降低，当温度恢复后，活性仍可恢复。

五、激活剂对酶促反应的影响

能够促使酶促反应速率加快或是使酶由无活性转变为有活性的物质称为酶的激活剂。酶的激活剂大多数为金属离子，如 K^+、Mg^{2+}、Mn^{2+} 等。少数阴离子也有激活作用，如唾液淀粉酶的激活剂为 Cl^-。一些中等大小的有机分子，也可以作为酶的激活剂，如 EDTA 是金属螯合剂，能除去酶中的重金属杂质，从而解除重金属离子对酶的抑制作用。

酶的激活剂可分为两种：大多数金属离子对酶促反应是必需的，如果缺乏金属离子则检测不到酶的活性，这类激活剂称为必需激活剂。必需激活剂的作用类似于底物，但不转变成产物。如己糖激酶中的 Mg^{2+}，能与底物 ATP 结合形成 Mg^{2+}-ATP 复合物，进而加速酶促反应。另外，有些酶在激活剂不存在时仍有一定活性，此种激活剂称为非必需激活剂，如唾液淀粉酶在 Cl^- 作用下活性升高，Cl^- 不存在时亦有一定活性。

通常酶对激活剂有一定选择性，且有一定浓度要求，一种酶的激活剂对另一种酶可能是抑制剂，当激活剂的浓度超过一定的范围时，它就成为抑制剂。

六、抑制剂对酶促反应的影响

通过改变酶必需基团的化学性质，从而引起酶活力降低或丧失的作用称为抑制作用，具有抑制作用的物质称为抑制剂。抑制剂通常是小分子化合物，但在生物体内也存在生物大分

子类型的抑制剂。加热、加酸等理化因素使酶发生不可逆变性而失活，不属于抑制作用的范畴。

酶的抑制剂分为不可逆抑制剂和可逆抑制剂两大类。不可逆抑制剂与酶的必需基团以共价键结合，引起酶的永久性失活，其抑制作用不能够用透析、超滤等温和物理手段解除。可逆抑制剂与酶蛋白以非共价键结合，引起酶活性暂时性丧失，其抑制作用可以通过透析、超滤等手段解除。可逆抑制剂又分为竞争性抑制剂、非竞争性抑制剂和反竞争性抑制剂等。

1. 不可逆抑制作用

不可逆抑制剂，是以比较牢固的共价键与酶蛋白中的基团结合的一种化学制剂，这种抑制剂不能用简单的透析、超滤等物理方法除去。不可逆抑制剂通常可以使酶失去活性。

126. 抑制剂对酶促反应的影响

按照不可逆抑制作用的选择性不同，又可分为专一性不可逆抑制和非专一性不可逆抑制。专一性不可逆抑制仅仅和酶活性中心的有关基团反应，如有机磷杀虫剂，而非专一性的不可逆抑制则可作用于酶分子中的一类或几类基团。但这种区别也不是绝对的，因作用条件及对象等不同，某些非专业性抑制剂有时会转化，产生专一性不可逆抑制作用。

2. 可逆抑制作用

这类抑制剂与酶和（或）酶-底物复合物以非共价键结合，使酶活性降低或消失，用透析、超滤方法可将其除去。

根据抑制剂与底物的关系，可逆抑制作用分为三种类型。

（1）竞争性抑制　这是最常见的一种可逆抑制作用。竞争性抑制剂具有底物相类似的结构，与底物分子竞争酶的活性中心，如图7-10所示。抑制剂占据了酶分子的活性中心，使酶的活性中心无法与底物分子结合，因而也就无法催化底物发生反应。这时，抑制剂并没有破坏酶分子的特定构象，也没有使酶分子的活性中心解体。由于竞争性抑制剂与酶的结合是可逆的，可加入大量底物，提高底物竞争力，以消除竞争性抑制剂的抑制作用。竞争性抑制中的 K_m 值增大，V_m 值不变。需要注意的是，结合在酶的同一部位以及结构类似并不是竞争性抑制的必要条件，抑制剂结合的部位阻碍底物和酶的结合，即产生空间位阻也可以造成竞争性抑制。

（2）非竞争性抑制　这类抑制剂与酶活性中心以外的基团结合，其结构可能与底物毫无相关之处，如图7-11所示，酶可以同时与底物和抑制剂结合，二者没有竞争作用。但是结合生成的抑制剂-酶-底物三元复合物（ESI）不能进一步分解为产物，从而降低了酶活性。大部分非竞争性抑制都是由一些可以与酶的活性中心之外的硫氢键可逆结合的试剂引起的。非竞争性抑制中的 K_m 值不变，V_m 值降低。

（3）反竞争性抑制　这种抑制作用最不重要。反竞争性抑制剂只与中间产物 ES 复合物结合生成 ESI 复合物，使 ES 量下降，终产物生成减少而导致酶促反应速率降低。反竞争性抑制中的 K_m 减小，V_m 降低。

图 7-10　竞争性抑制作用示意图

图 7-11　非竞争性抑制作用示意图

习 题

一、选择题

1. 米氏常数 K_m 是一个用来度量 ( ) 。

A. 酶被底物饱和程度的常数　　　　B. 酶促反应速率大小的常数

C. 酶与底物亲和力大小的常数　　　　D. 酶稳定性的常数

2. 某一符合米氏方程的酶，当 $[S]=2K_m$ 时，其反应速率 V 等于 ( ) 。

A. V_{max}　　　　B. $2/3V_{max}$　　　　C. $3/2V_{max}$　　　　D. $2V_m$

3. 竞争性抑制剂对酶促反应的影响是 ( ) 。

A. K_m 增大，V_m 减小　　　　B. K_m 不变，V_m 增大

C. K_m 减小，V_m 减小　　　　D. K_m 增大，V_m 不变

4. K_m 值与底物亲和力大小的关系是 ( ) 。

A. K_m 值越小，亲和力越大　　　　B. K_m 值越大，亲和力越大

C. K_m 值的大小与亲和力无关　　　　D. K_m 值越小，亲和力越小

5. 非竞争性抑制剂对酶促反应的影响是 ( ) 。

A. K_m 减小，V_m 增大　　　　B. K_m 不变，V_m 减小

C. K_m 增大，V_m 减小　　　　D. K_m 增大，V_m 不变

6. 反竞争性抑制剂对酶促反应的影响符合 ( ) 的特征。

A. K_m 减小，V_m 减小　　　　B. K_m 不变，V_m 增大

C. K_m 增大，V_m 减小　　　　D. K_m 增大，V_m 不变

7. 酶促反应动力学研究的是 ( ) 。

A. 酶分子的空间构象　　　　B. 酶的电泳行为

C. 酶的活性中心　　　　D. 影响酶促反应速率的因素

8. 影响酶促反应速率的因素不包括 ( ) 。

A. 底物浓度　　　　B. 酶的浓度

C. 反应环境的 pH 值和温度　　　　D. 酶原的浓度

9. 有关竞争性抑制剂的论述，错误的是 ( ) 。

A. 结构与底物相似　　　　B. 与酶非共价结合

C. 与酶的结合是可逆的　　　　D. 抑制程度只与抑制剂的浓度有关

10. 有关非竞争性抑制作用的论述，正确的是 ( ) 。

A. 不改变酶促反应的最大速率

B. 改变表观 K_m 值

C. 酶与底物、抑制剂可同时结合，但不影响其释放出产物

D. 抑制剂与酶结合后，不影响酶与底物的结合

二、填空题

1. 米氏方程是说明_____关系的方程式，K_m 的定义是_____。

2. 关于 K_m 的意义的叙述：K_m 是酶的_____常数，与_____无关。

3. 同一种酶有不同的底物时，K_m 值_____，其中 K_m 值最小的底物通常是_____。

4. K_m 可以近似表示_____，K_m 越大，则_____。

三、简答题

比较三种可逆性抑制作用的特点。

四、论述题

1. 影响酶促反应速率的因素有哪些？简要说明它们各有什么影响。

2. 试述底物浓度对酶促反应速率的影响。

任务五　酶活力及其测定

 任务引领

随着生物技术的进步，酶制剂工业与应用在近 30 年中日新月异，带动了社会经济的发展。例如纤维素酶，可用于去除棉纺织品表面的浮毛，使洗涤后的棉纺织品柔软蓬松，织纹清晰，色泽更加鲜艳，穿着更加舒适。碱性纤维素酶本身不能去除衣物上的污垢，它的作用是使纤维的结构变得蓬松，从而使渗入到纤维深层的尘土和污垢能够与洗衣粉充分接触，从而达到更好的去污效果。加酶洗衣粉中酶的活力是影响去污效果的重要指标。因为酶活力代表了有效酶制剂的含量和催化能力，一般洗涤剂加碱性蛋白酶约 1000U/g。国标 GB 13171 中，加酶洗衣粉的酶活力需≥650U/g。

 任务准备

1. 什么是酶活力？
2. 酶活力与酶反应速率的关系是什么？
3. 酶活力如何表示？
4. 酶活力测定有哪些方法？

 相关知识

一、酶活力与酶反应速率

酶活力也称为酶活性，是指酶催化一定化学反应的能力。酶活力的大小可用在一定条件下，酶催化某一化学反应的速率来表示，酶催化反应速率越大，酶活力越高，反之酶活力越低。测定酶活力实际就是测定酶促反应的速率。酶促反应速率可用单位时间内、单位体积中底物的减少量或产物的增加量来表示。因此，反应速率的单位是浓度/时间。

酶活力的高低是研究酶的特性，进行酶制剂的生产及应用时的一项必不可少的指标。

二、酶活力单位

检查酶的含量及存在时，不能直接用质量或体积来表示，而是用酶活力来表示。酶活力大小，即酶量的大小，用酶活力单位（U）表示。

1961 年国际酶学委员会提出采用统一的国际单位（IU）来表示酶的活力，规定：1 个酶活力单位，是指在特定条件下，在 1min 内能转化 $1\mu mol$ 底物所需的酶量，即 $1IU=1\mu mol/min$。特定条件是指：温度为 25℃，其他条件（如 pH 及底物浓度）均采用最适条件。这样酶的含量就可用每克酶制剂或每毫升酶制剂含有多少酶活力单位来表示（U/g 或 U/mL）。

1979 年国际酶学委员会又推荐以催量（Katal）表示酶活性。1 催量是指在特定条件下，每秒钟使 1mol 底物转化成产物所需的酶量，$1IU=16.67\times10^{-9}$ Kat。

酶活力单位也可用酶的比活力来表示。比活力的大小是指在特定条件下，每毫克蛋白（或 RNA）所具有的酶活力单位数，一般用酶活力单位/mL 蛋白（或 RNA）来表示，有时也用每克酶制剂或每毫升酶制剂含有多少个活力单位来表示（酶活力单位/g 或酶活力单位/mL）。因此，酶的比活力常用 $\mu mol/(min \cdot mg$ 蛋白质）表示。

酶的比活力是酶学研究及生产中经常使用的数据，是酶制品纯度的一个常用指标。同一种酶在不同制品中的比活力越高，表明酶越纯。

三、酶活力测定

测定酶活力实际就是测定酶促反应的速率。酶催化反应速率越大，酶活力越高。酶促反应速率可用单位时间内、单位体积中底物的减少量或产物的增加量来表示。在一般的酶促反应体系中，底物往往是过量的，测定初速率时，底物减少量占总量的极少部分，不易准确检测，而产物则是从无到有，只要测定方法灵敏，就可准确测定。因此，一般以测定产物的增量来表示酶促反应速率较为合适。

1. 酶活力测定的方法

常用的方法有化学滴定、比色、比旋光度、气体测压、测定紫外吸收、电化学法、荧光测定以及同位素技术等。一些性质稳定的酶，也可用高效液相色谱法检测。

无论选择哪种方法，酶活力测定均包括以下两个阶段：首先是在一定条件下，酶与底物反应一段时间，然后再测定反应液中底物或产物的变化量。

酶活力测定时，一般包括以下步骤及注意事项：

（1）底物 根据酶的专一性，选择适宜的底物，并配制成一定浓度的底物溶液。要求所使用的底物均匀一致，达到一定的纯度。有些底物溶液要求新鲜配制，有些则可预先配制后置冰箱保存备用。

（2）反应条件 根据资料或试验结果，确定酶促反应的温度、pH 等条件。温度可选在室温（25℃）、体温（37℃）、酶反应最适温度或其他温度，一般在恒温装置内进行。pH 值应是酶促反应的最适 pH 值，采用一定浓度和一定 pH 值的缓冲溶液来保持。反应条件一经确定，在反应过程中应尽量保持恒定不变。有些酶促反应要求激活剂等其他条件，应适量添加。

（3）反应时间 在一定条件下，将一定量的酶液与底物溶液混合均匀，适时记下反应开始的时间，反应到一定时间及时终止反应。终止酶促反应的方法要根据酶的特性、反应底物或产物的性质以及检测方法等加以选择，常用加热、添加酶变性剂、加入酸液或碱液、冰浴等方法。

（4）底物或产物的变化量 反应到一定时间后，取出适量的反应液，运用各种生化检测技术，测定产物增加量或底物减少量。为了准确地反映酶促反应的结果，应尽量采用快速、简便、准确的方法测出结果。

2. 淀粉酶活力测定

淀粉是葡萄糖分子聚合而成的，它是细胞中碳水化合物最普遍的储藏形式。淀粉除食用外，工业上用于制糊精、麦芽糖、葡萄糖、乙醇等，也用于调制印花浆、纺织品的上浆、纸张的上胶、药物片剂的压制等。淀粉酶是水解淀粉和糖原的酶类总称，在自然界中，几乎所有植物、动物和微生物都含有淀粉酶。因此，淀粉酶是研究最多、生产最早、应用最广和产量最大的一种酶。

（1）原理 根据淀粉酶水解物异构类型的不同，可分为 α-淀粉酶与 β-淀粉酶。α-淀粉酶可以水解淀粉内部的 α-1,4-糖苷键，水解产物为糊精、低聚糖和单糖，酶作用后可使糊化淀粉的黏度迅速降低，变成液化淀粉，故又称为液化淀粉酶、液化酶、α-1,4-糊精酶。β-淀粉酶是一种外切型淀粉酶，它作用于淀粉时从非还原性末端依次切开相隔的 α-1,4 键，水解产物全为麦芽糖。由于该淀粉酶在水解过程中将水解产物麦芽糖分子中 C1 的构型由 α 型转变为 β 型，所以称为 β-淀粉酶。

淀粉酶产生的这些还原糖能使 3,5-二硝基水杨酸还原，生成棕红色的 3-氨基-5-硝基水杨酸。淀粉酶活力的大小与产生的还原糖的量成正比。可以用麦芽糖制作标准曲线，用比色法测定淀粉生成的还原糖的量，以单位质量样品在一定时间内生成的还原糖的量表示酶活力。其反应如下：

$$\underset{\substack{O_2N}}{\overset{\text{COOH}}{\bigcirc}}\text{OH} \ +\text{还原糖}\ \xrightarrow[\text{碱性}]{\text{加热}}\ \underset{O_2N}{\overset{\text{COOH}}{\bigcirc}}\text{OH} +\text{糖酸}$$

两种淀粉酶特性不同，α-淀粉酶不耐酸，在 pH 3.6 以下迅速钝化。β-淀粉酶不耐热，在 70℃下 15min 钝化。根据它们的这种特性，在测定活力时钝化其中一种，就可测出另一种淀粉酶的活力。

（2）方法　测定淀粉酶活力的方法有 4 类：一是测定底物淀粉的消耗量，有黏度法、浊度法和碘-淀粉比色法等；二是生糖法，即测定产物葡萄糖的生成量；三是色原底物分解法；四是酶偶联法。

其中，碘-淀粉比色法测淀粉酶活力操作简便、迅速、实用。这种方法是在底物淀粉浓度已知而且过量的条件下，反应后加入碘液与未被催化水解的淀粉结合成蓝色复合物。其蓝色深浅与未经酶促反应的空白管比较，

127. 酶活力的测定

从而计算出淀粉的剩余量，再计算出淀粉酶的活力。生糖法也较常用，即用标准浓度的麦芽糖溶液制作标准曲线，用比色法测定淀粉酶作用于淀粉后生成的还原糖的量，以单位质量样品在一定时间内生成的麦芽糖的量表示酶活力。

习　题

一、填空题

1. 酶活力是指_____，一般用_____表示。

2. 通常讨论酶促反应的反应速率时，指的是反应的_____速率，即_____时测得的反应速率。

3. pH 值影响酶活力的原因可能有以下几方面：影响_____，影响_____，影响_____。

4. 温度对酶活力的影响有以下两方面：一方面_____；另一方面_____。

二、判断题

1. 酶促反应的初速度与底物浓度无关。　　　　　　　　　　　　　　　　（　　）

2. 当底物处于饱和水平时，酶促反应的速率与酶浓度成正比。　　　　　（　　）

3. 测定酶活力时，底物浓度不必大于酶浓度。　　　　　　　　　　　　（　　）

4. 测定酶活力时，一般测定产物生成量比测定底物消耗量更为准确。　　（　　）

5. 由 1g 粗酶制剂经纯化后得到 10mg 电泳纯的酶制剂，那么酶的比活力较原来提高了 100 倍。　　　　　　　　　　　　　　　　　　　　　　　　　　　　　　　（　　）

6. 酶反应的最适 pH 值只取决于酶蛋白本身的结构。　　　　　　　　　（　　）

三、简答题

酶活性测定条件及影响因素有哪些？

四、计算题

称取 25mg 蛋白酶配成 25mL 溶液，取 2mL 溶液测得含蛋白氮 0.2mg，另取 0.1mL 溶液测酶活力，结果每小时可以水解酪蛋白产生 $1500\mu g$ 酪氨酸，假定 1 个酶活力单位定义为每分钟产生 $1\mu g$ 酪氨酸的酶量，请计算：

（1）酶溶液的蛋白浓度及比活力。

（2）每克纯酶制剂的总蛋白含量及总活力。

项目八
物质及其变化

项目描述

在自然界中，物质运动的形式各不相同，物质的变化千姿百态又错综复杂，但归纳起来不外乎有物理变化和化学变化。在化学变化的同时，往往也伴随着物理变化。例如，化学反应常常伴随着热、电、光、声等物理现象；而温度、压力、浓度等物理性质的变化会影响化学反应的进行，例如光的照射会引起化学反应发生；原电池中电极和溶液之间进行的化学反应是产生电流的原因，而电流也可引起化学变化（电解）。这些都说明化学变化与物理变化是紧密相互联系、相互影响、互相制约的。在长期研究物理变化对化学变化影响的过程中，物理学和化学相互影响、相互渗透，逐渐形成了一门边缘学科——物理化学（physical chemistry）。因此，物理化学就是从研究物质运动的物理现象和化学现象的联系入手，应用物理学的原理和方法，通过数学演绎，研究化学变化普遍规律的科学。物理化学是研究化学的原理、方法及化学系统的一般规律和理论的科学，是化学的理论基础，故又称为理论化学。其目的是解决生产实际和科学实验向化学提出的理论问题，从而使化学更好地为生产实际服务，物理化学主要担负的任务是探讨和解决以下三个方面的问题：①化学反应的方向和限度；②化学反应的速率和机理；③物质的结构和性能之间的关系。

知识目标

1. 了解真实气体的计算方法。
2. 掌握理想气体状态方程、分压定律和分体积定律及其应用。
3. 掌握浓度与反应速率的关系。
4. 掌握浓度、温度与催化剂对化学反应速率的影响。
5. 熟悉热力学第一定律，掌握化学反应热效应的计算方法和热化学反应方程式的表示方式。
6. 掌握化学平衡状态特征，平衡常数的表达与意义，浓度、压力与温度对化学平衡的影响。

能力目标

1. 会用分压定律、分体积定律进行相关计算。

2. 能正确书写反应速率方程式，计算反应活化能。

3. 能运用盖斯定律和物质的标准摩尔生成焓、标准摩尔燃烧焓计算化学反应热效应。

4. 能用吉布斯自由能变判断化学反应的进行方向，通过计算转化率了解化学反应的限度。

任务一　气体 p、V、T 计算

 任务引领

在常温常压下，氧气是气体，水是液体，而食盐是固体。当外界条件改变时，物质可以从一种聚集状态转变成另一种聚集状态。例如在常压下将水加热到 100℃ 时，水就会变成气体——水蒸气。若降低温度到 0℃ 以下，水又会变成固体——冰。随着温度、压力的变化，各物质分子间作用力的强弱和分子运动的剧烈程度都会发生相应变化，从而导致物质聚集状态的变化。

研究物质状态及其变化规律是认识宏观事物的基础。在物质三态中，气体是物质存在的最简单形态之一，而研究气体宏观性质的变化规律相对于液体和固体比较简单，气体宏观性质研究的实验和理论探索开始比较早，也比较完整。因此，了解气体及其变化规律是学习物理化学不可缺少的基础知识。

 任务准备

1. 什么是理想气体状态方程？

2. 什么是理想气体的基本定律？

3. 什么是混合理想气体的基本定律？

4. 如何进行真实气体的计算？

 相关知识

一、理想气体状态方程式

描述理想气体 p、V、T 间关系的最简单公式即理想气体状态方程：

$$pV = nRT \tag{8-1}$$

式中　n——气体物质的量，mol；

　　　p——气体的压力，Pa（国际单位制）；

　　　V——气体在该温度下的体积，m^3；

　　　T——热力学温度，$T(K) = t(℃) + 273.15$，K；

　　　R——气体常数，$8.314 m^3 \cdot Pa/(mol \cdot K)$。

式(8-1)近似地适用于温度较高、压力较低的任何气体。可以这样定义：在任何压力下均符合这一方程的气体称为理想气体。真正的理想气体是不存在的，但是理想气体状态方程具有重要的理论意义。当实际气体在压力较低时，从微观角度可以认为：①分子间无相互作用力；②分子本身的体积为零。通常将这两点作为理想气体基本假设条件。

又由于

$$n = \frac{m}{M}$$

代入式(8-1)后得：
$$pV=\frac{m}{M}RT \qquad (8\text{-}2)$$

式中　m——气体质量，kg 或 g；

M——摩尔质量，m 和 M 注意单位上下一致，kg/mol 或 g/mol。

式(8-2)是理想气体状态方程的又一表达式。

式(8-1)、式(8-2)都表示了 n mol 理想气体在某一种状态下，p、V、T 之间的关系。如果状态发生变化，理想气体从一种状态 A 变成另一种状态 B 时，p、V、T 之间的关系也发生相应的变化：

$$\frac{p_A V_A}{T_A}=\frac{p_B V_B}{T_B}=nR \qquad (8\text{-}3)$$

利用理想气体状态方程可以进行 p、V、T、n 的相关计算。

【例 8-1】　在 25℃时，一个体积为 40.0dm³ 的氮气钢瓶在使用前压力为 12.5MPa，使用一定量的氮气后，钢瓶压力降为 10.0MPa，求所用去的氮气质量。

解：

使用前钢瓶中氮气的物质的量：

$$n_1=\frac{p_1 V}{RT}=\frac{1.25\times10^6\,\mathrm{Pa}\times40.0\times10^{-3}\,\mathrm{m}^3}{8.314\mathrm{J/(mol\cdot K)}\times(273.15+25)\mathrm{K}}=202\mathrm{mol}$$

使用后钢瓶中氮气的物质的量：

$$n_2=\frac{p_2 V}{RT}=\frac{10.0\times10^6\,\mathrm{Pa}\times40.0\times10^{-3}\,\mathrm{m}^3}{8.314\mathrm{J/(mol\cdot K)}\times(273.15+25)\mathrm{K}}=161\mathrm{mol}$$

128. 理想气体状态方程式

所用氮气的质量：

$$m=(n_1-n_2)M=(202-161)\mathrm{mol}\times28.0\mathrm{g/mol}=1.1\times10^3\mathrm{g}=1.1\mathrm{kg}$$

【例 8-2】　在温度为 300K 时，于一体积为 200L 的钢瓶中盛有 CO_2，其压力为 253kPa，试求其质量。已知 $T=300\mathrm{K}$，$V=200\mathrm{L}=0.200\mathrm{m}^3$，$M=44\mathrm{g/mol}$，$p=253\mathrm{kPa}$，$R=8.314$ m³·Pa/(mol·K)。

解：

根据 $pV=nRT$，$n=\dfrac{m}{M}$ 可求得 CO_2 的质量为：$m=V\dfrac{pM}{RT}=0.893\mathrm{kg}$

运用理想气体状态方程进行计算时，应注意各变量单位的一致性。R 的单位由 p 和 V 决定。p 和 V 所取单位不同，R 的单位及数值也随之不同，见表 8-1。

表 8-1　不同单位和数值的气体常数

单位	L·atm/(mol·K)	J/(mol·K)	m³·Pa/(mol·K)
R 的数值	0.08206	8.314	8.314

注：1atm=101325Pa。

二、理想气体的基本定律

由理想气体的状态方程可以推导出以下三个基本定律：

(1) Boyle 定律　在恒温下，一定量气体的体积 V 与其压力 p 成反比，$pV=$ 常数（恒温下）。

(2) Gay-Lussac 定律　在恒压下，一定量气体的体积 V 与其热力学温度 T 成正比，$V/T=$ 常数（恒压下）。

(3) Avogardo 定律　在同温同压下，1mol 任何气体占有相同的体积（在1atm 及 0℃时

体积为 $0.022414m^3$）。也可表述为：同温同压下同体积的气体含有相同数目的分子，$V=$ 常数（恒温恒压下）。

【例 8-3】 一活塞开始时 $p=101.3kPa$，$V=5\times10^{-2}m^3$，当把压力增大到 $p=2\times 101.3kPa$，体积为多少？

解：

温度 T 和气体物质的量不变，根据 Boyle 定律可得：

$$p_A V_A = p_B V_B$$

则

$$V_B = \frac{p_A V_A}{p_B} = \frac{101300\times5\times10^{-2}}{2\times101300} = 2.5\times10^{-2}(m^3)$$

129. 理想气体
的基本定律

三、 混合理想气体的基本定律

自然界中存在的气体很少是纯净的，对于气体混合物又如何描述呢？通常用两种方法：利用分压力来描述；利用分体积来描述。

（1）混合理想气体的组成 混合理想气体中的各组分含量，用摩尔分数 y_B 来表示〔也可以用 $y(B)$ 表示〕。

$$y_B = \frac{n_B}{n} \tag{8-4}$$

式中 y_B——混合气体中任一组分 B 的摩尔分数，无量纲；

n_B——混合气体中任一组分 B 的物质的量，mol；

n——混合气体总的物质的量，mol。

对于任意混合气体：

$$\sum_B y_B \equiv 1$$

【例 8-4】 在 300K、748.3kPa 下，某气柜中有 0.140kg 氢气、0.020kg 二氧化碳，求氢气和二氧化碳的摩尔分数。

解： $n(H_2)=140/28=5(mol)$ $n(CO_2)=20/2=10(mol)$

n 总 $=n(H_2)+n(CO_2)=15mol$

$y(H_2)=5/15=0.333$ $y(CO_2)=1-0.333=0.667$

（2）分压定律 1801 年道尔顿（Dalton）提出分压定律：低压混合气体的总压力，等于处在同样体积和相同温度下各种气体单独存在时的压力之和，又称道尔顿气体分压定律。其数学表达式为：

$$p = \sum_B p_B \tag{8-5}$$

式中，p_B 为组分 B 的分压。

根据理想气体的状态方程可以推导出：

$$p_B = \frac{n_B RT}{V} = \frac{n_B}{n}\times\frac{nRT}{V} = y_B p \tag{8-6}$$

即混合气体中，各组分气体的分压等于该组分气体的摩尔分数与总压的乘积，这是分压定律的另一种表达形式。

【例 8-5】 在 300K 时，将 101.3kPa、$2.00\times10^{-3}m^3$ 的氧气与 50.65kPa、$2.00\times 10^{-3}m^3$ 的氮气混合，混合后温度为 300K，总体积为 $4.00\times10^{-3}m^3$，求总压力为多少？

解： 各组分混合前后体积变化，不能直接用分压定律计算。但温度不变，可用 Boyle 定律将各组分的压力换算为混合气体的总体积下的压力，再用分压定律求出总压力。

$$p_1V_1 = p_2V_2 \qquad p_2 = p_1V_1/V_2$$

$$p(O_2) = 101.3 \times 10^3 \times 2.00 \times 10^{-3}/(4.00 \times 10^{-3}) = 50.65(\text{kPa})$$

$$p(N_2) = 50.65 \times 10^3 \times 2.00 \times 10^{-3}/(4.00 \times 10^{-3}) = 25.325(\text{kPa})$$

$$p = p(O_2) + p(N_2) = 75.975\text{kPa}$$

即总压力为 75.975kPa。

（3）分体积定律　分体积是指各组分气体和混合气体以相同的压力单独存在时所占的体积。混合理想气体的总体积，等于各气体在同温度、同压力下单独存在时的体积（分体积）之和。它是由阿玛格（Amage）首先提出的，故又称为阿玛格气体分体积定律。

用数学式表示：

$$V = \sum_B V_B \tag{8-7}$$

式中，V_B 为组分 B 的分体积，也可以写成 $V(B)$。

根据理想气体的状态方程可以推导出：

$$V_B = \frac{n_B RT}{p} = \frac{n_B}{n} \times \frac{nRT}{p} = y_B V \tag{8-8}$$

即混合气体中，各组分气体的分体积等于该组分气体的摩尔分数与总体积的乘积。这是分体积定律的另一种表达形式。

任一组分的分体积与混合气体总体积之比称为该组分的体积分数。在理想气体中，同一种气体的压力分数、体积分数和摩尔分数是相等的，即

$$\frac{p_B}{p} = \frac{V_B}{V} = \frac{n_B}{n} = y_B \tag{8-9}$$

【例 8-6】　某厂锅炉的烟囱每小时排放 573Nm^3（STP）的废气，其中 CO_2 的含量为 23.0%（摩尔分数），求每小时排放 CO_2 的质量。已知：$V = 573\text{m}^3$，$T = 273.15\text{K}$，$p = 101325\text{Pa}$，$y(CO_2) = 0.23$。

解：

$$V(CO_2) = y(CO_2)V = 0.23 \times 573 = 132(\text{m}^3)$$

根据 $pV = nRT$

$$n(CO_2) = pV(CO_2)/(RT) = 101325 \times 132/(8.314 \times 273.15) = 5.89 \times 10^3(\text{mol})$$

$$m(CO_2) = n(CO_2)M(CO_2) = 5.89 \times 10^3 \times 44 = 2.59 \times 10^5(\text{g}) = 259(\text{kg})$$

【例 8-7】　设有一混合气体，压力为 100kPa，其中含 CO_2、O_2、C_2H_4、H_2 四种气体，用奥氏气体分析仪进行分析，气体取样为 $100.0 \times 10^{-3}\text{L}$，首先用 NaOH 溶液吸收 CO_2，吸收后剩余气体为 $97.1 \times 10^{-3}\text{L}$，接着用焦性没食子酸溶液吸收 O_2 后，还剩余气体 $96.0 \times 10^{-3}\text{L}$，再用浓硫酸吸收 C_2H_4，最后尚余 $63.2 \times 10^{-3}\text{L}$。试求各种气体的体积分数及分压。

解：

各种气体的分体积分别为：

$$V(CO_2) = (100.0 - 97.1) \times 10^{-3}\text{L} \qquad V(O_2) = (97.1 - 96.0) \times 10^{-3}\text{L}$$

$$V(C_2H_4) = (96.0 - 63.2) \times 10^{-3}\text{L} \qquad V(H_2) = 63.2 \times 10^{-3}\text{L}$$

由于气体处于低压下，可近似按理想气体计算，各种气体的体积分数分别为：

$$y(CO_2) = \frac{V(CO_2)}{V} = \frac{(100.0 - 97.1) \times 10^{-3}}{100.0 \times 10^{-3}} = 0.029$$

$$y(O_2) = \frac{V(O_2)}{V} = \frac{(97.1 - 96.0) \times 10^{-3}}{100.0 \times 10^{-3}} = 0.011$$

$$y(C_2H_4) = \frac{V(C_2H_4)}{V} = \frac{(96.0-63.2)\times10^{-3}}{100.0\times10^{-3}} = 0.328$$

$$y(H_2) = \frac{V(H_2)}{V} = \frac{63.2\times10^{-3}}{100.0\times10^{-3}} = 0.632$$

根据分压定律可得各种气体的分压为：

$$p(CO_2) = y(CO_2)p = 0.029\times100 = 2.9(kPa)$$
$$p(O_2) = y(O_2)p = 0.011\times100 = 1.1(kPa)$$
$$p(C_2H_4) = y(C_2H_4)p = 0.328\times100 = 32.8(kPa)$$
$$p(H_2) = y(H_2)p = 0.632\times100 = 63.2(kPa)$$

四、真实气体的计算

前面所导出的状态方程，如道尔顿分压定律和阿玛格分体积定律都是理想气体的定律。真实气体只有在低压下才能遵守这些规律，而在温度较低、压力较高的情况下，真实气体应用这些规律时，将产生较大的偏差。这就必须研究真实气体的 p、V、T 关系。

（1）真实气体与理想气体的偏差　真实气体对理想气体产生偏差的原因主要有两个方面：

第一，理想气体本身没有体积，但真实气体的分子体积确实是存在的，只是在高温低压下气体十分稀薄，气体本身体积与它运动空间相比可以忽略不计。反之，在低温高压下，真实气体分子本身体积就不能忽略了。如以 N_2 分子为例，把 N_2 分子看作球形时，每个分子的体积 $V_1 = \frac{4}{3}\pi r^3 = 14\times10^{-30}\,m^3$，$1mol\ N_2$ 分子本身体积为 $V = 6.02\times10^{23}V_1 = 8.4\times10^{-6}\,m^3$，在标准状况（$0℃$、$101.3kPa$）下，$1mol\ N_2$ 的体积为 $22.4\times10^{-3}\,m^3$，其分子本身体积只占气体总体积的 3×10^{-4}。当压力增加到 $1000\times101.3kPa$ 时，气体总体积缩小为 $22.4\times10^{-6}\,m^3$，那么分子本身体积约占总体积的 $1/3$。显然，高压下分子本身体积不能忽略。

第二，理想气体分子间没有作用力，但真实气体分子间确实有作用力存在，而且以分子间吸引力为主。在温度较高时，由于分子运动剧烈，分子运动的动能较大，相对而言，分子间的作用力可以忽略。另外，在压力较低时，气体密度较小，分子间距较大，分子间引力也可忽略不计。然而，在低温或高压下分子间的作用力不能忽略。

（2）范德华方程　1881 年范德华（Van der Waals）在前人研究的基础上，考虑到真实气体与理想气体行为的偏差，在修正理想气体状态方程时，在体积和压力项上分别提出了两个修正因子 a 和 b，从而使该状态方程式能适用于多数真实气体。

对于真实气体来说，因为要考虑分子本身的体积，所以 $1mol$ 气体分子自由活动的空间已不是 V_m，而要从 V_m 中减去一个与气体分子本身体积有关的修正项 b，即把 V_m 换成 $V_m - b$。常数 b 与气体的种类有关。

在 $pV_m = RT$ 方程中，p 是指理想气体分子间无引力时，气体分子碰撞容器壁所产生的压力。但由于真实气体分子间引力的存在，所产生的压力要比无引力时小。若真实气体表现出来压力为 p，换算为没有引力时（作为理想气体）的压力应该为 $p + \frac{a}{V_m^2}$。范德华把 $\frac{a}{V_m^2}$ 项称为分子内压，它反映分子间引力对气体压力所产生的影响。

经过两项修正，真实气体可看作理想气体加以处理。用 $V_m - b$ 代替理想气体状态方程中的 V_m，以 $p + \frac{a}{V_m^2}$ 代替理想气体状态方程中的 p，即得范德华方程表达式为：

$$\left(p+\frac{a}{V_m^2}\right)(V_m-b)=RT \qquad (8\text{-}10)$$

对于 $n\,mol$ 气体，范德华方程表达式还可表达为：

$$\left(p+a\,\frac{n^2}{V^2}\right)(V-nb)=nRT \qquad (8\text{-}11)$$

130. 范德华方程

以上两式中的 a、b 分别是与气体种类有关的物性常数，统称为气体的范德华常数。它们分别与气体分子间作用力和分子体积的大小有关。a 和 b 的单位分别是 $Pa\cdot m^6/mol^2$ 和 m^3/mol。值得注意的是，当压力和体积单位改变时，这些常数的数值也会改变。表 8-2 列出了一些气体的范德华常数。

表 8-2 范德华常数

物质	$a/(Pa\cdot m^6/mol^2)$	$b/(m^3/mol)$	物质	$a/(Pa\cdot m^6/mol^2)$	$b/(m^3/mol)$
H_2	0.0247	0.0266×10^{-3}	N_2	0.141	0.0391×10^{-3}
He	0.00346	0.0237×10^{-3}	O_2	0.138	0.0381×10^{-3}
CH_4	0.228	0.0428×10^{-3}	Ar	0.235	0.0398×10^{-3}
NH_3	0.423	0.0371×10^{-3}	CO_2	0.364	0.0427×10^{-3}
H_2O	0.553	0.0305×10^{-3}	CH_3OH	0.965	0.0067×10^{-3}
CO	0.151	0.0399×10^{-3}	C_6H_6	1.824	0.0154×10^{-3}

（3）对比状态原理和普遍化压缩因子图

① 对比状态原理 液体的饱和蒸气压随温度的升高而增大，因而温度越高，使气体液化所需的压力越大。实验证明，每种液体都存在一个特定的温度，在该温度以上，无论施加多大的外压，都不可能使气体液化。该温度称为临界温度（critical temperature），用 T_c（或 t_c）表示。所以，临界温度是使气体能够液化所允许的最高温度。在临界温度 T_c 时，使气体液化所需要的最小压力称为临界压力（critical pressure），以 p_c 表示。在临界温度和临界压力下，物质的摩尔体积称为临界摩尔体积，以 $V_{m,c}$ 表示。

T_c、$V_{m,c}$、p_c 统称为临界常数，由 T_c、$V_{m,c}$、p_c 决定的状态称为临界状态（critical state）。T_c、$V_{m,c}$、p_c 由各物质的特性确定。真实气体状态中的物性常数，都可以用临界常数来表达。如范德华方程式中，$a=\dfrac{27R^2T_c^2}{64p_c}$，$b=\dfrac{RT_c}{8p_c}$。$p\geqslant p_c$，$T\leqslant T_c$ 为气体液化的充要条件。

实际气体，除了 $p\text{-}V\text{-}T$ 关系不符合理想气体状态方程外，还能靠分子间引力的作用凝聚为液体，这种过程称为液化或凝结。生产上气体液化的途径有两条：一是降温；二是加压。在临界温度 T_c 和临界压力 p_c 下，$1\,mol$ 气体所占有的体积称为临界体积 V_c。

各种实际气体虽然性质不同，但在临界点时却有一共同性质，即临界点处的饱和蒸气与饱和液体无区别。以临界参数为基准，将气体的 p、V_m、T 分别除以相应的临界参数，则对比压力为 $p_r=\dfrac{p}{p_c}$，对比温度为 $T_r=\dfrac{T}{T_c}$，对比体积为 $V_r=\dfrac{V_m}{V_c}$。式中，p_r、V_r、T_r 统称为对比状态参数，分别称为对比压力（reduced pressure）、对比体积（reduced volume）、对比温度（reduced temperature），又统称为气体的对比参数（reduced constants）。注意：对应温度必须使用热力学温度。对应参数反映了气体所处状态偏离临界点的倍数，三个量的量纲均为 1。

范德华指出，各种不同的气体，只要有两个对应参数相同，则第三个对应参数必定（或大致）相同，这个关系称为对比状态原理（theory of corresponding state），具有相同对应参数的气体处于相同的对比状态（corresponding state）。

② 普遍化压缩因子图　气体处于 p、T 时，若用理想气体状态方程计算，1mol 气体的体积 $V_{m,理想} = RT/p$。而实际气体在相同 p、T 时的实测体积为 $V_{实际}$。两者的差异即反映出实际气体对于理想气体的偏离程度，用压缩因子 Z 来度量。令压缩因子：

$$Z = V_{m,实际}/V_{m,理想} \tag{8-12}$$

将 $V_{m,理想} = RT/p$ 代入式（8-12），可得 $pV_{m,实际} = ZRT$。

当物质的量为 n 时，得：

$$pV = ZnRT \tag{8-13}$$

理想气体在任何温度、压力下的 Z 值均等于 1。实际气体则 $Z \neq 1$，当 $Z > 1$ 时为正偏差，当 $Z < 1$ 时为负偏差。Z 的数值与气体种类、温度、压力有关。当压力趋于零时，任何温度下各种气体的 Z 值都趋于 1。

根据对比状态原理，不同气体处于对应状态下，其 Z 值应大致相同，与气体的本性无关。实验事实证实了这个结论，故若将 Z 表达为 p_r、T_r 的函数 $Z = f(p_r, T_r)$，则可适用于所有的实际气体。

荷根（O. A. Haugen）及华德生（K. M. Watson）在 20 世纪 40 年代用若干种无机、有机气体实验数据的平均值，绘出了图 8-1。图 8-1 的纵坐标是 Z，横坐标是 p_r，图中的曲线是 T_r 线，即同一曲线上每一点的对比温度都是相同的。此图称为双参数普遍化压缩因子图。任何气体在任意给定的 T、p 下，只要将 T 换算为 T_r，将 p 换算为 p_r，就可在图上读得 Z 值。普遍化压缩因子图是根据实验得来的，能在相当大的压力范围内得到满意的结果。T、p 是容易测定的物理量，而用 Z 方法求 V 又是最方便的。因此，各种工程计算常常采用普遍化压缩因子图（图 8-1）。

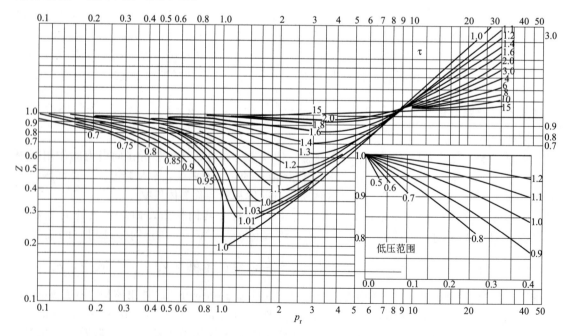

图 8-1　双参数普遍化压缩因子图

【例 8-8】　1mol 的 N_2 在 0℃ 时体积为 $70.3 \times 10^{-6} m^3$，分别：①按理想气体状态方程计算压力；②按范德华方程式计算压力；③已知实测值为 40.53MPa，计算上述两种方法的相对误差。

解：① 按理想气体状态方程计算

$$p = \frac{RT}{V_m} = \frac{8.314 \times 273.15}{70.3 \times 10^{-6}} = 32.3 (MPa)$$

131. 压缩因子

② 按范德华方程式计算

查得：

$$a = 0.141 Pa \cdot m^6/mol^2$$
$$b = 0.0391 \times 10^{-3} m^3/mol$$

$$p = \frac{RT}{V_m - b} - \frac{a}{V_m^2} = \frac{8.314 \times 273.15}{70.3 \times 10^{-6} - 39.1 \times 10^{-6}} - \frac{0.141}{(70.3 \times 10^{-6})^2} = 44.3 (MPa)$$

③ 两种方法的相对误差

$$相对误差1 = \frac{32.3 - 40.53}{40.53} \times 100\% = -20.3\%$$

$$相对误差2 = \frac{44.3 - 40.53}{40.53} \times 100\% = 9.3\%$$

可见，用范德华方程式计算的相对误差明显较小，更接近实际情况。

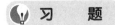 习　题

一、选择题

1. 理想气体模型的基本特征是（　　）。

A. 分子不断地做无规则运动，它们均匀分布在整个容器中

B. 各种分子间的作用力相等，各种分子的体积大小相等

C. 所有分子都可看作一个质点，并且它们具有相等的能量

D. 分子间无作用力，分子本身无体积

2. 关于物质临界状态的描述，不正确的是（　　）。

A. 在临界状态，液体和蒸气的密度相同，液体与气体无区别

B. 每种气体物质都有一组特定的临界参数

C. 在以 p、V 为坐标的等温线上，临界点对应的压力就是临界压力

D. 临界温度越低的物质，其气体越易液化

3. 对于实际气体，下面的陈述中正确的是（　　）。

A. 不是任何实际气体都能在一定条件下液化

B. 处于相同对比状态的各种气体，不一定有相同的压缩因子

C. 对于实际气体，范德华方程应用最广，并不是因为它比其他状态方程更精确

D. 临界温度越高的实际气体越不易液化

二、计算题

1. 气柜内有 121.6kPa、27℃ 的氯乙烯（C_2H_3Cl）气体 300m^3，若以 90kg/h 的流量输往使用车间，试问储存的气体能用多少小时？

2. 0℃、101.325kPa 的条件常称为气体的标准状况，试求甲烷在标准状况下的密度。

3. 一抽成真空的球形容器，质量为 25.0000g。充以 4℃ 水之后，总质量为 125.0000g。若改用充以 25℃、13.33kPa 的某烃类化合物气体，则总质量为 25.0163g。试估算该气体的摩尔质量。

4. 今有 20℃ 的乙烷-丁烷混合气体，充入一抽真空的 200cm^3 容器中，直至压力达

101.325kPa，测得容器中混合气体的质量为 0.3879g。试求该混合气体中两种组分的摩尔分数及分压力

5. 氯乙烯、氯化氢及乙烯构成的混合气体中，各组分的摩尔分数分别为 0.89、0.09 及 0.02。于恒定压力 101.325kPa 条件下，用水吸收掉其中的氯化氢，所得混合气体中增加了分压力为 2.670kPa 的水蒸气。试求洗涤后的混合气体中 C_2H_3Cl 及 C_2H_4 的分压力。

6. 把 25℃ 的氧气充入 40dm³ 的氧气钢瓶中，压力达 $202.7×10^2$ kPa。试用普遍化压缩因子图求解钢瓶中氧气的质量。

任务二   化学反应速率及测定

 任务引领

化学动力学是研究化学反应速率和反应机理的科学。它的基本任务是研究各种化学反应速率，相关的影响因素（如浓度、温度、介质、催化剂等）与反应的机理。

通过化学动力学研究，可以知道如何控制反应条件，提高主反应速率，抑制或减慢副反应速率，提高产品的产量和质量，还可以提供避免危险品的爆炸、材料腐蚀、药物分解失效、产品的老化和变质等方面的知识。

 任务准备

1. 什么是化学反应速率？
2. 如何测定化学反应速率？
3. 影响化学反应速率的外界因素有哪些？
4. 什么是活化能？

 **相关知识**

化学反应速率在实际生产中的运用是非常重要的。在有些情况下，人们希望反应速率减慢（如金属的腐蚀、某些反应的副反应等）。化学动力学的基本任务是研究化学反应速率和各种因素（如温度、浓度、催化剂、介质、光等）对反应速率的影响及化学反应进行的机理。所谓反应机理，就是反应物究竟是按什么途径，经过哪些步骤才能转化为最终产物。同时，知道了反应机理，就可以找出决定反应速率的关键，使主反应按照我们所希望的方向进行。

一、反应进度定义的反应速率

化学反应速率是衡量化学反应快慢的物理量，它同反应系统的大小（或反应物投料多少）无关。反应速率通常是以单位时间内反应物或产物的浓度变化来表示的。随着反应的进行，反应物逐渐消耗，反应速率随之减小，所以用瞬时速率表示反应速率。

对于一任意化学反应：

$$aA + bB \Longrightarrow yY + zZ$$

某时刻 t 的瞬时速率：

$$v = -\frac{dc_A}{dt} = \frac{dc_B}{dt}$$

式中，c_A、c_B 为反应物 A、产物 B 在 t 时刻的瞬时浓度，mol/L。而时间通常用秒（s）表示，因而速率 v 的单位为 mol/(L·s)。式中的负号是因为反应速率必须为正值。对反应物来说，dc_A/dt 本身为负值，加负号即为正值，而产物则不需要。注意：在反应式中，参与反应物质的系数不同时，用不同物质浓度随时间的变化率来表示反应速率的值将不同。

在上述反应式中，每消耗 a mol 的 A 时，必消耗 b mol 的 B，必生成 y mol 的 Y 和 z mol 的 Z。于是反应物浓度的减少和产物浓度的增加的速率应满足下式：

$$v = -\frac{1}{a} \times \frac{dc_A}{dt} = -\frac{1}{b} \times \frac{dc_B}{dt} = \frac{1}{y} \times \frac{dc_Y}{dt} = \frac{1}{z} \times \frac{dc_Z}{dt}$$

或用反应进度表示：

$$v = \frac{1}{v_B} \times \frac{dc_B}{dt} = \frac{1}{V} \times \frac{d\xi}{dt} \tag{8-14}$$

化学反应速率用符号 v 表示，单位为 mol/(L·s)、mol/(L·min)、mol/(L·h) 等。

在等容、等温条件下，一段时间间隔内的平均化学反应速率可以用 $\bar{v}$ 表示：

$$\bar{v} = \frac{\Delta c_i}{\Delta t} \tag{8-15}$$

式中，Δc_i 为物质 i 在时间间隔 Δt 内的浓度变化。

【例 8-9】 在 298K 时，热分解反应 $2N_2O_5 \longrightarrow 4NO_2 + O_2$ 中，各物质的浓度与反应时间的对应关系如下。

t/s	0	100	300	700
$c(N_2O_5)/(mol/L)$	2.10	1.95	1.70	1.31
$c(NO_2)/(mol/L)$	0	0.30	0.80	1.58
$c(O_2)/(mol/L)$	0	0.08	0.20	0.40

请用不同物质的浓度变化表示该化学反应在反应开始后 300s 内的反应速率。

解： 列表如下。

t/s	0	5
$c(N_2)/(mol/L)$	10	7.5
$c(H_2)/(mol/L)$	20	12.5
$c(NH_3)/(mol/L)$	0	5

$$\bar{v}(N_2O_5) = -\frac{\Delta c(N_2O_5)}{\Delta t} = \frac{1.70 - 2.10}{300 - 0} = 1.33 \times 10^{-3} [mol/(L·s)]$$

$$\bar{v}(NO_2) = \frac{\Delta c(NO_2)}{\Delta t} = \frac{0.80 - 0}{300 - 0} = 2.66 \times 10^{-3} [mol/(L·s)]$$

$$\bar{v}(O_2) = \frac{\Delta c(O_2)}{\Delta t} = \frac{0.20 - 0}{300 - 0} = 6.67 \times 10^{-4} [mol/(L·s)]$$

对同一反应来说，可以选用反应系统中任一物质的浓度变化来表示该化学反应速率。当以不同物质的浓度变化表示时，数值可能会不同，但其比值恰好等于反应方程式中各物质化学式前的计量系数之比。因此，在表示化学反应速率时必须指明具体物质。

实际上，大部分化学反应都不是等速进行的。反应过程中，系统中各组分的浓度和反应速率均随时间而变化。前面所表示的反应速率实际上是在一段时间间隔内的平均速率。在这段时间间隔内的每一时刻，反应速率是不同的。要确切地描述某一时刻的反应速率，必须使时间间隔尽量缩小，当 Δt 趋于 0 时，反应速率才趋近于瞬时速率。

二、化学反应速率测定

只有瞬时速率才能代表化学反应在某一时刻的实际速率。只要知道不同时刻所对应的反应物或产物的浓度，就可以确定反应速率。因此测定反应速率，实际上就是测定一系列时间-浓度数据，即通过实验测定不同时刻所对应的物质的浓度。按浓度的分析方法可分为化学法和物理法。

① 化学法　用化学分析的方法来测定反应过程中某时刻物质的浓度。该法是定时从反应系统中取出样品，立即用急骤降温、冲稀、取走催化剂、加入阻化剂等方法，使样品中的反应停止进行，然后分析测定出浓度。该法的优点是能直接测得不同时刻所对应的浓度的绝对值，缺点是实验操作比较费时费事。

② 物理法　由已学知识可知，每种物质都有其物理性质，它们与物质的浓度又有一定的关系，如压力、体积、颜色、吸收光谱、旋光度、电导率、介电常数、黏度、折射率等，从这些物理性质随时间的变化关系可以衡量反应速率。对于不同的反应选用不同的物理性质以及不同的方法和仪器，如色谱、光谱、折射率等。该法的优点是迅速方便，可以不停止反应体系进行连续测定，便于自动记录；可连续、迅速地测定浓度，便于自动控制和自动记录数据。其缺点是使用仪器较多时所受的干扰因素也多，可能扩大实验误差。

另外，由于物理法不是直接测定浓度，所以首先要确定所测物理性质与反应物或产物的浓度之间的关系。还应注意，如果反应体系中有副反应或少量杂质对所测量的物理性质有影响时，将造成较大的误差。相比来说，物理法比化学法更为常用。

影响反应速率的主要因素有：反应本性、反应物的浓度、温度、催化剂、光、溶剂等。对于大多数实验室研究的反应，其反应时间从数秒至数天，近几十年各种快速反应动力学技术发展很快，可以测量毫秒、微秒内发生的反应。

三、 影响化学反应速率的外界因素

化学反应速率的快慢，首先取决于反应物的性质，例如氟和氢在低温、暗处即可发生爆炸反应，而氯和氢则需要光照或加热才能化合。其次，浓度、压力、温度、催化剂等外界条件对反应速率也有较大的影响。

1. 浓度对化学反应速率的影响

大量化学反应实验证明，在一定的温度下，当其他外界条件都相同时，增大反应物浓度，会加快反应速率；而减小反应物浓度，会减慢反应速率。

对于任意化学反应，活化分子数目＝反应物浓度×活化分子百分数。温度一定时，反应物中活化分子的百分数是一定的，所以增加反应物浓度，即增加活化分子数目，单位时间内有效碰撞的次数也随之增多，因而反应速率加快；相反，若反应物浓度降低，活化分子数目减少，反应速率减慢。对气体而言，由于气体的分压与浓度成正比，因而增加反应物气体的分压，反应速率加快，反之则减慢。

化学反应中，一步就能完成的反应，称为基元反应。由两个或两个以上基元反应构成的化学反应，称为非基元反应或复杂反应。

在等温下，对于基元反应：

$$mA+nB \longrightarrow pC+qD$$

其反应速率和反应物浓度之间的关系表示为：

$$v=kc^m(A)c^n(B)$$

(8-16)

即在一定温度下，化学反应速率与各反应物浓度幂的乘积成正比（幂指数在数值上等于基元反应中反应物的计量系数)。这个规律称为质量作用定律。

式(8-16)是质量作用定律的数学表达式,也叫作反应速率方程。式中,v 为该基元反应的瞬时速率;$c(A)$、$c(B)$ 为反应物 A、B 的瞬时浓度;k 为速率常数。速率常数的大小与反应温度有关,不随反应物浓度而变化。

速率方程中,m 和 n 称为反应级数。m、n 分别为反应物 A、B 的级数,$m+n$ 为该反应的总级数。假如反应中 $m=1$,$n=2$,表示该反应的级数为 3 级。反应级数越大,反应速率越快。基元反应的级数可以为零或正整数,反应级数由实验测定。

非基元反应是通过若干个连续的基元反应实现的,其反应速率取决于最慢的一个基元反应的速率。因此,最慢基元反应的速率方程代表了总反应的速率方程。显然,对于一个非基元反应,不能根据反应方程式直接书写速率方程,必须通过实验确定其反应级数后,才能写出速率方程。

质量作用定律有一定的使用条件和范围,使用时应注意以下几点:

① 质量作用定律只适用于基元反应和构成非基元反应的各基元反应,不适用于非基元反应的总反应。

② 稀溶液中的反应,若有溶剂参与反应,其浓度不写入反应速率方程。例如,蔗糖在稀溶液中的水解反应:

$$C_{12}H_{22}O_{11} + H_2O \xrightarrow{H^+} C_6H_{12}O_6 + C_6H_{12}O_6$$

反应速率方程为:

$$v = kc(C_{12}H_{22}O_{11})$$

③ 有固体或纯液体参加的多相反应,若它们不溶于介质,则其浓度不写入反应速率方程。如煤燃烧反应 $C(s)+O_2(g)\longrightarrow CO_2(g)$ 的速率方程为 $v=kc(O_2)$。

④ 气体的浓度可用分压来代替,例如③中煤燃烧反应的速率方程可写为 $v=kp(O_2)$。

【例 8-10】 某气体反应为基元反应,A、B 为反应物,测得其实验数据如下:

实验序号	起始浓度/(mol/L)		起始速率 /[mol/(L·min)]
	$c(A)$	$c(B)$	
1	1.0×10^{-2}	0.5×10^{-3}	0.25×10^{-6}
2	1.0×10^{-2}	1.0×10^{-3}	0.50×10^{-6}
3	2.0×10^{-2}	0.5×10^{-3}	1.00×10^{-6}
4	3.0×10^{-2}	0.5×10^{-3}	2.25×10^{-6}

求该反应的反应级数 n,并写出反应的速率方程。

解:

设该反应速率方程为:

$$v = kc^m(A)c^n(B)$$

由实验 1 和实验 2 可得:

$$v_1 = kc_1^m(A)c_1^n(B)$$
$$v_2 = kc_2^m(A)c_2^n(B)$$

两式相除得:

$$\frac{v_1}{v_2} = \left[\frac{c_1(B)}{c_2(B)}\right]^n$$

即

$$\frac{0.25\times10^{-6}}{0.50\times10^{-6}} = \left(\frac{0.5\times10^{-3}}{1.0\times10^{-3}}\right)^n$$

$$n = 1$$

再由实验 3 和实验 4 得：

$$v_3 = kc_3^m(A)c_3^n(B)$$

$$v_4 = kc_4^m(A)c_4^n(B)$$

两式相除得：

$$\frac{v_3}{v_4} = \left[\frac{c_3(A)}{c_4(A)}\right]^m$$

即

$$\frac{1.0 \times 10^{-6}}{2.25 \times 10^{-6}} = \left(\frac{2.0 \times 10^{-2}}{3.0 \times 10^{-2}}\right)^m$$

$$m = 2$$

故该反应的速率方程为：

$$v = kc^2(A)c(B)$$

反应级数： $m + n = 2 + 1 = 3$

通过计算或测知某一反应级数，找出对该反应速率影响大的反应物，通过改变此反应物浓度可以更有效地改变反应速率。

2. 温度对化学反应速率的影响

温度是影响反应速率的重要因素。一般来说，温度越高，反应进行越快，温度越低，反应进行越慢。这不仅是化学实验中常见的现象，也是人们生活中的常识。例如，氢和氧化合生成水的反应，在室温下氢和氧作用极慢，以致几乎都观察不出有反应发生。如果温度升高到 700℃，它们立即发生反应，甚至发生爆炸。再如，大米泡在 25℃ 的水中做不成米饭，只有加热使水沸腾，生米变成熟饭的过程才能很快进行，而用高压锅烧饭的速率更快，因为其中水的温度更高。但有时也有例外，温度升高却引起反应速率减慢。

就目前所知，温度对反应速率的影响相当复杂，大致可分为下列几种类型（见图 8-2）：

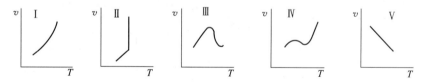

图 8-2   温度对反应速率的影响

Ⅰ. 绝大多数反应速率随温度的升高而增大。

Ⅱ. 爆炸反应，温度达到燃点时，反应速率突然增大。

Ⅲ. 某些催化反应，只有在某一温度时反应速率最大。

Ⅳ. 某些烃类化合物的氧化反应，在一定的温度范围内，温度升高，反应速率增大；在另一反应温度范围内，温度升高，反应速率反而减小。

Ⅴ. 某些反应的反应速率随温度的升高而减小。对于这类反应，如果要用阿伦尼乌斯（Arrhenius）方程去描述它的动力学数据，则必须承认活化能有负值，这在物理意义上则是难以接受的。属于这种类型的反应是气相三级反应，例如 NO 与 O_2 的反应：

$$2NO + O_2 \longrightarrow 2NO_2$$

1884 年范特荷夫根据实验结果归纳出一个表示速率常数与温度关系的近似规则，即温度每升高 10K，一般反应速率变为原来的 2～4 倍。范特荷夫规则虽然不太精确，但当数据缺乏或不需要精确的结果时，可根据范特荷夫规则近似地估计出温度对反应速率的影响。

1889 年阿伦尼乌斯在归纳了大量的实验结果后，提出了一个表示速率常数与温度关系的经验方程：

$$k = A e^{-\frac{E_a}{RT}} \tag{8-17}$$

其对数式表示为：

$$\ln k = \ln A - \frac{E_a}{RT} \tag{8-18}$$

或

$$\lg k = \lg A - \frac{E_a}{2.303RT} \tag{8-19}$$

式中，E_a 为活化能，kJ/mol；A 为指数前因子，也称频率因子或碰撞因子，其单位与速率常数的单位相同。

对于不同的反应，E_a、A 是不相同的。例如：碘化氢气体分解反应的 $E_a = 184.1$ kJ/mol，$A = 7.31 \times 10^4$ mol/(L·s) 五氧化二氮气体分解反应的 $E_a = 103.3$ kJ/mol，$A = 8.91 \times 10^4$ mol/(L·s)。

对于同一个反应，在实验温度变化范围较小时，例如 $\Delta T < 100$K，E_a、A 都是与浓度、温度无关的常数；在温度变化范围较大时，例如 $\Delta T > 1000$K，E_a、A 都是与浓度、温度有关的常数。

对式(8-19) 微分，然后对式(8-19) 由 T_1 积分到 T_2，得：

$$\lg \frac{k_2}{k_1} = \frac{E_a}{2.303R}\left(\frac{1}{T_1} - \frac{1}{T_2}\right) = \frac{E_a}{2.303R}\frac{T_2 - T_1}{T_1 T_2} \tag{8-20}$$

根据式(8-20)，已知两个温度 T_1、T_2 以及对应的速率常数 k_1、k_2 时，就可以求出活化能。或者在知道 T_1、T_2、k_1、k_2 和 E_a 中的四个数值，就可以求出最后一个。

【例 8-11】 已知某有机酸在水溶液中发生分解反应，10℃时，$k_1 = 1.08 \times 10^{-4}$ s^{-1}，60℃时，$k_2 = 5.48 \times 10^{-2}$ s^{-1}。试计算 30℃时的速率常数。

解：

由式(8-19) 变形得：

$$E_a = \frac{2.303RT_1 T_2}{T_2 - T_1}\lg \frac{k_2}{k_1}$$

代入数据得：

$$E_a = \frac{2.303 \times 8.314 \times 283 \times 333}{333 - 283}\lg \frac{5.48 \times 10^{-2}}{1.08 \times 10^{-4}} = 97.6 \text{ (kJ/mol)}$$

将 T_1、T_2、k_1 和 $E_a = 97.6$ kJ/mol 代入下式：

$$\lg \frac{k_2}{k_1} = \frac{E_a}{2.303R}\left(\frac{1}{T_1} - \frac{1}{T_2}\right) = \frac{E_a}{2.303R}\frac{T_2 - T_1}{T_1 T_2}$$

得：$k_2 = 1.67 \times 10^{-3}$ s^{-1}。

3. 催化剂对化学反应速率的影响

（1）催化剂与催化作用　在反应系统中加入少量某种物质，可使反应速率明显改变，而所加物质在反应前后的量及化学性质都没有改变，称这种物质为催化剂。许多反应都需要催化剂，特别是石油化工，如石油裂解、重整、脱氢、加氢催化剂，而通常所用的都是一些贵金属催化剂。催化剂所起的改变反应速率的作用称为催化作用。通常所指的催化多对加速反应而言，对于减慢反应的物质则称为阻化剂。阻化剂用于防止和抑制某些副反应的发生。在某些反应中，反应物本身起加速反应的作用，这种现象称为自动催化。

（2）催化反应的特征

① 催化剂加速反应的原因是催化剂参加了反应，改变了反应途径，大大降低了反应活化能，使反应速率加快。表 8-3 列出了一些反应在有催化剂和无催化剂存在两种情况下的反应活化能。在反应前后，催化剂的数量及化学性质均不改变，但由于它参加了反应，其物理性质常有改变。

② 同一反应在有无催化剂参加的情况下，总反应是相同的，即催化剂只能改变反应速率，不会影响化学平衡。因此，催化剂不能催化热力学上判断不可能发生的反应，也不能改变反应系统的平衡转化率，而只能缩短反应到达平衡的时间。

③ 催化剂除了具有改变反应速率的作用外，还具有一定的选择性，例如一种催化剂只对某一个反应或某类反应有催化作用，对其他反应没有催化作用，而且同一反应用不同催化剂的产物不同。例如乙醇蒸气的分解反应：

$$C_2H_5OH \xrightarrow[350℃]{Al_2O_3} C_2H_4 + H_2O$$

$$2C_2H_5OH \xrightarrow[140℃]{H_2SO_4} C_2H_5OC_2H_5 + H_2O$$

$$C_2H_5OH \xrightarrow[200\sim250℃]{Cu} CH_3CHO + H_2$$

表 8-3　催化反应和非催化反应的活化能

反应	$E_a/(kJ/mol)$		催化剂
	非催化反应	催化反应	
$2HI \longrightarrow H_2 + I_2$	184.1	104.6	Au
$2H_2O \longrightarrow 2H_2 + O_2$	244.8	136.0	Pt
蔗糖在盐酸中的分解	107.1	39.3	转化酶
$2SO_2 + O_2 \longrightarrow 2SO_3$	251.0	62.6	Pt
$N_2 + 3H_2 \longrightarrow 2NH_3$	334.7	167.4	$Fe-Al_2O_3-K_2O$

以上讨论的主要是均相反应，对于多相反应来说，影响反应速率的因素还有接触面积大小、扩散速率和接触机会等因素。在化工生产中，常将大块固体加工成小块或磨成粉末，以增大接触面积。对于气液反应，会将液态物质采用喷淋方式来扩大与气态物质的接触面积。也可以将反应物进行搅拌、振荡、鼓风等方式以强化扩散作用。另外，超声波、紫外光、激光和高能射线等也会对有些化学反应的速率产生较大的影响。

四、活化能

在阿伦尼乌斯方程中，活化能 E_a 出现在指数项上，对化学反应的影响非常大。

活化能的物理意义多年来有许多种解释，其中主要有碰撞理论解释方法、过渡状态理论解释方法、托尔曼（Tolman）解释方法等。碰撞理论和过渡状态理论都是针对某一具体模型的活化能的物理意义进行解释的，所以有一定的局限性。1952 年托尔曼用统计的方法，把实验测得的活化能看作反应系统中大量分子的微观量的统计平均值。因此，托尔曼的解释方法是合理准确和普遍适用的，下面对此作以简介。

在通常的条件下，反应系统都是由大量分子组成，这些分子所具有的能量大小不一致，符合玻耳兹曼能量分布定律。在反应系统中，并不是所有的分子都能发生反应，只有那些具备某一平均能量的分子才能发生反应，这些分子称为活化分子。活化分子与其他分子的差别在于它们具有较高的能量。根据气体分子运动论，温度一定，体系内分子具有一定的平均能量。但各分子所具有的能量是不同的，有些分子的能量高些，有些分子的能量低些。其中只有很少一部分具有比平均能量高得多的分子，在碰撞时才能克服分子间的斥力而充分接近，并借助能量的传递，使反应物分子的原有化学键断裂，进而形成产物的新化学键，这样就发生了化学反应。

为什么只有活化分子才能发生化学反应呢？这是由于发生反应时，需要克服分子之间的斥力，破坏分子内的化学键，这些都需要足够的能量。而活化分子具有的能量足够满足这些需要，所以能发生反应。

活化能的物理意义是活化分子的平均能量与反应物分子平均能量的差值。一定温度下，活化能愈小，活化分子分数愈大，单位时间内有效碰撞的次数愈多，反应速率愈快；反之，活化能愈大，反应速率愈慢。因为不同的反应具有不同的活化能，因此不同的化学反应有不同的反应速率，活化能不同是化学反应速率不同的根本原因。

活化能一般为正值，许多化学反应的活化能与破坏一般化学键所需的能量相近，为 $40\sim400kJ/mol$，多数在 $60\sim250kJ/mol$ 之间。活化能小于 $40kJ/mol$ 的化学反应，其反应速率极快，用一般方法难以测定；活化能大于 $400kJ/mol$ 反应，其反应速率极慢，因此难以察觉。

习　题

一、选择题

1. 关于反应级数，说法正确的是（　　）。

A. 只有基元反应的级数是正级数　　　　B. 反应级数不会小于零

C. 催化剂不会改变反应级数　　　　　　D. 反应级数都可以通过实验确定

2. 关于反应速率 r，表达不正确的是（　　）。

A. 与体系的大小无关，而与浓度大小有关　B. 与各物质浓度标度选择有关

C. 可为正值，也可为负值　　　　　　　D. 与反应方程式写法无关

3. 进行反应 $A+2D\longrightarrow3G$，在 298K 及 $2dm^3$ 容器中进行，若某时刻反应进度随时间变化率为 0.3mol/s，则此时 G 的生成速率为 [单位：$mol/(dm^3\cdot s)$]（　　）。

A. 0.15　　　　　B. 0.9　　　　　C. 0.45　　　　　D. 0.2

4. 某反应的活化能是 33kJ/mol，当 $T=300K$ 时，温度增加 1K，反应速率常数增加的百分数为（　　）。

A. 4.5%　　　　　B. 9.4%　　　　　C. 11%　　　　　D. 50%

5. 某反应进行时，反应物浓度与时间成线性关系，则此反应的半衰期与反应物最初浓度（　　）。

A. 无关　　　　　B. 成正比　　　　　C. 成反比　　　　　D. 平方成反比

6. 某反应进行时，反应物浓度与时间成线性关系，则此反应的半衰期与反应物最初浓度（　　）。

A. 无关　　　　　B. 成正比　　　　　C. 成反比　　　　　D. 平方成反比

二、计算题

1. 反应 $2NO(g)+2H_2(g)\longrightarrow N_2(g)+2H_2O$，其速率方程式对 $NO(g)$ 是二次方程，对 $H_2(g)$ 是一次方程。

(1) 写出 N_2 生成的速率方程式。

(2) 如果浓度以 mol/dm^3 表示，反应速率常数 k 的单位是多少？

(3) 写出 NO 浓度减小的速率方程式，这里的速率常数 k 和（1）中的 k 的值是否相同？两

个 k 值之间的关系是怎样的？

2. 295K 时，反应 $2NO + Cl_2 \longrightarrow 2NOCl$，其反应物浓度与反应速率关系的数据如下：

$[NO]/(mol/dm^3)$	$[Cl_2]/(mol/dm^3)$	$v_{Cl_2}/[mol/(dm^3 \cdot s)]$
0.100	0.100	8.0×10^{-3}
0.500	0.100	2.0×10^{-1}
0.100	0.500	4.0×10^{-2}

问：(1) 对不同反应物，反应级数各为多少？

(2) 写出反应的速率方程。

(3) 反应的速率常数为多少？

3. 高温时 NO_2 分解为 NO 和 O_2，其反应速率方程式为 $-v(NO_2) = k[NO_2]^2$。在 592K，速率常数是 $4.98 \times 10^{-1} dm^3/(mol \cdot s)$，在 656K，其值变为 $4.74 dm^3/(mol \cdot s)$，计算该反应的活化能。

4. 如果一反应的活化能为 117.15kJ/mol，问在什么温度时反应的速率常数 k 值是 400K 速率常数值的 2 倍。

5. $CO(CH_2COOH)_2$ 在水溶液中分解为丙酮和二氧化碳，分解反应的速率常数在 283K 时为 $1.08 \times 10^{-4} mol/(dm^3 \cdot s)$，333K 时为 $5.48 \times 10^{-2} mol/(dm^3 \cdot s)$。试计算在 303K 时，分解反应的速率常数。

6. 已知 HCl(g) 在 $1.013 \times 10^5 Pa$ 和 298K 时的生成热为 $-92.3 kJ/mol$，生成反应的活化能为 113.5kJ/mol。试计算其逆反应的活化能。

任务三　化学反应热效应计算

任务引领

合成氨生产中，每生产 1t 氨所产生的反应热约 $70 \times 10^4 kcal$。在氯碱生产流程中，氯化氢合成炉产生大量的反应热。过去无法充分利用这些热量，造成能源浪费，并影响工作环境。经过近年来的研究，如在氯碱生产流程中将氯化氢合成炉改造成钢制水夹套炉，能生产 $95 \sim 100 ℃$ 的热水，并采用热水型溴化锂吸收式冷水机组，还可生产 10℃ 的冷水。这样一方面可以提高氯化氢合成炉的生产能力，满足扩产需要；另一方面可使氯氢合成产生的余热得以有效利用，节能降耗。

任务准备

1. 什么是热力学第一定律？

2. 什么是等容热、等压热及焓？

3. 如何计算相变焓？

4. 如何计算化学反应热效应？

相关知识

一、热力学基本概念

热力学是研究自然界一切能量（如热能、电能、化学能、表面能等）相互转化的规律和能量转化对物质性能影响的一门科学。

热力学研究的对象是大量分子、原子、离子等物质微粒组成的宏观集合体。热力学的理论基础是热力学第一定律、第二定律和第三定律，这三个定律是人们生活实践、生产实践和科学实验的经验总结。它们既不涉及物质的微观结构，也不能用数学方法加以推导和证明。但它们的正确性已被无数次的实验结果所证实，而且从热力学严格导出的结论都是非常精确和可靠的。

1. 系统与环境

在热力学中，将所研究的那部分物质和空间称为系统，而将系统以外的、与其密切相关的其余物质和空间称为环境。系统与环境之间有一个明显的或假想的界面存在。根据系统与环境之间交换物质和能量情况的不同，将系统分为三种：

（1）孤立系统　系统与环境之间既没有物质交换，也没有能量交换，环境与系统彼此不影响。

（2）封闭系统　系统与环境之间可以通过界面交换能量，而没有物质的交换。但是，这并不意味着系统内部不能因发生化学反应而改变其组成。

（3）敞开系统　系统与环境之间可以通过界面进行能量和物质的交换。

例如：一个具有绝热盖子的保温瓶，内装有热水。现以瓶内的热水为系统，瓶加盖使水不能蒸发且保温良好，则形成孤立系统；瓶加盖使水不能蒸发，但保温性能不好，则形成封闭系统；打开盖子让瓶中的热水蒸发掉一些且保温性能也不好，则是敞开系统。

事实上，自然界并无绝对不传热的物质，所以孤立系统完全是一个理想化的模型，客观上并不存在。热力学上有时把系统和环境加在一起的整体看成孤立系统。

热力学系统是由大量粒子组成的宏观集合体。这个集合体所表现出来的各种宏观性质，如体积、压力、温度、密度、黏度、比热容、表面张力等，都是可以描述系统的状态及其变化的热力学性质。它们可分为两大类：

（1）广度性质　此类性质的数值与系统中物质的数量成正比，具有加和性，例如质量、体积、能量等。

（2）强度性质　此类性质的数值与系统中物质的数量无关，不具有加和性，例如密度、温度、压力、黏度、表面张力等。

系统的某一广度性质除以系统的总数量或总质量，就变成系统的强度性质。例如：体积和热容是广度性质，但摩尔体积和摩尔热容是强度性质。

2. 系统的状态与状态函数

系统的状态：热力学系统的状态就是系统的所有宏观性质的综合表现。当系统的所有物理性质和化学性质（如质量、压力、温度、体积、聚集状态、组成等）都有一个确定的数值时，就称系统处于一定的状态。

在热力学中，通常把能够确定系统状态的各种宏观参量称为状态函数。

由于能够确定系统状态的各种宏观参量之间都是相互关联的，其中某一参量发生变化时会使另一些参量也随之而变，这种宏观参量之间互动的函数关系用数学式表示出来，称为状态方程。

例如，一定量的纯理想气体的状态方程表示为：

$$V = f(T, p) = \frac{nRT}{p}$$

它表示了宏观参量 V、T、p 和 n 之间的函数关系。

3. 过程与途径

（1）过程　在一定条件下，系统从一个状态变化到另一个状态的经过称为过程，而完成这个过程的具体步骤称为途径。根据变化过程发生时的条件，通常将热力学过程分别命名为：

① 等容过程　系统的体积不发生变化（$V_2 = V_1$）。例如，在封闭容器中进行的过程。

② 等压过程　系统的压力不发生变化，即 $p_{始}=p_{终}=p_{环}$（$p_{环}$ 是不变的）。例如，在敞开的炉中进行的冶炼过程。

③ 等温过程　系统的温度不发生变化，即 $T_{始}=T_{终}=T_{环}$。例如，水的沸腾是在 $100℃$ 下（$101325Pa$）进行的。

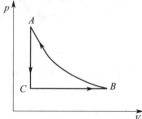

图 8-3　He 的循环过程示意图

④ 绝热过程　由始态到终态，系统与环境之间无热量交换。

⑤ 循环过程　系统经过一系列变化又恢复到始态，或者说始态就是终态。根据状态函数的特点，循环过程所有状态函数的变化量应等于零。

例如：1mol He 的循环过程（见图 8-3）。

A 点（$p=101325Pa$，$T=273K$，$V=22.4dm^3$）；

B 点（$p=50362Pa$，$T=273K$，$V=44.8dm^3$）；

C 点（$p=50662Pa$，$T=136.58K$，$V=22.46m^3$）。

上述过程是化学热力学中的主要过程。

当然，这些条件也可以有两种或两种以上同时存在。例如，等温等压过程、等温等容过程。

热力学对状态与过程的描述常用方块图法。方块表示状态，箭头表示过程。例如，将 1mol 25℃ 液体水加热到 60℃ 的过程，以图 8-4 表示。该方法的优点是不仅描述了系统的状态变化，而且表示了变化的条件。

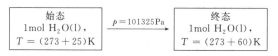

图 8-4　水的加热过程示意图

（2）途径　完成一个过程的具体步骤，称为途径。

例如：一定量的理想气体（见图 8-5）。

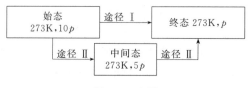

图 8-5　途径

途径 1：反抗 p，膨胀（一次膨胀）。

途径 2：先反抗 $5p$，膨胀到中间态，再反抗 p，膨胀。

又如：C 与 O_2 反应生成 CO_2。

途径Ⅰ：$C+O_2 \longrightarrow CO_2$

途径Ⅱ：$C+1/2O_2 \longrightarrow CO+1/2O_2 \longrightarrow CO_2$

（3）过程与途径的关系　过程与途径的关系如同上楼与电梯、楼梯的关系，1 个人从 1 楼到 12 楼，这个变化为过程。坐电梯到达 12 楼是一种途径，爬楼梯到达 12 楼也是一种途径，坐电梯到 6 楼，再从 6 楼爬楼梯到达 12 楼又是一种途径。

过程和途径一般不必严格区分，有时将途径中的每一步骤亦称为过程。

4. 热和功

热和功是系统状态发生变化时，与环境交换能量的两种不同形式。只有系统进行某一过程时，才能以热或功的形式与环境进行能量的交换。因此，热和功不仅与系统始、末状态有关，而且还与系统状态变化时所经历的途径有关，故将热和功称为途径函数。

系统与环境之间由于存在温度差而传递的能量称为热，以符号 Q 表示，单位为 J。热力学中规定，Q 的数值以环境的实际得失能量来衡量，热的传递方向用 Q 值的正、负来表示：若系统吸热，规定 Q 值为正，即 $Q > 0$；若系统放热，规定 Q 值为负，即 $Q < 0$。

除热之外，系统与环境之间交换的其他形式的能量均称为功。功的符号为 W，单位为 J。规定 $W > 0$ 时，环境对系统做功；$W < 0$ 时，系统对环境做功。

在热力学中，通常将功分为体积功和非体积功两种。体积功（又称膨胀功）是在一定的环境压力之下，系统的体积发生变化而与环境交换的能量。除体积功之外的一切其他形式的功（如电功、表面功等）统称非体积功（又称其他功、非膨胀功），以符号 W' 表示。在热力学研究中，体积功最为常见。下面讨论体积功的计算。

体积功是系统反抗环境压力而使体积发生改变的功，对于一无限小的变化，有：

$$\delta W = -p_{环} \, \mathrm{d}V \tag{8-21}$$

若系统由始态（p_1、V_1、T_1）经过某过程至终态（p_2、V_2、T_2），则全过程（即整个途径）的体积功应当是系统各无限小体积变化与环境交换的功之和：

$$W = -\sum_{V_1}^{V_2} \delta W = -\int_{V_1}^{V_2} p_{环} \, \mathrm{d}V \tag{8-22}$$

对于等压过程，式(8-22)可简化为：

$$W = -p_{环}(V_2 - V_1) \tag{8-23}$$

一般来说，系统中只有气相存在，系统的体积功发生明显变化时才考虑体积功。而对于无气相存在的系统，通常不予考虑。

【例 8-12】　将 1mol 压力为 3.039×10^5 Pa 的理想气体置于气缸中，在 300K 下进行等温膨胀，且抗衡外压 1.013×10^5 Pa，一次膨胀至外压为 1.013×10^5 Pa。计算这一过程所做体积功。

解：

$$W = -p_{环}(V_2 - V_1) = -p_{环}\left(\frac{RT}{p_2} - \frac{RT}{p_1}\right) = -p_{环} RT\left(\frac{1}{p_2} - \frac{1}{p_1}\right)$$

$$= 1.013 \times 10^5 \times 8.314 \times 300 \times \left(\frac{1}{1.013 \times 10^5} - \frac{1}{3.039 \times 10^5}\right)$$

$$= -1663(\mathrm{J})$$

等温等压下化学反应系统的体积功计算公式：

$$W = -(n_2 - n_1)RT = -\Delta n_g RT$$

其中，忽略了液态、固态物质的体积。

二、 热力学第一定律及应用

热力学第一定律就是普遍的能量守恒与转化原理在热力学系统中的具体形式。

设有一不做整体运动的封闭系统，从状态 A 变到状态 B 有许多不同的途径。结果发现，只要系统的始态 A 和终态 B 确定，途径不同，功（W）与热（Q）不同，但 $Q + W$ 的值却不变。这一事实表明，$Q + W$ 的值只决定于系统的始态和终态，与途径无关。于是根据状态函数的特征，必定存在着某一状态函数，它的变化值等于 $Q + W$。这一状态函数称为热力学能，又称为内能，用符号 U 表示，它是广度量，具有加和性。

当系统从平衡态 A 经任一过程变到另一平衡态 B 时，系统的热力学能的改变量（$\Delta U = U_2 - U_1$）就等于在该过程中系统从环境吸收的热量 Q 与环境对系统所做的功之和。根据能量守恒原理，其数学表达式为：

$$U_1 + Q + W = U_2 \text{（封闭系统，任何过程）} \tag{8-24}$$

即　　　　　　　　　　　$\Delta U = Q + W$（封闭系统，任何过程）　　　　　　　　　(8-25)

对于无限小的状态变化，则有：

$$dU = \delta Q + \delta W \text{（封闭系统，微变过程）} \tag{8-26}$$

热力学第一定律的实质是能量守恒，即封闭系统中的热力学能不会凭空产生或消失，只能以不同的形式等量相互转化。因此，热力学第一定律也可表达为：第一类永动机是不可能造成的。所谓第一类永动机（perpetual engine of the first kind），指的是无须提供任何能量就可以不断对外做功的假想机器。这种机器违反了能量守恒定律，因此是不可能造成的。

等容过程中体积不变，即 $dV = 0$，所以 $\delta W = p dV = 0$，对 $\delta W = 0$ 进行积分后得 $W = 0$。当 $W = 0$ 时，由 $\Delta U = Q + W$ 可以得知，$\Delta U = Q$。即在等容过程中，做功为零，热力学能的增加等于系统所吸收的能量，而热力学能的减少就等于系统所放出的能量。

等压过程中有 $p = p_{环} = $ 常数，且理想气体服从 $pV = nRT$ 的关系，故：

$$W = -nR(T_2 - T_1) \tag{8-27}$$

根据式(8-27)得出 W 后，只要知道 ΔU 和 Q 中的任何一个量，就可以求出另外一个量。

【例 8-13】　气缸中总压力为 101.3kPa 的氢气和氧气混合物，经点燃化合生成液态水，系统的体积在恒定外压 101.3kPa 下增加了 3.08dm^3，同时对环境放热 550J，求系统此过程前后内能的变化。

解：取气缸内的物质和空间为系统。

$$p_{外} = 101.3\text{kPa} \qquad Q = -550\text{J} \qquad \Delta V = V_2 - V_1 = 3.08\text{dm}^3$$

$$W = -p_{环}(V_2 - V_1) = -101.3 \times 10^3 \times 3.08 \times 10^{-3} = -312(\text{J})$$

$$\Delta U = Q + W = -550 - 312 = -862(\text{J})$$

【例 8-14】　在 p 和 373.2K 下，当 1mol $H_2O(l)$ 变成 $H_2O(g)$ 时需吸收热量 40.65J。将 $H_2O(g)$ 看作理想气体，试求系统的 ΔU。

解：$Q = 40.65\text{J}$

$$W = -p_{环} \Delta V = -p[V_m(g) - V_m(l)] = -pV_m = -RT = -8.314 \times 373.2 = 3.10(\text{kJ})$$

$$\Delta U = Q + W = 40.65 - 3.10 = 37.55(\text{kJ})$$

从环境吸热 40.65kJ，用于两个方面，一方面增加内能 37.55kJ，另一方面又以功的形式传递给环境 3.10kJ。

以上两个例题涉及等温等压条件下的相变过程。

所谓相是系统中性质完全相同的均匀部分。如 0℃、正常压力下水和冰平衡共存，尽管它们的化学组成相同，但物理性质不同，所以水为一相——液相（l），冰为另一相——固相（s）。物质从一种相变为另一种相称为相变化，如液体的蒸发（vap），固体的熔化（fus），固体的升华（sup），固体的晶型转变等。相变可在一定温度和压力下可逆地进行。一般地说，相变热是指一定量的某种物质在某温度和其平衡压力下可逆相变的热效应。因为是在等压且不做非体积功条件下进行的，所以热效应等于相变热，且体积功为：

$$W = -p_{环}(V_2 - V_1)$$

式中　V_1——始态的体积，即相变以前的体积；

　　　V_2——终态的体积，即相变以后生成的新相体积。

对于液体蒸发过程有：　　　　　　$Q = \Delta H_{蒸发}$

$$W = -p_{环}(V_g - V_1) \tag{8-28}$$

当物质的量一定时，气相体积 V_g 远远大于液相体积 V_1 时，若视蒸气为理想气体，则有：

$$W \approx -pV_g = -nRT \tag{8-29}$$

对于固体升华过程有：

$$Q = \Delta H_{升华}$$

$$W = -p_环(V_g - V_s) \approx -p_环 V_g = -nRT \tag{8-30}$$

化学反应是在等温等压条件下进行的，体积功的计算可代入 $W = -p_环(V_2 - V_1)$ 来计算。固、液体的体积与气体体积相比较，可以忽略不计，只考虑气体的体积。故得：

$$W = -p_环(V_{产物} - V_{反应物}) \approx -p_环(V_{产物,g} - V_{反应物,g}) = -[(n_g RT)_{产物} - (n_g RT)_{反应物}]$$

$$W = -\Delta n_g RT \tag{8-31}$$

式中，Δn_g 为化学反应方程式产物气体的总物质的量减去反应物气体的总物质的量。

如 $\Delta_{vap} H$、$\Delta_{fus} H$、$\Delta_{sub} H$ 分别表示蒸发热（焓）、熔化热（焓）、升华热（焓）。汽化与凝结、熔化与凝固、升华与凝华互为逆过程。在相同条件下，这些互为逆过程的状态变量正、负符号相反，而绝对值相等。如 100℃、正常压力下，水的蒸发热 $\Delta_{vap} H = 2257 kJ/kg$，同条件下，水的凝结热为 $-2257 kJ/kg$。

相变焓的产生：相变化是等温等压且没有非体积功下进行的过程。如一定压力下的液体变为同温度下的蒸气时，热运动没有变化，但分子间距离显著变大，必须供给能量以克服分子间作用力，所以蒸发过程尽管是等温过程，但这是吸热过程。反之，蒸气凝结为液体的过程，则是放热过程。

固体变为同温下的液体（即熔化）时，据具体的物质的不同，或是由于分子间距离增大，或是破坏晶格，或是破坏氢键等都要供给能量，也是吸热过程，称为熔化热。对于相同量的某一物，熔化热比蒸发热小。同理，物质的升华、晶型的转化都有能量变化。

在同温下，升华焓是熔化焓与蒸发焓之和，因为焓是状态函数。

【例 8-15】 在 298K、101325Pa 条件下，2mol H_2(g) 和 1mol O_2(g) 反应生成 2mol H_2O(l) 时放出 571.8kJ 的热量。试计算系统的 W、ΔU[设 H_2(g)、O_2(g) 均为理想气体]。

解：

根据题意写出化学方程式：

$$2H_2(g) + O_2(g) \longrightarrow 2H_2O(l)$$

$$\Delta n_g = 0 - (2+1) = -3(mol)$$

$$W = -\Delta n_g RT = -(-3) \times 8.314 \times 298 \times 10^{-3} = 7.43(kJ)$$

$$Q = -571.8 kJ$$

所以 $\Delta U = Q + W = -571.8 + 7.43 = -564.37$ （kJ）

三、等容热、等压热及焓

1. 热容

热容（C）是使系统的温度升高 1K 时所吸收的热量，单位为 J/K。由于热容本身随温度而变，所以它的定义式为：

$$C = \frac{\delta Q}{dT}$$

显然 δQ 与过程有关，若是在等容条件下测量的则为等容热容（C_V），等压下的热容则为等压热容（C_p）。

等容热容：

$$C_V = \frac{\delta Q_V}{dT} = \left(\frac{\partial U}{\partial T}\right)_V \tag{8-32}$$

等压热容：

$$C_p = \frac{\delta Q_p}{dT} = \left(\frac{\partial H}{\partial T}\right)_p \tag{8-33}$$

于是有：

$$Q_V = \Delta U = n\int_{T_1}^{T_2} C_{V,m} dT \tag{8-34}$$

$$Q_p = \Delta H = n\int_{T_1}^{T_2} C_{p,m} dT \tag{8-35}$$

若在变温范围内，C_p 与 C_V 是常数，则：

$$Q_V = \Delta U = nC_{V,m}(T_2 - T_1) \tag{8-36}$$

$$Q_p = \Delta H = nC_{p,m}(T_2 - T_1) \tag{8-37}$$

2. 摩尔热容

热容还与物质的量的多少有关。若物质的量为 1mol，则称为摩尔热容，如等容摩尔热容（$C_{V,m}$）、等压摩尔热容（$C_{p,m}$）。物质的质量为 1kg 的等压热容，则称为比热容。热容是状态函数，属容量性质，单位为 J/K。摩尔热容、比热容为强度性质。

3. 等容摩尔热容（$C_{V,m}$）与等压摩尔热容（$C_{p,m}$）的关系

对于理想气体，有：

$$C_{p,m} - C_{V,m} = R \tag{8-38}$$

通常情况下，理想气体的 $C_{V,m}$ 与 $C_{p,m}$ 可视为常数。单原子理想气体 $C_{V,m} = 1.5R$，$C_{p,m} = 2.5R$；双原子理想气体 $C_{V,m} = 2.5R$，$C_{p,m} = 3.5R$。若非特殊指明，均按上式计算。

4. 焓

热力学中为了方便地解决等压过程热的计算问题，需要引出一个重要的状态函数"焓"，用符号 H 表示。

$$H = U + pV \tag{8-39}$$

$$\Delta H = U + \Delta(pV) \tag{8-40}$$

在等压而且非体积功为零的条件下，由式(8-33)和式(8-37)得：

$$Q_p = \Delta H = n\int_{T_1}^{T_2} C_{p,m} dT \tag{8-41}$$

焓是状态函数，具有广度性质，并具有能量量纲，其单位是 J 或 kJ。由于内能的绝对值是无法测定的，因此焓的绝对值也是无法测定的，通常只能计算系统状态函数变化时焓的变化值 ΔH。

若 $C_{p,m}$ 为常数，则由式(8-40)积分得：

$$Q_p = \Delta H = nC_{p,m}(T_2 - T_1)$$

$Q_V = \Delta U$、$Q_p = \Delta H$ 仅是数值上相等，物理意义上无联系。虽然在这两个特定条件下，Q_V、Q_p 数值也与途径无关，由始、终态确定，但是不能改变 Q 是途径函数的本质，不能定义为 Q_V、Q_p 也是状态函数。

【例 8-16】 计算 1mol 理想气体由 293K 等压加热到 473K 时的 Q、ΔU、ΔH 与 W。已知 $C_{p,m} = 20.79$J/(K·mol)，$C_{V,m} = 10.475$J/(K·mol)。

解：

等压条件下：$Q_p = nC_{p,m}(T_2 - T_1) = 1 \times 20.79 \times (473 - 293) = 3742$(J)

$$Q_V = nC_{V,m}(T_2 - T_1) = 1 \times 10.475 \times (473 - 293) = 2245(\text{J})$$

$$\Delta H = Q_p \qquad \Delta U = Q_V$$

$$W = \Delta U - Q = 2245 - 3742 = -1497(\text{J})$$

四、相变焓的计算

所谓相是系统中性质完全相同的均匀部分。如 0℃、正常压力下水和冰平衡共存，尽管它们的化学组成相同，但物理性质不同，所以水为一相——液相（l），冰为另一相——固相（s）。物质从一种相变为另一种相称为相变化，如液体的蒸发（vap）、固体的熔化（fus）、固体的升华（sup）、固体的晶型转变等。相变可在一定温度和压力下可逆地进行。

图 8-6 升华与凝华
互为逆过程

由图 8-6 可见，在同温下，升华焓是熔化焓与蒸发焓之和，因为焓是状态函数。

1mol 纯物质于恒定温度 T 及该温度的平衡压力下由 α 相转变成为 β 相时的焓变称为摩尔相变焓，以 $\Delta_\alpha^\beta H_m$ 表示，单位为 J/mol 或 kJ/mol。其中，下标 α 表示相的始态，上标 β 表示相的终态。

1mol 纯物质由 α 相转变成 β 相时吸收或放出的热，称为摩尔相变热。

相变通常在等压且 $W' = 0$ 的条件下进行，故相变热等于相变过程的焓变，即相变焓。

$$Q_p = \Delta_\alpha^\beta H = n\Delta_\alpha^\beta H_m \qquad (8-42)$$

1mol 物质在 101.325kPa、平衡温度（如沸点、熔点等）时的 $\Delta_\alpha^\beta H_m$ 常是已知的，系统条件下的相变是可逆相变，其数值可以通过实验测定或从手册中查到。在使用这些数据时，要注意条件（温度、压力）以及单位。

【**例 8-17**】 在 101.3kPa 下，逐渐加热 2mol 0℃ 的冰，使之变为 100℃ 的水蒸气。已知冰的 $\Delta H_{凝固}$（$\Delta_l^s H_m$）$= -6008$J/mol，$\Delta H_{升华}$（$\Delta_s^g H_m$）$= 46676$J/mol，液态水的 $C_{p,m} = 75.3$J/(mol·K)（假设过程中的相变可逆）。求该过程的 ΔU、ΔH、Q、W。

解：首先分析过程，列出始态和终态。

第一个过程为熔化：

$$\Delta H_I = n\Delta H_{熔化} = n(-\Delta H_{凝固}) = 2 \times 6008 = 12016(\text{J})$$

因为固体和液体的密度相差不大，则体积变化甚小，所以：

$$p\Delta V \approx 0$$

则 $\Delta U_I \approx \Delta H_I = 12016$J

第二个过程为等压升温：

$$\Delta H_{II} = nC_{p,m}(T_2 - T_1) = 2 \times 75.3 \times (373 - 273) = 15060(\text{J})$$

$\Delta U_{II} = \Delta H_{II} - p\Delta V_{II}$，因液体的热膨胀一般很小，故 ΔV_{II} 可以忽略，则：

$\Delta U_{II} = \Delta H_{II} = 15060$J

第三个过程为蒸发：

$$\Delta H_{III} = n\Delta H_{蒸发} = n(\Delta H_{升华} - \Delta H_{熔化}) = n(\Delta H_{升华} + \Delta H_{凝固}) = 2 \times (46676 - 6008) = 81336(\text{J})$$

$$\Delta U_{III} = \Delta H_{III} - p(V_气 - V_液)$$

由于同量气体的体积要比液体大得多，常可忽略，则：

$$\Delta U_{III} = \Delta H_{III} - pV_气$$

若气体服从理想气体状态方程：$pV_气 = nRT$，则：

$$\Delta U_{\text{Ⅲ}} = \Delta H_{\text{Ⅲ}} - nRT = 81336 - 2 \times 8.314 \times 373 = 75131(\text{J})$$

所以整个过程：

$$\Delta H = \Delta H_{\text{Ⅰ}} + \Delta H_{\text{Ⅱ}} + \Delta H_{\text{Ⅲ}} = 108412\text{J}$$

$$\Delta U = \Delta U_{\text{Ⅰ}} + \Delta U_{\text{Ⅱ}} + \Delta U_{\text{Ⅲ}} = 102207\text{J}$$

由于整个过程是等压过程：

$$Q = Q_p = \Delta H = 108412\text{J}$$

$$W = \Delta U - Q = 102207 - 108412 = -6205(\text{J})$$

五、化学反应热效应计算

化学反应进行时往往伴随有吸热或放热现象。当系统不做非体积功，且反应物与产物温度相同时，化学反应吸收或放出的热量称为化学反应的热效应。研究化学反应热效应的科学称为热化学。热化学研究化学反应的能量变化，主要研究热量的变化及其测量方法。

1. 化学反应进度

为了描述反应进行的程度，20 世纪初比利时科学家 Dekonder 引入了一个"反应进度 ξ"的概念，将反应系统中任何一种反应物或生成物在反应过程中物质的量的变化 Δn_B 与该物质的计量系数 υ_B 之比称为该反应的反应进度，SI 单位为 mol。

"ξ"定义式为：

$$\xi = \Delta n_B / \upsilon_B \tag{8-43}$$

式(8-43)中，υ_B 无量纲，对于反应物取负值，对于生成物取正值。当 $\xi = 0\text{mol}$ 时，表示反应并没有进行；而当 $\xi = 1\text{mol}$ 时，则表示反应从左向右发生了 1 单位的反应，或者说是反应进行到 1mol 反应进度的程度。

当反应进度 $\xi = 1\text{mol}$ 时，化学反应的热力学能 U 及焓 H 的变化，称为化学反应的摩尔热力学能变 $\Delta_r U_m$ 和反应的摩尔焓变 $\Delta_r H_m$（式中，下标"r"表示化学反应；"m"表示摩尔），定义为：

$$\Delta_r U_m = \frac{\Delta U}{\Delta \xi} = \frac{\upsilon_B \Delta U}{\Delta n_B} \tag{8-44}$$

$$\Delta_r H_m = \frac{\Delta H}{\Delta \xi} = \frac{\upsilon_B \Delta H}{\Delta n_B} \tag{8-45}$$

2. 热化学方程式

表示出化学反应及其热效应的方程式，称为热化学方程式（thermochemical equation）。热化学方程式既表示出各反应组分之间的计量关系，又表示出反应的热效应。例如，苯甲酸的燃烧反应可表示为：

$$2C_6H_5COOH(s) + 15O_2(g) = 6H_2O(l) + 14CO_2(g)$$

$$\Delta_r H_m^{\ominus}(298K) = -6445.0\text{kJ/mol}$$

式中，$\Delta_r H_m^{\ominus}$ 为该反应的标准摩尔反应焓；右上标"$\ominus$"表示反应在标准压力 $p^{\ominus} = 100\text{kPa}$ 下进行。

书写热化学方程式有以下几点规定：

（1）必须指明是恒容反应热或是恒压反应热，通常用 $\Delta_r U_m$ 表示恒容反应热，而用 $\Delta_r H_m$ 表示恒压反应热。其正负号的规定与前述的规定一致，即吸热反应数值为正，而放热反应数值为负。

（2）必须注明反应的温度和压力。热力学中规定在 $p^{\ominus}=100\text{kPa}$ 条件下的状态为标准态。一般不标出温度时，均是指温度等于 298.15K（即 25℃）。

（3）必须注明参与反应的各物质的聚集状态及晶型。对于物质的聚集状态，通常用符号 g、l、s 分别表示气态、液态、固态。在一些冶金或材料的专业书刊中常用"[ ]"表示物质溶解于金属熔体中，而用"（ ）"表示物质存在于熔渣中。

3. 盖斯定律

1840 年，盖斯在大量实验的基础上总结出一条规律："一个化学反应，不管是一步完成还是分几步完成，其反应的总标准摩尔焓变相同。"这一规律称为盖斯定律，也称为热效应总和恒定定律（The Law of Constant Heat Summation）。盖斯定律实质上是能量守恒与转化定律的必然结果，也可以说是能量守恒原理在化学反应中的具体体现和应用。因为化学反应若是在非体积功 $W'=0$ 的恒容或恒压下进行时，必定有 $Q_{V,m}=\Delta U_m$，或 $Q_{p,m}=\Delta H_m$。由于 ΔU_m 及 ΔH_m 为状态函数，于是反应热 $Q_{V,m}$ 或 $Q_{p,m}$ 变为与途径无关的量，而只取决于反应的始态与终态。

盖斯定律奠定了整个热化学计算的基础，它的重要意义在于能使热化学方程式像普通的代数方程那样进行计算，从而可以利用已知的热化学方程式的线性组合，从能够精确测定的反应的标准摩尔焓变的数值，求算未知反应或不能直接测量的反应的标准摩尔焓变。

例如，在工业上煤气生产中固体碳燃烧生成 CO（g）的反应十分重要，工厂设计时，需要该反应的标准摩尔焓变 $\Delta_r H_m^{\ominus}$ 的数据。该反应热的数值用实验直接测定无法实现，因为固体碳在空气中燃烧必定伴随着二氧化碳 CO_2（g）同时生成。但利用盖斯定律却很容易计算出该反应的标准摩尔焓变。

【例 8-18】　已知 25℃时，反应：

（1）　　　　　　　$C(s)+O_2(g)\longrightarrow CO_2(g)$　　　　$\Delta_r H_{m1}^{\ominus}=-393.6\text{kJ/mol}$

（2）　　　　$CO(g)+\dfrac{1}{2}O_2(g)\longrightarrow CO_2(g)$　　　　$\Delta_r H_{m2}^{\ominus}=-282.9\text{kJ/mol}$

求算未知反应（3）　　$C(s)+\dfrac{1}{2}O_2(g)\longrightarrow CO(g)$ 的 $\Delta_r H_m^{\ominus}$。

解：很明显，热化学方程式(3)＝(1)－(2)。

由盖斯定律：

$$\Delta_r H_{m3}^{\ominus}=\Delta_r H_{m1}^{\ominus}-\Delta_r H_{m2}^{\ominus}=-393.6-(-282.9)=-110.7(\text{kJ/mol})$$

4. 标准摩尔生成焓

（1）标准摩尔生成焓的定义　　在温度 T（一般为 298.15K）和标准态压力 $p^{\ominus}$ 条件下，由稳定相态的单质生成 1mol 指定相态化合物的恒压反应焓称为该化合物在温度 T 时的标准摩尔生成焓（Standar Molar Enthalpy of Formation），简称该化合物的标准生成焓，用符号 $\Delta_f H_m^{\ominus}$ 表示。下标"f"表示生成反应，"$\ominus$"为标准态符号，"m"为 1mol 物质的量的符号。根据标准生成焓的定义，最稳定单质的标准摩尔生成焓应为零。在 298.15K 下各种化合物的标准生成焓 $\Delta_f H_m^{\ominus}$ 的数据可从各种物理化学手册中查到。

如：　　　　　　$C(s,石墨)+O_2(g)\longrightarrow CO_2(g)$　　$\Delta_r H_m^{\ominus}=-393.5\text{kJ/mol}$

则 CO_2（g）在 25℃时的标准生成焓 $\Delta_f H_m^{\ominus}(CO_2,g,298\text{K})=-393.5\text{kJ/mol}$。

$$\dfrac{1}{2}N_2(g)+\dfrac{3}{2}H_2(g)\longrightarrow NH_3(g)\qquad \Delta_r H_m^{\ominus}=-46.19\text{kJ/mol}$$

则 NH_3（g）在 298K 时的标准生成焓 $\Delta_f H_m^{\ominus}$（NH_3，g，298K）$=-46.19\text{kJ/mol}$。

标准生成焓的数据是指由最稳定相态单质生成 1mol 化合物时的反应焓变。当单质有多种形态存在时，应采用最稳定的一种。例如：碳的同素异形体中，有石墨、无定形碳和金刚石，以石墨为最稳定，即 $\Delta_f H_m^{\ominus}$（石墨，s，298K）＝0；而金刚石的 $\Delta_f H_m^{\ominus}$（金刚石，s，298K）＝1.895kJ/mol。单质硫有斜方硫和单斜硫两种同素异形体，以斜方硫最稳定，即 $\Delta_f H_m^{\ominus}$（斜方硫）＝0，而 $\Delta_f H_m^{\ominus}$（单斜硫）＝297J/mol。而单质铁有 α、γ、δ 三种同素异形体，以 α-Fe 最稳定，即 $\Delta_f H_m^{\ominus}$（α-Fe）＝0。

（2）由标准摩尔生成焓 $\Delta_f H_m^{\ominus}$ 的数据计算任一化学反应的标准摩尔反应焓 $\Delta_r H_m^{\ominus}$ 利用盖斯定律，并根据标准生成焓的定义，可以导出标准生成焓与标准反应焓的关系。

对于任一化学反应 $a\mathrm{A}+b\mathrm{B}\longrightarrow y\mathrm{Y}+z\mathrm{Z}$，如果参加反应的反应物和生成物的标准摩尔生成焓都是已知的，其化学反应热效应的计算通式为：

$$\Delta_r H_m^{\ominus}(T)=y\Delta_f H_m^{\ominus}(\mathrm{Y},T)+z\Delta_f H_m^{\ominus}(\mathrm{Z},T)-a\Delta_f H_m^{\ominus}(\mathrm{A},T)-b\Delta_f H_m^{\ominus}(\mathrm{B},T)$$

$$\Delta_r H_m^{\ominus}(T)=\sum_B \upsilon_B \Delta_f H_m^{\ominus}(\mathrm{B},T) \tag{8-46}$$

式(8-46) 表明，任一化学反应的标准摩尔反应焓 $\Delta_r H_m^{\ominus}$ 等于同温度下产物的标准摩尔生成焓之和减去反应物的标准摩尔生成焓之和。

【例 8-19】 试查资料，利用标准摩尔生成焓计算 298K 时反应 $\mathrm{CH_4(g)+2O_2(g)\longrightarrow CO_2(g)+2H_2O(l)}$ 的标准摩尔反应焓。

解：

查得：

$\Delta_f H_m^{\ominus}(\mathrm{CO_2},g,298K)=-393.511\mathrm{kJ/mol}$

$\Delta_f H_m^{\ominus}(\mathrm{H_2O},l,298K)=-285.838\mathrm{kJ/mol}$

$\Delta_f H_m^{\ominus}(\mathrm{O_2},g,298K)=0\mathrm{kJ/mol}$

$\Delta_f H_m^{\ominus}(\mathrm{CH_4},g,298K)=-74.848\mathrm{kJ/mol}$

$$\begin{aligned}\Delta_r H_m^{\ominus}(298K)&=\sum_B \upsilon_B \Delta_f H_m^{\ominus}(\mathrm{B},T)\\&=\Delta_f H_m^{\ominus}(\mathrm{CO_2},g,298K)+2\Delta_f H_m^{\ominus}(\mathrm{H_2O},l,298K)-\Delta_f H_m^{\ominus}(\mathrm{CH_4},g,298K)-2\Delta_f H_m^{\ominus}(\mathrm{O_2},g,298K)\\&=-393.511+2\times(-285.838)-(-74.848)-2\times0=890.339(\mathrm{kJ/mol})\end{aligned}$$

5. 标准摩尔燃烧焓

（1）标准摩尔燃烧焓的定义 在温度 T（K，通常为 298.15K）和标准态压力 $p^{\ominus}$ 条件下，1 mol 物质 B 与氧气进行完全燃烧反应时的恒压标准摩尔反应焓变，称为在温度 T(K) 时该物质的标准摩尔燃烧焓（Standard Molar Combustion Enthalpy），简称标准燃烧焓，用符号 $\Delta_c H_m^{\ominus}(\mathrm{B},T)$ 表示，其中下标"c"表示燃烧反应。$\Delta_c H_m^{\ominus}(\mathrm{B},T)$ 的单位为 kJ/mol。

这里应当注意：所谓完全燃烧是指物质分子中的元素变成最稳定的氧化物或单质，如 C 变成 $\mathrm{CO_2(g)}$，H 变为 $\mathrm{H_2O(l)}$，S 变为 $\mathrm{SO_2(g)}$，N 变成 $\mathrm{N_2(g)}$，Cl 变为 $\mathrm{HCl(aq)}$ 等。

标准燃烧焓是重要的热化学数据，尤其对有机化合物更是如此，因为绝大多数有机物并不能由稳定单质直接合成，同时有机化学反应常伴有副反应发生。因此，其标准生成焓 $\Delta_f H_m^{\ominus}$ 数值不易直接测定。但大多数有机物通过燃烧反应得到 $\Delta_f H_m^{\ominus}$ 却是比较容易的，因而其标准燃烧焓 $\Delta_c H_m^{\ominus}$ 的数据通常可以从手册等中查到。

（2）由标准燃烧焓 $\Delta_c H_m^{\ominus}$ 的数据计算任一化学反应的标准反应焓 $\Delta_r H_m^{\ominus}$ 当用标准燃烧焓数据计算化学反应的标准反应焓时，根据盖斯定律及标准燃烧焓的定义，对于任一化学

反应 $a\mathrm{A}+b\mathrm{B}\longrightarrow y\mathrm{Y}+z\mathrm{Z}$，可以得到如下规则：

$$\Delta_r H_m^{\ominus}(T) = -[y\Delta_c H_m^{\ominus}(\mathrm{Y},T) + z\Delta_c H_m^{\ominus}(\mathrm{Z},T) - a\Delta_c H_m^{\ominus}(\mathrm{A},T) - b\Delta_c H_m^{\ominus}(\mathrm{B},T)]$$

$$\Delta_r H_m^{\ominus}(T) = -\sum_B \upsilon_B \Delta_c H_m^{\ominus}(\mathrm{B},T) \tag{8-47}$$

上式表明，任一化学反应的标准反应焓 $\Delta_r H_m^{\ominus}$ 等于反应物的标准摩尔燃烧焓之和减去产物的标准摩尔燃烧焓之和。

【例 8-20】 由标准摩尔燃烧焓计算下列反应在 298K 时的标准摩尔反应焓。

$$3\mathrm{C_2H_2(g)} \longrightarrow \mathrm{C_6H_6(l)}$$

解：

查得：
$$\Delta_c H_m^{\ominus}(\mathrm{C_2H_2,g,298K}) = -1299.59\mathrm{kJ/mol}$$
$$\Delta_c H_m^{\ominus}(\mathrm{C_6H_6,g,298K}) = -3267.54\mathrm{kJ/mol}$$

则：
$$\Delta_r H_m^{\ominus}(298K) = -\sum_B \upsilon_B \Delta_c H_m^{\ominus}(\mathrm{B},T)$$
$$= -[\Delta_c H_m^{\ominus}(\mathrm{C_6H_6,g,298K}) - 3\Delta_c H_m^{\ominus}(\mathrm{C_2H_2,g,298K})]$$
$$= -[-3267.54 - 3\times(-1299.59)] = -631.23(\mathrm{kJ/mol})$$

6. 温度对 $\Delta_r H_m^{\ominus}$ 的影响——基尔霍夫定律

由标准生成焓 $\Delta_f H_m^{\ominus}(298K)$ 和标准燃烧焓 $\Delta_c H_m^{\ominus}(298K)$ 的数据，可以求出化学反应在 298K 时的标准反应焓 $\Delta_r H_m^{\ominus}(298K)$，但许多反应是在高温或其他温度下进行的，这就需要导出任一温度 $T(\mathrm{K})$ 时的反应焓 $\Delta_r H_m^{\ominus}(T,\mathrm{K})$ 与温度的关系。

设有反应 $0 = \sum_B \upsilon_B \mathrm{B}$

因为 $\left(\dfrac{\partial H_m}{\partial T}\right)_p = C_{p,m}$，而 $\Delta_r H_m^{\ominus}(T) = \sum_B \upsilon_B H_m^{\ominus}(\mathrm{B},T)$

所以
$$\left(\frac{\partial \Delta_r H_m^{\ominus}}{\partial T}\right)_p = \Delta_r C_p$$

$$\Delta_r C_p = \sum_B \upsilon_B C_{p,m}(\mathrm{B})$$

对上式进行不定积分：$\Delta_r H_m^{\ominus}(T) = \displaystyle\int_{298K}^{T} \Delta_r C_p \mathrm{d}T + 常数$

定积分：
$$\Delta_r H_m^{\ominus}(T) = \Delta_r H_m^{\ominus}(298K) + \int_{298K}^{T} \Delta_r C_p \mathrm{d}T \tag{8-48}$$

式(8-48)被称为基尔霍夫方程。

应用基尔霍夫方程时应注意：

① 应用式(8-48)计算反应的焓变时，要求反应前后的温度相同；

② 式(8-48)适用条件是在 298K~T 的温度范围内，且为任何组分不发生相变的化学反应，若有相变则应分段积分；

③ 若参加反应的各物质有 $C_{p,m} = f(T)$，则 $\displaystyle\int_{298K}^{T} \Delta_r C_p \mathrm{d}T$ 应对函数关系式逐项积分。

【例 8-21】 已知 $\mathrm{Pb(s)} + \mathrm{H_2S(g)} \longrightarrow \mathrm{PbS(s)} + \mathrm{H_2(g)}$ 的 $\Delta_r H_m^{\ominus}(298K) = -74.06\mathrm{kJ/mol}$，求 950℃时 $\Delta_r H_m$。已知 Pb 的熔化温度为 600.5K，熔化热为 5.12kJ/mol，有关物质的比定压热容为 [单位均为 J/(K·mol)]：

$C_{p,m}[\mathrm{Pb(s)}]=23.93+8.703\times10^{-3}T$, $C_{p,m}[\mathrm{H_2S(g)}]=29.29+15.69\times10^{-3}T$, $C_{p,m}$ $[\mathrm{PbS(s)}]=44.48+19.29\times10^{-3}T$, $C_{p,m}[\mathrm{H_2(g)}]=27.82+2.887\times10^{-3}T$, $C_{p,m}[\mathrm{Pb(l)}]=$ $28.45\mathrm{J/(K\cdot mol)}$。

解：按题意可设计过程如下（均为恒压），基本原理依据状态函数的性质。

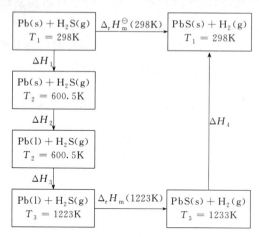

$$\Delta H_1=\int_{T_1}^{T_2}\{C_{p,m}[\mathrm{Pb(s)}]+C_{p,m}[\mathrm{H_2S(g)}]\}$$

$$=\int_{298}^{600.5}(23.93+8.703\times10^{-3}T+29.29+15.69\times10^{-3}T)\mathrm{d}T$$

$$=\int_{298}^{600.5}(53.22+24.39\times10^{-3}T)\mathrm{d}T$$

$$=53.22\times(600.5-298)+\frac{1}{2}\times24.39\times10^{-3}\times(600.5^2-298^2)$$

$$=19.41(\mathrm{kJ/mol})$$

ΔH_2 为熔点时 Pb 的熔化热，即

$$\Delta H_2=n\Delta_s^l H_m=1\times5.121=5.121(\mathrm{kJ/mol})$$

$$\Delta H_3=\int_{T_2}^{T_3}\{C_{p,m}[\mathrm{Pb(l)}]+C_{p,m}[\mathrm{H_2S(g)}]\}\mathrm{d}T$$

$$=\int_{600.5}^{1223}(28.45+29.29+15.69\times10^{-3}T)\mathrm{d}T$$

$$=\int_{600.5}^{1223}(57.74+15.69\times10^{-3}T)\mathrm{d}T$$

$$=57.74\times(1223-600.5)+\frac{1}{2}\times15.69\times10^{-3}\times(1223^2-600.5^2)$$

$$=44.85(\mathrm{kJ/mol})$$

$$\Delta H_4=\int_{T_3}^{T_1}\{C_{p,m}[\mathrm{PbS(s)}]+C_{p,m}[\mathrm{H_2(g)}]\}\mathrm{d}T$$

$$=\int_{1223}^{298}(44.48+19.29\times10^{-3}T+27.82+2.887\times10^{-3}T)\mathrm{d}T$$

$$=\int_{1223}^{298}(72.3+22.177\times10^{-3}T)\mathrm{d}T$$

$$=72.3 \times (298-1223) + \frac{1}{2} \times 22.177 \times 10^{-3} \times (298^2 - 1223^2)$$

$$= -82.48 (\text{kJ/mol})$$

因为 $\Delta_r H_m^{\ominus}(298\text{K}) = \Delta H_1 + \Delta H_2 + \Delta H_3 + \Delta_r H_m^{\ominus}(1223\text{K}) + \Delta H_4$

则 $\Delta_r H_{m,1233}^{\ominus} = \Delta_r H_{m,298}^{\ominus} - (\Delta H_1 + \Delta H_2 + \Delta H_3 + \Delta H_4)$

$$= -74.06 - 19.41 - 5.121 - 44.85 + 82.48$$

$$= -60.96 (\text{kJ/mol})$$

习 题

一、选择题

1. 关于反应级数, 说法正确的是 ( )。

A. 只有基元反应的级数是正整数　　　　B. 反应级数不会小于零

C. 催化剂不会改变反应级数　　　　D. 反应级数都可以通过实验确定

2. 关于反应速率 r, 表达不正确的是 ( )。

A. 与体系的大小无关, 而与浓度大小有关　B. 与各物质浓度标度选择有关

C. 可为正值, 也可为负值　　　　D. 与反应方程式写法无关

3. 进行反应 $A + 2D \longrightarrow 3G$, 在 298K 及 2dm^3 容器中进行, 若某时刻反应进度随时间变化率为 0.3mol/s, 则此时 G 的生成速率为 [单位: $\text{mol}/(\text{dm} \cdot \text{s})$] ( )。

A. 0.15　　　　B. 0.9　　　　C. 0.45　　　　D. 0.2

4. 某反应的活化能是 33kJ/mol, 当 $T = 300\text{K}$ 时, 温度增加 1K, 反应速度率常数增加的百分数约为 ( )。

A. 4.5%　　　　B. 9.4%　　　　C. 11%　　　　D. 50%

5. 某反应进行时, 反应物浓度与时间成线性关系, 则此反应的半衰期与反应物最初浓度的关系为 ( )。

A. 无关　　　　B. 成正比　　　　C. 成反比　　　　D. 平方成反比

二、计算题

1. 反应 $2NO(g) + 2H_2(g) \longrightarrow N_2(g) + 2H_2O$, 其速率方程式对 NO(g) 是二次方程, 对 H_2(g) 是一次方程。

(1) 写出 N_2 生成的速率方程式。

(2) 如果浓度以 mol/dm^3 表示, 反应速率常数 k 的单位是多少?

(3) 写出 NO 浓度减小的速率方程式, 这里的速率常数 k 和 (1) 中的 k 的值是否相同? 两个 k 值之间的关系是怎样的?

2. 295K 时, 反应 $2NO + Cl_2 \longrightarrow 2NOCl$, 其反应物浓度与反应速率关系的数据如下:

$[NO]/(\text{mol/dm}^3)$	$[Cl_2]/(\text{mol/dm}^3)$	$v_{Cl_2}/[\text{mol}/(\text{dm}^3 \cdot \text{s})]$
0.100	0.100	8.0×10^{-3}
0.500	0.100	2.0×10^{-1}
0.100	0.500	4.0×10^{-2}

(1) 对不同反应物, 反应级数各为多少?

(2) 写出反应的速率方程。

(3) 反应的速度常数为多少?

3. 高温时 NO_2 分解为 NO 和 O_2, 其反应速率方程式为 $-v(NO_2)^2 = k[NO_2]^2$。在 592K, 速率常

数是 $4.98 \times 10^{-1} dm^3/(mol \cdot s)$，在 656K，其值变为 $4.74 dm^3/(mol \cdot s)$，计算该反应的活化能。

4. 如果一反应的活化能为 117.15kJ/mol，问在什么温度时反应的速率常数 k 的值是 400K 速率常数的值的 2 倍。

5. $CO(CH_2COOH)_2$ 在水溶液中分解为丙酮和二氧化碳，分解反应的速率常数在 283K 时为 $1.08 \times 10^{-4} mol/(dm^3 \cdot s)$，333K 时为 $5.48 \times 10^{-2} mol/(dm^3 \cdot s)$，试计算在 303K 时，分解反应的速率常数。

6. 已知 HCl (g) 在 $1.013 \times 10^5 Pa$ 和 298K 时的生成热为 $-92.3kJ/mol$，生成反应的活化能为 1135kJ/mol，试计算其逆反应的活化能。

任务四　化学反应方向及变化

【任务引领】

热力学第一定律指出了系统变化过程中热力学能变化与热、功的定量关系。不论是物理变化还是化学变化，都可用热力学第一定律确定变化过程中的能量效应问题。

热力学所涉及的另一个具有重要意义的问题是变化过程的方向和限度问题，这是热力学第一定律所无法解决的。例如，反应 C(石墨)──→C(金刚石) 与 C(金刚石)──→C(石墨)，热力学第一定律只能指出一定条件下这两个变化过程中的能量变化关系，至于哪个反应可以进行，进行到什么程度为止，热力学第一定律是不能回答的。变化过程向什么方向进行及进行到什么程度为止的问题，正是热力学第二定律所要解决的核心问题。为了解决这个问题，首先从自然界自发过程的方向和限度出发，总结这些过程的共同特性。

【任务准备】

1. 什么是热力学第二定律？
2. 如何由吉布斯自由能来判断自发过程方向和限度？
3. 什么是化学反应的限度和平衡常数？

【相关知识】

一、热力学第二定律

1. 自发过程

在一定条件下，不需要外界供给能量就能自动发生的过程称为自发过程。相反，其逆过程需要通过外界以耗电、耗光等形式做功才能发生，称为非自发过程。实践告诉人们，自然界一切自发过程都有确定的方向和限度。例如：

① 气体的流动　气体总是自发地由高压区向低压区流动，直到各处气压相等为止。

② 水的流动　水自发流动的方向是由高水位向低水位，限度是两处水位差为零。

③ 热的传导　热总是自发地从高温物体向低温物体传导，直到两物体温 132. 自发过程

度相等为止。

由上面的例子可知，自发过程的限度是在该条件下系统的平衡状态。例如，气体流动过程的限度是压力差为零，即力学平衡；热传导过程的限度是热平衡；化学反应的限度是化学平衡。一切自发过程总是单向地朝着平衡状态进行，即任何系统若不受外界环境影响，总是单向地趋于平衡，这是自发过程的方向。

一切自发过程都有确定的方向和限度，并不是说一个热力学系统发生自发变化之后系统再也恢复不到原来的状态。自发过程发生之后，借助于外力的帮助，特别是借助于环境输入的功，可以使过程朝着原来自发方向的逆过程进行，从而使系统又恢复到原始状态。但是系统恢复原始状态的同时，一定会以在环境中留下一些永久性的、不可消除的变化作为代价。也就是说，一个系统只要发生过自发变化之后，就绝无可能再使系统和环境同时完全复原。例如：

(1) 理想气体向真空膨胀　这是一个自发过程，在理想气体向真空膨胀时，$Q=0$，$W=0$，$\Delta U=0$，$\Delta T=0$。如果要让系统恢复原状，只要经过一个恒温压缩过程即可。但是在系统恢复原状的过程中，环境必须对系统做功，同时系统对环境放热 Q，而且二者值相等，$Q=W$。这表明，当系统恢复原状时，环境中有 W 的功变成了系统的热 Q。那么，环境能否也恢复原状，亦即理想气体向真空膨胀能否成为一个可逆过程，取决于热能否全部转化为功而不引起其他变化。但是，实践经验证明这是不可能的。因此，理想气体向真空膨胀是不可逆过程。

(2) 热由高温物体传向低温物体　这是一个自发过程，要使系统恢复原状，只要消耗功开动冷冻机就可以迫使热量反向流动，有 W 的功全部转变成了热而使系统恢复原状。要使环境也恢复原状，就取决于热能否全部转化为功而不引起其他变化。但实践经验证明，热量完全转化为功而不留下其他影响是不可能的。所以，热由高温物体传向低温物体的过程是不可逆过程。

对于其他的自发变化也有同样的结论。这说明一切自发过程能否成为热力学可逆过程，最终可归结为"热能否全部转化为功而不引起其他变化"这样一个问题。人们的经验说明，热功转换是不可逆的，即"功可以自发地全部转变为热，但热不可能全部转变为功而不引起其他变化"。所以，一切自发过程都是不可逆的，而且它们的不可逆性均可归结为热功转换的不可逆性，这就是自发过程的共同特征。

2. 热力学第二定律的经典表述

热力学第二定律与热力学第一定律一样，也是人们长期实践经验的总结。热力学第二定律的表述方法有很多种，常见的有两种：

(1) 克劳修斯观点　不可能把热从低温物体传到高温物体，而不引起其他变化。

(2) 开尔文观点　不可能从单一热源吸取热使之完全变成功，而不发生其他变化。从单一热源吸热做功的循环热机称为第二类永动机，所以开尔文观点的意思是"第二类永动机无法实现"。

一切自发过程的方向和限度问题，最终均可由热力学第二定律来判断，但是若都要按上两个说法来判断，则多有不便。人们希望能找到一种像热力学第一定律中热力学能 U 那样的状态函数，通过计算就能判断过程的方向和限度。下面就从热功转换的关系中去寻找这个状态函数——熵。

3. 熵

在一个密闭的箱子里，中间用隔板分成两部分，一半装氮气，一半装氢气，两边气体的温度、压力均相同。当将隔板去掉后，两种气体就能自动地扩散，最后形成均匀的混合气体。无论放置多久，再也恢复不了原来的状态。

133. 热传导描述热力学第二定律

我们来分析一下混合前后气体的状态。在混合前，两种气体分别在各自一边，运动的空间只是箱子空间的一半。混合后两种气体都分散在整个箱子里，运动的空间增大了，并且在箱子的各处都既有氮气分子又有氢气分子。可见，混合后气体分子处于一种更加混乱的状态。也就是说，气体自动地向着混乱度增大的方向进行。自然界中的一切变化都倾向于朝着混乱度增大的方向进行。

热力学中，用一个新的状态函数"熵"表示系统的混乱度，符号为 S。熵与混乱度的关系式：

$$S = k \ln \Omega$$

式中，$k = 1.38 \times 10^{-23}$ J/K，为玻尔兹曼（Boltzmann）常数；Ω 为微观状态数。

熵是表示系统混乱度的热力学函数。系统的混乱度越大，熵值也就越大。过程的熵变 ΔS，只取决于系统的始态和终态，而与途径无关。虽然很多状态函数的绝对值都无法测定，但熵的绝对值可以测定。

纯净物质的完美晶体，在热力学温度 0K 时，分子排列整齐，而且分子的任何热运动也停止，这时系统完全有序。据此，在热力学上总结出了一条经验规律——热力学第三定律：在热力学温度 0 K 时，任何纯净物质的完美晶体的熵值等于零。这样一来，就能测定纯净物质在温度 T 时熵的绝对值。因为：

$$S_T - S_0 = \Delta S$$

式中，S_T 为温度为 T(K) 时的熵值；S_0 为 0K 时的熵值。由于 $S_0 = 0$，所以：

$$S_T = \Delta S \tag{8-49}$$

从式(8-49) 可看出，只需求得物质从 0K 到 T(K) 的熵变值 ΔS，就可得到该物质在 T(K) 时熵的绝对值。在标准态下，1mol 物质的熵值称为该物质的标准摩尔熵，用符号 $S_m^{\ominus}$ 表示，单位为 J/(mol·K)。

化学反应的熵变可由反应物和生成物的标准摩尔熵来进行计算：

$$\Delta_r S_m^{\ominus} = \sum \upsilon_i S_m^{\ominus}(\text{产物}) - \sum \upsilon_i S_m^{\ominus}(\text{反应物}) \tag{8-50}$$

各种化合物在 298K 时的 $S_m^{\ominus}$ 数据可以在有关化学手册中查到。

在绝热条件下，一切可能发生的实际过程都使系统的熵增大，直至达到平衡态，称为熵增加原理。对于孤立系统，系统和环境之间没有热和功的交换，是绝热过程。因此，可以根据 ΔS 的正负判断孤立系统中自发过程的方向：

$$\Delta S_{\text{孤立}} \begin{cases} >0 & \text{自发过程} \\ =0 & \text{平衡状态} \\ <0 & \text{非自发过程} \end{cases}$$

二、吉布斯自由能与化学反应方向

对于孤立系统，熵增加原理可以作为自发过程方向和限度的判据。但是通常反应总是在恒温恒压或恒温恒容的条件下进行，因而，人们由吉布斯自由能（G）来判断自发过程的方向和限度。

1. 吉布斯自由能

吉布斯把焓和熵归并在一起的热力学函数称为吉布斯自由能，用符号 G 表示。其定义为：

$$G = H - TS$$

根据以上定义，等温变化过程的吉布斯自由能变化值为：

$$\Delta G = \Delta H - T\Delta S \tag{8-51}$$

该式称为吉布斯-赫姆霍兹公式。

热力学研究指出，在等温等压只做体积功的条件下，ΔG 可作为反应自发性的判据：

当 $\Delta G < 0$ 时，反应能自发进行，其逆过程不能自发进行。

当 $\Delta G = 0$ 时，反应处于平衡状态。

当 $\Delta G > 0$ 时，反应不能自发进行，其逆过程可自发进行。

等温等压下，任何自发过程总是朝着吉布斯自由能减小的方向进行。

2. 吉布斯自由能的变化与 ΔH、ΔS 和 T 的关系

式(8-51)表明，吉布斯自由能的变化是由两项决定的，一项是焓变 ΔH，另一项是与熵有关的 ΔS。焓和熵对化学反应进行的方向和限度都产生影响，只是在不同的条件下产生影响的大小不同而已。若系统进行某一过程时焓减少（放热反应，$\Delta H < 0$），则有利于吉布斯自由能的降低；若系统的熵增加（$\Delta S > 0$），也有利于吉布斯自由能的降低。因此，假若是一个焓减和熵增的过程，此过程必然是自动进行。若是焓减和熵减的过程，或者是焓增和熵增的过程，则要看这两种因素产生影响的相对大小才能确定过程是否自动进行。

反应的吉布斯自由能变化虽然包含了焓因素和熵因素两个方面，但有时熵因素作用不大，吉布斯自由能的变化主要决定于焓因素；有时焓因素作用不大，吉布斯自由能的变化主要决定于熵因素。这两种因素的作用不同，反映了化学反应的方向和限度不同。

表 8-4　反应 C(石墨) + CO$_2$(g) ══ 2CO(g) 在 101325Pa 条件下的 ΔH、ΔS 和 ΔG

温度	$\Delta H/J$	$\Delta S/(J/K)$	$\Delta G/J$
298K	172450	176.47	11960
1000K	170840	175.88	−5040

从表 8-4 可以看出，当温度为 298K 时，焓因素是主要方面，即 ΔH 项远超过 ΔS 项，因此，吉布斯自由能的变化主要取决于焓因素。在这里条件是主要的，可以提高反应的温度，使 ΔS 项超过 ΔH 项，从而使主要方面发生变化。计算表明，超过 1000K 时，ΔG 就为负值了。生产中常靠升温或其他办法来增加产物的量，就是这个道理。

3. 化学反应的标准摩尔吉布斯自由能变

H、S 和 T 都是状态函数，G 也是状态函数，具有状态函数的各种特征。各种物质都有各自的标准摩尔生成吉布斯自由能，即在标准状态和温度 T 条件下，由稳定单质生成 1mol 化合物时的吉布斯自由能变，符号为 $\Delta_f G_m^\ominus$，单位为 kJ/mol。

134. 吉布斯自由能与化学反应方向

对于任何反应，在 298K 时标准摩尔生成自由能变可由各物质的标准摩尔生成吉布斯自由能计算，公式如下：

$$\Delta_r G_m^\ominus = \sum v_i \Delta_f G_m^\ominus (\text{产物}) - \sum v_i \Delta_f G_m^\ominus (\text{反应物}) \tag{8-52}$$

根据计算结果可判断反应的自发性。

【例 8-22】 已知 298K 时下列反应中各物质的 $\Delta_f G_m^\ominus$，请判断该反应能否自发进行。

$$2CH_3OH(l) + 3O_2(g) \longrightarrow 2CO_2(g) + 4H_2O(g)$$

$\Delta_f G_{m, CH_3OH(l)}^\ominus = -166.2\text{kJ/mol}$，$\Delta_f G_{m, O_2(g)}^\ominus = 0.00$，$\Delta_f G_{m, CO_2(g)}^\ominus = -394.4\text{kJ/mol}$，$\Delta_f G_{m, H_2O(g)}^\ominus = -228.6\text{kJ/mol}$。

解：
$$\Delta_r G_m^\ominus = 2\Delta_f G_{m, CO_2(g)}^\ominus + 4\Delta_f G_{m, H_2O(g)}^\ominus - 2\Delta_f G_{m, CH_3OH(l)}^\ominus$$
$$= 2\times(-394.4) + 4\times(-228.6) - 2\times(-166.2) = -1371(\text{kJ/mol})$$

$\Delta_r G_m^{\ominus} < 0$，该反应能自发进行。

三、 化学反应的限度和平衡常数

1. 可逆反应与化学平衡

实践证明，一切化学反应既可以正向进行亦可以逆向进行。在特定的条件下（如温度、压力或浓度）下，不同的化学反应所能进行的程度是不同的。有些反应进行之后，反应物几乎全部耗尽，而逆向反应的程度可以略去不计，这类反应通常称为"不可逆反应"，如氯化银的沉淀反应。然而，许多化学反应在进行中，逆向反应比较显著，正向反应和逆向反应均有一定的程度，这种反应通常称为"可逆反应"，例如气相中合成氨反应以及液相中乙酸和乙醇的酯化反应。

所有可逆反应经过一段时间后，均会达到正逆两个方向的反应速率相等的平衡状态。不同的反应系统，达到平衡状态所需的时间各不相同，宏观表现为静态，系统中的宏观性质不随时间而改变，这就是化学反应的最高限度。而实际上这种平衡是一种动态平衡，只要外界条件不变，这种状态能够一直维持下去。一旦条件改变，原来的平衡就被破坏，正逆向的反应速率就会发生转化，直到在新的条件下建立起新的平衡。所以，化学平衡只是相对的和暂时的。

2. 平衡常数

处在平衡状态的化学反应中，各物质的浓度称为"平衡浓度"。反应物和生成物平衡浓度之间的定量关系可用平衡常数来表达。

平衡常数是化学反应的一个很重要的参数。一般平衡常数数值越大，表示系统达到平衡时，反应正向进行的程度越大。平衡常数是化学反应在给定条件下，反应所能达到的限度的标志。

（1）实验平衡常数 大量实验证明，在一定温度下，任何可逆反应：

$$mA + nB \rightleftharpoons pC + qD$$

135. 实验平衡常数

在温度 T 时，平衡浓度 $c(A)$、$c(B)$、$c(C)$、$c(D)$ 之间的关系为：

$$K_c = \frac{c^p(C)c^q(D)}{c^m(A)c(B)^n} \tag{8-53}$$

式中，K_c 为常数，叫作该反应在温度 T 时的浓度平衡常数。

对于气相物质发生的可逆反应，用平衡时各气体的分压代替平衡浓度，得到压力平衡常数 K_p：

$$K_p = \frac{p^p(C)p^q(D)}{p^m(A)p^n(D)} \tag{8-54}$$

浓度平衡常数 K_c 和压力平衡常数 K_p 都是反应系统达到平衡后，通过实验测定系统中反应物和产物的平衡浓度或压力数据计算得到的，因此统称为实验平衡常数。若反应前后分子数不同时，K_c 和 K_p 有量纲，且随反应量纲不同而不同。

K_c 和 K_p 的关系为：$K_p = K_c(RT)^{\Delta n}$。其中，$\Delta n = (p+q) - (m+n)$。

可见，平衡表达式以浓度表示的平衡常数，称为 K_c；平衡表达式以分压表示的平衡常数，称为 K_p。当平衡表达式中既有浓度又有分压项时的平衡常数，称为混合平衡常数，用 K 表示。

（2）标准平衡常数 在一定温度下，任何可逆反应：

$$mA + nB \rightleftharpoons pC + qD$$

如反应在溶液中进行，则：

$$K^{\ominus} = \frac{[c(C)/c^{\ominus}]^p [c(D)/c^{\ominus}]^q}{[c(A)/c^{\ominus}]^m [c(B)/c^{\ominus}]^n} \qquad (8\text{-}55)$$

如是气体反应，则：

$$K^{\ominus} = \frac{[p(C)/p^{\ominus}]^p [p(D)/p^{\ominus}]^q}{[p(A)/p^{\ominus}]^m [p(B)/p^{\ominus}]^n} \qquad (8\text{-}56)$$

136. 标准平衡常数和平衡常数的性质

热力学中，$K^{\ominus}$ 为标准平衡常数，简称为平衡常数。与实验平衡常数不同的是，标准平衡常数 $K^{\ominus}$ 无量纲。

（3）平衡常数的性质　平衡常数是可逆反应的特征常数，它表示在一定条件下，可逆反应进行的程度。K 值愈大，表明正反应进行得越完全，亦即反应物转化为生成物的程度愈大；反之，K 值愈小，表明反应物转化为生成物的程度愈小。平衡常数是温度的函数，而与参与平衡的物质的量无关。

（4）书写平衡常数表达式时应注意以下几点：

第一，平衡常数 $K^{\ominus}$ 表达式中，各产物相对浓度或相对分压幂的乘积在分子，各反应物相对浓度或相对分压幂的乘积在分母。各物质相对浓度或相对分压必须是平衡态时的相对浓度或相对分压。

第二，平衡常数 $K^{\ominus}$ 表达式要与相应的化学计量方程式一一对应。

第三，化学反应中以固态、纯液态和稀溶液溶剂等形式存在的组分，其浓度或分压不写入平衡常数 $K^{\ominus}$ 表达式中。

（5）化学平衡常数服从多重平衡规则　对于化学反应方程式①、②和③：

化学方程式 ③＝① ＋②　　　$K_3 = K_1 K_2$

化学方程式 ③＝①－②　　　$K_3 = K_1 / K_2$

化学方程式 ③＝$n \times$ ①　　　$K_3 = K_1^n$

化学方程式 ③＝$(1/n) \times$ ①　　　$K_3 = \sqrt[n]{K_1}$

3. 平衡常数与吉布斯自由能变

如对任一可逆化学反应：

$$m A + n B \Longrightarrow p C + q D$$

可推出吉布斯自由能变与标准自由能变有如下关系：

$$\Delta_r G_m = \Delta_r G_m^{\ominus} + RT \ln Q \qquad (8\text{-}57)$$

137. 平衡常数与吉布斯自由能变

式（8-57）称为化学反应等温方程，也叫范特霍夫等温方程。

式中，Q 为反应熵。

$$Q = \frac{[c(C)/c^{\ominus}]^p [c(D)/c^{\ominus}]^q}{[c(A)/c^{\ominus}]^m [c(B)/c^{\ominus}]^n}$$

式中，各物质的浓度并非平衡时的浓度，是任意反应状态下的浓度。若反应系统中有气体或全部都是气体参与的反应，则 Q 中的 $c/c^{\ominus}$ 就用 $p/p^{\ominus}$ 代替。

显然，当化学反应处于平衡时，$Q = K^{\ominus}$，且 $\Delta_r G_m = 0$。代入式（8-57）得：

$$\Delta_r G_m^{\ominus} = -RT \ln K^{\ominus} \qquad (8\text{-}58)$$

或

$$\lg K^{\ominus} = -\frac{\Delta_r G_m^{\ominus}}{2.303 RT} \qquad (8\text{-}59)$$

从上式可以看出，平衡常数与反应的标准吉布斯自由能变化有密切关系，通过反应温度 T 时的 $\Delta_r G_m^{\ominus}$ 可求得该温度下的平衡常数。还可以看出，$\Delta_r G_m^{\ominus}$ 负值越大，$K^{\ominus}$ 值越大，表示反应进行的程度越大；反之，$\Delta_r G_m^{\ominus}$ 负值越小，$K^{\ominus}$ 值越小，表示反应进行的程度越小。

将式(8-58) 代入式(8-57) 可得：

$$\Delta_r G_m = -RT\ln K^{\ominus} + RT\ln Q = RT\ln \frac{Q}{K^{\ominus}} = 2.303RT\lg \frac{Q}{K^{\ominus}} \qquad (8\text{-}60)$$

由式(8-60) 可看出，利用 Q 和 $K^{\ominus}$ 进行比较，可判断反应进行的方向：

当 $K^{\ominus} > Q$ 时，$\Delta_r G_m < 0$，正反应自发进行；

当 $K^{\ominus} < Q$ 时，$\Delta_r G_m > 0$，逆反应自发进行；

当 $K^{\ominus} = Q$ 时，$\Delta_r G_m = 0$，系统处于平衡状态。

【例 8-23】 计算下列反应在 298K 时的 $\Delta_r G_m^{\ominus}$ 和 $K^{\ominus}$，并判断反应能否自发进行。

$$CO(g) + NO(g) \Longleftrightarrow CO_2(g) + 1/2N_2(g)$$

解： 查得 298K 时有关热力学数据如下。

$$CO(g) + NO(g) \Longleftrightarrow CO_2(g) + 1/2N_2(g)$$

$\Delta_f H_m^{\ominus}/(kJ/mol)$　　-110.5　90.25　　　-393.5　0

$S_m^{\ominus}/[J/(mol \cdot K)]$　197.6　　210.7　　　213.6　　191.5

$$\Delta_r H_m^{\ominus} = [\Delta_f H_m^{\ominus}(CO_2,g) + 1/2\Delta_f H_m^{\ominus}(N_2,g)] - [\Delta_f H_m^{\ominus}(CO,g) + \Delta_f H_m^{\ominus}(NO,g)]$$
$$= -393.5 - (-110.5 + 90.25) = -373.25(kJ/mol)$$

$$\Delta_r S_m^{\ominus} = [S_m^{\ominus}(CO_2,g) + 1/2S_m^{\ominus}(N_2,g)] - [S_m^{\ominus}(CO,g) + S_m^{\ominus}(NO,g)]$$
$$= (213.6 + 1/2 \times 191.5) - (197.6 + 210.7) = -0.099[J/(mol \cdot K)]$$

据式 $\Delta_r G_m^{\ominus}(T) = \Delta_r H_m^{\ominus}(298K) - T\Delta_r S_m^{\ominus}(298K)$ 得：

$$\Delta_r G_m^{\ominus}(298K) = -373.25 - 298 \times (-0.099) = -343.75(kJ/mol)$$

因为 $\Delta_r G_m^{\ominus} < 0$，所以正反应能自发进行。

依据　$\lg K^{\ominus} = -\dfrac{\Delta_r G_m^{\ominus}}{2.303RT}$，可得：

$$\lg K^{\ominus} = -\frac{-343.75}{2.303 \times 8.314 \times 298} = 60.24$$
$$K^{\ominus} = 1.74 \times 10^{60}$$

$K^{\ominus}$ 值很大，表明反应在给定条件下进行得很完全。

【例 8-24】 某一反应体系 $AgCl(s) + Br^-(aq) \Longleftrightarrow AgBr(s) + Cl^-(aq)$ 在 $c(Cl^-) = 1mol/L, c(Br^-) = 0.01mol/L$ 时反应将向哪个方向进行？

解：　　　　$AgCl(s) + Br^-(aq) \Longleftrightarrow AgBr(s) + Cl^-(aq)$

$\Delta_f G_m^{\ominus}/(kJ/mol)$　　-110　　　-104　　-97.0　　-131.3

$$\Delta_f G_m^{\ominus} = \sum v_i \Delta_f G_m^{\ominus}(产物) - \sum v_i \Delta_f G_m^{\ominus}(反应物) = -14.3kJ/mol$$
$$Q = c(Cl^-)/c(Br^-) = 100$$
$$\Delta_r G_m = \Delta_r G_m^{\ominus} + RT\ln Q = -14.3 + 8.314 \times 298.15 \times 10^{-3}\ln 100$$
$$= -14.3 + 11.42 = -2.9(kJ/mol)$$

因为 $\Delta_r G_m < 0$，所以反应将自发正向进行。

【例 8-25】 在 448℃ 时，$1.00dm^3$ 容器中 $1.00mol$ 的 H_2 和 $2.00mol$ 的 I_2 完全反应。$H_2(g) + I_2(g) \Longleftrightarrow 2HI(g)$，测得此时的 $K_c = 50.5$，试求反应平衡时 H_2、I_2 和 HI 的平衡浓度。

解： 设平衡时，H_2 反应了 x mol/dm^3。

$$H_2(g) + I_2(g) \Longleftrightarrow 2HI(g)$$

| 起始浓度/(mol/dm³) | 1/1 | 2/1 | 0 |
| 平衡浓度/(mol/dm³) | $1-x$ | $2-x$ | $2x$ |

所以 $K_c = \dfrac{(2x)^2}{(1-x)(2-x)} = 50.5$，解得 $x = 0.935$ 或 2.323（不合理，舍去）。

所以 $c(H_2) = 0.065\,mol/dm^3$　　$c(I_2) = 1.065\,mol/dm^3$　　$c(HI) = 1.87\,mol/dm^3$

4. 平衡转化率的计算

依据平衡常数，可计算反应平衡时各物质的浓度，进而可以求出在该条件下反应物的理论上的最大转化率和产物的最大产率。实际过程中企图获得更高的产率而超越平衡常数的限制是不可能的，然而，我们可以在尊重自然规律的条件下设法改变反应条件，以谋取最大产率。

平衡转化率也称理论转化率或最高转化率，其定义为：

$$平衡转化率\ \alpha = \frac{平衡时该反应物已转化的量}{反应开始时该物质的量} \times 100\%$$

5. 温度对平衡常数的影响

温度对化学平衡的影响是通过改变 $K^{\ominus}$ 值而导致平衡发生移动。

在系统的压力恒定时，对于任意给定的化学反应，由式 $\ln K^{\ominus} = -\Delta_r G_m^{\ominus}(T)/RT$ 可知，$\ln K^{\ominus}$ 与 $1/T$ 成直线关系。又因 $\Delta_r G_m^{\ominus}(T) = \Delta_r H_m^{\ominus}(T) - T\Delta_r S_m^{\ominus}(T)$，于是有：

$$\ln K^{\ominus} = -\Delta_r H_m^{\ominus}(T)/(RT) + \Delta_r S_m^{\ominus}(T)/R \tag{8-61}$$

如果温度变化不大，可以忽略 $\Delta_r H_m^{\ominus}$ 和 $\Delta_r S_m^{\ominus}$ 随温度的改变。若反应在温度 T_1 下的平衡常数为 $K_1^{\ominus}$，在温度 T_2 下的平衡常数为 $K_2^{\ominus}$，则有：

$$\ln K_1^{\ominus} = -\frac{\Delta_r H_m^{\ominus}}{RT_1} + \frac{\Delta_r S_m^{\ominus}}{R}$$

$$\ln K_2^{\ominus} = -\frac{\Delta_r H_m^{\ominus}}{RT_2} + \frac{\Delta_r S_m^{\ominus}}{R}$$

138. 温度对化学平衡的影响

两式相减得：

$$\ln \frac{K_1^{\ominus}}{K_2^{\ominus}} = \frac{\Delta_r H_m^{\ominus}}{R}\left(\frac{1}{T_2} - \frac{1}{T_1}\right) = \frac{\Delta_r H_m^{\ominus}}{R}\frac{T_2 - T_1}{T_2 T_1} \tag{8-62}$$

从式(8-62)可看出，温度对化学平衡的影响：

对于吸热反应，$\Delta_r H_m^{\ominus} > 0$，当温度升高，$T_2 > T_1$ 时，$K_2^{\ominus} > K_1^{\ominus}$，说明升高温度使平衡向正反应方向——吸热反应方向移动；当降低温度，$T_2 < T_1$ 时，$K_2^{\ominus} < K_1^{\ominus}$，平衡常数随温度的降低而减小，即降低温度使平衡向逆反应方向——放热反应方向移动。

对于放热反应，$\Delta_r H_m^{\ominus} < 0$，当 $T_2 > T_1$ 时，$K_2^{\ominus} < K_1^{\ominus}$，表明平衡常数随温度的升高而减小，即提高温度则平衡向逆反应方向——吸热反应方向移动；当降低温度，$T_2 < T_1$ 时，$K_2^{\ominus} > K_1^{\ominus}$，平衡常数随温度的降低而增大，即降低温度，平衡向正反应方向——放热反应的方向移动。

总之，不论是吸热反应还是放热反应：当升高温度时，化学平衡总是向吸热反应方向移动；当降低温度时，化学平衡总是向放热反应方向移动。

【例 8-26】 在 298K 时，反应 $NO(g) + \dfrac{1}{2}O_2(g) \Longrightarrow NO_2(g)$ 的 $\Delta_r G_m^{\ominus} = -34.85\,kJ/mol$，$\Delta_r H_m^{\ominus} = -56.48\,kJ/mol$。试求 $K_{298K}^{\ominus}$ 和 $K_{598K}^{\ominus}$ 的值（假设在 298~598K 范围内 $\Delta_r H_m^{\ominus}$ 不变）。

解：$\because \Delta_r G_m^{\ominus} = -RT\ln K_{298K}^{\ominus}$　　$\therefore \ln K_{298K}^{\ominus} = \dfrac{34.85 \times 10^3}{8.314 \times 298}$

解得：　　　　　　　　　　$K_{298K}^{\ominus} = 1.28 \times 10^6$

再由：　　　　　　$\ln \dfrac{K_{298K}^{\ominus}}{K_{598K}^{\ominus}} = \dfrac{\Delta_r H_m^{\ominus}}{R} \left(\dfrac{1}{598} - \dfrac{1}{298} \right)$

解得：　　　　　　　　　　$K_{298K}^{\ominus} = 13.8 \times 10^5$

6. 其他可控条件对化学平衡的影响

当一个化学反应达到平衡时，通过改变一些人为可控制的反应条件，可以影响化学平衡，平衡发生移动。例如，当反应系统温度发生变化以后，指定反应的平衡常数就发生改变，从而使反应的平衡状态发生移动。除了温度外，其他一些人为可控制条件，如物料比、压力、惰性气体等，都将影响化学平衡。但其他的人为可控制条件对平衡的影响与温度不同，它们一般只影响平衡（或者说只使平衡发生移动），而不影响平衡常数的大小。下面分别进行讨论。

（1）浓度对化学平衡的影响　平衡状态下，$\Delta_r G_m = 0$、$K^{\ominus} = Q$，任何一种反应物或产物浓度的变化都导致 $K^{\ominus} \neq Q$。增加反应物浓度或减少产物浓度时，$Q < K^{\ominus}$，$\Delta_r G_m < 0$，平衡将沿正反应方向移动；减少反应物浓度或增加产物浓度时，$Q > K^{\ominus}$，$\Delta_r G_m > 0$，平衡将沿逆反应方向移动。若增加反应物 A 浓度后，要使减小的 Q 值重新回到 $K^{\ominus}$，只能减小反应物 B 的浓度或增大产物浓度，这就意味着提高了反应物 B 的转化率。

【例 8-27】　在 830℃时，$CO(g) + H_2O(g) \Longleftrightarrow H_2(g) + CO_2(g)$ 的 $K_c = 1.0$。若起始浓度 $c(CO) = 2\,mol/dm^3$，$c(H_2O) = 3\,mol/dm^3$。问 CO 转化为 CO_2 的百分率为多少？若向上述平衡体系中加入 $3.2\,mol/dm^3$ 的 $H_2O(g)$，再次达到平衡时，CO 转化率为多少？

解：设平衡时 $c(H_2) = x\ mol/dm^3$。

$$CO(g) + H_2O(g) \Longleftrightarrow H_2(g) + CO_2(g)$$

初态/(mol/dm³)　　　2　　　　　3　　　　　0　　　　　0
平衡时/(mol/dm³)　2−x　　　3−x　　　x　　　　x

$K_c = \dfrac{c(H_2)c(CO_2)}{c(CO)c(H_2O)} = \dfrac{x^2}{(2-x)(3-x)} = 1.00$　　解得：$x = 1.2\,mol/dm^3$

CO 的转化率为：$(1.2 / 2) \times 100\% = 60\%$

设第二次平衡时，$c(H_2) = y\ mol/dm^3$。

$$CO(g) + H_2O(g) \Longleftrightarrow H_2(g) + CO_2(g)$$

初态/(mol/dm³)　　　2　　　　6.2　　　　0　　　　　0
平衡时/(mol/dm³)　2−y　　6.2−y　　y　　　　y

$\dfrac{y^2}{(2-y)(6.2-y)} = 1.00$　　解得：$y = 1.512$

CO 的转化率为：$(1.512/2) \times 100\% = 75.6\%$

在化学反应中改变反应物的配比，让一种价廉易得原料适当过量，当反应达平衡时，可以提高另一种原料的转化率。例如：在水煤气转化反应中，为了尽可能地利用 CO，使水蒸气过量；在 SO_2 氧化生成 SO_3 的反应中，让氧气过量，使 SO_2 充分转化。但需指出，一种原料的过量应适可而止。此外，对于气相反应，要注意原料气的性质，防止它们的配比进入爆炸范围，以免引起安全事故。

（2）压力对化学平衡的影响　　所谓压力对化学平衡的影响，系指系统的
总压对平衡的影响。

增大反应物的分压或减小产物的分压，都将使 $Q<K^{\ominus}$，$\Delta_r G_m<0$，平
衡向右移动。反之，增大产物的分压或减小反应物的分压，将使 $Q>K^{\ominus}$，
$\Delta_r G_m>0$，平衡向左移动。这与浓度对化学平衡的影响完全相同。

139. 压力对化学
平衡的影响

增大体系的总压，平衡将向着气体分子数目减少的方向移动。

【例 8-28】　平衡体系：$N_2O_4(g)\Longleftrightarrow 2NO_2(g)$，在某温度和 1atm（1atm＝101325Pa）
时，N_2O_4 的离解百分数为 50%，问压力增大到 2atm 时，$N_2O_4(g)$ 的离解百分数为多少？

解：设 $N_2O_4(g)$ 为 n mol，其离解度为 α。

$$N_2O_4(g)\Longleftrightarrow 2NO_2(g)$$

起始/mol　　　　　　　　　　　n　　　　　　　　0

平衡时/mol　　　　　　　　$n(1-\alpha)$　　　　　　$2n\alpha$

$$K_p=\frac{p_{NO_2}^2}{p_{N_2O_4}}=\frac{\left[\left(\dfrac{2\alpha}{1+\alpha}\right)p_{\text{总}}\right]^2}{\left(\dfrac{1-\alpha}{1+\alpha}\right)p_{\text{总}}}=\left[\frac{4\alpha^2}{(1-\alpha^2)}\right]p_{\text{总}}$$

当 $p_{\text{总}_1}=$ 1atm，$p_{\text{总}_2}=$ 2atm，$\alpha_1=0.5$ 时，$\dfrac{4\alpha_1^2}{1-\alpha_1^2}p_{\text{总}_1}=\dfrac{4\alpha_2^2}{1-\alpha_2^2}p_{\text{总}_2}$。

$$\frac{0.25}{1-0.25}=\frac{\alpha_2^5}{1-\alpha_2^2}\times2　　解得：\alpha_2=0.378。$$

在温度不变时，增大压力，平衡朝着气体物质的量减小的方向移动。对反应后气体分子
数减小的反应而言，在增大压力、提高转化率的同时，也要考虑设备承受能力和安全防护
等。压力的变化对固相或液相反应平衡的影响可以忽略。

（3）惰性气体对化学平衡的影响　　所谓"惰性气体"是指反应系统中不参加反应的物
质。例如，在合成氨的反应中，原料气中所含的甲烷和氩气等气体，就是不参加反应的"惰
性气体"。至于通常所说的惰性气体——周期表中的零族元素，则几乎是一切反应的惰性气
体。这些惰性气体虽不参加化学反应，却能影响平衡的移动。

增加惰性气体，使气体物质的量 $\sum n_B$ 增大，在温度、总压恒定的条件下：

① 对于 $\sum \upsilon_B>0$ 的反应，如 $C_6H_5C_2H_5(g)\Longleftrightarrow C_6H_5C_2H_3(g)+H_2(g)$，增加惰性气
体，$\sum n_B$ 增大，则式中 $K^{\ominus}$ 增大，故平衡向产物方向移动，即增加惰性气体有利于气体物
质的量增大的反应。

② 对于 $\sum \upsilon_B<0$ 的反应，如 $N_2+3H_2\Longleftrightarrow 2NH_3$，增加惰性气体，$\sum n_B$ 增大，则式中
$K^{\ominus}$ 减小，故平衡向反应物方向移动，即增加惰性气体，不利于气体物质的量减小的反应。

比如，在合成氨反应中，原料气是循环使用的，当惰性气体 Ar 和甲烷积累过多时，就
会影响氨的产率。因此每隔一定时间，就要对原料气做一定的处理（例如放空，同时补充新
鲜气体，或设法回收有用的惰性气体）。

习　题

一、选择题

1. $\Delta G=0$ 的过程应满足的条件是（　　）。

A. 等温等压且非体积功为零的可逆过程 B. 等温等压且非体积功为零的过程

C. 等温等容且非体积功为零的过程　　　D. 可逆绝热过程

2. 在一定温度下，发生变化的孤立体系，其总熵（　　）。

A. 不变　　　　　B. 可能增大或减小　C. 总是减小　　　D. 总是增大

3. 对任一过程，与反应途径无关的是（　　）。

A. 体系的内能变化　　　　　　　B. 体系对外做的功

C. 体系得到的功　　　　　　　　D. 体系吸收的热

4. 氮气进行绝热可逆膨胀，（　　）。

A. $\Delta U=0$　　　B. $\Delta S=0$　　　C. $\Delta A=0$　　　D. $\Delta G=0$

5. 关于吉布斯函数 G，下面的说法中不正确的是（　　）。

A. $\Delta G \leqslant W'$ 在做非体积功的各种热力学过程中都成立

B. 在等温等压且不做非体积功的条件下，对于各种可能的变动，系统在平衡态的吉布斯函数最小

C. 在等温等压且不做非体积功时，吉布斯函数增加的过程不可能发生

D. 在等温等压下，一个系统的吉布斯函数减小值大于非体积功的过程不可能发生

6. 关于熵的说法正确的是（　　）。

A. 每单位温度的改变所交换的热为熵　　B. 可逆过程熵变为零

C. 不可逆过程熵将增加　　　　　　　　D. 熵与系统的微观状态数有关

7. 在绝热条件下，迅速推动活塞压缩气筒内空气，此过程的熵变（　　）。

A. 大于零　　　　　B. 小于零　　　　C. 等于零　　　　D. 无法确定

8. 氢气和氧气在绝热钢瓶中生成水，（　　）。

A. $\Delta S=0$　　　B. $\Delta G=0$　　　C. $\Delta H=0$　　　D. $\Delta U=0$

9. 关于熵的性质，下面的说法中不正确的是（　　）。

A. 环境的熵变与过程有关　　　　　B. 某些自发过程中可以为系统创造出熵

C. 熵变等于过程的热温熵　　　　　D. 系统的熵等于系统内各部分熵之和

二、计算题

1. 300K 的 2mol 理想气体，由 6.0×10^5 Pa 绝热自由膨胀到 1.0×10^5 Pa，求过程的 ΔU、ΔH、ΔS、ΔA、ΔG，并判断该过程的性质。

2. 1mol 水由始态 273K、1×10^5 Pa H_2O（l）变到终态 473K、3×10^5 Pa H_2O(g)，计算该过程的 ΔS。已知：水的正常沸点时的汽化热为 40610J/mol，水的比热容为 4.18J/(K·g)，水蒸气的比热容为 1.422J/(g·K)，假定水蒸气为理想气体。

3. 1mol 液态苯在 101.3kPa、268K 下能自动地凝固成 101.3kPa、268K 的固态苯，并放热 9874J，计算该过程的 ΔS 和 ΔG。已知：苯的正常熔点为 278.5K，苯的熔化热为 9916J/mol，$C_{p,m}(C_7H_{16},l)=126.8$J/(K·mol)，$C_{p,m}(C_7H_{16},s)=122.6$J/(K·mol)。

4. 计算下列过程的 ΔH、ΔS、ΔG。

298K,101.325kPa H_2O(l)⟶473K,405.3kPa H_2O(g)。

已知：$S_m^{\ominus}$(298K, H_2O, l)=188.7J/K；水的比热容为 4.18J/(g·K)；水蒸气的比热容为 1.422J/(g·K)；水在正常沸点时的汽化热为 40610J/mol。假设水蒸气为理想气体。

5. 2mol 理想气体在 269K 时，由 4×10^5 Pa、11.2dm³ 绝热向真空膨胀到 2×10^5 Pa、22.4dm³，计算 ΔS。是否能利用熵判据判断该过程的性质？如何判断？

6. 对于气相反应 $CO_2 + H_2 \Longrightarrow H_2O + CO$，已知 $\Delta_r G_m^{\ominus}=42218.0-7.57T\ln T+1.9 \times 10^{-2} T^2-2.8 \times 10^{-6} T^3-2.26T$（J），求上述反应在 1000K 时的 $\Delta_r H_m^{\ominus}$、$\Delta_r S_m^{\ominus}$。

7. 1mol，$C_{p,m}=25.12$J/(K·mol) 的理想气体 B 由始态 340K、500kPa 分别经（1）可逆绝热，（2）向真空膨胀，两过程都达到体积增大一倍的终态，计算（1）与（2）两过程的 ΔS。

任务五　旋光法测定蔗糖水解反应的速率常数

一、目的要求

1. 根据物质的光学性质研究蔗糖水解反应，测定其反应速率常数和半衰期。
2. 了解反应物浓度与反应体系旋光度之间的关系。
3. 了解旋光仪的基本原理，掌握旋光仪正确的操作方法。

二、仪器与试剂

WZZ-2B 型旋光仪（1 台）、501 超级恒温水浴（1 台）、烧杯（100mL，2 个）、移液管（25mL，2 只）、蔗糖溶液（分析纯，20.0g/100mL）、HCl 溶液（分析纯，4.00mol/L）。

三、方法原理

蔗糖在水中转化成葡萄糖和果糖，其反应为：

$$C_{12}H_{22}O_{11} + H_2O \longrightarrow C_6H_{12}O_6 + C_6H_{12}O_6$$

　　　（蔗糖）　　　　　　　　（葡萄糖）　　（果糖）

　　为使水解反应加速，反应常常以 H^+ 为催化剂。由于在较稀的蔗糖溶液中水是过量的，反应达终点时，虽然有部分水分子参加了反应，但与溶质（蔗糖）浓度相比可以认为它的浓度没有改变。因此在一定的酸度下，反应速率只与蔗糖的浓度有关，所以该反应可视为一级反应（动力学中称为准一级反应）。该反应的速率方程为：

$$-\frac{dc}{dt} = kc$$

　　式中，c 为蔗糖溶液的浓度；k 为蔗糖在该条件下的水解反应速率常数。

　　该反应的半衰期与 k 的关系为：

$$t_{1/2} = \ln2/k$$

　　蔗糖、葡萄糖、果糖都是旋光性的物质，即都能使透过它们的偏振光的振动面旋转一定的角度，称为旋光度，以 α 表示。其中，蔗糖、葡萄糖能使偏振光的振动面按顺时针方向旋转，为右旋光性物质，旋光度为正值。而果糖能使偏振光的振动面按逆时针方向旋转，为左旋光性物质，旋光度为负值。

　　反应进程中，溶液的旋光度变化情况如下：当反应开始时，$t=0$，溶液只有蔗糖的右旋，旋光度为正值。随着反应的进行，蔗糖溶液减少，葡萄糖和果糖浓度增大，由于果糖的左旋能力强于葡萄糖的右旋。整体来说，溶液的旋光度随着时间而减小。当反应进行完全时，蔗糖为零，溶液中只有葡萄糖和果糖，这时，溶液的旋光度为负值。可见，反应过程中物质浓度的变化可以用旋光度来代替表示。

$$\ln(\alpha_t - \alpha_\infty) = -kt + \ln(\alpha_0 - \alpha_\infty)$$

从上式可见，以 $\ln(\alpha_t - \alpha_\infty)$ 对 t 作图可得一直线，由直线斜率可求得速率常数 k。

四、操作步骤

（1）从烘箱中取出锥形瓶，恒温槽（恒温水浴）调至 55℃。

（2）开启旋光仪，按下"光源"和"测量"。预热 10min 后，洗净样品管，然后在样品管中装入蒸馏水，测量蒸馏水的旋光度，之后清零。

（3）量取蔗糖和盐酸溶液各 30mL 至干净干燥的锥形瓶，盐酸倒入蔗糖中，摇匀，然后迅速用此溶液洗涮样品管 3 次，再装满样品管，放入旋光仪中，开始计时。将锥形瓶放入恒温槽中加热，待 30min 后取出冷却至室温。

（4）计时至 2min 时，按动"复测"，记录。如此每隔 2min 测量一次，直至 30min（注意：数值为正值时使用"+复测"，数值为负值时使用"−复测"）。

（5）倒去样品管中的溶液，用加热过的溶液洗涮样品管 3 次，再装满样品管，测其旋光值，共测 5 次，求平均值。

五、数据记录与处理

实验数据记录于表 8-5、表 8-6 中。

表 8-5　实验条件数据

时间	室温	大气压
实验前		
实验后		

表 8-6　实验数据

时间/min	2	4	6	8	10	12	14	16
$\alpha_t/(°)$								
时间/min	18	20	22	24	26	28	30	
$\alpha_t/(°)$								

数据处理见表 8-7。

表 8-7　数据处理

时间/min	2	4	6	8	10	12	14	16
α_∞								
$\alpha_t/(°)$								
$\ln(\alpha_0-\alpha_\infty)$								
时间/min	18	20	22	24	26	28	30	
α_∞								
$\alpha_t/(°)$								
$\ln(\alpha_0-\alpha_\infty)$								

六、思考题

1. 实验中，为什么用蒸馏水来校正旋光仪的零点？在蔗糖转化反应过程中，所测的旋光度 α_t 是否需要零点校正？为什么？
2. 蔗糖溶液为什么可粗略配制？
3. 蔗糖的转化速率和哪些因素有关？
4. 溶液的旋光度与哪些因素有关？
5. 反应开始时，为什么将盐酸溶液倒入蔗糖溶液中，而不是相反顺序？
6. 为何能将蔗糖加入盐酸中？

七、实验结果与讨论

本实验测得蔗糖的转化反应速率 $k=0.0662$，半衰期为 10.47min，测得的旋光度变化趋势是从大到小最终出现负值。证明果糖的旋光度为负值，并在数值上大于葡萄糖的旋光度值。而最终的旋光度几乎不变，这说明反应几乎已经达到极限。

通过该实验，了解了该反应的反应物浓度与旋光度之间的关系，同时明白了旋光仪的基本原理，掌握了旋光仪的正确使用方法。

习题参考答案

项目一

任务一答案

一、填空题

1. 2，16，6，2

2. [Kr] $4d^{10}5s^1$，5，0，0

3. 解：

原子序数	电子排布式	价层电子排布	周期	族
	[Kr]$4d^{10}5s^25p^1$	$5s^25p^1$	5	ⅢA
10		$2s^22p^6$	2	0
24	[Ar]$3d^54s^1$		4	ⅥB
80	[Xe]$4f^{14}5d^{10}6s^2$	$5d^{10}6s^2$		

4. Rb^+、I^-、S^{2-}、Zn^{2+}、Ag^+、Bi^{3+}、Pb^{2+}，Mn^{2+}

二、选择题

1. C　2. A　3. B　4. B　5. C　6. A　7. A　8. D　9. D　10. C　11. C

三、简答题

1. 解：同周期元素自左至右原子半径减小、有效核电荷递增，使得最外层电子的电离需要更高的能量。但^{15}P 最外层 3p 轨道上三个电子正好半充满，根据洪特（Hund）规则，半充满状态稳定，^{15}P 的 I_1 反而比^{16}S 要高。

2. 解：根据泡利（Pauli）不相容原理，一个轨道中最多只能容纳两个自旋方向相反的电子。因此，一个原子中有几个单电子，就可以与几个自旋方向相反的单电子配对成键。即一个原子形成的共价键的数目取决于其本身含有的单电子数目。因此，共价键具有饱和性。

共价键是由成键原子的价层原子轨道相互重叠形成的。根据最大重叠原理，原子轨道只有沿着某一特定方向才能形成稳定的共价键（s 轨道与 s 轨道重叠除外）。因此，共价键具有方向性。

3. 解：

① BeH_2 为 sp 杂化，分子的空间构型是直线形。

② BI_3 为 sp^2 杂化，分子的空间构型是平面正三角形。

③ SbI_3 为不等性 sp^3 杂化，分子的空间构型为三角锥形。

④ CCl_4 为 sp^3 杂化，分子的空间构型为正四面体。

4. 解：

① C_6H_6 和 CCl_4 分子均为非极性分子，故 C_6H_6 分子与 CCl_4 分子之间只存在着色散力。

② CH_3CH_2OH 和 H_2O 分子均为极性分子，CH_3CH_2OH 分子与 H_2O 分子之间存在色散力、诱导力和取向力。此外，CH_3CH_2OH 分子与 H_2O 分子之间还存在分子间氢键。

③ C_6H_6 是非极性分子，CH_3CH_2OH 是极性分子，在 C_6H_6 分子和 CH_3CH_2OH 分子之间存在着色散力和诱导力。

④ NH_3 是极性分子，NH_3 分子之间存在着色散力、诱导力和取向力。此外，NH_3 分子之间还存在分子间氢键。

5. 解：

① 苯和四氯化碳分子间存在色散力。

② 乙醇和水分子间存在取向力、诱导力、色散力、氢键。

③ 苯和乙醇分子间存在诱导力、色散力。

④ 液氨分子间存在取向力、诱导力、色散力、氢键。

6. 解：He、Ne、Ar、Kr、Xe 沸点递变的规律是随元素原子序数的增加，沸点升高。其原因是随着元素原子序数的增加，原子半径增大，色散力逐渐增大，导致了随元素原子序数增加而沸点升高。

任务二答案

一、填空题

1. 溶液的蒸气压下降，沸点升高，凝固点降低，溶液的渗透压

2. 存在半透膜，膜两侧单位体积中溶剂分子数不等，从纯溶剂向溶液，从稀溶液向浓溶液

3. $\pi(C_6H_{12}O_6) < \pi(HAc) < \pi(KCl) < \pi(K_2SO_4)$

$T_f(K_2SO_4) < T_f(KCl) < T_f(HAc) < T_f(C_6H_{12}O_6)$

4. 33.3

二、判断题

1. × 2. √ 3. × 4. × 5. √ 6. √ 7. × 8. ×

三、选择题

1. D 2. D 3. C 4. D 5. D 6. C 7. D 8. D 9. A 10. A

四、计算题

1. 解：$n(NH_3) = pV/RT = 120kPa \times 1.2L / [8.314kPa \cdot L/(mol \cdot K) \times 293.15K] = 0.059mol$

$c(NH_3) = 0.059mol/0.25L = 0.236mol/L$

2. 解：根据 $x_A = \dfrac{n_A}{n_A + n_B}$

$$n(H_2O) = \frac{100g}{18.0g/mol} = 5.56mol \qquad n(蔗糖) = \frac{10.0g}{342g/mol} = 0.0292mol$$

$$x(H_2O) = \frac{n(H_2O)}{n(H_2O) + n(蔗糖)} = \frac{5.56mol}{5.56mol + 0.0292mol} = 0.995$$

$$p = p^\ominus x(H_2O) = 2.34kPa \times 0.995 = 2.33kPa$$

3. 解：所需 NaCl 的质量为 $0.05 \times 58.5 = 2.925(g)$，所需生理盐水的体积为 $2.925/9.0 = 0.325(L) = 325(mL)$。

4. 解：HCO_3^- 的摩尔质量是 $61.0g/mol$，则：

$$c(HCO_3^-)=\frac{n(HCO_3^-)}{V}=\frac{164.7/61.0}{100}=0.0270(mol/L)$$

5. 解：$c(ZnCl_2)=\dfrac{350/136.3}{739.5/1000}=3.47(mol/L)$

$$\rho(ZnCl_2)=\frac{350}{739.5}=0.47(g/mL)$$

$$w(ZnCl_2)=\frac{350}{350+650}=0.35$$

6. 解：$\Delta T_b=T_b-T_b^{\ominus}=(100.51+273.15)K-(100.00+273.15)K=0.51K$

$$b_B=\frac{\Delta T_b}{K_b}=\frac{0.51K}{0.512K\cdot kg/mol}=0.996mol/kg$$

$$M_r=\frac{m}{b_BV}=\frac{2.80g}{0.996mol/kg\times0.100kg}=28.1g/mol$$

$$\Delta T_f=K_fb_B=1.86K\cdot kg/mol\times0.996mol/kg=1.85K$$

该溶液的凝固点 T_f 为 $-1.85℃$。

7. 解：$b_B=\dfrac{0.52K}{1.86K\cdot kg/mol}=0.280mol/kg$

泪水的渗透浓度为 $280mmol/L$。

$$\pi=0.28mol/L\times8.314kPa\cdot L/(mol\cdot K)\times(273+37)K$$
$$=722kPa$$

项目二

任务一答案

一、选择题

1. D　2. D

二、简答题

1. （1）系统误差中的仪器误差。减免的方法：校准仪器或更换仪器。

（2）系统误差中的仪器误差。减免的方法：校准仪器或更换仪器。

（3）系统误差中的仪器误差。减免的方法：校准仪器或更换仪器。

（4）系统误差中的试剂误差。减免的方法：做空白实验。

（5）随机误差。

（6）随机误差。

（7）过失误差。

（8）系统误差中的试剂误差。减免的方法：做空白实验。

2. （1）三位有效数字；（2）五位有效数字；（3）四位有效数字；（4）两位有效数字；（5）两位有效数字；（6）两位有效数字。

3. 根据"四舍六入五留双"规则，上述数据依次舍为：

（1）3.142；（2）2.717；（3）4.510；（4）3.216；（5）5.624；（6）7.691。

4. 乙的准确度和精密度都高。从两人的数据可知，他们是用分析天平取样，有效数字应取四位，而甲只取了两位。因此，从表面上看甲的精密度高，但从分析结果的精密度考虑，应该是乙的实验结果的准确度和精密度都高。

三、计算题

1. （1）2.98×10^6　　（2）3.14

2. 解：（1）$\bar{x} = \dfrac{24.87\% + 24.93\% + 24.69\%}{3} = 24.83\%$

（2）24.87%

（3）$E_a = \bar{x} - T = 24.83\% - 25.06\% = -0.23\%$

（4）$E_r = \dfrac{E_a}{T} \times 100\% = -0.92\%$

3. 解：（1）$\bar{x} = \dfrac{67.48\% + 67.37\% + 67.47\% + 67.43\% + 67.407\%}{5} = 67.43\%$

$\bar{d} = \dfrac{1}{n} \sum |d_i| = \dfrac{0.05\% + 0.06\% + 0.04\% + 0.03\%}{5} = 0.04\%$

（2）$\bar{d}_r = \dfrac{\bar{d}}{x} \times 100\% = \dfrac{0.04\%}{67.43\%} \times 100\% = 0.06\%$

（3）$S = \sqrt{\dfrac{\sum d_i^2}{n-1}} = \sqrt{\dfrac{(0.05\%)^2 + (0.06\%)^2 + (0.04\%)^2 + (0.03\%)^2}{5-1}} = 0.05\%$

（4）$S_r = \dfrac{S}{\bar{x}} \times 100\% = \dfrac{0.05\%}{67.43\%} \times 100\% = 0.07\%$

（5）$x_m = x_{大} - x_{小} = 67.48\% - 67.37\% = 0.11\%$

4. 解：

甲：$\bar{x}_1 = \sum \dfrac{x}{n} = \dfrac{39.12\% + 39.15\% + 39.18\%}{3} = 39.15\%$

$E_{a1} = \bar{x} - T = 39.15\% - 39.19\% = -0.04\%$

$S_1 = \sqrt{\dfrac{\sum d_i^2}{n-1}} = \sqrt{\dfrac{(0.03\%)^2 + (0.03\%)^2}{3-1}} = 0.03\%$

$S_{r1} = \dfrac{S_1}{\bar{x}} \times 100\% = \dfrac{0.03\%}{39.15\%} \times 100\% = 0.08\%$

乙：$\bar{x}_2 = \dfrac{39.19\% + 39.24\% + 39.28\%}{3} = 39.24\%$

$E_{a2} = \bar{x} = 39.24\% - 39.19\% = 0.05\%$

$S_2 = \sqrt{\dfrac{\sum d_i^2}{n-1}} = \sqrt{\dfrac{(0.05\%)^2 + (0.04\%)^2}{3-1}} = 0.05\%$

$S_{r2} = \dfrac{S_2}{\bar{x}_2} \times 100\% = \dfrac{0.05\%}{39.24\%} \times 100\% = 0.13\%$

由上面 $|E_{a1}| < |E_{a2}|$ 可知，甲的准确度比乙高。由 $S_1 < S_2$、$S_{r1} < S_{r2}$ 可知，甲的精密度比乙高。综上所述，甲测定结果的准确度和精密度均比乙高。

5. 解：（1）$Q = \dfrac{x_n - x_{n-1}}{x_n - x_1} = \dfrac{1.83 - 1.59}{1.83 - 1.53} = 0.8$

查得 $Q_{0.90,4} = 0.76$，因 $Q > Q_{0.90,4}$，故 1.83 这一数据应弃去。

（2）$Q = \dfrac{x_n - x_{n-1}}{x_n - x_1} = \dfrac{1.83 - 1.65}{1.83 - 1.53} = 0.6$

查得 $Q_{0.90,5} = 0.64$，因 $Q < Q_{0.90,5}$，故 1.83 这一数据不应弃去。

任务二答案

一、选择题

1.B　2.B　3.C　4.A　5.A　6.C　7.D　8.C　9.A　10.C　11.C　12.D　13.D　14.A　15.C　16.C

二、填空题

1. 强，弱

2. PO_4^{3-}，$H_2PO_4^-$

3. NH_4^+，5.6×10^{-10}

4. K_{a3}

5. 溶液 H^+ 浓度

6. 2.87

7. 11.13

8. 8.32

9. 控制溶液酸度，测量其他溶液 pH 值时作为参考标准

10. 缓冲容量，产生缓冲作用组分的浓度，各组分浓度的比值

11. pH 3.1～4.4，橙，8.0～9.6，红

12. 3.0～5.0，强酸滴定弱碱

三、简答题

1. 酸有 H_3PO_4、HAc、H_2CO_3、NH_4^+；碱有 S^{2-}、NH_3、$C_2O_4^{2-}$、Ac^-；两性物质有 $H_2PO_4^-$、HCO_3^-、HPO_4^{2-}、HS^-。

酸排列：$H_3PO_4 > HC_2O_4^- > HAc > H_2CO_3 > H_2PO_4^- > NH_4^+ > HCO_3^- > HPO_4^{2-}$。

碱排列：$S^{2-} > HS^- > HPO_4^{2-} > HCO_3^- > NH_3 > H_2PO_4^- > Ac^- > C_2O_4^{2-}$。

2. 在已建立了酸碱平衡的弱碱或弱酸溶液中，加入含相同离子的易溶强电解质，使酸碱解离平衡向着降低弱酸或弱碱解离的方向移动的作用，称为同离子效应。在弱电解质溶液中，加入不含相同离子的强电解质，使弱电解质解离度增大的作用，称为盐效应。

3. （1）变大；（2）变小；（3）不变；（4）不变。

4. （1）NaOH 标准溶液吸收了 CO_2 生成 Na_2CO_3，当用酚酞指示终点时，Na_2CO_3 与强酸反应生成 $NaHCO_3$，多消耗了 NaOH 标准溶液，因此测出的强酸的浓度偏高。如果用甲基橙指示终点，NaOH 标准溶液中的 Na_2CO_3 与强酸反应生成 CO_2 和 H_2O，此时对测定结果的准确度无影响。

（2）当用吸收了 CO_2 的 NaOH 标准溶液测定某一元弱酸的浓度时，只能用酚酞指示终点，故测出的弱酸的浓度偏高。

（3）因为 $c(\text{NaOH}) = \dfrac{m(H_2C_2O_4 \cdot 2H_2O)}{M(H_2C_2O_2 \cdot 2H_2O)V(\text{NaOH})}$，当 $H_2C_2O_4 \cdot 2H_2O$ 有部分风化时，$V(\text{NaOH})$ 增大，使标定所得 NaOH 的浓度偏低。

（4）在 110℃烘过的 Na_2CO_3，$V(\text{NaOH})$ 减少，使标定所得 NaOH 的浓度偏高。

（5）$c(\text{HCl}) = \dfrac{m(Na_2CO_3)}{M(Na_2CO_3)V(\text{HCl})}$，$Na_2CO_3$ 应在 270℃烘干，当用 110℃烘过的 Na_2CO_3 作基准物时，Na_2CO_3 中可能有一些水分，滴定时消耗 HCl 溶液减少，使标定 HCl 溶液浓度偏高。

（6）当空气相对湿度小于 39% 时，硼砂容易失去结晶水，故用在相对湿度为 30% 的容器中保存的硼砂标定 HCl 溶液浓度时，会使标定 HCl 溶液浓度偏低。

四、计算题

1. 解：(1) $c(H^+)=10^{-pH}=10^{-3}=1.0\times10^{-3}(mol/L)$

$$c(H^+)=\sqrt{cK_a^\ominus} \quad K_a^\ominus=\frac{c^2(H^+)}{c}=\frac{(10^{-3})^2}{0.1}=1.0\times10^{-5}$$

(2) $\alpha_1=\dfrac{c(H^+)}{c}\times100\%=\dfrac{10^{-3}}{0.1}\times100\%=1\%$

(3) 酸稀释一倍后的 $K_a^\ominus$ 不变，$K_a^\ominus=1.0\times10^{-5}$。

$c_a=0.1/2=0.05(mol/L)$，$c(H^+)=\sqrt{cK_a^\ominus}=\sqrt{0.05\times1.0\times10^{-5}}=7.07\times10^{-4}(mol/L)$

$pH=-lgc(H^+)=-lg(7.07\times10^{-4})=4-lg7.07=3.15$

$\alpha_1=\dfrac{c(H^+)}{c}\times100\%=\dfrac{7.07\times10^{-4}}{0.05}\times100\%=1.4\%$

或 $\alpha_1=\sqrt{\dfrac{K_a^\ominus}{c}}=\sqrt{\dfrac{1\times10^{-5}}{0.05}}\times100\%=1.4\%$

2. 解：(1) 混合后，$c(HCl)=c(HAc)=0.2/2=0.1(mol/L)$，由于 HAc 是弱酸，溶液中的 H^+ 几乎全部来自 HCl 的解离，$c(H^+)=0.1mol/L$，$pH=-lgc(H^+)=-lg0.1=1.0$。

(2) 解离的 HAc 浓度等于 Ac^- 的浓度，$HAc \rightleftharpoons H^+ + Ac^-$。

设平衡时溶液中 Ac^- 浓度为 x，则：

$$HAc \rightleftharpoons H^+ + Ac^-$$
$$0.1-x \quad\quad 0.1+x \quad\quad x$$

$$K_{HAc}^\ominus=\frac{c(H^+)c(Ac^-)}{c(HAc)}=\frac{(0.1+x)x}{0.1-x}\approx\frac{0.1x}{0.1}=x=1.76\times10^{-5}$$

$$\alpha=\frac{c(Ac^-)}{c(HAc)}\times100\%=\frac{1.76\times10^{-5}}{0.1}\times100\%=0.0176\%$$

3. 解：由缓冲溶液计算公式 $pH=pK_a+lg\dfrac{c_{NH_3}}{c_{NH_4^+}}$，得：

$$10=9.26+lg\frac{c_{NH_3}}{c_{NH_4^+}}$$

$$lg\frac{c_{NH_3}}{c_{NH_4^+}}=0.74 \quad \frac{c_{NH_3}}{c_{NH_4^+}}=0.85$$

又　　　　　　　　　　　　$c_{NH_3}+c_{NH_4^+}=1.0$

则　　　　　　　　　$c_{NH_3}=0.15mol \quad c_{NH_4^+}=0.85mol$

即需 $NH_3\cdot H_2O$ 为 0.85mol。

则　　　　　　　　　　　$\dfrac{0.85}{15}=0.057(L)=57(mL)$

即 NH_4Cl 为 0.15mol，需要质量为 $0.15\times53.5=8.0(g)$。

4. 解：(1) 设需氨基乙酸 xg，由题意可知：

因为　　　　　　　　　　　$\dfrac{m}{MV}=c$

所以　　　　　　　　　　$\dfrac{x}{75.07\times0.1000}=0.10$

$$x = 0.75g$$

（2）因为氨基乙酸为两性物质，所以应加一元强酸 HCl，才能使溶液的 pH＝2.00。

设应加 y mL HCl：

$$pH = pK_a + lg\frac{c_{A^-}}{c_{HA}}$$

$$2.00 = 2.35 + lg\frac{0.1 \times 0.1 - \frac{1.0y}{1000}}{1.0y}$$

$$y = 6.9mL$$

5. 解：当用 HCl 溶液滴定到酚酞变色时，发生下述反应：

$$Na_3PO_4 + HCl \longrightarrow Na_2HPO_4 + NaCl \quad 消耗滴定剂体积 V_1(mL)$$

当用 HCl 溶液滴定到甲基橙变色时，发生下述反应：

$$Na_3PO_4 + HCl \longrightarrow Na_2HPO_4 + NaCl$$

$$Na_2HPO_4 + HCl \longrightarrow NaH_2PO_4 + NaCl \quad 消耗滴定剂体积 V_2(mL)$$

因为　$V_2(32.00mL) > 2V_1(12.00mL)$

所以　此试样应为 Na_2PO_4 和 Na_2HPO_4 的混合物（试样中不会含有 NaH_2PO_4）

根据反应式可知：$n_{Na_3PO_4} = n_{HCl}$，$n_{Na_2HPO_4} = n_{HCl}$，即 $\dfrac{m_{Na_3PO_4}}{M_{Na_3PO_4}} = c_{HCl}V_1$

$$\frac{m_{Na_2HPO_4}}{M_{Na_2HPO_4}} = c_{HCl}(V_2 - 2V_1)$$

$$
\begin{aligned}
w_{Na_3PO_4} &= \frac{m_{Na_3PO_4}}{G} \times 100\% \\
&= \frac{c_{HCl}V_1 M_{Na_3PO_4}}{G} \times 100\% \\
&= \frac{0.5000 \times 12.00 \times 163.90 \times 10^{-3}}{2.0000} \times 100\% \\
&= 49.17\%
\end{aligned}
$$

$$
\begin{aligned}
w_{Na_2HPO_4} &= \frac{m_{Na_2HPO_4}}{G} \times 100\% \\
&= \frac{0.5000(32.00 - 12.00 \times 2) \times 10^{-3} \times 142.0}{2.0000} \times 100\% \\
&= 28.40\%
\end{aligned}
$$

试样含 Na_3PO_4 49.17%，含 Na_2HPO_4 28.40%。

6. 解：欲使 HCl 消耗量为 25mL，需称取两种基准物的质量 m_1 和 m_2 可分别计算如下：

$$Na_2CO_3 + 2HCl \longrightarrow 2NaCl + CO_2 + H_2O$$

根据反应式可知：

$$n_{Na_2CO_3} = \frac{1}{2}n_{HCl}$$

即
$$\frac{n_{Na_2CO_3}}{M_{Na_2CO_3}} = \frac{1}{2} c_{HCl} V_{HCl}$$

$$0.2 \times 25 \times 10^{-3} = 2 \times \frac{m_1}{106.0}$$

$$m_1 = 0.2650g \approx 0.26g$$

$$Na_2B_4O_7 \cdot 10H_2O + 2HCl = 4H_3BO_3 + 2NaCl + 5H_2O$$

同理：
$$0.2 \times 25 \times 10^{-3} = 2 \times \frac{m_2}{381.4}$$

$$m_2 = 0.9535g \approx 1g$$

可见，以 Na_2CO_3 标定 HCl 溶液，需称 0.26g 左右，由于天平本身的称量误差为 0.2mg，称量误差为：

$$0.2 \times 10^{-3}/0.26 = 7.7 \times 10^{-4} \approx 0.08\%$$

同理，对于硼砂，称量误差约为 0.02%。可见，Na_2CO_3 的称量误差约为硼砂的 4 倍，所以选用硼砂作为标定 HCl 溶液的基准物更为理想。

任务三答案

一、选择题

1.A 2.B 3.C 4.B 5.B 6.A 7.D 8.B 9.B 10.D 11.C 12.D 13.B 14.C

二、填空题

1. 1.3×10^{-4}，1.8×10^{-6}。

2. AgCl

3. AgCl，AgBr，AgI

4. 偏高

5. 偏低

6. 偏低

三、简答题

1. 先用硝酸（HNO_3）中和 Na_2CO_3，使其变成 CO_2 除去，再调节溶液 pH＝6.5～10.5 后，用莫尔法测定 Cl^-。

2. 可采用佛尔哈德返滴定法测定 KI 中的 I^-。测定时指示剂铁铵矾要等到过量 $AgNO_3$ 标准溶液加入后再加入，主要是为了防止 Fe^{3+} 将 I^- 氧化成 I_2，影响分析结果。

3. 可采用佛尔哈德法测定，但不能采用莫尔法测定，因为 PO_4^{3-} 会干扰莫尔法测定。

4.
$$MgNH_4PO_4(s) = Mg^+ + NH_4^+ + PO_4^{3-} \tag{1}$$

$$NH_3 \cdot H_2O = NH_4^+ + OH^- \tag{2}$$

由于（2）中解离出的 NH_4^+ 的同离子效应，使（1）平衡左移，所以 $MgNH_4PO_4$ 在 $NH_3 \cdot H_2O$ 中的溶解度比在纯水中小。

$$NH_4Cl + H_2O = NH_3 \cdot H_2O + HCl \tag{3}$$

$$PO_4^{3-} + H^+ = HPO_4^{2-} \tag{4}$$

由于反应（3）和（4）的作用，使（1）平衡右移，$MgNH_4PO_4$ 在 NH_4Cl 溶液中的溶解度比在纯水中大。

5. 不能。因为不同类型的难溶电解质的溶解度和溶度积的关系不同，它们的换算公式不相同；对同类型的难溶电解质而言，可以用 K_{sp} 的大小判断 S 的大小，因为它们的换算公式相同。

四、计算题

1. 解：

$$Mg(OH)_2(s) \Longrightarrow Mg^{2+}(aq) + 2OH^-(aq)$$

（1）$Mg(OH)_2$ 在纯水中

$$4s^3 = K_{sp}^{\ominus} = 5.61 \times 10^{-12}$$

$$s = 1.12 \times 10^{-4} \ mol/L$$

（2）$Mg(OH)_2$ 在 $0.010mol/L\ MgCl_2$ 中

$$s = \frac{1}{2}c(OH^-) = \frac{1}{2}\sqrt{K_{sp}^{\ominus}[Mg(OH)_2]/c(Mg^{2+})}$$

$$= \frac{1}{2}\sqrt{5.61 \times 10^{-12}/0.010)}$$

$$= 1.2 \times 10^{-5} \ (mol/L)$$

（3）

$$CaF_2(s) + 2H^+ \Longrightarrow Ca^{2+}(aq) + 2HF$$

平衡时 $c/(mol/L)$　　　　　　10^{-2}　　　　　s　　　　　　$2s$

$$K_J^{\ominus} = K_{sp}^{\ominus}(CaF_2)/K_a^{\ominus 2}(HF) = 1.46 \times 10^{-10}/(3.53 \times 10^{-4})^2 = 1.17 \times 10^{-3}$$

$$K_J^{\ominus} = 4s^3/(10^{-2})^2 = 1.17 \times 10^{-3}$$

$$S = 3.08 \times 10^{-3} \ mol/L$$

2. 解：

$$Pb^{2+} + 2OH^- \Longrightarrow Pb(OH)_2(s)$$

$$0.0020 \qquad x$$

$$0.0020x^2 = 1.42 \times 10^{-20}$$

$$x = 2.7 \times 10^{-9} mol/L$$

$$pH = 14 - [-lg(2.66 \times 10^{-9})] = 5.43$$

3. 解：（1）

$$Ba^{2+} + CO_3^{2-} \Longrightarrow BaCO_3(s)$$

$$0.020/2 \quad 0.010/2$$

$$Q = 5.0 \times 10^{-5} > K_{sp}^{\ominus} = 2.58 \times 10^{-9}$$

有沉淀产生。

（2）

$$c(OH^-) = \sqrt{cK_b^{\ominus}} = \sqrt{0.050 \times 1.76 \times 10^{-5}} = 9.4 \times 10^{-4} \ (mol/L)$$

$$Q = (0.050/2) \times (9.4 \times 10^{-4})^2 = 2.2 \times 10^{-8} > K_{sp}^{\ominus} = 5.61 \times 10^{-12}$$

有沉淀产生。

（3）

$$c(H^+) = \sqrt{cK_a^{\ominus}} = \sqrt{0.10 \times 1.76 \times 10^{-5}} = 1.3 \times 10^{-3} \ (mol/L)$$

$$c(S^{2-}) = \frac{c(H_2S)K_{a1}^{\ominus}K_{a2}^{\ominus}}{c^2(H^+)}$$

$$= \frac{0.10 \times 9.1 \times 10^{-8} \times 1.1 \times 10^{-12}}{(1.3 \times 10^{-3})^2} = 5.9 \times 10^{-15} \ (mol/L)$$

$$Q = 0.10 \times 5.9 \times 10^{-15} = 5.9 \times 10^{-16} > 1.59 \times 10^{-19}$$

有 FeS 沉淀产生。

4. 解： 设需加 x g NH_4Cl 固体，方能防止 $Mn(OH)_2$ 沉淀生成，则

$$c(OH^-) = 0.010 \times K_b^{\ominus}(NH_3)/(0.10x/53.5)$$

$$Q = c(Mn^{2+})c^2(OH^-) = 0.10 \times (1.77 \times 10^{-5} \times 0.010/0.10x/53.5)^2 \leqslant K_{sp}^{\ominus} = 2.06 \times 10^{-13}$$

$$x \geqslant 0.66\text{g}$$

5. 解：

$$FeS + 2H^+ \!=\!\!=\!\! Fe^{2+} + H_2S$$

$$x \qquad 0.10 \qquad 0.10$$

$$K_J^{\ominus} = K_{sp}^{\ominus}(FeS)/[K_{a1}^{\ominus}K_{a2}^{\ominus}(H_2S)]$$

$$= 1.59 \times 10^{-19}/(9.1 \times 10^{-8} \times 1.1 \times 10^{-12}) \geqslant (0.1)^2/x^2$$

$$x \geqslant 7.9 \times 10^{-2}\,\text{mol/L}$$

$$\text{pH} \leqslant 1.10$$

6. 解：（1）结果偏高。因为在酸性介质中，Ag_2CrO_4 沉淀不会析出，即

$$Ag_2CrO_4 + H^+ \!=\!\!=\!\! 2Ag^+ + HCrO_4^-$$

（2）结果偏低。因为在滴定时，存在 AgCl 和 AgSCN 两种沉淀，计量点后，稍微过量的 SCN^- 除与 Fe^{3+} 生成红色 $Fe(NCS)^{2+}$ 以指示终点外，还将 AgCl 转化为溶解度更小的 AgSCN，并破坏 $Fe(NCS)^{2+}$，使红色消失而达不到终点。

（3）无影响。

7. 解：

由题意可知：

$$\frac{m(NaCl)}{M(NaCl)} = c(AgNO_3)V(AgNO_3)$$

$$\frac{0.1573\text{g}}{58.44\text{g/mol}} = c(AgNO_3) \times \left(30.00\text{mL} - \frac{25.00\text{mL} \times 6.50\text{mL}}{25.50\text{mL}}\right)$$

$$c(AgNO_3) = 0.1113\text{mol/L}$$

$$c(NH_4SCN) = \frac{25.00\text{mL} \times 0.1113\text{mol/L}}{25.50\text{mL}} = 0.1091\text{mol/L}$$

8. 解：设混合物中含有的 KCl 和 KBr 分别为 xg 和 yg，则依题意可得：

$$x + y = 0.3028 \tag{1}$$

$$\frac{x}{74.55} + \frac{y}{119.00} = 0.1014 \times 30.20 \times 10^{-3} \tag{2}$$

由（1）（2）解得：$x = 0.1033$g；$y = 0.1995$g。

$$w(KCl) = \frac{m(KCl)}{m} \times 100\% = \frac{0.1033}{0.3028} \times 100\% = 34.12\%$$

$$w(KBr) = \frac{m(KBr)}{m} \times 100\% = \frac{0.1995}{0.3028} \times 100\% = 65.88\%$$

项目三

任务一答案

一、

1. $4KClO_3 \!=\!\!=\!\! 3KClO_4 + KCl$

2. $4Ca_5(PO_4)_3F + 30C + 18SiO_2 \!=\!\!=\!\! 18CaSiO_3 + 2CaF_2 + 3P_4 + 30CO$

3. $NaNO_2 + NH_4Cl \!=\!\!=\!\! N_2 + NaCl + 2H_2O$

4. $K_2Cr_2O_7 + 6FeSO_4 + 7H_2SO_4 \!=\!\!=\!\! Cr_2(SO_4)_3 + 3Fe_2(SO_4)_3 + K_2SO_4 + 7H_2O$

5. $2CsCl + Ca \!=\!\!=\!\! CaCl_2 + 2Cs\uparrow$

二、

1. $K_2Cr_2O_7 + 3H_2S + 4H_2SO_4 \!=\!\!=\!\! K_2SO_4 + Cr_2(SO_4)_3 + 3S + 7H_2O$

2. $2MnO_4^- + 5H_2O_2 + 6H^+ \rightleftharpoons 5O_2 + 2Mn^{2+} + 8H_2O$

3. $4Zn + NO_3^- + 7OH^- + 6H_2O \rightleftharpoons NH_3 + 4Zn(OH)_4^{2-}$

4. $2Cr(OH)_4^- + 3H_2O_2 \rightleftharpoons 2CrO_4^{2-} + 6H_2O + 2H^+$

5. $6Hg + 2NO_3^- + 8H^+ \rightleftharpoons 3Hg_2^{2+} + 2NO + 4H_2O$

任务二答案

一、选择题

1. C　2. D　3. C　4. B　5. B　6. D

二、简答题

1.

(1) 正极反应：$2H^+ + 2e \longrightarrow H_2$

负极反应：$Fe \longrightarrow Fe^{2+} + 2e$

电池反应：$Fe + 2H^+ \longrightarrow Fe^{2+} + H_2\uparrow$

(2) 正极反应：$Cr_2O_7^{2-} + 14H^+ + 6e \longrightarrow 2Cr^{3+} + 7H_2O$

负极反应：$H_2O_2 \longrightarrow 2H^+ + O_2 + 2e$

电池反应：$Cr_2O_7^{2-} + 8H^+ + 3H_2O_2 \longrightarrow 2Cr^{3+} + 7H_2O + 3O_2\uparrow$

(3) 正极反应：$Ag^+ + e \longrightarrow Ag$

负极反应：$Ag + Cl^- \longrightarrow AgCl + e$

电池反应：$Ag^+ + Cl^- \longrightarrow AgCl\downarrow$

2. 电池符号分别如下：

(1) $(-)Pt|Fe^{3+}(1.0mol/L), Sn^{2+}(1.0mol/L) \| Fe^{2+}(1.0mol/L), Sn^{4+}(1.0mol/L)|Pt(+)$

(2) $(-)Pt|Fe^{2+}(1.0mol/L), H^+(1.0mol/L), NO_3^-(1.0mol/L) \| Fe^{3+}(1.0mol/L), HNO_2(1.0mol/L)|Pt(+)$

(3) $(-)Pt, Cl_2(100kPa)|OH^-(1.0mol/L) \| ClO^-(1.0mol/L), Cl^-(1.0mol/L)|Pt(+)$

3. (1) 酸性介质中，题给各种物质对应的还原产物分别为：Mn^{2+}、Cr^{3+}、Cl^-、I^-、Cu、Ag、Sn^{2+}、Fe^{2+}。

这些物质与其还原产物组成的电对的标准电位分别为：1.507V、1.232V、1.358V、0.535V、0.342V、0.799V、0.151V、0.771V。

由于电对的标准电位越高，则氧化型物质在标准状态下的氧化能力越强，因此可知，题给各种物质的氧化能力由弱到强的排列顺序为：$Sn^{4+} < Cu^{2+} < I_2 < Fe^{3+} < Ag^+ < K_2Cr_2O_7 < Cl_2 < KMnO_4$。

(2) 题给各电对的标准电极电位分别是：$-0.076V$、$-0.13V$、$-0.56V$、$0.60V$、$0.108V$、$0.81V$。

由于标准电位越高，则还原型物质在标准状态下的还原能力越弱，因此可知，题给各电对中还原物质的还原能力由弱到强的排列顺序为：$ClO^-/Cl^- < MnO_4^-/MnO_2 < Co(NH_3)_6^{3+}/Co(NH_3)_6^{2+} < O_2/HO_2^- < CrO_4^{2-}/Cr(OH)_3 < Fe(OH)_3/Fe(OH)_2$。

4. (1) 题给物质中包含 I_2/I^-、Br_2/Br^-、Cl_2/Cl^-、Fe^{3+}/Fe^{2+} 和 MnO_4^-/Mn^{2+} 五种电对，其标准电位从小到大排序为：$I_2/I^- < Fe^{3+}/Fe^{2+} < Br_2/Br^- < Cl_2/Cl^- < MnO_4^-/Mn^{2+}$。由于电对的标准电位越高，则氧化型物质在标准状态下的氧化能力越强，可知符合题意要求的氧化剂是 $Fe_2(SO_4)_3$。

(2) 题给物质中包含五种电对：Cu^{2+}/Cu、Zn^{2+}/Zn、Sn^{2+}/Sn、Cd^{2+}/Cd、I/I^-。其标准电位从小到大排序为：$Zn^{2+}/Zn < Cd^{2+}/Cd < Sn^{2+}/Sn < Cu^{2+}/Cu < I_2/I^-$。由于标准

电位越高，则还原型物质在标准状态下的还原能力越弱，可知符合题意的还原剂应该是 Cd。

（3）题给物质中包含六种电对，能够把 Mn^{2+} 氧化为 MnO_4^- 的物质标准电位应高于 MnO_4^-/Mn^{2+}，符合条件的物质包括 $NaBiO_3$ 和 $(NH_4)_2S_2O_8$。

三、计算题

1. 解：

（1）$\varphi = \varphi^{\ominus} + \dfrac{0.0591}{6} \lg \dfrac{c(ClO_3^-)c^6(H^+)}{c(Cl^-)} = 1.451 + \dfrac{0.0591}{6} \lg \dfrac{1.0 \times 0.10^6}{1.0} = 1.4(V)$

（2）$\varphi = \varphi^{\ominus} + \dfrac{0.0591}{1} \lg \dfrac{1}{c(Cl^-)} = 0.222 + \dfrac{0.0591}{1} \lg \dfrac{1}{1.0} = 0.222(V)$

（3）$\varphi = \varphi^{\ominus} + \dfrac{0.0591}{2} \lg \dfrac{[p(O_2)/p^{\ominus}]c^2(H^+)}{c(H_2O_2)} = 0.695 + \dfrac{0.0591}{2} \lg \dfrac{0.50^2}{1.0} = 0.677(V)$

（4）$\varphi = \varphi^{\ominus} + \dfrac{0.0591}{2} \lg \dfrac{1}{c(S^{2-})} = \varphi^{\ominus} + \dfrac{0.0591}{2} \lg \dfrac{1}{K_{sp}^{\ominus}(Ag_2S)/c^2(Ag^+)}$

$\qquad = -0.476 + \dfrac{0.0591}{2} \lg \dfrac{1}{6.3 \times 10^{-50}/0.1^2} = 0.919(V)$

2．解：（1）$\varphi^{\ominus}(Zn^{2+}/Zn) = -0.762V$　$\varphi^{\ominus}(Ag^+/Ag) = 0.800V$　$\varphi^{\ominus}(Ag^+/Ag) > \varphi^{\ominus}(Zn^{2+}/Zn)$

正极：$\qquad\qquad\qquad Ag^+ + e === Ag$

负极：$\qquad\qquad\qquad Zn - 2e === Zn^{2+}$

$\qquad E = \varphi^{\ominus}(Ag^+/Ag) - \varphi^{\ominus}(Zn^{2+}/Zn) = 0.800V - (-0.762V) = 1.56V$

电池符号：$(-)Zn \mid Zn^{2+} \parallel Ag^+ \mid Ag(+)$

（2）$\varphi^{\ominus}(Fe^{3+}/Fe^{2+}) = 0.770V$　$\varphi^{\ominus}(Fe^{2+}/Fe) = -0.440V$　$\varphi^{\ominus}(Fe^{3+}/Fe^{2+}) > \varphi^{\ominus}(Fe^{2+}/Fe)$

正极：$\qquad\qquad\qquad Fe^{3+} + e === Fe^{2+}$

负极：$\qquad\qquad\qquad Fe - 2e === Fe^{2+}$

$\qquad E = \varphi^{\ominus}(Fe^{3+}/Fe^{2+}) - \varphi^{\ominus}(Fe^{2+}/Fe) = 0.770V - (-0.440V) = 1.21V$

电池符号：$(-)Fe \mid Fe^{2+} \parallel Fe^{3+}, Fe^{2+} \mid Pt(+)$

（3）$\varphi^{\ominus}(Zn^{2+}/Zn) = -0.762V$　$\varphi^{\ominus}(H^+/H_2) = 0.000V$　$\varphi^{\ominus}(H^+/H_2) > \varphi^{\ominus}(Zn^{2+}/Zn)$

正极：$\qquad\qquad\qquad 2H^+ + 2e === H_2$

负极：$\qquad\qquad\qquad Zn - 2e === Zn^{2+}$

$\qquad E = \varphi^{\ominus}(H^+/H_2) - \varphi^{\ominus}(Zn^{2+}/Zn) = 0.000V - (-0.762V) = 0.762V$

电池符号：$(-)Zn \mid Zn^{2+} \parallel H^+ \mid H_2, Pt(+)$

（4）$\varphi^{\ominus}(Cl_2/Cl^-) = 1.36V$　$\varphi^{\ominus}(H^+/H_2) = 0.000V$　$\varphi^{\ominus}(Cl_2/Cl^-) > \varphi^{\ominus}(H^+/H_2)$

正极：$\qquad\qquad\qquad Cl_2 + 2e === 2Cl^-$

负极：$\qquad\qquad\qquad H_2 - 2e === 2H^+$

$\qquad E = \varphi^{\ominus}(Cl_2/Cl^-) - \varphi^{\ominus}(H^+/H_2) = 1.36V - 0.000V = 1.36V$

电池符号：$(-)Pt, H_2 \mid H^+ \parallel Cl^- \mid Cl_2, Pt(+)$

（5）$\varphi^{\ominus}(IO_3^-/I_2) = 1.20V$　$\varphi^{\ominus}(I_2/I^-) = 0.535V$　$\varphi^{\ominus}(IO_3^-/I_2) > \varphi^{\ominus}(I_2/I^-)$

正极：$\qquad\qquad\qquad IO_3^- + 6H^+ + 5e === 1/2 I_2 + 3H_2O$

负极：$\qquad\qquad\qquad 2I^- - 2e === I_2$

$$E = \varphi^{\ominus}(IO_3^-/I_2) - \varphi^{\ominus}(I_2/I^-) = 1.36V - 0.535V = 0.665V$$

电池符号：$(-)Pt,I_2|I^- \parallel IO_3^-,H^+|I_2,Pt(+)$

3. 解：(1) $E^{\ominus} = \varphi_+^{\ominus} - \varphi_-^{\ominus} = \varphi^{\ominus}(Cr_2O_7^{2-}/Cr^{3+}) - \varphi^{\ominus}(Fe^{3+}/Fe^{2+}) = 1.232 - 0.771 = 0.461(V)$

$$K^{\ominus} = e^{\frac{nE^{\ominus}}{0.0591}} = e^{\frac{6 \times 0.461}{0.0591}} = 2.12 \times 10^{20}$$

$$\Delta rG_m^{\ominus} = -nFE^{\ominus} = -6 \times 96485 \times 0.461 = 2.67 \times 10^2 (kJ/mol)$$

(2) $E^{\ominus} = \varphi_+^{\ominus} - \varphi_-^{\ominus} = \varphi^{\ominus}(Hg^{2+}/Hg) - \varphi^{\ominus}(Hg_2^{2+}/Hg) = 0.851 - 0.797 = 0.054(V)$

$$K^{\ominus} = e^{\frac{nE^{\ominus}}{0.0591}} = e^{\frac{6 \times 0.0541}{0.0591}} = 2.43 \times 10^2$$

$$\Delta rG_m^{\ominus} = -nFE^{\ominus} = -6 \times 96485 \times 0.054 = 31.3(kJ/mol)$$

(3) $E^{\ominus} = \varphi_+^{\ominus} - \varphi_-^{\ominus} = \varphi^{\ominus}(Fe^{3+}/Fe^{2+}) - \varphi^{\ominus}(Ag^+/Ag) = 0.771 - 0.799 = -0.028(V)$

$$K^{\ominus} = e^{\frac{nE^{\ominus}}{0.0591}} = e^{\frac{-6 \times 0.028}{0.0591}} = 0.058$$

$$\Delta rG_m^{\ominus} = -nFE^{\ominus} = -6 \times 96485 \times (-0.028) = 16.2(kJ/mol)$$

4. 解：
$$Fe^{3+} + e \Longrightarrow Fe^{2+}$$

根据能斯特方程式：

$$\varphi = \varphi^{\ominus} + 0.0592\lg[Fe^{3+}]/[Fe^{2+}] = 0.771 + 0.0592/\lg(10^{-2}/10^{-5})$$
$$= 0.711 + 0.177 = 0.948(V)$$

5. 解：
$$Fe + Cu^{2+} \Longrightarrow Fe^{2+} + Cu$$

查得：$\varphi^{\ominus}(Fe^{2+}/Fe) = -0.447V \quad \varphi^{\ominus}(Cu^{2+}/Cu) = 0.338V$

$$E = \varphi^{\ominus}(Cu^{2+}/Cu) - \varphi^{\ominus}(Fe^{2+}/Fe) = 0.345V - (-0.447V) = 0.785V$$

正向可以进行，逆向不可能进行。

6. 解：

正极：$\quad Cu^{2+} + 2e \Longrightarrow Cu \quad \varphi^{\ominus}(Cu^{2+}/Cu) = 0.34V$

负极：$Cu(NH_3)_4^{2+} + 2e^- \Longrightarrow Cu + 4NH_3 \quad \varphi^{\ominus}[Cu(NH_3)_4^{2+}/Cu] = -0.065V$

$$\lg K = nE^{\ominus}/0.0592 = 2 \times [0.34 - (-0.065)]/0.0592$$
$$= 13.68$$

$$K = 4.8 \times 10^{13}$$

7. 解：求 $AgCl + e \Longrightarrow Ag + Cl^-$ 的标准电极电势，即求 $Ag^+ + e \Longrightarrow Ag$ 的非标准电极电势。

$$[Ag^+] = K_{sp}/[Cl^-] = K_{sp} = 1.77 \times 10^{-10}$$
$$\varphi(Ag^+/Ag) = \varphi^{\ominus}(Ag^+/Ag) + 0.0592\lg[Ag^+]$$
$$= 0.80 + 0.0592\lg[1.77 \times 10^{-10}]$$
$$= 0.80 - 0.58 = 0.22(V)$$

任务三答案

一、填空题

1. 氧化，还原

2. 1mol/L，标准电极电位

3. 高锰酸钾法，重铬酸钾法

4. 自身指示剂，专属指示剂

5. I_2，$Na_2S_2O_3$

6. $K_2Cr_2O_7$，直接

7. 1.41V，0.72V

8. 1∶6

9. 0.6000

二、选择题

1. A　2. B　3. B　4. A　5. C　6. B　7. D　8. C　9. D　10. C　11. C

三、判断题

1. √　2. ×　3. ×　4. ×　5. √

四、简答题

1. 应用于氧化还原滴定法的反应，必须具备以下几个主要条件：

(1) 反应平衡常数必须大于 10^6，即 $\Delta E > 0.4V$。

(2) 反应迅速，且没有副反应发生，反应要完全，且有一定的计量关系。

(3) 参加反应的物质必须具有氧化性和还原性，或能与还原剂或氧化剂生成沉淀的物质。

(4) 应有适当的指示剂确定终点。

2.

$$\begin{array}{l} Cr^{3+} \\ Fe^{3+} \end{array} \xrightarrow[Na_2WO_4\,指示剂]{SnCl_2\text{-}TiCl_3\,预还原} \begin{array}{l} Cr^{3+} \\ Fe^{2+} \end{array} \xrightarrow[二苯胺磺酸钠指示剂]{K_2Cr_2O_7\,滴定} \begin{array}{l} Cr^{3+} \\ Fe^{3+} \end{array} \quad 测得\ Fe^{3+}\ 含量$$

$$\begin{array}{l} Cr^{3+} \\ Fe^{3+} \end{array} \xrightarrow{(NH_4)_2S_2O_8\,预氧化} \begin{array}{l} Cr_2O_7^{2-} \\ Fe^{3+} \end{array} \xrightarrow{Fe^{2+}\,标准溶液滴定} \begin{array}{l} Cr^{3+} \\ Fe^{3+} \end{array} \quad 测得\ Cr^{3+}\ 含量$$

五、计算题

1. 解：

$$Cr_2O_7^{2-} + 6I^- + 14H^+ = 2Cr^{3+} + 3I_2 + 7H_2O$$

$$2S_2O_3^{2-} + I_2 = 2I^- + S_4O_6^{2-}$$

$$Cr_2O_7^{2-} \text{-} 3I_2 \text{-} 6S_2O_3^{2-}$$

$$\frac{0.1963}{294.18} \times 6 = 33.61c \times 10^{-3}$$

$$c = 0.1191 mol/L$$

2. 解：∵

$$As_2O_5 \longrightarrow AsO_4^{3-}$$

$$AsO_3^{3-} + I_2 \longrightarrow As^{5+} \qquad As^{5+} + I^- \longrightarrow As^{3+}$$

$$n_{As^{3+}} = 0.05150 \times 15.80 \times 10^{-3} (mol)$$

∴

$$w(NaHAsO_3) = \frac{0.05150 \times 15.80 \times 10^{-3} \times 169.91}{0.25} \times 100\% = 55.30\%$$

$$n_{As_2O_5} = 0.5(0.1300 \times 20.70 \times 0.5 \times 10^{-3} - 0.05150 \times 15.80 \times 10^{-3}) = 0.5138 (mol)$$

$$w(As_2O_5) = \frac{\frac{1}{2} \times 0.5138 \times 229.84 \times 10^{-3}}{0.25} \times 100\% = 24.45\%$$

3. 解：

$$2CrO_4^{2-} + 2H^+ = Cr_2O_7^{2-} + H_2O$$

$$Cr_2O_7^{2-} + 6I^- + 14H^+ = 2Cr^{3+} + 3I_2 + 7H_2O$$

$$2S_2O_3^{2-} + I_2 = 2I^- + S_4O_6^{2-}$$

$$2CrO_4^{2-} \text{-} Cr_2O_7^{2-} \text{-} 6I^- \text{-} 3I_2 \text{-} 6S_2O_3^{2-}$$

$$CrO_4^{2-} \text{-} 3I^- \qquad CrO_4^{2-} \text{-} 3\ S_2O_3^{2-}$$

剩余 K_2CrO_4 的物质的量 $n_{K_2CrO_4} = 0.1020 \times 10.23 \times \frac{1}{3} \times 10^{-3} = 3.478 \times 10^{-4} (mol)$

K_2CrO_4 的总物质的量 $n = \frac{0.194}{194.19} = 10^{-3} (mol)$

与试样作用的 K_2CrO_4 的物质的量 $n = 6.522 \times 10^{-4} \, mol$

$$w_{KI} = \frac{0.6522 \times 10^{-3} \times 3 \times 166.00}{0.3504} \times 100\% = 92.70\%$$

任务五答案

分子式	命名	中心离子	配位体	配位原子	配位数
$[CoCl_2(H_2O)_4]Cl$	氯化二氯·四水合钴(Ⅲ)	Co^{3+}	Cl^-、H_2O	Cl,O	6
$[PtCl_4(en)]$	四氯·乙二氨合铂(Ⅳ)	Pt^{4+}	Cl^-、en	Cl,N	6
$[NiCl_2(NH_3)_2]$	二氯·二氨合镍(Ⅱ)	Ni^{2+}	Cl^-、NH_3	Cl,N	4
$K_2[Co(SCN)_4]$	四硫氰根合钴(Ⅱ)酸钾	Co^{2+}	SCN^-	S	4
$Na_2[SiF_6]$	六氟合硅酸钠	Si^{4+}	F^-	F	6
$[Cr(H_2O)_2(NH_3)_4]_2(SO_4)_3$	硫酸四氨·二水合铬(Ⅲ)	Cr^{3+}	H_2O,NH_3	O,N	6
$K_3[Fe(C_2O_4)_3]$	三草酸根合铁(Ⅲ)酸钾	Fe^{3+}	$C_2O_4^{2-}$	O	6
$(NH_4)_3[SbCl_6] \cdot 2H_2O$	二水六氯合锑(Ⅲ)酸铵	Sb^{3+}	Cl^-	Cl	6

任务六答案

一、填空题

1. 配离子，部分，解离-配位，$[Ag(NH_3)_2]^+ \rightleftharpoons Ag^+ + 2NH_3$

2. 配位效应的影响

二、简答题

(1) AgCl 与 NH_3 生成稳定的配离子 $[Ag(NH_3)_2]^+$。

(2) AgI 的 $K_{sp}^{\ominus}$ 比 AgCl 要小，沉淀更稳定，不能与 NH_3 生成稳定的配离子。

(3) Ag^+ 能与 CN^- 生成很稳定的配离子 $[Ag(CN)_2]^-$。此配离子的稳定常数比 $[Ag(NH_3)_2]^+$ 的稳定常数要大。

(4) AgBr 的 $K_{sp}^{\ominus}$ 比 Ag_2S 的 $K_{sp}^{\ominus}$ 要大，Ag_2S 沉淀更稳定。

三、计算题

1. 解：

$$Zn^{2+} \quad + \quad 4NH_3 \quad \longrightarrow \quad Zn(NH_3)_4^{2+}$$

平衡浓度/(mol/L)　　x　　$0.50 - 4 \times 0.050 + 4x \approx 0.30$　　$0.050 - x \approx 0.050$

$$K_f^{\ominus} = \frac{c[Zn(NH_3)_4^{2+}]}{c(Zn^{2+})c^4(NH_3)} = \frac{0.05}{0.30^4 x} = 2.9 \times 10^9$$

$$x = c(Zn^{2+}) = 2.1 \times 10^{-9} \, mol/L$$

2. 解：

$$Ag(NH_3)_2^+ + Cl^- \rightleftharpoons AgCl + 2NH_3$$

平衡浓度/(mol/L)　　0.050　　0.010　　$c(NH_3)$

$$K_J^{\ominus} = \frac{c^2(NH_3)}{c(Cl^-)c[Ag(NH_3)_2^+]} = \frac{1}{K_f^{\ominus} K_{sp}^{\ominus}} = \frac{1}{1.1 \times 10^7 \times 1.77 \times 10^{-10}}$$

$$c(NH_3) = \sqrt{\frac{0.050 \times 0.010}{1.1 \times 10^7 \times 1.77 \times 10^{-10}}} = 0.51 (mol/L)$$

3. 解：设 AgCl 的溶解度为 $S \, mol/L$。

$$AgCl + 2NH_3 \longrightarrow Ag(NH_3)_2^+ + Cl^-$$

平衡浓度/(mol/L)　　$0.10 - 2S$　　S　　S

$$K_J^{\ominus} = \frac{c(Cl^-)c[Ag(NH_3)_2^+]}{c^2(NH_3)} = K_f^{\ominus} K_{sp}^{\ominus} = 1.1 \times 10^7 \times 1.77 \times 10^{-10} = 1.95 \times 10^{-3}$$

$$\frac{S^2}{(0.10-2S^2)}=1.95\times10^{-3}$$

$$S=4.1\times10^{-3}\text{mol/L}$$

4. 解：

加入 KI 后：

$$c[\text{Ag(CN)}_2^-]=0.10\text{mol/L},\ c(\text{I}^-)=0.033\text{mol/L}$$

设 Ag(CN)_2^- 溶液中 Ag^+ 浓度为 $x\text{mol/L}$。

$$\text{Ag(CN)}_2^- \longrightarrow \text{Ag}^+ + 2\text{CN}^-$$
$$0.10-x \qquad x \qquad 2x$$

$$K_f^{\ominus}=\frac{c[\text{Ag(CN)}_2^-]}{c(\text{Ag}^+)c^2(\text{CN}^-)}=\frac{0.10-x}{x(2x)^2}=1.3\times10^{21}$$

解得：

$$x=2.7\times10^{-8}\text{mol/L}$$

$Q=0.033\times2.7\times10^{-8}=8.8\times10^{-10}>K_{sp}^{\ominus}(\text{AgI})=8.5\times10^{-12}$，故有沉淀产生。

再加入 KCN 后：

$$c[\text{Ag(CN)}_2^-]=0.075\text{mol/L},\ c(\text{I}^-)=0.025\text{mol/L},\ c(\text{CN}^-)=0.050\text{mol/L}$$

由于同离子效应，设平衡时 Ag^+ 浓度为 $y\text{mol/L}$。

$$\text{Ag(CN)}_2^- \longrightarrow \text{Ag}^+ + 2\text{CN}^-$$
$$0.075-y \qquad y \quad 0.050+y$$

$$K_f^{\ominus}=\frac{0.075-y}{y(0.05+y)^2}=\frac{0.075}{y\times0.05^2}=1.3\times10^{21}$$

$$y=2.3\times10^{-20}\text{mol/L}$$

$$Q=0.025\times2.3\times10^{-20}=5.8\times10^{-22}<K_{sp}^{\ominus}(\text{AgI})=8.5\times10^{-12}$$

故没有沉淀产生。

5. 解：设溶液中 Ag^+ 浓度为 $x\text{mol/L}$。

$$\text{Ag}^+ + 2\text{S}_2\text{O}_3^{2-} \longrightarrow \text{Ag(S}_2\text{O}_3)_2^{3-}$$
$$x \quad 0.20+2x\approx0.20 \quad 0.080-x\approx0.080$$

$$K_f^{\ominus}=\frac{c[\text{Ag(S}_2\text{O}_3)_2^{3-}]}{c(\text{Ag}^+)c^2(\text{S}_2\text{O}_3^{2-})}=\frac{0.080}{x(0.20)^2}=2.9\times10^{13},\ x=c(\text{Ag}^+)=6.9\times10^{-14}\text{mol/L}。$$

则生成 AgI 沉淀需要 I^- 的最低浓度为：

$$c(\text{I}^-)=\frac{K_{sp}^{\ominus}}{c(\text{Ag}^+)}=\frac{8.51\times10^{-17}}{6.9\times10^{-14}}=1.2\times10^{-3}，$$ 故能生成 AgI 沉淀。

生成 AgCl 沉淀需要 Cl^- 的最低浓度为：

$$c(\text{Cl}^-)=\frac{K_{sp}^{\ominus}}{c(\text{Ag}^+)}=\frac{1.77\times10^{-10}}{6.9\times10^{-14}}=2.6\times10^3，$$ 故不能生成 AgCl 沉淀。

6. 解：设混合后溶液中 Ag^+ 浓度为 $x\text{mol/L}$。

$$\text{Ag}^+ + 2\text{NH}_3 \longrightarrow \text{Ag(NH}_3)_2^+$$
$$x \quad 3.0-2(0.050-x)\approx2.9 \quad 0.050-x\approx0.050$$

$$K_f^{\ominus}=\frac{c[\text{Ag(NH}_3)_2^+]}{c(\text{Ag}^+)c^2(\text{NH}_3)}=\frac{0.050}{x(2.9)^2}=1.1\times10^7,\ c(\text{Ag}^+)=x=5.4\times10^{-10}\text{mol/L}$$

$$c(\text{Br}^-)=0.119/119\times0.10=0.010(\text{mol/L})$$

$$Q=c(\text{Ag}^+)c(\text{Br}^-)=5.4\times10^{-12}>K_{sp}^{\ominus}(\text{AgBr})=5.35\times10^{-13}$$

故有沉淀产生。

要不致生成 AgBr 沉淀，则有：

$$c(Ag^+)c(Br^-) < K_{sp}^{\ominus}(AgBr), c(Ag^+) < K_{sp}^{\ominus}(AgCl)/0.01 = 5.35 \times 10^{-11} \text{ mol/L}。$$

$$c(NH_3) = \{c[Ag(NH_3)_2^+]/[K_f^{\ominus}c(Ag^+)]\}^{1/2} = 9.2 \text{mol/L}$$

则氨的初始浓度　　$c(NH_3) = 9.22 + 0.05 \times 2 = 9.3(\text{mol/L})$

7. 解：

$$Zn(OH)_2 + 4NH_3 \longrightarrow Zn(NH_3)_4^{2+} + 2OH^- \qquad (1)$$

$$Zn(OH)_2 + 2NH_3 \cdot H_2O \longrightarrow Zn(OH)_4^{2-} + 2NH_4^+ \qquad (2)$$

$$K_1^{\ominus} = \frac{c[Zn(NH_3)_4^{2+}]c^2(OH^-)}{c^4(NH_3)} = K_f^{\ominus}K_{sp}^{\ominus} = 2.9 \times 10^9 \times 6.68 \times 10^{-17} = 1.9 \times 10^{-7}$$

$$K_2^{\ominus} = \frac{c[Zn(OH)_4^{2-}]c^2(NH_4^+)}{c^2(NH_3)} = K_f^{\ominus}K_{sp}^{\ominus}K_b^{\ominus 2} = 4.6 \times 10^{17} \times 6.68 \times 10^{-17} \times (1.77 \times 10^{-5})^2$$

$$= 9.6 \times 10^{-9}$$

计算到此可以说明问题，因（1）的平衡常数远远大于（2），故主要生成 $Zn(NH_3)_4^{2+}$。
还可继续计算两种配离子的浓度，计算如下：

当　　$c(NH_3) = c(NH_4^+) = 0.10 \text{mol/L}$　　　　$c(OH^-) = K_b^{\ominus}\dfrac{c(NH_3)}{c(NH_4^+)} = 1.77 \times 10^{-5}$

$$\frac{c[Zn(NH_3)_4^{2+}](1.77 \times 10^{-5})^2}{0.10^4} = 1.9 \times 10^{-7} \qquad c[Zn(NH_3)_4^{2+}] = 6.2 \times 10^{-2} \text{mol/L}$$

$$\frac{c[Zn(OH)_4^{2-}]0.10^2}{0.10^2} = 9.6 \times 10^{-9} \qquad c[Zn(OH)_4^{2-}] = 9.6 \times 10^{-9} \text{mol/L}$$

故主要生成 $Zn(NH_3)_4^{2+}$ 配离子。

8. 解：设该溶液中 Cu^{2+} 浓度为 x mol/L。

$$\begin{array}{cccc} Cu^{2+} & + & 4NH_3 \longrightarrow & Cu(NH_3)_4^{2+} \\ x & & 0.10 + 4x \approx 0.10 & 0.010 - x \approx 0.010 \end{array}$$

$$K_f^{\ominus} = \frac{c[Cu(NH_3)_4^{2+}]}{c(Cu^{2+})c^4(NH_3)} = \frac{0.010}{x(0.10)^4} = 2.1 \times 10^{13} \qquad x = c(Cu^{2+}) = 4.8 \times 10^{-12} \text{ mol/L}$$

$$c(OH^-) = K_b^{\ominus}\frac{c(NH_3)}{c(NH_4^+)} = 1.77 \times 10^{-5} \times \frac{0.10}{0.50} = 3.5 \times 10^{-6} (\text{mol/L})$$

$$Q = 4.8 \times 10^{-12} \times (3.54 \times 10^{-6})^2 = 6.0 \times 10^{-23} < K_{sp}^{\ominus}$$

因此，没有沉淀产生。

9. 解：

设恰好有白色沉淀时，Ag^+ 浓度为 $c(Ag^+)$，Cl^- 浓度为 $c(Cl^-)$，则应有：

$$K_{sp}^{\ominus}(AgCl) = c(Ag^+)c(Cl^-) = c(Ag^+) \times 0.1 = 1.77 \times 10^{-10}$$

因此，$c(Ag^+) = 1.77 \times 10^{-9} \text{mol/L}$。

由于此时 Ag^+ 参与配位反应，设此时 NH_3 浓度为 $c(NH_3)$，$[Ag(NH_3)_2]^+$ 浓度为 $c\{[Ag(NH_3)_2]^+\}$，则：

$$K_f^{\ominus} = \frac{c\{[Ag(NH_3)_2]^+\}}{[c(Ag^+)/c^{\ominus}][c(NH_3)/c^{\ominus}]^2} \approx \frac{0.10}{1.77 \times 10^{-9}[c(NH_3)/c^{\ominus}]^2} = 1.12 \times 10^7$$

因此，$c(NH_3)=2.246mol/L$，由于 NH_3 的初始浓度为 $5.0mol/L$，可知随着 HNO_3 的加入，有 $5.0-2.246=2.754(mol/L)$ 的 NH_3 转化为等物质的量的 NH_4^+，所以，此时溶液酸度为：

$$pH=pK_a^{\ominus}-\lg\frac{c(NH_4^+)/c^{\ominus}}{c(NH_3)/c^{\ominus}}=-\lg[10^{-14}/(1.8\times10^{-5})]-\lg\frac{2.754}{2.246}=9.17$$

10. 解：

（1）本反应实质上是 $[HgCl_4]^{2-}$ 和 $[HgI_4]^{2-}$ 的相互转化，在各离子浓度都一致的情况下，$[HgCl_4]^{2-}$ 解离的 Hg^{2+} 浓度 c_1 为：

$$c_1=\frac{[HgCl_4]^{2-}}{K_f^{\ominus}[Cl^-]^4}=\frac{1}{1.17\times10^{15}}=8.55\times10^{-16}$$

$[HgI_4]^{2-}$ 解离的 Hg^{2+} 浓度 c_2 为：

$$c_2=\frac{[HgCl_4]^{2-}}{K_f^{\ominus}[I^-]^4}=\frac{1}{6.76\times10^{29}}=1.48\times10^{-30}$$

可以看出，在离子浓度完全一致的情况下，$[HgI_4]^{2-}$ 的稳定性远远高于 $[HgCl_4]^{2-}$，因此题给反应应该向正方向进行。但是，如果各离子浓度不一致而且差别较大时，应该根据具体离子浓度进行计算。

计算过程同（1），可知：（2）反应朝负方向进行，（3）反应朝负方向进行，（4）反应朝正方向进行。

任务七答案

一、单选题

1. D　2. A　3. C　4. A　5. D　6. D　7. B　8. C　9. D　10. C　11. B　12. D　13. B

二、填空题

1. 七，Y^{4-}

2. 小，弱

3. $M+Y \Longrightarrow MY$，$K_{MY}=\dfrac{[MY]}{[M][Y]}$

4. 配位，酸

5. 配合物的条件稳定常数，金属离子的起始浓度

6. 红，蓝

7. 返滴定法

三、判断题

1. √　2. ×　3. ×　4. ×　5. ×　6. ×　7. ×　8. √

四、计算题

1. 解：查得 $\lg K_{BiY}=27.94$，$\lg K_{NiY}=18.62$。

因 $\lg K'=\lg K-\lg\alpha_{Y(H)}\geqslant8$，即 $\lg\alpha_{Y(H)}\leqslant\lg K-8$。

故对于 Bi^{3+}，$\lg\alpha_{Y(H)}\leqslant19.94$；对于 Ni^{2+}，$\lg\alpha_{Y(H)}\leqslant10.62$。

查得 $\lg\alpha_{Y(H)}\leqslant19.94$ 时，$pH\geqslant0.6$；$\lg\alpha_{Y(H)}\leqslant10.62$ 时，$pH\geqslant3.2$。

① 最小的 pH 值为 3.2。

② $\Delta\lg(cK)=27.94-18.62=9.32>5$，可以选择性滴定 Bi^{3+}，而 Ni^{2+} 不干扰。当 $pH\geqslant0.6$ 时，滴定 Bi^{3+}；当 $pH\geqslant2$ 时，Bi^{3+} 将水解析出沉淀。此时（$pH=0.6\sim2$），

Ni^{2+} 与 Y 不配位。当 pH≥3.2 时，可滴定 Ni^{2+}，而 Bi^{3+} 下降。

2.①在 pH=1 的酸性介质中，加入抗坏血酸将 Fe^{3+} 还原为 Fe^{2+}，以 0.01mol/L EDTA 直接滴定，指示剂选用二甲酚橙。

② 控制酸度分别滴定。

因 $\Delta lgK=7.8$，所以可以在不同的 pH 介质中分别滴定。

测 Zn^{2+}：在 pH 5～6 的六亚二甲基四胺缓冲体系中，以二甲酚橙为指示剂，以 0.01mol/L EDTA 滴定至溶液从红色变为亮黄色。

测 Mg^{2+}：在上述溶液中加入 pH 10 的氨性缓冲体系，以铬黑 T 为指示剂，以 0.01mol/L EDTA 滴定至溶液从红色变为蓝色。

3. 查得
$$lgK_{MgY}=8.7$$
$$pH=9.60 \qquad lg\alpha_{Y(H)}=0.75 \qquad [Mg^{2+}]_{ep}=5.0$$

因为
$$lgK'_{MgY}=8.7-0.75=7.95$$

$$[Mg^{2+}]_{sp}=\sqrt{\frac{0.01}{10^{7.95}}}=10^{-4.98}$$

所以
$$\Delta pMg=5.0-4.98=0.02$$

4. 解：总硬度：$\dfrac{cVM_{CaO}}{V_{水}}\times1000=\dfrac{0.01060\times31.30\times56.08}{100.0}\times1000=186.1(mg/L)$

钙硬度：$\dfrac{cV_1M_{CaO}}{V_{水}}\times1000=\dfrac{0.01060\times19.20\times56.08}{100.0}\times1000=114.1(mg/L)$

镁硬度：$\dfrac{cV_2M_{CaO}}{V_{水}}\times1000=\dfrac{0.01060\times(31.30-19.20)\times56.08}{100.0}\times1000=51.7(mg/L)$

项目四

任务一答案

一、选择题

1.D　2.D　3.C　4.D

二、判断题

1.×　2.√　3.×　4.√　5.×　6.×

三、简答题

1.（1）和（2）；（3）和（4）；（5）和（8）；（6）和（7）。

2.

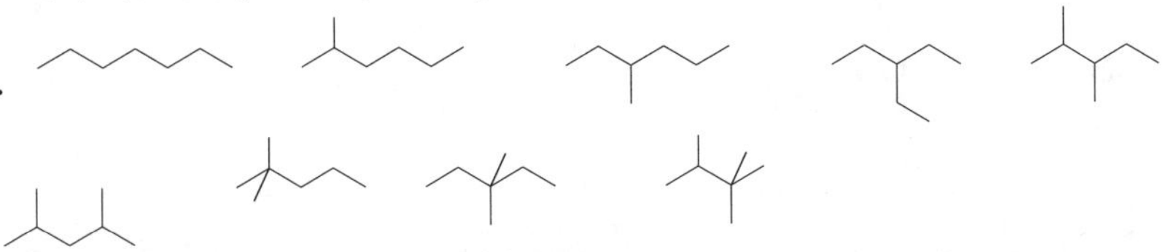

3.（1）丙烷　　　　　　（2）正丁烷　　　　　　（3）2-甲基丙烷

（4）2,2-二甲基丙烷　　（5）2,3-二甲基丁烷　　　（6）3-乙基戊烷

4.（1）二甲基丙基甲烷　　　　（2）三甲基乙基甲烷

（3）甲基乙基异丙基甲烷　　　（4）二乙基异丙基甲烷

5. 该烷烃构造式为： 　　　　，2,2,3,3-四甲基丁烷。

6. 该烷烃的构造式为：  ，新戊烷。

任务二答案

一、判断题

1. ×   2. √   3. √   4. ×

二、选择题

1. C   2. B   3. A   4. B   5. B   6. D   7. D

三、填空题

(1)    +HOOCCH ＝ CHCOOH ⟶

(2)   + CH≡CH ⟶

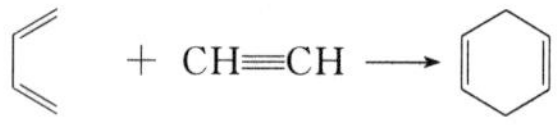

(3) 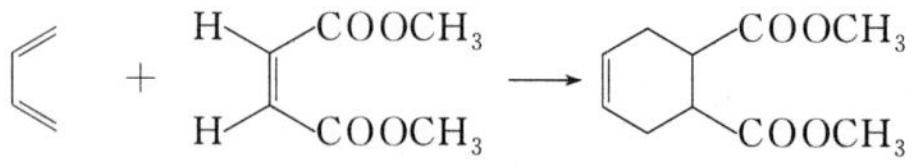   +   ⟶

(4) 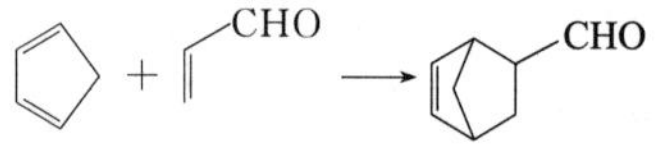   +   ⟶

四、简答题

1. (1) 2,3-二甲基-2-丁烯   (2) 3,3-二甲基-1-戊烯

(3) 2-甲基-2-丁烯   (4) 3-乙基-3-己烯

(5) E-3,4-二甲基-3-己烯   (6) Z-1-氟-1-氯-2-溴-2-碘-乙烯

(7) Z-2-甲基-1-氟-1-氯-1-丁烯   (8) Z-1-氯-2-溴乙烯

2. (1)   (2) 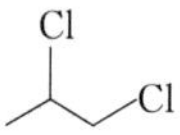   (3)

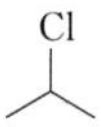

(4) 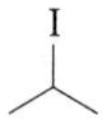   (5) 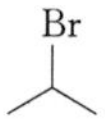   (6)

(7) 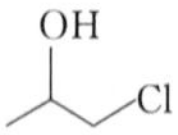   (8) 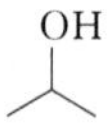   (9)

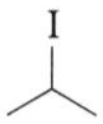

3. (1) $CH_2 = CH_2$ (2)

(3)    (4)

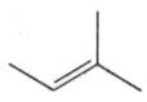

任务三答案

一、判断题

1. ×   2. √   3. ×   4. √   5. ×   6. ×

二、选择题

1. D   2. D   3. B

三、简答题

1. (1) 2-丁炔   (2) 1-丁炔

（3）1-戊烯-4-炔　　　　　　　　　（4）3-戊烯-1-炔

2.

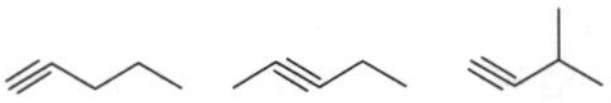

3. （1） 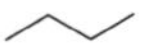　　（2） 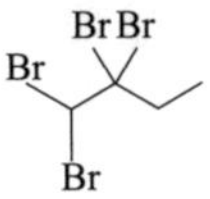　　（3）

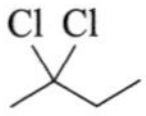

（4） 　　（5） 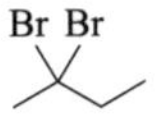　　（6）CO_2 和 CH_3CH_2COOH

4. （1）通入溴水，不褪色的是乙烷。在剩下的两种化合物中，加入硝酸银的氨溶液，出现白色沉淀的是乙炔，剩下无明显现象的是乙烯。

（2）在两种化合物中通入硝酸银的氨溶液，出现白色絮状沉淀的是 1-丁炔，无明显现象的是 2-丁炔。

（3）在两种化合物中通入氯化亚铜的氨溶液，出现棕色沉淀的是 1-戊炔，无明显现象的是 1,3-戊二烯。

5. （1）　$CH \equiv CH + H_2 \xrightarrow{\text{Lindlar 催化剂}} CH_2 = CH_2$

（2）　$CH \equiv CH + H_2 \xrightarrow{\text{Lindlar 催化剂}} CH_2 = CH_2$；$CH_2 = CH_2 + HCl \longrightarrow CH_3CH_2Cl$

（3）　$CH \equiv CH + H_2 \xrightarrow{\text{Lindlar 催化剂}} CH_2 = CH_2$；$CH_2 = CH_2 + HCl \longrightarrow CH_3CH_2Cl$；

$CH \equiv CH + NaNH_2 \xrightarrow{\text{氨溶液}} CH \equiv CNa$；$CH \equiv CNa + CH_3CH_2Cl \xrightarrow{\text{氨溶液}} CH \equiv C - CH_2CH_3$

四、综合题

A： 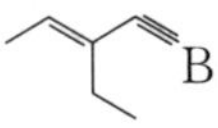　B： 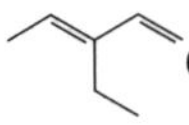　C：

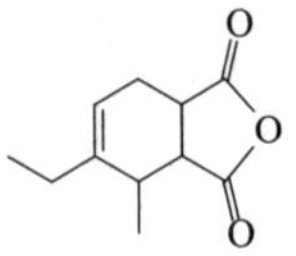

任务四答案

一、判断题

1. ×　2. √　3. ×　4. ×　5. √　6. ×　7. ×

二、选择题

1. C　2. B　3. A　4. B　5. D　6. D　7. A　8. A

三、填空题

（1）

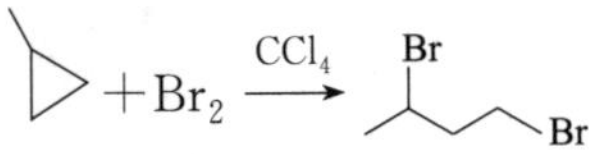

（2）

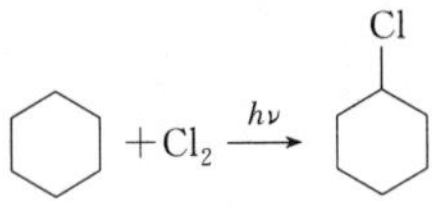

（3）

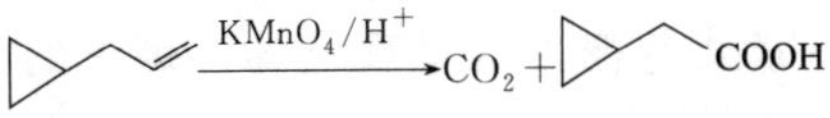

四、简答题

1. （1）甲基环戊烷　　（2）4-环丙基-1-丁烯　　（3）5-甲基-4-环丙基-2-庚烯

2. （1）在两种化合物中加入酸性高锰酸钾，其中紫红色褪去的是丙烯，无明显现象的是环丙烷。

（2）在三种化合物中加入酸性高锰酸钾，无明显现象的是环丙烷；在剩下两种化合物中加入硝酸银的氨溶液，出现白色絮状沉淀的是丙炔，无明显现象的是丙烯。

五、推断题

A 的结构式为： 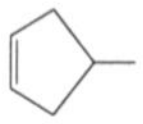 ，4-甲基环戊烯。

任务五答案

一、判断题

1.√　2.×　3.√　4.×

二、选择题

1.B　2.D　3.D　4.C　5.B　6.A

三、填空题

（1）

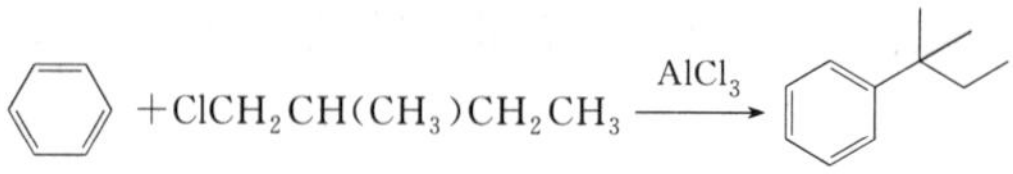

（2）

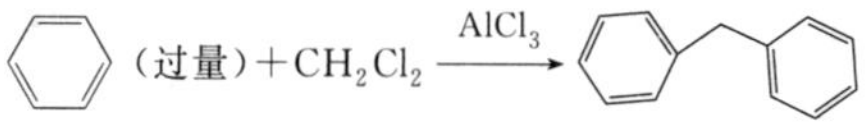

（3）

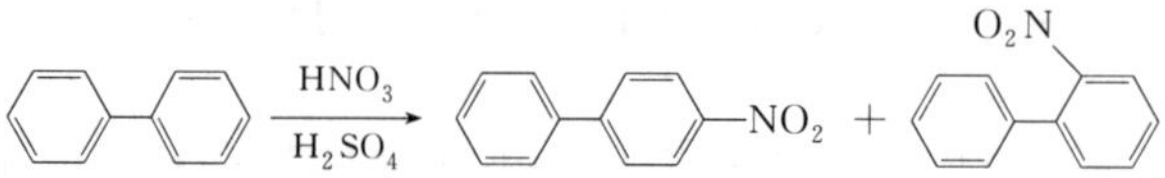

（4）

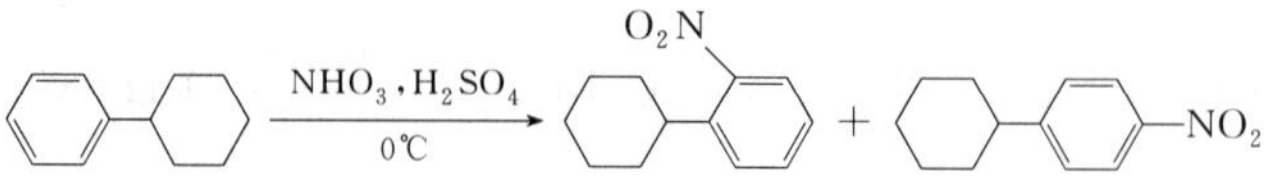

四、简答题

1.

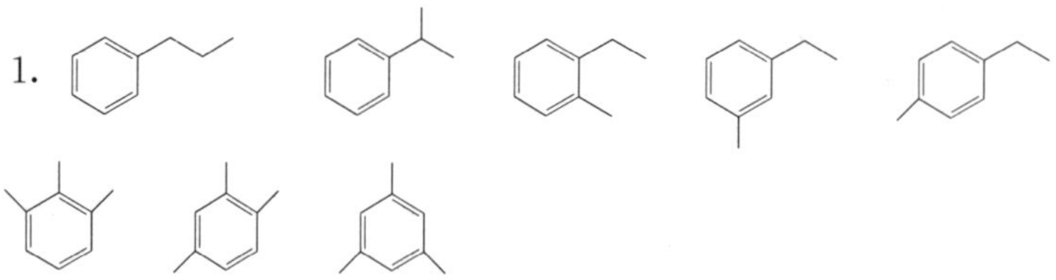

2. （1）甲苯　　　　（2）乙苯　　　　（3）1,2,3-三甲苯

（4）1,4-二甲苯　　（5）2-甲基-4-苯基-己烷　　　（6）苯乙炔

3. （1） 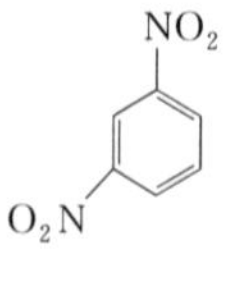 　　（2）

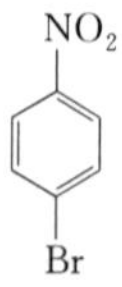

（3） 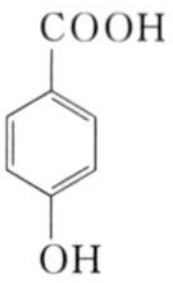 　　（4）

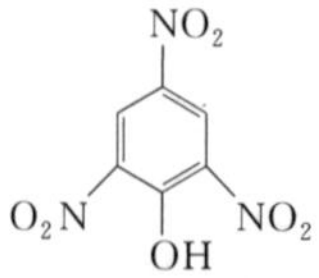

4. （1）在三种化合物中加入酸性高锰酸钾，紫红色褪去的是环己烯。剩下的两种化合物中加入浓硫酸共热，出现分层的是环己烷，混溶的是苯。

（2）在两种化合物中加入溴水，使溴水褪色的是1,3,5-己三烯。

5．（1）间二甲苯＞甲苯＞苯

（2）乙酰苯胺＞氯苯＞苯乙酮

6．（1）甲苯＞苯＞溴苯＞苯甲酸＞硝基苯

（2）间二甲苯＞对二甲苯＞甲苯＞对甲基苯甲酸＞对苯二甲酸

任务六答案

选择题

1．A　2．B　3．A　4．B　5．A

项目五

任务一答案

（1）$CH_3CH_2CH_2OH$；（2）$CH_3CH\!=\!CH_2$；（3）$CH_3CH_2CH_2CN$；

（4）$CH_3CH_2CH_2NH_2$；（5）$CH_3CH_2CH_2ONO_2 + AgBr\downarrow$；

（6）$CH_3CH_2CH_2OCH_2CH_3$；（7）$CH_3CH_2CH_2MgBr$；

（8）$CH_3CH_2CH_3$；（9）$CH_3CH_2CH_3 + HC\equiv CMgBr$；（10）$CH_3CH_2CH_3$。

任务二答案

一、填空题

1．$CH_3CHOHCH_2CH_2CH_3$　2．（3）　3．（1）　4．（二）苯醚　5．2-甲基-3-甲氧基丁烷　6．$CH_3I+CH_3CH_2OH$　7．环己烯

二、简答题

1．无水氯化锌和浓盐酸按 $1:1$ 的比例配成的溶液称为卢卡斯试剂。

2．醇分子间能形成氢键，所以醇要达到沸点时，不仅要提供克服分子间的范德华力所需能量，还需提供破坏氢键所需的能量，所以沸点比分子量相近的烷烃的沸点高。

3．三种物质同时加入卢卡斯试剂：B 立即浑浊；C 需放置几分钟变混浊；A 需加热后才会浑浊。

任务三答案

一、填空题

1．6-甲基-2-庚酮　2．$\underset{\displaystyle H_3C-\overset{\displaystyle \overset{O}{\|}}{C}-CH_2-CH_3}{}$　3．甲醛　4．羰基

二、简答题

1．不能。因为有 α-氢原子。

2．例如：

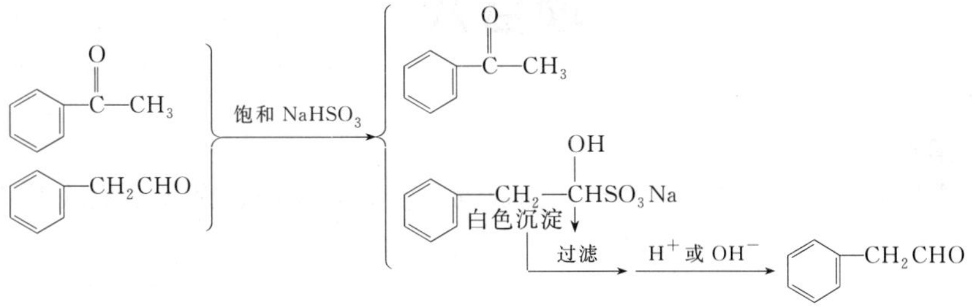

3. 用托伦试剂，丙醛能析出银，丙酮无现象。

4. 在镍的催化条件下通入氢气。

5. 不含 α-氢原子的醛。

任务四答案

一、填空题

1. 对甲基苯甲酸　2. CH_3CONH_2　3. $CH_3COOCH_2CH_2CH(CH_3)CH_3$　4. 3-甲基丁酰氯　5. $CH_3CHClCOOH$　6. CH_3COCl　7. $CH_3COO\ CH_2\ CH_3 + H_2O$　8. $CH_3COOH + HCl$

二、简答题

1. 三氯乙酸的酸性比氯乙酸酸性强，氯原子是吸电子基团，吸电子基团个数越多，负离子越稳定，酸性越强。

2. 用催化加氢的方法，苯甲醛能生成苯甲醇。

任务五答案

1.

(1) 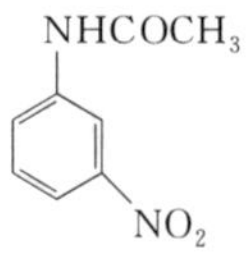 　(2) $[CH_3NH_2]_2 \cdot H_2SO_4$　(3)

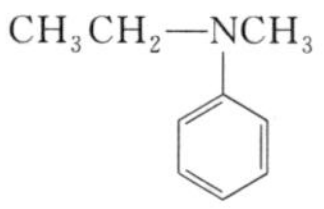

(4) 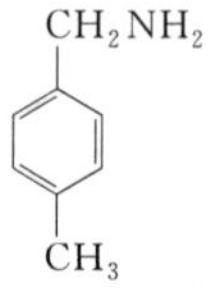 　(5) $NH_2CH_2CH_2CH_2CH_2CH_2NH_2$　(6) CH_3NC

2.（1）以下表表示：

项目	乙醇	乙醛	乙酸	乙胺
碳酸钠水溶液	不变	不变	放出二氧化碳	不变
托伦试剂	不变	银镜	—	不变
碘,氢氧化钠水溶液	碘仿	—	—	不变

（2）分别与亚硝酸钠＋盐酸在低温下反应，邻甲苯胺反应产物溶解，N-甲基苯胺生成黄色油状物，N,N-二甲基苯胺生成绿色固体。

（3）乙胺溶于盐酸，乙酰胺不溶。

（4）苯胺溶于盐酸，环己烷不溶。

项目六

任务一答案

一、名词解释

糖：糖类是由碳、氢、氧三种主要元素构成的一类多羟基醛、多羟基酮或其衍生物和聚合物。

构型：构型指的是一个有机分子中各个原子特有的固定的空间排列，而使其具有特定的立体化学形式。

构象：构象是指一个有机化合物分子中，不改变其共价键结构，仅绕单键旋转所产生的原子的不同空间排布。

单糖：不能水解为更小分子的多羟基醛或酮，即为单糖。

寡糖：也叫低聚糖，由 2～10 个相同或不同的单糖分子缩合而成，水解时可得到相应数目的单糖。

多糖：由 10 个以上单糖通过糖苷键相互连接而成的、分子量较大的高分子化合物，又称为多聚糖，其水解的最终产物是单糖。

糖脎：葡萄糖是还原性糖，与苯肼作用生成含有两个苯腙基的衍生物，称为糖脎。

成苷反应：环状结构葡萄糖在干燥 HCl 催化下可与其他醇或酚化合物的羟基脱水生成缩醛类化合物，这类化合物称为糖苷，该反应称为成苷反应。

糖的甲基化：在甲基亚磺酰甲基钠（SMSM）存在时，用碘甲烷处理或者在碱性条件下用硫酸二甲酯处理糖类物质，可以得到它的甲醚衍生物，此反应称为糖的甲基化。

二、填空题

1. 多羟基醛或酮

2. 苷键

3. 葡萄糖，果糖

4. β-1,4-糖苷键；游离的半缩醛羟基

5. α-1,4-糖苷键

6. α-1,4-糖苷键；α-1,4-糖苷键；α-1,6-糖苷键；β-1,4-糖苷键

三、判断题

1. √　2. ×　3. ×　4. √　5. √　6. √　7. ×　8. √　9. √　10. ×

四、写出葡萄糖与下列试剂反应的主产物。

（1）Tollens 试剂：银镜。（2）溴水：葡萄糖酸。（3）稀硝酸（热）：葡萄糖酸。（4）乙酸酐（吡啶溶液）：葡萄糖酸。（5）葡萄糖脱氢酶：葡萄糖醛酸。（6）$NaBH_4$（实验室）：葡萄糖醇。（7）过量苯肼：葡萄糖脎。（8）甲醇（干燥 HCl）：葡萄糖甲苷。

任务四答案

一、名词解释

偏振光：只有一个与其前进方向垂直的振动面的光，叫作平面偏振光，简称偏振光。

不对称碳原子：也称为手性碳原子，是指与四个不同原子或基团共价连接并因而失去对称性的四面体碳原子。

旋光性：能使偏振光振动平面旋转的性质称为物质的旋光性。

旋光活性物质：具有旋光性的物质称为旋光活性物质，能够使偏振光振动平面向右旋转的物质具有右旋性，称为右旋体；反之，则称为左旋体。

旋光度：旋光物质使偏振光振动平面旋转的角度称为旋光度，通常用 α 表示。

比旋光度：在一定的波长和温度下，旋光物质的质量浓度为 100g/100mL，液层厚度为 1dm 时所测得的旋光度。

变旋光现象：具有旋光性的糖类物质，在溶解的过程中，它的旋光度初期变化迅速，后来慢慢缓和，最后自行转变为常数的现象称为变旋光现象。

折射率：光在空气中的传播速度和在另一介质中的传播速度之比。

二、判断题

1. √　2. √　3. ×　4. ×　5. √　6. √　7. ×　8. ×　9. √　10. ×

三、计算题

解：
$$[\alpha]_\lambda^t = \alpha/(Lc)$$

$$= \frac{26 \times 100}{20 \times 1}$$

$$= +130°$$

$$130 = \frac{19.5 \times 100}{c \times 1}$$

$$c = 15\text{g}/100\text{mL}$$

所以，麦芽糖的比旋光度为 +130°，未知麦芽糖溶液的质量浓度为 15g/100mL。

任务五答案

一、名词解释

互补光：两种色光按照一定强度比例混合就可以形成白光，这两种颜色的光称为互补光。

吸收曲线：依次将各种波长的单色光通过某一有色溶液，测量不同波长处有色溶液对该波长光的吸收程度（吸光度 A），以波长为横坐标，吸光度为纵坐标作图，得到一条曲线，称为该溶液的吸收曲线，也叫作吸收光谱。

最大吸收波长：光吸收程度最大处的波长，称为最大吸收波长，常用 λ_{max} 表示。

朗伯-比尔定律：1760 年，朗伯（Lamber）指出，当单色光通过浓度一定的、均匀的吸收溶液时，该溶液对光的吸收程度与液层厚度成正比，这种关系称为朗伯定律；1852 年，比尔（Beer）指出，当单色光通过液层厚度一定的、均匀的吸收溶液时，该溶液对光的吸收程度与溶液中吸光物质的浓度成正比，这种关系称为比尔定律。二者的结合称为朗伯-比尔定律。质量吸收系数：当 c 的单位为 g/L，b 的单位为 cm 时，比例常数 K 用 a 表示，其单位为 L/(g·cm)，a 称为质量吸光系数。

摩尔吸收系数：当 c 的单位用 mol/L，b 的单位用 cm 时，比例常数 K 用 κ 表示，其单位为 L/(mol·cm)，κ 称为摩尔吸收系数。

标准曲线：配制四个以上浓度不同的待测物质的标准溶液，在同样条件下显色和测量，得到各溶液对应的吸光度，以吸光度为纵坐标，以配制的标准溶液的浓度为横坐标，绘出吸光度-浓度曲线，该曲线称为标准曲线。

二、判断题

1. √　2. √　3. ×　4. √　5. √　6. ×　7. √　8. ×　9. √　10. √

三、计算题

1. 解：$A = \kappa bc$

$A = 1.3 \times 10^4 \text{L}/(\text{mol·cm}) \times 1.0\text{cm} \times 2.00 \times 10^5 \text{mol/L}$

$A = 0.26$

所以，此时的吸光度为 0.26。

2. 解：$A = \kappa bc$

$0.320 = \kappa \times 1.00\text{cm} \times 25.5\mu\text{g} \times 10^{-6}/180.16\text{g/mol} \times (1000\text{mL}/50\text{mL})$

$\kappa = 1.168 \times 10^5 \text{L}/(\text{mol·cm})$

3. 解：根据下列数据，绘制标准曲线为：（略）

当 $A = 0.346$ 时，$c = 20.47\mu\text{g/L}$。

试液中蔗糖的含量：

$(20.47\mu\text{g/L} \times 2 \times 10^{-3}\text{L}/0.5 \times 10^{-3}\text{L}) \times 25 \times 10^{-3}\text{L} \times 10^{-3}\text{mg}/0.0404\text{g} = 0.05\text{mg/g}$

所以，樱桃果肉样品中蔗糖的含量 0.05mg/g。

任务七答案

一、名词解释

脂类：由脂肪酸和醇作用而成的酯及其衍生物的统称。

单酰甘油：甘油的三个羟基可分别与1个、2个和3个脂肪酸酯化，生成单酰甘油、二酰甘油和三酰甘油。

简单甘油酯：油脂结构式中，R^1、R^2、R^3 三个脂肪酸侧链相同时为简单甘油酯，其中两个不同或者全部不相同时，为混合甘油酯。

皂化作用：油脂在碱性溶液中的水解反应。

皂化值：1g 油脂完全水解所需氢氧化钾的质量（mg）。

油脂的氢化和碘化：液态油中的不饱和脂肪酸含有碳碳双键，在催化剂的作用下，可发生加氢或加碘的加成反应，分别叫作油脂的氢化和碘化。

油脂的硬化：不饱和油脂经过氢化后转化为饱和油脂，由液态转变成固态叫油脂的硬化。

二、判断题

1.√　2.√　3.√　4.×　5.×　6.√　7.√　8.×　9.√　10.√

项目七

任务一答案

一、选择题

1.D　2.C　3.D

二、判断题

1.×　2.×　3.×　4.×　5.×　6.×

三、填空题

1.蓝紫，黄　2.负极　3.偶极离子

四、简答题

1.所谓两性离子，是指在同一个氨基酸分子中带有能放出质子的—NH_3^+ 正离子和能接受质子的—COO^- 负离子，因此氨基酸是两性电解质，它可以和酸生成盐，也可以和碱生成盐。

2.甘氨酸、酪氨酸、丝氨酸、半胱氨酸、天冬酰胺、谷氨酰胺、苏氨酸、赖氨酸、精氨酸、组氨酸、谷氨酸和天冬氨酸。

任务二答案

一、选择题

1.C　1.C　3.B　4.B　5.D　6.B

二、判断题

1.√　2.×　3.×　4.×　5.×

三、填空题

1.N，16

2.羧基，氨基，肽键

3.水化层，电荷

4.色氨酸，酪氨酸，苯丙氨酸

5.C—$C\alpha$，N—$C\alpha$

6. 3.6，0.54nm，0.15nm，100

7. 疏水，亲水

8. β-折叠

9. 氢键，范德华力，疏水作用，盐键，二硫键，配位键

10. α-螺旋，β-折叠，β-转角，无规则卷曲

四、简答题

1. 蛋白质由氨基酸组成，具有一定的空间结构，在某些物理和化学因素作用下，其特定的空间构象被破坏，从而导致其理化性质的改变和生物活性的丧失，这种现象称为蛋白质的变性。变性的机制是破坏非共价键和二硫键，不改变蛋白质的一级结构。举例：乙醇消毒、紫外线杀菌、煮鸡蛋、重金属中毒后喝蛋清等。

2. 蛋白质的一级结构指多肽链中氨基酸的排列顺序。N末端：多肽链中有自由氨基的一端。C末端：多肽链中有自由羧基的一端。

3. 亚基是指一条多肽链或以共价键连接在一起的几条多肽链组成的蛋白质分子的最小共价结构单位。

4. 蛋白质分子中的酪氨酸、色氨酸、苯丙氨酸残基的侧链具有吸收紫外光的能力，最大吸收峰在280nm处。因此，可通过测该波长下的吸收值对蛋白质进行定量。紫外吸收法测蛋白质含量迅速、简便、不消耗样品、低浓度盐类不干扰测定。要求：对于测定那些与标准蛋白质中酪氨酸和色氨酸含量差异较大的蛋白质，有一定的误差，故该法适于测定与标准蛋白质氨基酸组成相似的蛋白质。若样品中含有嘌呤、嘧啶等吸收紫外光的物质，会出现较大干扰，应予以校正。当样品中含有核酸类杂质，可以根据核酸在260nm波长处有最强的紫外光吸收，而蛋白质在280nm处有最大的紫外光吸收的性质，通过计算可以适当校正核酸对于测定蛋白质浓度的干扰作用。

任务三答案

一、选择题

1. D   2. B   3. B   4. A   5. D

二、填空题

1. 活细胞，生物催化剂

2. 高效性，专一性，反应条件温和，受调控

3. 酶蛋白，辅助因子，酶蛋白，辅助因子

4. 辅酶，辅基，金属离子，辅基，化学方法，辅酶，透析

5. 氧化还原酶类，转移酶类，水解酶类，裂解酶类，异构酶类，合成酶类

6. 酶学委员会，氧化还原酶类，作用于—CHOH，氢受体是 NAD^+ $NADP^+$，编号1

7. 绝对专一性，相对专一性，立体异构专一性

8. 结合部位，催化部位，结合部位，催化部位

三、简答题

1. 高效性，即催化作用的效率高；专一性，即任何一种酶只作用于一种或几种相关的化合物；多样性；易变性；酶的催化活性受到调节控制；酶催化作用的条件温和。

2. 由酶蛋白和辅助因子组成的结合酶又称为全酶。全酶才有催化性，全酶中的酶蛋白决定催化作用的专一性。辅助因子是金属离子或小分子有机化合物。金属离子作用：①作为酶活性中心的催化基团参与反应传递电子；②作为连接酶与底物的桥梁，便于酶对底物的作用；③稳定酶分子的空间构象；④中和阴离子降低反应的静电斥力。小分子有机物主要参与酶的催化过程，在反应中传递电子、质子和一些基团。

3. 仅有一个活性中心的多肽链构成的酶，一般是由一条多肽链组成，如牛胰岛素、胰

核糖核酸酶、溶菌酶等。但有的单体酶是由多条多肽链组成，如胰凝乳蛋白酶由三条肽链组成，链间由二硫键相连构成一个共价整体。这类含几条肽链的单体酶往往是由一条前体肽链经活化断裂而生成。单体酶种类很少，一般多是催化水解反应的酶，分子量在 35000 以下。

四、论述题

1. 某些酶在细胞内初合成或分泌时只是酶的无活性前体，称酶原。酶原在一定条件下，水解开一个或几个肽键，使必需基团集中靠拢，构象发生改变，形成活性中心，表现出酶的活性，称酶原激活。酶原激活的实质是活性中心形成、暴露的过程。某些酶以酶原形式存在于组织细胞内，具有重要的生物学意义。消化腺分泌的一些蛋白酶原不仅能保护消化器官不受酶的水解破坏，而且保证酶原在其特定的部位和环境激活后发挥其催化作用。凝血和纤维蛋白溶解酶类的酶原形式在血液循环中运行，一旦需要，不失时机转变成有活性的酶，发挥对机体的保护作用。

2. 如转氨酶是人体代谢过程中必不可少的"催化剂"，主要存在于肝细胞内。当肝细胞发生炎症、坏死、中毒等，造成肝细胞受损时，转氨酶便会释放到血液里，使血清转氨酶升高。

任务四答案

一、选择题

1. C　　2. B　　3. D　　4. A　　5. B　　6. A　　7. D　　8. D　　9. D　　10. D

二、填空题

1. 底物浓度与反应速率，$V = 1/2V_m$ 时的底物浓度

2. 特征性，酶的性质、底物种类、反应条件、酶浓度

3. 不同，该酶的最适底物或天然底物

4. 酶与底物的亲和力大小，亲和力小

三、简答题

(1) 竞争性抑制：抑制剂的结构与底物相似，共同竞争酶的活性中心。抑制作用大小与抑制剂和底物的浓度以及酶对它们的亲和力有关。K_m 升高，V_{max} 不变。(2) 非竞争性抑制：抑制剂与底物结构不相似或完全不同，只与酶活性中心以外的必需基团结合。不影响酶在结合抑制后与底物的结合。该抑制作用的强弱只与抑制剂的浓度有关。K_m 不变，V_{max} 下降。(3) 反竞争抑制：抑制剂只与酶-底物复合物结合，生成的三元复合物不能解离出产物。K_m 和 V_{max} 均下降。

四、论述题

1. (1) 酶浓度：当底物足够，其他条件固定不变时，酶促反应速率与酶浓度成正比。(2) 底物浓度：酶固定，底物浓度很小时，速率与底物浓度成正比；随着底物浓度增加，速率缓慢增加但不成正比；底物浓度达到一定值，再增加底物浓度，速率维持最大值。(3) 温度：在一定温度范围内，速率随温度升高而加快，在 40℃ 左右达速率最大值，在高温范围内，酶反应速率随温度升高而降低。(4) pH 值：在 pH 值较低时，随着 pH 值增加，速率随之增加，当到 pH 7 左右速率达最大值，pH 值再增加，速率随之降低。(5) 激活剂。(6) 抑制剂。

2. 在底物浓度较低时，反应速率随底物浓度的增加而急剧上升，二者成正比关系，反应为一级反应。随着底物浓度的进一步升高，反应速率不再成正比例加速，反应速率增加的幅度不断下降。如果继续加大底物浓度，反应速率将不再增加，表现出零级反应。

任务五答案

一、填空题

1. 酶催化化学反应的能力一定条件下，酶催化某一化学反应的反应速率

2. 初，底物消耗量<5%

3. 底物分子的解离状态，酶分子的解离状态，中间复合物的解离状态

4. 温度升高，可使反应速率加快；温度太高，会使酶蛋白变性而失活

二、判断题

1. ×　　2. √　　　3. ×　4. √　　　5. ×　　　6. ×

三、简答题

（1）底物：根据酶的专一性，选择适宜的底物，并配制成一定浓度的底物溶液。要求所使用的底物均匀一致，达到一定的纯度。有些底物溶液要求新鲜配制，有些则可预先配制后置冰箱保存备用。

（2）反应条件：根据资料或试验结果，确定酶促反应的温度、pH 等条件。温度可选在室温（25℃）、体温（37℃）、酶促反应最适温度或其他温度，一般在恒温装置内进行。pH 值应是酶促反应的最适 pH 值，采用一定浓度和一定 pH 值的缓冲溶液来保持。反应条件一经确定，在反应过程中应尽量保持恒定不变。有些酶促反应要求激活剂等其他条件，应适量添加。

（3）反应时间：在一定条件下，将一定量的酶液与底物溶液混合均匀，适时记下反应开始的时间。反应到一定时间后及时终止反应。终止酶促反应的方法要根据酶的特性、反应底物或产物的性质以及检测方法等加以选择，常用加热、添加酶变性剂、加入酸液或碱液、冰浴等方法。

（4）底物或产物的变化量：反应到一定时间，取出适量的反应液，运用各种生化检测技术，测定产物增加量或底物减少量。

四、计算题

（1）蛋白浓度$=0.2 \times 6.25mg/2mL = 0.625mg/mL$

　　比活力$= (1500/60 \times 1ml/0.1mL) \div 0.625mg/mL = 400U/mg$

（2）总蛋白$= 0.625mg/mL \times 1000mL = 625mg$

　　总活力$= 625mg \times 400U/mg = 2.5 \times 105U$

项目八

任务一答案

一、选择题

1. D　　2. D　　3. C

二、计算题

1. 解：设氯乙烯为理想气体，气柜内氯乙烯的物质的量为

$$n = \frac{pV}{RT} = \frac{121.6 \times 10^3 \times 300}{8.314 \times 300.15} = 14618.623 \text{(mol)}$$

90kg/h 的流量折合为：$v = \frac{90 \times 10^3}{M_{C_2H_3Cl}} = \frac{90 \times 10^3}{62.45} = 1441.153 \text{（mol/h）}$

$$n/v = (14618.623 \div 1441.153) = 10.144 \text{(h)}$$

2. 解：$\rho_{CH_4} = \frac{n}{V} M_{CH_4} = \frac{p}{RT} M_{CH_4} = \frac{101325 \times 16 \times 10^{-3}}{8.314 \times 273.15} = 0.714 \text{（kg/m}^3\text{）}$

3. 解：先求容器的容积。

$$V = \frac{125.0000 - 25.000}{\rho_{H_2O(l)}} = \frac{100.0000}{1} \text{(cm}^3\text{)} = 100.0000 \text{(cm}^3\text{)}$$

$$n=m/M=pV/RT$$

$$M=\frac{RTm}{pV}=\frac{8.314\times298.15\times(25.0163-25.0000)}{13330\times10^{-4}}=30.31(\text{g/mol})$$

4. 解：设 A 为乙烷，B 为丁烷。

$$n=\frac{pV}{RT}=\frac{101325\times200\times10^{-6}}{8.314\times293.15}=0.008315(\text{mol})$$

$$M=\frac{m}{n}=y_A M_A+y_B M_B=\frac{0.3897}{0.008315}=46.867(\text{g/mol})\qquad(1)$$

$$=30.0694y_A+58.123y_B$$

$$y_A+y_B=1\qquad(2)$$

联立方程（1）与方程（2）求解得：$y_A=0.401$，$y_B=0.599$。

$$p_A=y_A p=0.401\times101.325=40.63(\text{kPa})$$

$$p_B=y_B p=0.599\times101.325=60.69(\text{kPa})$$

5. 解：洗涤后的总压为 101.325kPa，所以有

$$p_{C_2H_3Cl}+p_{C_2H_4}=101.325-2.670=98.655(\text{kPa})\qquad(1)$$

$$p_{C_2H_3Cl}/p_{C_2H_4}=y_{C_2H_3Cl}/y_{C_2H_4}=n_{C_2H_3Cl}/n_{C_2H_4}=0.89/0.02\qquad(2)$$

联立方程（1）与方程（2）求解得：$p_{C_2H_3Cl}=96.49\text{kPa}$，$p_{C_2H_4}=2.168\text{kPa}$。

6. 解：氧气的临界参数为

$$T_c=154.58\text{K}\quad p_c=5043\text{kPa}$$

氧气的相对温度和相对压力：

$$T_r=T/T_c=298.15/154.58=1.929$$

$$p_r=p/p_c=202.7\times10^2/5043=4.019$$

由压缩因子图查出：

$$Z=0.95$$

$$n=\frac{pV}{ZRT}=\frac{202.7\times10^2\times40\times10^{-3}}{0.95\times8.314\times298.15}(\text{mol})=344.3(\text{mol})$$

钢瓶中氧气的质量：

$$m_{O_2}=nM_{O_2}=344.3\times31.999\times10^{-3}(\text{kg})=11.02(\text{kg})$$

任务二答案

一、单选题

1.D　2.C　3.C　4.A　5.B　6.B

二、计算题

1. 解：（1）$v_{N_2}=k_1 c_{NO}^2 c_{H_2}$

（2）三级反应，k 的单位为 $\text{dm}^6/(\text{mol}\cdot\text{s})$

（3）$v_{NO}=k_2 c_{NO}^2 c_{H_2}$　　$\dfrac{v_{NO}}{2}=v_{N_2}$　　$k_2=2k_1$

2. 解：$v=kC_{NO}^x c_{Cl_2}^y$

（1）$\dfrac{v_1}{v_2}=\left(\dfrac{1}{5}\right)^x=\dfrac{8}{200}$　　　　$x=2$

$\dfrac{v_1}{v_3}=\left(\dfrac{1}{5}\right)^y=\dfrac{8}{40}$　　　　$y=1$

（2）即 $v=kc_{NO}^2 c_{Cl_2}$（三级反应）

（3）$k=\dfrac{8.0\times10^{-3}}{0.1^2\times0.1}=8\mathrm{dm^3/(mol\cdot s)}$

3. 解：依据阿伦尼乌斯公式

$$\ln\dfrac{k_2}{k_1}=\dfrac{E_a}{R}\left(\dfrac{1}{T_1}-\dfrac{1}{T_2}\right)\Rightarrow\ln\dfrac{4.47}{0.498}=\dfrac{E_a}{R}\left(\dfrac{1}{592}-\dfrac{1}{656}\right)$$

解得　　$E_a=113.7\mathrm{kJ/mol}$

4. 解：$\ln2=\dfrac{E_a}{R}\left(\dfrac{1}{400}-\dfrac{1}{T}\right)\Rightarrow T=408K$

5. 解：先求得反应的活化能。

$$\ln\dfrac{5.48}{1.08\times10^{-2}}=\dfrac{E_a}{R}\left(\dfrac{1}{283}-\dfrac{1}{333}\right)$$

求得 E_a 后再以一者代入求第三者：

$$\ln\dfrac{5.48}{k}=\dfrac{E_a}{R}\left(\dfrac{1}{303}-\dfrac{1}{333}\right)\qquad k=1.67\times10^{-3}\mathrm{mol/(dm^3\cdot s)}$$

6. 解：　　　　　　　　$\Delta_f H=E_a-E_a^*$

$$E_a^*=E_a-\Delta_f H=113.5-(-92.3)=205.8(\mathrm{kJ/mol})$$

任务三答案

一、选择题

1.D　2.C　3.C　4.A　5.B

二、计算题

1. 解：（1）$v_{N_2}=k_1c_{NO}^2c_{H_2}$

（2）三级反应，k 的单位为 $\mathrm{dm^6/(mol\cdot s)}$

（3）$v_{NO}=k_2c_{NO}^2c_{H_2}$　　$\dfrac{v_{NO}}{2}=v_{N_2}$　　　$\Rightarrow k_2=2k_1$

2. 解：$v=kc_{NO}^xc_{Cl_2}^y$

（1）$\dfrac{v_1}{v_2}=\left(\dfrac{1}{5}\right)^x=\dfrac{8}{200}$　$\Rightarrow x=2$　　$\dfrac{v_1}{v_3}=\left(\dfrac{1}{5}\right)^y=\dfrac{8}{40}$　　$\Rightarrow y=1$

（2）即 $v=kc_{NO}^2c_{Cl_2}$（三级反应）

（3）$k=\dfrac{8.0\times10^{-3}}{0.1^2\times0.1}=8(\mathrm{dm^3/mol\cdot s})$

3. 解：

依据阿伦尼乌斯公式：

$$\ln\dfrac{k_2}{k_1}=\dfrac{E_a}{R}\left(\dfrac{1}{T_1}-\dfrac{1}{T_2}\right)\Rightarrow\ln\dfrac{4.47}{0.498}=\dfrac{E_a}{R}\left(\dfrac{1}{592}-\dfrac{1}{656}\right)$$

解得　$E_a=113.7\mathrm{kJ/mol}$

4. 解：$\ln2=\dfrac{E_a}{R}\left(\dfrac{1}{400}-\dfrac{1}{T}\right)\Rightarrow T=408K$

5. 解：先求的反应的活化能

$$\Rightarrow\ln\dfrac{5.48}{1.08\times10^{-2}}=\dfrac{E_a}{R}\left(\dfrac{1}{283}-\dfrac{1}{333}\right)$$

求得 E_a 后再以一者代入求第三者：

$$\ln\frac{5.48}{k}=\frac{E_a}{R}\left(\frac{1}{303}-\frac{1}{333}\right)$$

$$k=1.67\times10^{-3}\,\mathrm{mol/(dm^3\cdot s)}$$

6. 解：
$$\Delta_f H=E_a-E_a^*$$

$$E_a^*=E_a-\Delta_f H=1135-(-92.3)=205.3(\mathrm{kJ/mol})$$

任务四答案

一、选择题

1. A　2. D　3. A　4. B　5. A　6. D　7. A　8. D　9. C

二、计算题

1. 解：$\Delta U=0,H=0$

$$\Delta S=nR\ln(V_2/V_1)=nR\ln(p_1/p_2)=29.8(\mathrm{J/K})$$

$$\Delta A=\Delta U-T\Delta S=-8940\mathrm{J}$$

$$\Delta A=\Delta H-T\Delta S=-8940\mathrm{J}$$

因 $\Delta S($总$)=\Delta S($体$)+\Delta S($环$)=29.8\mathrm{J/K}>0$，且环境不对体系做功，所以该过程是自发过程

2. 解：
$$\Delta S_1=23.48\mathrm{J/K}$$

$$\Delta S_2=108.87\mathrm{J/K}$$

$$\Delta S_3=6.08\mathrm{J/K}$$

$$\Delta S_4=nR\ln(p_1/p_2)=-9.13\mathrm{J/K}$$

$$\Delta S=\Delta S_1+\Delta S_2+\Delta S_3+\Delta S_4=129.3\mathrm{J/K}$$

3. 解：
$$\Delta S_1=nS_{p,m}(1)\ln(278.8/268)=487\mathrm{J/K}$$

$$\Delta S_2=-n\Delta_{vap}H_m^{\ominus}/T=-35.61\mathrm{J/K}$$

$$\Delta S_3=nC_{p,m}(s)\ln(268/278.5)=-4.71\mathrm{J/K}$$

$$\Delta S($总$)=\Delta S_1+\Delta S_2+\Delta S_3=-35.45\mathrm{J/K}$$

$$\Delta H(268\mathrm{K})=-9874\mathrm{J}$$

$$\Delta G(268\mathrm{K})=\Delta H(268\mathrm{K})-T\Delta S=-373\mathrm{J}$$

4. 解：$\Delta S=nC_{p,m}(\mathrm{H_2O,l})\ln(373.2/298.2)+n\Delta_{vap}H_m^{\ominus}/373.2+nC_{p,m}(\mathrm{H_2O,g})\ln(473.2/373.2)=126.84\mathrm{J/K}$

$$S_m^{\ominus}(473\mathrm{K,H_2O,g})=\Delta S+S_m^{\ominus}(298\mathrm{K,H_2O,l})=315.5\mathrm{J/(K\cdot mol)}$$

$$\Delta H=\Delta H_1+\Delta H_2+\Delta H_3+\Delta H_4=48.81\mathrm{kJ}$$

$$\Delta G=\Delta H-(T_2S_2-T_1S_1)=-44.21\mathrm{kJ}$$

5. 解：$\Delta S=nR\ln(V_2/V_1)=11.53\mathrm{J/K}$

能用熵判据判断该过程的性质：

$$\Delta S($环$)=-Q/T=0$$

$$\Delta S($总$)=\Delta S($环$)+\Delta S($体$)=11.53\mathrm{J/K}$$

因 $\Delta S($总$)>0$，且环境对体系做功，故该过程为自发过程

6. 解：

1000K 时，$\Delta_r G_m^{\ominus}=3456.9\mathrm{J}$

又因 $(\partial \Delta G / \partial T)_p = -\Delta S = -7.57 - 7.57 \ln T + 1.9 \times 10^{-2} \times 2T - 3 \times 2.84 \times 10^{-6} T^2 - 2.26$

故 $\Delta S_m^{\ominus} = 7.57 + 7.57 \ln T - 3.8 \times 10^{-2} T + 8.52 \times 10^{-6} T^2 + 2.26$

将 $T = 1000K$ 代入上式即得：

$$\Delta S_m^{\ominus} = 33.39 J/(K \cdot mol)$$

$$\Delta H_m^{\ominus} = \Delta G_m^{\ominus} + T \Delta S_m^{\ominus} = 36855.06 J/mol$$

7. 解：(1) 由 $T_2 = T_1 (V_1/V_2)^{\gamma-1}$ 　得 $T_2 = 270K$

$$\Delta S = C_{p,m} \ln(T_2/T_1) + R \ln(V_2/V_1) = 0$$

(2) $T_2 = 340K$

$$\Delta S = R \ln(V_2/V_1) = 5.76 J/K$$

参 考 文 献

[1] 高琳.基础化学.北京:高等教育出版社,2013.
[2] 吴英棉.基础化学.北京:高等教育出版社,2006.
[3] 叶芬霞.无机及分析化学.北京:高等教育出版社,2014.
[4] 董艳杰.化工产品检验.北京:高等教育出版社,2013.
[5] 李淑丽.化学物料识用与分析.北京:化学工业出版社,2013.
[6] 李运涛.无机及分析化学.北京:化学工业出版社,2010.
[7] 王振琪.物理化学.北京:化学工业出版社,2002.
[8] 陈碧芬.有机化学.宁波:宁波出版社,2013.
[9] 高职高专化学教材编写组编.有机化学.北京:高等教育出版社,2013.
[10] 李保山.基础化学.北京:科学出版社,2003.